전산재료과학

원자단위 시뮬레이션과 Phase Field 모델

이병주 · 김성균 지음

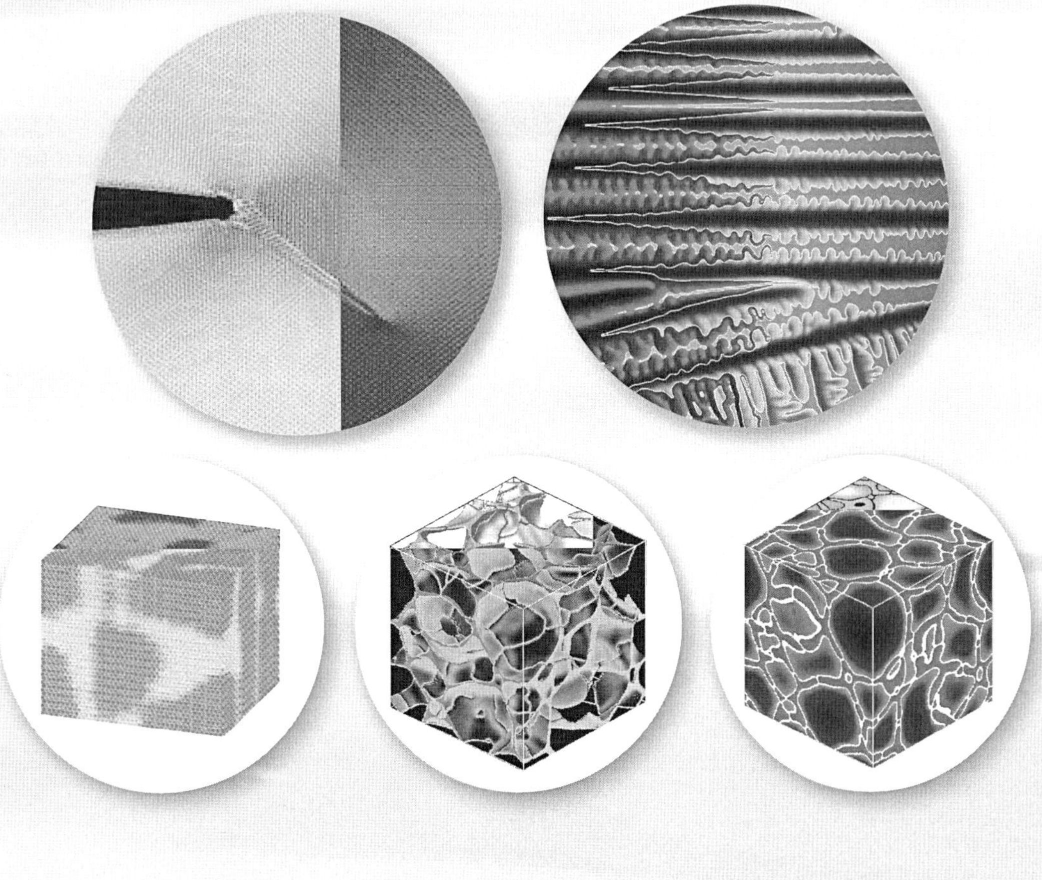

홍릉과학출판사

PREFACE

석기 시대, 청동기 시대 및 철기 시대와 같이 인류 역사를 그 시대에 널리 사용된 소재를 기준으로 분류할 정도로, 새로운 소재의 발견 또는 개발은 사회를 근본적으로 변화시킬 수 있다. 21세기에 들어선 현재의 시점에서도 소재 개발이 산업 사회에 미치는 영향은 여전히 막강하며, 이에 따라 재료과학 및 공학의 중요성은 더욱 커지고 있다. 재료과학 및 공학의 목적을 한마디로 말하자면, 소재 개발이다. 이는 요구되는 성질을 가지고 있는 새로운 소재를 찾아내고, 소재의 구조와 특성을 이해하고 원하는 방향으로 조절하며, 소재의 효율적인 생산 공정을 개발하는 것으로 이루어진다. 지난 20세기의 후반에 이르기까지 거의 모든 소재 개발은 기본적으로 시행착오에 의해 이루어져 왔다. 그러나 20세기 후반부터 컴퓨터의 성능이 강력해짐에 따라 컴퓨터에 의한 재료 설계의 가능성이 심각하게 검토되기 시작했다. 대표적인 예가 2011년 미국 정부가 발표한 Materials Genome Initiative(MGI)이다. MGI는 새로운 소재의 개발부터 상용화에 이르는 과정의 효율을 극대화시키기 위한 전략이다. 여기에는 생물의 유전자처럼 소재 특성을 결정하는 핵심 요소들을 완전하게 이해하고 이를 바탕으로 시행착오가 아닌 논리적인 방식으로 소재를 설계할 수 있다는 자신감이 깔려있다. MGI 전략에서 소재 설계의 핵심적인 도구가 바로 컴퓨터 시뮬레이션이다. 소재의 성질을 결정하는 가장 근본적인 요소는 그 원소가 주기율표에서 차지하는 위치, 즉 원자 번호이다. 그러나 실재 재료의 특성은 개별 원자의 전자구조뿐만 아니라, 나노 스케일에서 원자들 사이의 상호작용, 마이크로 스케일에서의 미세조직, 밀리미터 또는 그 이상의 스케일에서의 거시적 구조 등에 의해서도 극적으로 변한다. 따라서 소재 개발을 위해서는 개별 원자 크기로부터 대형 구조물의 크기에 이르는 다양한 스케일에서 재료의 거동에 대한 종합적인 이해가 요구된다. 이를 위해서는 물질의 전자구조와 기초 물성을 예측하기 위한 제일원리계산, 원자 집단의 거동을 예측하기 위한 분자동역학과 몬테카를로 법 등의 원자 단위 시뮬레이션, 미세조직 예측을 위한 메소 스케일 시뮬레이션 방법 및 거시적 물성 예측을 위한 유한요소법 등이 망라되어야 한다.

우리나라에서도 최근 들어 소재 관련 원천기술의 확보가 절실해짐에 따라, 소재 개발에 관련된 다양한 컴퓨터 시뮬레이션 연구가 활발하게 이루어지고 있다. 그럼에도 불구하고 소재 개발을 위한 컴퓨터 시뮬레이션 기법을 다룬 국내의 전문 교재는 찾아보기가 어렵다. 이에 필자들은 그동안의 연구 및 강의 경험을 바탕으로 원자 단위 시뮬레이션과 미세조직 시뮬레이션에 대한 교재를 집필하게 되었다. 제일원리계산과 유한요소법과 같은 다른 스케일에서의 전산모사에 대한 집필도 관련 전문가들에 의해 이어지기를 기대한다. 본 교재를 집필하는 일차적인 목적은 대학, 연구소 및 기업 등의 현장에서 활동하고 있는 연구원들에게 재료 개

PREFACE

발에 유용한 컴퓨터 시뮬레이션 도구의 원리를 이해시키는 것이다. 그러나 다른 한편으로, 저자들은 이 책이 다음 세대의 소재 개발자들로 이어지는 징검다리 역할을 할 수 있기를 기대한다.

본 교재는 3부로 구성되어 있다. 이병주가 집필한 제1부 <원자 단위 시뮬레이션>에서는 원자 간 퍼텐셜을 이용하여 원자 집단의 거동과 성질을 시뮬레이션하는 방법이 설명된다. 분자동역학과 Monte Carlo 시뮬레이션으로 구분될 수 있는 원자 단위 시뮬레이션 기법은 최근 우수한 원자 간 퍼텐셜 모델의 개발과 함께 단순한 모델 시스템에 대한 시뮬레이션이 아니라 실 소재 시스템에 대한 원자 스케일의 연구 수단으로 발전되어 가고 있으며, 액상, 비정질, 고상 소재에서 점성, 열전달 등 이동 특성, 고상 소재에서 원자공공, 침입형 원자 등 점결함, 전위 등 선결함, 입계, 적층결함 등 면결함을 포함하는 결함 특성, 표면 특성, 파괴 특성 등 다양한 원자 단위의 소재 특성을 분석, 예측하는 데 활용되고 있다. 이렇게 얻어진 원자 단위의 소재 특성은 소재 현상을 이해하는 데 활용될 뿐만 아니라 더 큰 스케일의 시뮬레이션 기법과 연결되어 다양한 스케일에서 소재 특성을 분석하고 예측하는 데 활용될 수 있다. 제2부인 <상변태 모델링을 위한 열역학과 확산의 기초> 역시 이병주가 집필하였다, 여기에서는 합금계 상평형을 기술하기 위한 첫 번째 단계인, 합금 상에 대한 Gibbs energy 모델, 상평형 계산 기법과 그 활용 현황을 소개한다. 또한, 다원 확산을 이해하는 데 필수적인 다원 확산계수 모델을 다원 확산 시뮬레이션의 활용 및 연구 현황과 함께 소개한다. 제3부 <상변태의 phase field 모델>은 김성균이 집필하였다. Phase field 모델은 계면이 이루는 공간 구조인 미세조직의 형성과정을 전산모사할 수 있는 대표적인 도구 중의 하나이다. 이 모델은 애초 응고과정에서 형성되는 수지상 패턴을 이해하기 위한 계산도구로서 개발되었으나, 모델 자체가 가지고 있는 범용성으로 인해 소재에서 나타나는 거의 모든 종류의 미세조직을 예측하기 위한 도구로 급격하게 확대되고 있으며, 최근에는 세포막의 변형 거동과 암 세포의 성장 거동과 같은 생체에서의 계면 현상에도 이 모델이 적용되기에 이르고 있다. 여기에서는 먼저 계면의 열역학적 성질과 계면을 연속체로 다루는 수학적 방법을 설명하고, 이를 바탕으로 다상, 다성분계 합금의 상변태를 위한 phase field 모델의 구조와 원리가 자세히 설명된다.

저 자

CONTENTS

PART 1 원자 단위 시뮬레이션

CONTENTS

PART 2 상변태 모델링을 위한 열역학과 확산의 기초

PART 3 상변태의 phase field 모델

CONTENTS

PART 1

원자 단위 시뮬레이션

1 서론

소재의 많은 구조, 기능 특성들은 원자 단위의 거동으로부터 연유한다는 것이 알려지고 있으며, 개개 원자의 거동에 대한 실험적 분석이 가능해지면서 원자 수준의 거동을 예측하고 제어하려는 학문적 시도가 계속되고 있다. 원자 scale에서 소재의 거동을 예측하기 위한 가장 정확한 이론적 방법은 제일원리계산을 수행하는 것이다. 다만, 제일원리계산으로 다룰 수 있는 원자의 수는 계산량의 한계로 인해 통상 수백 개로 제한되기 때문에, 그 이상의 원자 개수를 고려해야 하는 소재 현상에 대해서는 다른 접근 방법을 찾을 필요가 있다. 이때 생각할 수 있는 것이 원자 간 퍼텐셜(interatomic potential 또는 force field) 모델을 이용한 원자 단위 시뮬레이션이다. 이는 제일원리계산에 비해 일반적인 정확도는 떨어지지만, 다루려는 특성에 대한 사전 계산 결과를 폭넓게 검증함으로써 결과의 신뢰성을 유지하고, 무엇보다 수백만 이상의 원자들을 고려할 수 있음으로 해서, 제일원리계산으로는 접근이 힘든 다양한 소재 현상을 분석, 예측할 수 있게 해준다.

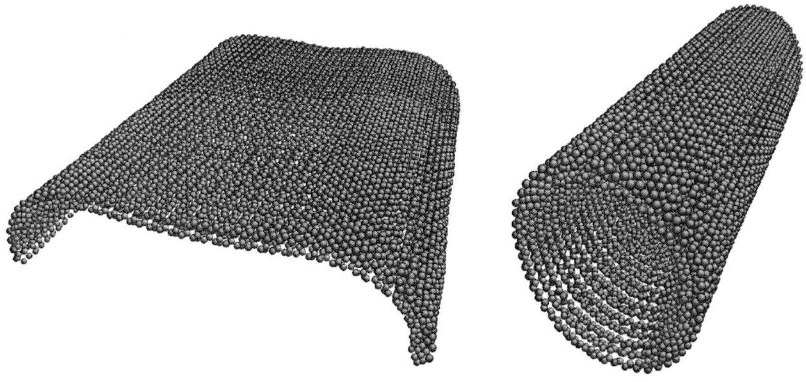

[Fig. 1-1] Si/Ge 나노필름에서 자발적인 나노튜브 형성 과정에 대한 분자동역학 시뮬레이션

Fig. 1-1은 Si와 Ge로 이루어진 2중 나노필름이 자발적으로 구부러지면서 나노튜브를 형성하는 장면을 분자동역학 전산모사 기법으로 관찰한 것이다. 여기서 분자동역학은 각 원자의 움직임에 대해 $F = ma$라는 운동미분 방정식을 수치 해석적 방법으로 적분함으로써 시간에 따른 원자들의 궤적을 예측해 내는 과정에 불과하다. 실제 소재의 거동에 영향을 미치는 것은 원자 하나하나에 작용하는 힘(F)이며, 이는 원자 간의 상호작용 에너지(potential energy)의 거리에 따른 기울기로 얻어진다. 따라서 분자동역학과 같은 원자 단위 시뮬레이션의 신뢰성에 결정적인 영향을 미치는 요인은 interatomic potential model이 실제 원자 간의 상호작용을 얼마나 실제에 가깝게 기술해 내느냐 하는 부분이라 하겠다.

각 원자의 움직임을 실시간으로 예측이 가능한 분자동역학은 dynamics를 관찰할 수 있다는 장점이 있는 반면, 관찰 시간이 nanosecond에 불과하다는 한계도 가지고 있다. 이러한 한계로 인해서 수 seconds 또는 hours에 걸쳐서 일어나는 소재 현상을 분자동역학을 이용하여 관찰하는 것은 불가능하다. 예를 들면, Fig. 1-2에는 $In_{1-x}Ga_xN$으로 나타낼 수 있는 3원 질화물계의 원자구조를 나타내었는데, 이 물질계에서는 In-rich한 질화물과 Ga-rich한 질화물로의 상 분리가 발생한다고 알려져 있다. 이러한 상 분리는 In, Ga 원자들의 확산에 의해서 일어나는데, 분자동역학을 통해 이들 원자의 확산과 상 분리를 관찰하는 것은 불가능에 가까울 정도로 많은 시간을 소요하게 될 것이다. 이때 임의로 두 원자를 선택해 자리를 바꾸고 에너지의 변화를 고려하면서 주어진 조건에서 가장 확률이 높은 상태(평형상태)의 원자 구조가 나타나도록 유도하는 기법이 Monte Carlo 시뮬레이션이다.

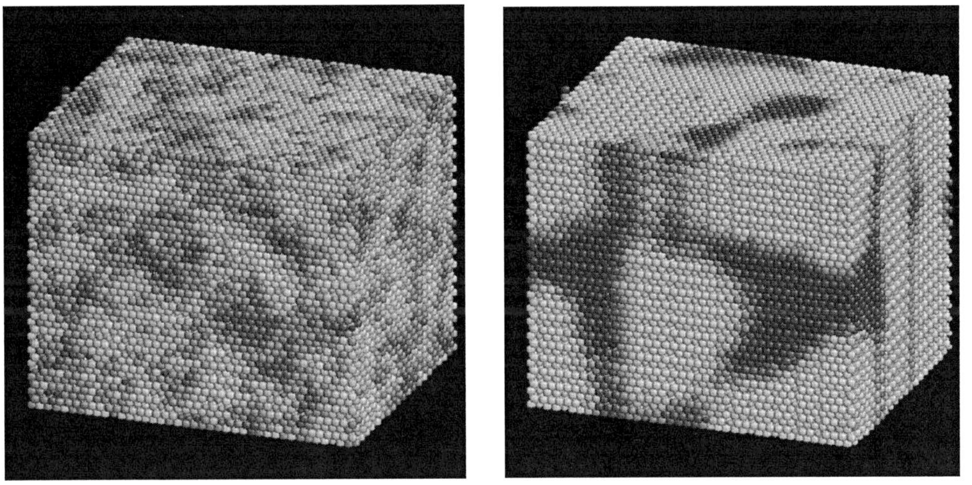

[Fig. 1-2] $In_{1-x}Ga_xN$ 3원계 질화물에서의 상 분리 현상에 대한 Monte Carlo 시뮬레이션

분자동역학, Monte Carlo 시뮬레이션으로 구분될 수 있는 원자 단위 전산모사 기법은 최근 우수한 원자 간 퍼텐셜 모델의 개발과 함께 단순한 모델 시스템에 대한 시뮬레이션이 아니라 실 소재 시스템에 대한 원자 스케일의 연구 수단으로 발전되어 가고 있으며, 액상, 비정질, 고상 소재에서 점성, 열전달 등 이동 특성, 고상 소재에서 원자공공, 침입형 원자 등 점결함, 전위 등 선결함, 입계, 적층결함 등 면결함을 포함하는 결함 특성, 표면 특성, 파괴 특성 등 다양한 원자 단위의 소재 특성을 분석, 예측하는 데 활용되고 있다. 이렇게 얻어진 원자 단위의 소재 특성은 소재 현상을 이해하는 데 활용될 뿐만 아니라 더 큰 스케일의 시뮬레이션 기법과 연결되어 다양한 스케일에서 소재 특성을 분석하고 예측하는 데 활용될 수 있다.

2 분자동역학

분자동역학은 앞서 간단하게 언급한 바와 같이 고상 또는 액상 내에서 상호작용 하에 있는 개개 원자에 대해 $F = ma$라는 고전 운동 방정식(2차 미분 방정식)을 수치 적분함으로써 시간에 따른 움직임을 기술해 내는 시뮬레이션 기법을 말한다. 이 시뮬레이션 기법을 실질적으로 이해하고 활용할 수 있기 위해서는 시뮬레이션의 기초 구성, 다양한 조건 하에서의 실행 기법, 결과의 주요 분석 기법을 공부할 필요가 있다.

2.1 시뮬레이션의 기초 구성

1) 운동 방정식

원자 i에 작용하는 힘을 F_i, 공간상의 위치를 r_i, 질량을 m_i으로 표시하면, 원자 i에 대한 운동 방정식은 다음과 같이 표현된다.

$$m_i \frac{d^2 r_i}{dt^2} = F_i = -\nabla_{r_i} V \tag{2-1}$$

V는 물질 시스템의 potential 에너지를 나타내며, 개개 원자가 받는 힘은 공간 상 개개 원자의 위치에서 potential 에너지의 기울기로부터 구할 수 있음을 알 수 있다. 운동 방정식을 푸는 과정, 즉 식 (2-1)로 주어진 2차 미분 방정식을 푸는 수치해석적인 방법은 Taylor series 전개를 통해 얻을 수 있는 다음의 식으로 간단하게 이해할 수 있다.

$$\begin{aligned} r(t_o + \Delta t) &= r(t_o) + \left(\frac{dr}{dt}\right)_{t_o} \Delta t + \frac{1}{2}\left(\frac{d^2 r}{dt^2}\right)_{t_o} \Delta t^2 + \cdots \\ &= r(t_o) + v(t_o)\Delta t + \frac{1}{2} a(t_o) \Delta t^2 \end{aligned} \tag{2-2}$$

식 (2-2)는 어느 시간 시점 t_o에서 개개 원자의 위치와 초기 속도를 알고 있다면 (위치를 알면 potential 에너지 기울기로부터 force 또는 가속도를 알 수 있다), Δt 시간 (time step이라고 한다) 후의 위치를 예측할 수 있음을 보여준다. 가속도를 알고 있으므로 속도 또한 예측이 가능하다. $t_o + \Delta t$ 시점에서의 새로운 위치와 가속도가 얻어지면 같은 식에 의해 $t_o + 2\Delta t$ 시점에서의 위치와 속도를 예측할 수 있고, 이를 반복함으로써 시간에 따른 개개 원자의 움직임을 예상할 수 있는 것이다. 단, 식 (2-2)에서는 Δt라는 시간 동안 속도와 가속도(원자 위치)가 변하지 않는다고 가정한 것이므로 Δt의 크기는(원자의 진동 하나가 수십 번의 time step을 거쳐 기술될 수 있을 정도로) 충분히 작아야 하며, 실제로는 식 (2-2)보다는 정확도가 개선된 수식이 이용되는데, 이는 후에 다시 다루어질 것이다.

2) Potential 에너지

대상이 되는 소재의 potential 에너지를 얼마나 정확하게 기술하느냐는 시뮬레이션이 실제 소재의 거동을 얼마나 정확하게 예측해 내느냐 하는 문제와 직결된다. 퍼텐셜 에너지를 가장 정확하게 기술하는 방법은 제일원리계산일 것이나, 계산 시간을 줄이고 system의 크기를 크게 하기 위해, many-body부터 pairwise까지 다양한 수준의 근사적인 potential 모델이 사용되고 있다. Many-body potential은 소재의 bonding 특성(금속, 공유, 이온 결합 등등) 별로, 물질에 따라 서로 다른 model들이 사용되고 있다. 가장 간단한 형태의 대표적인 pairwise potential 모델은 아래와 같은 Lennard-Jones 모델로, 두 원자 간의 거리에 따른 퍼텐셜의 변화가 Fig. 2-1과 같이 표현된다.

$$\phi_{LJ}(r) = 4\varepsilon\left[\left(\frac{\sigma}{r}\right)^{12} - \left(\frac{\sigma}{r}\right)^{6}\right] \tag{2-3}$$

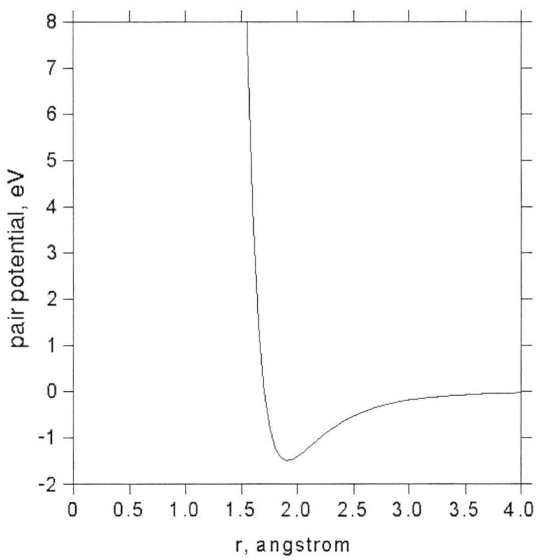

[Fig. 2-1] Lennard-Jones potential에 의한, 원자 간 거리에 따른 potential 에너지 변화

이 모델에 의하면, 0 K에서 두 원자 간 거리는 Fig. 2-1의 potential이 최솟값을 가지는 지점에서 평형을 이루게 되는데, 이로부터 거리가 가까워지면 척력을, 멀어지면 인력을 받게 된다.

non-zero 온도에서는 potential 에너지가 최솟값보다는 큰 값을 가지게 되고 퍼텐셜 우물 사이에서 진동을 하게 되는데, 그 진동폭은 온도가 올라갈수록 커지고 평균 원자 간 거리가 늘어나며(열팽창), 인력이 약해지는 영역까지 진동 폭이 커지면 액상이 된다. 또한, 더욱 온도가 올라가서 인력이 작용하는 원자 간 거리를 넘어설 정도로 진동 폭이 커지게 되면 기상이 되는 것으로 간주할 수 있다. 모델 상수 ϵ은 결합 크기와 관련이 있고, σ는 평형 원자 간 거리와 관련이 있는 모델 상수이다. 이러한 pairwise 모델에서 시스템의 potential 에너지는 각 원자의 potential 에너지의 합으로, 각 원자의 potential 에너지는 그 원자와 다른 모든 개개 원자 사이의 bonding에 대해 식 (2-3)과 같은 pairwise potential을 적용함으로써 계산이 된다. 이를 식으로 나타내면 다음과 같다.

$$V = V(r_1, r_2, \cdots, r_N) = \sum_i \sum_{j>i} \phi_{LJ}(|\vec{r_i} - \vec{r_j}|) \tag{2-4}$$

3) Potential Truncation

N개의 원자로 이루어진 시스템에서 potential 에너지를 계산하기 위해서는 N개 원자 각각에 대해 다시 $N-1$개의 원자 쌍을 고려해야 한다. 즉, 원자 수에 따라 계산량이 N^2에 비례해서 증가한다. 일반적으로 원자 간 거리가 어느 정도 이상이 되면 두 원자 간의 상호작용은 무시할 만한 수준으로 작아진다. Fig. 2-1에서 예로 든 경우 원자 간 거리가 4Å 이상이면 무시할 만한 수준으로 작아지는데, 이러한 상황에서 각 원자에 대해 반경 4Å 밖에 있는 모든 원자들과의 원자 쌍에 대해 potential 에너지를 계산하는 것은 대단한 computation 시간 낭비이다. 이러한 시간 낭비를 줄이고 계산 효율을 높이기 위해 대부분의 원자 단위 시뮬레이션에서는 cutoff이라는 개념을 도입한다. Fig. 2-2는 별도의 색으로 구분한 한 원자에 대한 cutoff 반경과 그 안에 있는 이웃 원자들을 도식적으로 표현한 것이다.

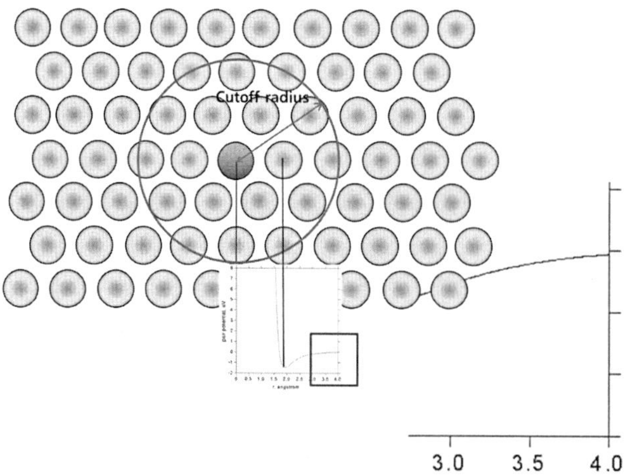

[Fig. 2-2] Cutoff 반경과 이웃 원자

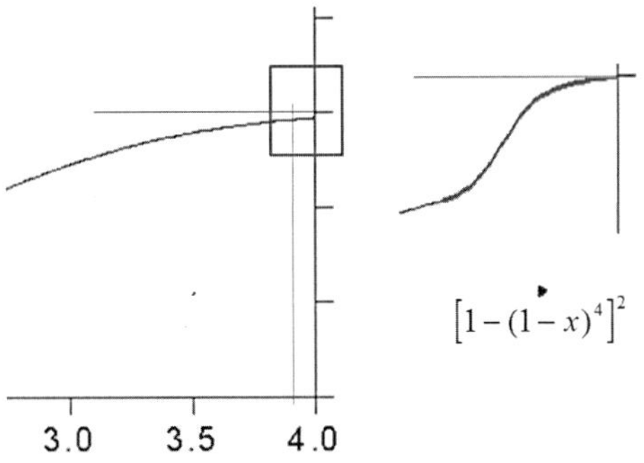

[Fig. 2-3] Cutoff 반경 부근에서의 potential 처리

개개 원자에 대한 퍼텐셜 에너지는 cutoff 반경 내에 있는 이웃 원자들과의 상호작용 에너지의 합으로 계산될 수 있으며, 이때 cutoff 반경의 크기는 그 밖에 위치하는 원자들과의 상호작용을 무시할 수 있을 정도로 작아지도록 충분히 커야 한다. Fig. 2-3을 보면 cutoff 반경만큼 떨어져 있는 원자 간에도 상호작용이 완전히 zero는 아니라는 것을 알 수 있다. Cutoff 반경 부근에서는 거리에 따라 상호작용이 줄어드는 속도는 대단히 느려서, cutoff 반경 밖의 원자와의 상호작용이 완전히 0가 되게 하려면 cutoff 반경이 Fig. 2-3에 나타낸 것보다 많이 커져야 하며, 이웃 원자의 수가 반경의 세제곱에 비례하여 증가한다는 것을 고려한다면, 적절한 수준에서 cutoff를 할 필요가 있다. 그리고 cutoff를 기준으로 그 안과 밖에 있는 원자와의 상호작용이 불연속적으로 변화하는 것을 방지하기 위하여 Fig. 2-3에 나타낸 것처럼 cutoff 영역을 정의하고 그 영역 안에서는 상호작용 에너지에 적절한 cutoff function을 곱해 줌으로써 상호작용 에너지와 이로 인해 발생하는 힘(상호작용 에너지의 거리에 따른 미분치)이 연속적으로 zero로 떨어질 수 있도록 해 주는 것이 통상의 방법이다.

Cutoff의 개념을 도입함으로써 실질적으로 총 에너지에 기여가 적은 먼 이웃 원자와의 상호작용 에너지를 계산하는 과정을 생략하고 계산 시간을 절약할 수 있다. 그런데, 한 원자를 기준으로 나머지 $N-1$개의 원자들이 cutoff 반경 안에 들어오는지 아닌지를 확인하기 위해서 가능한 모든 원자 쌍에 대해 거리를 계산해야 한다면 이 또한 계산 시간의 낭비일 것이다. 실제 atomistic 시뮬레이션에서는 개개 원자에 대해 상호작용 에너지를 계산할 만한 가치가 있는 이웃 원자들의 list를 미리 작성해 놓고, 이 원자들과의 원자 쌍에 대해서만 거리를 확인한 후 에너지 계산을 실시하고 있다. 이때 list에 포함되는 이웃 원자와의 최대 거리는 cutoff 반경보다는 조금 크게 설정을 한다. Fig. 2-4를 참고한다면,

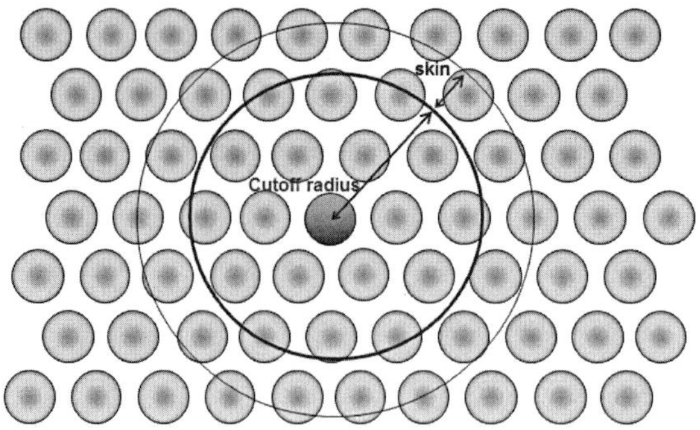

[Fig. 2-4] 이웃 원자 list 작성을 위한 Cutoff 반경과 skin 영역

cutoff 반경에 "skin"이라고 표시한 거리를 합한 영역 내의 원자들이 list에 기록되는데, 이는 원자의 확산이나 vibration 등으로 cutoff 반경 내에 들어오는 원자들이 수시로 바뀔 수 있다는 점을 고려한 것으로, 시간이 많이 걸리는 list 작성 과정을 매 time step 마다 반복하지 않고 띄엄띄엄 시간 간격을 두고 실시해도 되도록 하기 위한 방안이다. 실제 시뮬레이션에서는 매 time step마다 개개 원자의 최대 이동 거리를 기록해 두고 가장 많이 이동을 한 원자가 "skin" 값의 반 이상 이동하게 되면 list를 재 작성하는 방법을 사용한다.

4) 주기 경계 조건

Atomistic 시뮬레이션에서 수백만 개의 원자를 다룬다고 하더라도 실제 샘플의 크기는 수십 nm 정도 밖에는 되지 않는다. 대단히 작은 nano particle에 불과하며 부피에 비해 표현 효과가 극명하게 드러나는 크기이다. Bulk 소재에 대해 알려진 기초 물리 특성이 계산으로 재현되는지를 확인하기 위해 bulk 특성을 계산하려면 위와 같은 표면 효과를 배제한 상태에서 계산 또는 시뮬레이션을 수행할 필요가 있다. 표면 효과를 배

제하기 위한 방법은 각 방향으로 주기 조건을 설정하는 것이다. 아래 Fig. 2-5에는 2차원으로 주기 조건을 설정하는 방법을 도식적으로 나타내었다.

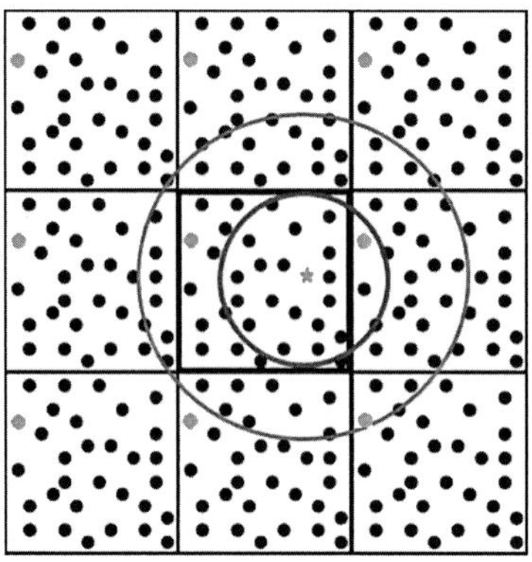

[Fig. 2-5] 2차원 주기 경계 조건 설정의 모식도

가운데 box가 실제 시뮬레이션이 이루어지는 샘플이며 나머지는 모두 시뮬레이션 샘플을 복사하여 좌우상하에 반복적으로 배열해 놓은 것들이다. 여기에서 가운데 box의 오른쪽 바깥에 오렌지색으로 표시한 원자가, 원래는 box 내부에 있다가 확산에 의해 현재 위치로 이동한 경우를 생각해 보자. 만약 주기 조건이 없다면, 이 원자는 샘플에서 벗어난 원자가 되고 계속 이동 방향으로 전진하면서 결국은 원래 샘플에서 제외된 채, 더 이상 샘플에 어떠한 영향도 미치지 못하는 원자가 된다. 반면 주기 조건이 설정이 되면 이 원자는 반대편에서 다시 샘플 내로 새로이 유입이 되는 (box 내부 왼쪽에 위치한 오렌지색) 원자가 되면서 표면 효과를 배제하고 샘플이 bulk인 것처럼 기술되는 효과를 얻을 수 있게 된다. 주기 조건을 세 방향 모두 설정하면 bulk, 두 방향으로만 설정하면 thin film, 한 방향으로만 설정하면 nano rod 또는 wire에 대한 샘플이 된다. 주기 조건을 설정할 때 주의를 요하는 점은, 주기 조건이 설정된 방향으로 샘플의 크기가 cutoff 반경의 두 배 이상이 되어야 한다는 점이다. 그렇지 않으면 서로 다른 box의 같은 위치에 있는, 실질적으로 동일한 원자가 마치 서로 독립적인 원자인 것처럼 기술되는 오류가 발생하게 된다. 예를 들어, Fig. 2-5의 푸른색 원과 붉은 색 원이, 각 원의 중앙에 오렌지색 별 모양으로 표시된 원자에 대한 cutoff distance를 나타낸다고 하자. 푸른색 cutoff 반경은 샘플 크기의 반이고, 붉은색 반경은 이보다 큰 경우를 나타낸다. 이 별 모양의 원자에 대한 이웃 원자로서 오렌지색 원자들을 생각하자. 이 오렌지색 원자들은 사실상 동일한 한 원자이다. 푸른색 반경으로 표시한 cutoff distance를 사용하면 단 한 개의 오렌지색 원자만이 별 모양 원자의 이웃 원자로 등록이 되지만, 붉은색 반경으로 표시한 cutoff distance를 사용하면 세 개의 서로 다른 이웃 원자인 것처럼 취급되어 오류가 발생하게 되는 것이다.

주기 경계 조건을 사용하는 것과 관련되어 한 가지 더 언급을 해 둘 만한 점으로는, 실제 분자동역학 시뮬레이션에서는 위치 벡터 r의 각 성분 값에 대해 절댓값을 사용하기 보다는 샘플 size로 normalized된 scaled variable s를 사용하는 것이 여러 가지로 편리하다는 점이다. 즉, 샘플 size가 L_x, L_y, L_z일 경우 어느 한 원자의 위치 벡터 성분 r_x, r_y, r_z보다는 다음과 같이 정의된 s_x, s_y, s_z를 사용한다는 것이다.

$$r_x = L_x s_x,\ r_y = L_y s_y,\ r_z = L_z s_z$$

샘플의 중앙을 위치 벡터의 원점으로 정한다면 시스템 크기에 관계없이 s는 −0.5에서 +0.5 사이의 값을 가지게 되는데, 분자동역학 시뮬레이션 중 어떤 원자, 어떤 성분에 대해서건 그 값이 −0.5보다 내려가는 순간 1을 더하여 +0.5보다 작은 값이 되게 하고, +0.5보다 커지는 순간 1을 빼서 −0.5보다 약간 큰 값이 되게 함으로써 주기 경계 조건이 효과를 발휘하게 된다.

2.2 시뮬레이션 중 핵심 특성치의 계산

가장 기초적인 분자동역학 시뮬레이션에서도 앞 절에서 언급한 potential 에너지 이외에 운동에너지, 온도, 압력 등 기초적인 특성치들은 계산이 되어야 이들을 바탕으로 다양한 조건에서의 시뮬레이션(예를 들면 일정 온도, 압력 하에서의 부피 팽창을 고려한 시뮬레이션) 또는 보다 다양한 특성치의 계산이 가능해진다.

1) 운동 에너지와 온도

분자동역학에서는 다루고 있는 물질계(system)의 총 운동 에너지를 각 원자의 운동 에너지의 합으로 표시한다.

$$K = \frac{1}{2}\sum_i m_i v_i^2 \tag{2-5}$$

온도는 총 운동 에너지와의 다음과 같은 관계식으로부터 계산이 된다.

$$K = \frac{3}{2} N k_B T \tag{2-6}$$

여기서 N은 system 내 총 원자 수이고 k_B는 Boltzmann 상수이다.

2) 압력과 응력

압력은 Virial equation으로 알려져 있는 다음의 식을 이용하여 계산이 되는데,

$$PV = Nk_B T + \frac{1}{D}\left\langle \sum_i r_i \cdot F_i \right\rangle \tag{2-7}$$

이 식을 이해하기 위해서는 먼저 시스템에 작용하는 stress tensor에 대한 다음 식의 유도 과정을 이해해야 한다.

$$\sigma_{\alpha\beta} = -\frac{1}{V}\sum_i \left[m_i v_i^\alpha v_i^\beta + \sum_{j \neq i} F_{ij}^\alpha r_{ij}^\beta \right] \tag{2-8}$$

압력 P에 대한 표현은 stress tensor의 성분으로부터 다음과 같이 얻어낼 수 있으며,

$$P = -\frac{1}{3}(\sigma_{11} + \sigma_{22} + \sigma_{33}) = \frac{1}{3V}\sum_i \left[m_i v_i^2 + \sum_{j \neq i} F_{ij} \cdot r_{ij} \right] \tag{2-9}$$

Stress tensor의 대한 표현은 다음과 같은 과정을 통해 유도가 가능하다.

Stress tensor에 대한 유도 과정 – Vitek 교수 강의 노트

시스템을 구성하는 각 원자 개개에 대해 stress를 유발하는 요인으로서 퍼텐셜 에너지에 기반을 둔 변형 응력 성분과 유한 온도에서 작용할 수 있는 열적 응력을 고려할 수 있다. 우선 변형 응력 성분에 대한 표현식을 얻기 위해, 열적 응력이 작용하지 않는 0 K에서 평형을 이루고 있는 시스템에 $\varepsilon_{\alpha\beta}$로 표현되는 변형이 가해졌다고 생각해 보자. 변형으로 인한 퍼텐셜 에너지 증가분은 아래와 같이 표현할 수 있다.

$$\triangle E_p = V\sum_{\alpha,\beta}\sigma_{\alpha\beta}\varepsilon_{\alpha\beta} \tag{2-10}$$

이번에는 변형으로 인한 퍼텐셜 에너지 변화를 Taylor 급수의 형태로 표현을 해보자.

$$E_p(r+\triangle r) = E_p(r) + \frac{\partial E_p}{\partial r}\triangle r + \cdots \tag{2-11}$$

위의 식에서 Δr은 변형으로 인한 위치 변화를 나타내며, ij 원자 간 상대 위치의 변화는 변형 tensor를 이용하여 다음과 같이 나타낼 수 있다.

$$\triangle r_{ij}^{\alpha} = \sum_{\beta}\varepsilon_{\alpha\beta} r_{ij}^{\beta} \tag{2-12}$$

변형으로 인한, 시스템의 총 퍼텐셜 에너지 변화를 각 원자 쌍 간 상대적 위치 변화로 인한 에너지 변화 기여분의 총합이라고 생각하면, 퍼텐셜 에너지 변화량을 다음과 같이 바꾸어 표현할 수 있다.

$$\triangle E_p = \sum_{i,j}\sum_{\alpha}\frac{\partial E_p}{\partial r_{ij}^{\alpha}}\sum_{\beta}\varepsilon_{\alpha\beta} r_{ij}^{\beta} = \sum_{\alpha,\beta}\left[\sum_{i,j}\frac{\partial E_p}{\partial r_{ij}^{\alpha}} r_{ij}^{\beta}\right]\varepsilon_{\alpha\beta} \tag{2-13}$$

이 식을 식 (2.10)과 비교하면, stress tensor 성분에 대한 표현식을 얻을 수 있다.

$$\sigma_{\alpha\beta} = \frac{1}{V}\sum_{i,j}\frac{\partial E_p}{\partial r_{ij}^{\alpha}} r_{ij}^{\beta} = -\frac{1}{V}\sum_{i,j}F_{ij}^{\alpha} r_{ij}^{\beta} \tag{2-14}$$

다음은 유한한 온도에서 추가로 생각할 수 있는 열응력을 고려해 보자. 유한한 온도에서 시스템 내부의 각 원자는 v_i라는 속도로 운동을 하고 있다고 볼 수 있다. 시스템에 변형이 가해지면 각 원자의 운동 속도 벡터에도 변형이 오게 되는데 그 양은 변형 tensor를 이용하여 다음과 같이 표현될 수 있을 것이다.

$$\triangle v_i^\alpha = \sum_\beta \varepsilon_{\alpha\beta} v_i^\beta \tag{2-15}$$

이번에는 변형으로 인한 운동 에너지 변화를 앞서와 마찬가지로 Taylor 급수의 형태로 표현해 보자.

$$E_{kin}(v + \triangle v) = E_{kin}(v) + \frac{\partial E_{kin}}{\partial v} \triangle v + \cdots \tag{2-16}$$

변형으로 인한 시스템의 총 운동 에너지 변화를 각 원자 운동 에너지 변화량의 총 합이라 생각하고, 운동 에너지에 대한 식 (2-5)와 변형으로 인한 운동 속도 벡터의 변화량인 식 (2-15)를 이용하여 총 운동 에너지 변화량을 나타내면 다음과 같다.

$$\triangle E_{kin} = \sum_{i,\alpha} m_i v_i^\alpha \sum_\beta \varepsilon_{\alpha\beta} v_i^\beta = \sum_{\alpha,\beta} \left[\sum_i m_i v_i^\alpha v_i^\beta \right] \varepsilon_{\alpha\beta} \tag{2-17}$$

식 (2-17)은 임의의 온도에서 시스템에 변형이 가해졌을 때 예상되는 총 운동 에너지의 변화량이다. 그런데 운동 에너지는 온도의 함수일 뿐, 변형이 가해졌다고 해서 시스템의 운동 에너지가 바뀌는 것은 아니다. 따라서 유한한 온도에서의 시스템에는 식 (2-17)로 표현되는 운동 에너지의 변화를 상쇄시킬 수 있는, 식 (2-18), (2-19)와 같은 열응력이 항상 작용하고 있다고 볼 수 있다.

$$\triangle E^T = V \sum_{\alpha,\beta} \sigma_{\alpha\beta}^T \varepsilon_{\alpha\beta} = -\triangle E_{kin} \tag{2-18}$$

$$\sigma_{\alpha\beta}^T = -\frac{1}{V} \sum_i m_i v_i^\alpha v_i^\beta \tag{2-19}$$

식 (2-14)와 (2-19)의 표현으로부터 시스템에 작용하고 있는 stress tensor 성분에 관한 표현을 아래와 같이 얻을 수 있는 것이다. 대괄호 [ ] 안의 내용은 개개 원자에 작용하는 local stress tensor 성분에 해당한다.

$$\sigma^{\alpha\beta} = -\frac{1}{V} \sum_i \left[m_i v_i^\alpha v_i^\beta + \sum_{j \neq i} F_{ij}^\alpha r_{ij}^\beta \right] \tag{2-20}$$

2.3 분자동역학 시뮬레이션의 실행

분자동역학 시뮬레이션 실행을 위해서는 우선 초기 시편을 준비해야 한다. 시편의 형상과 크기, 시편 내 각 원자의 위치 및 종류에 대한 정보를 가진 파일이 input data로 제공되어야 한다. 경우에 따라서는 각 원자의 위치뿐만 아니라 초기 속도 정보도 제공될 필요가 있는데, 각 원자의 운동 속도는 Maxwell 속도 분포를 가정하여 해당 온도에 맞게 임의로 주어지거나, 동일한 조건에서의 이전 시뮬레이션 결과를 활용할 수도 있다. 분자동역학은 앞서 언급한 것처럼 수치 해석적으로는 운동 방정식(2차 미분 방정식)을 적분하는 과정에 불과하며, 다양한 조건(온도, 압력) 하에서 실행이 될 수 있는데, 그 방법을 좀 더 상세하게 알아보자.

1) 운동 방정식의 수치 적분

식 (2-1)로 주어진 운동 방정식을 아래에 다시 써 보자.

$$m_i \frac{d^2 r_i}{dt^2} = F_i = -\nabla_{r_i} V \tag{2-1}$$

개개 원자의 위치를 알면 퍼텐셜 에너지를 알 수 있고, 그 기울기로부터 개개 원자에 작용하는 힘 F 또는 가속도 a를 알 수 있게 된다. 운동 방정식을 수치 적분한다는 것은 어느 시점 (t)에 알고 있는 위치와 가속도 정보로부터 다음 시점 ($t+\Delta t$)에서의 위치와 속도를 예측하는 과정을 의미한다(속도를 알아야 온도를 알 수 있고, 다음에 설명할 온도 control이 가능하다). 수치 적분 방법은 여러 가지가 있는데, 수식은 간단하지만 다루는 원자 개수만큼이나 계산 횟수가 많아지기 때문에 분자동역학에서는 계산 시간, 메모리의 양, 계산 오차의 수준, 에너지와 운동량 보존 등 다양한 특성을 고려하여 최적의 algorithm을 선택하게 된다.

2차 미분 운동 방정식의 수치적분은 다음과 같은 Taylor 전개식으로부터 출발한다.

$$r(t+\Delta t) = r(t) + v(t)\Delta t + \frac{a(t)}{2!}\Delta t^2 + \frac{\dddot{r}}{3!}\Delta t^3 + O(\Delta t^4) + \cdots \tag{2-21}$$

$$r(t-\Delta t) = r(t) - v(t)\Delta t + \frac{a(t)}{2!}\Delta t^2 - \frac{\dddot{r}}{3!}\Delta t^3 + O(\Delta t^4) + \cdots \tag{2-22}$$

위 두 식을 서로 더하거나 뺀 후 다음과 같이 정리를 해 보자.

$$r(t+\Delta t) = 2r(t) - r(t-\Delta t) + a(t)\Delta t^2 \tag{2-23}$$

$$v(t) = [r(t+\Delta t) - r(t-\Delta t)]/2\Delta t \tag{2-24}$$

Verlet 알고리즘이라고 알려진 이 방법은 위치와 가속도 정보로부터 새로운 위치 정보를 얻을 수 있고, 위치 정보로부터 속도 정보를 얻을 수 있게 해 주는데, 위치에 대해서는 오차 수준이 Δt^4에 비례하는, 매우 우수한 정확도를 보이는 방법이다. 이 방법의 단점은 새로운 ($t+\Delta t$ 시점에서의) 위치 정보를 얻기 위해 과거 두 시점 (t 시점 및 $t+\Delta t$ 시점)에서의 위치 정보를 모두 기억하고 있어야 하며 $t+\Delta t$ 시점에서의 위치 정보를 얻고 난 후에야 t 시점에서의 속도 정보가 얻어진다는 점이다. Verlet 알고리즘의 이러한 단점을 개선한 방법으로 velocity Verlet 알고리즘이라는 방법이 고안되었는데 여기서는 위치 정보를 다음과 같은 식을 통해 얻는다.

$$r(t+\Delta t) = r(t) + v(t)\Delta t + \frac{1}{2}a(t)\Delta t^2 \tag{2-25}$$

식 (2-25)는 식 (2-21)과 비교하면 오차 항이 Δt^3에 비례하는, 즉 Verlet 알고리즘에 비해 정확도가 떨어지는 것처럼 보인다. 그런데, velocity Verlet 알고리즘에서는 속도 $v(t+\Delta t)$를 단순히 $a(t)$ 정보로부터 구하지 않고 다음의 두 단계를 통해서 구하고 있다.

$$v(t+\Delta t/2) = v(t) + \frac{1}{2}a(t)\Delta t \tag{2-26}$$

$$v(t+\Delta t) = v(t+\Delta t/2) + \frac{1}{2}a(t+\Delta t)\Delta t \tag{2-27}$$

즉, t 시점에서의 가속도 정보뿐만 아니라 $t+\Delta t$ 시점에서의 가속도 정보도 이용하고 있는 것이다.

$$v(t+\Delta t) = v(t) + \frac{1}{2}[a(t) + a(t+\Delta t)]\Delta t \tag{2-28}$$

이 velocity Verlet 방법에서 사용하는 식 (2-25)가 원래의 Verlet 방법에서 사용하는 식 (2-23)과 같은 식이라는 것은 다음의 과정을 통해 확인할 수 있다. 다음의 식 (2-29)와 (2-30)은 각각 식 (2-25)를 $t+2\Delta t$ 시점과 $t+\Delta t$시점에 대해 정리하거나 단순히 순서를 바꾼 것이다.

$$r(t+2\Delta t) = r(t+\Delta t) + v(t+\Delta t)\Delta t + \frac{1}{2}a(t+\Delta t)\Delta t^2 \tag{2-29}$$

$$r(t) = r(t+\Delta t) - v(t)\Delta t - \frac{1}{2}a(t)\Delta t^2 \tag{2-30}$$

위 두 식을 서로 더한 후 식 (2-28)을 이용하여 v항을 a항으로 대체하면 아래 식 (2-31)을 얻을 수 있다.

$$r(t+2\Delta t)+r(t)=2r(t+\Delta t)+a(t+\Delta t)\Delta t^2 \tag{2-31}$$

식 (2-31)은 Verlet 알고리즘의 식 (2-23)과 비교해 시점만 바뀐, 같은 식이다. 이로부터 velocity Verlet 알고리즘은 Verlet 알고리즘과 동일한 수준의 정확도를 가지고 있을 뿐 아니라 같은 시점에 위치와 속도 정보를 모두 얻을 수 있는 방법임을 확인할 수 있다. 여기서 설명한 velocity Verlet 알고리즘 이외에도 Gear's Predictor-corrector 알고리즘이라 불리는 방법이 널리 사용되고 있으나 자세한 설명은 생략한다.

앞서 설명한 velocity Verlet 알고리즘을 이용하면 기초적인 분자동역학 프로그램 code를 작성할 수 있다. 여기에, 역시 앞서 소개한 radial cutoff 개념과 neighbor list 개념 및 주기경계조건을 도입하면 효율적인 분자동역학 code가 완성된다. 이 시점에 더 고려해야 하는 것은 시스템에 일정 온도가 유지되도록 하는 기법과 일정 온도, 압력 하에서 열팽창 정도에 따라 부피가 자유자재로 변화할 수 있도록 설정하는 기법일 것이다.

2) 일정 온도에서의 분자동역학 실행

시뮬레이션 초기에 주어진 온도에 해당하는 적절한 속도 분포가 주어져 있지 않은 경우, 또한 인위적으로 온도를 변화시키면서 시뮬레이션을 수행하고자 하는 경우, 시스템의 온도가 목표로 정한 값에 일정하게 유지되도록 할 필요가 있다. 이를 위한 가장 간단한 방법 중의 하나는, 식 (2-26)을 이용하여 $t+\Delta t/2$ 시점에서의 속도를 구할 때, 식 (2-26) 대신 다음 식을 이용하는 것이다.

$$v(t+\Delta t/2)=\sqrt{(T^o/T)}\,v(t)+\frac{1}{2}a(t)\Delta t \tag{2-32}$$

여기서 T는 각 시점에 시뮬레이션 상에서 구한 온도이고 T^o는 목표로 하는 온도이다. 식 (2-32)에서의 보정항 $\sqrt{(T^o/T)}$는, 식 (2-5)와 (2-6)으로부터 온도가 각 원자의 속도 제곱 합과 비례관계에 있다는 점을 생각하면 쉽게 이해할 수 있다.

3) 일정 압력 하에서의 분자동역학 실행

지금까지 설명한 분자동역학 기법을 이용하면 주어진 온도에서 각 원자의 동역학적인 반응 및 관련 시스템 특성에 대한 시뮬레이션이 가능하게 된다. 주기 조건을 설정하지 않은 경우는 온도에 따라 초기 샘플의 크기가 변화하는 것을 자연스럽게 기술할 수 있지만, 주기 조건을 설정한 경우라면 샘플 크기 및 부피가 변화하는 것을 고려할 수 없고, 일정한 부피를 가진 샘플에 대한 시뮬레이션만이 가능하다. 온도에 따라 샘플 크기가 변화하는 것 (열팽창)을 기술할 수 있기 위해서는 각 원자에 대한 운동 방정식의 해를 구하는 것으로는 부족하며 수식적인 절차가 조금 더 확장될 필요가 있다. 이를 설명하기 위해서는 우선 각 원자에 대한 운동 방정식이 유도되는 과정을 좀 더 근본적으로 살펴볼 필요가 있다.

Newton 운동 방정식보다 조금 더 일반적인 Lagrangian 운동 방정식을 살펴보자.

$$\frac{d}{dt}(\partial L/\partial \dot{q}_k) - (\partial L/\partial q_k) = 0 \tag{2-33}$$

여기서 q는 generalized coordinate을, $\dot{q}$는 q의 time derivative를 의미하며, L은 운동 에너지 K와 퍼텐셜 에너지 V의 차이로 다음과 같이 정의된 Lagrangian을 나타낸다.

$$L(\dot{q}, q) = K - V \tag{2-34}$$

운동 에너지에 대한 식 (2-5)를 식 (2-34)에서의 K에 대입하고, 이를 다시 (2-33)에 적용하면 다음과 같은 Newton 운동 방정식이 얻어지는 것이다.

$$m_i \ddot{r}_i = F_i = -\nabla_{r_i} V \tag{2-35}$$

현재까지는 시스템의 퍼텐셜 에너지 및 운동 에너지를 나타내기 위한 변수로서 각 원자의 위치 벡터 r과 속도 벡터 v가 사용되어 왔다. 0 K가 아닌 유한한 온도에서 샘플 dimension을 고정시키지 않고 압력이나 외부 응력이 일정하다고 조건을 주는 경우는 열진동으로 인하여 각 원자의 위치 이외에 샘플의 부피도 순간순간 변화할 수 있고 온도에 따라 평균치도 변화를 하게 된다. 즉, 각 원자의 위치뿐만 아니라 부피도 시스템의 에너지를 결정하는 하나의 동적 변수로 취급을 하게 된다. Andersen[1]에 의해 제안된 방법으로, 추가적인 변수 V (퍼텐셜 에너지가 아니라 부피이다)에 연관된 운동 에너지 K_V와 퍼텐셜 에너지 V_V는 다음과 같이 주어진다.

$$K_V = \frac{1}{2} Q \dot{V}^2 \qquad V_V = (P^{ext} - P) V \tag{2-36}$$

여기서 P는 매 time step, 계산으로 얻은 시스템의 압력이고, P^{ext}는 조건으로 주어진 외부 압력이다. Isotropic한 샘플에 대해 앞서 주기경계조건을 설명하면서 소개했었던 scaled variable s를 이용하면 위치 r과 속도 벡터 v는 다음과 같이 표현될 수 있다.

$$r = V^{1/3} s \qquad v = V^{1/3} \dot{s} \tag{2-37}$$

이와 연관된 운동 에너지 K와 퍼텐셜 에너지 V는 다음과 같이 표현된다.

$$K = \frac{1}{2} m \sum_i v_i^2 = \frac{1}{2} m V^{2/3} \sum_i \dot{s}_i^2 \qquad V = V(V^{1/3} s) \tag{2-38}$$

여기에다 부피 변수로 인한 운동 에너지와 퍼텐셜 에너지를 추가하면 Lagrangian을 다음과 같이 정의할 수 있다.

$$L_V = K + K_V - V - V_V \tag{2-39}$$

위와 같이 정의된 Lagrangian을 식 (2-33)의 운동 방정식에 적용시키면 다음과 같은 두 set의 운동 방정식을 얻게 된다.

$$\ddot{s} = f/(mV^{1/3}) - (2/3)\dot{s}\dot{V}/V \tag{2-40}$$

$$\ddot{V} = (P - P^{ext})/Q \tag{2-41}$$

식 (2-41)은, time step마다계산으로 얻은 내부 압력이 외부 조건으로 주어진 압력보다 크면 시스템 부피는 양(+)의 가속을 받게 되고, 반대의 경우에는 음(-)의 가속을 받게 됨을 나타낸다. 매 time step마다 scaled variable s와 그 미분치의 값을 얻게 되면 이로부터 각 원자들의 실제 위치와 (운동 에너지 및 온도를 계산하기 위한) 속도를 다음의 식으로 얻을 수 있다.

$$r = V^{1/3}s \tag{2-42}$$

$$\dot{r} = V^{1/3}\dot{s} + \frac{1}{3}V^{-2/3}\dot{V}s \tag{2-43}$$

시스템 부피의 변동으로 인한 운동 에너지를 정의한 식 (2-36)에서 사용된 Q는 부피의 진동 주기를 결정하는 특성치이기는 하나 mass를 의미하는 것은 아니고 물리적 의미를 부여하기 쉽지 않다. 다만, Lennard-Jones potential을 이용하는 경우 경험적으로 $Q = 0.0027\ m/\sigma^4$의 값이 가장 최적이라는 것이 알려져 있을 뿐이다. 1980년 Andersen [1]에 의해 발표된 이 방법은 흔히 NPT ensemble MD라고 알려져 있는 방법으로, 시뮬레이션 샘플의 부피가 등방적으로 변화하는 경우에만 적용될 수 있다는 한계가 있었으나, 이후 Parrinello 및 Rahman에 의해 비등방적인 샘플 dimension의 변화는 물론 형상의 변화까지 기술할 수 있도록 확장이 된다.

4) 일정 응력 하에서의 분자동역학 실행(Parrinello-Rahman method)

이 방법은 앞서 소개한 바와 같이 비등방적인 부피의 변화는 물론 형상의 변화까지 기술할 수 있는 방법이다. 이 방법에서는 시뮬레이션 cell을 정육면체가 아닌, 각 edge가 **a**, **b**, **c** 세 개의 벡터로 표현되는 평형육면체로 간주를 한다. 세 개의 vector로부터 {**a**, **b**, **c**} matrix가 정의되고 cell의 부피는 다음과 같이 정의가 된다.

$$\mathrm{V} = |\mathbf{h}| = \mathbf{a} \cdot \mathbf{b} \times \mathbf{c} \tag{2-44}$$

또한, 임의의 원자 i의 위치는 $\mathbf{h}$ matrix와 (앞서 scaled variable $\mathbf{s}$와 같은 의미를 가지는) column vector $\mathbf{s}_i$로부터 다음과 같이 표현된다.

$$\mathbf{r}_i = \mathbf{h}\mathbf{s}_i = \xi_i \mathbf{a} + \eta_i \mathbf{b} + \zeta_i \mathbf{c} \qquad 0 < \xi_i,\ \eta_i,\ \zeta_i < 1 \tag{2-45}$$

이 방법에서 i 원자의, 원점으로부터의 거리는 다음의 과정을 통해 계산될 수 있는데,

$$r_i^2 = \mathbf{s}_i^T \mathbf{G} \mathbf{s}_i \qquad \mathbf{G} = \mathbf{h}^{\mathrm{T}} \mathbf{h} \tag{2-46}$$

같은 방법으로, 각 원자의 운동으로 인한 운동 에너지와 새로운 동적 변수 $\mathbf{h}$의 변화와 연관된 운동 에너지는 다음과 같이 정의가 된다.

$$K = \frac{1}{2} \sum_i m_i v_i^2 = \frac{1}{2} \sum_i m_i \dot{\mathbf{s}}_i^T G \dot{\mathbf{s}}_i \tag{2-47}$$

$$K_h = \frac{1}{2} W\, Tr(\dot{\mathbf{h}}^T \dot{\mathbf{h}}) \tag{2-48}$$

앞의 NPT MD에서와 같은 순서로 퍼텐셜 에너지, Lagrangian을 정의하면 아래와 같은 새로운 운동 방정식을 얻을 수 있다.

$$\ddot{\mathbf{s}}_i = -\sum_{j \neq i} m_i^{-1} (\dot{\phi} / r_{ij})(\mathbf{s}_i - \mathbf{s}_j) - G^{-1} \dot{G} \dot{\mathbf{s}}_i \tag{2-49}$$

$$W \ddot{\mathbf{h}} = (p - p^{\mathrm{exp}}) \boldsymbol{\sigma} - \mathbf{h} \boldsymbol{\Sigma} \tag{2-50}$$

여기서 symmetric tensor $\boldsymbol{\Sigma}$는 외부 응력 tensor $\boldsymbol{S}$와 $\Sigma = \mathbf{h}_0^{-1} (\boldsymbol{S} - p^{ext}) \mathbf{h}_0^{T-1} V_0$의 관계를 가지고, p^{ext}는 외부 압력으로 $(S_{11} + S_{22} + S_{33})/3$로 주어지며, $\boldsymbol{\sigma}$는 $\boldsymbol{\sigma} = V\mathbf{h}^{T-1}$로 정의된 area tensor로 reciprocal space를 구성하는 vector와 다음과 같이 연결된다.

$$\frac{2\pi}{V} \{ \boldsymbol{b} \times \boldsymbol{c},\ \boldsymbol{c} \times \boldsymbol{a},\ \boldsymbol{a} \times \boldsymbol{b} \} = \frac{2\pi}{V} \boldsymbol{\sigma} \tag{2-51}$$

W는 앞의 NPT MD에서의 Q와 같이 effective mass 효과를 나타내는 항인데, Q와는 달리 실제 mass에 해당하는 물리적 의미를 가지며, 최적의 값으로 원자 mass의 50배 정도에 해당하는 값이 사용된다.

Parrinello와 Rahman[2-4]에 의해 소개된 이 방법은 외부에서 시뮬레이션 조건으로 정의해준 stress tensor S를 따서 NST ensemble MD라고 알려져 있으며 보다 상세한 사항은 원 논문을 참고하기 바란다.

2.4 분자동역학 시뮬레이션 결과의 분석

분자동역학 시뮬레이션 과정 중 상변태 현상이 발생하는 경우, 구조 분석을 수행할 필요가 있다. 시뮬레이션 cell 전체가 하나의 single crystal로 존재하는 경우는 비교적 쉽게 구조 분석이 가능하지만, 여러 구조가 혼합되어 있거나 하나의 상이더라도 입계 등 결함을 많이 포함하고 있는 경우는 원자 단위에서 국부적으로 구조 분석을 수행해야 할 필요가 있다.

1) Single crystal에 대한 구조 분석

시뮬레이션 cell이 하나의 구조, 액상이나 비정질, 또는 bcc, fcc 등 결정상으로 구성되어 있을 경우 구조의 분석은 radial distribution function(RDF)이나 angle distribution function(ADF)을 측정함으로써 수행될 수 있다. 원자 하나하나에 대해 반지름 방향 거리의 함수로 이웃 원자의 분포 곡선을 생각해 보자. 완벽한 0 K 결정 구조를 유지하고 있다면, 최인접 원자 간 거리, 제2 인접 원자 간 거리 등 특정 거리에서 peak가 생기고 나머지 거리에서는 분포가 zero가 될 것을 예상할 수 있다. Peak가 생기는 위치는 결정 구조에 따라 최인접 원자 간 거리나 제2 인접 원자 간 거리가 서로 다르기 때문에 다를 수밖에 없고 RDF 상의 peak 위치로부터 결정구조를 구분할 수 있게 된다. 결정 구조가 달라지면 최인접 원자 bonding 간의 결합 각 역시 달라지며, 이를 이용한 것이 ADF 분석이다.

RDF 분석을 위해서는, 각 원자에 대해 정해진 범위 내에 있는 이웃 원자 하나하나와의 거리를 계산하고, 모든 원자에 대해 같은 계산을 수행한 후 거리별로 평균을 낸 다음, 이를 막대그래프의 형태(거리 vs. 이웃 원자 수)로 정리를 해야 한다. 이웃 원자와의 거리는 연속적인 값이므로 실제 분석에서는 Δr이라는 간격을 가진 spherical shell을 생각하고 각 이웃 원자가 몇 번째 shell에 위치하는지를 기록하게 된다. 시스템의 총 원자 개수가 N일 때, 개개 원자에 대해 r이라는 거리(실제로는 $r-\Delta r/2$과 $r+\Delta r/2$ 사이)에 위치하는 이웃 원자의 평균 개수를 계산하는 과정을 수식으로 나타내면 다음과 같다.

$$\frac{1}{N}\left\langle \sum_{i}^{N}\sum_{j\neq i}^{N}\delta[r-r_{ij}]\right\rangle \tag{2-52}$$

여기에서 $\delta[x]$는 x가 0일 때는 1, 그 외에는 0의 값을 가지는 부호이나 여기서는 r_{ij}가 r에 해당할 때($r-\Delta r/2$과 $r+\Delta r/2$ 사이에 있을 때) 1의 값을 가진다. 대괄호 < >는 time average를 나타낸다. 위와 같이 계산한 분포도는 대략 거리의 제곱에 비례해서 증가하는 peak들로 이루어지게 된다. 왜냐하면 각 shell 표면적의 크기는 r의 제곱에 비례하고 두께가 Δr로 균일한 shell의 부피 역시 r의 제곱에 비례해서 증가할 것이기 때문이다. 물질의 결정상이 discrete한 원자로 구성되어 있지 않고, 같은 밀도(number density) $\rho(=N/V)$를 가지고 균일하게 분포된 완벽한 연속체로 구성되어 있다고 가정하면, 각 shell의 용량은 정확히 r의 제곱에 비례할 것이다. RDF $g(r)$은 식 (2-52)의 과정을 통해 계산한 막대그래프를 각 shell의 용량으로 normalize한 것을 r의 함수 꼴로 plot한 curve이다. 이를 수식으로 나타내면 아래와 같다.

$$\frac{\left\langle \sum_{i}^{N}\sum_{j\neq i}^{N}\delta[r-r_{ij}]\right\rangle}{N\rho\, V(r,\ \Delta r)} \tag{2-53}$$

여기서 $V(r,\ \Delta r)$은 거리 r에 해당하는, 두께 Δr인 shell의 부피를 나타낸다.

RDF는 0 K에서는 단순한 몇 개의 peak로 구성되지만, finite temperature에서는 열진동으로 인해 peak의 폭이 증가하고, 그 정도는 온도가 올라갈수록 심해진다. Fig. 2-6에는 300 K fcc 결정구조의 Ni과 액상 Ni에 대해 분자동역학으로 계산된 RDF를 비교하였다.

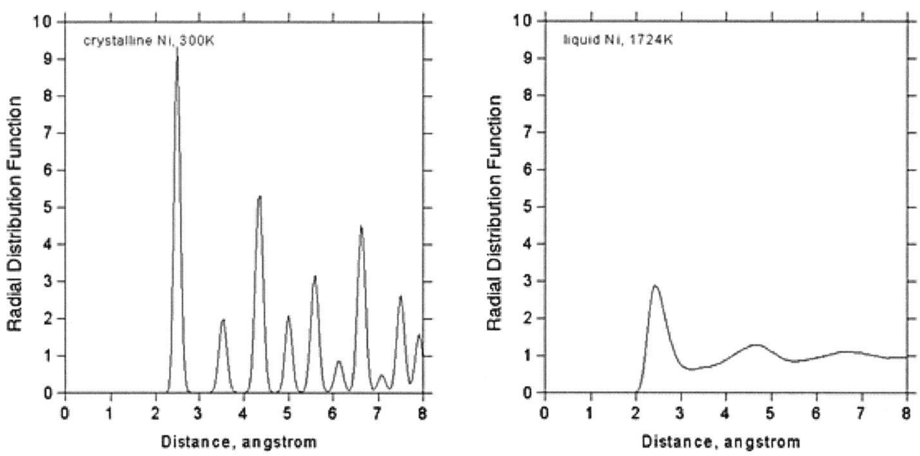

[Fig. 2-6] fcc 결정과 액상 Ni의 radial distribution function

300 K fcc 결정의 경우 peak의 폭이 좁고 높이가 높으며 peak과 peak 사이에 분포된 원자가 없음을 보여주고 있다. 즉, 열진동이 적어 각 원자들이 이상적인 격자 자리에 비교적 뚜렷하게 분포되어 있음을 의미한다. 반면 액상의 경우는 첫 번째 peak와 well을 제외하고는 거의 peak가 뚜렷하게 구분이 되어 있지 않고, 특히 r이 클 때는 거의 1의 값을 유지하고 있음을 알 수 있다. 이는 최인접 원자 거리 부근을 제외하고는 액상의 분포나 완벽한 연속체의 분포가 큰 차이가 없다는 것을 의미한다.

RDF를 구조 분석에 활용하는 또 하나의 예로, 비정질 금속에서 압축 응력이 작용함에 따라 결정화가 진행되는 과정을 살펴보자. Fig. 2-7a, b, c는 초기 비정질 샘플과 등방 압축이 각각 1, 6% 진행되었을 때의 원자구조를 나타내고 Fig. 2-7d는 압축이 1~6% 진행되는 동안 RDF의 변화를 나타낸다. 우선 1% 압축의 경우 4~5 Å 영역의 peak에서 두 개가 겹친 모양이 나타나는데, 이는 비정질의 RDF에서 나타나는 전형적인 특징이라고 알려져 있다. 6% 압축이 진행된 경우 Fig. 2-7c의 원자구조를 보면 결정화가 많이 진행된 것을 볼 수 있는데, RDF 상으로는 4~5 Å 영역 peak의 모양이 바뀌고, 3~4 Å 영역에 새로운 peak(결정 구조에서 제2 인접 원자에 해당하는)가 형성되는 것으로 결정화 진행 상황을 확인할 수 있다.

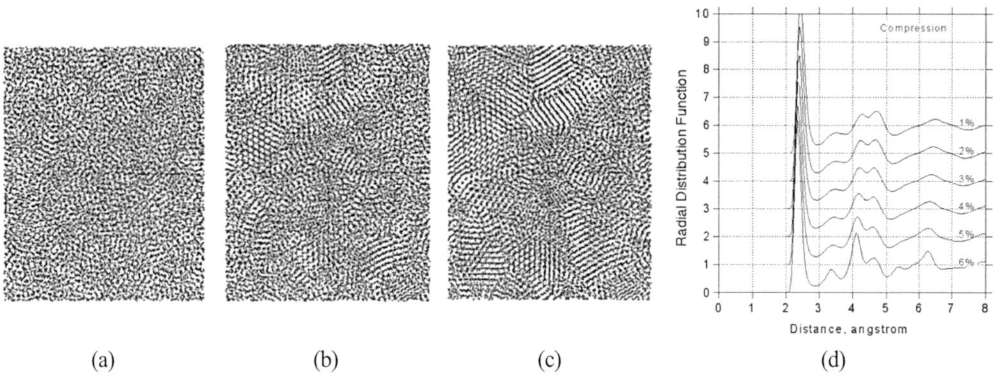

[Fig. 2-7] (a) 초기 비정질 구조, (b) 1%, (c) 6% 압축이 진행된 구조, (d) 압축 중 RDF 변화

ADF는 x축이 거리가 아닌 bonding 각도(또는 이의 cosine)가 된다. Fig. 2-8에는 0 K 완벽한 fcc, hcp, bcc 결정구조와 icosahedron 구조에서 ADF가 어떻게 달라지는지를 보여주고 있다. Finite temperature에서는 열진동으로 인해 각 peak의 폭이 넓어짐은 앞서 언급한 바와 같다.

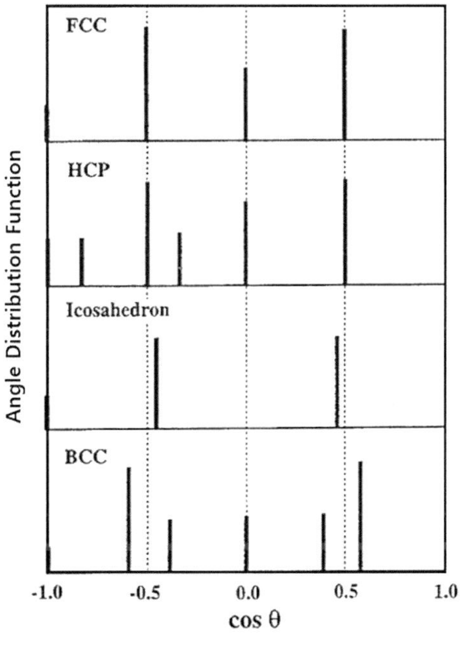

[Fig. 2-8] 완벽한 (0 K) fcc, hcp, icosahedron 및 bcc 결정구조의 angle distribution function

2) Poly-crystal에 대한 구조 분석

시뮬레이션 cell이 여러 결정 구조의 혼합체인 경우, 결정 구조의 공간 분포를 RDF나 ADF로 분석하는 것은 쉽지 않다. 이러한 경우는 개개 원자 단위 수준에서 국부적인 분석이 이루어져야 하는데, 가장 간편하게 사용할 수 있는 방법은 각 원자의 energy를 계산해서 그 차이를 색으로 나타내거나 최인접 원자의 개수를 구분해서 색으로 나타내는 방법이 있다. Fig. 2-9a는 원래는 단결정이었던 나노와이어에서 변형으로 인한 상변태가 일어나 다결정이 된 모습을 보여준다. 최인접 원자 수를 기준으로 개개 원자를 구분하여 색으로 나타내면 Fig. 2-9b가 얻어진다. 갈색은 완전한 결정 구조를 이루는 원자, 푸른색이나 붉은색은 입계 또는 표면과 같은 결함 영역에 있는 원자들을 나타내며, 다결정 조직이 보다 뚜렷하게 관찰됨을 확인할 수 있다.

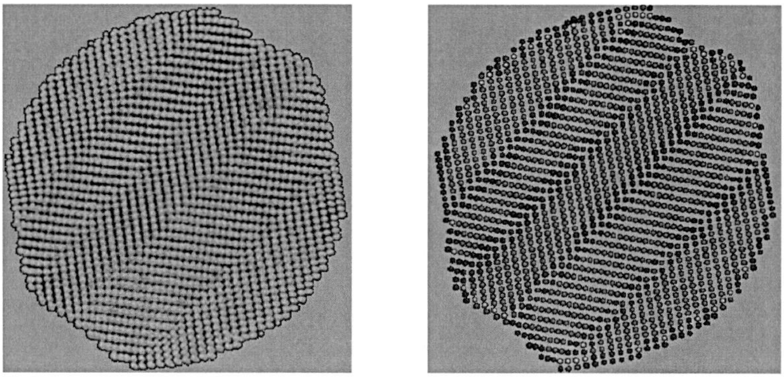

(a) (b)

[Fig. 2-9] 단결정 나노와이어에서 변형 상변태가 일어난 후의 단면 원자 구조

이외에 원자 단위에서 구조 분석을 할 수 있는 방법으로 voronoi polygon 또는 polyhedron 분석이라는 기법이 있는데, 주로 비정질 구조에서 단범위 규칙 분포 양상을 분석하는 데 활용되고 있다[5,6].

MD 시뮬레이션 중 임의의 순간의 configuration에 대해 이상에서 열거한 분석 기법들을 활용할 때, 온도가 높으면 열진동이 심하여 분석이 뚜렷하게 되지 않는 경우가 있다. 이런 경우에는 0 K에서 energy minimization 과정을 거친 후 구조 분석을 수행하기도 한다.

2.5 분자동역학을 이용한 물성의 계산

분자동역학은 주어진 조건에서 물질의 동적인 반응을 보는 것이 목적이지만, 기초적인 물성을 계산하는 데에도 활용된다. 특히, 제일원리계산으로 접근이 어려운 입계 에너지나 입계 확산 등에 대해서는 유일한 접근 방안이 될 수도 있다. 그러나, 경험적인 퍼텐셜 모델을 사용하는 한 그 신뢰성을 확보하기 위해서는 잘 알려진 물성이 재현되는지를 항상 확인할 필요가 있으며, 이러한 면에서 atomistic 시뮬레이션을 통해 기초 물성을 계산할 필요가 있다. 여기서는 원자 퍼텐셜을 개발할 때, 그 신뢰성을 확인하기 위해 계산하고 실험 또는 제일원리계산 정보와 비교하는 대표적인 기초 물성들을 대상으로, 그 계산 방법을 소개하고자 한다.

1) Bulk 특성의 계산

Bulk 특성을 계산하기 위해서는 앞서 설명한 periodic boundary condition을 세 방향 모두에 대해 설정하고, 주어진 조건(온도, 압력)에서 가장 안정한 상태의 샘플 dimension이 구현되도록 NPT 또는 NST 시뮬레이션을 수행하는 것이 첫 번째로 할 일이다. 이러한 과정을 equilibration이라고 한다. 계산의 수월함, 또는 제일원리계산과의 비교를 위해 0 K에서의 bulk 특성을 많이 계산하게 되는데, 0 K에서의 equilibration을 특별히 0 K relaxation 또는 energy minimization이라고 한다. 0 K에서의 energy minimization에는 steepest-descents 또는 conjugate gradient method라고 하는 방법들을 사용하는데, 별도의 code 준비 없이 분자동역학 code를 그대로 사용하면서도, 식 (2-25)를 이용하여 각 원자의 위치를 update할 때 velocity와 acceleration의 방향이 서로 반대일 경우(두 벡터의 dot product가 음의 값을 가질 경우) velocity 값을 zero로 주는 방식으로 간편하게 energy minimization을 수행하기도 한다.

대표적인 bulk 특성으로, 실험 또는 계산 기법 간의 비교를 위해 가장 빈번하게 계산되는 특성이 탄성 계수이다. Bulk modulus를 비롯한 탄성 계수들은 시뮬레이션 cell에 적절한 방향으로 미소 변위를 주고 에너지를 계산, 그 2차 미분치를 수치 해석적으로 구하는 방법으로 식 (2-54)를 이용하여 계산이 된다.

$$C = (E^{+} + E^{-} - 2E^{0}) / \varepsilon^{2} K\Omega \tag{2-54}$$

여기서 E^0, E^+, E^-는 각각 변위를 주지 않은 상태, (+) 값의 변위를 주었을 때, (−) 값의 변위를 주었을 때의 시스템 에너지를 나타내며, ε은 변위의 크기, K는 변위의 dimension과 관련된 상수, Ω는 atomic volume을 나타낸다. 다양한 탄성 계수를 계산하기 위해 미소 변위를 주는 방법과 각각에 해당하는 상수 K 값은 표 2-1에 정리한 바와 같다.

〈표 2-1〉 각 탄성 계수 계산을 위한 변위의 종류 및 계산 방법

Elastic Constant	$x \rightarrow$	$y \rightarrow$	$z \rightarrow$	K
B	$x(1+\varepsilon)$	$y(1+\varepsilon)$	$z(1+\varepsilon)$	9
C_{11}	$x(1+\varepsilon)$	y	z	1
$(C_{11}-C_{12})/2$ $(equal\ \ C_{66})$	$x(1+\varepsilon)$	y	$z(1-\varepsilon)$	4
$[(C_{11}+C_{33})-2C_{13}]/4$	$x(1+\varepsilon)$	$y(1-\varepsilon)$	z	4
C_{33}	x	$y(1+\varepsilon)$	z	1
C_{44}	$x+\varepsilon y$	$y+\varepsilon x$	z	4

2) 점결함 특성의 계산

대표적인 점결함 특성으로는 원자공공 형성에너지(vacancy formation energy)와 원자공공 이동에너지(vacancy migration energy)를 들 수 있다. 원자공공 형성에너지는 원자공공 하나가 생기는 데 필요한 에너지로 완벽한 결정 샘플과 원자 하나가 빠진 결정 샘플의 총 에너지를 비교함으로써 간단하게 얻어진다. 모든 샘플의 총 에너지는 energy minimization을 통해 구하며, 결함 주위의 원자들에 대해서는 relaxation이 일어날 수 있다. 여기서 주의해야 할 것은, 완벽한 샘플과 결함을 포함하고 있는 (원자가 하나 빠진) 샘플의 총 원자 개수가 같지 않으므로, 총 원자 개수가 같은 조건으로 환산을 해서 두 샘플의 총 에너지를 비교해야 한다는 점이다. N개의 원자로 이루어진 완벽한 결정의 원자 1개당 에너지를 E_0라고 하고 원자공공을 포함하고 있는 ($N-1$개의 원자로 구성된) 결정의 원자당 에너지를 E_v라고 하자. 결함을 포함한 시편의 총 에너지는 $(N-1)E_v$로 나타낼 수도 있고, $(N-1)$개의 완벽한 결정 원자와 한 개의 원자공공으로 구성되었다는 점을 고려하여 $(N-1)E_0+E_v^f$로 나타낼 수도 있을 것이다. 두 표현이 같은 값을 가져야 한다는 조건으로부터, 원자공공 형성에너지 E_v^f에 대해 다음과 같은 계산식을 얻을 수 있다.

$$E_v^f = (N-1)(E_v - E_0) \tag{2-55}$$

원자공공 이동에너지는 원자공공 하나가 이웃한 격자 자리로 이동하기 위해 극복해야 하는 에너지 장벽의 크기를 의미한다. 이는 원자공공에 이웃한 원자 하나를 조금씩 원자공공이 있는 자리로 이동시켜 가면서 시스템의 총 에너지를 계산하여 도시함으로써 구할 수 있다. 원자의 이동 과정을 상징적으로 Fig. 2-10에 도시하였다. Fig. 2-10에서 첫 번째 step과 마지막 다섯 번째 step은 사실상 동일한 상태(안정한 자리에 원자공공이 하나 있는 상태)를 나타내며 그 중간 과정은 불안정한 상태이므로 에너지가 높다. 원자공공 이동에너지는 중간 과정에서

에너지가 가장 높은 상태와 초기 상태의 에너지 차이를 의미한다. 중간 과정의 시스템 에너지를 계산할 때는, 이동하고 있는 원자가 relaxation 과정에서 보다 안정한 원래 위치로 되돌아 올 가능성이 많으므로 이동하는 원자의 위치를 고정시킨 상태에서 energy minimization을 수행하여야 한다. 시스템이 작을 때는 relaxation 과정에 위치를 고정시킨 원자를 제외한 다른 모든 원자들이 위치 이동을 하여 다시 원래 상태로 돌아오는 경우도 있다. 이를 방지하기 위해서, 이동하는 원자 이외에도 이와 멀리 떨어져 계산에 영향을 주지 않을 것이 확실한 원자들 몇 개를 같이 위치 고정시키는 것이 필요하다.

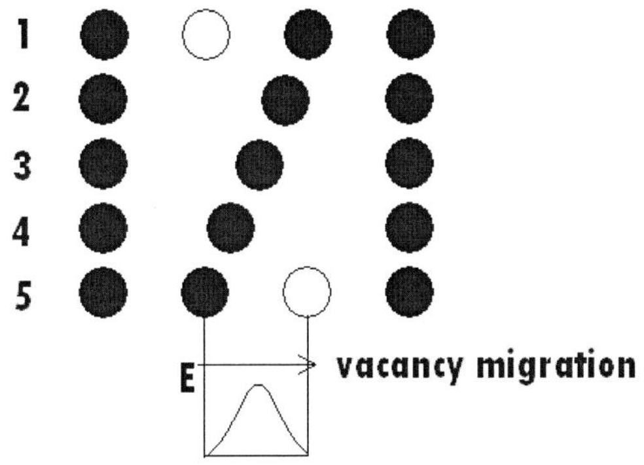

[Fig. 2-10] 원자공공 이동에너지를 계산하기 위한 원자의 이동 과정

원자공공 mechanism에 의한 확산 에너지 장벽은 위와 같은 과정을 통해 계산된 원자공공 형성에너지와 이동에너지의 합임은 잘 알려져 있다. 또한, 위에 설명한 개념을 이해하면 다른 defect 관련 에너지도 쉽게 계산을 할 수 있다. 예를 들면 di-vacancy 형성에너지라든가 di-vacancy 결합(binding) 에너지는 원자공공 두 개가 이웃하고 있는 샘플을 준비해서 총 에너지 또는 원자당 에너지를 계산하고, 그 샘플의 총 에너지가 다음과 같이 표현된다는 점을 고려하여 쉽게 계산해 낼 수 있다.

$$(N-2)E_{2v} = (N-2)E_0 + 2E_v^f - E_{2v}^{binding} \tag{2-56}$$

여기서 E_{2v}는 두 개의 이웃한 원자공공을 포함하는 샘플의 원자당 에너지, $E_{2v}^{binding}$은 두 원자공공 간의 결합 에너지이며, $2E_v^f - E_{2v}^{binding}$가 di-vacancy 형성에너지가 된다. 두 결함 간의 결합 에너지란 두 결함이 멀리 떨어져 상호작용이 없을 때와 서로 이웃하면서 상호작용을 하고 있을 때의 에너지 차이를 말하며, 결합 에너지가 (+) 값을 가진다는 것은 두 결함이 이웃하고 있을 때 더 안정하다는 것을 나타낸다. Self-interstitial 형성에너지는 원자공공 형성에너지와 계산하는 과정이 동일하다. 다만 샘플에 하나의 원자공공을 삽입시키는 대신 하나의 원자를 침입형으로 삽입시킨다는 점과 결함을 포함한 샘플의 총 원자 수가 $N-1$로 감소하는 것이 아니라 $N+1$로 증가한다는 점이 원자공공을 고려하는 경우와 다르다고 하겠다.

3) 면결함 특성의 계산

대표적인 면결함 특성으로는 표면(surface), 적층결함(stacking fault), 입계(grain boundary), 계면(interfacial) 에너지 등을 들 수 있다. 결함 에너지를 계산하는 데 있어서 기본적인 공통점은 결함을 포함하는 샘플과 결함을 포함하지 않는 샘플의 총 에너지를 계산하고 원자의 개수를 고려하여 두 샘플의 총 에너지 차이를 구한다는 점이다. 예를 들어 표면에너지 계산을 위해서는 대상이 되는 표면 방향으로 주기경계조건을 주지 않은 상태에서 energy minimization을 통해 에너지를 구하고, 주기경계조건을 적용한 상태에서의 에너지와 비교를 하게 되는데(Fig. 2-11), 총 원자의 개수를 N, 주기경계조건을 적용하지 않은 경우와 적용한 경우의 원자당 에너지를 각각 E_{surf}, E_0로 한다면, 표면에너지 E_S는 다음의 식을 통해 얻어진다.

$$E_S = \frac{N \cdot (E_{surf} - E_0)}{2\,Area_{surf}} \tag{2.57}$$

여기서 $Area_{surf}$는 표면 면적을 의미하며, 2를 곱한 이유는, 한 방향으로 주기경계조건을 적용하지 않은 경우 자유 표면이 샘플의 양면에 나타나기 때문이다.

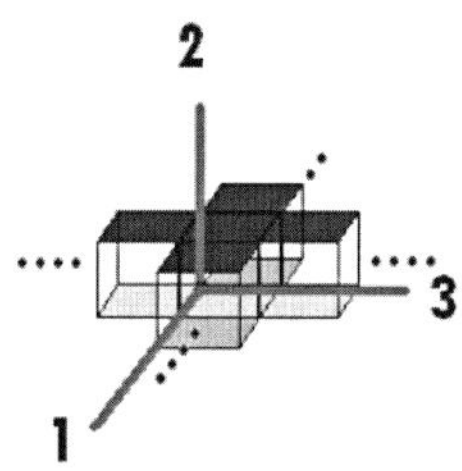

[Fig. 2-11] 표면에너지 계산을 위한 주기경계조건의 적용

다음은 서로 다른 두 상 간 계면 에너지를 계산하는 방법을 생각해 보자. Fig. 2-12는 $L1_2$ (AB3) 구조를 가지는 결정과 fcc(순수 B) 구조를 가지는 결정 간의 (100) 계면 에너지를 계산하기 위해 만든 supercell과 기본적인 계산식을 도식적으로 나타낸 것이다.

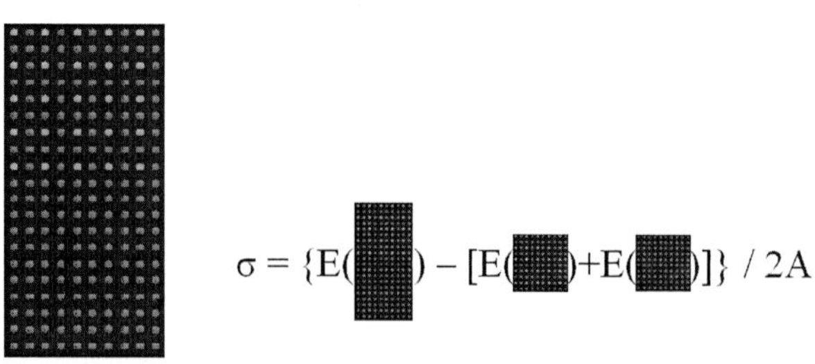

[Fig. 2-12] $L1_2$ (AB_3) 구조를 가지는 결정과 fcc(순수 B) 구조를 가지는 결정 간의 (100) 계면 에너지 계산을 위한 supercell과 계산식

결합 에너지를 계산하는 여느 식과 마찬가지로 계면 에너지의 계산은 계면을 포함한 샘플과 계면을 포함하지 않은 샘플들의 총 에너지 차이를 계면의 총 면적으로 나눔으로써 값이 얻어진다. 동일한 결정상 간의 입계 에너지 계산도 마찬가지이다. 단, 이 계산에서 중요한 것은, 여타 자유 표면 효과를 없애기 위해 Fig. 2-12에 도시한 supercell이나 각 결정 샘플에 대해 주기경계조건을 주게 되는데, 두 결정의 격자 상수의 차이로 인해 supercell의 각 결정상에 각기 다른 양의 변형이 걸릴 수 있다는 점이다. 즉, Fig. 2-12의 supercell의 총 에너지를 계산하기 위해 energy minimization을 시킬 때 각 결정상의 격자 상수는 각기 고유의 평형 격자 상수값을 가지지 못한다. 이때, 순수한 각 결정상 AB_3, 순수 B의 총 에너지를 계산할 때에는 평형 격자 상수를 가진 상태에서 계산을 해서는 안 되며, 계면에 평행한 방향으로 supercell에서와 동일한 격자 상수를 가지도록(계면의 크기와 면적이 정확하게 일치하도록) 샘플 크기를 미리 조정한 상태에서 나머지 한 방향으로는 relaxation을 허용하면서 energy minimization을 실행하여야 한다.

4) 열 특성의 계산

앞서 소개한 특성들은 대부분 0 K에서 계산이 되는 특성들이다. 여기서는 열진동이 발생하는 유한한 온도에서 계산이 되는 대표적인 특성들의 계산 방법을 소개하고자 한다. 대표적인 열 특성으로 열팽창계수, 비열, 용융점 등을 들 수 있다.

열팽창은 통상 부피 팽창을 3으로 나눈 값을 사용한다. 부피 팽창은 온도에 따른 부피의 변화를 도시하고 그 온도 기울기를 구함으로써 얻어지고, 비열은 일정한 압력(1 atm) 하에서 퍼텐셜 에너지와 운동 에너지를 더한 내부 에너지에 PV항을 더해서 얻어지는 엔탈피(enthalpy)의 온도 기울기를 구함으로써 값을 얻을 수 있다. 분자동역학으로 측정한, 온도에 따른 원자당 부피와 엔탈피 변화로부터 열팽창 계수(ε)와 비열(C_p)을 구하는 공식은 아래와 같다.

$$\varepsilon \fallingdotseq \frac{1}{3}\alpha_V \quad \alpha_V = \frac{1}{V_0}\frac{dV}{dT} \tag{2-58}$$

$$C_p = \left(\frac{dH}{dT}\right) \tag{2-59}$$

위 식에서 α_V는 부피팽창 계수, V_0와 V는 기준이 되는 온도 및 해당 온도에서의 원자당 부피, H는 엔탈피를 의미한다.

용융점을 계산하는 가장 쉬운 방법은 온도를 천천히 올려가면서 용융이 발생하는지를 확인하는 것이다(용융 시 잠열로 인해 엔탈피의 급격한 상승이 관찰된다). 그러나 분자동역학에서 온도를 올린다는 것은 짧은 분석 시간(수 nano seconds 정도)으로 인해 실험적으로는 구현하기 힘들 정도의 큰 가열 속도가 될 수밖에 없다. 주기경계조건을 적용한 완전한 결정을 비

현실적으로 큰 가열 속도로 가열함에 따라 용융이 지연될 수밖에 없으며, 통상 heating method를 이용하여 분자동역학으로 얻은 용융점은 실제로 해당 퍼텐셜을 통해 얻어질 수 있는 평형 용융점에 비해 20~30% 높은 값이 얻어진다고 알려져 있다. 보다 정확한 용융점의 계산을 위해서는 고상 샘플과 액상 샘플을 결합시켜서 자연스러운 고/액 상평형이 일어나는 온도를 측정하는 방식이 사용되고 있으며, interface method라고 알려져 있는 방법 중의 하나를 다음에 소개한다.

interface method를 이용한 melting point의 계산

1. Melting point라고 예상되는 온도에서 perfect crystal에 3D periodic boundary condition을 주고 zero external pressure(1 atm은 고상이나 액상에 대해서는 실제로 zero에 가까운 압력이다) 조건에서 평형 부피(샘플의 dimension)를 구한다.
2. 1에서 계산된 샘플 dimension으로 y, z 방향의 dimension은 fixed시키고 x 방향 dimension 만을 바꿀 수 있도록 한 상태에서 평형 액상을 만든다(온도를 높이 올렸다가 다시 1에서의 온도로 내리고 equilibration시킨다).
3. 만들어진 solid 샘플과 liquid 샘플을 x 방향으로 이어 붙인다. 이때 통합 supercell의 y, z 방향 dimension은 1의 경우와 같고, x 방향의 dimension은 solid와 liquid 샘플 x 방향 dimension의 합이 된다(통합 샘플을 만들 때는 velocity, acceleration 값들도 통합해 주어야 하며 file 통합 시 순서를 유지하는 데 주의해야 한다).
4. 통합 샘플을, y, z 방향으로는 dimension을 fixed시키고, x 방향으로는 여러 값으로 샘플 size를 조정하여 fixed시킨 상태로 약간의 equilibration을 시킨다(NVT 시뮬레이션으로 두 샘플의 계면 구조를 relaxation 하는 것이 목적으로 약 1000 step 정도면 충분함).
5. 4에서 얻은 샘플에 대해, 시편 크기를 고정시키고 온도를 특정 값으로 조정하지 않는 조건으로 (NVE 시뮬레이션: microcanonical MD) MD를 수행하면 고/액 계면이 변하면서 평형 온도가 계산된다. 이때 pressure는 x dimension에 따라 다른 non-zero 값이 얻어지며, 평형 온도 역시 다른 값이 얻어진다.
6. 온도/압력을 plot하여 $P=0$에서의 온도를 계산하면 이 값이 고액 평형 온도가 되는데, 모든 시편에서 고/액 상이 남아 있음을 확인해야 한다(고/액 계면이 존재하고 있음을 확인해야 한다). 시편 전체가 액상으로 변했거나 시편 전체가 고상으로 변했다면, 위에서 얻은 평형 온도 값은 의미가 없는 것이고, 이는 1에서 초기 온도를 잘못 예상했기 때문에 생기는 것으로 초기 온도를 다시 정하고 1-5의 과정을 반복해야 한다. 최종 시편에 고/액 계면이 존재하더라도 계산된 온도가 초기 예상 온도와 100도 이상 차이가 나면, 역시 초기 온도를 다시 설정해서 같은 계산을 반복할 필요가 있다.

3 몬테카를로

Monte Carlo 시뮬레이션은 있을 수 있는 모든 상황을 random하게 연출하되, 각 상황에 확률의 개념을 도입해 점차 확률적으로 가장 가능성이 있는 상황을 연출하고 예측하는 방법이라 할 수 있다. 앞서 언급한 바와 같이 분자동역학 시뮬레이션의 짧은 관찰 시간으로 인한 한계를 극복하기 위한 대안으로 Monte Carlo 기법을 활용하고, 본고에서는 그 내용을 주로 다루게 될 것이지만, Monte Carlo 기법이 활용되는 분야는 공학에 한정되어 있지 않고 생리학, 사회학 등 매우 넓으며 atomistic 시뮬레이션에서 활용하는 Monte Carlo는 극히 작은 한 부분에 해당한다는 점을 밝힌다. 모든 MC(Monte Carlo) 시뮬레이션 기법이 공통으로 기반을 두고 있는 부분은 모든 가능한 상황을 random하게 연출한다는 부분이다. 확산을 시뮬레이션하기 위한 atomistic MC에서는 임의로 두 원자를 선택해 자리를 맞바꾸는 과정을 통해 모든 가능한 상황을 연출하려고 하는데, 임의로 원자를 선택하는 과정이 바로 random하게 이루어지는 부분이다. 또한, atomistic MC에서 두 원자의 자리를 바꾼 후 에너지 변화를 고려하게 되는데, 이 과정이 확률의 개념이 도입되는 과정이다.

3.1 Random process의 이해

MC 시뮬레이션의 근간은 모든 가능한 상황에 대한 random한 시도이다. N개의 원자로 구성된 시스템에서 한 개의 원자를 random하게 골라내려면 어떻게 해야 할까?

모든 컴퓨터에는 random number를 발생시키는 기능이 있다. 프로그래밍 언어에 상관없이 프로그램 상에서 random number를 발생시키면 0 ~ 1 사이의 값을 가지는 유리수들이 발생이 된다. 1부터 N까지 일련번호가 주어진, 총 N개의 원자들 중 한 개의 원자를 임의로 선택하고 싶으면, 발생된 random number에 N을 곱하고 1을 더한 후 소수 이하 자리를 버리고 정수를 택하여 1 ~ N 사이의 값을 임의로 얻으면 되는 것이다. 이러한 random number 발생 기능을 활용하는 가장 대표적인 예의 하나가 π값의 계산이다. Monte Carlo 기법을 이용한 π값의 계산. 일반적으로는 감도 안 잡히는 문제이지만, 내용을 이해하고 나면 이처럼 간단한 문제도 없다. 다음 그림을 보자.

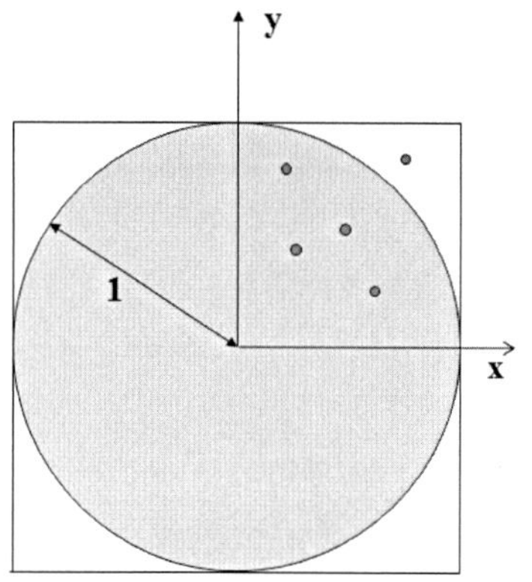

[Fig. 3-1] Monte Carlo 기법을 이용한 π값의 계산 개요도

Fig. 3-1에는 반지름이 1인 원과 이를 둘러싼, 변의 길이가 2인 정사각형이 보인다. 이 그래프에서 편의상 x, y값이 모두 (+)인 1사분면만을 생각하자. 1사분면에 해당하는 정사각형은 변의 길이가 1이다. 한 번에 두 개씩의 random number를 발생시켜 x, y값으로 삼는다. x, y 값은 각각 0 ~ 1 사이의 값을 가지므로 이를 좌표라고 생각하고 그래프 위에 점을 찍으면 모든 점들은 1사분면의 정사각형 안에 찍히게 된다. 제대로 발생이 된 random number를 이용한다면 점은 정사각형 내부에서 어느 한두 군데로 몰리지 않고 균일하게 찍히게 될 것이다. 이 점들의 일부는 $x^2+y^2<1$을 만족할 것이고, 이러한 점들은 정사각형 안에서도 반지름이 1인 원 안에 찍힐 것이며, 그 비율은 사분원 면적과 정사각형 면적의 비율과 같아질 것이다. 즉, 다음의 관계식을 얻을 수 있으며, 그 비율에 4를 곱한 값이 π값이다.

$$\frac{x^2+y^2<1\text{을 만족하는 경우의 수}}{\text{발생된 모든 점의 수}}=\frac{\text{사분원의 면적}}{\text{정사각형의 면적}}=\frac{\pi}{4}$$

$x^2+y^2<1$을 만족하는 점의 비율은 발생시킨 점의 개수가 많을수록 정확하게 계산이 될 수 있을 것이다. 실제 위 방법에 의한 π값의 계산 결과도 random number 발생 횟수가 적을 때보다는 많을 때 (백만 번 이상) 더 정확함을 확인할 수 있다.

3.2 확률 개념의 도입

앞 절에서는 random number를 발생시켜서 특정 목적 달성을 위해 활용하는 예를 보였다. 이를 이해하고 나면 총 N개의 원자 중 두 개의 원자를 임의로 선택해서 자리를 맞바꾼다는 설명을 이해할 수 있을 것이다. 원소 일련번호와 위치 정보가 있는 파일에서 임의의 두 원자를 선택하고 일련번호를 맞바꾸면 된다. 그러나, 이러한 과정의 반복이 어떻게, 주어진 조건(온도, 성분 등등)에서 확률이 가장 높은 상태(평형상태)의 출현을 유도하게 되는 것일까? 확률의 개념을 도입한다는 말은 무슨 말일까?

Fig. 3-2에서 x축은 어느 시스템에 가능한 상황(예를 들면 원자배열 상태)을 나타내고, y축은 각 상황이 나타날 확률이라고 생각하자. 이 시스템의 평형 상태는 확률이 가장 높은(y값의 peak에 해당하는) 상태이고, 원자 배열을 비롯한 모든 평형 특성은 그러한 상태에서 나타나는 특성들일 것이며, MC 시뮬레이션을 통해 얻고자 하는 최종 결과도 그러한 특성치일 것이다.

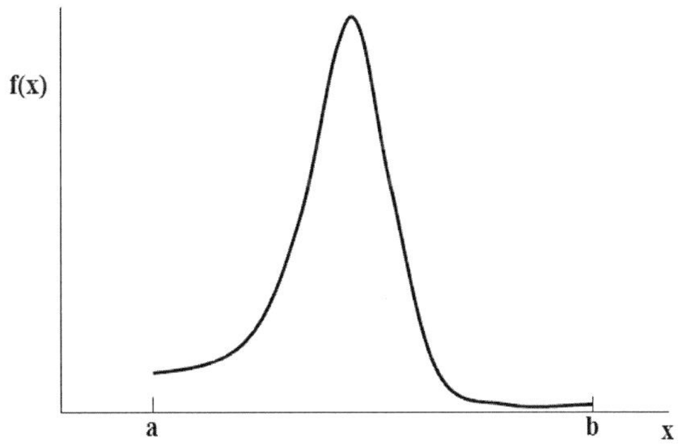

[Fig. 3-2] 다른 확률을 가지고 있는 시스템 상태 개요도

이 시스템이 x축 상에서 a ~ b 사이에 해당하는 상태를 가질 수 있다고 가정하자. MC 시뮬레이션에서 random number 발생(MC trial)을 통해 계속 상황을(원자의 위치를) 바꾸어 나가기만 한다면 시스템의 상태는 a ~ b 사이에서 균일하게 분포할 뿐 평형 상태에 접근하지는 않을 것이다. 에너지 측면에서 가장 안정한, 확률이 가장 높은, 평형 상태로 시스템을 접근시키기 위해서는 MC trial 과정에 무언가 bias를 걸어줄 필요가 있다. 이 bias를 걸어주는 방안으로 사용되는 것이 매 MC trial마다 trial 전후의 에너지를 비교하는 것이다.

두 원자를 선택해서 자리를 맞바꾸기 전과 후의 시스템 총 에너지를 E_i, E_f라고 하고 그 변화를 ΔE로 표시하자.

$$\Delta E = E_f - E_i \tag{3-1}$$

MC 시뮬레이션에서는 각 trial에서 에너지 변화가 (-)이면, 즉 상태의 변화로 시스템 총 에너지가 더 낮아지면 그 변화를 받아들이고, 그 값이 (+)이면 다음의 확률을 적용한다.

$$\text{MC trial을 accept하는 확률} = \exp\left[-\frac{\Delta E}{kT}\right] \tag{3-2}$$

여기서 k는 Boltzmann 상수이다. ΔE가 (-)의 값을 가질 경우 식 (3-2)의 확률은 1보다 커지게 된다. 따라서 무조건 MC trial로 인한 상태의 변화를 받아들인다. 반면 ΔE가 (+)의 값을 가지면 위 확률은 0 ~ 1 사이의 값을 가지게 된다. 이 경우는 에너지가 증가하는 상태로 변화를 시도하고 있다는 것인데, 이때 상태의 변화를 무조건 reject하는 것이 아니라 위와 같은 확률을 적용한다는 것이다. Random number를 발생시켜 위의 확률 값보다 작으면 MC trial을 accept하고 반대의 경우에는 reject시킴으로써 자연스럽게 식 (3-2)로 주어지는 확률을 적용하여 accept/reject를 선택하게 된다. 식 (3-2)의 물리적 근거는 classical thermodynamics가 적용되는, 즉 Boltzmann 통계역학이 적용되는 영역에서 어느 시스템이 ΔE라는 에너지 장벽을 넘을 확률이 식 (3-2)로 주어진다는 점을 생각하면 쉽게 이해할 수 있다. 다시 말하면, MC 시뮬레이션에서 상태의 변화에 대해 확률의 개념을 도입한다는 말은, 시스템의 상태가 Boltzmann distribution을 따라 가도록, 즉 Boltzmann statistics가 적용되는 영역에서의 평형 상태를 향해 이동하도록 유도한다는 말과 같다. 모든 가능한 상태에 대해 단순한 random scan에 머무르지 않고 확률의 개념을 도입하여 주어진 조건에서 평형 상태에 도달하게 하는 위 방법은 최초 제안자 Nicholas Metropolis[7]의 이름을 따서 Metropolis Monte Carlo 방법이라 불린다.

3.3 Metropolis Monte Carlo 시뮬레이션의 활용 예

앞 절에서 설명한 Metropolis MC는 다양한 소재 현상의 시뮬레이션에 활용이 가능하다. 여기서는 대표적인 예를 소개하고자 한다.

1) 원자 구조의 relaxation 및 열진동

주어진 조건에서 가장 안정한 상태로 원자 구조의 relaxation을 유도하거나 열진동을 고려한 원자 구조의 변화를 관찰하려는 경우 개개 원자들의 위치 변화를 구현할 수 있어야 한다. 분자동역학에서는 자연스럽게 이루어지는 일들이지만 MC에서는 다소 지루한 반복 작업을 수행해야 한다. 우선 한 개의 원자를 임의로 선택한 후 그 위치를 이동시켜야 한다. 원자의 선택은 random number를 발생시켜서 할 수 있으며, 위치 이동은 대상 원자의 위치 좌표를 다음과 같이 변경시킴으로써 실현이 된다.

$$\begin{aligned} x &\rightarrow x + \alpha\zeta_1 \\ y &\rightarrow y + \alpha\zeta_2 \\ z &\rightarrow z + \alpha\zeta_3 \end{aligned} \tag{3-3}$$

식 (3-3)에서 α는 각 원자가 열진동으로 인해 초기 위치로부터 벗어날 수 있는 최대 폭을 의미한다. ζ 값들은 생성된 random number에서 0.5를 뺀 숫자들이다. 생성된 random number들이 0 ~ 1 사이의 값을 가지므로, ζ 값들은 -0.5에서 +0.5 사이의 값을 가지게 되고, 각 원자들은 현재의 위치에서 x, y, z 세 방향으로 각각 $\pm 0.5\alpha$의 범위 내에서 random하게 새로운 위치를 배정받게 된다. 위 시뮬레이션을 0 K에서 실시하면 에너지가 증가하는 trial은 식 (3-2)에서 확률이 zero가 되므로 무조건 reject가 되면서 energy minimization 효과를 얻을 수 있게 되고, finite temperature에서는 열진동을 고려한 equilibration 효과를 얻을 수 있게 된다. 한 번의 MC trial에서 한 개의 원자만이 위치 이동할 수 있는 기회를 가지므로, 실제 모든 원자들에 대해 equilibration 효과를 얻을 수 있으려면 수많은 MC trial을 반복해야 한다. 총 원자 수가 N인 시스템에서 N 번의 MC trial을 시도한다면 각 원자가 평균 1회씩의 jump 기회를 가지는 것이 된다. MC 시뮬레이션에서는 시스템의 총 원자 개수와 동일한 횟수의 trial을 1 MC step (MCS)으로 정의하고 시간에 해당하는 양으로 인식을 한다. 대부분의 MC 시뮬레이션에서 equilibration을 실시하려면 적어도 10,000 MCS는 실행을 해야 의미 있는 결과를 얻는 것으로 알려져 있다.

2) Ising Model(2 state problem)

가능한 상태가 둘인 문제에 대한 통계역학적 접근을 Ising Model이라는 이름으로 구분한다. 자화 상태가 up/down으로 둘밖에 없는 자성 문제가 Ising model로 접근하는 대표적인 문제이다. MC 기법에서는 이 문제를 어떻게 접근하는지 살펴보자.

Spin up 상태와 down 상태를 표시하는 변수를 s라고 한다. s는 spin up이면 +1, spin down이면 -1의 값을 가진다. 서로 이웃하는 원자가 서로 같은 부호를 가지면 J라는 양의 에너지만큼 안정해지고 서로 반대 부호를 가지면 같은 양 만큼 불안정해진다고 가정하자. 다른 화학적 효과를 배제하고 spin 상호작용이 총 에너지에 미치는 영향만을 고려한다면 그 에너지는 다음과 같이 표현될 수 있을 것이다.

$$H = -J\sum_{i,j} s_i s_j \tag{3-4}$$

문제는 온도에 따라 전반적인 원자들의 spin ordering 상태가 어떻게 바뀌느냐 하는 것이다 (에너지에 미치는 영향을 알고 있다면, 표면 등 다른 요인의 효과도 고려가 가능할 것이다). MC trial은 임의로 원자 하나를 선택한 후 그 spin 상태를 바꾸어 준 후, 이로 인한 에너지의 변화를 계산하는 것으로 시작된다. 시스템의 자화 에너지가 식 (3-4)와 같이 정의된다면, 임의로 선택된 k 원자의 spin 상태가 바뀌었을 때 총 에너지의 변화는 다음과 같다.

$$\Delta H(s_k \rightarrow -s_k) = 2Js_k \sum_{\substack{i = neighbors \\ of\ k}} s_i \tag{3-5}$$

식 (3-5)에서 얻어진 에너지 변화량은 해당 MC trial을 accept할 것인가를 결정하는 확률을 계산하는 데 이용된다. 주어진 조건에서 평형 상태(평균 에너지 변화가 더 이상 없는 상태)에 도달했다고 판단이 되면 자기규칙화 정도(자화량)를 계산할 수 있다.

$$m(s_1) = \frac{(number\, of\, spins\, up - number\, of\, spins\, down)}{total\ \ number\, of\, spins} \tag{3-6}$$

Fig. 3-3은 온도에 따른 자화량을 plot한 예를 보여 준다. T_c는 자기 변태 온도로서 물질에 따라 다른 값을 가질 텐데 이는 물질에 따라 적절한 J 값을 선택함으로써 구현이 가능하다.

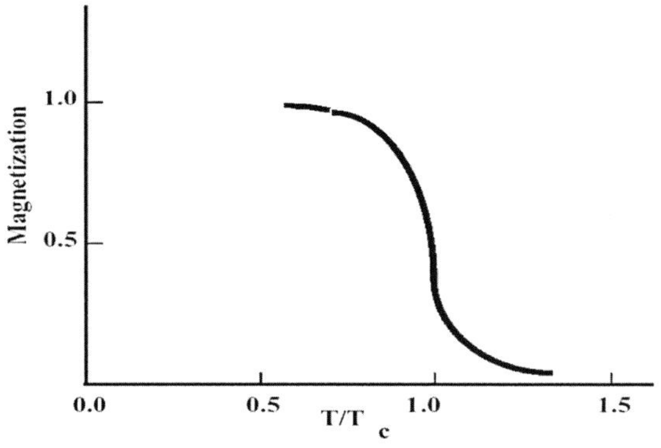

[Fig. 3-3] 온도에 따른 자화량 변화 개요도

3) 원자 편석 및 상 분리

분자동역학으로는 불가능한, 그러나 몬테카를로로는 비교적 쉽게 접근이 가능한, 대표적인 문제가 서론에서 언급한 원자 분포의 변화, 즉 표면이나 입계에의 원자 편석 및 상 분리 문제가 될 것이다. 단 여기서의 상 분리는 서로 다른 결정 구조를 가진 상들로의 분리가 아니라 동일한 결정 구조를 유지하면서 조성이 다른 상으로의 분리를 의미한다. 원자 분포의 변화를 대상으로 하는 만큼 이 문제는 순수 원소가 아닌 다원 합금계에 적용되는 문제이다. 상 분리와 편석을 동시에 보여주는 대표적인 예의 하나로 Fig. 3-4의 결과를 보자.

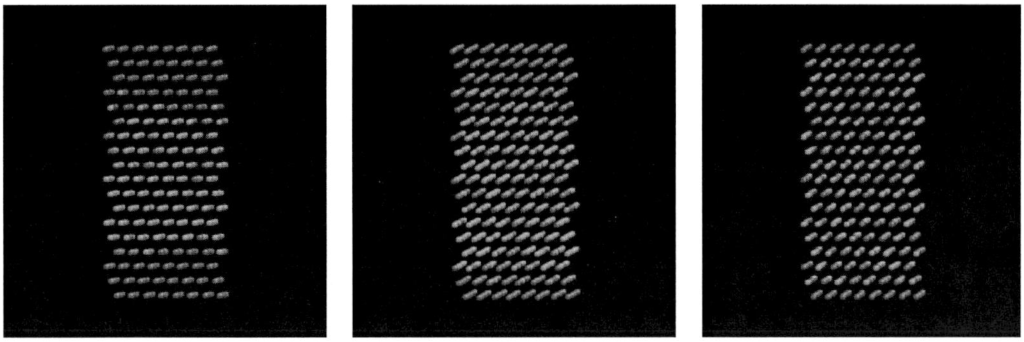

[Fig. 3-4] 298, 473, 800 K에서 fcc $Cu_{50}Ni_{50}$ 합금 나노 박막에서의 상 분리 현상에 대한 Monte Carlo 시뮬레이션 결과(붉은색 원자: Cu, 회색 원자: Ni)

Fig. 3-4는 fcc 구조를 가지는 $Cu_{50}Ni_{50}$ 합금 나노 박막에 대해, 여러 온도에서의 평형 원자 분포를 MC 시뮬레이션을 이용하여 구한 것이다. 붉은색 구는 Cu 원자, 회색 구는 Ni 원자를 나타낸다. 샘플 위, 아래는 free surface이고 나머지 방향으로는 주기 경계 조건이 설정되었다. Fig. 3-4의 결과는 표면에 Cu-rich layer가 형성되어 있음을 보여준다. 이는, CuNi 합금에서는 Cu가 표면에 편석되는 원소라는 것을 알려주는 결과이다. 위 결과에 나타나는 또 다른 특징은 저온(상온 298 K)에서는 표면에 Cu-rich 영역과 내부에 Ni-rich 영역이 비교적 선명하게 분리가 되는 반면 고온(800 K)에서는 표면 편석만 남아 있고 내부에는 두 원소가 비교적 균일하게 섞여있다는 것이다. 이러한 결과를 이해하기 위해서는 Cu-Ni 2원 합금계의 상태도를 분석할 필요가 있다. Fig. 3-5는 Cu-Ni 2원계 상태도이다. 이 합금계는 약 350°C 이하에서 Cu-rich fcc 상과 Ni-rich fcc 상 사이에 상 분리가 일어나고 상 경계는 온도가 낮아질수록 점점 더 순수 원소 조성에 가까워진다는 것을 알 수 있다. 이로부터 낮은 온도에서는 상호 고용량이 적은 상 간에 상 분리가 뚜렷하게 발생하고, 중간 온도에서는 상 분리가 일어나되 각 상 내부에 용질 원자의 고용량이 상대적으로 증가하며, 상 분리 온도 이상에서는 표면 편석을 제외하고는 상 분리가 발생하지 않는, Fig. 3-4의 결과를 예측할 수 있는 것이다.

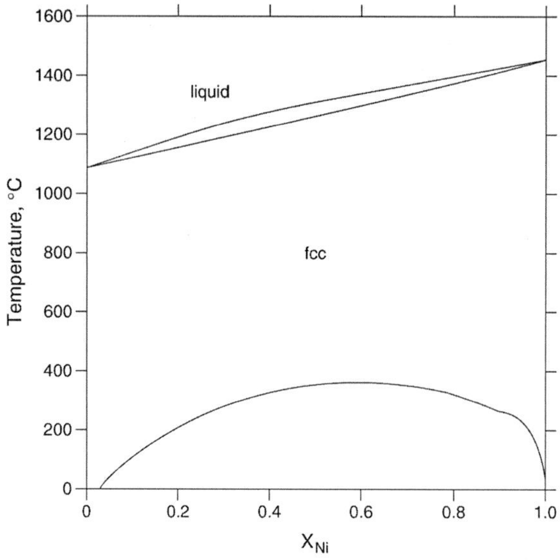

[Fig. 3–5] Cu–Ni 2원계 상태도

3.4 Monte Carlo 기법의 확장

앞 절에서의 원자 편석, 상 분리 현상은 시스템의 크기(총 원자 개수)나 성분비율(조성)이 일정하다고 가정한 상태에서 성분 원자들의 평형 분포를 분석하는 예이다. 그러나 경우에 따라서는 주어진 조건에서 성분 원자들의 분포는 물론 총 원자 개수의 변화나 성분 원자들의 비율까지도 예측 대상이 되는 경우가 있다. 예를 들어 일정한 분위기(특정 성분의 화학 퍼텐셜) 하에서 원자들이 표면으로부터 떨어져 나가거나 표면에 증착되는 거동을 시뮬레이션 할 수도 있으며 주어진 열역학 조건의 변화에 따라 평형 조성이 변하는 과정을 시뮬레이션 할 수도 있다. 즉, closed system이 아닌 open system에서 시뮬레이션을 하는 경우가 생기는데, 앞서 예로 든 closed system의 경우는 통계역학에서는 NVT ensemble 또는 Canonical ensemble 시뮬레이션이라고 하고 이 경우 시스템이 특정 에너지 상태에 놓이게 될 확률은 $\exp(-E/kT)$에 비례하며 이 식이 MC 시뮬레이션에서 상태의 변화를 accept할 확률, 즉 식 (3-2)의 근원이 된다. 한편, open system의 경우는 시스템의 크기 N이 고정된 값으로 주어지는 것이 아니고 chemical potential μ가 주어지기 때문에 μVT ensemble 또는 Grand canonical ensemble 시뮬레이션이라고 하는데, 이때 시스템이 특정 에너지 E와 특정 크기 N을 가지게 될 확률은 다음으로 주어진다.

$$P_{E,N} = \frac{(2\pi mkT/h^2)^{\frac{3N}{2}}}{N!} \exp\left(-\frac{E-\mu N}{kT}\right) \tag{3-7}$$

Canonical MC를 이용하여, 각 성분 원자 개수의 변화가 없는 상태에서 단순히 원자 위치의 변화를 예측하는 경우, 각 MC trial에 대해 식 (3-2)의 확률을 적용하는 것으로 충분하지만, 성분 원자 개수의 변화가 MC trial의 한 부분으로 추가되는 경우 식 (3-2)로는 충분치 않다. 원자 개수가 하나 늘어나는 경우, 하나 줄어드는 경우 각각 다음과 같은 식이 적용된다.

$$\text{원자 개수가 하나 증가하는 경우의 확률 식} = \frac{(2\pi mkT/h^2)^{\frac{3}{2}}}{N+1}\exp[-(\Delta E-\mu)/kT]$$

$$\text{원자 개수가 하나 감소하는 경우의 확률 식} = \frac{N}{(2\pi mkT/h^2)^{\frac{3}{2}}}\exp[-(\Delta E+\mu)/kT]$$

총 원자 개수의 변화는 없지만 각 성분의 비율이 변화하는 경우는 어떠한 확률식이 적용되어야 할까? 이 문제에 대한 답을 구하기 전에, 어떠한 경우에 이러한 문제를 다룰 일이 생길까를 먼저 생각해 보자. Fig. 3-6에는, Fig. 3-5에 제시한 Cu-Ni 상태도와 연관지어, 300°C에서 fcc Cu-Ni 합금의 조성에 따른 Gibbs energy 변화를 도시하였다.

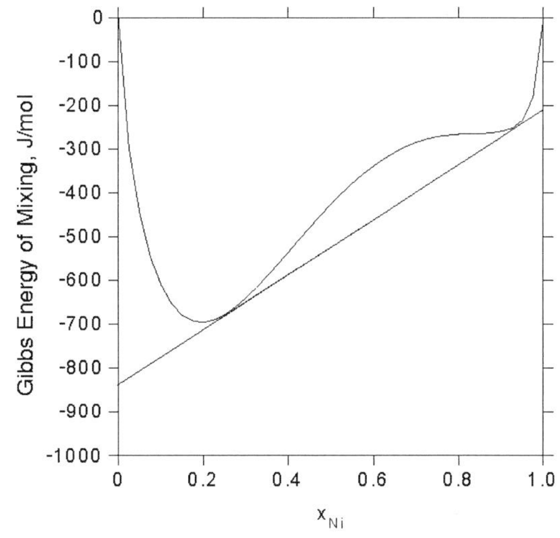

[Fig. 3-6] 300°C fcc Cu-Ni 2원 합금에서의 혼합 Gibbs 자유 에너지

여기에서 접선은 해당 온도와 압력 하에서 열역학 조건을 정의하는 데 사용된다. 2원 합금계에서 열역학 조건이란 압력(통상 1기압), 온도 이외에 한 가지가 추가가 되면 확립이 된다. 통상 NPT ensemble에서는 조성(성분 비율)이 지정이 되는 것이고, μVT ensemble에서는 양 성분의 chemical potential 또는 두 성분 사이의 chemical potential의 차이 $\Delta\mu$가 지정이 된다. Fig. 3-6으로부터 조성(또는 접점의 위치)이 결정이 되면 두 성분의 chemical potential이 결정이 된다는 것을 알 수 있다. 반대로 두 성분 사이의 $\Delta\mu$가 지정이 되면 조성(또는 접점의 위

치)이 결정됨을 알 수 있다. 이와 같은 μVT ensemble을 이용한 Grand cannonical MC는 상 분리 시 상 경계, 주어진 bulk 조성 하에서의 평형 편석을 시뮬레이션하는 데에 활용될 수 있다.

우선 총 원자 개수는 정해져 있지만 각 성분의 원자 개수는 변동이 가능한 2원 합금계가 임의의 상태(X) 하에 있을 경우에 대한 확률을 Boltzmann 통계역학을 이용하여 표시해 보자.

$$p(X) = Z^{-1}\exp\left(-\frac{E_p(X) - \mu_A N_A - \mu_B N_B}{kT}\right) \tag{3-8}$$

식 (3-8)에서 Z는 partition function을 의미한다. μVT 시뮬레이션에서는 온도와 두 성분의 chemical potential 값 차이 $\Delta\mu(=\mu_A - \mu_B)$가 외부 조건으로 주어지면, random하게 선택된 한 원자에 대해 열진동을 고려한 위치의 수정 및 성분의 변화(선택된 원자가 A 원자라면 B로, B 원자라면 A로)가 MC trial로 시도된다. MC trial을 통해 A 원자가 B 원자로 바뀌면 trial 전후의 에너지 변화를 계산하고 다음의 확률 식을 통해 MC trial의 accept 여부를 결정한다.

$$\Delta p(X) = \left(\frac{m_B}{m_A}\right)^{\frac{3}{2}}\exp\left(-\frac{\Delta E_p(X) + \Delta\mu}{kT}\right) \tag{3-9a}$$

여기서 m_A, m_B는 각각 A, B 원자의 원자량이며, 반대로 B 원자가 A 원자로 바뀌는 MC trial에 대해서는 다음 확률 식을 이용하게 된다.

$$\Delta p(X) = \left(\frac{m_A}{m_B}\right)^{\frac{3}{2}}\exp\left(-\frac{\Delta E_p(X) - \Delta\mu}{kT}\right) \tag{3-9b}$$

위와 같은 과정을 반복함으로써 주어진 조건에서 평형에 해당하는 각 성분 원자의 분포 및 양(조성)을 얻을 수 있으며, 다음과 같은 과정을 통해 상 분리 및 편석 시뮬레이션을 수행할 수 있게 된다.

1) GCMC를 이용한 상 분리 시뮬레이션

Fig. 3-5에 나타낸 Cu-Ni 합금계와 같이 상 분리 현상이 나타나는 합금계의 경우에는 해당 상의 조성에 따른 Gibbs energy 변화가 Fig. 3-6에 도시한 것처럼 나타난다. Fig. 3-6에 그어져 있는 공통접선은 해당 온도에서 상 분리 상태에 해당하는 열역학 상태(각 성분의 chemical potential 수치)를 나타낸다. Fig. 3-6으로부터, $(\mu_{\mathrm{Ni}} - \mu_{\mathrm{Cu}})$로 정의된 $\Delta\mu$ 값이, 2상 평형 조건에 해당하는 현재의 값보다 조금이라도 높아지게 되면 시스템은 Ni-rich한 단일 상이 될 것이고, 반대로 $\Delta\mu$ 값이 현재보다 조금이라도 낮아지게 되면 Cu-rich 단일 상에 해당하는 조성이 얻어질 것을 예상할 수 있다. Fig. 3-7a는 실제로 작은 차이를 가진 두 개의 $\Delta\mu$ 값을 이용하여 얻은 Cu-Ni 합금 샘플을 보여 주고 있다. 두 $\Delta\mu$ 값의 차이가 크기 않음에도 샘플이

Cu-rich에서 Ni-rich 단일 상으로 변화하는 것을 확인할 수 있다. 일정한 범위 내에서 $\Delta\mu$ 값을 계속 변화시켜 가면서 GCMC 시뮬레이션을 수행하고 얻어진 샘플의 조성을 $\Delta\mu$의 함수로 plot하면 Fig. 3-7b와 같이 샘플 조성이 급격하게 변화하는 것을 관찰할 수 있다.

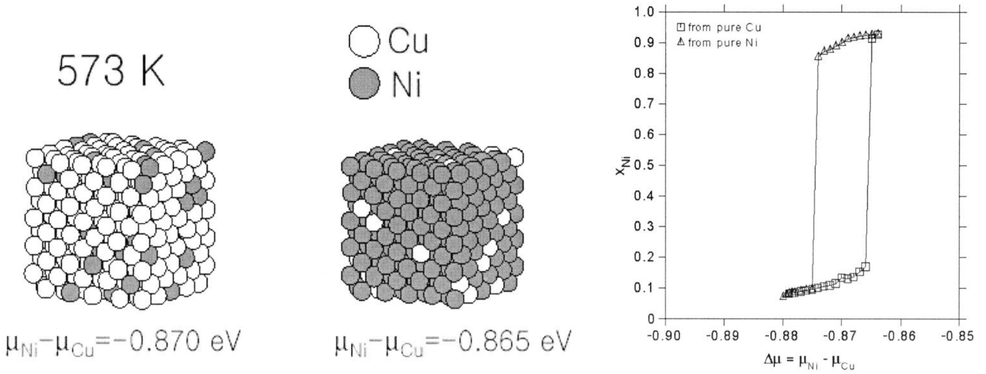

(a) (b)

[Fig. 3-7] fcc Cu-Ni 합금에서 $\Delta\mu$ 값에 따른 Monte Carlo 시뮬레이션 결과.
(a) 합금 내 원자 구조, (b) 합금 조성

그런데, 이와 같은 GCMC 시뮬레이션은 초기 샘플을 pure Cu로 간주하고 시뮬레이션을 시작하느냐 아니면 pure Ni로 간주하고 시뮬레이션을 시작하느냐에 따라, Fig. 3-7b에 보인 바와 같이 조성의 급격한 변화를 일으키는 시점의 $\Delta\mu$ 값이 달라진다. 실제 평형 상 분리가 발생했을 때의 $\Delta\mu$ 값은 Fig. 3-7b에서 조성의 급격한 변화가 발생하는 두 $\Delta\mu$ 값 사이에 있을 것이라고 예상되지만, pure Cu 샘플을 가지고 시뮬레이션을 시작하면 그보다 높은 $\Delta\mu$ 값에서, pure Ni 샘플을 가지고 시작한 경우에는 그보다 낮은 $\Delta\mu$ 값에서 상 분리가 일어남을 보여 주고 있다. 이는 시뮬레이션 시간(MCS 수)이 충분하지 않은 데서 오는 현상으로, 실제 상황에서도 관찰 가능한 시간 내에 상 분리가 발생하기 위해서는 적절한 양의 super-saturation이 필요한 것과 동일한 현상이다. 위와 같은 GCMC 시뮬레이션을 이용하여 Cu-Ni 2원계 Cu-rich 및 Ni-rich fcc 상 간의 상 경계를 계산한 예가 있으며, 그 결과를 Fig. 3-8에 도시하였다. 실험적으로 얻은 상 경계(실선)와 GCMC 결과(symbol)가 정확하게 일치하지 않는 것은 시뮬레이션에 사용한 interatomic potential이 가지는 정확도의 한계 때문이라 볼 수 있다.

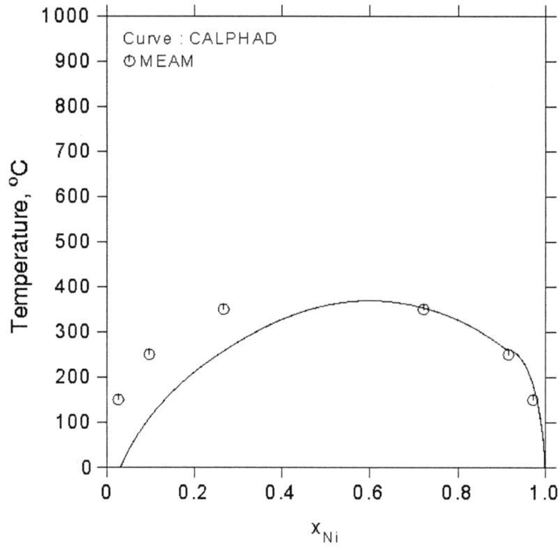

[Fig. 3-8] Monte Carlo 시뮬레이션에 의한 Cu-Ni 2원계 상경계

2) GCMC를 이용한 용질 편석 시뮬레이션

Metropolis MC 기법을 이용하여 상 분리나 편석 현상을 시뮬레이션 할 수 있다는 것은 이미 3.3절에서 소개를 한 바 있다. 그러나 이 방법으로는 분리된 두 상의 평형 조성(또는 상 분리가 시작되는 조성)을 분석하기가 쉽지 않고, 정확한 조성 분석을 위해서는 GCMC를 이용하여야 한다는 것을 앞에서 보였다. 편석의 경우도, 샘플이 가지는 size의 한계로 인해, 3.3절에서와 같은 MC로는 주어진 bulk 조건(조성)에서 입계 또는 표면에 어느 정도의 용질 편석이 일어나는지를 분석하기가 쉽지 않다. 실제 상황의 경우, 용질 원자의 입계나 표면 편석이 일어난다고 해서 bulk의 평균 용질 농도가 변할 것이라고는 생각하지 않는다. 하지만 시뮬레이션의 경우, 샘플의 크기가 작고 용질 원자 개수가 한정된 상황에서 입계나 표면 편석이 일어나면 bulk 내부에는 용질 원자가 남아 있지 않을 가능성이 많기 때문이다. 따라서 주어진 bulk 조성에 대해 특정 입계 또는 표면에 얼마나 용질 편석이 발생하는지를 알기 위해서는, 주어진 온도에서 $\Delta\mu$ 값을 변화시켜가면서 우선 bulk 조성이 어떻게 바뀌는지를 시뮬레이션으로 관찰하고, 원하는 bulk 조성을 야기하는 $\Delta\mu$ 값을 조건으로 준 상태에서 입계나 표면 편석을 시뮬레이션 하는 방법을 사용하여야 한다. Fig. 3-9에는 여러 온도의 bcc Fe-P 2 원 합금에서 $\Delta\mu$ 값에 따라 bulk 조성이 어떻게 바뀌는지를 먼저 분석한 후, 특정 bulk 조성에서 입계, 표면에서의 P 원소 편석을 시뮬레이션 한 결과가 제시되어 있다.

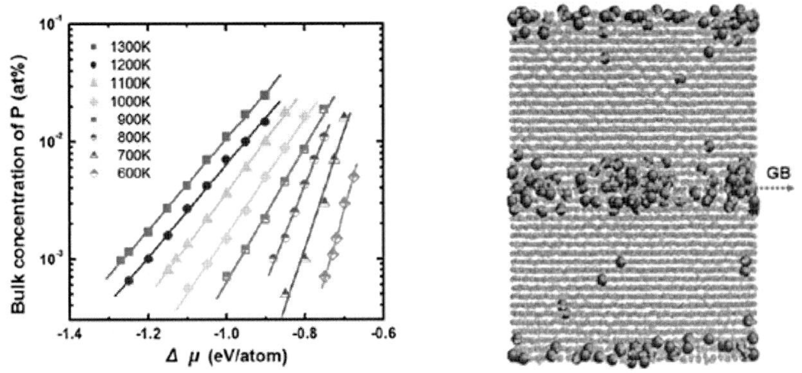

[Fig. 3-9] bcc Fe-P 합금에서 온도, 화학 퍼텐셜에 따른 벌크 조성 변화 및 입계 편석

다양한 입계에 대해, 900 K에서 bulk 조성에 따른, 또한 0.1at% P의 조성에서 온도에 따른 P 편석 양상의 변화는 Fig. 3-10에 나타낸 바와 같다.

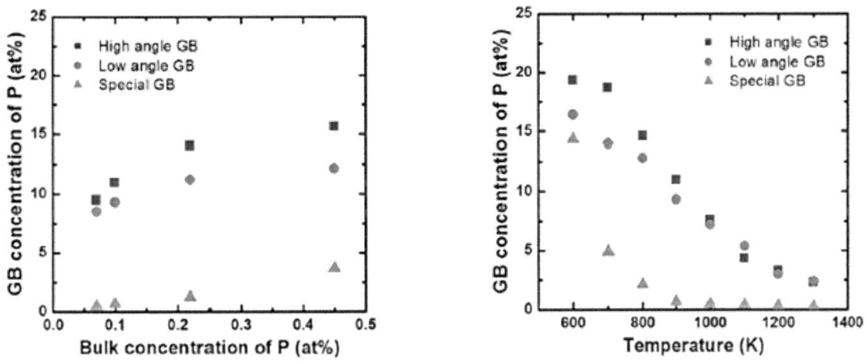

[Fig. 3-10] bcc Fe-P 합금.
(a) 900 K에서 bulk 조성에 따른 P 입계 편석, (b) 0.1at% P의 조성에서 온도에 따른 P 편석

3.5 Kinetic Monte Carlo

지금까지 설명한 Monte Carlo 시뮬레이션 기법은 시스템이 평형에 도달하는 시간을 앞당김으로써 분자동역학이 가지는 시간 scale의 한계를 극복할 수 있게 해주는 방법이라고 할 수 있다. 그러나 이러한 MC의 단점은, 주어진 초기 조건에서 평형조건으로의 동역학적인 변화 과정을 realistic하게 관찰할 수 없으며, 또한 MCS라는 가상적인 개념 이외에 구체적인 시간 개념을 적용하기도 어렵다는 것이다. 분자동역학보다 긴 시간을 cover하면서도 MC의 단점인 dynamic evolution의 추적 기능과 시간 개념을 도입시킨 기법이 1960년대부터 개발되기 시작

하였는데[8-10], 이는 현재 kinetic Monte Carlo라고 통칭되고 있다[11,12].

일반 MC에서 평형 atomic configuration을 얻기 위해 두 원자를 임의로 선택하고 이의 위치를 맞바꾼다면 평형에 도달하는 시간은 분명 빨라지지만, 그 전이 과정에 대해서는 논의를 하기가 힘들다. 또한, 그러한 전이에 필요한 시간이 대략 얼마나 걸릴 것인가에 대해서도 언급을 하기 어렵다. Kinetic MC에서는 임의로 선택한 두 원자를 맞바꾸는 식의 unrealistic한 trial은 배제되고 현실적으로 가능한 trial들이 시도된다. 예를 들면 서로 떨어져 있는 임의의 원자 두 개를 맞바꾸는 것이 아니라, (예를 들면, 확산에 관한 vacancy mechanism에 기반을 두고) 개개의 원자 공공을 가능한 최인접 원자자리로 이동시킴으로써 보다 현실적인 상태의 변화를 고려하는 것이다. 또한, 일반 MC에서는 주어진 trial에 대해 전후의 시스템 energy 변화를 고려하여 trial에 대한 accept 여부를 통계적으로 결정하는 데 반해, kinetic MC에서는 가능한 event 중 하나를 선택하여 실행을 한 후, 이 event가 발생하는 데 필요한 시간을 가늠하여 시간을 부여하는 방법이 활용된다. Accept 여부가 가려지는 것이 아니라 선택이 되었으면 항상 실행이 된다는 면에서 trial 보다는 event라는 용어를 사용한다.

1) KMC의 실행 과정

1. KMC를 실행하기 위해서는 우선 해당 시스템에서 발생할 수 있는 모든 가능한 event의 목록을 작성하여야 한다. 원자 하나하나에 대해서 발생할 수 있는 변화를 독립적으로 count하기 때문에 event 목록은 시스템 크기에 비례하여 커진다.
2. 각 event에 대해 발생 빈도를 계산한다. 발생 빈도는 각 event에 필요한 energy barrier를 열적 활성화 과정을 통해 극복할 수 있는 확률에 비례한다고 생각하여 다음의 식으로 표시된다.

$$\text{event frequency} = \omega = \omega_0 e^{-E_b/kT} \tag{3-10}$$

여기서 ω_0는 각 event의 시도 빈도로 해석될 수 있는데, 통상 원자의 진동수에 해당된다고 생각하며 10^{13}sec^{-1}라는 값이 대표 값으로 사용된다. E_b는 event의 energy barrier이고 k는 Boltzmann 상수, T는 절대온도를 나타낸다. 상황에 따라 다양한 event가 있을 수 있고, 서로 다른 event는 서로 다른 energy barrier, 즉 서로 다른 발생 빈도를 가진다. 각 event의 energy barrier는 interatomic potential이나 제일원리계산을 통해 확보하여야 한다.

3. Event 목록에서 각 event의 발생 빈도에 비례하는 확률을 가지고 임의의 event를 선택한다. 이는 모든 event의 발생 빈도를 더한 후(이를 R이라 표현하자), 0부터 R 사이의 random number를 발생시킴으로써 쉽게 수행할 수 있다.
4. 선택된 event를 수행한다.

5. Event의 수행으로 인해 새로운 event가 가능해 질 수도 있다. 이 경우 event 목록을 update하고 새로운 event의 발생 빈도를 계산하도록 한다.
6. Event가 발생하면서 소요된 시간(Δt)을 계산해서 시간을 갱신한다($t = t + \Delta t$). 이때 소요된 시간 Δt는 모든 event 발생 빈도 합 R의 역수에 해당한다고 볼 수 있는데, 실제로는 random number u를 발생시키고 다음의 식을 이용한다.

$$\Delta t = -\frac{\log u}{R} \tag{3-11}$$

$\log u$의 time average는 -1이므로 식 (3-11)을 사용하더라도 long time 시간의 흐름은 random number를 사용하지 않은 경우와 마찬가지가 된다.

KMC는 위와 같은 과정을 반복함으로써 수행이 되는데, event들 사이에 상호작용이 없는 경우, 즉 한 번 발생한 event가 다음에 발생할 event에 영향을 주지 않는다고 가정할 수 있는 현상에 대해, 시간 개념과 동역학적인 변화 과정을 따라가면서도 분자동역학보다는 긴 시간을 시뮬레이션할 수 있는 방법으로 인식되고 있다. 동역학적인 변화 과정을 얼마나 정확하게 따라 가느냐는 event 목록이 얼마나 충실하게 작성이 되었느냐에 따라 결정이 된다.

4 원자 간 퍼텐셜 및 LAMMPS

지금까지 원자 스케일의 구조 분석 및 특성 예측을 위한 시뮬레이션 기법으로 분자동역학과 Monte Carlo 시뮬레이션의 개요를 설명하였다. 다양한 시뮬레이션 기법들이 개발되면서 원자 단위 시뮬레이션의 활용성이 높아져 왔으나, 가장 중요한 요인은 원자 간 퍼텐셜의 발전이라 할 수 있다. 이온 결합, 공유 결합, 금속 결합 물질들은 각기 다른 결합 특성을 가짐으로 인해 서로 다른 접근 방법(interatomic potential formalism)으로 원자 단위 시뮬레이션이 진행되어 왔는데, 서로 다른 결합 특성을 가진 원소가 혼합된 물질에서의 동역학적 특성(비정질 SiO_2내 불순물 원소의 확산)이나 이종 소재 간의 표면, 계면 반응(Cu 또는 Al 합금과 SiO_2 간 계면 반응) 분석을 가능하게 하는 원자 간 퍼텐셜 모델의 개발이 현안 문제로 떠오르고 있다.

다양한 부품 소재의 다이내믹한 계면 반응 및 원자 구조 특성을 원자 단위 시뮬레이션으로 분석할 수 있기 위해서는 이온, 공유, 금속 결합 특성을 가진 물질들을 한꺼번에 다룰 수 있는 원자 간 퍼텐셜 모델의 개발이 절대적이며, 지난 30여 년간 전 세계적인 노력이 진행되어 왔다. 여기서는 이온 결합 물질을 중심으로 원자 간 퍼텐셜 모델의 변천사를 살펴보고자 한다. 4.1절에서는 이온 결합 물질에 대한 퍼텐셜 모델의 개발 과정을 분석하고, 4.2절에서는 공유 결합, 금속 결합 물질에 대한 대표적 퍼텐셜 모델을 소개하는 한편, 4.3절에서는 공유 결합 및 이온 결합 물질, 또는 금속 결합 및 이온 결합 물질을 동시에 기술할 수 있도록 개발된 퍼텐셜 모델을 소개할 것이다. 4.4절에서는 금속, 공유, 이온 결합 물질은 물론 hydrocarbon 계 분자들을 포함하는 통합 모델의 가능성을 보이고 있는 MEAM 퍼텐셜을 보다 상세하게 설명할 것이고, 마지막 4.5절에서는 다양한 퍼텐셜 모델을 활용한 atomistic 시뮬레이션이 가능하도록 퍼텐셜 모델과의 연결성을 강화하고 고용량 고성능의 분자동역학 엔진이 제공되어 있는 LAMMPS를 소개하면서 본 단원을 마무리 하고자 한다.

4.1 이온 결합 물질을 위한 원자 간 퍼텐셜 모델 개발 연구 역사

강구유체(hard-sphere fluid)에 대해 1959년 처음 적용되었던 분자동역학(MD: molecular dynamics) 시뮬레이션은 비극성 액상, 액상 금속, 분자형 액상(molecular liquid)을 거쳐 1970년대 초 처음으로 이온 액상의 열역학 특성 계산에 활용된다. Alkali-halide salts가 주종을 이루었던 연구 대상 물질은 곧 산화물 계로 확장되어 SiO_2 비정질의 열역학, 구조 특성을 분석하는 데 활용된다[13]. 이 당시 연구 대상이 되던 물질들(alkali-halides, oxides)의 공통점은 강력한 이온 결합 특성을 가진다는 점이고, 정전기적 상호작용(electrostatic interaction)을 중심으로 하는 짝(pairwise) 퍼텐셜이 기반이 되는데, 대표적인 수식 모델은 다음과 같은 Born-Mayer-Huggins (BMH) 또는 이의 수정 모델이다.

$$\Phi_{ij} = \frac{q_i q_j}{r_{ij}} + A_{ij}\exp\left(-\frac{r_{ij}}{\rho}\right) - \frac{C_{ij}}{r_{ij}^6} \tag{4-1}$$

모든 계산 또는 시뮬레이션 연구가 그렇듯이, MD 시뮬레이션은 미지의 물질 특성에 대한 예측 연구에 활용이 되기 전에, 우선 연구 대상 물질에 대해 알려져 있는 물질 특성들이 사용하는 퍼텐셜에 의해 잘 재현이 된다는 것을 확인하는 절차를 밟게 된다. 초기 MD 시뮬레이션 연구가 결정상이 아니고 주로 액상이나 비정질에 대해서 진행이 된 것은 아마도 당시의 원자 간 퍼텐셜들이 결정 구조를 정확히 재현해 낼 수 없었기 때문이라 생각된다. 1976년 Woodcock[13] 이후에도 SiO_2 비정질에 대해서는 10여 편이 넘는 MD 연구 논문이 발표되는데, 이에 사용되었던 원자 간 퍼텐셜들은 SiO_2 결정상은 물론, 비정질에 대해조차도 결합 길이(bond length) 정도는 비슷하게 재현이 되지만 결합 각(bonding angle)에 대해서는 만족스럽지 못하다는 평가를 받는다. 측정 기술의 발달로 원자 구조 및 동역학 등에 대한 정보가 제공이 되면서, 이들 물성을 보다 정확하게 재현해 내는 원자 간 퍼텐셜 모델의 개발이 1980년대 중반 이후 전 세계적으로 활발하게 시도가 된다. SiO_2와 관련해서는 1988년에 BMH 수식 모델에 기반을 두되 O-Si-O 결합각을 좀 더 정확하게 재현할 수 있기 위해 many-body 상호작용 항을 추가한 모델이 발표가 되기도 한다(예를 들어 $(\cos\theta_{jik} - \cos\theta_{jik}^o)^2$를 포함하는 항을 에너지에 추가하면 원하는 결합 각 (θ_{jik}^o)을 얻어내기 쉬워진다).
이때까지만 해도 모델 상수값 도출은 주로 실험 정보를 fitting함으로써 이루어지는데, 실험 정보 양에 한계가 있어 충분한 fitting이 어렵다. 같은 시기 Tsuneyuki 등[14]은 BMH 수식 모델의 Coulomb 상호작용 항을 산소 이온에서의 과잉 전하 분포(excess charge distribution)를 고려한 형태로 수정하고, SiO_2 모델 클러스터들에 대한 제일원리 계산 결과를 모델 상수 fitting에 이용함으로써, 처음으로 α-quartz, α-cristobalite, coesite, stishovite 등 다양한 결정구조들의 구조 특성을 근사하게 재현해 내는 데 성공하였다. 이후 Beest 등[15]은 모델상수 fitting 시 제일원리 계산 결과 이외에 α-quartz의 구조 특성에 대한 실험 정보를 추가함으로써, Tsuneyuki 등[14]이 도입했던 Coulomb 상호작용 항에 대한 수정 없이도, 결정상들에 대한 기술 능력을 향상시켰는데, 이 두 퍼텐셜은 각각 TTAM, BKS라는 별명을 얻으면서 SiO_2에 대해 90년대를 대표하는 퍼텐셜로 각광을 받는다. Table 4-1, 4-2에는 위의 두 퍼텐셜을 이용하여 계산된 $\alpha-$quartz, $\alpha-$cristobalite, coesite의 기초 물성이 앞으로 소개하게 될 다른 퍼텐셜을 이용한 계산 및 실험 정보와 비교되어 있다.

〈Table 4-1〉 여러 원자 간 퍼텐셜 모델에 의한 α-quartz 특성 비교

	expt	TTAM[14]	BKS[15]	TS[19]	MEAM[52]	COMB10[73]
a(Å)	4.916	5.02	4.94	4.93	4.78	4.86
c(Å)	5.405	5.54	5.45	5.39	5.26	5.32
Si-O-Si(°)	143.7	147	148.1	144.5		
Energy(eV/SiO_2)	−19.23	−53.47	−58.34		−29.08	−20.63
B (GPa)	39	34	41	35	64	
C_{11}(GPa)	87	72	91	99		
C_{12}(GPa)	7	9	8	5		
C_{13}(GPa)	19	12	15	38		
C_{14}(GPa)	−18	−14	−18	−10		
C_{33}(GPa)	106	91	107	111		
C_{44}(GPa)	58	40	50	42		

〈Table 4-2〉 여러 원자 간 퍼텐셜 모델에 의한 α-cristobalite, coesite 특성 비교

	expt	TTAM[14]	BKS[15]	TS[19]	MEAM[52]	COMB10[73]
α-cristobalite						
a(Å)	4.978	4.99	4.92	4.94	4.57	5.02
c(Å)	6.948	6.66	6.60	6.85	6.54	6.94
Si-O-Si(°)	146.8	142	143.9	144		
Energy(eV/SiO_2)	−19.20	−53.30	−58.24		−27.68	−20.57
B(GPa)	15	20	24		17	
C_{11}(GPa)	59	48	65			137
C_{12}(GPa)	4	6	7			18
C_{13}(GPa)	−4	−4	−1			43
C_{33}(GPa)	42	35	38			118
C_{44}(GPa)	67	58	70			55
C_{66}(GPa)	26	20	28			29
Coesite						
a(Å)	7.136	7.23	7.14	7.17		
b(Å)	7.174	7.43	7.27	7.16		
c(Å)	12.369	12.74	12.49	12.38		
Si-O-Si(°)	143.6	150.5	144.0			

지금까지 소개한 원자 간 퍼텐셜들의 공통점은 정전기적 에너지로 점전하(point charge)에 기초한 Coulomb 상호작용 항을 기반으로 한다는 점이다. 초기에는 공유 결합과 이온 결합 특성을 동시에 가지고 있는 화합물들을 Coulomb 상호작용을 기반으로 하는 이온 결합 퍼텐셜만으로 기술하는 것이 합당한가에 대한 우려가 있었다. 그러나, 관련 화합물들의 기초 물질 특성이 Coulomb 상호작용을 주요 항으로 하는 BMH 수식 모델로도 충분히 기술이 되고, 각 이온들의 전하량을 나타내는 식[1]의 q_i 값에 대해 알려져 있는 공식 전하(formal charge) (Si 이온의 경우 +4, O 이온의 경우 −2) 값을 사용하는 것이 아니라 fitting 과정 중 결정되는 부분 전하 값을 사용하며(TTAM, BKS의 경우 $q_{Si}=+2.4$, $q_O=-1.2$), 나머지 비 정전기 항들 속에 공유 결합 속성이 녹아 있을 것이라는 소망이 BMH에 기반한 고정(fixed) 점전하 짝 퍼텐셜 모델을 오랫동안 사용하게 된 원동력이 되었다고 볼 수 있다. 그러나, BKS 마저도 SiO_2에 대해 알려져 있는 많은 다형체(polymorphs)들의 구조 특성을 충분히 만족스럽게 재현해 내는 것은 아니었다. 한편으로는, 격자 동역학, 다형체 간 상전이 현상 등 새로운 실험 정보들을 BKS가 재현해 내지 못한다는 점, 또한 전하의 공간 분포를 고려하지 못하고 점전하를 가정해야만 하고, 전자 분극(electronic polarization)과 같은 잘 알려진 기초 현상을 고려하지 못한다는 한계, 특히 짝 퍼텐셜들이 화합물에 대해서만 적용 가능할 뿐 순수 Si의 기초 물성을 재현하지 못함으로 해서 Si/SiO_2와 같은 이종 소재 계면 구조 분석에는 활용될 수 없다는 한계 등은 BKS 이후에도 많은 연구자들로 하여금 원자 간 퍼텐셜 개발을 계속하게 하는 이유를 제공하였다. Jiang & Brown[16]은 Si와 SiO_2를 각각 SW(Si에 특화된 퍼텐셜 모델 중 하나)와 BKS로 기술하고, 이온화 에너지, 전하 변동(charge variation) 등에 대한 고유 모델을 도입, Si 내부 산소 원자의 거동을 기술하려고 하였고, Soulairol & Cleri[17] 역시 최근 Si와 SiO_2를 각각 SW와 BKS로 기술하고 계면 원자에는 다른 q 값을 가진 Coulomb 항을 추가함으로써 계면 구조를 기술하려고 하는 등 BMH의 한계를 극복하려는 노력은 계속되어 왔다.

BMH에 기반한 고정 점전하 짝 퍼텐셜 모델에 변화를 주는 여러 시도 중 가장 오래된 것은 정전기적 퍼텐셜로 Coulomb 상호작용 항 이외에 전자 분극(electronic polarization)으로 인한 dipole-charge, dipole-dipole 상호작용을 추가하는 것이다. 분극 효과를 기술하는 대표적인 모델은 1958년 Dick & Overhauser[18]에 의해 제안된 Shell 모델이다. Shell 모델에서는 각 이온들이 원자핵과 core electron으로 이루어진 core와 valence electron으로 구성된 shell로 나누어져 있다고 간주한다. Shell의 무게중심은 외부 또는 local 전기장에 따라 core의 중심으로부터 벗어나면서 dipole을 형성하는데, 이 shell은 core에 spring으로 연결되어 harmonic restoring force를 통해 상호작용을 한다고 간주하고 추가 에너지를 계산한다. BMH 모델이 그랬듯이 이 Shell 모델도 각 연구자에 의해 다양한 형태로 수정 또는 변형이 되어 활용이 되어 왔는데, 2원자 분자, alkali halides 등에 적용되어 물질 특성을 잘 재현해 낸다고 평가를 받았으며 Al_2O_3에도 적용되어 분극 현상이 결국 결정적인 영향을 미치는 것으로 판명된 결합 형성 에너지를 계산하는 데 활용된 바 있다. 이후 BMH에 분극 효과를 고려하는 형태의 원자 간 퍼텐셜 모델은 alkali halides는 물론 2원 산화물 계에 대해서도 유행을 하게 되는데, 결정 구조와 양이온의 종류에 따라 산소 이온의 분극률이 달라진다는 개념을 도입하면서 3원, 혼합 산화물 계에까지 적용 범위를 넓혔으며, 다양한 모델에 대한 시도가 이루어진 데 이어, 급기야는 Born-Mayer에 이어 새로운 유행으로 자리잡은 Morse-Stretch 형으로 비 정전기적 상호작용을 대체하고 고정 점전하 Coulomb 상호작용에 산소 이온에 대한 dipole polarization 효과를 추가한 모델로(Shell 모델은 종종 추가 전자를 얻은 음이온만 polarizable한 것으로 간주하여 음이온에만 적용되기도 한다), SiO_2에서 액상에 대한 fitting(force-matching)만으로도 고상 다형체에 대해 BKS를 능가하는 우수한 성능을 보인 Tangney와 Scandolo[19]에 의해 10여 년간 이어진 TTAM-BKS의 시대는 종말을 고하게 된다(Table 4-1, 4-2 참조). 이 TS 퍼텐셜[19]은 이후 Herzbach 등[20]에 의해 진행된, SiO_2의 구조, 열기계, 동역학 특성 등을 대상으로 BKS 퍼텐셜과 뒤에 소개하게 될 평형 전하 모델 (charge equilibration model)을 탑재한 퍼텐셜과의 비교 평가에서 뛰어나게 우수하다는 평가를 받기도 한다.

Shell 모델은 이온 결합 물질을 위한 MD 프로그램의 종결자로 알려진 GULP[21]의 대표 퍼텐셜로 채택이 되어 BMH 계 퍼텐셜에 대해 비교 우위를 인정받지만, 두 모델 공히 여전히 화합물이 아닌 순수 원소(SiO_2의 경우 Si)를 기술하지 못하고, 확정 점전하에 기반을 두어 각 원자 환경에 따라 전하량이 바뀔 수 있음(양이온, 음이온 간격이 멀어지면 중성 원자로 바뀌어야 한다)을 구현하지 못함으로써 결정적으로 계면, 표면에서의 원자 구조나 반응을 다루는 데 취약하다는 한계를 남기게 되고 새로운 퍼텐셜 모델을 기다리는 신세를 벗어나지 못한다. 이후 원자 간 퍼텐셜의 개발은 비 정전기적 상호작용에 대해 many-body 퍼텐셜을 도입하고 이에 변동 전하(variable charge)를 구현할 수 있는 모델을 결합시키는 방향으로 전개되는데, 이는 각각 4.2, 4.3절에서 소개된다.

4.2 공유 결합, 금속 결합 물질들을 위한 many-body 퍼텐셜

산업적으로 가장 관심을 받은 원소 중 하나는 대표적 공유 결합 원소인 Si라 할 수 있고, 하나를 더 꼽으라고 하면 대표적 금속 원소인 Fe가 될 듯하다. Si에 대해서는 30개가 넘는 원자 간 퍼텐셜 모델이 발표된 바 있고, 현재까지도 새로운 모델이 끊임없이 발표되고 있다. Fe 역시 Si 못지않을 정도로 많은 퍼텐셜 모델이 최근까지 발표되고 있다. 이들 원소에 대한 원자 간 퍼텐셜 모델의 개발 역사를 살펴보는 것은 다음으로 미루기로 하고, 여기서는 두 원소에 대해 대표적인 many-body 퍼텐셜을 간략하게 소개하고자 한다. 이 분야 연구의 궁극적인 목적이 이온 결합, 공유 결합, 금속 결합 물질을 모두 기술할 수 있는 종합적인 원자 간 퍼텐셜 모델을 개발하는 데 있는 만큼, 여기서 대표적인 퍼텐셜은 각 원소의 기초 물리 특성을 얼마나 정확하게 재현해 내느냐 이외에 얼마만큼 다른 결합 특성을 가진 타 물질계로의 확장성을 가지는가도 중요한 선정 조건이 된다. 다른 물질계로 가장 많이 활용된 Si 퍼텐셜로는 Tersoff 퍼텐셜을 선정할 수 있으며, 역시 다양한 합금계로 가장 넓은 확장 실적을 가지고 있는 Fe 퍼텐셜로는 2NN MEAM 퍼텐셜을 선정할 수 있다. 다음은 각각에 대한 간략한 설명이다.

1) Tersoff 퍼텐셜

1980년대 초 Rose, Ferrante, Smith[22-25] 등은 다양한 공유 결합 또는 금속 결합 물질의 cohesive 에너지 곡선들이 적절한 parameter rescaling을 거칠 경우 하나의 수식으로 표현되는 universal 거동을 보인다는 것을 universal equation of state(EOS)와 함께 발표하였다(자세한 수식은 다음 절에서). 1985년 Abell[26]은 Morse-type 짝 퍼텐셜 ($D_0\left[e^{r(1-r_{ij}/r_0)}-2e^{r/2(1-r_{ij}/r_0)}\right]$)이 위의 universal 거동을 잘 기술할 수 있음을 보여, 앞서 언급한 것처럼 이후 Morse-Stretch가 Born-Mayer를 대체하는 계기를 만든다. Tersoff[27-31]는 이에 착안하여 물질계의 총 에너지에 대해 다음과 같은 식을 제안한다.

$$E=\sum_i E_i=\frac{1}{2}\sum_{i,j,i\neq j} f_c(r_{ij})\left[A\exp(-\lambda r_{ij})-Bb_{ij}\exp(-\mu r_{ij})\right] \tag{4-2}$$

이 식에서는 물질계의 총 에너지가 각 원자 자리 i에서의 에너지의 합으로 표현되며 원자자리에서의 에너지 E_i는 i와 다른 모든 인접 원자 j 간의 결합 에너지의 합으로 표현된다. 또, 결합 길이 r_{ij}로 표현되는 결합 에너지는 각각 repulsive 및 interactive 상호작용을 나타내는 두 개의 짝 퍼텐셜 항으로 구성된다. 두 항에 공통으로 적용되는 f_c는 어느 경험적 퍼텐셜에서도 적용되는 radial cutoff function으로 다음의 형태가 주어진다.

$$f_c(r_{ij})=\begin{cases}1, & r_{ij}<R_{ij}\\ \frac{1}{2}+\frac{1}{2}\cos[\pi(r_{ij}-R_{ij})/(S_{ij}-R_{ij})], & R_{ij}<r_{ij}<S_{ij}\\ 0, & r_{ij}>S_{ij}\end{cases} \tag{4-3}$$

Interactive 항 앞에 붙어있는 b_{ij}는 Tersoff 퍼텐셜에서 가장 중심적인 역할을 하는 bond order bond strength) 항으로, 최인접 원자 간의 상호작용만을 고려할 수 있도록 하는 기능, 적정 결합 길이와 결합각을 유지하게 하는 기능 및 국부적인 환경이 이들에 미치는 영향 등 많은 기능을 포함하고 있으며, 다음의 수식적 형태가 부여된다.

$$b_{ij}=\chi_{ij}(1+\beta_i^{n_i}\zeta_{ij}^{n_i})^{-1/2n_i} \tag{4-4}$$

$$\zeta_{ij}=\sum_{k\neq i,j} f_c(r_{ik})\omega_{ik}g(\theta_{ijk}) \tag{4-5}$$

$$g(\theta_{ijk}) = 1 + c_i^2/d_i^2 - c_i^2/[d_i^2 + (h_i - \cos\theta_{ijk})^2] \tag{4-6}$$

θ_{ijk}는 ij 결합과 ik 결합 사이의 각을 나타내고, χ_{ij}는 합금계에만 사용되는 보정항이며 ($\chi_{ii} = 1$), ω_{ik}는 통상 1의 값이 주어지나 보다 복잡한 다원 합금계를 기술할 때의 필요성에 대비, 모델의 유연성을 높이기 위해 유보해 놓은 항으로 경우에 따라 다음 식으로 표현되기도 한다.

$$\exp[\mu^m (r_{ij} - r_{ik})^m] \tag{4-7}$$

Tersoff 퍼텐셜이 2원계에 적용될 때는 χ_{ij}에 1이 아닌 값이 부여되며, λ와 μ에는 두 원소 간 산술 평균값이, A, B, R, S에는 두 원소의 기하 평균값이 적용된다.

1986년 Si에 대해 처음 발표된[27] Tersoff 퍼텐셜은 수식적 형태의 수정[28], 모델 상수값의 수정[29]을 거쳐 확정이 되며, carbon[30] 및 SiC[31] 계에 적용되면서 완성이 된다. 이후 1990년, Brenner[32]는 carbon 소재와 hydrocarbon 분자들을 다룰 수 있도록 Tersoff 퍼텐셜을 확장하는데, 이는 reactive empirical bond order(REBO) 퍼텐셜이라 명명되며, 이후 2002년 뒤에 소개할 Florida group과의 공동연구를 통해 upgraded version(REBO2)이 발표된다[33]. REBO2는 Si-C-H, C-H-O, C-H-F 등의 소재군뿐만 아니라 Mo-S system에 대한 potential이 발표되면서 금속 결합 원소에 대한 적용 가능성도 보이게 된다. REBO는 장범위 Van der Waals 결합을 표현하기 위해 Lennard-Jones(LJ) potential과 결합을 하여 사용되기도 하는데, 이 기능을 강화한 퍼텐셜로는 adaptive intermolecular REBO(AIREBO)[34]를 들 수 있다.

2) EAM 퍼텐셜

EAM(Embedded-Atom Method)은 "불순물 원자의 embedding energy가 불순물이 포함되지 않은 host 상태(불순물 자리의 전자 밀도)만으로 결정될 수 있다."는 70년대 제일원리 계산 연구 결과에서 힌트를 얻어, 모든 개개 원자들을 이를 제외한 다른 모든 원자들로 구성된 host에 대한 불순물 원자라고 간주하여 계의 총 에너지를 다음의 식으로 표시한다.

$$E = \sum_i \left[F_i(\overline{\rho_i}) + \frac{1}{2} \sum_{j(\neq i)} \phi_{ij}(r_{ij}) \right] \tag{4-8}$$

F는 electron density $\overline{\rho_i}$값을 가지는 원자 자리 i에 불순물로서 원자가 채워질 때의 에너지 변화를 나타내는 embedding energy이고, ϕ_{ij}는 r_{ij}거리를 두고 있는 i, j원자 간의 짝 상호작용이다. 한 원자 자리의 전자 밀도는 주변 원자들로부터 공급되는 기여 분의 총 합으로 결정되므로 F 항은 many-body 효과를 나타낸다고 볼 수 있으며, 1983년 Daw와 Baskes[35,36]에 의해 제안된 EAM은 첫 many-body 퍼텐셜로서 이후 발표된 수많은 many-body 퍼텐셜 모델들

의 효시가 된다. 처음 발표 당시만 해도 $\overline{\rho_i}$값은 주위 원자 기여 분의 단순 합으로 계산될 수 있고, ϕ는 유효 전하를 가정한 Coulomb 상호작용 형태를 가진다는 것 이외에 F의 수식적 형태 등에 대해서는 정해진 수식 형태가 없었다. 단지, 비슷한 시기에 Rose 등[25]에 의해 universal equation of state(EOS)가 발표되면서, $\overline{\rho_i}$함수로서의 F 값을 구하는 데 Rose universal EOS가 가이드라인을 제공하는 정도였다[37]. F함수 형태의 불확실성, ϕ 수식 형태에 대한 임의성으로 인해 이후 수많은 다양한 수식적인 형태를 가진 EAM 계열의 퍼텐셜들이 개발되며, 오늘날 단순히 EAM이라는 이름만으로는 어떠한 퍼텐셜 수식을 의미하는지 구분이 어렵게 된다.

EAM은 $\overline{\rho_i}$를 계산할 때 단순 총 합에 의존함으로써 주로 fcc 금속 원소에 적용이 되었을 뿐, 결합의 방향성을 가지는 bcc나 diamond 구조의 원소에는 적용이 어려웠다. Baskes는 이후, $\overline{\rho_i}$를 계산할 때 s, p, d, f 전자각 전자분포를 상징하는 Legendre 다항식 형태의 방향성을 추가함으로써 결합의 방향성을 가지는 Si에 대한 퍼텐셜 개발을 시도하였고[38], 다양한 fcc, bcc, diamond 구조와 기체 원소[39] 및 hcp 원소[40]에 대한 모델 상수값들을 정리된 수식적 형태와 함께 발표함으로써 Modified EAM(MEAM) 퍼텐셜을 선보이게 된다. MEAM을 이해하는 데 도움이 되는 문헌으로는 참고문헌[39-41]을 추천할 수 있다. 이 MEAM은 공유 결합 원소인 C, Si, Ge, 많은 종류의 금속 원소, O, N, H 등 기체 원소들을 하나의 공통된 수식적 형태로 기술함으로써 모든 경험적 퍼텐셜 모델들이 가지는 꿈을 가시적인 것으로 만들었다는 평가를 받을 수 있으나, 실제로는 대부분의 원소들에 대해 구조적인 불안정성(0 K가 아닌 온도에서 구조가 무너지거나 다른 엉뚱한 구조로 전이가 일어남) 등 MD 시뮬레이션에 전혀 사용이 불가능할 정도의 결정적인 문제들을 안고 있었다. Lee 등[42,43]은 그러한 문제가 모델 상수값 문제가 아니라 MEAM에서 최인접 원자 간 상호작용만을 고려하는 데서 연유하는 문제라는 것과 제2인접 원자 간 상호작용을 부분적으로 함께 고려했을 때 제반 문제들이 해결되면서 가장 좋은 결과가 얻어질 수 있다는 연구 결과를 발표하면서 이를 구현할 수 있도록 MEAM을 다시 한 번 수정하게 된다. 이 퍼텐셜은 이후 다른 금속 관련 퍼텐셜 모델들이 시도하지 못했던 Carbides, Nitrides 등 다양한 합금계와 C, Si, Ge 등 공유 결합 원소에 대한 적용성을 보이면서 금속 결합과 공유 결합 원소는 어쩌면 하나의 퍼텐셜 수식 형태로 기술이 가능할지도 모른다는 꿈에 대한 실현 가능성을 실천하고 있는 중이다. 2NN(Second Nearest Neighbor) MEAM으로 명명된 이 퍼텐셜의 합금계에 대한 적용성과, 개발 및 응용 현황에 대해서는 참고문헌[44-46]을 추천할 수 있으며, Table 4-3에는 현재까지 2NN MEAM 퍼텐셜이 개발된 원소와 합금계가 나열되어 있다. 이 모델에 대해서는 4.4절에서 보다 상세한 설명이 있을 것이다.

〈Table 4-3〉 2NN MEAM 퍼텐셜이 개발된 원소 및 합금계

Materials Group	Materials System
pure elements	Fe, Cr, Mo, W, V, Nb, Ta, Li, Cu, Ag, Au, Ni, Pd, Pt, Al, Pb, Ca, Ti, Zr, Mg, Co, Y, Mn, C, Si, Ge, In, P
Carbide system	Fe-C, Ti-C, Nb-C, Mo-C, W-C, Fe-Ti-C, Fe-Nb-C
Nitride system	Fe-N, Ti-N, Nb-N, Al-N, Fe-Ti-N, Fe-Nb-N, Fe-Al-N
Hydride system	Fe-H, V-H, Al-H, Ni-H, Cu-H, Zr-H, V-Al-H, V-Ni-H, Cu-Zr-H
Fe-binary system	Fe-Al, Fe-Cr, Fe-Cu, Fe-Mn, Fe-Nb, Fe-P, Fe-Pt, Fe-Sn, Fe-Ti, Fe-W
Metallic binary system	Ag-Cu, Ag-Zr, Al-Co, Al-Mg, Al-Ni, Al-V, Co-Cu, Co-Pt, Co-Ni, Cu-Ni, Cu-Ti, Cu-Zr, Mg-Ca, Mg-Sn, Mg-Y, Li-Mg, Ni-V, Ni-W
Metallic ternary system	Cu-Zr-Ag, V-Pd-Y, Ni-Al-Co
Semiconducting system	Ga-N, In-N, Ga-In, Ga-In-N, Si-C

3) Many-body 퍼텐셜을 이용한, 산화물에 대한 원자 간 퍼텐셜 개발

앞서 언급한 바와 같이 모든 경험적 원자 간 퍼텐셜 모델의 꿈은 다양한 결합 특성을 가진, 가능한 많은 종류 원소들을 하나의 수식적 형태로 구현하는 것이다. 앞서 이온 결합 물질에 적용되었던 짝 퍼텐셜로 공유 결합이나 금속 결합 물질을 기술하는 것은 불가능하다는 것이 오랜 경험을 통해 알려져 왔다. 그러나 80년대 말, 90년대에 들어 Tersoff, MEAM 등 우수한 성능을 가진 many-body 퍼텐셜들이 선보이면서 연구자들은 이 모델들을 이용하여 산화물 계를 기술하려는 시도를 하게 된다. 정전기 상호작용 항 없이 many-body 퍼텐셜 모델로만 산화물을 기술하려는 이유는 장범위 Coulomb 상호작용 항을 계산하기 위해 치러야 하는 복잡한 계산을 피하면서($1/r$에 비례하는 Coulomb 상호작용 항은 인접원자 개수가 r^2에 비례하여 증가하기 때문에 단순한 합으로는 수렴하지 않는다), Si/SiO_2 또는 금속/금속산화물 계면에 대한 시뮬레이션 연구가 가능해지기 때문이다.

이러한 시도는, Si에 대한 또 다른 퍼텐셜 모델인 SW(Stillinger-Weber) 퍼텐셜을 확장하여 SiO_2를 기술하고 Si/SiO_2계면 구조와 산화 막에 발생하는 응력을 계산하려고 했던, Watanabe 등[47,48]에 의해 처음으로 보고된다. 한편, Tersoff 퍼텐셜을 수식에 대한 수정 없이 그대로 SiO_2에 적용하려던 Umeno 등[49]은 2원계 물질일 경우 순수 원소의(산술, 기하) 평균값을 사용하던 λ, μ, A, B에 대해 독립적으로 force matching method를 이용하여 fitting한 값을 사용하면, BKS[15] 등으로 기술하기 어려웠던 $\beta-$cristobalite, $\beta-$quartz도 기술할 수 있음을 보고한다. Billeter 등[50]은 Tersoff 퍼텐셜을 더 적극적으로 수정하게 되는데, Umeno의 접근 방법 이외에도 앞의 식 (4-7)에서 ω_{ik}에 대한 표현을 보다 유연하게 바꾸고, 총 에너지 식에 zero point(core) 에너지 항을 새로 도입하는 한편, 배위 수 변동에 따른 에너지 변화를 보

다 부각시키는 항을 추가한다. 이러한 수식 형태의 수정은 모델 상수 수의 증가를 야기하는데, 가공의 시편들을 많이 만들어 놓고 그 에너지와 힘을 제일원리로 계산, 최소제곱 최적화를 시도함으로써 상수값을 구한다. 이러한 과정을 통해 개발된 퍼텐셜은 물질의 특성치를 fitting 대상에 포함시키지 않았음에도 불구하고 α, β−quartz, α−cristobalite 구조 특성을 우수하게 재현해 내고 있으나, 2006년 발표 당시는 이미 결합 특성에 보다 충실한 다른 우수한 퍼텐셜들이 많아져서인지 커다란 주목을 받지는 못한 것으로 보인다.

정전기 상호작용 항 없이 many-body 퍼텐셜로만 산화물을 기술하려는 시도는 위에 언급한 SW나 Tersoff 말고도 MEAM을 이용해서도 이루어진 바 있다. 첫 시도는 Baskes[51]에 의해 Al_2O_3에 대해 일찌감치 이루어진 바 있고, 또 다른 시도는 Kuo와 Clancy[52]에 의해 SiO_2를 대상으로 이루어진다. Al_2O_3는 다형체가 이슈가 되지 않아 단순히 $\alpha-Al_2O_3$(Corundum)에 대해 계산된 기초 물리 특성을 실험 정보와 비교하는 것이 전부이지만, SiO_2의 경우는 α−quartz 이외에도 다양한 다형체들의 기초 물리 특성을 얼마나 재현해 내느냐가 원자 간 퍼텐셜의 우수성을 가늠하는 척도가 될 수 있다. Kuo & Clancy[52]는 놀랍게도 기존 MEAM 수식 형태를 수정 없이 그대로 사용하면서도 α, β−quartz, α, β−cristobalite, β−tridymite 등의 기초 특성을 근사하게 재현해 내어 금속-공유-이온 결합 물질에 대한 기술 가능성을 보여 주었다(Table 4-1, 4-2 참조).

4.3 Many-body 퍼텐셜과 이온 결합 퍼텐셜의 결합

앞의 4.1절을 마무리하면서 Shell 모델이 이온 결합 물질을 위한 최후의 원자 간 퍼텐셜 모델로 자리를 굳히지 못한 이유를 두 가지로 요약하였었다. 하나는 화합물에만 적용이 되고 그 구성 원소의 기본 특성은 기술하지 못한다는 것이었고, 다른 하나는 개개 원자 환경에 따라 전하 상태가 바뀔 수 있음을 고려하지 못한다는 점이었다. 이후 원자 간 퍼텐셜의 개발은 비정전기적 상호작용에 대해 many-body 퍼텐셜을 도입하고 이에 변동 전하를 구현할 수 있는 모델을 결합시키는 방향으로 전개된다고 하였는데, many-body 퍼텐셜 중 대표적인 Tersoff와 EAM-2NNMEAM에 대해서는 4.2절에서 소개하였으므로 여기서는 변동 전하(variable charge)를 구현하는 모델의 발전 과정에 대해 소개한다.

1) Charge Equilibration 모델

여기서 소개하는 charge equilibration 모델은 1991년 Rappe & Goddard[53]에 의해 처음 발표되었지만, 이러한 발표가 있기까지는 양자화학의 발달과 함께 축적된 전기음성도, 이의 평형 이론 등 앞선 연구자들의 노력이 밑거름이 된 것은 두말할 나위 없다. Rappe & Goddard[53]

는 분자들에서의 평형 전하를 연구하면서, 알려져 있는 Coulomb 상호작용 이외에 고립된 개개 원자의 에너지가 전하 상태에 따라 어떻게 달라질 수 있는가에 관심을 두고 전하를 가진 원자의 에너지(atomic energy)를 다음과 같이 표현한다.

$$E_A(q) = E_{A0} + q_A\left(\frac{\partial E}{\partial q}\right)_{A0} + \frac{1}{2}q_A^2\left(\frac{\partial^2 E}{\partial q^2}\right)_{A0} + \cdots \tag{4-9}$$

1, 2차 미분 항은 각각 다음과 같이 표현될 수 있는데,

$$\left(\frac{\partial E}{\partial q}\right)_{A0} = \frac{1}{2}(IP + EA) = \chi_A^0, \quad \left(\frac{\partial^2 E}{\partial q^2}\right)_{A0} = IP - EA = J_A^0 \tag{4-10}$$

여기서 IP와 EA는 각각 이온화 퍼텐셜과 전자 친화도, χ^0는 전기 음성도, J^0는 orbital 내 두 전자 사이의 Coulomb repulsion을 나타내는 atomic hardness의 의미를 부여 받는다. Atomic energy 항과 Coulomb 상호작용 항을 합쳐서 총 정전기 에너지는 다음과 같이 표현된다.

$$\begin{aligned} E(q_1, \cdots, q_N) &= \sum_A \left(E_{A0} + \chi_A^0 q_A + \frac{1}{2}q_A^2 J_{AA}^0\right) + \sum_{A<B} q_A q_B J_{AB} \\ &= \sum_A \left(E_{A0} + \chi_A^0 q_A\right) + \frac{1}{2}\sum_{A,B} q_A q_B J_{AB} \end{aligned} \tag{4-11}$$

J_{AB}는 A, B 원자에 위치한 단위 전하 사이의 Coulomb 상호작용이고, A, B 사이 거리 r_{AB}에 의존할 것인데, Rappe & Goddard는 이를 atomic charge density에 대한 Coulomb integral 방법으로 구하고, atomic charge density 표현에 대해서는 다음과 같은 Slater-type orbital을 제시한다.

$$\phi_{n\zeta}^{slat} = N_n r^{n-1} e^{-\zeta r} \tag{4-12}$$

위의 총 에너지를 각 이온의 q로 미분하면 원자 스케일의 chemical 퍼텐셜이 얻어진다.

$$\chi_A(q_1, \cdots, q_N) = \frac{\partial E}{\partial q_A} = \chi_A^0 + \sum_B J_{AB} q_B = \chi_A^0 + J_{AA}^0 q_A + \sum_{B \neq A} J_{AB} q_B \tag{4-13}$$

임의의 원자 A의 chemical 퍼텐셜은 다른 모든 원자의 전하 상태에 의존하게 되는데, charge equilibration 모델의 핵심은 평형 상태에서 모든 원자들의 chemical 퍼텐셜이 서로 같다는 것이다. 이 조건에서 얻어지는 $N-1$개의 관계식($\chi_1 = \chi_2 = \cdots = \chi_N$)과 총 전하량 합이 일정(전기적 중성의 경우 0)하다는 관계식으로부터 총 N개 원자(또는 이온) 각각의 전하량 값을 모두 구할 수 있는 것이다.

Rappe & Goddard의 charge equilibration 모델은 발표 당시는 물론 그 이후에도 주로 organic, inorganic molecule의 특성 계산에 활용되어 오다가 Goddard 그룹에서는 1999년 처음으로 SiO_2에 적용 예가 발표된다[54]. 이 SiO_2 연구에서는 Morse-Stretch 짝 퍼텐셜에 charge equilibration 기능을 추가한 형태의 퍼텐셜이 quartz-stishovite 상전이와 silica 비정질 구조 분석에 적용된다. 이어 Swamy & Gale[55]은 동일한 모델을 Titanium 산화물계에 적용하여 rutile, anatase, brookite, TiO_2-II, Ti_2O_3, monoclinic 고온 및 저온 Ti_3O_5 상은 물론 TiO, ramsdellite-type TiO_2, $g-Ti_3O_5$, 두 가지의 Magneli phase: Ti_4O_7 및 Ti_6O_{11} 등 광범위한 산화물 상들의 특성 계산에 적용 가능함을 보인 괄목할 만한 결과를 내 놓는다. 이러한 지원 사격에도 불구하고 이 SiO_2 퍼텐셜은 후에 Herzbach 등[20]에 의해 진행된, 점전하 모델에 기반한 BKS[15], 같은 Morse-Stretch 짝 퍼텐셜에 dipole polarization 효과를 추가한 TS[19] 퍼텐셜과의 비교 평가에서 그리 뛰어난 평가를 받지는 못하고 만다. 그 이유는 charge equilibration 모델 자체의 성능보다는, 물리화학 보다는 유기화학 분야의 연구 전문성을 가지고 있는 저자들의 학문적 배경 및 경험에서 찾아야 할 것으로 생각된다.

Charge equilibration 모델을 발표한 Goddard 그룹이 주로 유무기 고분자 화합물에 관심을 가지는 동안, Tersoff이나 EAM에 사전 지식을 가지고 있는 다른 연구자들은 many-body 퍼텐셜에 charge equilibration(Qeq) 개념을 도입하여 한 차원 높은 퍼텐셜 모델들을 선보이게 된다. 이러한 과정들은 크게 금속/금속 산화물을 대상으로 하는 "EAM + Qeq" 형태와 Si/SiO_2를 대상으로 하는 "Tersoff + Qeq" 형태로 나누어 분석할 수 있다.

2) EAM + Charge Equilibration 모델

1994년 Streitz & Mintmire[56]는 charge equilibration 개념을 처음으로 결정질 금속 산화물 (Al_2O_3)에 적용하면서, 조금 더 구체적인 수식적 형태를 제시한다. Rappe & Goddard[53]에 대한 설명과 약간 중복의 감이 있지만 편의를 위해 Streitz & Mintmire의 Qeq 모델을 다시 정리하면 다음과 같다.

우선 고립된 원자가 전하를 가질 때의 에너지를 나타내는 local atomic energy 식은 동일하다.

$$E_i(q_i) = E_i(0) + \chi_i^0 q_i + \frac{1}{2} J_i^0 q_i^2 \tag{4-14}$$

전하 q_i를 가지는 원자들이 서로 상호작용을 하고 있을 경우 총 정전기 에너지는 atomic energy E_i와 Coulomb 상호작용 에너지의 합이 된다.

$$E_{es} = \sum_i E_i(q_i) + \frac{1}{2} \sum_{i,j,i \neq j} V_{ij}(r_{ij},\ q_i,\ q_j) \tag{4-15}$$

Coulomb 상호작용 V_{ij}를 구하기 위한 Coulomb integral은 다음의 식으로 표현된다.

$$V_{ij}(r_{ij};\ q_i,\ q_j) = \int d^3r_1 \int d^3r_2 \rho_i(r_1;\ q_i)\rho_j(r_2;\ q_j)/r_{12} \tag{4-16}$$

Atomic charge density ρ에 대해 Rappe & Goddard는 Slater-type orbital form을 제안했었는데, Streitz & Mintmire는 그 전에 다음과 같은 atomic charge density 분포를 제안한다.

$$\rho_i(r;\ q_i) = Z_i\delta(r - r_i) + (q_i - Z_i)f_i(r - r_i) \tag{4-17}$$

여기서 Z_i는 effective core charge로 생각할 수 있고, f_i는 valence charge의 반경 분포를 나타내는 함수로 볼 수 있는데, Rappe & Goddard에서처럼 Slater 1s orbital을 가정하여 다음과 같은 식이 제시된다.

$$f_i(r) = \frac{\xi_i^3}{\pi}\exp(-2\xi_i r) \tag{4-18}$$

Coulomb integral을 포함시켜 총 정전기 에너지를 다시 표현하면 다음과 같은데,

$$\begin{aligned} E_{es} = {} & \sum_i E_i(q_i) + \\ & \frac{1}{2}\sum_{i \neq j}\left\{ \begin{aligned} & q_i q_j [f_i|f_j] + q_i Z_i([j|f_i] - [f_i|f_j]) + q_j Z_i([i|f_j] - [f_i|f_j]) \\ & + Z_i Z_j([f_i|f_j]) - [i|f_j] - [j|f_i] + 1/r_{ij}) \end{aligned} \right\} \end{aligned} \tag{4-19}$$

$$[\rho_a|\rho_b] = \int d^3r_1 \int d^3r_2 \frac{\rho_a(r_1)\rho_b(r_2)}{r_{12}},\quad [a|\rho_b] = \int d^3r \frac{\rho_a(r)}{|r - r_a|} \tag{4-20}$$

이를 q_i에 대해 정리하면 아래의 식이 얻어진다.

$$E_{es} = E_0 + \sum_i q_i \chi_i + \frac{1}{2}\sum_{i,j,i \neq j} q_i q_j V_{ij} \tag{4-21}$$

$$E_0 = \sum_i E_i(0) + \frac{1}{2}\sum_{i \neq j} Z_i Z_j([f_i|f_j] - [i|f_j] - [j|f_i] + 1/r_{ij}) \tag{4-22}$$

$$\chi_i = \chi_i^0 + \sum_j Z_j([j|f_i] - [f_i|f_j]) \tag{4-23}$$

$$V_{ij} = J_i^0\delta_{ij} + [f_i|f_j] \tag{4-24}$$

전하량이 0일 때 정전기 에너지가 0이 되도록 위 식 (4-21)을 조정한다(E_0항을 뺀 것을 새로운 E_{es}라고 한다).

$$E_{es} = \sum_i q_i \chi_i + \frac{1}{2} \sum_{i,j,i \neq j} q_i q_j V_{ij} \tag{4-25}$$

이제 남은 일은 E_{es}를 최소화시키는 q_i값들을 구하는 일이다. 다음의 전기적 중성 조건식을 만족시키면서

$$\sum_i q_i = 0 \tag{4-26}$$

이는 Rappe & Goddard가 했던 것처럼 electronegativity equalization 조건, 즉 다음 식으로 얻어지는 atomic chemical 퍼텐셜이 모두 같다는 조건을 이용한다.

$$\mu = \mu_i = \partial E_{es} / \partial q_i \tag{4-27}$$

Streitz & Mintmire는 이 charge equilibration 기법을 EAM과 결합시켜, 계의 총 에너지를 위의 정전기 에너지와 EAM에 의한 에너지의 합으로 표현하였다.

$$E_{tot} = E_{es}(q,\ r) + E_{EAM}(r) \tag{4-28}$$

MD 시뮬레이션을 위해서는 각 원자의 공간 좌표 값으로 위 총 에너지를 다음 예처럼 미분하여 각 원자에 미치는 힘을 얻게 되는데,

$$-f_x = \frac{dE_{tot}}{dx} = \sum_i \frac{\partial E_{es}}{\partial q_i} \frac{\partial q_i}{\partial x} + \frac{\partial E_{es}}{\partial x} + \frac{\partial E_{EAM}}{\partial x} \tag{4-29}$$

각 원소의 charge에 대한 미분을 포함하는 오른쪽 첫 번째 항은 전하 평형 및 전기적 중성 조건으로 인해 고려를 안 해도 된다.

$$\sum_i \frac{\partial E_{es}}{\partial q_i} \frac{\partial q_i}{\partial x} = \mu \frac{\partial}{\partial x} \sum_i q_i = 0 \tag{4-30}$$

MD 시뮬레이션 중 전하 평형 계산은 매 time step이 끝나고 각 원자에 대해 새로운 공간 좌표가 구해진 다음 수행한다. 이 EAM+Qeq 퍼텐셜은 순수 Al과 Al_2O_3의 기초 물리 특성을 동시에 기술함은 물론 Al/Al_2O_3계면에서 양이온과 음이온의 전하가 어떻게 변화해 가는지를 보여줌으로써 원자 단위 시뮬레이션의 새 지평을 열었다고 평가할 수 있다. 이 퍼텐셜 덕분에 훗날 사람들은 Al 나노 클러스터의 산화 과정을 동적으로 감상할 수 있는 즐거움을 맛보게 된다[57,58].

지금까지 설명한 Streitz & Mintmire[56]의 모델을 실제로 활용할 수 있기 위해서는 두 가지 추가 고려를 할 필요가 있다. 하나는 앞 식에서 $[f_i|f_j]$, $[i|f_j]$ 등으로 표시했던 Coulomb integral을 어떻게 구할 것이냐 하는 것이고, 다른 하나는 앞서 잠깐 언급했던 것처럼 q_iq_j 항이 $1/r$의 장범위를 가짐으로써 그 합이 수렴을 하지 않는데 이를 어떻게 구할 것이냐 하는 것이다. 이들은 이미 이온 화학 분야에서는 잘 알려진 문제로 Coulomb integral에 대해서는 참고문헌[59,60]을, 그리고 두 번째 문제를 위한 Ewald summation에 대해서는 참고문헌[61-65]를 참고할 수 있다. 최근 Zhou 등[66]은 위 두 문제의 해법을 구체적인 수식과 함께 제시하면서, EAM+Qeq 퍼텐셜[56]을 좀 더 평형으로부터 많이 벗어난 조건에서 사용할 때, 또 양이온 금속이 여러 원소로 되어 있는 혼합 산화물을 다룰 때 발생할 수 있는 문제를 지적하고 이를 방지할 수 있는 항을 추가함으로써 보완된 수식 형태를 발표한 바 있다. 즉, Streitz & Mintmire의 EAM+Qeq 모델은 원자 간 거리가(압축 등으로 인하여) 줄어들 때 각 이온 전하 상태의 불안정성이 야기될 수 있고, 양이온이 두 종류 이상이 되면 산소 이온이 없는 상태에서도 두 금속 원자 사이에 정전기적 상호작용이 생겨서 합금계에 대한 EAM의 기술이 의미를 잃게 되는데, Zhou 등은 금속 원소가 (-) 전하를 갖지 못하고 산소 원자가 (+) 전하를 갖지 못하도록 하면 위 문제가 해결됨을 확인하고 이를 구현할 수 있는 항을 추가하게 된다. 이 수정 모델에서는 추가 항으로 인하여 정전기 퍼텐셜을 최소화할 때 $N \times N$ 연립방정식을 푸는 방법은 사용할 수가 없고 conjugate gradient method를 사용하게 되는데, 큰 계에서는 오히려 보다 효율적인 방법이 될 수도 있으며, Zhou는 이 모델을 O-Al-Ni-Co-Fe 다원 합금계에까지 확장한다[67].

Zhou의 EAM+Qeq에 이어 보다 최근에는 Lazic 등[68]에 의해 MEAM+Qeq가 시도된 바 있다. 이때의 MEAM은 Baskes의 MEAM 계열과는 다른 것이고, Qeq는 Zhou의 것과 동일하나 Coulomb 퍼텐셜을 계산하는 방법은 Ewald가 아닌 PPPM(Particle-Particle-Particle-Mesh)이라는 또 다른 방법을 사용한다. 이 퍼텐셜 모델은 Al-O 합금계에 대해 처음 발표가 이루어진 후[68] 아직 다른 합금계로의 확장이 시도되지는 않고 있다.

3) Tersoff + Charge Equilibration 모델

EAM+Qeq 퍼텐셜과 Tersoff+Qeq 퍼텐셜 수식의 근본적인 차이는, EAM+Qeq의 경우 두 개의 서로 다른 퍼텐셜 함수들이 서로의 수식 형태에 영향을 주지 않고 단순히 합쳐지는 반면, Tersoff+Qeq의 경우는 정전기 항을 추가하는 것 이외에 Tersoff 수식 표현 자체에 수정이 가해진다는 점이다. 이는 Tersoff 퍼텐셜 자체가 처음 발표될 당시부터 다양한 확장을 염두에 두고 수식 형태가 개발되었기 때문인 것으로 생각된다. Tersoff에 charge equilibration 기능을 추가하여 SiO_2를 기술하려는 노력은 1996년 Yasukawa[69]에 의해 처음으로 시도된다. 설명의 편의를 위해 Tersoff energy 식을 다시 한 번 써 보자.

$$E = \sum_i E_i = \frac{1}{2} \sum_{i,j,i \neq j} f_c(r_{ij},\ R,\ S)\left[A\exp(-\lambda r_{ij}) - Bb_{ij}\exp(-\mu r_{ij})\right] \tag{4-2}$$

이 식에는 radial cutoff f_c의 수식적 형태가 r_{ij} 값이 R, S일 때를 경계로 바뀐다는 것을 강조하기 위해 r_{ij}, R, S의 함수로 표현되어 있다. Yasukawa는 위의 총 에너지에 atomic energy $\Sigma_i \phi_i$와 Coulomb energy $\frac{1}{2}\Sigma_i \Sigma_{jE_{IONij}}$항을 추가하는데 각각의 수식적 표현은 다음과 같다.

$$\phi_i = \frac{I_{Ei} + A_{Ei}}{2e} q_i + \frac{I_{Ei} - A_{Ei}}{2e} q_i^2 \tag{4-31}$$

$$E_{IONij} = \frac{f_{Lij} \eta_{ij} q_i q_j}{4\pi \varepsilon_0 r_{ij}} \tag{4-32}$$

I_E와 A_E는 앞에서 소개한 IP와 EA, 즉 이온화 에너지와 전자 친화도에 해당한다. Atomic energy에 대한 표현은 Rappe와 Goddard의 Qeq 모델[53]과 차이가 없지만, Coulomb 상호작용항은 전하의 공간 분포를 반영한 Coulomb integral을 사용하지 않고 점전하 개념을 사용하였다는 점에서 차이를 보인다(실제로 Yasukawa의 논문에서 Rappe와 Goddard나 Streitz & Mintmire는 인용된 적이 없다). 단지 $q_i q_j$ 앞에 모델 상수 η를 추가함으로써 유효 점전하 개념을 사용하였다고 볼 수 있다. f_{Lij}는 cufoff function f_c와 같은 함수 꼴이지만 장범위 퍼텐셜이라는 점을 고려 다른 R, S값이 사용된다. Coulomb 항에 cutoff function이 포함된다는 것은 Coulomb 퍼텐셜 계산에 Ewald summation을 사용하지 않는다는 것이고 실제로는 Madelung energy 값이 재현되도록 cutoff radius를 조정한다.

앞서 언급했듯이 Yasukawa는 atomic energy와 Coulomb 에너지를 추가하는 것 이외에 Tersoff의 수식 표현에도 수정을 가한다. 이는 전하에 따라 이온 반경과 단범위 상호작용이 변화하는 것을 기술하기 위한 것으로 두 원소의 기하평균값을 취하던 2원 A, B모델 상수 표현을 다음과 같이 바꾸는 것이다.

$$A_{ij} = \sqrt{A_i A_j} \exp[\lambda_{ij}(D_i + D_j)/2] \tag{4-33}$$

$$B_{ij} = \sqrt{B_{Si} B_{Sj}} \exp[\mu_{ij}(D_i + D_j)/2] \tag{4-34}$$

각 이온에 대해서는 이온이 가질 수 있는 최대 전하 Q_U 값과 최소 전하 Q_L 값이 모델 상수로 부여된다. 양 극한의 전하값을 가질 때의 이온 반경이 얼마나 변하는지는 Pauling 이온 반경 모델로부터 쉽게 구할 수 있는데, 그 값들 D_U, D_L 역시 모델 상수로 주어지며 사이 값들은 다음의 식들로부터 얻어진다.

$$D_i = D_{Ui} + |b_{Di}(Q_{Ui} - q_i)|^{n_{Di}} \tag{4-35}$$

$$b_{Di} = (D_{Li} - D_{Ui})^{\frac{1}{n_{Di}}} / (Q_{Ui} - Q_{Li}) \tag{4-36}$$

$$n_{Di} = \ln[-D_{Ui}/(Q_{Li} - Q_{Ui})] / \ln[Q_{Ui}/(Q_{Ui} - Q_{Li})] \tag{4-37}$$

전하에 따른 단범위 상호작용의 변화는 식 (4-34)의 B_S에서 반영이 되는데 다음과 같은 수식에 의한다.

$$B_{Si} = B_i\left[a_{Bi} - |b_{Bi}(q_i - Q_{0i})|^{n_{Bi}}\right] \tag{4-35}$$

$$b_{Bi} = |a_{Bi}|^{\frac{1}{n_{Bi}}} / \triangle Q_i \tag{4-36}$$

$$a_{Bi} = 1/(1 - |Q_{0i}/\triangle Q_i|^{n_{Bi}}) \tag{4-37}$$

$$Q_{0i} = (Q_{Ui} + Q_{Li})/2 \tag{4-38}$$

$$\triangle Q_i = (Q_{Ui} - Q_{Li})/2 \tag{4-39}$$

Tersoff의 수식에 비해 더 늘어나는 모델 상수는 각 이온에 대한 cutoff R과 S, I_E와 A_E, Q_U와 Q_L, D_U와 D_L 그리고 n_B와 η 모두 10개가 된다. Yasukawa는 이 퍼텐셜 모델을 Si-O-H 계에 적용하여 H_2O 존재 유무에 따라 SiO_2의 균열 전파 거동이 어떻게 달라질 수 있는지를 분석하는 데 활용함으로써 새로운 수준의 원자 단위 시뮬레이션을 보여준다[69]. 이 모델은 곧바로 Al, Cu/TiN, W, SiO_2 박막 계면에서 접합 강도(adhesion strength)를 계산하는 데 활용되며[70], SiO_2모델 상수값의 수정에 이어, 최근에는 Coulomb 상호작용 항에서 effective charge ratio η에 대한 수식적 표현을 2s Slater-type orbital에 기초한 형태로 바꾸면서 수식 형태의 업그레이드가 이루어진다[71].

Yasukawa는 α-Quartz의 기계적 특성 거동에만 관심이 있었던 듯, SiO_2의 다른 다형체들에 대해 자신의 퍼텐셜이 얼마나 기술 능력을 보이는지에 대해서는 발표를 한 것이 없다(사실 96년 발표 당시 모델은 α-Quartz의 기초 물성에 대해조차도 기술 능력이 뛰어난 건 아니었다). 일본 Ibaraki, Hitachi 연구소의 한 연구원에 의해 조용히 발표되고 활용되어 온 이 모델은, 10년이 지난 후 미국 Florida, Sinnott & Phillpot[72] 그룹에 의해 보다 면밀한(혹독한) 평가를 받게 된다. Streitz & Mintmire의 EAM+Qeq 모델[56]이 발표 10년 후 Zhou[66]에 의해 그랬던 것처럼.

2007년 Sinnott & Phillpot 그룹의 Yu 등[72]은 Yasukawa의 퍼텐셜이 α, β-quartz, α, β-cristobalite에도 적용이 됨을 확인한다. 다만, 다형체들 간의 열역학적 안정성에 대한 순서가 지켜지지 않아 α-cristobalite가 가장 안정한 상으로 예측된다. 하지만 보다 결정적인 문제로,

Zhou가 Streitz & Mintmire[56]의 EAM+Qeq 모델에서 발견했던 것처럼, 각 이온들의 전하 상태가 불안정해져서 Si의 전하량이 일정 값에서 Gaussian 분포를 하는 것이 아니라 bimodal 분포를 보이는 등 물리적으로 받아들이기 어려운 거동을 보임이 확인된다. Yu 등은 이러한 전하 불안정성을 방지하고 다형체들의 기초 물성에 대한 기술 능력을 향상시키려고 노력하는데, 우선 전하 불안정성을 방지하기 위해 q의 2차식으로 표현되어 있는 atomic self-energy를 4차 항까지 확장시킨다(이온이 전하를 가질 때의 에너지 부담을 증가시킴으로써 전하를 안정화시키려고 한 것이다). 또한, 다형체들의 상대적 안정성이나 기초 물성을 잘 맞게 하는 데 O-Si-O, Si-O-Si 결합각이 중요한 역할을 한다고 보고 이들을 강제로 맞추어 주는 bond-bending energy 항, 예를 들면 $(\cos\theta_{OSiO} - \cos\theta^{o}_{OSiO})^2$을 추가한다. 그리고 위와 같은 추가 항의 도입으로 다른 부분에서 발생하는 문제를 해소하기 위해 Tersoff의 repulsive 항을 또 수정하게 된다. 이러한 처방들을 통해서 일단 Yasukawa 퍼텐셜에서 발생한 심각한 문제들은 봉합이 되며, 저자들은 이 퍼텐셜 수식에 COMB(Charge Optimized Many-Body 퍼텐셜)라는 이름을 붙여준다.

COMB SiO_2 퍼텐셜은 Yasukawa 퍼텐셜에서 드러나는 문제를 가리기는 했지만 근본적인 처방보다는 현상의 처방에 급급하여 너무 여러 항을 기계적으로 추가했다는 인상을 가지게 한다. 2007년 발표 당시의 COMB SiO_2 퍼텐셜은 정작 중요한 물질인 비정질 SiO_2가 만들어지지 않았고, 나중에 알려진 바에 의하면 α-quartz의 탄성 계수 등 기초 물성에 대해서도 계산 결과를 공개하기가 어려운 수준이었다. COMB SiO_2는 2010년 수정 버전이 발표된다[73]. 이 버전에서는 수식 형태가 대폭 수정이 되는데, 우선 Coulomb 상호작용에서 사용하던 effective point charge와 cutoff를 이용한 summation 기법을 Slater 1s orbital에 대한 Coulomb integral과 Ewald-like summation[74] 기법으로 대체하고, q에 대한 4차의 atomic self-energy나 bond-bending 항은 유지를 하되, 수정을 가했던 Tersoff의 repulsive 항은 원래대로 돌려놓는 대신 atomic self-energy에 또 다른 penalty 항을 추가한다. 이렇게 수정된 COMB10 SiO_2퍼텐셜은 α, β－quartz, α, β－cristobalite, β－tridymite, coesite, stishovite에까지 적용이 되고 α－quartz의 탄성특성에 대해서도 좋은 기술 능력을 보이지만, 다형체의 기초 특성에 대해 전반적으로 TTAM이나 BKS만 못하다는 자체 평가를 내놓아 여운을 남긴다(Table 4-1, 4-2 참조). COMB10 퍼텐셜은 비슷한 시기에 Hf/HfO_2, Cu/Cu_2O[75,76]계에 대해서도 적용 결과가 발표된다. Si/SiO_2[73]를 포함, 이들 논문에서는 bond-bending 항의 수식 형태가 대상 물질계마다 달라지는데, 이는 Tersoff 수식을 금속 물질계에 적용했을 때의 한계를 극복하기 위한 과정으로 생각된다. Cu/Cu_2O에서는 polarization scheme을 적용한, 또 한 번의 수식 형태의 수정이 이루어지기도 한다. 최근 COMB은 electrostatic 항에 대해서는 2011년 Cu/Cu_2O[76]에 적용했던 수식을 사용하되, 단범위 상호작용에 대해서는 Tersoff 대신 REBO2와의 결합을 기반으로 하여 carbon 소재 및 hydrocarbons에 대한 기술이 가능하도록 다시 한 번의 upgrade

가 이루어진다(COMB3[77]). 한 가지 덧붙인다면, COMB에서는 charge equilibration을 선형 연립방정식이나 conjugate gradient method를 통해 구현하지 않고, Lagrangian에 전하로 인한 퍼텐셜, 운동 에너지 항을 추가시켜 전하에 대한 운동 방정식을 푸는 방법을 사용한다. 이 방법은 계산을 기존의 O(N2)에서 O(N)으로 줄이는데, 전하값의 수렴성 문제로 인해 운동 방정식에 damping 항을 추가함으로써 시뮬레이션 중 에너지가 보존되지 않는다.

이상으로 현재까지 문헌을 통해 선을 보인, 이온 결합 물질계와 연계된 원자 간 퍼텐셜 모델들을 간략하게 정리해 보았다. 본고에서 소개한, 이온 결합 물질계 관련 주요 원자 간 퍼텐셜 모델들을 개발 연도 별, 전하 효과의 기술 방법, 비 정전기 퍼텐셜 모델 종류 등으로 구분하여 도표 형식으로 Fig. 4-1에 정리하였다.

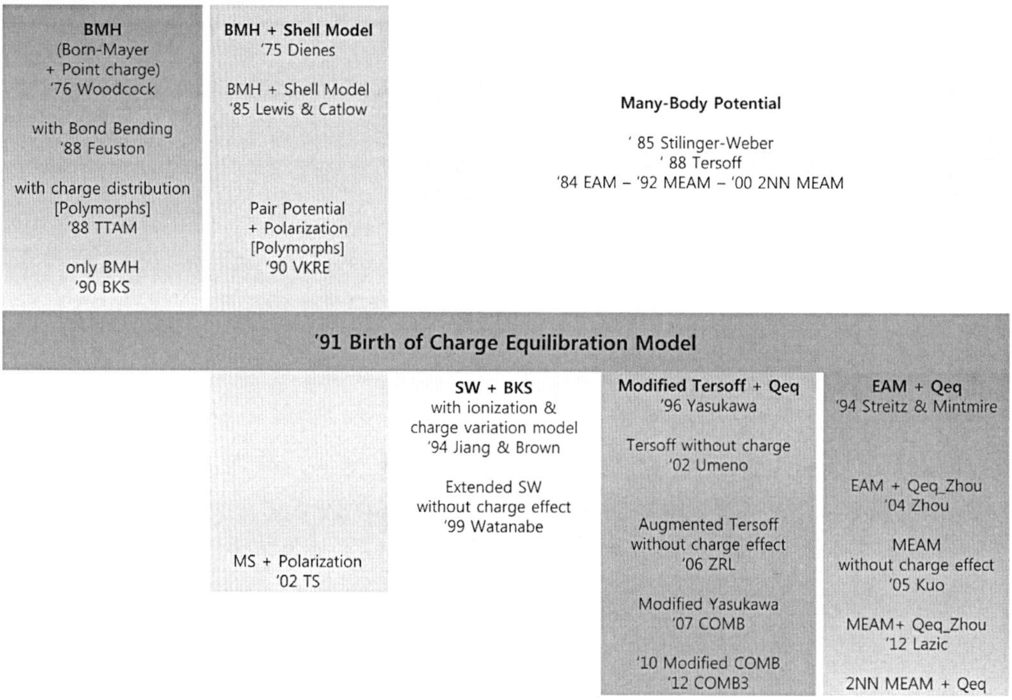

[Fig. 4-1] 이온 결합 물질에 대한 원자 간 퍼텐셜 모델의 개발 흐름

앞에 언급한 모델들 이외에도 많은 연구자들에 의해 다양한 이온 결합 물질계에 대해 퍼텐셜들이 개발되고 발표되었으나, 주로 퍼텐셜 모델 수식 형태의 발전 방향과 관련된 부분으로 논의를 한정하면서 언급을 하지 못한 문헌들이 많이 있다. 그렇더라도 CALTECH의 Goddard 그룹에서 제안한 ReaxFF(Reactive Force Field) 퍼텐셜만큼은 반드시 언급을 하고 넘어갈 필요가 있다.

4) Reactive Force Field(ReaxFF) 모델

ReaxFF는 Tersoff에서와 같이 Bond-Order 개념에 기반을 두고 bond order와 bond distance 또는 bond energy 간 상관관계를 이용하여 bond dissociation을 기술함으로써 화학 반응 과정을 정확하게 시뮬레이션 하는 데 목표를 둔 것으로 bonding angle, torsion, charge equilibration, Van der Waals 상호작용까지 모든 상호작용을 고려할 수 있게 설계되었다. 두 원자 i와 j간의 Bond-Order BO_{ij} 및 결합 에너지 E_{bond}는 각각 거리 r_{ij} 및 BO_{ij}에 따른 함수로 다음과 같이 표현된다.

$$BO_{ij} = BO_{ij}^{\sigma} + BO_{ij}^{\pi} + BO_{ij}^{\pi\pi}$$

$$= \exp\left[p_{bo,1}\left(\frac{r_{ij}}{r_0^{\sigma}}\right)^{p_{bo,2}}\right] + \exp\left[p_{bo,3}\left(\frac{r_{ij}}{r_0^{\pi}}\right)^{p_{bo,4}}\right] + \exp\left[p_{bo,5}\left(\frac{r_{ij}}{r_0^{\pi\pi}}\right)^{p_{bo,6}}\right] \tag{4-40}$$

$$E_{bond} = -D_e \cdot BO_{ij} \cdot \exp\left[p_{be,1}\left(1 - BO_{ij}^{p_{be,2}}\right)\right] \tag{4-41}$$

$BO_{ij} = 1,\ 2,\ 3$의 값은 두 원자 간의 단일 결합(single bond), 이중 결합(double bond), 삼중결합(triple bond)을 의미하고, 0의 값은 결합이 전혀 없음을 나타낸다. 식 (4-40)에서 첫 번째 지수 함수 항은 sigma 결합, 두 번째 항은 π 결합, 그리고 세 번째 항은 두 번째 π 결합을 의미한다. 탄소-탄소 결합의 경우, 삼중 결합까지 가질 수 있으므로 BO의 최댓값은 3이 된다. 따라서 이 경우 식 (4-40) 내 3개의 지수 함수 항이 모두 필요하다. 반면 탄소-수소 및 수소-수소 결합의 경우, BO의 최댓값은 1이므로 sigma 결합을 묘사하는 첫 번째 항만 필요로 한다. BO 값은 원자 간 거리에 따라 0부터 3까지 연속적인 곡선으로 표현이 되며, 분자동역학 시뮬레이션 과정 중에 계속 업데이트 된다. 따라서 예를 들어, 초기에 두 탄소 원자가 3 Å정도 떨어져 있을 경우 이 두 원자는 결합을 하지 않고 있는 것으로 나타내어지지만($BO = 0$), 시뮬레이션 중에 두 원자가 1 Å 거리로 근접하면 이 두 원자는 삼중 결합($BO = 3$)을 가지는 것으로 표현된다. 이처럼 ReaxFF는 BO와 원자 간 거리의 상관관계를 도입함으로써 화학결합의 생성 및 파괴되는 거동을 자연스럽게 묘사할 수 있는데, 하나의 potential formalism으로 원자 간 거리에 따라 달라지는 결합 특성의 변화를 자동적으로 구분하여 기술할 수 있다는 것은 ReaxFF 만의 강점이라 할 수 있다(통상의 potential model에서는 같은 원자라 할지라도 sp1, sp2 및 sp3의 hybridization에 따라 달라지는 결합 특성을 표현하기 위해서는 각각 다른 type의 formalism을 사용하여야 한다).

일반적으로 식 (4-40), (4-41)내 파라미터들[식 (4-40)의 9개 파라미터, 식 (4-41)의 3개 파라미터]은 양자역학계산에 의해 계산된 두 원자 간의 결합 분해(bond dissociation) 곡선을 최적화(optimization)함으로써 얻게 된다. ReaxFF 내에는 앞서 언급한대로, 결합 에너지뿐만 아니라 valence angle 에너지 및 torsion angle 에너지 항도 포함되어 있고, 이들 모두 BO의 함수로 만들어서 원자 간의 결합이 있을 시에만 이러한 항들이 계산되도록 하고 있다. 이밖에도 결합 유무에 상관없이 모든 원자들 간에 Van der Waals 에너지와 Coulomb energy도 계산되도록 되어 있다.

ReaxFF는 주로 hydrocarbon 계에서 많은 분자들 간 반응을 기술할 수 있도록 퍼텐셜이 개발되었는데[78], 이 외에도 Si/SiO_2[79]계를 비롯 많은 산화물 계에도 적용이 되고 있다. Hydrocarbon 계에 대해서는 Tersoff 수식을 확장한 Brenner-REBO[32-34] 계열의 퍼텐셜과 경합을 하고, charge equilibration 기능면에서는 COMB 계열과 경합을 할 수 있는, 금속을 제외하고는 가장 넓은 범위를 기술할 수 있는 퍼텐셜 모델이라고 볼 수 있다. 최근 COMB이 Tersoff 대신 REBO2와 charge equilibration 기능을 결합시킨 형태로 upgrade(COMB3)가 되면서, ReaxFF와 함께 금속, 공유, 이온 결합은 물론 Van der Waals 결합까지도 동시에 기술할 수 있는 퍼텐셜로의 완성을 위해 선의의 경쟁을 벌일 것이 예상되고 있다[80]. 단, COMB3나 ReaxFF 모두 금속 결합 물질로부터 출발한 퍼텐셜이 아니기 때문에 단일 금속의 산화물에 대해서는 적용이 되어도, 금속 합금계를 다룬 예는 찾아보기가 힘들다. 최근 MEAM으로 hydrocarbons을 기술하려는 노력이 이루어지고 있다[81]. 금속 결합으로부터 출발한 MEAM-2NN MEAM에 대해 charge equilibration을 결합시키기 위한 연구가 최근 수년에 걸쳐 시도가 되어 왔고 현재 완성을 바라보고 있는 만큼, 앞으로 금속, 공유, 이온 결합 소재 군에 대해 위 세 종류의 퍼텐셜 모델들이 멋진 3파전을 벌일 것이 예상되므로, 그 추이를 지켜볼 필요가 있겠다.

4.4 MEAM - 2NN MEAM Potential

MD, MC와 같은 원자 단위 시뮬레이션 기법들은 이미 관련 이론이 정립되어 있는 반면, interatomic potential은 지속적으로 발전이 이루어지고 있고, 원자 단위 시뮬레이션 기법의 성공 여부를 결정하는 핵심 요인이 되고 있다는 것은 이미 강조한 바 있다. 여기서는 폭넓은 금속 결합과 공유 결합 물질을 기술하는 데서 시작하여, 최근 이온 결합은 물론 hydrocarbon 계에까지 적용 범위를 넓혀가고 있는 MEAM - 2NN MEAM potential 모델을 좀 더 상세히 소개하고자 한다.

1) MEAM potential의 개발 배경

Ab initio calculation은 많은 양의 원자를 다룰 수 없다. Pairwise 상호작용을 이용하면 계산 규모를 크게 늘릴 수 있다. 이 경우 compressibility 등을 표현할 수 있기 위해서는 퍼텐셜 함

수에 volume-dependent term을 필요로 한다. 즉, 시뮬레이션 이전에 volume이 미리 define 되어야 하나, 많은 경우 volume은 조건에 따라 변하는 양이지 미리 define 할 수 있는 양은 아니다. 즉, Pairwise 상호작용으로는 시뮬레이션의 범위에 한계가 있다.

한편, Schrödinger equation은 주어진 potential로부터 electron density를 구할 수 있게 해준다. 이때 energy는 potential의 함수가 된다. 즉, potential로부터 electron density와 energy를 구하게 되는데, 반대로 electron density로부터 potential과 energy를 결정하는 것을 생각할 수 있다. Hohenberg and Kohn[82]은 energy가 electron density의 함수이고, 퍼텐셜 역시 electron density를 합함으로써 결정될 수 있다는 것을 보인 바 있다. 이에 더하여 Stott and Zaremba[83]는 불순물 원자의 에너지가 불순물이 없던 상태 host의 electron density 함수로 나타낼 수 있음을 보였다. → $E = F_{Z,R}[\rho H]$. 즉, 불순물 원자의 embedding energy는 불순물이 포함되지 않은 host 상태만으로도 결정될 수 있다는 것이며, embedded atom method는 모든 개개의 원자들을 이를 제외한 다른 모든 원자들로 구성된 host에 대한 불순물 원자라고 생각하는 것이다[35,36].

위 함수 F는 host에 따라 변하지 않는다는 면에서 universal 하지만 알려져 있지는 않다. 가능한 approximation으로서, embedding energy가 불순물 바로 주위의 electron density에 의해서만 결정된다거나[84], 또는 불순물이 국부적으로 uniform한 electron density를 느낄 것이라[83] 생각할 수 있다. 이는 같은 개념이며, 일종의 local approximation이라 할 수 있다. 이에 따라, 함수 F는 [impurity site에서 electron density 함수] + [electrostatic 상호작용]의 형태로 표현될 수 있으며, 전 원자에 대한 총 에너지는 다음과 같이 표현된다.

$$E_{tot} = \sum_i F_i(\rho_i(R_i)) + \frac{1}{2}\sum_{i,j}\phi(R_{ij}) \tag{4-42}$$

이때, 한 격자 위치에서의 electron density는 모든 다른 원자 각각에 의한 기여 분의 합으로 주어질 수 있다고 가정한다. 위와 같이 기존의 pair potential 항에 embedding energy 항을 더하여 결정구조의 energy를 나타내는 방법은 Daw와 Baskes에 의해 처음으로 일반화된 formalism으로 정리되며[35,36], 이는 EAM(Embedded Atom Method) potential이라는 명칭으로 이후 많은 연구자들에 의해 활용된다.

초기 EAM은 fcc 구조를 가지는 금속원소에 대해서는 우수한 기술 능력을 가지나 bcc 금속에 대해서는 기술 능력이 떨어지고, hcp나 그 밖의 diamond 구조 등 방향성을 가지는 격자 구조에 대해서는 적용할 수 없다는 한계를 가진다. 이후의 EAM은 bonding 방향성을 가지는 격자 구조에 대해서도 적용이 가능하도록 수정되며[38-41], MEAM(Modified EAM)으로 통칭된다. EAM→MEAM의 발전 과정에서 total energy에 대한 위의 식 (4-42)의 형태는 바뀌지 않으나, pair potential ϕ를 정의하는 방법, electron density ρ를 계산하는 방법, embedding function F의 형태 등은 많은 변화를 겪는다.

2) MEAM potential의 formalism

MEAM 모델에서 순수 원소의 총 potential 에너지는 EAM에서와 동일하게 다음의 식으로 주어진다.

$$E = \sum_i \left(F(\overline{\rho_i}) + \frac{1}{2} \sum_{j \neq i} \phi(r_{ij}) \right) \tag{4-43}$$

F와 ϕ는 앞서 언급한 embedding function, pair 상호작용 항이며, $\overline{\rho}$는 i자리에서의 전자밀도에 해당하는 background electron density이다. 실제로 원자 단위 시뮬레이션을 위한 에너지 계산을 위해서는 임의의 원자 구조에 대해 F, ϕ 값들을 계산해 낼 수 있도록 그 수식적 형태가 정해져야 하는데, 이러한 새로운 개념의 함수에 대해 물리적 근거를 가지고 내세울 수 있는 수식적 형태가 없다는 데에 어려움이 있다. F, ϕ의 수식적 형태, $\overline{\rho}$를 계산하는 방식에 대해 다양한 접근 방법이 제시되어 왔으며, 이에 따라 EAM, MEAM, 2NN MEAM 등 다양한 퍼텐셜 모델이 정의된다.

한편, 다양한 고상 물질에 대해, 열진동이 없고 상대적 격자 위치가 고정된 0 K 구조에서 원자당 에너지와 최인접 원자거리(R) 간에 다음과 같은 상관관계가 발표된 바 있다[25].

$$E^u(R) = -E_c(1 + a^* + d \cdot a^{*3})e^{-a^*} \tag{4-44}$$

$$a^* = \alpha\left(\frac{R}{r_e} - 1\right), \quad \alpha = \left(\frac{9B\Omega}{E_c}\right)^{1/2}$$

여기서, E_c는 cohesive(혹은 sublimation) energy, d는 열팽창과 관련된 모델 상수(Cu 열팽창으로부터 0.05의 값이 주어짐), r_e는 최인접 원자 간 거리, B는 bulk modulus, Ω는 원자당 부피로서 r_e 값으로부터 직접 계산이 가능하다. 식 (4-44)로부터 E^u/E_c는 원자 간 거리를 변수로 가지는 a^* 만의 함수가 된다는 것을 알 수 있다. 적절히 scaling이 될 경우 모든 고상 물질의 에너지-부피(원자 간 거리) 관계가 하나의 수식으로 표현될 수 있다는 점에서 식 (4-44)는 universal equation of state(EOS)라고 명명된다. 현재 활용되고 있는 EAM, MEAM, 2NN MEAM에서는 각각의 원소에 대해 위의 EOS가 적용될 수 있는(열진동이 없고 모든 격자점이 0 K 평형 위치를 가지는) 격자 구조(reference structure)를 하나씩 상정한다. 이러한 격자 구조를 가지는 원소에 대해서는 식 (4-43)에서의 원자당 energy와 식 (4-44)에 의한 energy E^u가 같은 양이 된다고 볼 수 있다. 식 (4-44)의 E^u는 최인접 원자 간 거리 R만의 함수이므로, 주어진 격자 구조에 대해 $F(\rho)$ 값을 계산할 수 있으면 식 (4-43), (4-44)의 관계로부터 $\phi(R)$ 값을 R의 함수로 구할 수 있게 된다. 즉, 뚜렷한 물리적 근거를 가진 수식적 형태를 정의하기 어려웠던 F 나 ϕ, 둘 다에 대해 수식 표현을 정의하지 않아도 된다는 것이다.

EAM 초기 모델에서는 $\phi(R)$에 대해, 잘 알려진 pairwise potential의 형태를 부여하고, 식 (4-43), (4-44)의 관계로부터 embedding function F의 값을 구하는 방식이 이용되었고, 이는 아직도 많은 연구자들에 의해 이용되고 있다. 그러나 MEAM에서는 embedding function F의 수식적 형태를 정의하고 다양한 R에 대해 그 값을 구해낸 다음, $\phi(R)$의 값을 거꾸로 계산해서 table의 형태로 활용하는 방법이 사용되고 있다. Baskes[39]에 의한 embedding function F의 수식 형태는 다음과 같다.

$$F(\overline{\rho}) = A\ \ E_c \frac{\overline{\rho}}{\overline{\rho}^0} \ln \frac{\overline{\rho}}{\overline{\rho}^0} \tag{4-45}$$

A는 모델 parameter이고, $\overline{\rho}^0$는 reference structure 각 격자점에서의 background electron density가 된다. 식 (4-43)에서 최인접 원자만을 고려하고, 식 (4-45)의 embedding function을 사용하면 최인접 원자 간 거리와 ln(최인접 원자 개수) 간에 직선 관계가 성립함을 유도할 수 있는데, 이는 제일원리계산 결과와 잘 일치하고 있어, 식 (4-45)의 형태가 신뢰할 만한 것임을 보여준다. 각 격자점에 위치한 원자들에 대해 F값을 구하기 위해서는 해당 원자의 위치에서의 electron density $\overline{\rho}$ 값을 구하여야 한다. $\overline{\rho}$는 주위 원자들로부터의 기여 분 ρ^a의 함수 꼴로 구해지는데 다음 식 (4-46)의 형태로 주어진다[6].

$$\overline{\rho_i} = \rho_i^{(0)} \left(= \sum_j \rho_j^{a(0)}(r_{ij})\right) + angular\,contribution \tag{4-46}$$

EAM과 MEAM의 차이는 electron density 계산을 위한 식 (4-46)에서 단순히 주위 원자로부터의 기여 분을 합산하느냐, 원자 결합각으로부터의 기여 분을 고려하느냐에 있다. EAM의 경우 주위 원자로부터 기여 분을 단순 합산하는 것에 그침에 따라 fcc 원소 이외에는 기술하기가 어려운 것이고, (2NN) MEAM이 hcp, bcc, diamond 구조 등 다른 구조를 가진 원소를 다룰 수 있는 이유는 다음과 같이 결합각으로부터의 기여 분을 포함시킴으로써 bonding의 방향성을 고려할 수 있기 때문이다.

$$\left(\rho^{(1)}\right)^2 = \sum_{\alpha} \left[\sum_{j \neq i} \frac{r_{ij}^{\alpha}}{r_{ij}} \rho_j^{a(1)}(r_{ij}) \right]^2 \tag{4-46a}$$

$$\left(\rho^{(2)}\right)^2 = \sum_{\alpha,\beta} \left[\sum_{j \neq i} \frac{r_{ij}^{\alpha} r_{ij}^{\beta}}{r_{ij}^2} \rho_j^{a(2)}(r_{ij}) \right]^2 - \frac{1}{3} \sum_{j \neq i} \left[\rho_j^{a(2)}(r_{ij})\right]^2 \tag{4-46b}$$

$$\left(\rho^{(3)}\right)^2 = \sum_{\alpha,\beta,\gamma} \left[\sum_{j \neq i} \frac{r_{ij}^{\alpha} r_{ij}^{\beta} r_{ij}^{\gamma}}{r^{3_{ij}}} \rho_j^{a(3)}(r_{ij}) \right]^2 - \frac{3}{5} \sum_{\alpha} \left[\sum_{j \neq i} \frac{r_{ij}^{\alpha}}{r_{ij}} \rho_j^{a(3)}(r_{ij}) \right]^2 \tag{4-46c}$$

최종적인 electron density 값은 $\rho_i^{(0,1,2,3)}$ 등으로부터 다음의 식을 통해 구해지게 된다[41].

$$(\overline{\rho_i})^2 = \sum_{l=0}^{3} t_i^{(l)} (\rho_i^{(l)})^2 = (\rho_i^{(0)})^2 \left(1 + \sum_{l=1}^{3} t_i^{(l)} (\frac{\rho_i^{(l)}}{\rho_i^{(0)}})^2\right),\ t_i^{(0)} = 1 \tag{4-47}$$

식 (4-47)에서 t_i를 포함한 항을 따로 분리하여

$$\Gamma = \sum_{l=1}^{3} t_i^{(l)} \left(\frac{\rho_i^{(l)}}{\rho_i^{(0)}}\right)^2 \tag{4-48}$$

로 표시하면, electron density $\overline{\rho}$ 값은 다음과 같이 구할 수 있다.

$$\overline{\rho_i} = \rho_i^{(0)}\, G(\Gamma) \tag{4-49}$$

$$G(\Gamma) = \sqrt{1+\Gamma} \tag{4-50a}$$

식 (4-50a)는 Γ값이 -1보다 작을 경우 수치 error를 유발할 수 있다. 이를 방지하기 위해 식 (4-50a) 대신 다음의 식이 사용되기도 한다.

$$G(\Gamma) = \frac{2}{1 + e^{-\Gamma}} \tag{4-50b}$$

또한, atomic electron density ρ^a에 대해서는 다음의 수식 형태가 가정된다.

$$\rho_i^{a(h)}(R) = \rho_o e^{-\beta^{(h)}(R/r_e - 1)} \tag{4-51}$$

식 (4-51)과 같이 정의된 atomic electron density와 식(4-46) 및 (4-49)를 이용하여 각 원자자리에 대한 electron density $\overline{\rho}$ 값을 구할 수 있고, 이로부터 embedding function F값을 식 (4-45)를 통해 구할 수 있다. Pair potential은 앞서 언급한 바와 같이 reference structure를 정하고 이에 대해 식 (4-43)과 (4-44)를 동일시함으로써 다음과 같이 구할 수 있다.

$$F(\overline{\rho}^0(R)) + \frac{1}{2}\sum_{j\neq i}\phi(R) = E^u(R) = -E_c(1 + a^* + d \cdot a^{*3})e^{-a^*} \tag{4-52}$$

식 (4-52)의 ϕ에 대한 합(summation)에서 1st NN (nearest neighbor)만을 고려한다면, ϕ는 다음과 같은 원자 간 거리 R의 함수로 구해진다.

$$\phi(R) = \frac{2}{Z}\{E^u(R) - F[\overline{\rho}^0(R)]\} \tag{4-53}$$

여기서 Z는 최인접 원자의 수를 의미한다. 실제로 식 (4-53)을 이용하여 ϕ 값을 구할 때, bcc, fcc와 같은 cubic 구조에 대해서는 $\rho^{(0)}$를 제외한 식 (4-46a, b, c)의 $\rho^{(1)}$, $\rho^{(2)}$, $\rho^{(3)}$ 항이 모두 0이 되어 $\overline{\rho}$ 계산이 간단해진다.

식 (4-53)은 최인접 원자 간의 상호작용만을 고려한다고 가정했을 때 성립하는 식이지만, 실제로 제2 인접, 제3 인접 원자 간 상호작용을 제외하고 최인접 원자 간 상호작용만을 고려하는 것의 정당성은 아직 주어지지 않은 상태이다. MEAM에서는 식 (4-46)의 electron density 계산이나 식 (4-52), (4-53)을 이용한 ϕ의 계산, 또한 식 (4-43)을 이용한 총 energy 계산에서 실질적으로 최인접 원자만을 고려하고 있는데, 이를 가능하게 하기 위해 지금까지 서술한 energy 계산 이외에 강력한 screen function[39,41]을 정의하고 있다. 다음의 Fig. 4-2는 MEAM에서 screening을 표현하는 모식도이다. Fig. 4-2는 원자 i와 j 간의 상호작용이 원자 k에 의해 screening 되는 범위를 나타낸다. 우선 원자 i와 j를 축으로 하는 두 개의 타원을 정의한다. 원자 i, j 사이의 거리를 R_{ij}로 표현할 경우, 그 타원은 다음 식 (4-54)로 정의된다.

$$x^2 + \frac{1}{C}y^2 = \left(\frac{1}{2}R_{ij}\right)^2 \tag{4-54}$$

$$C = \frac{2\left((R_{ik}/R_{ij})^2 + (R_{kj}/R_{ij})^2\right) - \left((R_{ik}/R_{ij})^2 - (R_{kj}/R_{ij})^2\right)^2 - 1}{1 - \left((R_{ik}/R_{ij})^2 - (R_{kj}/R_{ij})^2\right)^2}$$

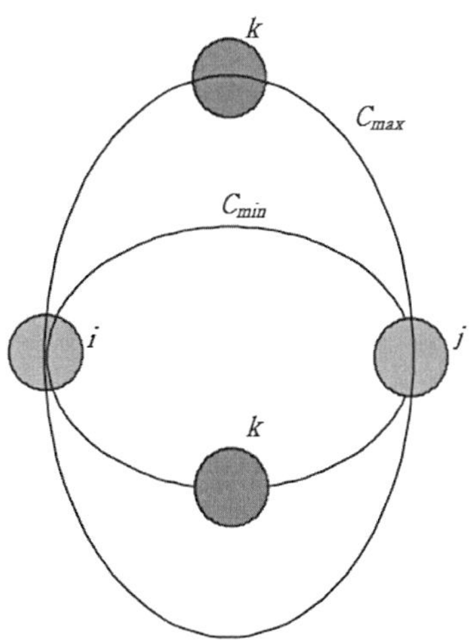

[Fig. 4-2] k 원자에 의한 $i-j$ 원자 간 상호작용 screening 정도 개요도.
$C_{\max}$로 정의되는 타원 밖의 k 원자는 $i-j$ 원자 간 상호작용을 방해하지 않고, $C_{\min}$로 정의되는 타원 안의 k 원자는 $i-j$ 원자 간 상호작용을 완벽하게 방해하며, 그 사이 원자는 위치에 따라 방해(screening) 정도가 달라진다고 간주한다

Fig. 4-2에서의 두 개의 타원은 C에 다른 값 ($C_{\max}$, $C_{\min}$)을 지정함으로써 정의된다. 두 개의 타원 중 $C_{\max}$로 정의되는 타원은 k 원자가 그 타원 안으로 들어가면서 i와 j 원자 간의 상호작용을 방해(screening)하기 시작하는 경계가 되고, $C_{\min}$로 정의되는 타원은 k 원자가 그 타원 안으로 들어가면서 i와 j 원자 간의 상호작용을 완벽하게 방해하게 되는 경계가 된다. 따라서 두 타원 사이에 있는 원자 k는 원자 i와 j 간의 상호작용에 부분적으로 screening을 가하게 되는데, 그 크기 S_{ikj}는 위치에 따라 달라지며 다음의 식으로 정의된다.

$$S_{ikj} = f\left(\frac{C - C_{\min}}{C_{\max} - C_{\min}}\right) \tag{4-55}$$

$$f(x) = \begin{cases} 1 & x \geq 1 \\ [1-(1-x)^4]^2 & 0 < x < 1 \\ 0 & x \leq 0 \end{cases}$$

위의 식 (4-55)에서 S_{ikj}는 k 원자가 $C_{\max}$로 정의된 타원 바깥에 있으면 1, $C_{\min}$으로 정의된 타원 안에 있으면 0, 두 타원 사이에 있으면 위치에 따라 0 ~ 1 사이의 값을 가지게 된다. 실제로 한 쌍의 원자들(i, j) 사이에는 여러 개의 인접 원자들이 있을 수 있으므로 i, j 사이 상호작용에 대한 총 screening function은 각 인접 원자들로 인한 기여 분을 모두 곱하여 다음과 같이 얻어지게 된다.

$$S_{ij} = \prod_{k \neq i,j} S_{ikj} \tag{4-56}$$

위와 같이 얻어진 screening 값은 식 (4-43) 또는 식 (4-52)의 pair potential $\phi(R)$과 식 (4-51)의 atomic electron density ρ^a에 곱해짐으로써 에너지 계산 시 screening의 영향을 반영하게 된다. MEAM에서는 $C_{\max} = 2.8$, $C_{\min} = 2.0$의 값을 사용하고 있는데, 이 경우 fcc나 bcc 구조에서 최인접 원자 간 상호작용은 주위의 인접 원자에 의해 전혀 screening을 받지 않게 되는 반면, 제2 인접 원자 간 상호작용은 최인접 거리에 있는 인접 원자들에 의해 완전하게 screening을 받게 된다. 따라서 최인접 원자 간 상호작용만을 가정한 식 (4-53)과 같은 접근 방법이 정당화되는 것이다.

지금까지 기존의 MEAM에서 embedding function F와 pair potential ϕ 값을 구하는 과정을 소개하였다. 실제적인 계산을 위해서는 물리 상수, E_c, r_e, B, Ω 이외에도 모델 상수로서 A [식 (4-45)], $t^{(1)}$, $t^{(2)}$, $t^{(3)}$[식 (4-47)], $\beta^{(0)}$, $\beta^{(1)}$, $\beta^{(2)}$, $\beta^{(3)}$ 및 ρ_o [식 (4-51)] 값을 구해야 하며, 이는 실험적으로 또는 제일원리계산을 통해 구해진 물리 상수들, 탄성계수 (C_{11}, C_{12}, C_{44}, ⋯), 원자공공 형성에너지, fcc/bcc 에너지 차이 등에 fitting함으로써 구해지게 된다.

3) MEAM에서의 문제점 및 해결

위에서 설명한 MEAM potential은 다양한 구조를 가진 원소에 대해 적용이 가능하다는 점에서 독보적인 위치를 차지하고 1992년 처음 발표된 이후 다양한 분야에 응용되어 왔다. 그러나 모델 상수의 수가 많고 이들을 체계적으로 수식화할 수 있는 이론적인 바탕이 부족하다는 어려움으로 인해 bcc, fcc와 같은 cubic 구조에 대해서는 EAM이 다양한 형태로 변형되어 사용되어 왔고, Si와 같은 diamond 구조에 대해서는 전혀 별개의 empirical potential formalism이 사용되어 온 것도 사실이다. 그러나, 실제 다양한 합금 소재 개발 과정에 원자 단위 시뮬레이션을 활용할 수 있기 위해서는 각 원소에 대해 동일한 potential 모델을 사용하여야 하며, 보다 다양한 구조의 원소 및 합금에 대해 사용 가능한 MEAM을 사용하는 것이 절대적으로 필요하다.

한편, MEAM을 이용한 원자 단위 시뮬레이션 연구 과정에서, 기존의 MEAM이 bcc 금속들에 대해 결정적인 error를 유발한다는 사실이 발견된다. 첫째, bcc 금속의 surface energy는 결정면에 따라 (110) < (100) < (111)의 순서로 커져야 하나, 기존 MEAM에 의하면 (110) < (111) < (100)의 순서로 계산된다. Surface energy는 crack 전파 거동뿐 아니라 계면 energy에도 영향을 미치므로 정확한 이방성을 예측할 수 있어야 한다. 보다 결정적인 MEAM의 문제는 bcc 금속에 대해 bcc보다 더 안정한 구조를 야기한다는 점이다. 실제 MEAM을 이용 분자동역학 시뮬레이션을 행할 경우 bcc가 아닌 새로운 구조의 물질이 형성됨이 발견되었으며, 새로이 형성된 물질은 탄성 특성 등 물리 특성이 원래의 bcc 금속과는 전혀 달라 기존 MEAM을 활용하는 것이 불가능하다는 결론이 내려질 수밖에 없었다.

MEAM은 앞서 언급한 바와 같이 최인접 원자 간의 상호작용만을 고려하도록 formalism이 만들어져 있다. 한편, bcc 금속의 경우에는 최인접 원자 간 거리와 제2 인접 원자 간 거리가 15% 정도밖에 차이가 나지 않는다. Lee 등은 위에 언급한 바와 같은 bcc 금속에 대한 MEAM의 문제가 최인접 원자 간 상호작용만을 고려하였기 때문에 나타나는 것이라는 전제 하에, 제2, 제3 인접 원자 간 상호작용까지를 고려할 수 있도록 formalism을 고쳐 그 영향을 다각도로 분석하였으며, 그 결과 제2 인접 원자 간 상호작용을 부분적으로 고려할 수 있도록 formalism을 고쳤을 때 위의 두 문제가 모두 해결될 수 있다는 것을 발견하였다[42]. 이 연구를 통해 얻어진 formalism은 2NN MEAM으로 명명되어 발표된 바 있으며[42] 그 내용은 다음과 같다.

우선 pair potential 계산을 위한 식 (4-52)에서, reference structure에서의 원자당 에너지를 제2 인접 원자 간 pair potential을 추가하여 다음과 같이 표현한다.

$$E^u(R) = F(\overline{\rho}^0(R)) + \frac{Z_1}{2}\phi(R) + \frac{Z_2 S}{2}\phi(aR) \tag{4-57}$$

여기서 Z_n은 주어진 구조에서 n번째 인접 원자 수를 나타내며 a는 제2 인접 원자와 최인접 원자 거리의 비를 나타낸다. Embedding function F를 계산하기 위한 electron density, $\bar{\rho}^0$의 계산은 식 (4-46)을 이용하게 되는데, 이때에도 제2 인접 원자로부터의 기여 분을 추가로 계산하게 된다. 각각의 경우 제2 인접 원자 간 기여 분은 계산 결과가 그대로 이용되는 것이 아니라 해당 pair에 대한 screening function, S가 곱해지게 된다. Perfect한 reference structure에서 $C_{\min}$ 값이 정해지면, 제2 인접 원자 간 상호작용에 대한 최인접 원자들의 screening은 항상 일정한 값을 가지게 되므로, 식 (4-57)에서 screening function 값 S는 상수가 된다. Effective pair potential을 정의하면 식 (4-57)을 다음과 같이 쓸 수 있다.

$$E^u(R) = F(\bar{\rho}^0(R)) + \frac{Z_1}{2}\Phi(R) \tag{4-58}$$

$$\Phi(R) = \phi(R) + \frac{Z_2 S}{Z_1}\phi(aR) \tag{4-59}$$

Effective pair potential Φ는 앞서의 식 (4-53)과 같은 방식으로 원자 간 거리 R의 함수로 다음과 같이 계산될 수 있다.

$$\Phi(R) = \frac{2}{Z}\{E^u(R) - F[\bar{\rho}^0(R)]\} \tag{4-60}$$

여기서 Φ 값의 계산은 $\bar{\rho}^0$의 계산 시 고려하는 인접 원자의 개수가 달라졌다는 것일 뿐, 모든 계산 과정이 전과 동일하다. 식 (4-60)에 의해 계산된 Φ 값은 식 (4-59)의 관계식을 통해 ϕ값을 R의 함수로 구하는 데 이용되며 그 결과는 다음과 같다.

$$\phi(R) = \Phi(R) + \sum_{n=1}(-1)^n\left(\frac{Z_2 S}{Z_1}\right)^n \Phi(a^n R) \tag{4-61}$$

식 (4-61)에서의 합산은 평형 상태에서 정확한 potential energy 값이 얻어질 때까지 한다.

위와 같이 제2 인접 원자들 간의 상호작용을 부분적으로 고려함으로써, 기존의 MEAM 모델 상수값들을 사용할 수 없고 다시 수식화를 해야 한다는 번거로움이 있지만, MD 시뮬레이션 시 bcc 격자구조가 변하는 문제를 피할 수 있을 뿐만 아니라, surface energy의 이방성 등 다른 여러 물리 특성들을 보다 잘 기술할 수 있음을 확인하였다. 이 formalism에서 $C_{\min}$ 값은 원소마다 다른, 또 하나의 fitting parameter로 추가되며, 이를 2.0으로 줄 경우 기존의 MEAM과 정확하게 같은 formalism이 되어 fcc 원소 등 문제가 없는 원소들에 대해 이미 수식화된 기존 parameter들을 그대로 사용할 수 있다는 장점이 있다. 구체적인 결과는 다음 section에서 언급할 것이다.

4) 순수 원소 및 합금계에 대한 2NN MEAM interatomic potential

2NN MEAM은 순수 원소에 대해 14개의 모델 상수가 정의된다. 예로서, 순수 Fe와 Al에 대해 최적화된 모델 상수값들은 Table 4-4에 제시한 바와 같다. 이 모델 상수값들을 이용하여 계산한, 각 원소의 기초 물성은 Table 4-5에 해당 실험 정보(괄호 안의 수치들)와 함께 비교되어 있다. 하나의 formalism을 통해 다양한 구조를 가진 원소의 atomic potential이 표현될 수 있다는 것은 각 원소들 간의 합금에 대해서도 atomic potential의 표현이 가능하다는 것을 의미하며, 탄성계수, defect energy, structural energy가 실제에 가깝게 계산된다는 것은 핵생성 속도론에서 가장 중요한 요인인 탄성변형에너지, 계면 에너지, 핵생성 구동력 등이 실제에 가깝게 기술된다는 것, 즉 핵생성 속도론에 대한 이론적 접근이 가능하다는 것을 의미한다.

〈Table 4-4〉 순수 Fe와 Al에 대한 2NN MEAM potential parameter sets

	E_c	r_e	B	A	$\beta^{(0)}$	$\beta^{(1)}$	$\beta^{(2)}$	$\beta^{(3)}$	$t^{(1)}$	$t^{(2)}$	$t^{(3)}$	C_{min}	C_{max}	d
Fe	4.29	2.48	1.73	0.56	4.15	1.00	1.00	1.00	2.60	1.80	−7.20	0.36	2.80	0.05
Al	3.36	2.86	0.79	1.16	3.20	2.60	6.0	2.6	3.05	0.51	7.75	0.49	2.80	0.05
C	7.37	1.54	4.45	1.18	4.25	2.80	2.0	5.0	3.2	1.44	−4.48	1.41	2.80	0.00
N	4.88	1.10	5.96*	1.80	2.75	4.00	4.0	4.0	0.05	1.00	0.0	2.00	2.80	0.00

Cohesive energy E_c, equilibrium nearest-neighbor distance r_e, bulk modulus B의 단위는 각각 eV, Å and 10^{12}dyne cm^{-2}이며 Fe, Al, C, N의 reference structure는 각각 bcc, fcc, diamond 및 dimer 분자임.

* Bulk modulus 값이 아닌, 식 (4.24)에 정의한 α값임.

〈Table 4-5〉 순수 Fe와 Al의 기초 물성에 대한 2NN MEAM 계산 결과와 문헌자료 (괄호안 수치)의 비교

Property	MEAM-Al (exp.)	MEAM-Fe (exp.)
C_{11} (10^{12}dyne/cm^2)	1.143 (1.143)	2.430 (2.431)
C_{12} (10^{12}dyne/cm^2)	0.619 (0.619)	1.380 (1.381)
C_{44} (10^{12}dyne/cm^2)	0.316 (0.316)	1.219 (1.219)
E_v^f (eV)	0.68 (0.68)	1.75 (1.79)
Q_D (eV)	1.33 (1.33)	2.28 (2.5)
E_I^f (eV)	2.49 (–)	4.20 (–)
$E_{(100)}$ (mJ/m^2)	848 (1085[a])	2510 (2360[a])
$E_{(110)}$ (mJ/m^2)	948 (1085[a])	2356 (2360[a])
$E_{(111)}$ (mJ/m^2)	629 (1085[a])	2668 (2360[a])
$\Delta d_{(100)}$ (%)	+1.8 (+1.8)	−1.1 (−0.2, −1.5)
$\Delta d_{(110)}$ (%)	−8.9 (−8.5±1.0)	−1.5 (0)
$\Delta d_{(111)}$ (%)	+1.0 (0.9±0.5)	−10.5 (−16.9)
$\Delta E_{bcc/fcc}$ (eV/atom)	0.12 (0.10[b])	0.048 (0.082[b])
$\Delta E_{fcc/hcp}$ (eV/atom)	0.03 (0.06[b])	−0.018 (−0.023[b])
ε (0–100°C) (10^{-6}/K)	22.0 (23.5)	12.4 (12.1)
C_p (0–100°C) (J/mol · K)	26.2 (24.7)	26.1 (25.5)
m.p. (K)	937 (933)	2000 (1811)
ΔH_m(KJ/mol)	11.0 (10.7)	13.2 (13.8)
ΔV_m (%)	6.7 (6.5)	4.0 (3.5)

[a] polycrystal에서의 평균치
[b] CALPHAD (SGTE) 자료

순수 원소에 대한 interatomic potential만으로는 실용 소재에 대한 시뮬레이션 연구가 이루어질 수 없다. 금속 소재의 상변태 특성 및 기계적 특성에 미치는 합금 원소의 영향이 중요한 만큼 주요 합금 원소를 포함한 합금계에 대해 interatomic potential이 확보되어야 한다. 합금계에 대한 interatomic potential 개발은 순수 원소에 대한 potential 개발 과정과 비교하여 다음 두 가지 요인이 추가로 고려된다. 하나는 이종 원소 간의 pair potential을 정의하여야 한다는 점이고, 다른 하나는 해당 합금계 상태도 상에서 나타나는 주요 중간 화합물이 실제로 에너지 계산 시 안정한 상으로 존재하여야 한다는 점이다. 이종 원소 간의 pair potential을 정의하는 과정은 순수 원소의 pair potential을 정의하는 과정과 유사하다. 즉, 해당 합금계에 대한 reference structure를 정의한 다음, 그 reference structure에 대해 식 (4-57)과 같이 원자당 에너지를 embedding function과 pair potential term을 이용하여 나타낸다. 합금계 reference structure는 각 원자의 상대적인 격자 위치가 규칙적으로 확정된 상태를 택하는 것이 계산을 간편하게 해주며, 주로 perfect ordered state가 사용된다. Bcc 구조의 경우 CsCl type ordered structure가

사용될 수 있고, fcc 구조의 경우에는 NaCl 또는 $L1_2$ ordered structure가 좋은 예가 될 수 있다. CsCl type ordered structure는 bcc 격자 상에서 한 종류 원소의 최인접 원자들은 모두 이종 원소가 되고, 제2 인접 원자들은 모두 동종 원소가 된다. 이러한 구조 특성을 고려하여 $i-j$ 2원계 CsCl type ordered structure의 원자당 ($\frac{1}{2}i$ atom + $\frac{1}{2}j$ atom) 에너지를 식 (4-57)과 같은 형식으로 표현하면 다음과 같다.

$$E_{ij}^{u}(R) = \frac{1}{2}\{F_i(\overline{\rho_i}(R)) + F_j(\overline{\rho_j}(R))\} + \frac{1}{2}\left\{Z_1\phi_{ij}(R) + \frac{Z_2}{2}[S_{ii}\phi_{ii}(aR) + S_{jj}\phi_{jj}(aR)]\right\} \tag{4-62}$$

위에서 ϕ_{ii} 와 ϕ_{jj} 는 각각 i 원소들 및 j 원소들 간의 pair potential로서 각 원소의 interatomic potential이 수식화되면 구할 수 있는 값이다. ϕ_{ij} 는 이종 원소 간의 pair potential로서 합금계 계산을 위해 구해야 하는 항이 된다. $\overline{\rho}$ 값이나 embedding function F 값은 순수 원소의 경우와 같이 구할 수 있으므로, ϕ_{ij} 값을 구하기 위해 최종적으로 그 값을 구해야 하는 항은 식 (4-62)에서 좌변의 $E_{ij}^{u}(R)$ 항이 된다. 이 값은 앞서 universal equation of state (식 (4-44))를 이용하여 구한다고 언급한 바 있다. 합금에 대해 이를 다시 쓰면 다음과 같다.

$$E_{ij}^{u}(R) = -E_c^{ij}(1 + a^* + d_{ij}a^{*3})e^{-a^*} \tag{4-63}$$

$$a^* = \alpha\left(\frac{R}{r_e^{ij}} - 1\right),\quad \alpha = \left(\frac{9B_{ij}\Omega_{ij}}{E_c^{ij}}\right)^{1/2}$$

식 (4-63)에서 $E_{ij}^{u}(R)$ 값을 구할 수 있기 위해서는 E_c^{ij}, r_e^{ij}, B_{ij}, Ω_{ij} 등의 값이 필요하다. 이 중 atomic volume Ω_{ij}는 nearest neighbor distance r_e^{ij}가 정해지면 결정되는 값이므로 실제 독립적인 parameter는 세 개가 된다. 합금계에 대해 설정한 reference structure가 실제로 존재하는 상이고 위의 값들에 대해 실험 정보가 있다면 이를 사용하면 된다. 그렇지 않은 경우, 위 값들은 fitting에 의해 결정되어야 하며, fitting의 대상이 되는 합금계의 물리 특성은 heat of mixing, 중간 화합물의 형성에너지 및 격자 상수, 합금(고용체)의 격자 상수, 중간 화합물의 탄성계수 등이 된다.

〈Table 4-6〉 2원 Fe- (X = C, N) 합금계에 대한 2NN MEAM potential parameter sets

	Fe-C [30]	Fe-N [28]
E_C	$0.75E_c^{Fe} + 0.25E_c^{C} - 0.95$	$0.5E_c^{Fe} + 0.5E_c^{N} + 0.7$
	2.364	2.09
B	2.644	2.195
d	$0.75d^{Fe} + 0.25d^{C}$	$0.5d^{Fe} + 0.5d^{N}$
$C_{min}(Fe-X-Fe)$	$0.36(=C_{min}^{Fe-Fe-Fe})$	0.16
$C_{min}(X-Fe-X)$	0.16	0.16
$C_{min}(Fe-Fe-X)$	0.16	0.16
$C_{min}(Fe-X-X)$	0.16	$[0.5(C_{min}^{Fe})^{1/2} + 0.5(C_{min}^{N})^{1/2}]^2$
$C_{max}(Fe-X-Fe)$	2.80	1.44
$C_{max}(X-Fe-X)$	1.44	2.80
$C_{max}(Fe-Fe-X)$	2.80	2.80
$C_{max}(Fe-X-X)$	2.80	2.80
ρ_0	$\rho_0^{C}/\rho_0^{Fe} = 6.0$	$\rho_0^{N}/\rho_0^{Fe} = 18.0$

Cohesive energy E_c, equilibrium nearest-neighbor distance r_e, bulk modulus B의 단위는 각각 eV, Å and 10^{12}dyne cm^{-2}이며 Fe-C, Fe-N 계에 대한 reference structure는 각각 $L1_2$ Fe_3C 및 NaCl-type(B1) FeN임.

최근 2NN MEAM potential은 Fe-C, Fe-N 합금계에 적용이 된 바 있다. 각 2원계에 대한 퍼텐셜 parameter set는 Table 4-6에 정리한 바와 같다. Table 4-6에 정리된 퍼텐셜을 이용하여 Fe-C, Fe-N 합금계의 기초 물리 특성, 특히 C나 N 원자의 bcc 및 fcc Fe 내 거동에 대해 계산이 가능하다. 이 계산 결과는 Table 4-7에 관련 실험 정보 및 타 계산 결과와 비교되어 있다. Carbon, nitrogen 등 Fe와는 전혀 다른 결합 특성을 가진 원소들의 Fe 결정 내 기초 물리 특성(용해열, 확산의 활성화 에너지, 원자 공공과의 상호작용 등)이 실험 정보를 잘 재현해 내는 것을 알 수 있다. Carbon-carbon 또는 nitrogen-nitrogen 원자 간의 결합력에 대해서는, 특히 fcc Fe 내에서의 거동이 비교할 만한 정보가 많지 않다. 실험적으로 알려져 있는 것은, carbon, nitrogen 둘 다 fcc Fe 내에서는 서로 간에 척력이 작용한다는 것(음의 binding 에너지), 그리고 그 척력의 세기는 carbon의 경우 <100> 방향보다는 <110> 방향으로 작고, nitrogen의 경우는 그 반대라는 정도이다[85]. Table 4-7의 결과는 이러한 실험적 정보가 2NN MEAM potential 계산에 의해 정성적으로나마 올바르게 계산이 되고 있음을 보여준다. 또한, Fe-N 2NN MEAM potential은 Table 4-8에 보인 바와 같이 Fe_4N 및 $\varepsilon-Fe_2N$의 기초 물리 특성에 대해서도 문헌 정보와 좋은 일치를 보이고 있는데, 이러한 기술 능력은 일반 치환형 금속 합금 원소는 물론 C, N과 같은 침입형 합금 원소의 금속 내 거동을 본 potential을 이용한 atomistic 시뮬레이션을 통해 신뢰성 있게 분석, 연구가 가능함을 보여 주는 것이다.

〈Table 4-7〉 2NN MEAM potential 퍼텐셜에 의한 fcc, fcc Fe 내 carbon, nitrogen의 기초 물리 특성. 〈120〉 등의 결정 방향은 carbon-carbon 배열 방향을 나타냄.

in BCC Fe	Carbon		Nitrogen	
	2NN MEAM	expt./calc.	2NN MEAM	expt./calc.
Dilute Heat of Solution of X	1.22	1.1±0.2	0.33	0.32
Migration Energy Barrier of X	0.82	0.81 ~ 0.88	0.78	0.76 ~ 0.80
Vacancy-X Binding Energy	0.90	0.41 ~ 1.1	0.64	0.67 ~ 0.71
X - X Binding Energy	0.34 <120>	0.13*	0.06 <111>	−0.12 ~ −0.03*
	0.32 <100>	−0.09*	0.06 <120>	−0.28 ~ −0.16*
				0.07
in FCC Fe				
Dilute Heat of Solution of X	0.30	0.36, 0.12*	−0.48	−0.53
Migration Energy Barrier of X	1.52	1.4, 1.53	1.36	1.75
Vacancy-X Binding Energy	0.67	0.37 ~ 0.41	0.23	−
X - X Binding Energy	−0.12 <110>		−0.10 <100>	−
	−0.35 <100>		−0.31 <110>	

* 제일원리계산

〈Table 4-8〉 2NN MEAM potential 퍼텐셜에 의한 Fe-N계 질화물 상의 기초 물리 특성

	MEAM	expt./calc.
Fe_4N		
Heat of formation (kJ/mol of Fe_4N)	−6.8	−40.7 ~ 3.1
Lattice constant, a(Å)	3.80	3.80
$\epsilon-Fe_2N$		
Heat of formation (kJ/mol of Fe_2N)	−20.9	−5.7*
Lattice constants, a,c(Å)	2.81, 4.32	2.76, 4.42

* CALPHAD thermodynamic assessment

2NN MEAM은 앞서 Table 4-3에서 보인 바와 같이 넓은 범위의 금속 합금계 및 Si, Ge, C 등 공유 결합 원소에 대해 적용이 되어 왔다. 또한, 앞서 언급한 바와 같이 hydrocarbons에의 적용을 위한 노력이 시작되었고[86], charge equilibration 기능을 결합함으로써 이온 결합 물질에의 적용을 위한 퍼텐셜 수식의 확장이 완료 단계에 있다. 현재 2NN MEAM은 그 수식 체계가 LAMMPS(Large-scale Atomic/Molecular Massively Parallel Simulator)에 탑재되어 대용량 시뮬레이션이 가능하며, 다음 절에서 LAMMPS의 개요를 간략하게 소개하며, 본 장을 마무리하고자 한다.

4.5 LAMMPS

1) 개요

LAMMPS(Large-scale Atomic/Molecular Massively Parallel Simulator)는 미국 샌디아국립연구소(Sandia National Laboratories)에서 개발한 분자동역학 시뮬레이션을 위한 오픈소스 소프트웨어이다. 대규모의 원자들을 고려한 시뮬레이션이 가능하도록 단일 시스템뿐만 아니라 병렬 시스템 환경에서도 최적의 성능을 발휘할 수 있도록 설계되었다. 현재 다양한 재료(metal, semiconductor, polymer, biomolecule 등)를 구성하는 원자(또는 파티클)들을 다양한 원자 간 퍼텐셜(interatomic potential 또는 force field), 앙상블(ensemble), 경계조건(boundary condition)들에 따라 시뮬레이션이 가능하도록 구성되어 있으며 그 기능들이 지속적으로 확장되어가고 있다.

LAMMPS에 관한 상세한 정보는 공식 홈페이지(http://lammps.sandia.gov/)에 존재하며, 무료로 다운로드 후 설치하여 이용할 수 있다. 이번 장에서는 프로그램 설치와 실행 과정을 간단한 예시로서 설명하고자 한다.

2) 설치 과정

LAMMPS 공식 홈페이지에서는 초심자를 위해 윈도우 환경에서 실행이 가능한 컴파일이 완료된 실행파일을 제공하고 있다. 그러나 이것을 이용해 수십~수백만 개 원자로 구성된 대규모 시뮬레이션을 실질적으로 진행하기에는 무리가 따르므로, 리눅스 환경에서 병렬 계산이 가능한 실행파일을 형성하는 과정을 설명하고자 한다.

① 공식 홈페이지에서 최신의 LAMMPS 코드(C++ 버전)를 다운로드 한다.
(본 예시에서는 2014년 2월 1일자 공식 배포 코드 사용)

② 다운로드 코드의 압축을 해제한다.
tar zxvf lammps_stable.tar.gz

③ 생성된 폴더에서 다음과 같은 하위폴더로 접근한다.
/lammps-1Feb14/src/MAKE/

④ Makefile.[ ]로 명명된 설치 스크립트들이 존재하는데 이 중 사용자의 리눅스 환경에 적합한 하나를 선택한다(본 예시에서는 Intel MKL에 기반한 Makefile.mkl 선택).

⑤ Makefile.mkl 파일 내, compiler/linker settings과 LAMMPS-specific settings란에 존재하는 다음과 같은 링크 경로를 사용자의 환경에 맞게 수정한다.

```
LINKFLAGS =    -O  - L/opt/intel/mkl/10.0.011/lib/em64t
FFT_INC =      -DFFT_FFTW  - I/opt/intel/mkl/10.0.011/include/fftw
FFT_LIB =      /opt/intel/mkl/10.0.011/lib/em64t/libfftw2xc_intel.a
```

------------ 추가 패키지 설치 시 진행 <생략 가능> ------------
LAMMPS에서는 기본적인 기능에 더해 사용자의 필요에 따라 추가적인 기능을 선택하여 설치할 수 있도록 하고 있다. MEAM 퍼텐셜 기능을 추가하는 것을 예로 들어보면,

○ 다음과 같은 폴더로 접근한다.
  /lammps-1Feb14/src/
○ 다음과 같은 명령어를 입력한다.
  make yes-meam
○ 다음과 같은 폴더로 접근한다.
  /lammps-1Feb14/lib/meam/
○ MEAM 설치 관련 포트란 코드들과 Makefile.*로 명명된 포트란 코드 컴파일 관련 스크립트들이 존재하는데 사용자의 리눅스 환경에 적합한 하나를 선택하여 다음과 같은 명령어 입력으로 컴파일을 진행한다(본 예시에서는 Makefile.gfortran 선택).
  make -f Makefile.gfortran

----

⑥ 다음과 같은 폴더로 접근한다.
  /lammps-1Feb14/src/
⑦ 다음과 같은 명령어 입력으로 컴파일을 진행한다.
  (사용한 설치 스크립트 (Makefile.[ ])에 따라 make [ ] 로 다르게 입력)
  make mkl
⑧ 에러 메시지 없이 다음과 같은 실행파일이 형성되면서 컴파일이 완료된다.
  (사용한 설치 스크립트 (Makefile.[ ])에 따라 lmp_[ ]로 다르게 명명됨)
  lmp_mkl

3) Input 파일 준비

다음으로 0 K에서 가장 안정된 fcc Al의 구조를 얻어내는 과정을 예제로서 시뮬레이션 실행에 필요한 파일들을 구성하는 방법을 설명하고자 한다. LAMMPS 실행을 위해서는 최소 2개 이상의 input 파일들이 필요하다. 하나는 시뮬레이션이 실행되기 위한 구체적인 조건들을 설정하는 input 스크립트 파일이며, 나머지는 원자 간 퍼텐셜과 관련된 파일이다.

Input 스크립트 파일을 형성한 예는 아래와 같다. 여기서 첫 글자가 #로 시작하는 부분은 주석으로 간주된다. 각 명령어는 2014년 2월 1일자 공식 배포 코드에 맞춰 사용되었는데, 컴파일한 코드의 버전에 따라 명령어의 표현방식이 다를 수도 있다. 예제 실행을 위해 아래 텍스트를 리눅스 상에 "fcc_Al.in"이라는 이름으로 저장한다.

```
# Find equilibrium state of fcc Al
# -------------------- Initialize Simulation --------------------
units metal
dimension 3
boundary p p p
```

```
atom_style atomic
# ---------------------- Create Atoms -----------------------
lattice fcc 4
region box block 0 1 0 1 0 1 units lattice
create_box 1 box
lattice fcc 4 orient x 1 0 0 orient y 0 1 0 orient z 0 0 1
create_atoms 1 box
replicate 1 1 1
# ----------------- Define Interatomic Potential ----------------
pair_style meam
pair_coeff * * library.meam Al Al.meam Al
# ---------------------- Define Settings ---------------------
compute eng all pe/atom
compute eatoms all reduce sum c_eng
thermo 10
thermo_style custom step pe lx ly lz press pxx pyy pzz c_eatoms
fix 1 all box/relax iso 0.0 vmax 0.001
# -------------------- Run Minimization ---------------------
min_style cg
minimize 1e-15 1e-15 5000 10000
# --------------------- Define variables ---------------------
variable natoms equal "count(all)"
variable tenergy equal "c_eatoms"
variable length equal "lx"
variable ecoh equal "-v_tenergy/v_natoms"
# -------------------- Print variables -----------------------
print "Number of atoms = ${natoms};"
print "Total energy (eV) = ${tenergy};"
print "Cohesive energy (eV) = ${ecoh};"
print "Lattice constant (Angstoms) = ${length};"
```

다음으로 원자 간 퍼텐셜과 관련된 파일들을 형성하는 과정이 필요하다. 본 예제에서는 2개의 구분된 파일을 필요로 하는 MEAM 퍼텐셜을 선택하였으며, 순수 Al을 구현할 수 있도록 개발된 원자 간 퍼텐셜[fcc MEAM, 2003]을 사용하였다. 먼저 아래와 같은 텍스트를 “library.meam”이라는 이름으로 저장한다.

```
# elt          lat      z        ielement      atwt
# alpha              b0       b1       b2       b3       alat            esub      asub
# t0             t1          t2           t3        rozero       ibar
'Al'           'fcc'     12           1           26.982
4.6855976824    3.20     2.60     6.00     2.60     4.0446507884     3.36     1.16
  1            3.05       0.51       7.75      1.00          3
```

그 다음으로 아래와 같은 텍스트를 "Al.meam"이라는 이름으로 저장한다.

```
rc = 4.5
delr = 0.1
augt1 = 0
erose_form = 2
zbl(1,1) = 0
nn2(1,1) = 1
Ec(1,1) = 3.36
re(1,1) = 2.86
attrac(1,1) = 0.05
repuls(1,1) = 0.05
Cmin(1,1,1) = 0.49
Cmax(1,1,1) = 2.8
```

4) 시뮬레이션 실행

준비된 input 파일들을 기반으로 리눅스 환경에서 LAMMPS를 실행하는 과정은 다음과 같다.

① input 파일들("fcc_Al.in", "library.meam", "Al.meam")을 같은 폴더에 위치시킨다.

② 명령 프롬프트 상에서 lmp_mkl < fcc_Al.in 을 입력하거나, 아래와 같은 pbs파일("Al.pbs")을 준비하고 **qsub Al.pbs**을 입력하여 병렬계산을 진행한다.

```
#!/bin/sh
#PBS -l nodes=1:ppn=8
#PBS -N test
NPROCS=`wc -l < $PBS_NODEFILE`
cd $PBS_O_WORKDIR
mpirun -np $NPROCS lmp_mkl < fcc_Al.in > out.dat
```

시뮬레이션 실행결과는 같은 폴더 안에 새롭게 형성되는 "log.lammps" 파일에 기록되는데, 위의 예제에 의한 결과는 다음과 같다.

```
LAMMPS (1 Feb 2014)
# Find equilibrium state of fcc Al
# ------------------ Initialize Simulation ------------------
units metal
dimension 3
boundary p p p
atom_style atomic
# ---------------------- Create Atoms ----------------------
lattice fcc 4
```

```
Lattice spacing in x,y,z = 4 4 4
region box block 0 1 0 1 0 1 units lattice
create_box 1 box
Created orthogonal box = (0 0 0) to (4 4 4)
  1 by 2 by 2 MPI processor grid
lattice fcc 4 orient x 1 0 0 orient y 0 1 0 orient z 0 0 1
Lattice spacing in x,y,z = 4 4 4
create_atoms 1 box
Created 4 atoms
replicate 1 1 1
  orthogonal box = (0 0 0) to (4 4 4)
  1 by 2 by 2 MPI processor grid
  4 atoms
# --------------- Define Interatomic Potential ---------------
pair_style meam
pair_coeff * * library.meam Al Al.meam Al
# --------------------- Define Settings ---------------------
compute eng all pe/atom
compute eatoms all reduce sum c_eng
thermo 10
thermo_style custom step pe lx ly lz press pxx pyy pzz c_eatoms
fix 1 all box/relax iso 0.0 vmax 0.001
# -------------------- Run Minimization ---------------------
min_style cg
minimize 1e-15 1e-15 5000 10000
WARNING: Resetting reneighboring criteria during minimization (../min.cpp:173)
Memory usage per processor = 5.64978 Mbytes
Step PotEng Lx Ly Lz Press Pxx Pyy Pzz eatoms
       0    -13.42129            4            4            4    28532.799
28532.799    28532.799    28532.799    -13.42129
      10    -13.439804         4.04         4.04         4.04    2761.9281
2761.9281    2761.9281    2761.9281    -13.439804
      14        -13.44     4.044625     4.044625     4.044625    15.178936
15.178936    15.178936    15.178936        -13.44
Loop time of 0.00716996 on 4 procs for 14 steps with 4 atoms

Minimization stats:
  Stopping criterion = linesearch alpha is zero
  Energy initial, next-to-last, final =
        -13.4212895869     -13.4399999942     -13.4399999942
  Force two-norm initial, final = 3.41928 0.00185981
  Force max component initial, final = 3.41928 0.00185981
  Final line search alpha, max atom move = 0.00210035 3.90625e-06
  Iterations, force evaluations = 14 30

Pair  time (%) = 0.00511998 (71.4087)
Neigh time (%) = 0 (0)
```

```
Comm  time (%) = 0.00118732 (16.5597)
Outpt time (%) = 4.33326e-05 (0.604363)
Other time (%) = 0.000819325 (11.4272)

Nlocal:     1 ave 1 max 1 min
Histogram: 4 0 0 0 0 0 0 0 0 0
Nghost:    287 ave 287 max 287 min
Histogram: 4 0 0 0 0 0 0 0 0 0
Neighs:    39 ave 39 max 39 min
Histogram: 4 0 0 0 0 0 0 0 0 0
FullNghs:  78 ave 78 max 78 min
Histogram: 4 0 0 0 0 0 0 0 0 0

Total # of neighbors = 312
Ave neighs/atom = 78
Neighbor list builds = 0
Dangerous builds = 0
# -------------------- Define variables ---------------------
variable natoms equal "count(all)"
variable tenergy equal "c_eatoms"
variable length equal "lx"
variable ecoh equal "-v_tenergy/v_natoms"
# -------------------- Print variables ----------------------
print "Number of atoms = ${natoms};"
Number of atoms = 4;
print "Total energy (eV) = ${tenergy};"
Total energy (eV) = -13.4399999942481;
print "Cohesive energy (eV) = ${ecoh};"
Cohesive energy (eV) = 3.35999999856202;
print "Lattice constant (Angstoms) = ${length};"
Lattice constant (Angstoms) = 4.044625;
```

5 원자 단위 전산모사의 활용

원자 간 퍼텐셜 모델에 기반을 둔 원자 단위 전산모사 기법이 가장 잘 활용될 수 있는 부분은 실험적 측정이 어려우면서 제일원리계산 기법을 사용하기에는 계산량이 버거운 소재 특성 또는 소재 현상이 되겠다. 여기서는 소재 특성치 계산의 대표적인 예로 철에서의 입계 에너지 데이터베이스를 구축하고 뒤에 설명할 phase field 시뮬레이션 기법과 연동하는 multi-scale 시뮬레이션을 소개하고, 소재 현상에 대한 대표적인 예로는 결정 소재에서의 crack 전파 거동 시뮬레이션을 유의점과 함께 소개한다.

5.1 미세조직 발현 예측을 위한 원자 단위-Phase Field Multiscale 시뮬레이션

미세조직은 다결정 소재의 구조, 기능 특성에 결정적인 영향을 미치는 요인으로 이를 예측하고 제어할 수 있는 기술을 확보하기 위해 수많은 연구가 진행되어 왔다. 금속 소재에서의 상변태를 예측하기 위한 많은 시뮬레이션 기법 중, 입계 에너지, 이동도 등의 입계 특성 이외에도 상평형 열역학, 열전달, 확산 속도론, 응력 효과 등 모든 제반 효과를 고려하여 시뮬레이션이 가능한 phase field 시뮬레이션이 가장 강력한 기법으로 자리를 굳혀가고 있다. 다음의 Fig. 5-1은 동일한 강종에서 동일한 냉각 조건 하에 austenite → ferrite 상변태가 일어나는 과정을 phase field 기법으로 시뮬레이션하는 장면이다. 냉각에 따라 austenite 입계에서 ferrite 상이 핵생성되어 성장하는데, 동일 소재, 동일 조건임에도 불구하고 성장하고 있는 ferrite 상의 형상이 매우 다름을 알 수 있다. 이는 외부 조건으로 설정한 wetting angle 값이 다르기 때문이다. Wetting angle이란, austenite 입계에서 ferrite가 핵생성되어 성장하면서 두 개의 austenite/ferrite 계면이 형성되는데, 이 두 계면이 austenite 입계와 만나는 삼중점에서 두 계면이 만드는 각도를 의미한다. Fig. 5-1(a)의 경우는 36°, Fig. 5-1(b)의 경우는 120°의 값을 준 것인데, 이는 각각 austenite/ferrite 계면 에너지가 austenite 입계 에너지에 비해 낮거나 동일하다고 가정한 것에 해당한다. Wetting angle은 입계, 계면 에너지의 상대적인 크기에 의해 결정되지만, 일반적으로 그 값을 알기가 어렵기 때문에 위와 같은 가정을 하는 것이다.

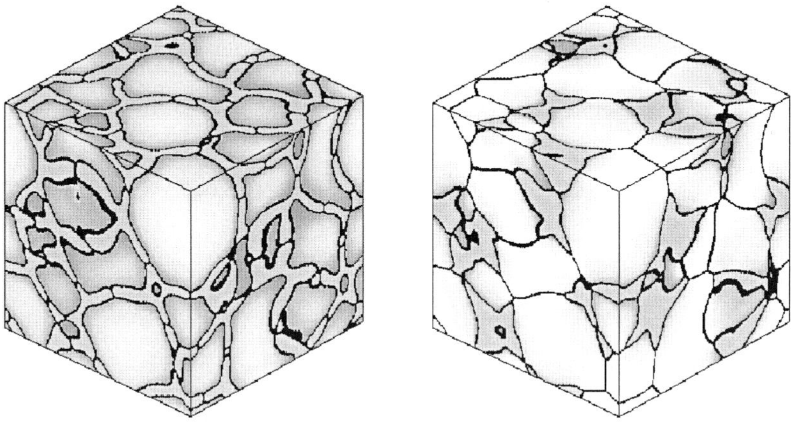

(a) (b)

[Fig. 5-1] Fe-Mn-C steel에서 냉각에 따른 $\gamma-\alpha$ 상변태 Phase Field 시뮬레이션

Fig. 5-1에서 보듯, wetting angle에 따라 상변태 미세조직 형상이 달라지고 있으며, 사실 형상뿐만 아니라 상변태 속도 역시 차이를 보이게 된다. 이는, 상변태 시의 미세조직 발현과 속도를 사실에 가깝게 예측할 수 있기 위해서는 입계 및 계면 에너지에 대해 정확한 정량적 정보를 가지고 있어야 함을 알려준다. 입계나 계면 에너지는 원자 단위 시뮬레이션을 통해 어느 정도 정량적인 접근이 가능하기 때문에(유한한 온도에서의 자유 에너지는 어렵지만, 0 K에서의 에너지 계산은 쉽게 할 수 있다), 원자 단위 계산 결과를 phase field 시뮬레이션에 도입함으로써 보다 정확한 미세조직 발현의 예측을 기대할 수 있다. 그러나, 문제는 두 상 사이의 결정학적 방위의 차이(misorientation)나 경계면의 방향(inclination)에 따라 다양한 입계나 계면이 존재할 것이고, 각각의 입계, 계면이 각기 다른 값의 에너지를 가진다는 사실이다. 즉, 단 하나의 입계 에너지나 계면 에너지를 계산하면 되는 것이 아니라 있을 수 있는 수많은 입계와 계면에 대해 에너지 database를 구축하고, 이를 phase field 시뮬레이션 기술과 접목시켜야 한다는 것이다. 본 절에서는 순수 bcc Fe에 대해 입계 에너지 database를 구축하는 과정과 이를 입자 성장 과정 예측을 위한 phase field 시뮬레이션 기법에 결합하여 시뮬레이션을 수행한 결과를 간략하게 예로서 소개하겠다.

1) 순수 Fe 입계 에너지 데이터베이스의 구축

Fig. 5-2에는 다양한 결정학적 방향을 가진 결정립으로 구성된 다결정 소재를 보인다. 결정립계는 각기 다른 결정학적 방향을 가진 두 결정립 사이에 정의되는데, 임의의 결정립계를 명확하게 정의할 수 있기 위해서는 앞서 언급한 대로 두 결정립 사이의 결정학적 방위의 차이(misorientation)와 입계면의 방향(inclination)이 결정되어야 한다. 각 결정립의 결정학적 방향과 입계면의 방향은 연속적으로 변화할 수 있는 특성이므로 두 결정립 사이에 존재할 수 있는 결정립계의 종류는 사실상 무한하다고 할 수 있다. 무한히 많은 입계에 대해 입계 에너지

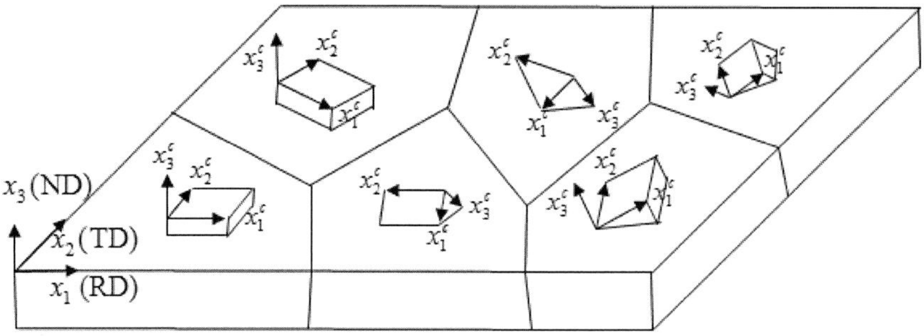

[Fig. 5-2] 다결정 소재에서 각 결정립의 결정 방향 모식도

데이터베이스를 구축하려면 결정학적 방향과 경계면의 방향을 일정 간격으로 변화해 가면서 입계 에너지를 계산하면 된다.

임의의 결정립계에 대해 결정 방위차(misorientation)와 입계면 방향(inclination)을 구체적으로 어떻게 정의할 수 있는지 좀 더 상세히 살펴보자. 편의상 Fig. 5-2에서 시편 좌표계의 세 좌표축(x_1, x_2, x_3)을 각각 RD, TD, ND로 표시한다. 두 결정립 사이의 결정 방위 차이는 상대적인 양이므로 두 결정립을 동시에 회전시켰을 때 방위차는 변하지 않는다. 두 결정립을 회전시켜 한 결정립의 결정 방위가 Fig. 5-2에서 시편 좌표계와 일치하도록 만들었다고 생각해 보자. 이때 결정 방위차는 시편 좌표계 상에서 나머지 한 결정립의 결정 방위에 의해 결정되고 입계면의 방향은 시편 좌표계 상에서 입계 수직 방향에 의해 결정될 것이다. 이를 염두에 두고 Fig. 5-3을 보자. Fig. 5-3의 왼편에는 정육면체 내부에 구가 들어 있다. 이 정육면체를 시편 좌표계와 동일한 결정 방위를 가지는 결정립이라고 생각하고, 그 내부의 구를 나머지 결정립이라고 생각하면, 결정 방위차는 정육면체 좌표계 상에서 구 모양 결정립의 결정 방향을 정의하는 방법으로 정의된다. 두 좌표계의 방위 차이는 통상 세 개의 자유도를 가진다고 알려져 있다. 즉, 세 번의 회전에 의해 어떤 방향이든 재현이 가능하다고 알려져 있다. Fig. 5-3의 오른편에는 임의의 방향을 재현할 수 있는 세 번의 회전(ND를 축으로 ϕ_1 만큼의 회전, 새로운 RD를 축으로 Φ 만큼의 회전, 다시 새로운 ND를 축으로 ϕ_2 만큼의 회전)이 표현되어 있다. 결정 방위차를 정의하기 위한 세 개의 자유도란 위와 같이 정의한 세 개의 회전각으로 지정할 수 있다. 또한, Fig. 5-3의 왼편 그림에서 구 표면상 임의의 점에서의 접면은 두 결정립 사이의 입계면이라고 생각할 수 있는데, 정육면체 좌표계 상에서 그 수직 방향을 표시하면 이는 정육면체에 해당하는 결정립의 방위를 기준으로 입계 방향을 표시한 것이 된다. 지구 표면상 임의의 위치는 두 개의 자유도, 경도와 위도로 표현이 가능하다. 두 결정립 사이 입계면의 방향도 두 개의 자유도로 표현이 가능하며, 따라서 총 다섯 개의 수치를 이용하여 임의의 입계에 대한 정의가 가능한 것이다. 입계 에너지 데이터베이스는 이와 같이(세 개는 결정 방위차를 지정하기 위해, 두 개는 결정면 방향을 지정하기 위해) 다섯 개의 수치를 이용하여 각 입계를 정의한 다음 각각의 입계 에너지를 계산해서 부여하는 방식으로 구축할 수 있다.

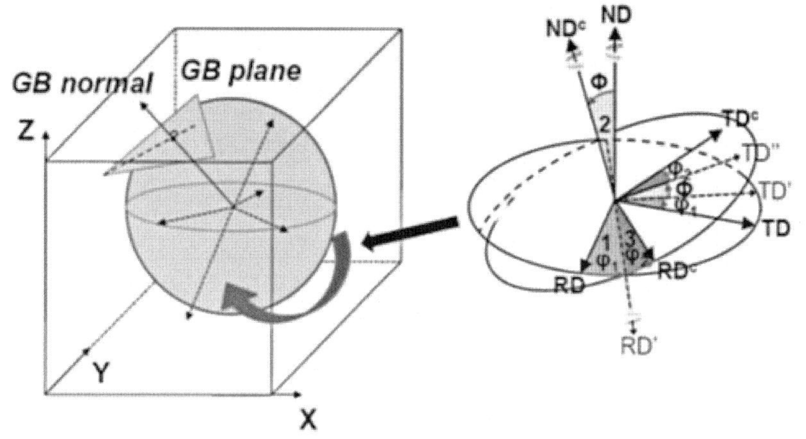

[Fig. 5-3] 이웃한 두 결정립 사이의 결정 방위 관계를 정의하기 위한 모식도. 두 결정립 사이의 방위 관계는 입방정과 그 안에 들어 있는 구형의 결정립 사이의 방위 관계가 되고, 이는 세 번의 회전 각도 (ϕ_1, Φ, ϕ_2)로 정의될 수 있으며 구의 각 표면은 입계면 방향에 해당한다

실제 bcc Fe에 대해, 방위차 각 ϕ_1, Φ, ϕ_2를 10° 간격으로 바꾸면서, 또한 입계면 방향을 아래 Fig. 5-4에서와 같은 다각형의 표면과 꼭지점들에 해당하는 것으로 간주하여 입계 에너지 데이터베이스가 구축된 바 있다[86]. 입방정인 bcc 구조의 경우 결정 구조의 대칭성으로 인한 중복을 제외하면 ϕ_1, Φ, ϕ_2의 범위는 각각 0~90°이고 Fig. 5-4에 보인 다각형에서 삼각 표면의 수는 120개, 4개 또는 6개의 삼각형들이 만나는 꼭지점의 수는 62개가 된다. 이 중 중복을 고려하면 반만 고려하면 되므로, 이 방법으로 만들어지는 입계의 수는 9×9×9×91 = 66,339개가 된다.

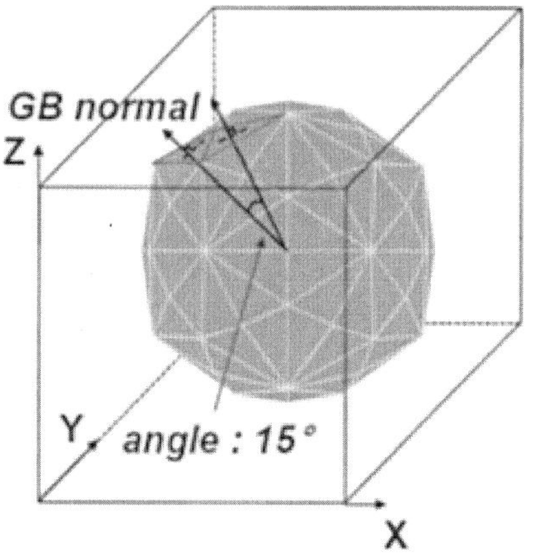

[Fig. 5-4] 입계면 방향을 데이터베이스화하기 위해 생각할 수 있는 다면체[86]

결정립계 에너지는, 2.5절의 3)항에서 계면 에너지 계산 방법을 설명하면서 보인 것처럼 입계를 포함하는, 두 개의 결정립으로 구성된 시편과 단결정 시편의 에너지를 비교함으로써 계산이 된다. 이때 여타 자유 표면 효과를 없애기 위해 각 결정립 시편에 대해 주기경계조건을 주게 되는데, 2.5절 3)항에 보인 예는 정합 계면으로 두 결정립이 서로 다른 상일뿐 결정 방위는 동일하며, 주기경계조건을 주더라도 크게 문제가 되지 않는다. 그러나 두 결정립의 방위가 다르다면, 주기경계조건을 줄 수 있기 위해서는 같은 시편 size에서 두 결정립 시편이 모두 주기성을 가지도록 시편 크기를 면밀하게 조정해야 한다. 그러나 데이터베이스 구축에 필요한, 6만 개가 넘는 입계 시편에 대해 주기성을 고려하여 시편 크기를 조정해 가면서 입계 에너지를 계산할 수는 없다. 이를 해결하기 위한 방안으로 고려된 입계 에너지 계산 방법은 Fig. 5-5에 표시한 바와 같은 자유 표면을 가진 구형의 시편을 이용하는 것이다[87]. 동일한 구형의 시편 두 개를 준비하여 주어진 방위차 관계를 가지도록 회전시킨 다음, 주어진 방향에 입계면이 오도록 각각을 정확하게 반으로 나누고 각 시편으로부터의 반쪽 구형 하나씩을 결합해 새로운 구형 시편을 만든다. 초기 구형 시편과 새로 만들어진 구형 시편은 후자의 경우 입계가 포함되어 있다는 것 이외에는 다른 점이 없다. 총 원자 수, 표면 에너지의 기여분도 동일하다. 다만 입계가 표면과 만나는 지점에서의 원자 위치 변화로 인해 약간의 계산 오차를 유발할 수 있는데, 이 방법으로 계산된 입계 에너지는 구의 크기가(직경 10 nm 이상) 충분히 클 경우(시편 크기와는 무관한) 안정된 결과를 주는 것으로 알려진 바 있다. 이 방법의 장점은 주기경계조건을 고려하지 않기 때문에 시편의 크기를 각 시편마다 별도로 조정하지 않아도 된다는 데에 있으며, 무엇보다 회전각도 및 입계면 방향의 변경 등, 데이터베이스 구축에 필요한 각 입계 시편을, 컴퓨터 코드를 통해 쉽게 만들어 낼 수 있다는 데에 있다.

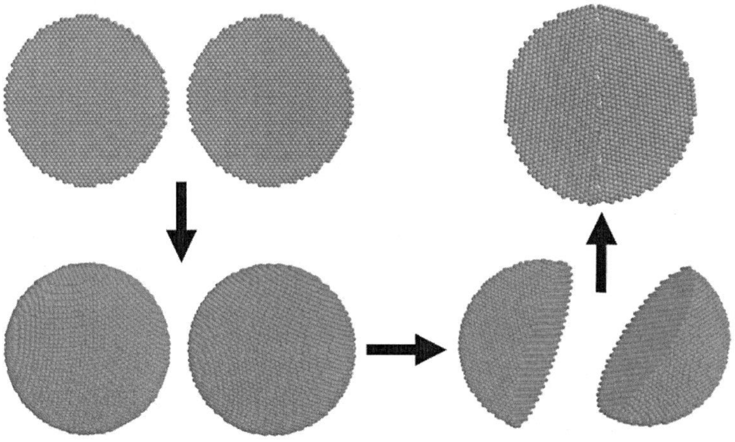

[Fig. 5-5] 임의의 방위관계와 입계면 방향에 대해 입계 에너지를 계산하기 위한 구형 시편 준비 과정[87]

이상과 같이 설명한 입계 선정 및 입계 에너지 계산 방법을 이용하여 6만 6천여 개에 달하는 bcc Fe 입계에 대해 입계 에너지가 계산되어 데이터베이스 형태로 발표된 바 있으며, 그 결과는 Fig. 5-6a에 제시한 바와 같다. 그러나 misorientation에 해당하는 각도들을 기계적으로 바꾸다 보면, 미세조직 발현에는 중요한 영향을 미치지만 ϕ_1, Φ, ϕ_2 값 등이 10°, 20° 등에 해당하지 않는 special boundary들은 데이터베이스에 포함이 안 될 가능성이 많다. 따라서 special boundary에 해당하는 misorientation을 따로 선정하여 별도의 데이터베이스를 운영할 필요가 있으며, 이는 Fig. 5-6b에 나타낸 바와 같다.

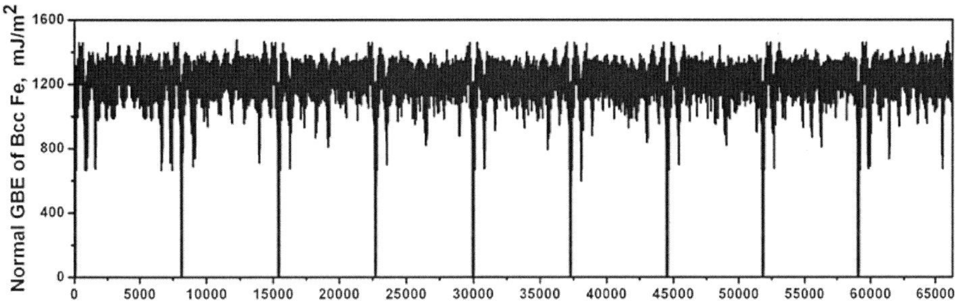

(a)

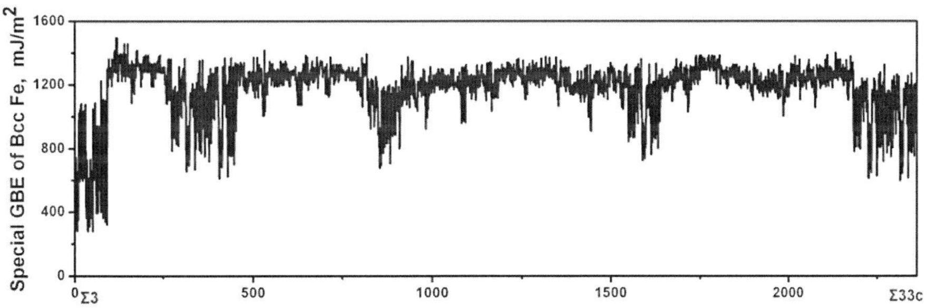

(b)

[Fig. 5-6] (a) 방위 각도를 일정하게 바꾸어 가면서 기계적으로 선정한 입계 및 (b) 방위 관계를 특별히 선정한 special boundary에 대한 입계 에너지 계산 값[86]

2) 입계 에너지 이방성을 고려한 입자 성장 phase field 시뮬레이션

Fig. 5-6과 같은 입계 에너지 데이터베이스는 입계 성장 모사를 위한 phase field 시뮬레이션 기법과 결합되어 보다 사실적인 미세조직 발현을 예측하는 데 활용될 수 있다. 한 예로 위와 같은 입계 에너지 이방성을 고려하지 않은 조건과 이를 고려하면서 약간의 집합조직을 도입한 조건에서 다결정 시편을 이용하여 입자 성장 시뮬레이션을 수행한 후 결정립들 사이의 방향의 차이 분포를 분석한 결과가 Fig. 5-7에 도시되어 있다[88]. 여기서 집합조직을 도입하였다는 것은 low angle grain boundary(LAGB) 비율이 random한 방향 분포를 가지는 경우보다 높다는 것을 의미한다.

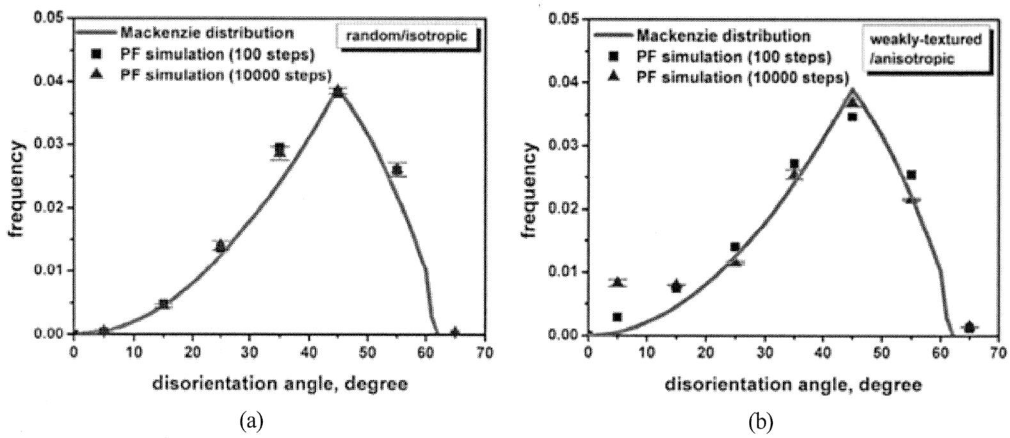

[Fig. 5-7] (a) 입계 에너지의 이방성을 고려하지 않은 경우와 (b) 약한 집합조직과 함께 이방성을 고려한 경우 입자 성장 phase field 시뮬레이션 전후의 방위분포[88]

방향 차이가 10° 이하가 되는 GB 비율은 전자의 경우 1.4%, 후자의 경우 5.1%로 주어져 있다. 입계 에너지의 이방성이 고려되지 않는 입자 성장 시뮬레이션에서는 시간이 지나더라도 (10,000 step으로 약 3초에 해당함) LAGB 비율의 차이가 없는 반면, 입계 에너지 이방성이 고려된 입자 성장 시뮬레이션에서는 LAGB의 비율이 같은 시간 동안에 두 배 이상 급격하게 높아지는 것을 확인할 수 있다. 결과적으로 얻어지는 미세조직의 차이도 입계 이방성 고려 여부에 따라 차이가 날 것을 쉽게 예상할 수 있다.

위와 같은 미세조직의 차이를 직접 확인하기 위해 결정립의 방위를 인위적으로 조정하여 입계 이방성 고려 효과를 보다 구체적으로 관찰한 바 있다. Fig. 5-8에서 1번, 2번, 9번 결정립은 상호 간에 저에너지 입계를 공유하고 있는 결정립들이다. 이러한 관계를 무시하고 모든 입계 에너지가 동일하다고 가정한 경우에는(Fig. 5-8의 상단 결과) 1번, 9번 입자의 크기가 줄어드는 것을 볼 수 있다. 그러나 입계 이방성이 고려된 경우에는(Fig. 5-8의 하단 결과) 저에너지 입계를 공유하고 있는 결정립들이 상대적으로 넓은 입계를 공유하면서 성장하는 것을 확인할 수 있다. 입계 에너지의 이방성을 고려하느냐 안 하느냐에 따라 시뮬레이션 결과로 얻어지는 미세조직의 차이가 클 수밖에 없음을 다시 한 번 확인할 수 있게 해 주는 시뮬레이션이라고 할 수 있다.

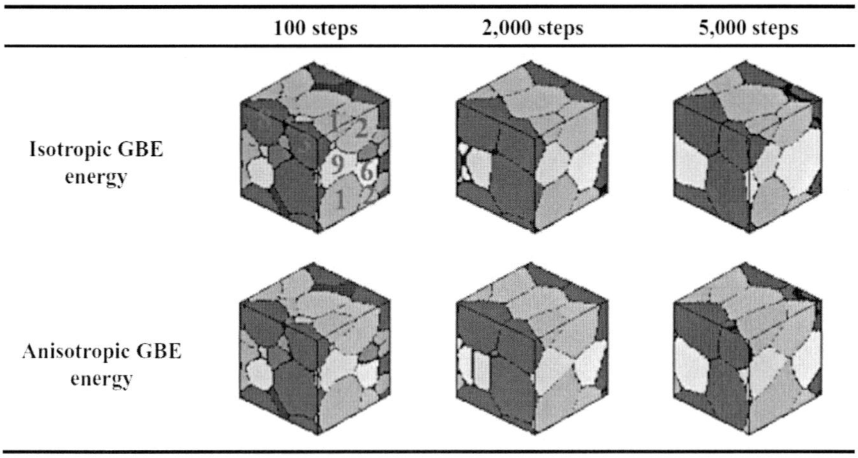

[Fig. 5-8] 입계 에너지의 이방성을 고려하지 않은 경우와 이방성을 고려한 경우 입자 성장 phase field 시뮬레이션 후 미세조직의 변화[88]

지금까지 원자 단위 전산모사 기법을 이용하여 입계 에너지 데이터베이스를 구축하고 이를 phase field 시뮬레이션 기법에 연결함으로써 다결정 소재에서의 미세조직 발현 과정을 보다 사실에 가깝게 기술할 수 있음을 보였다. 그러나, 이는 새로운 multi-scale 시뮬레이션 연구 분야의 시작에 지나지 않는다. 현재는 입계 에너지에 대해 0 K 계산 결과가 그대로 사용되고 있지만, 온도에 따른 자유 에너지값으로 바꾸어야 한다는 과제가 있으며, 무엇보다 순수 원소가 아닌 실용 다원 합금계에서의 입계 에너지, 합금 원소 또는 불술물 원소의 입계 편석이 입계 에너지에 미치는 영향, 입계 종류에 따른 편석 거동 양상 등등 수많은 연구 과제가 전산소재·공정 설계라는 궁극의 목표를 달성하기 위해 남아 있다고 하겠다.

5.2 결정 소재에서의 Crack 전파 거동 시뮬레이션

구조용 소재가 응력을 받고 있는 상황에서, crack tip 부근의 원자들의 거동은 crack의 전파와 함께 취성 파괴로 연결되기도 하고 전위, 쌍정 등의 형성 이동과 함께 소성 변형으로 연결되기도 한다. 최근 들어 TEM 내부에서 소재의 파괴 또는 소성 변형 거동을 원자 scale로 관찰하는 것이 가능해지면서 동일한 scale에서의 이론적 접근이 더욱 중요해지게 되었다. 원자 간 퍼텐셜에 기반한 분자동역학은 소재의 기계적 특성을 원자 scale에서 이론적으로 관찰할 수 있게 해 주는 유일한 연구 기법이며, Fig. 5-9에 보인 것처럼 원자 scale에서 소재의 변형 거동을 관찰할 수 있다는 것은 소재 기초 특성을 이해하고, 특히 이에 대한 합금 원소의 영향을 분석할 수 있게 해 줌으로써, 적절한 소재 설계를 통해 소재 물성을 향상시키는 데 중요한 수단이 아닐 수 없다.

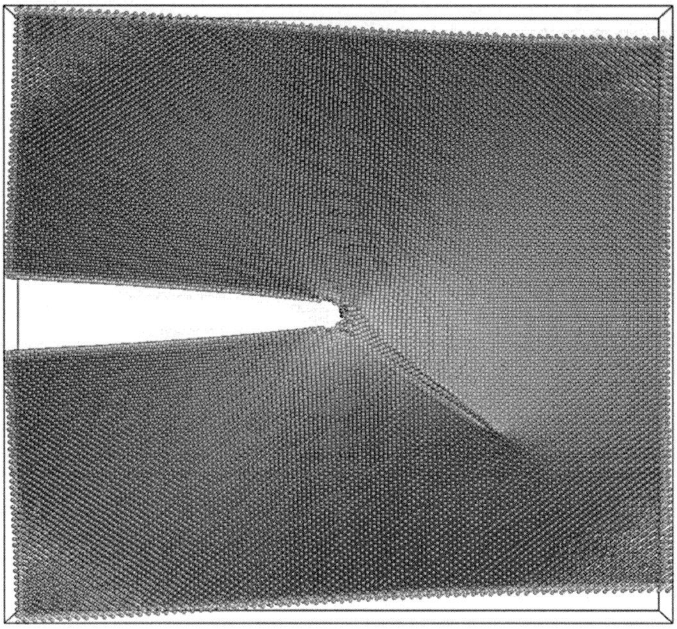

[Fig. 5-9] Crack tip에서의 파괴, 변형 거동에 대한 분자동역학 전산 모사

그런데, Fig. 5-9에서와 같은 crack tip 부근에서 개개 원자의 거동은 응력 또는 변형을 어떻게 받고 있느냐에 따라 결정적으로 영향을 받는다. 파괴 또는 변형 거동을 보다 사실에 가깝게 분석, 예측할 수 있기 위해서는 crack tip 부근에서의 변형을 사실에 가깝게 부여할 수 있어야 한다.

금속 소재의 기계적 거동을 시뮬레이션하는 가장 간단한 방법은 crack을 포함한 시편을 만들어 놓고 단순히 일축 인장을 주는 것일 것이다. Fig. 5-10에 그 예가 도시되어 있다. Fig. 5-10에서는 수평 방향으로 crack을 만들어 놓은 시편에, 화면에 수직한 방향과 위아래 방향으로 주기경계조건을 주고, 위아래 방향으로 일축 인장을 준 경우 crack tip으로부터 쌍정이 형성되면서 소성 변형이 발생하는 결과를 보여 준다. 그런데, 수평 방향으로는 주기경계조건을 주지 않았기 때문에 시편의 왼쪽, 오른쪽 면은 자유 표면이 되었고, 수 나노 두께의 얇은 필름에 일축 인장을 가한 상황이 되었다. 그 결과, 평면 응력 조건이 되어 오른쪽 표면에 상당한 굴곡이 발생하였음을 알 수 있다. 문제는, 실제 벌크 소재 내에 있는 미소 crack 주위에서는 위와 같은 평면응력 조건이 성립될 수 없다는 데에 있다. 오른쪽 표면 영역에 있는 원자층들을 고정시켜 완벽한 평면변형 상태를 만들 수는 있겠지만 crack tip으로부터 불과 수 나노미터 떨어져 있는 영역에 과연 완벽하게 평면변형 상태가 유지될 수 있느냐 하는 것도 의문이다(Fig. 5-9에 보인 시편의 오른쪽 표면 부분을 보면 약간의 변형이 일어나고 있음을 확인할 수 있다).

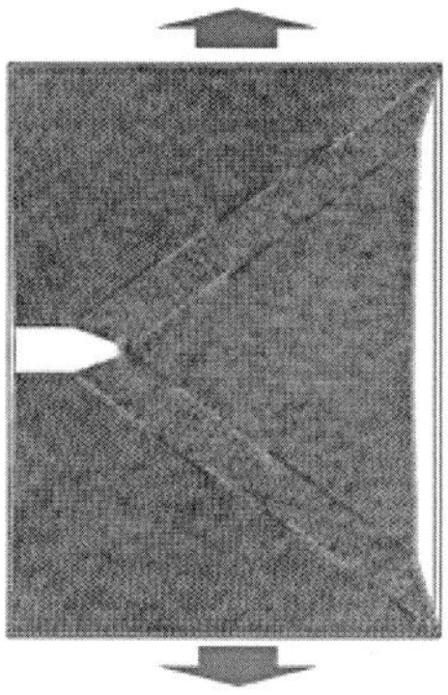

[Fig. 5-10] crack을 포함한 박막에서의 일축 인장 분자동역학 시뮬레이션

Crack tip 부근에서 각 원자의 거동, 나아가 소재의 파괴, 변형 거동을 정확하게 예측할 수 있으려면, 주변의 변형이나 응력 상태가 사실에 가깝게 주어져야 하는데, 가장 간단한 일축 인장 시뮬레이션에서부터 위와 같은 어려움이 발생하고 있는 것이다. 이는 시뮬레이션 용 시편의 크기가 실제 실험 시편의 크기 수준이 되면 이슈가 되지 않았을 것이나, 분자동역학 시뮬레이션에 사용되는 시편의 크기가 유한하다는 데서(수십 나노미터 수준) 오는 어려움이다. 이러한 어려움을 극복하기 위한 방안으로, 시뮬레이션 시편을 경계 영역과 내부 영역으로 나누고 경계 영역에 파괴역학 분야에서 사용하고 있는 미소변위를 주는 방법이 사용되고 있다. Fig. 5-11에는 이러한 시뮬레이션에서 사용하고 있는 시편의 대표적 형태를 보여 준다.

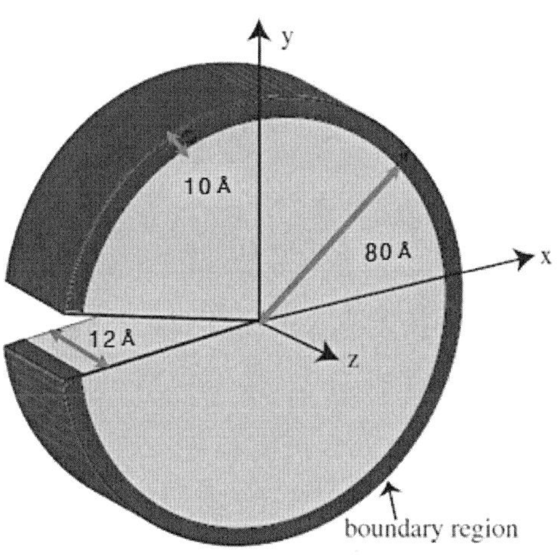

[Fig. 5-11] 탄성파괴역학을 고려한 crack tip 파괴, 변형 거동 시뮬레이션을 위한 시편 구성

이 시뮬레이션에서는 경계 영역(boundary region)에 속하는 원자들에게 상황에 맞는 미소변위를 주고 위치를 고정시킨 상태에서 분자동역학을 통해 내부 영역의 원자들이 적절한 위치를 찾아가게 하는 과정을 K_I값을 증가시키면서 반복함으로써 누적 변위량이 증가함에 따

른 소재의 파괴, 변형 거동을 관찰하게 된다. 화면에 수직한 방향으로 주기경계조건을 주고 평면변형상태와 탄성적 등방 조건을 가정하면 mode-I loading에 대해 선형탄성파괴역학으로부터 다음과 같은 미소 변위 해가 얻어진다[89].

$$u_x = \frac{K_I}{G}\sqrt{\frac{r}{2\pi}}\cos\left(\frac{\theta}{2}\right)\left[1-2\nu+\sin^2\left(\frac{\theta}{2}\right)\right] \tag{5-1a}$$

$$u_y = \frac{K_I}{G}\sqrt{\frac{r}{2\pi}}\sin\left(\frac{\theta}{2}\right)\left[2-2\nu-\cos^2\left(\frac{\theta}{2}\right)\right] \tag{5-1b}$$

시편이 단결정일 경우에는 탄성적으로 등방 조건이 성립되지 않으므로 이방성을 고려해야 하는 경우 식 (5-1)보다는 훨씬 복잡한 식이 얻어진다. 그러나 입계를 포함하는 복수의 결정립으로 구성된 시스템에 대해서는 위의 등방 조건을 가정한 식이 사용되고 있다. 아래 Fig. 5-12에는 phosphorus(P)가 편석된 Fe 입계가 순수한 Fe 입계에 비해 입계 crack에 대해 어떤 반응을 보이는지를 시뮬레이션한 장면이다[90]. 왼쪽은 순수한 Fe 입계이고 오른쪽은 P 원자가 편석된 입계이다. P가 편석이 되지 않은 경우에는 crack tip에서 전위가 생성되어 이동하는 양상이 보이지만 오른쪽, P 편석이 된 경우는 전위의 형성이 관찰되지 않으며 소성변형 없이 crack이 전파하고 있음(입계취성파괴)을 보여준다. 불순물 원소 P가 입계 취성 파괴 양상에 어떤 영향을 미치는지를 보여주는 시뮬레이션이라 할 수 있으며, P뿐만 아니라 다양한 불순물 원소의 영향을 동일한 시뮬레이션을 통해 분석할 수 있다. 다만 통계적인 의미를 확보하기 위해서는 다양한 입계를 고려하여 시뮬레이션을 수행하여야 한다.

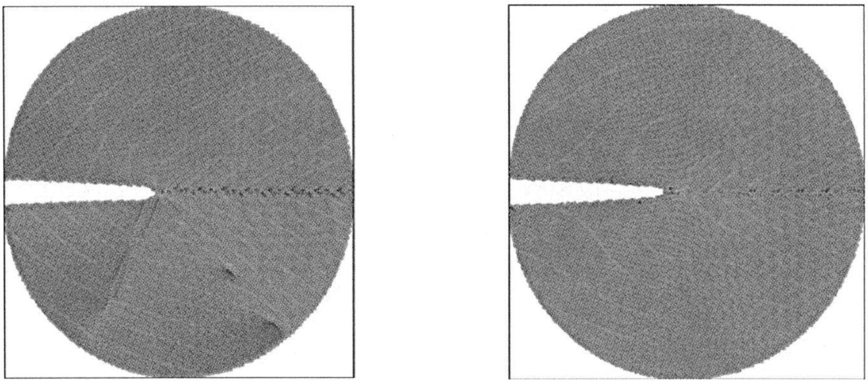

(a) (b)

[Fig. 5-12] (a) 순수한 Fe 입계와 (b) P가 편석된 입계에서의 crack 파괴, 변형 거동[90]

여기서 한 가지 주의해야 할 점은, (many-body screening을 사용하는) MEAM 계열의 원자간 퍼텐셜을 이용하여 위와 같은 crack 전파 시뮬레이션을 실시할 때는, 제2장의 Fig. 2-2, 2-3에서 설명했던 cutoff 반경과 cutoff 영역의 크기를 증가시켜야 한다는 점이다. Fig. 5-13에는 통상적인 cutoff 반경 (r_C, 3.8 ~ 4.5Å)과 cutoff 영역 (Δr, 0.1Å)을 사용하여 텅스텐(W)과 실리콘(Si) 단결정에서의 벽개파괴 양상을 시뮬레이션한 장면이다. W에서는 {100} 면에서 <110> 방향으로 전파하는 crack과 {110} 면에서 <100> 방향으로 전파하는 crack을 대상으로 하였고, Si에 대해서는 {111}<211> 및 {110}<110> crack을 대상으로 하였다. 위에서 대상으로 한 모든 crack 방향은 각 원소에 대해 실험적으로 잘 알려진 벽개파괴 방향이지만 시뮬레이션에서는 모두 crack 전파가 일어나지 않고 crack tip blunting이 일어남을 알 수 있다. 그러나, 이는 cutoff를 잘못 운영한 데서 오는 가공의 결과이다[91].

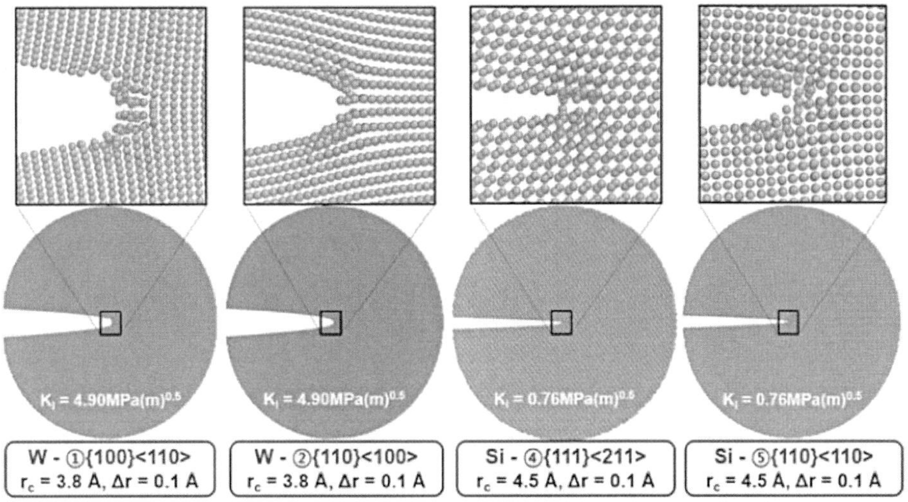

[Fig. 5-13] 순수 W과 Si 단결정에서 주어진 방향의 crack 전파 거동 시뮬레이션[91]

Fig. 2-3에서 보였던, cutoff 영역에서 potential 곡선이 어떻게 변화하고 있는지를 Fig. 5-14에 다시 도시하였다. Cutoff 반경만큼 떨어져 있는 원자 간에 상호작용이 완전히 소멸하는 것은 아니지만, 여러 가지 계산의 효율성을 고려하여 cutoff 영역 내 상호작용 에너지에 적절한 cutoff function을 곱해 줌으로써 상호작용 에너지와 이로 인해 발생하는 힘이 연속적으로 zero로 떨어질 수 있도록 해 주는 것이 통상의 방법이라고 설명한 바 있다. Fig. 5-14는 cutoff 영역에서 energy가 갑자기 0에 가까워지는 부근에서 원자 간 인력(energy 곡선의 기울기)이 갑자기 증가할 수 있음을 보여 준다. 이러한 인력의 증가는 통상의 벌크에 가까운 소재에 대한 시뮬레이션에서는 문제가 되지 않는다. 왜냐하면, cutoff 반경에 해당하는 거리만큼 떨어져 있는 원자들 간에는 그 사이에 있는 인접 원자들로 인한 screening 현상(many-body screening) 때문에 실제로는 상호작용이 거의 없기 때문이다. 그러나 crack 전파 시뮬레이션에서 crack의 양면에 소속된 원자들 사이에는 screening을 일으킬 인접 원자가 하나도 없기 때문에 crack의 벌어진 정도가 cutoff 반경에 해당하는 경우 양 면의 원자들 간에 강한 인력이 작용하게 되고 이것이 Fig. 5-13에 보이는 crack tip blunting의 원인으로 작용하는 것이다.

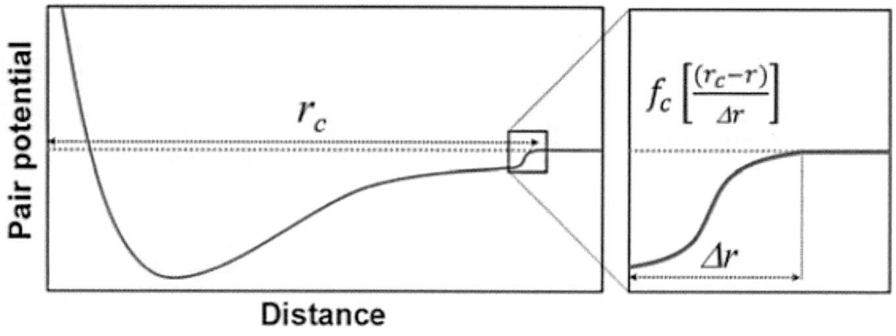

[Fig. 5-14] Cutoff 반경에 해당하는 cutoff 영역에서의 에너지 곡선에 대한 처리

위와 같은 가공의 인력과 그로 인한 artifact를 피하는 방법은 두 가지이다. 하나는 cutoff 반경을 실제 에너지가 0에 가까워질 정도로 크게 주는 것이고, 다른 하나는 cutoff 영역(Δr의 크기)을 넓게 잡아 에너지 곡선의 기울기를 줄여 주는 것이다. Cutoff 반경을 증가시키는 것은 궁극적인 방안이지만 계산량의 부담이 크므로 위 두 가지 처방을 복합적으로 사용하면 계산 효율을 높일 수 있다. Fig. 5-15에는 Fig. 5-13과 동일한 상황에서 cutoff 반경 및 영역을 조정하였을 때의 시뮬레이션 결과가 나와 있다[91]. 모든 경우가 벽개 파괴 거동을 보이고 있으며, 특히 Si {110}<100>에서는 crack이 전파를 하면서 방향을 바꾸고 있는데, 이 또한 실험적으로 보고가 되어 있는 현상으로 주목할 만한 결과라고 할 수 있겠다. W의 경우에는 cutoff 반경을 10Å으로 굳이 계산량의 부담을 안고 크게 잡지 않더라도 cutoff 반경과 영역의 크기를 동시에 증가시킴으로써 동일한 시뮬레이션 효과를 얻을 수 있음을 알 수 있다.

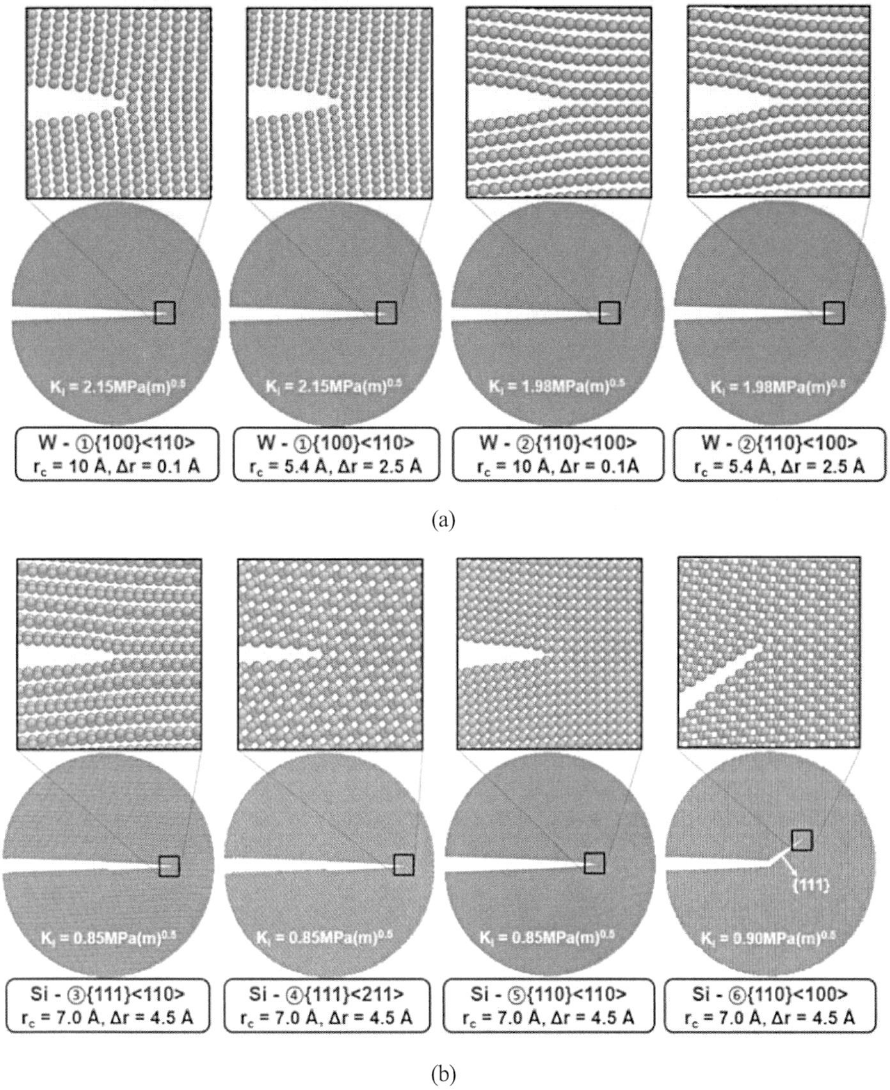

[Fig. 5-15] Cutoff 반경과 영역 크기를 조정했을 때 Fig. 5-13에서와 동일한 crack 전파 거동에 대한 시뮬레이션[91]

지금까지 다결정 소재에서의 입계 에너지 데이터베이스 구축 및 phase field와의 multi-scale 시뮬레이션, 파괴 및 변형 거동 시뮬레이션을 원자 단위 시뮬레이션의 대표적 예로 소개하였다. 그러나, 원자 단위 시뮬레이션의 적용 예는 위에만 국한하는 것이 아니며, 연구자의 창의성에 따라 다양한 적용 예가 개발될 수 있다. 또한, 어떠한 시뮬레이션 기법이든 그 한계를 아는 것은 그 기법을 올바로 사용하는 데 도움이 되므로, 각 시뮬레이션 기법의 가능성과 한계를 올바로 파악하는 것이 중요하다는 말로 이 장을 마무리하고자 한다.

참고문헌

• M.P. Allen and D.J. Tildesley, "Computer simulation of liquids," Oxford, 1987.
• J.M. Haile, "Molecular dynamics simulation: Elementary Methods," John Wiley & Sons, Inc., 1992.
• D. Frenkel and B. Smit, "Understanding Molecular Simulation: From Algorithm to Applications", Academic Press, 1996.

1. H.C. Andersson, "Molecular dynamics simulations at constant pressure and/or temperature," *J. Chem. Phys*. 72, 2384 (1980)
2. M. Parrinello, A. Rahman, "Crystal structure and pair potentials: A molecular dynamics study," *Phys. Rev. Lett*. 45, 1196 (1980)
3. M. Parrinello, A. Rahman, "Polymorphic transitions in single crystals: A new molecular dynamics method," *J. Appl. Phys*. 52, 7182 (1981)
4. M. Parrinello, A. Rahman, "Strain fluctuations and elastic constants," *J. Chem. Phys*. 76, 2662 (1982)
5. C.S. Hsu, A. Rahman, "Interaction potentials and their effect on crystal nucleation and symmetry," *J. Chem. Phys*. 71, 4974 (1979)
6. J.D. Honeycutt, H.C. Andersen, "Molecular Dynamics Study of Melting and Freezing of Small Lennard-Jones Clusters," *J. Phys. Chem*. 91, 4950 (1987)
7. N. Metropolis, A.W. Rosenbluth, M.N. Rosenbluth, A.H. Teller and E. Teller, "Equation of State Calculations by Fast Computing Machines," *J. Chem. Phys*. 21, 1087 (1953)
8. P.A. Flinn, G.M. McManus, Monte Carlo Calculation of the Order-Disorder Transformation in the Body-Centered Cubic Lattice, *Phys. Rev*. 124, 54 (1961)
9. W.M. Young, E.W. Elcock, "Monte Carlo studies of vacancy migration in binary ordered alloys: I," *Proc. Phys. Soc* 89, 735 (1966)
10. A.B. Bortz, M.H. Kalos, J.L. Lebowitz, "A new algorithm for Monte Carlo simulation of Ising spin systems," *J. Comput. Phys*. 17, 10 (1975)
11. K.A. Fichthorn, W.H. Weinberg, "Theoretical foundations of dynamical Monte Carlo simulations," *J. Chem. Phys*. 95, 1090 (1991)
12. A.F. Voter, in Radiation Effects in Solids, edited by K. E. Sickafus and E. A. Kotomin (Springer, NATO Publishing Unit, Dordrecht, The Netherlands, 2007) pp.1-23
13. L. V. Woodcock, C. A. Angell and P. Cheeseman, "Molecular Dynamics Studies of the Vitreous State: Simple Ionic Systems and Silica," *J. Chem. Phys*. **65**, 1565 (1976).

14. S. Tsuneyuki, M. Tsukada, H. Aoki and Y. Matsui, "First-Principles Interatomic Potential of Silica Applied to Molecular Dynamics," *Phys. Rev. Lett.* **61**, 869 (1988).
15. B.W.H. van Beest, G.J. Kramer and R.A. van Santen, "Force Fields for Silicas and Aluminophosphates Based on Ab Initio Calculations," *Phys. Rev. Lett.* **64**, 1955 (1990).
16. Z. Jiang and R. A. Brown, "Modeling Oxygen Defects in Silicon Crystals using an Empirical Interatomic Potential," *Chem. Engin. Sci.* **49**, 2991 (1994).
17. R. Soulairol and F. Cleri, "Interface Structure of Silicon Nanocrystals Embedded in an Amorphous Silica Matrix," *Solid State Sciences* **12**, 163 (2010).
18. B .G. Dick and A. W. Overhauser, "Theory of the Dielectric Constants of Alkali Halide Crystals," *Phys. Rev.* **112**, 90 (1958).
19. P. Tangney and S. Scandolo, "An Ab Initio Parametrized Interatomic Force Field for Silica," *J. Chem. Phys.* **117**, 8898 (2002).
20. D. Herzbach, K. Binder and M.H. Müser, "Comparison of Model Potentials for Molecular-Dynamics Simulations of Silica," *J. Chem. Phys.* **123**, 124711 (2005).
21. J. D. Gale and A.L. Rohl, "The General Utility Lattice Program (GULP)," *Mol. Simul.* **29**, 291 (2003).
22. J. H. Rose, F. Ferrante and J. R. Smith, "Universal Binding Energy Curves for Metals and Bimetallic Interfaces," *Phys. Rev. Lett.* **47**, 675 (1981).
23. J. R. Smith, F. Ferrante and J. H. Rose, "Universal Binding-Energy Relation in Chemisorptions," *Phys. Rev. B* **25**, 1419 (1982).
24. J. H. Rose, F. Ferrante and J. R. Smith, "Universal features of bonding in metals," *Phys. Rev. B* **28**, 1835 (1983).
25. J. H. Rose, J. R. Smith, F. Guinea and F. Ferrante, "Universal Features of the Equation of State of Metals," *Phys. Rev. B* **29**, 2963 (1984).
26. G. C. Abell, "Empirical chemical pseudopotential theory of molecular and metallic bonding," *Phys. Rev. B* **31**, 6184 (1985).
27. J. Tersoff, "New Empirical Model for the Structural Properties of Silicon," *Phys. Rev. Lett.* **56**, 632 (1986)
28. J. Tersoff, "New Empirical Approach for the Structure and Energy of Covalent Systems," *Phys. Rev. B***37**, 6991 (1988).
29. J. Tersoff, "Empirical Interatomic Potential for silicon with improved elastic properties," *Phys. Rev. B* **38**, 9902 (1988).
30. J. Tersoff, "Empirical Interatomic Potential for Carbon with Applications to Amorphous Carbon," *Phys. Rev. Lett.* **61**, 2879 (1988).
31. J. Tersoff, "Modeling Solid-State Chemistry: Interatomic Potentials for Multicomponent Systems," *Phys. Rev. B* **39**, 5566 (1989).

32. D.W. Brenner, "Empirical potential for hydrocarbons for use in simulating the chemical vapor deposition of diamond films," *Phys. Rev. B* 42, 9458 (1990)
33. D.W. Brenner, O.A. Shenderova, J.A. Harrison, S.J. Stuart, B. Ni, S.B. Sinnott, "A second-generation reactive empirical bond order (REBO) potential energy expression for hydrocarbons," *J. Phys. Condens. Matter* 14, 783 (2002)
34. S.J. Stuart, A.B. Tutein, J.A. Harrison, "A reactive potential for hydrocarbons with intermolecular interactions," *J. Chem. Phys.* 112, 6472 (2000)
35. M. S. Daw and M. I. Baskes, "Semiempirical, Quantum Mechanical Calculation of Hydrogen Embrittlement in Metals," *Phys. Rev. Lett.* **50**, 1285 (1983).
36. M. S. Daw and M. I. Baskes, "Embedded-Atom Method: Derivation and Application to Impurities, Surfaces, and Other Defects in Metals," *Phys. Rev. B* **29**, 6443 (1984).
37. S. M. Foiles, M. I. Baskes and M. S. Daw, "Embedded-Atom Method Functions for the fcc Metals Cu, Ag, Au, Ni, Pd, Pt and Their Alloys," *Phys. Rev. B***33**, 7983 (1986).
38. M. I. Baskes, J. S. Nelson and A. F. Wright, "Semiempirical Modified Embedded-Atom Potentials for Silicon and Germanium," *Phys. Rev. B* **40**, 6085 (1989).
39. M. I. Baskes, "Modified Embedded-Atom Method Potentials for Cubic Materials and Impurities," *Phys. Rev. B***46**, 2727 (1992).
40. M. I. Baskes and R. A. Johnson, "Modified Embedded Atom Method Potentials for HCP Metals," *Modelling Simul. Mater. Sci. Eng.* **2**, 147 (1994).
41. M. I. Baskes, "Determination of Modified Embedded Atom Method Parameters for Nickel," *Mater. Chem. Phys.* **50**, 152 (1997).
42. B.-J. Lee, M. I. Baskes, "Second Nearest-Neighbor Modified Embedded-Atom Method Potential," *Phys. Rev. B* **62**, 8564 (2000).
43. B.-J. Lee, M. I. Baskes, H. Kim, Y. K. Cho, "Second Nearest-Neighbor Modified Embedded Atom Method Potentials for BCC Transition Metals," *Phys. Rev. B* **64**, 184102 (2001).
44. H.-K. Kim, W.-S. Jung, B.-J. Lee, "Modified Embedded-Atom Method Interatomic Potentials for the Nb-C, Nb-N, Fe-Nb-C and Fe-Nb-N systems," *J. Mater. Res.* **25**, 1288 (2010).
45. B.-J. Lee, "A Semi-Empirical Atomistic Approach in Materials Research," *J. Phase Equilib. Diff.* **30**, 509 (2009).
46. B.-J. Lee, W.-S. Ko, H.-K. Kim, E.-H. Kim, "Overview: The modified embedded-atom method Interatomic Potentials and recent progress in atomistic Simulations," *CALPHAD* **34**, 510 (2010).
47. T. Watanabe, H. Fujiwara, H. Noguchi, T. Hoshino and I. Ohdomari, "Novel Interatomic Potential Energy Function for Si, O Mixed Systems," *Jpn. J. Appl. Phys.* **38**, L366 (1999).
48. T. Watanabe, D. Yamasaki, K. Tatsumura and I. Ohdomari, "Improved Interatomic Potential for stressed Si, O mixed systems," *Appl. Surf. Sci.* **234**, 207 (2004).

49. Y. Umeno, T. Kitamura, K. Date, M. Hayashi, and T. Iwasaki, "Optimization of Interatomic Potential for Si/SiO_2 system based on force matching," *Comput. Mater. Sci.* **25**, 447 (2002).
50. S.R. Billeter, A. Curioni, D. Fischer and W. Andreoni, "Ab Initio Derived Augmented Tersoff Potential for Silicon Oxynitride Compounds and Their Interfaces with Silicon," *Phys. Rev. B* **73**, 155329 (2006).
51. M. I. Baskes, "Modified Embedded Atom Method Calculations of Interfaces," Report number: SAND--96-8484C, Sandia National Laboratories, Livermore, 1996.
52. C.-L. Kuo and P. Clancy, "Development of Atomistic MEAM Potentials for the Silicon - Oxygen - Gold Ternary System," *Modelling Simul. Mater. Sci. Eng.* **13**, 1309 (2005).
53. A. K. Rappe and W. A. Goddard Ⅲ, "Charge Equilibration for Molecular Dynamics Simulations," *J. Phys. Chem.* **95**, 3358 (1991).
54. E. Demiralp, T. Cagin and W.A. Goddard, "Morse Stretch Potential Charge Equilibrium Force Field for Ceramics: Application to the Quartz-Stishovite Phase Transition and to Silica Amorphous", *Phys. Rev. Lett.* **82**, 1708 (1999).
55. V. Swamy, J. D. Gale, "Transferable Variable-Charge Interatomic Potential for Atomistic Simulation of Titanium Oxides", *Phys. Rev.* **B** 62, 5406 (2000).
56. F. H. Streitz and J. W. Mintmire, "Electrostatic Potentials for Metal-Oxide Surfaces and Interfaces," *Phys. Rev. B* **50**, 11996 (1994).
57. T. Campbell, R. K. Kalia, A. Nakano, P. Vashishta, S. Ogata and S. Rodgers, "Dynamics of Oxidation of Aluminum Nanoclusters using Variable Charge Molecular-Dynamics Simulations on Parallel Computers," *Phys. Rev. Lett.* **82**, 4866 (1999).
58. T. Campbell, G. Aral, S. Ogata, R. K. Kalia, A. Nakano and P. Vashishta, "Oxidation of aluminum Nanoclusters," *Phys. Rev.* B **71**, 205413 (2005).
59. N. Rosen, "Calculation of Interaction between Atoms with s-Electrons," *Phys. Rev.* **38**, 255 (1931).
60. C. C. J. Roothaan, "A Study of Two-Center Integrals Useful in Calculations on Molecular Structure. I," *J. Chem. Phys.* **19**, 1445 (1951).
61. S. W. de Leeuw, J. W. Perram and E. R. Smith, "Simulation of Electrostatic Systems in Periodic Boundary Conditions. I. Lattice Sums and Dielectric Constants," *Proc. R. Soc. London Ser. A* **373**, 27 (1980).
62. E. R. Smith, "Electrostatic Energy in Ionic Crystals," *Proc. R. Soc. London Ser. A* **375,** 475 (1981).
63. D. E. Parry, "The Electrostatic Potential in the Surface Region of an Ionic Crystal," *Surf. Sci.* **49**, 433 (1975).
64. J. Hautman and M. L. Klein, "An Ewald Summation Method for Planar Surfaces and Interfaces," *Mol. Phys.* **75**, 379 (1992).

65. D. M. Heyes, “Surface Stress of Point Charge Lattices,” *Surf. Sci. Lett.* **293**, L857 (1993).
66. X. W. Zhou, H. N. G. Wadley, J.-S. Filhol, M. N. Neurock, “Modified Charge Transfer - Embedded Atom Method Potential for Metal/Metal Oxide Systems,” *Phys. Rev. B* **69**, 035402 (2004).
67. X. W. Zhou, H. N. G. Wadley, “A Charge Transfer Ionic - Embedded Atom Method Potential for the O - Al - Ni - Co - Fe System,” *J. Phys.: Condens. Matter* **17**, 3619 (2005).
68. I. Lazic, B. J. Thijsse, “An improved molecular dynamics potential for the Al-O system,” *Compu Mater Sci* 53, 483 (2012).
69. A. Yasukawa, “Using an Extended Tersoff Interatomic Potential to Analyze the Static-Fatigue Strength of SiO_2 under Atmospheric Influence,” *JSME Int. J., Ser. A* **39**, 313 (1996).
70. T. Iwasaki and H. Miura, “Molecular dynamics analysis of adhesion strength of interfaces between thin films,” *J. Mater. Res.* **16**, 1789 (2001).
71. A. Yasukawa, “Atomistic Simulation of Environment-Assisted Crack Propagation Behavior of SiO_2,” *J. Solid Mech. Mater. Engin.* **4**, 599 (2010).
72. J. Yu, S. B. Sinnott, S. R. Phillpot, “Charge optimized many-body Potential for the Si/SiO_2 system,” *Phys. Rev. B* **75**, 085311 (2007)
73. T.-R. Shan, B. D. Devine, M. Hawkins, A. Asthagiri, S. R. Phillpot and S. B. Sinnott, “Second-Generation Charge-Optimized Many-Body Potential for Si/SiO_2 and amorphous Silica,” *Phys. Rev. B* **82**, 235302 (2010).
74. D. Wolf, P. Keblinski, S. R. Phillpot, and J. Eggebrecht, “Exact Method for the Simulation of Coulombic Systems by Spherically Truncated, Pairwise r^{-1} Summation,” *J. Chem. Phys.* **110**, 8254 (1999).
75. T.-R. Shan, B. D. Devine, T. W. Kemper, S. B. Sinnott and S. R. Phillpot, “Charge Optimized Many-Body Potential for the Hafnium/Hafnium Oxide System,” *Phys. Rev. B* **81**, 125328 (2010).
76. B. D. Devine, T.-R. Shan, Y.-T. Cheng, A.J.H. McGaughey, M. Lee, S. B. Sinnott, and S. R. Phillpot, “Atomistic simulations of copper oxidation and Cu/Cu_2O interfaces using charge-optimized many-body potentials,” *Phy. Rev. B* 84, 125308 (2011).
77. T. Liang, B. Devine, S.R. Phillpot, S.B. Sinnott, “Variable charge reactive potential for hydrocarbons to simulate organic-copper interactions,” *J. Phys. Chem. A* 116, 7976 (2012)
78. A. C. T. van Duin, S. Dasgupta, F. Lorant and W. A. Goddard Ⅲ, “ReaxFF: A Reactive Force Field for Hydrocarbons,” *J. Phys. Chem. A* **105**, 9396 (2001).
79. A. C. T. van Duin, A. Strachan, S. Stewman, Q. Zhang, X. Xu and W. A. Goddard Ⅲ, “$ReaxFF_{SiO}$ Reactive Force Field for Silicon and Silicon Oxide Systems,” *J. Phys. Chem. A* **107**, 3803 (2003).

80 T. Liang, Y. K. Shin, Y.-T. Cheng, D. E. Yilmaz, K. G. Vishnu, O. Verners, C. Zou, S. R. Phillpot, S. B. Sinnott, and A. C. T. van Duin, "Reactive Potentials for Advanced Atomistic Simulations," *Annu. Rev. Mater. Res.* 43, 109 (2013).

81. S. Nouranian, M. A. Tschopp, S. R. Gwaltney, M. I. Baskes and M. F. Horstemeyer, "An interatomic potential for saturated hydrocarbons based on the modified embedded-atom method," *Phys. Chem. Chem. Phys.* 16, 6233 (2014).

82. P. Hohenberg and W. Kohn, "Inhomogeneous Electron Gas," Phys. Rev. 136, B864 (1964).

83. M. J. Stott and E. Zaremba, "Quasiatoms: An approach to atoms in nonuniform electronic systems," *Phys. Rev. B* 22, 1564 (1980).

84. J. K. Nørskov, "Covalent effects in the effective-medium theory of chemical binding: Hydrogen heats of solution in the 3d metals," *Phys. Rev. B* 26, 2875 (1982).

85. V.G. Gavriljuk, H. Berns, *High Nitrogen Steels: Structure, Properties, Manufacture, Applications*, Springer-Verlag, Berlin, 1999.

86. H.-K. Kim, W.-S. Ko, H.-J. Lee, S. G. Kim, B.-J. Lee, "An identification scheme of grain boundaries and construction of a grain boundary energy database," *Scripta Materialia* 64, 1152 (2011).

87. B.-J. Lee, S.-H. Choi, "Computation of grain boundary energies," *Modelling Simul. Mater. Sci. Eng.* 12, 621 (2004).

88. H.-K. Kim, S. G. Kim, W. Dong, I. Steinbach, B.-J. Lee, "Phase-field modeling for 3D grain growth based on a grain boundary energy database," *Modelling Simul. Mater. Sci. Eng.* 22, 034004 (2014).

89. G. C. Sih, H. Leibowitz, Fracture, Vol. 2, Academic Press, New York, 1968.

90. W.-S. Ko, J. B. Jeon, C.-H. Lee, J.-K. Lee, B.-J. Lee, "Intergranular embrittlement of iron by phosphorus segregation: An atomistic simulation," *Modelling Simul. Mater. Sci. Eng.* 21, 025012 (2013).

91. W.-S. Ko, B.-J. Lee, "Origin of unrealistic blunting during atomistic fracture simulations based on MEAM potentials," *Philosophical Magazine* 94, 1745 (2014).

2

상변태 모델링을 위한 열역학과 확산의 기초

PART

1. 서론
2. 합금상의 Gibbs 자유 에너지 모델
3. 열역학 계산 및 응용
4. 열역학과 확산 속도론의 결합

1 서론

합금 내의 모든 상변태는 평형을 향해 가고 있는 과정이다. 따라서 최종 평형 상태에 도달했든 안했든 평형 상태를 미리 아는 것은 상변태를 기술하기 위한 가장 기초적인 출발점이 된다. 따라서 본 교재는 다원 합금계 상평형에 대한 수치 해석적 접근을 이해하는 것으로부터 출발한다. 어떠한 경로를 통해 상변태가 일어나느냐는 속도론의 문제로서 그 내부에는 여러 가지 기구가 작용할 것이다. 상변태에 수반되는 여러 기구 중 가장 느린 기구가 전체 변태 속도를 지배한다고 볼 수 있으며, 본 교재에서 대상으로 삼는 것은 원자 확산이 전체 변태 속도를 결정짓는, 확산 율속 변태이다. 다원 합금계에서 인접하고 있는 두 상 간에 확산 율속 반응이 일어날 때, 계면에서 양 상 간에 국부 평형(local equilibrium)이 유지된다고 가정할 수 있다. 2원계의 경우 일정한 온도에서 두 상 간 상 경계는 정해지지만 다원계의 경우 두 상 간에 존재하는 무한한 수의 tie-line 중 어느 것이 국부 평형에 해당하는지 정해지지 않는다. 실제로 이러한 국부 평형을 나타내는 tie-line은 일정한 온도 하에서도 반응 진행과 함께 항상 변하는 것으로 확인되고 있으며, 이를 시뮬레이션으로 재현해 낼 수 있기 위해서는 확산 방정식을 수치 해석적으로 푸는 과정 내에 계면에서의 상평형을 계산하는 과정이 포함되게 된다.

본 교재에서는 합금계 상평형을 기술하기 위한 첫 번째 단계인, 합금 상에 대한 Gibbs energy 모델, 상평형 계산 기법과 그 활용 현황을 소개할 것이다. 또한, 다원 확산을 이해하는데 필수적인 다원 확산 계수 모델을 다원 확산 시뮬레이션의 활용 및 연구 현황과 함께 소개하고자 한다.

2 합금상의 Gibbs 자유 에너지 모델

모델링이란 최소한의 실험 정보로부터 대상 특성에 대한 최대한의 분석, 예측 및 제어 능력을 확보하자는 데 그 목적이 있다. 합금계에 대한 계산열역학(Computational Thermodynamics)은 CALPHAD 기법[1,2]이라는 이름으로 잘 알려져 있는데, 이는 실험적으로 측정된 열역학 특성들을 이용하여 모델 상수값들을 구해 내고, 실험 측정이 이루어지지 못한 영역의 열역학 특성들을 계산을 통해 예측, 활용하자는 데 목적을 두고 있다. 즉, 기초 2원, 3원 합금계에 대해 기존의 알려진, 상평형을 비롯한 열역학 특성(활동도, 엔탈피, …)을 재현해 낼 수 있도록 열역학 모델링을 시도하고, 이를 다원 합금계로 외삽 또는 내삽하여 실용 다원 합금계의 열역학 특성을 예측해 내는 것이 계산열역학의 주요 내용이 된다.

합금계에 대한 열역학 모델링은 합금계에 나타나는 각 상의 Gibbs 에너지 함수를 정의하고 모델 상수값을 구해내는 과정을 의미한다. 예를 들어, 철강 합금계에는 오스테나이트, 페라이트와 같은 기지 상 이외에, 각종 탄・질화물, 금속간화합물(σ, laves, ...), 액상, 이온 액상(slag) 등 다양한 구조를 가진 많은 상들이 존재한다. 열역학 계산을 위해서는 이들 상들에 대해 적합한 Gibbs 에너지 모델이 설정되어야 한다.

고용범위를 가지는 합금상의 Gibbs 에너지는 일반적으로 다음과 같은 형태를 가진다.

$$G = {}^{o}G^{ref} + \Delta G^{mix} \tag{2-1}$$

${}^{o}G^{ref}$는 순수 성분들의 에너지 기여 분을 나타내는 항으로, 원소 간에 상호작용(interaction)이 없는, 기계적 혼합(mechanical mixing) 상태의 에너지에 해당한다. ΔG^{mix}는 혼합에 따른 에너지의 변화를 나타내는 항으로, 혼합 엔탈피, 혼합 엔트로피(배열 엔트로피, 열 엔트로피) 항으로 구성된다. 여기서는 우선 혼합 에너지를 기술하기 위한 모델을 설명한 후, 순수 성분의 Gibbs 에너지 형태를 설명하기로 한다.

2.1 치환형 용체 모델

용체라는 용어는 용액과 고용체를 합하여 표현한 것으로, 열역학적 거동에서 용액상과 고용체가 유사성이 많으므로 하나의 용어로 표현한 것이다. 구성 원소의 원자들이 동등한 격자자리를 공유하는 치환형 고용체, 또한 결정학적 격자자리는 존재하지 않지만 같은 원자자리를 성분 원소 원자들이 동등하게 차지할 수 있다는 면에서 공통점을 보이는 액상에 대해 가장 먼저 가정할 수 있는 것은, 특정 자리를 특정 원소의 원자가 차지하는 것이 아닌, 불규칙 혼합(random mixing) 또는 자리배분이 일어날 것이라는 점이다.

불규칙 혼합이 일어날 때 배열 엔트로피는 배열이 일어날 수 있는 경우의 수를 고려하여 쉽게 수식으로 표현할 수 있다. 즉, A, B 원소의 원자가 각각 n_A, n_B개 있고, 총 N개의 원자로 구성된 $A-B$ 2원 용체에서 만들어질 수 있는 원자 배열의 경우의 수, W는

$$W = \frac{N!}{n_A!\,n_B!} \tag{2-2}$$

로 주어진다. 배열 엔트로피, S^{conf}는

$$S^{conf} = k \ln W \tag{2-3}$$

로 정의되므로(k는 Boltzmann 상수), $\ln x! = x\ln x - x$로 주어지는 Stirling 공식을 이용하면, 총 원자 개수가 1 Avogadro 수(N_o)인 치환형 $A-B$ 2원 용체에 대해 배열 엔트로피를 다음과 같이 표현할 수 있다.

$$\begin{aligned} \Delta S_m^{conf} &= -N_o k\left(\frac{n_A}{N}\ln\frac{n_A}{N} + \frac{n_B}{N}\ln\frac{n_B}{N}\right) \\ &= -R(x_A \ln x_A + x_B \ln x_B) \end{aligned} \tag{2-4}$$

여기서 R은 기체상수, x_i는 원소 i의 몰분율이다. 이는 불규칙 혼합을 가정할 때의 배열 엔트로피이며, 이상 혼합 엔트로피(ideal entropy of mixing)라고 한다.

1) 이상 혼합 용체 모델

원자의 혼합이 이상 혼합 엔트로피 이외에 또 다른 에너지 변화를 야기하지 않는다고 가정한 경우, 즉 불규칙 혼합으로 인한 배열 엔트로피는 발생하나, 혼합 엔탈피나 열 엔트로피가 발생하지 않는 혼합을 이상 혼합(ideal mixing)이라 한다. 이때, 혼합 에너지는 배열 엔트로피 항만으로 표현되며, 이상 혼합을 가정한 $A-B$ 2원 용체의 Gibbs 에너지는 다음의 식으로 표현된다.

$$\begin{aligned} G_m &= {}^oG^{ref} - T\Delta S_m^{conf} \\ &= x_A\,{}^oG_A + x_B\,{}^oG_B + RT(x_A \ln x_A + x_B \ln x_B) \end{aligned} \tag{2-5}$$

여기서 ${}^oG_i$는 순수 성분 i의 Gibbs 에너지를 나타낸다.

이상혼합(ideal mixing)은 기체상에 대해서는 좋은 가정이 될 수 있다. 그러나, 대부분의 액상이나 고용체 상은 이종 원소 간의 상호작용이 존재하기 때문에 이상 혼합 용체 모델로는 그 열역학 특성을 충분히 기술할 수 없다.

2) 정규 용체 모델 및 이의 확장 모델

이상 혼합이라는 가정을 벗어날 경우 가장 먼저 생각할 수 있는 것은 이상 혼합 엔트로피 이외에 혼합 엔탈피가 발생할 수 있다고 가정하는 것이다. 혼합 엔탈피의 발생을 이해하기 위해 $A-B$ 2원 용체에서 최인접 원자 간 결합 에너지를 고려하자. 우선 $A-A$, $B-B$, $A-B$ 원자쌍(bond)이 각각의 결합 에너지(bond energy)를 가진다고 가정하자. N개의 원자로 이루어진 $A-B$ 2원 고용체에서 최인접 원자 간 결합만이 총 에너지에 기여한다고 생각하고, $A-A$, $B-B$, $A-B$ 결합의 개수와 결합 에너지를 각각 W_{AA}, W_{BB}, W_{AB} 및 E_{AA}, E_{BB}, E_{AB}로 나타내면, 고용체의 총 에너지는 다음과 같이 표현될 것이다.

$$E_{A-B} = W_{AA}E_{AA} + W_{BB}E_{BB} + W_{AB}E_{AB} \tag{2-6}$$

용체에서의 평균 최인접 원자 배위수를 z로 나타내고, 그 값이 조성에 따라 변하지 않는다고 가정하면, A, B 원소의 몰분율이 각각 x_A, x_B $(x_A + x_B = 1)$인 용체에 대해 $A-A$, $B-B$, $A-B$ 각 결합의 개수를 다음과 같이 표현할 수 있다.

$$W_{AA} = \frac{1}{2}Nzx_A^2 \tag{2-7a}$$

$$W_{BB} = \frac{1}{2}Nzx_B^2 \tag{2-7b}$$

$$W_{AB} = Nzx_Ax_B \tag{2-7c}$$

위 식을 식 (2-6)에 대입하면,

$$E_{A-B} = \frac{Nz}{2}(x_AE_{AA} + x_BE_{BB} + x_Ax_B[2E_{AB} - E_{AA} - E_{BB}]) \tag{2-8}$$

식 (2-6)의 우변에서 첫 두 항은(기계적 혼합 상태의) 순수 성분으로부터의 기여분이고 세 번째 항은 혼합으로 인한 에너지 변화로, 혼합 엔탈피에 해당한다.

$$\Delta H_m = \frac{N_o z}{2}x_Ax_B(2E_{AB} - E_{AA} - E_{BB}) = x_Ax_B\Omega_{AB} \tag{2-9}$$

이러한 $A-B$ 2원 용체 1몰당 Gibbs 에너지는 다음과 같이 표현될 수 있다.

$$G_m = x_A{}^o G_A + x_B{}^o G_B + RT(x_A \ln x_A + x_B \ln x_B) + x_A x_B \Omega_{AB} \tag{2-10}$$

위와 같이 불규칙 혼합으로 인한 이상 혼합 엔트로피와 0이 아닌 혼합 엔탈피 값을 가지는 용체를 정규용체(regular solution)라 한다. 이와 같은 정규용체 모델은 이상 혼합 용체 모델에 비해 많은 실제 용체의 열역학 특성을 잘 표현해 준다. 초기 정규용체는 배열 엔트로피 이외에 혼합 엔탈피 값만을 가지는 용체, 즉 상호작용계수 Ω 값이 상수인 용체로 정의되었지만, 더 많은 용체의 열역학 특성이 Ω를 온도의 직선함수($a+bT$ 형태)로 가정했을 때 더 잘 표현될 수 있는 것으로 확인되었으며, 따라서 현재는 Ω가 상수가 아닌 온도 의존성을 가지더라도 정규용체 모델이라 부르고 있다. 이 경우 Ω의 온도 의존 항은 열 엔트로피에 해당하는 항이라 이해할 수 있다.

오랜 시간 용체 열역학에 관한 연구가 진행되면서 정규용체 모델의 Ω를 온도의 함수 형태로 표현하는 이외에, 조성의 함수 형태로 표현을 할 경우 보다 많은 용체의 열역학 특성을 잘 표현할 수 있는 것으로 확인되었다. 이 중 가장 많이 사용되는 형태는 Ω를 다음과 같이 조성의 1차 함수로 표현하는 것이다.

$$\Omega = \Omega_0 + \Omega_1 (x_A - x_B) \tag{2-11}$$

위와 같은 모델을 아정규용체 모델이라 하며, $A-B$ 원자 크기가 다른 경우 원소에 따라 최인접 원자의 배위수가 달라질 수 있다는 가정 하에 식 (2-6)~(2-9)의 유도 과정에서 위와 같은 조성 의존성을 유도할 수 있다. 즉, 아정규용체 모델은 정규용체 모델의 경험적 확장이긴 하지만 아직까지는 물리적 의미를 부여받을 수 있다고 보겠다. 아정규용체 모델로도 용체의 열역학 특성이 잘 표현되지 않는 경우 보다 복잡한 조성 의존성을 Ω에 부여하기도 한다. 가장 일반적인 형태로, Ω를 다음과 같이 Redlich-Kister 다항식으로 표현하는 방식이 이용된다.

$$\Omega = \sum_{\nu=0} \Omega_\nu (x_A - x_B)^\nu \tag{2-12}$$

위 식은 현재 액상 및 치환형 고용체에 대해 가장 일반적으로 사용되는 표현으로서 $\nu=0$인 경우 정규용체, $\nu=1$인 경우 아정규용체 모델이 해당한다. $\nu=2$ 이상인 경우 2원 용체의 열역학 특성을 수치적으로 보다 잘 표현할 수는 있으나 물리적 의미를 부여하기는 어렵다.

3) 2원 용체 모델의 다원계로의 확장

식 (2-10)은 다원 합금계에 적용할 수 있는 일반적인 표현이다. 정규용체 모델의 경우, 즉 Ω가 상수이거나 온도만의 함수일 경우 식 (2-10)은 그대로 다원 용체의 Gibbs 에너지 식으로 확장될 수 있다. 그러나 Ω가 조성의 함수가 되는 경우, 고려해야 하는 점이 있다. 식 (2-10)의 세 번째 항, 즉 혼합 Gibbs 에너지에서 이상 혼합 엔트로피 항을 제외한 부분은 과잉 혼합 에너지(excess energy of mixing)라고 하는데, 이를 $A-B-C$ 3원 용체에 대해 다시 쓰면 다음과 같다.

$$^{xs}G_m = x_A x_B \Omega_{AB} + x_B x_C \Omega_{BC} + x_C x_A \Omega_{CA} \tag{2-13}$$

위에서 x_A, x_B, x_C는 각각 성분 A, B, C의 몰분율이다. 여기서 각 Ω들이 해당 2원계 조성의 함수 형태를 가지고 있다는 점에 주목해야 한다. $A-B$ 2원계에서는 어떤 조성에서라도, 조성의 함수로서의 Ω_{AB}의 값을 명확하게 결정할 수 있다. 그러나 $A-B-C$ 3원계에서는 주어진 3원 조성에서 식 (2-13)의 값을 계산할 때, Ω_{AB}에 대해 어떠한 2원계 조성에 해당하는 값을 택해야 하는지가 분명하지 않다. 예를 들어, $A-B-C$ 3원계에서 A, B의 몰분율이 각각 0.3, 0.4라고 했을 때(합이 1이 아니다), 식 (2-11) 또는 식 (2-12)에 나타나는 x_A, x_B에 대해 어떤 값을 주어야 하느냐가 이슈가 되는 것이다. 열역학 계산 초기, 식 (2-13)에서와 같이 2원 합금계 모델 상수만의 조합으로 3원 합금계 열역학 특성을 예측하려는 시도가 있었으며, 이때 각 Ω에 대해 어떠한 2원 조성에서의 값을 선택하느냐는 중요한 관심거리였고, 많은 연구가 진행되었었다. 현재는, 2원계 모델 상수만을 가지고 3원계 열역학 특성을 재현하는 것은 일반적으로 부족하다고 보고 있으며, 식 (2-13)에 표현한 2원 항 이외에 보정 항으로서의 3원 항을 도입하고 있다. 식 (2-13)에서 Ω값을 결정하기 위한 식 (2-12)의 x_A, x_B에는 물리적 의미나 3원 예측 능력보다는 컴퓨터 프로그래밍을 통한 열역학 계산 시 수치해석적인 편의를 고려해 3원계에서의 조성값을 그대로 사용하는 모델이 보편적으로 이용되고 있다.

이상으로 액상과 치환형 고용체에 적용할 수 있는 정규용체 모델 및 이를 확장한 비정규용체 모델에 대해 알아보았다. 모든 모델들은 혼합 에너지를 수식적으로 표현하는 데에 있어, 불규칙 혼합을 가정한, 이상 혼합 배열 엔트로피를 적용하는 것까지는 서로 일치하고 있으며, 단지 과잉 혼합 에너지를 표현하는 방법만이 다르다. 식 (2-10)과 식 (2-12)는 이러한 모델들에 의한 용체 1몰당 Gibbs 에너지의 일반적 표현이라 할 수 있는데, 실제로 많은 합금계 용체의 Gibbs 에너지가 이 식을 통해 표현될 수 있다. 그러나 또 다른 많은 합금계 용체의 열역학 특성이 이들 식만으로는 만족스럽게 표현되지 못하는 것이 사실이다. 그 이유와 해결점을 찾기 위해서는 정규용체 모델에 내재되어 있는 가정을 생각해야 한다. 식 (2-10)에 해당하는 정규용체 모델의 유도과정에서 포함된 가정은 다음과 같다.

(1) 혼합 엔트로피는 불규칙 혼합에 따른 배열 엔트로피뿐이다.
(2) 최인접 원자 간의 결합 에너지만이 총 에너지에 기여한다.
(3) 각 원소의 배위수는 조성에 관계없이 일정하다.
(4) 각 원자 쌍의 결합 에너지는 조성에 관계없이 일정하다.

앞의 가정 중 혼합 엔트로피가 배열 엔트로피뿐이라는 가정은 상호작용계수 Ω에 온도 의존성을 부여함으로써 해제되었다. 물론 배열 엔트로피가 불규칙혼합을 가정한 상태에서 유도된 것이라는 점은 아직도 남아있다. 나머지 세 가지 가정이 해제될 경우 모델의 형태와 성능에 각각 어떠한 영향을 미칠지는 명확하지 않으나, 상호작용계수 Ω에 조성 의존성을, 그것도 물리적 의미를 상실해 가면서 식 (2-12)와 같은 다항식의 형태로까지 부여했다는 사실로부터, 이미 현재의 용체 모델은 앞의 (2), (3), (4)에 해당하는 가정이 더 이상 유지되지 않는 것이라 볼 수 있다. 그렇다면 현재의 용체 모델에서 아직까지 남아있는 가정은 각 성분 원소의 원자 간에 불규칙 혼합(random mixing)이 일어난다는 것이다.

사실 정규용체 모델에서의 불규칙 혼합은 혼합 엔탈피 절댓값의 크기가 작은 경우에만 타당한 가정이며, 그 크기가 클 경우 자체적으로 모순을 가진다. 혼합 엔탈피를 표현한 식 (2-9)에 따르면, 혼합 엔탈피는 $A-B$ 원자 쌍의 결합 에너지가 $A-A$ 원자 쌍과 $B-B$ 원자 쌍의 결합 에너지를 평균한 것과 다르다는 데서 유래한다. 즉, $A-B$ 원자쌍이 $A-A$, $B-B$ 평균에 비해 낮은 에너지를 가진다면 혼합 엔탈피는 음(−)의 값을 가지며, 이 경우 용체 내에서 불규칙 혼합보다는 $A-B$ 원자 쌍의 수가 많아지도록(ordering) 원자 배열이 이루어질 것이다. 반대의 경우라면 용체 내에서 $A-B$ 원자 쌍의 수가 적어지도록(clustering) 원자 배열이 이루어질 것임을 상상할 수 있다. 어느 경우 건, 혼합 엔탈피가 커다란 양이나 음의 값을 가지는 용체에 대해 불규칙 혼합이 일어날 것이라고 가정하는 것은 무리가 있으며, 식 (2.4)에서와 같은 배열 엔트로피 식으로는 용체의 열역학 특성을 올바로 표현할 수 없을 것이라는 점이 치환형 용체 모델의 한계라 할 수 있다.

식 (2-10), (2-12)와 같은 치환형 용체 모델이 잘 적용되지 못하는 대표적인 예로 고용범위를 가지는 금속 간 화합물과 침입형 원소를 포함하는 침입형 고용체, 이온으로 구성된 액상 용액을 들 수 있다. 금속 간 화합물은 구성 원소 원자들이 고도의 규칙성을 가지고 배열되어 있는 대표적인 예이며, 약간의 고용 범위를 가지는 이유는 주로 점 결함이 발생하기 때문이다. 이러한 원자 구조를 가진 금속 간 화합물에 대해 구성 원소 원자 간 불규칙 혼합을 가정한다는 것은 잘못된 일이다. 침입형 고용체에서는 침입형 원소 원자가 결정학 상의 격자 자리가 아닌 침입 자리(interstitial site)에 위치한다고 보는 것이 타당하다. 따라서 격자 자리를 차지하고 있는 용매 원자와 침입형 원자가 불규칙 혼합을 한다고 가정하는 것은 역시 무리가 있다. 이온 용액에서는 비록 액상일지라도 양(+)이온과 음(−)이온이 서로 최인접 관계를 유지하면서 위치할 확률이 높을 것으로 볼 수 있으며, 상호 간에 불규칙 혼합을 가정하기는 어렵다. 이상으로부터, 치환형 용체 모델이 잘 적용되지 않는 용체들의 열역학 특성을 잘 표현할 수 있기 위해서는, 불규칙 혼합보다는 용체의 원자 구조에 대한 물리적 상황을 보다 충실하게 고려한 모델이 개발되어야 한다는 결론을 내릴 수 있다. 실제 용체 모델에 대한 연구도 이러한 관점에서 이루어져 왔으며, 현재 가장 많이 사용되는 모델들을 다음의 두 절 (2.2, 2.3절)에서 소개할 것이다.

2.2 부격자 모델(Sublattice Model)

앞서, 침입형 고용체에서 격자 자리를 차지하는 용매 원자와 침입 자리를 차지하는 침입형 원자 사이에 불규칙 혼합을 가정하는 것은 문제가 있다고 지적한 바 있다. 그렇다면 보다 물리적 상황에 충실한 견해는 어떤 것일까? 정상적인 격자 자리와 침입 자리를 구분해서, 격자 자리를 차지하는 원소들은 격자 자리 사이에서, 침입 자리를 차지하는 원소들은 침입 자리 사이에서 따로따로 혼합이 일어난다고 가정한다면 어떨까? 그렇다면, 배열 엔트로피는 격자 자리와 침입 자리에 대해 각각 정의되어야 하고, 성분 간 상호작용 역시 각 자리 내에서 따로 따로 정의되어야 한다. 이와 같이 정의된 Gibbs 에너지는 앞서의 치환형 용체 모델에서와는 많이 다른 조성 의존성을 보일 것 같다. 실제로 이러한 생각들은 현실로 이루어졌으며, 이러한 생각에 바탕을 두고 개발된 모델이 부격자(sublattice) 모델[3,4]이다.

1) 부격자 모델의 일반식

부격자 모델에서는 하나의 용체가 여러 개의 부격자로 구성되어 있다고 간주하고 각 부격자 내에서는 구성 원소 간에 불규칙 혼합이 일어난다고 가정한다. 여기서 정의되는 부격자는 초격자(superlattice)에서처럼 실제 존재하는 부격자일 수도 있고, 정상격자 자리와 침입 자리처럼 현상학적인 것일 수도 있다. 심지어는 이온 액상에서 양이온과 음이온이 차지하는 자리를 별개의 부격자로 간주할 수도 있다. 이러한 부격자 모델은 부격자의 종류와 각 부격자에 혼합되는 원소의 종류를 정의하는 과정이 중요하고, 그 과정이 끝나면 Gibbs 에너지의 표현식이 기계적으로 정의된다. Gibbs 에너지 표현식을 소개하기 위해 다음과 같은 부격자 구조를 생각하자.

$$(A,\ B,\ C)_a(D,\ E)_b(F,\ G)_c \tag{2-14}$$

이것은 하나의 용체가 세 개의 부격자로 이루어져 있다고 생각한 것이다. 첫 번째 부격자에는 원소 A, B, C 원자들이 혼합되고, 두 번째 부격자에는 원소 D, E 원자들이 혼합되며, 세 번째 부격자에는 원소 F, G 원자들이 혼합된다. A, B, $\cdots$, G는 각기 다른 원소들일 수도 있고 일부가 같은 원소들일 수도 있다. 즉, 하나의 원소가 복수의 부격자에 동시에 혼합될 수도 있다. 또한, 일부 원소는 실제의 성분이 아니라 원자 공공(vacancy)을 의미할 수도 있다. 실제로 침입형 고용체의 침입 자리에 해당하는 부격자에는 침입형 원소의 원자와 원자 공공 사이에 불규칙 혼합이 일어난다고 간주한다. 위의 부격자 구조식에서 아래첨자 a, b, c는 각 부격자 사이의 자리 비율을 나타내는 수이다.

부격자 모델에서는 Gibbs 에너지를 원자 1몰보다는 부격자 구조식 1몰당으로 표현하는 것이 편리하다. 위에 예시한 부격자 구조식 1몰은 $a+b+c$ 몰의 격자자리에 해당하며 이에 대한 Gibbs 에너지는 다음의 형태를 가진다.

$$G_m = {}^oG^{ref} - T\Delta^{id}S + \Delta^{xs}G \tag{2-15}$$

${}^oG^{ref}$는 각 부격자가 각기 하나의 성분으로만 채워졌을 때 정의되는 가상의 화합물 사이에 기계적 혼합이 일어났다고 가정할 때의 Gibbs 자유 에너지를 나타내며, 다음과 같이 표현된다.

$$\begin{aligned}{}^oG^{ref} = & y_A y_D y_F {}^oG_{A:D:F} + y_A y_D y_G {}^oG_{A:D:G} \\ & + y_A y_E y_F {}^oG_{A:E:F} + y_A y_E y_G {}^oG_{A:E:G} \\ & + y_B y_D y_F {}^oG_{B:D:F} + y_B y_D y_G {}^oG_{B:D:G} \\ & + y_B y_E y_F {}^oG_{B:E:F} + y_B y_E y_G {}^oG_{B:E:G} \\ & + y_C y_D y_F {}^oG_{C:D:F} + y_C y_D y_G {}^oG_{C:D:G} \\ & + y_C y_E y_F {}^oG_{C:E:F} + y_C y_E y_G {}^oG_{C:E:G}\end{aligned} \tag{2-16}$$

y는 각 부격자 내에서 각 성분의 자리 분율을 나타내며, 부격자 모델에서 일반적으로 사용되는 조성 변수이다. ${}^oG$ 항에서 ":"은 각 부격자를 구분하는 기호로서, 예를 들어 ${}^oG_{A:D:F}$는 첫 번째, 두 번째, 세 번째 부격자가 각각 A, D, F 원자만으로 채워진 가상의 화합물 $A_aD_bF_c$의 Gibbs 에너지를 나타낸다. 식 (2-15)에서 $\Delta^{id}S$는 각 부격자 내에서 불규칙 혼합을 가정한 이상 혼합 엔트로피를 의미하며, 식 (2-14)와 같은 구조식의 경우 $-T\Delta^{id}S$ 항에 대한 표현은 다음과 같다.

$$\begin{aligned}-T\Delta^{id}S = & aRT(y_A \ln y_A + y_B \ln y_B + y_C \ln y_C) \\ & + bRT(y_D \ln y_D + y_E \ln y_E) \\ & + cRT(y_F \ln y_F + y_G \ln y_G)\end{aligned} \tag{2-17}$$

또한, $\Delta^{xs}G$는 과잉 혼합 에너지로서 다음과 같이 표현될 수 있다.

$$\begin{aligned}\Delta^{xs}G= & \ y_A y_D y_F y_G L_{A:D:F,G} + y_A y_E y_F y_G L_{A:E:F,G} \\ & + y_B y_D y_F y_G L_{B:D:F,G} + y_B y_E y_F y_G L_{B:E:F,G} \\ & + y_C y_D y_F y_G L_{C:D:F,G} + y_C y_E y_F y_G L_{C:E:F,G} \\ & + y_A y_D y_E y_F L_{A:D,E:F} + y_A y_D y_E y_G L_{A:D,E:G} \\ & + y_B y_D y_E y_F L_{B:D,E:F} + y_B y_D y_E y_G L_{B:D,E:G} \\ & + y_C y_D y_E y_F L_{C:D,E:F} + y_C y_D y_E y_G L_{C:D,E:G} \\ & + y_A y_B y_D y_F L_{A,B:D:F} + y_A y_B y_D y_G L_{A,B:D:G} \\ & + y_A y_B y_E y_F L_{A,B:E:F} + y_A y_B y_E y_G L_{A,B:E:G} \\ & + y_B y_C y_D y_F L_{B,C:D:F} + y_B y_C y_D y_G L_{B,C:D:G} \\ & + y_B y_C y_E y_F L_{B,C:E:F} + y_B y_C y_E y_G L_{B,C:E:G} \\ & + y_C y_A y_D y_F L_{C,A:D:F} + y_C y_A y_D y_G L_{C,A:D:G} \\ & + y_B y_C y_E y_F L_{B,C:E:F} + y_B y_C y_E y_G L_{B,C:E:G}\end{aligned} \qquad (2\text{-}18)$$

L은 상호작용계수로서 아래첨자 중 ","는 같은 부격자 내의 원소를, ":"는 다른 부격자 간 원소를 구분한다. 예로서 $L_{A:D:F,G}$는 첫 번째, 두 번째 부격자가 각각 A와 D로 차있을 때, 세 번째 부격자 내에서 F와 G 간의 상호작용을 나타내는데, 각각의 L은 온도의 선형 함수 및 식 (2-12)와 같은 조성의 함수 형태를 가질 수 있다. 앞서 언급한 것처럼 식 (2-14)와 같은 부격자 구조식이 결정되면, 식 (2-16)~(2-18)의 Gibbs 에너지 식은 기계적으로 결정됨을 확인할 수 있다.

2) 침입형 고용체를 위한 부격자 모델

Fe-Mn-C 3원 합금계에서 fcc나 bcc 고용체는 치환형 원소 Mn이 격자 자리에서 Fe와 혼합되고, 침입형 원소 C가 격자 간 자리(침입 자리)에서 원자공공(vacancy)과 혼합된다고 생각할 수 있다. 이 경우 Fe-Mn-C 3원 고용체의 부격자 구조식은 다음과 같이 쓸 수 있다.

$$(\mathrm{Fe},\ \mathrm{Mn})_a(\mathrm{C},\ \mathrm{Va})_c \qquad (2\text{-}19)$$

즉, 부격자 모델에서는 침입형 고용체를 정상 격자 자리와 침입 자리의 두 개의 부격자로 이루어진 초격자라고 생각하고, 각각의 부격자 내에서는 해당 원소 원자 사이에 불규칙 혼합이 이루어진다고 가정한다. 이때 각 부격자 간 자리 비율을 나타내는 a, c의 값은 해당 원자 구조를 고려하여 결정하며, 정상 격자 자리와 8면체 공극의 수의 비가 fcc에서는 1:1, bcc에서는 1:3이라는 점을 고려하여, fcc에 대해서는 $a=c=1$, bcc에 대해서는 $a=1$, $c=3$의 값이 사용된다. hcp 구조는 정상 격자 자리와 8면체 공극의 비율이 fcc에서와 같은 1:1이지만, 침입형 원소가 c축 방향으로 모든 8면체 공극에 침입하지 않고 반만 점유한다고(하나 걸러 하나씩)

가정하여 $a=1$, $c=0.5$의 값을 이용한다. 식 (2-19)의 부격자 구조에 해당하는 고용체의 구조식 1몰당 Gibbs 에너지는 다음과 같다.

$$\begin{aligned} G_m = \ & y_{Fe}y_C{}^oG_{Fe:C} + y_{Mn}y_C{}^oG_{Mn:C} + y_{Fe}y_{Va}{}^oG_{Fe:Va} + y_{Mn}y_{Va}{}^oG_{Mn:Va} \\ & + aRT(y_{Fe}\ln y_{Fe} + y_{Mn}\ln y_{Mn}) \\ & + cRT(y_C\ln y_C + y_{Va}\ln y_{Va}) \\ & + y_{Fe}y_{Mn}y_C L_{Fe,Mn:C} + y_{Fe}y_{Mn}y_{Va}L_{Fe,Mn:Va} \\ & + y_{Fe}y_C y_{Va}L_{Fe:C,Va} + y_{Mn}y_C y_{Va}L_{Mn:C,Va} \end{aligned} \tag{2-20}$$

만일 탄소 성분이 전혀 없다면($y_C=0$, $y_{Va}=1$), 위의 고용체는 Fe-Mn 2원 치환형 고용체가 된다. 이 경우, 식 (2-20)은 다음과 같은 형태가 된다.

$$\begin{aligned} G_m = \ & y_{Fe}{}^oG_{Fe:Va} + y_{Mn}{}^oG_{Mn:Va} + RT(y_{Fe}\ln y_{Fe} + y_{Mn}\ln y_{Mn}) \\ & + y_{Fe}y_{Mn}L_{Fe,Mn:Va} \end{aligned} \tag{2-21}$$

${}^oG_{Fe:Va}$와 ${}^oG_{Mn:Va}$는 각각 순수한 Fe와 Mn의 Gibbs 에너지가 되며, 식 (2-21)은 식 (2-10)의 치환형 고용체 모델과 정확하게 같은 표현이 된다. 즉, 부격자 모델을 사용하여 Fe-Mn-C 3원계 Gibbs 에너지를 표현하더라도, Fe-Mn 2원계 부분은 기존의 치환형 모델을 사용할 수 있고, 그때 사용된 모델 상수값이 그대로 활용될 수 있음을 의미한다.

3) 중간 화합물을 위한 부격자 모델

중간 화합물 중 가장 간단한 것은 조성 범위가 전혀 없는 선형 화합물이다. 예를 들어, Fe-C 2원계에서 시멘타이트는 조성 범위를 전혀 가지지 않는다고 가정하여 Fe_3C로 표현할 수 있다. 이 경우의 부격자 구조식은

$$(Fe)_3(C)_1 \tag{2-22}$$

이 된다. 이는 Fe와 C가 별도의 부격자를 형성하면서 각각 각자의 부격자 자리를 모두 차지한다고 본 것이다. 이러한 상의 Gibbs 에너지에는 배열 엔트로피나 원소 간 상호작용으로 인한 과잉 혼합 에너지 항이 없고 단순히 ${}^oG_{Fe:C}$ 하나의 항으로만 표현된다.

$$G_m = {}^oG_{Fe:C} \tag{2-23}$$

위의 Fe-C 합금계에 Mn이 추가된다면, 시멘타이트 상 내에서 Mn 원자는 C의 부격자 자리가 아닌 Fe의 부격자 자리를 차지하면서 Fe와 혼합된다고 보는 것이 타당하다. 이 경우의 시멘

타이트 상의 부격자 구조식은 다음과 같이 표현된다.

$$(\mathrm{Fe},\ \mathrm{Mn})_a(\mathrm{C})_c \tag{2-24}$$

여기서 $a=3$, $c=1$이다. 또한, 위 부격자 구조식에 따른 구조식 1몰당 Gibbs 에너지는 다음과 같다.

$$\begin{aligned} G_m = {} & y_{\mathrm{Fe}}\,{}^oG_{\mathrm{Fe:C}} + y_{\mathrm{Mn}}\,{}^oG_{\mathrm{Mn:C}} + aRT(y_{\mathrm{Fe}}\ln y_{\mathrm{Fe}} + y_{\mathrm{Mn}}\ln y_{\mathrm{Mn}}) \\ & + y_{\mathrm{Fe}}\,y_{\mathrm{Mn}}\,L_{\mathrm{Fe,Mn:C}} \end{aligned} \tag{2-25}$$

위에서 ${}^oG_{\mathrm{Fe:C}}$와 ${}^oG_{\mathrm{Mn:C}}$는 각각 첫 번째 부격자는 Fe 또는 Mn으로만 채워지고, 두 번째 부격자는 C로만 채워진 화합물의 Gibbs 에너지를 나타내는데, 이 경우 각 화합물은 가상의 화합물이 아니라 실존하는 화합물, $\mathrm{Fe_3C}$, $\mathrm{Mn_3C}$가 된다. 이들에 대한 Gibbs 에너지 식은 순수 원소에 대한 Gibbs 에너지와 식과 같은 형태를 가진다. 철강 합금계에는 시멘타이트 이외에도, 탄소에 관해서는 선형화합물이지만 치환형 금속 원소에 대해서는 고용 범위를 가지는 탄화물 상들이 다수 존재한다. $\mathrm{M_7C_3}$, $\mathrm{M_{23}C_6}$, $\mathrm{M_3C_2}$, $\mathrm{M_5C_2}$ 등이 그러한 상들이며 이들의 부격자 구조식은

$$(\mathrm{Fe},\ \mathrm{M_1},\ \mathrm{M_2},\ \cdots)_a(\mathrm{C})_c \tag{2-26}$$

의 형태로 표현할 수 있다. 여기서 a, c 값은 금속:탄소 원자 비율에 의해 결정되며, 각각의 구조식 1몰당 Gibbs 에너지는 식 (2-25)와 같은 형태를 지닌다.

탄화물 상은 아니지만, 금속 합금계에서 자주 언급되는 중요한 금속 간 화합물로서 σ상을 들 수 있다. 이 σ 상은 단위 격자당 30개의 원자로 구성되어 있는데, 각 격자 자리의 주위 격자 환경이 동일하지 않다. 즉, 30개의 격자 자리는 크게 a, b, c, d, e 다섯 개의 부격자로 나누어질 수 있는데, 각 부격자 자리는 최인접 원자 배위수가 서로 틀리고, 주로 점유하는 원소의 종류도 다른 것으로 알려져 있다[5]. 단위 격자 내에서 a, b, c, d, e 각 부격자에 해당하는 격자점 수는 각각 2, 4, 8, 8, 8 이다. σ상이 출현하는 많은 2원 합금계에서 a, b 부격자는 서로 다른 원소 원자에 의해 배타적으로 점유되고, d 부격자는 주로 a 부격자를 점유하는 원소 원자에 의해 역시 배타적으로 점유되며, c와 e 부격자에는 두 원소의 원자가 혼합되는 것으로 되어 있다. 부격자 모델에서는 이러한 σ상을 3개의 부격자로 구성된 상으로 간주한다.즉, 배위수가 같고, 2원계에서 같은 종류의 원소에 의해 배타적으로 점유되는 a, d 부격자를 묶어 10개의 자릿수를 가진 하나의 부격자로 간주한다. 또한, 역시 배위수가 같고, 2원계에서 두 원소 원자의 혼합이 일어나는 c, e 부격자를 묶어 16개의 자릿수를 가진 또 하나의 부격자로 간주하며, 나머지 b 부격자를 독립적인 부격자로 간주한다. 이와 같이 결정된 σ상의 부격자 구조식을 $A-B$ 2원계에 대해 표현하면 다음과 같다.

$$(A)_a(B)_b(A,\ B)_c \tag{2-27}$$

여기서 $a=10$, $b=4$, $c=16$이 된다. 이러한 구조식 1몰에 대한 Gibbs 에너지는 다음과 같이 표현될 것이다.

$$G_m = y_A{}^oG_{A:B:A} + y_B{}^oG_{A:B:B} + cRT(y_a \ln y_A + y_B \ln y_B) + y_A y_{y_B} L_{A:B:A,B} \tag{2-28}$$

식 (2-27)과 같은 형태의 분자식은 σ 상과 비슷한 결정 구조를 가지는, R, μ 상과 같은 TCP(Topologically Closed Packed)상에 대해서도 동일하게 적용된다. 물론, 결정 구조에 따라 다른 a, b, c 값들이 적용된다.

위와 같은 부격자 모델은 산화물과 같은 이온 화합물에 대해서도 광범위하게 적용되고 있다. 대표적인 예로 spinel 구조를 가지는 magnetite에 대한 Gibbs 에너지 모델을 살펴보자[6]. Magnetite의 이상적인 분자식은 Fe_3O_4이다. Spinel 구조에서는, 산소 이온이 fcc 격자 구조를 가지는 가운데, 8면체 공극과 4면체 공극에 Fe^{+2} 이온과 Fe^{+3} 이온이 자리를 차지하게 된다. Fcc 구조에서 8면체 공극과 4면체 공극의 자릿수는 각각 격자 자리의 1배, 2배인데, spinel 구조에서는 8면체 공극의 1/2만이, 4면체 공극의 1/8만이 Fe 이온에 의해 채워진다. 정상적인 spinel은 8면체 공극에 Fe^{+3} 이온이, 4면체 공극에 Fe^{+2} 이온이 채워지는데, 이때의 분자식은 4면체 공극, 8면체 공극, fcc 격자 구조를 각각의 부격자로 보고, 실제로 이온이 채워지는 부격자 자릿수를 고려하여

$$(Fe^{+2})_1(Fe^{+3})_2(O^{-2})_4 \tag{2-29a}$$

로 나타낼 수 있다. 한편, 낮은 온도에서 magnetite는 역 spinel(Inverse spinel)구조를 가지는데, 이때 4면체 공극은 Fe^{+3} 이온으로 채워지고 8면체 공극은 Fe^{+2}와 Fe^{+3} 이온이 서로 섞인 형태가 된다. Magnetite의 이러한 역 spinel 구조는 온도가 상승함에 따라 점차로 정상적인 spinel 구조로 바뀌면서 융점 근처에서는 거의 불규칙한 혼합 상태가 되는 것으로 알려져 있다. 이러한 이온 분포의 변화를 표현할 수 있기 위해서는, 처음의 두 부격자에 두 종류의 Fe 이온이 모두 들어갈 수 있는 다음과 같은 구조식이 필요하다.

$$(Fe^{+2},\ Fe^{+3})_1(Fe^{+2},\ Fe^{+3})_2(O^{-2})_4 \tag{2-29b}$$

이와 같은 이온 화합물에 대한 부격자 모델이 일반 금속 간 화합물에 대한 부격자 모델과 다른 점은 각 부격자 내에서의 성분 간 자리비율에 제한이 따른다는 점이다. 식 (2-29b)의 구조식에서 첫 번째 부격자 내에서의 Fe^{+3}이온의 자리비율을 y^I, 두 번째 부격자 내에서의 Fe^{+3} 이온의 자리비율을 y^{II}라고 하자. 일반 금속 간 화합물이라면 y^I와 y^{II}는 0과 1 사이의 임의의 값을 가질 수 있다. 그러나 이온 화합물에서는 전기적 중성을 만족시켜야 하는 제한이 따

른다. 식 (2-29b)의 구조식에서 음의 전하량과 양의 전하량이 같아야 한다는 조건으로부터 다음의 식이 부여된다.

$$2(1-y^I)+3y^I+2[2(1-y^{II})+3y^{II}]=8 \tag{2-30a}$$

이를 정리하면

$$y^I+2y^{II}=2 \tag{2-30b}$$

가 되고, 전기적 중성을 유지하기 위해, magnetite의 각 부격자 자리에서 Fe^{+3} 이온은 임의의 비율로 자리를 차지하는 것이 아니라 식 (2-30b)의 조건을 만족시키는 비율로 자리를 차지한다는 것이다. 실제로 정상적인 spinel은 $y^I=0$, $y^{II}=1$에 해당하므로 식 (2-30b)를 만족한다. 역 spinel의 경우는 $y^I=1$이므로 $y^{II}=0.5$가 되어야 한다. 즉, 8면체 공극에 Fe^{+2}이온과 Fe^{+3} 이온이 동일한 비율로 섞여야 한다는 것을 알 수 있다.

한편, 구조식 (2-29b)는 정확하게 화학량론적 비(stoichiometry)를 가지는 Fe_3O_4에 대한 식이지만, 실제 magnetite의 경우 고온에서 산소 과잉조성(O-rich) 영역으로 고용범위를 가진다. 이는 8면체 공극에 해당하는 부격자의 가능한 자리가 모두 Fe 이온으로 채워지지 않는다고 생각함으로써, 즉 식 (2.29b)의 두 번째 부격자에 원자공공을 새로운 성분으로 도입함으로써 기술될 수 있다. 이에 따른 새로운 부격자 구조식은 다음과 같다.

$$(Fe^{+2},\ Fe^{+3})_1(Fe^{+2},\ Fe^{+3},\ Va)_2(O^{-2})_4 \tag{2-29c}$$

Magnetite는 또한 Fe 과잉조성(Fe-rich) 영역으로도 조성이 벗어나는 경우가 있는데, 이는 Fe^{+2} 이온이, 비어 있어야 할 8면체 공극 자리(8면체 공극은 정상적인 자리의 1/2만 Fe 이온으로 차있다고 언급한 바 있다)에 끼어 들어가기 때문이다. 이를 기술하기 위해 나머지 8면체 공극 자리를 또 하나의 부격자로 간주하고, 이 부격자에서 Fe^{+2} 이온과 원자공공 (vacancy) 간에 혼합이 일어난다고 가정한다. 이러한 점을 고려하여 최종적으로 설정된 magnetite에 대한 부격자 구조식은 다음과 같다[6].

$$(Fe^{+2},\ Fe^{+3})_1(Fe^{+2},\ Fe^{+3},\ Va)_2(Fe^{+2},\ Va)_2(O^{-2})_4 \tag{2-29d}$$

식 (2-29d)의 구조식은 12개의 ^oG 값을 포함하는 등 2원계 상에 대한 것으로는 대단히 복잡한 Gibbs 에너지 식을 야기한다. 더구나 ^oG 값이 주어져야 하는 대부분의 가상의 화합물들은 $Fe^{+2}:Fe^{+3}:Va:O^{-2}$를 제외하고는 전기적 중성도 맞지 않고 물리적 의미도 부여하기 힘든 화합물들이다. 실제 계산에서는 식 (2-30b)와 같은 제한과 몇 가지 단순화 과정을 통해 4개의 독립적인 모델 상수만으로 magnetite의 Gibbs 에너지를 표현하게 된다.

지금까지, 2.1절의 치환형 모델로는 기술되기 어려운, 침입형 고용체, 금속 간 화합물, 이온 화합물의 Gibbs 에너지 표현에 부격자 모델이 어떻게 적용될 수 있는지를 설명하였다. 사실, 식 (2-12)와 같은 다항식을 고차원까지 적용하여 치환형 모델로도 위의 상들에 대한 Gibbs 에너지를 표현하는 것이 불가능한 일은 아니다. Fe-C 2원계를 bcc, fcc 각 상에 대해 4개의 모델 상수(온도 의존성을 가진 아정규용액 모델)를 사용하여 열역학 모델링을 행한 예가 있다. 반면, 부격자 모델을 사용하는 경우 각 상에 사용된 모델 상수($L_{\mathrm{Fe:C,Va}}$)의 수는 1개이다. 문제는, 물리적 상황과 동떨어진 모델로 Gibbs 에너지를 표현할 경우 단순히 필요한 모델 상수의 수가 늘어난다는 데에 있는 것이 아니라, 2원계에 대해 이러한 모델을 사용할 경우 이를 다원 합금계로 확장할 때 많은 비상식적인 결과가 야기된다는 데에 있다. 다원 합금계로의 확장이 체계적으로 이루어질 수 있다는 점, 물리적 의미를 고려하여 다양한 형태의 부격자 구조를 상정할 수 있다는 점 등으로 인해 부격자 모델은 고상 열역학 모델링의 실질적인 표준으로 자리 잡았으며, 전 세계 대부분의 열역학 모델링 연구가 부격자 모델에 근거하여 이루어지고 있는 실정이다. 일반 치환형 모델이 주로 상호작용계수(Ω)에 복잡한 온도, 조성 의존성을 부여하여 용체상의 열역학 특성을 표현하려 하는 반면, 부격자 모델은 상호작용계수(L)보다는 복잡한 부격자의 설정 및 이에 따른 가상의 화합물의 Gibbs 에너지 ($^{\circ}G$)에 보다 많은 비중을 두고 있다. 또한, 부격자 모델의 개념을 활용하여 다양한 구체적인 모델링이 가능하다는 점에서 Compound Energy Formalism으로 불리우기도 한다.

이러한 부격자 모델은 원래는 NaF 와 CsCl의 혼합체와 같은, 이온 액상 용액의 열역학 모델링에 적용할 목적으로 Hillert 등에 의해 정리되었던 것이며[3], 이후 Sundman과 Ågren에 의해 일반화되면서[4] 다양한 상의 Gibbs 에너지 모델링에 활용되고 있다. 이온 액상 용액의 경우, NaF/CsCl 혼합체 또는 $\mathrm{CaF_2/MgCl_2}$ 혼합체 등은 각각 $(\mathrm{Na^{+1},\ Cs^{+1}})_1(\mathrm{F^{-1},\ Cl^{-1}})_1$나 $(\mathrm{Ca^{+2},\ Mg^{+2}})_1(\mathrm{F^{-1},\ Cl^{-1}})_2$의 부격자 구조식으로 표현이 가능하다. 그러나 $\mathrm{NaF/MgCl_2}$ 혼합체는 각 부격자의 자리비율을 정의하는 것이 단순하지 않다. 이온 액상 용액에 대해서는 부격자 모델 이외에도 많은 모델들이 사용되고 있으며, 다음의 2.3절에서 상세히 다룰 것이다. 부격자 모델은 최근에는 합금계의 규칙/불규칙 변태를 기술하는 데에도 광범위하게 적용되고 있다[7].

2.3 이온 액상 모델

대부분의 금속 액상은 식 (2-10) 및 (2-12)와 같은 치환형 용체 모델을 통해 Gibbs 에너지가 잘 표현되며, 실제로 금속 합금계를 이루는 많은 2원 합금계 액상이 치환형 용체 모델을 통해서 기술되고 있다. 그러나 치환형 용체 모델을 적용할 수 없는 액상도 많이 존재하는데, 이러한 액상들의 공통점은 혼합 엔탈피나 혼합 엔트로피의 조성 의존성에 있어서 치환형 용체 모델로는 도저히 재현해 낼 수 없는 거동을 보인다는 데에 있다. 이러한 거동은 주로 이온 액상 용액에서 많이 나타나는데, 철강 관련 합금계에서는 대표적인 예로 Fe-S계를 들 수 있다. Fe-S 2원 액상에서의 1600°C 혼합 엔탈피와 혼합 엔트로피, 활동도 등 열역학 특성의 조성 의존성은 Fig. 2-1(a)~(c)에 도시한 바와 같다. $x_S = 0.5$ 조성을 중심으로 나타나는 제반 열역학 특성의 급격한 변화는 식 (2-10)에서의 배열 엔트로피와 식 (2-12) 형태의 다항식으로는 표현할 수 없는 것들이다. 이러한 액상 용액은 같은 조성을 중심으로 전기전도도, 점성, 밀도 등 여러 물리적 특성들도 급격한 변화를 보이는 것으로 알려져 있다. 또한, 이러한 합금계의 상태도 상에서의 특징은 음의 혼합 엔탈피를 가지면서도 일부 액상 영역에 공용간극(miscibility gap)을 보인다는 점이다(Fig. 2-1(d)). 정규용액 모델에서 공용간극은 양의 혼합 엔탈피를 가지는 합금계에서 나타나게 되어있다. 이를 식 (2-12)의 다항식을 이용하여 기술하려 할 경우 많은 무리가 따르며, 따라서 이와 같은 이온 액상 용액의 열역학적 거동을 기술하고자 많은 용액 모델들이 개발되었다. 여기서는 현재 폭넓게 사용되고 있는 이온 액상 용액 모델들을 소개한다.

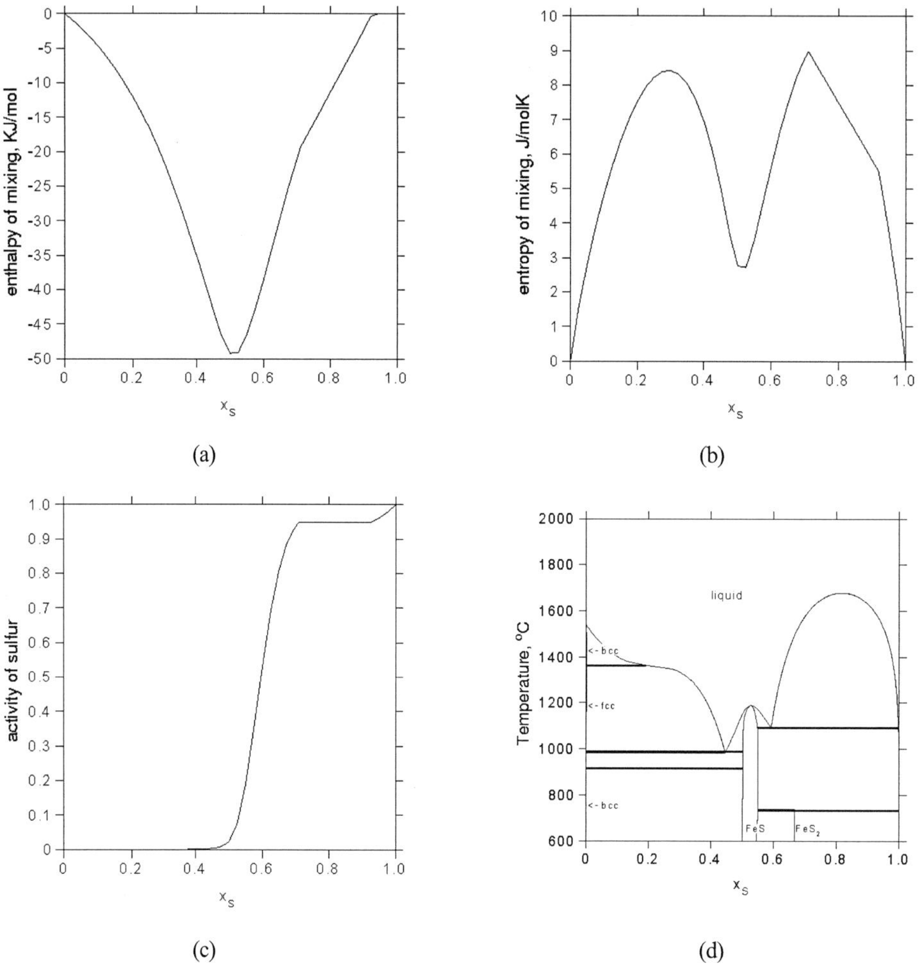

[Fig. 2-1] Fe-S 2원계의 열역학 특성(TCFE2000을 이용한 계산 결과).
(a) 혼합 엔달피, (b) 혼합 엔트로피, (c) S 활동도 (이상 1600°C), (d) 상태도

1) 의화학(quasichemical) 모델

앞서, 정규용체 모델은 혼합 엔탈피가 발생하는 용액에 대해서도 불규칙 혼합(random mixing)을 가정해야 하는 자체 모순을 지니고 있다는 점을 언급한 바 있다. 여기서 설명하는 의화학 모델은 정규용체 모델에서의 불규칙 혼합이라는 가정을 극복하기 위해 단범위 규칙을 고려한 것으로 Guggenheim 등에 의해 고안되고[8], Pelton 등에 의해 수정된 것이다[9].

특정 조성에서 Fig. 2-1에서와 같은 열역학 특성의 변화를 나타내는 $A-B$ 2원계 액상 용액을 고려하자. 여기서 A, B는 각각 원자를 나타낼 수도 있고, CaO, SiO_2 등과 같은 분자를 나타낼 수도 있다. 전자의 경우는 원소 A, B 간의 2원 용액에 해당하고, 후자의 경우는 CaO-SiO_2와 같은 의2원(quasi-binary) 용액에 해당한다. 의화학 모델에서는 이와 같은 용액 내에 $A-A$, $B-B$ 원(분)자쌍 이외에 $A-B$ 원(분)자쌍이 형성된다고 가정하고 다음 반응

에 대한 반응 에너지를 $(\omega-\eta T)$로 표현한다.

$$(A-A)+(B-B)=2(A-B) \tag{2-31}$$

ω와 η는 각각 위 반응에 대한 반응 엔탈피, 엔트로피가 될 것이다. $(\omega-\eta T)$가 큰 음(-)의 값을 가질 경우 $A-B$ 원(분)자쌍의 형성이 많아지며, $A:B=50:50$이 되는 조성에서는 규칙화가 최대가 됨으로써 Fig. 2-1에서와 같이 혼합 엔탈피, 엔트로피가 최소화될 것을 예상할 수 있다. 그러나 실제 이온 용액에서 위와 같은 최대 규칙화(maximum ordering)는 반드시 $A:B=50:50$이 되는 조성에서만 나타나는 것은 아니다. CaO-SiO_2 용액의 경우 최대의 규칙화는 2CaO · SiO_2의 조성, 즉 $x_{SiO2}=1/3$의 조성에서 나타난다. 이러한 다양성을 일반적으로 표현할 수 있기 위해서 몰분율 x 이외에, 다음과 같은 새로운 당량 분율(equivalent fraction)을 정의한다.

$$Y_A=b_Ax_A/(b_Ax_A+b_Bx_B),\ \ Y_B=b_Bx_B/(b_Ax_A+b_Bx_B) \tag{2-32}$$

여기서 b_A, b_B는 $A-B$ 원(분)자쌍에서 각 원(분)자로부터 상대 원(분)자로 뻗어나가는 결합손의 수를 나타낸다. 즉, 2CaO · SiO_2의 경우 $b_{CaO}=1$, $b_{SiO2}=2$ 이다. 위와 같은 당량 분율을 도입하면, 최대의 규칙화는 어느 용액이건 항상 $Y_A=Y_B=0.5$에 해당하는 조성에서 일어나게 된다. 용액 내에서 ij 원(분)자쌍의 분율을 X_{ij}로 표현하면, Y와 X 간에는 질량작용(mass balance)의 법칙에 의해 다음과 같은 관계가 성립한다.

$$2Y_A=2X_{AA}+X_{AB},\ \ 2Y_B=2X_{BB}+X_{AB} \tag{2-33}$$

또한, 1몰 용액에서 총 원(분)자쌍의 수는 $(b_Ax_A+b_Bx_B)/2$에 해당하는데, 이러한 용액의 과잉혼합 에너지는 $A-B$ 원(분)자쌍의 수에 비례한다고 간주하여 다음과 같이 나타낼 수 있다.

$$\Delta^{xs}G=(b_Ax_A+b_Bx_B)X_{AB}(\omega-\eta T)/4 \tag{2-34}$$

또한, 배열 엔트로피는 1차원 Ising 모델에 의해 다음과 같이 얻어진다.

$$\begin{aligned}\Delta S^{conf}= & -R(x_A\ln x_A+x_B\ln x_B)-R/2(b_Ax_A+b_Bx_B)\cdot \\ & [X_{AA}\ln(X_{AA}/Y_A^2)+X_{BB}\ln(X_{BB}/Y_B^2)+X_{AB}\ln(X_{AB}/2Y_AY_B)]\end{aligned} \tag{2-35}$$

위의 두 식을 통해 얻어지는 Gibbs 에너지의 최소화 조건($d\Delta G_m/dX_{AB}=0$)으로부터 다음과 같은 의화학 평형 상수(quasichemical equilibrium constant) 식을 얻을 수 있다.

$$X_{AB}^2/X_{AA}X_{BB}=4\exp(-(\omega-\eta T)/RT) \tag{2-36}$$

주어진 $(\omega-\eta T)$값에 대해 식 (2-33), (2-36)으로부터 항상 X_{AA}, X_{BB}, X_{AB}에 대한 표현을 얻을 수 있으며, 이들은 식 (2-34)와 (2-35)에 대입되어 Gibbs 에너지 값의 계산에 사용된다.

앞에 설명한 의화학 모델은 $(\omega-\eta T)$가 음의 값을 가질 경우 $A-B$ 규칙화, 양의 값을 가질 경우 A/B 상 분리를 잘 표현해 내며, 0에 가까운 값을 가질 경우 이상용액에 해당하는 Gibbs 에너지 식으로 바뀌게 된다. 또한, ω와 η를 Y의 함수형태로 표현함으로써 조성 의존성을 부여하고 있다. 이는 다원 용액으로도 쉽게 확장될 수 있으며, 주로 Pelton 그룹에 의해 SiO_2-Al_2O_3-CaO-MgO-MnO-FeO-Na_2O-K_2O-TiO_2-Ti_2O_3-ZrO_2-S 계에 대한 거대한 열역학 데이터베이스를 구축하는 작업에 활용되고 있고[10], 최근에는 일반금속합금계로도 활발한 적용이 이루어지고 있다.

2) 회합(associate) 모델

의화학 모델이 $A-B$ 2원 액상 용액 내에 $A-B$ 원자 쌍의 형성을 가정하는 것처럼, 회합 모델[11]에서도 최대 규칙화를 보이는 조성에 해당하는 $A-B$ 회합체의 형성을 가정한다. 회합체의 몰 형성 에너지 $(\omega-\eta T)$를 정의하고, 용액의 과잉 혼합 에너지가 $A-B$ 회합체의 수에 비례한다고 간주하는 점에서는 의화학 모델과 동일하나, 배열 엔트로피를 A, B 성분 및 $A-B$ 회합체 간의 불규칙 혼합을 가정하여 계산한다는 면에서 의화학 모델과 차이가 있다. 용액 내 각 성분의 몰분율을 n, 1몰 용액당 각 성분의 수를 n으로 표시할 경우, 회합체가 A_iB_j로 표현된다면 질량작용의 법칙으로부터 다음의 관계식을 얻게 된다.

$$x_A = n_A + i \cdot n_{AiBj},\ x_B = n_B + j \cdot n_{AiBj} \tag{2-37}$$

용액 1몰당 성분의 총 몰수를 $n_{tot}(=n_A+n_B+n_{AiBj})$으로 표시한다면, 혼합 에너지는 다음과 같이 표현된다.

$$\Delta G_m = RT(n_A \ln n_A/n_{tot} + n_B \ln n_B/n_{tot} + n_A \ln n_{AiBj}/n_{tot}) + n_{AiBj}(\omega-\eta T) \tag{2-38}$$

Gibbs 에너지 최소화 조건$(d\Delta G_m/dn_{AiBj}=0)$으로부터 다음과 평형 상수 식을 얻을 수 있다.

$$\frac{n_{A_iB_j}/n_{tot}}{(n_A/n_{tot})^i (n_B/n_{tot})^j} = \exp(-(\omega-\eta T)/RT) \tag{2-39}$$

주어진 $(\omega-\eta T)$ 값에 대해 식 (2-37)과 (2-39)로부터 n_A, n_B, n_{AiBj}에 대한 표현을 얻을 수 있고 이는 식 (2-38)에 대입되어 Gibbs 에너지 계산에 사용된다.

위와 같은 회합모델은 $(\omega-\eta T)$가 음의 값을 가질 경우 $A-B$ 규칙화를 잘 표현할 수 있으나, 양의 값을 가질 경우 A/B 상분리가 나타나는 것은 표현할 수 없다. 의화학 모델에서와는 달리 $(\omega-\eta T)$가 0일 때 이상용액 모델이 되는 것이 아니고, $(\omega-\eta T)$가 양의 무한대 값을 가질 때 이상용액에 대한 표현이 된다. 이 회합모델은 실제 액상 용액에서 회합체가 존재하는가에 대한 물리적 의미를 놓고 많은 논쟁을 야기시킨 바 있다. 또한, 의화학 모델의 경우 2 원 용액에 대한 Gibbs 에너지 표현만으로도 3원 및 다원 합금계에 대해 근사한 결과를 얻을 수 있었으나, 회합용액에서는 이러한 확장이 용이하지 않았던 것으로 보고된 바 있으며, 이러한 이유로 다원 이온 용액 합금계의 database를 구축하는 작업에 크게 활용되지 못하여 왔다. 그러나, 저자의 경험에 의하면, 2원 합금계에 대한 열역학 수식화가 올바로 이루어질 경우, 다원 합금계로의 확장에 문제가 없으며, 실제 철강 합금계 열역학 데이터베이스(TCFE2000[12])에서 Al_2O_3, Si_3N_4, MnS 등의 회합체를 가정한 용액 모델이 액상에 대해 성공적으로 활용되고 있다.

PART 2

3) 이온 부격자 모델

이온 액상 용액을 위한 부격자 모델은 Hillert 등[13]에 의해 처음 제안된 것으로서 이온 액상에 대해 양이온 부격자와 음이온 부격자라는 두 개의 부격자를 설정한다. 첫 번째 부격자에는 양이온들이, 두 번째 부격자에는 음이온과 원자공공, 중성원(분)자들이 불규칙 혼합하는 것으로 가정하고, 원자공공은 양이온들의 평균 원자가에 해당하는 음의 유도 전하를 가지며, 전기적 중성을 유지할 수 있도록 각 부격자의 자리 비율이 변할 수 있도록 고안되어 있다. $+\nu_A$의 전하량을 가지는 양이온 A와 $-\nu_B$의 전하량을 가지는 음이온 B로 이루어진 $A-B$ 2원 이온 액상 용액에 대해 부격자 구조식은 다음과 같이 표현된다.

$$(A^{+\nu_A})_P(B^{-\nu_B},\ Va^{-Q},\ B^o)_Q \tag{2-40}$$

위에서 B^o는 음이온 부격자에 존재하는 것으로 가정된 중성 원자이다. P, Q는 각 부격자의 자리비율로 각각 상대 부격자 내 성분들의 평균 전하량에 해당하는 값을 가지며, 식 (2-40)의 부격자 구조식의 경우 P, Q값은 다음과 같이 주어진다.

$$Q=+\nu_A \tag{2-41a}$$

$$P=+\nu_B y_{B^{-\nu_B}}+Qy_{Va} \tag{2-41b}$$

위 부격자 모델에 의한 이온 액상 용액의 Gibbs 에너지는 2.2절에서 다루었듯이 부격자 구조식으로부터 기계적으로 유도할 수 있다. ${}^oG^{ref}$ 항에는 $A^{+\nu_A}$:$B^{-\nu_B}$, $A^{+\nu_A}$:Va, $A^{+\nu_A}$:B^o 등 세 가상 화합물이 가정되는데, 이 중 $A^{+\nu_A}$:$B^{-\nu_B}$는 완전규칙, 즉 양이온 부격자는 $A^{+\nu_A}$ 양이온만으로 음이온 부격자는 $B^{-\nu_B}$ 음이온만으로 채워진 가상의 규칙용액을 의미하고, $A^{+\nu_A}$: Va는 순수한 A 원소를, $A^{+\nu_A}$: B^o는 순수한 B 원소를 의미하게 된다. 음이온 부격자 내에서 세 성분의 분율은, 앞선 모델들의 경우와 마찬가지로 Gibbs 에너지 최소화조건으로부터 결정되게 된다.

이 부격자 모델은 $A^{+\nu_A}:B^{-\nu_B}$의 형성 에너지가 커다란 음의 값을 가질 경우 $A_{\nu_B}B_{\nu_A}$의 조성에서 최대 규칙화가 일어나는 것을 잘 표현할 수 있다. 또한, 위 형성 에너지가 양의 무한대 값을 가질 경우, 음이온 부격자 내 $B^{-\nu_B}$ 이온의 비율은 매우 적어지고, 배열 엔트로피는 Va와 B^o 간의 불규칙 혼합에 대한 배열 엔트로피가 되는데 이는 수식적으로 A, B 원자 간 이상 혼합 엔트로피와 같은 표현이 된다. 이는 회합 모델의 경우와 같은 양상을 보이는 것이다. 실제로 $A-B$ 2원계에 식 (2-40)과 같은 부격자 구조식을 적용하는 경우, 즉 음이온 부격자에 B 이온과 원자공공, 중성 B 원자라는 세 개의 성분을 가정한 경우, Gibbs 에너지는 AB 회합체를 가정한 회합모델의 경우와 수식적으로 정확히 같은 형태를 갖는 것으로 알려져 있다. 그러나 양 모델 간의 이러한 상응관계는 다원계로 확장할 경우 달라진다.

위와 같은 이온 액상 부격자 모델을 이용한 연구로는, 스웨덴 ThermoCalc 그룹을 중심으로 철강 합금계 슬래그를 대상으로 한 열역학 데이터베이스 구축 작업이 오랫동안 진행되어 오고 있으나, 양적인 면에서 아직은 의화학 모델을 사용하는 Pelton 그룹의 데이터베이스에 비해 완성도가 떨어지는 형편이다. 이상에서 설명한 세 가지 이온용액 모델들은 각각 원저자들을 중심으로 한 소수 그룹에서만 활용이 되고 있는 만큼, 좀 더 그 효용성을 지켜볼 필요가 있으며, 아직까지 우열을 가려 결론을 내리기는 어려운 상황이라 하겠다.

2.4 순수 원소의 Gibbs 자유 에너지

앞 절에서는 합금 용체에 대해 혼합에 따른 Gibbs 에너지의 변화를 어떻게 모델링할 것인가 하는 문제를 다루었었다. 그러나 식 (2-1) 또는 (2-10)에서 알 수 있듯이 합금 용체의 Gibbs 에너지에는 혼합 에너지 이외에 순수 원소의 Gibbs 에너지 항이 포함된다. 많은 금속 원소들은 일정 기압(예들 들어 대기압) 하에서도 온도 변화에 따라 동소 변태를 일으키는 경우가 있으며 압력이 변화하는 경우 더 많은 동소 변태가 일어난다. 열역학 계산을 위해서는 합금계 각 상에 대해 Gibbs 에너지를 온도와 압력의 함수 꼴로 정량적으로 나타낼 필요가 있으며, 이를 위해서는 우선 순수 원소 각 상의 Gibbs 에너지를 온도와 압력의 함수 형태로 나타낼 수 있어야 한다.

Gibbs 에너지의 온도 의존성을 표현할 수 있는 가장 좋은 방법은 비열(C_P)을 적분하는 것이다. C_P는 bcc Fe처럼 순수 원소가 자기 변태를 하는 경우 그 기여 분을 별도의 함수로 고려하게 되는데, 이를 제외한, 자기 변태가 없는 경우의 비열을 C_P로 표현한다면, 순수 원소의 Gibbs 에너지는 다음과 같은 일반식으로 표현된다.

$$G_m(T,P) = H_m^o + \int_0^T C_P dT - T\int_0^T \frac{C_P}{T} dT + G_m^{mo} + \int_0^P V_m(T,P) dP \qquad (2\text{-}44)$$

H^o는 적분 상수로서 0 K에서의 엔탈피에 해당하는 값이다. 다음 두 항은 C_P 및 C_P/T를 적분해서 얻어지는 엔탈피와 엔트로피 항으로 2.4절 1)항에서 좀 더 상세하게 다룰 것이다. G_m^{mo}은 자기 변태에 따른 Gibbs 에너지 기여 분으로서 2.4절 2)항에서, 온도 및 압력의 함수로서 V_m에 관한 표현은 2.4절 3)항에서 각각 상세히 다룰 것이다.

1) Gibbs 자유 에너지에서의 온도 의존성

Gibbs 자유 에너지 표현에서 온도 의존 항은 식 (2-44)에 나타낸 바와 같이 C_P 또는 C_P/T를 적분함으로써 얻어진다. 초기에는 C_P에 대한 수식적 표현을, 격자 진동을 고려한 Debye 모델과 전자 기여 항을 고려하여 얻으려는 시도가 있었다. 그러나, 열역학 모델링의 대상이 될 수 있는 모든 원소에 대해 Debye 특성 온도, 전자비열계수 등 필요한 물질 상수를 구하는데 따른 어려움으로 인해, C_P에 대해 다음과 같은 경험식을 사용하기에 이르렀다.

$$C_P = -(c + 2dT + 6eT^2 + 2fT^{-2}) \qquad (2\text{-}45)$$

위와 같은 경험식의 모델 상수값들은 고상 원소의 온도에 따른 C_P값의 실험 정보를 회귀분석하여 얻을 수 있으며, 대부분 금속 원소의 C_P를 상온에서 융점까지 잘 표현할 수 있게 해준다. 그러나 위와 같은 과정을 통해 구해진 모델 상수값들이, 실험 자료가 없는 온도 영역, 즉 융점 이상에서 고상의 C_P값에 대해서도 항상 적절한 값을 주는 것은 아니다. 경우에 따라서는 융점 이상으로 외삽했을 때 고상의 C_P가 상식을 벗어나는 값을 가지게 되고 이로 인해 고상이 고온에서 다시 안정해지는 결과를 야기하기도 한다. 이러한 문제를 사전에 차단하기 위한 방법으로, SGTE(Scientific Group Thermodata Europe)에서는 융점 이상에서 온도가 올라감에 따라 고상의 C_P가 액상의 C_P값에 수렴하도록 C_P에 대한 수식을 고안하였다. 융점에서 C_P에 불연속성이 생기기 않고, 고온으로 갈수록 액상의 C_P에 수렴하는 고상 C_P의 표현은 다음과 같다.

$$C_P{}^s(T) = C_P^l(T) + [C_P^s(T_m) - C_P^l(T_m)](T/T_m)^{-10} \qquad T > T_m \qquad (2\text{-}46)$$

위 식은 고상 원소에 대해 융점 이상에서만 적용되는 식이며, T/T_m 항의 지수 -10은 $T = 1.5T_m$에서 고상과 액상의 C_P 차이가 2% 이하가 되도록 조절된 값이다[14].

액상의 경우는 넓은 온도 영역에서 C_P가 측정되어 있지 않기 때문에 식 (2-45)의 계수값들을 모두 구할 수 없다. 이러한 이유로 액상의 C_P는 상수인 것으로 간주한다. 다만, 융점 이하의 과냉된 액상에 대해 C_P를 표현해야 한다는 문제가 생기는데, 여기서도 융점 이상에서 고상의 C_P에 적용했던 SGTE의 방법을 사용한다. 즉, 온도가 낮아질 경우 액상의 C_P는 고상의 C_P값에 수렴하는 것으로 간주하며, $T=0.5T_m$에서 액상과 고상의 C_P 차이가 2% 이하가 되도록, 융점 이하 액상의 C_P 식을 다음과 같이 표현한다.

$$C_P^i(T) = C_P^s(T) + [C_P^l(T_m) - C_P^s(T_m)](T/T_m)^6 \quad T < T_m \tag{2-47}$$

여기서 주의할 점은 과냉된 액상의 C_P에 대한 위와 같은 근사가 물리적 근거를 가지고 유도된 것은 아니라는 점이다. 이는 유리 전이(glass transition)와 같은, 실제 과냉된 액상에서 나타나는 온도에 따른 C_P 변화를 상세하게 기술하고자 하는 것은 아니며, 단지 저온 공정 반응 등 융점 이하의 액상의 열역학 특성을 기술하면서 비상식적인 결과가 야기될 수 있는 것을 사전에 예방하고자 하는 정도의 의미를 갖는다.

이상과 같은 온도 의존성을 가지는 C_P를 식 (2-44)에서처럼 적분할 경우, Gibbs 자유 에너지에 대해 다음과 같은 일반식을 얻는다.

$$\begin{aligned} G_m(T,\ P) = {} & H_m^{ref} + a + bT + cT\ \ln T + dT^2 + eT^3 + fT^{-1} + gT^{i+1} \\ & + G_m^{mo}(T) + \int_0^P V_m(T,P)dP \end{aligned} \tag{2-48}$$

T^{i+1}항은 융점 이상에서의 고상 또는 융점 이하에서의 액상에만 적용되며, i는 고상의 경우 -10, 액상의 경우 6의 값을 갖는다. 식 (2-45)에 나타낸, C_P에 대한 경험식은, 모든 원소에 대해 상온 이하에서의 C_P에 대한 실험치를 확보하기 어렵다는 문제로 인해 통상 298.15 K 이상 영역에서의 C_P값을 수식적으로 표현하고 있으며, 식 (2-44)에서의 적분 역시 0 K가 아닌 298.15 K부터 행하여 식 (2-48)과 같은 Gibbs 에너지 식을 유도한다. 식 (2-44)에서의 H_m^o는 0 K에서의 엔탈피 값에 해당되지만, 식 (2-48)에 나타낸 H_m^{ref}는 298.15 K에서의 엔탈피 값이 되며, 많은 문헌에서 H^{SER} (SER: stable element reference)로 표현되고 있다. H^{SER}은 그 절댓값을 알기가 어렵기 때문에 Gibbs 자유 에너지는 절댓값을 알 수 없고 상대적인 값만이 의미가 있다고 인식되고 있으며, 실제로 순수 원소의 Gibbs 자유 에너지는 식 (2-48)에서처럼 H^{SER}에 대한 상대적인 값으로 표현이 되고 있다.

상태도 상에 나타나는 다양한 합금상에 대해 Gibbs 자유 에너지를 수식적으로 표현하려는 경우, 구성 원소에 대해 안정하지 않은 격자 구조, 즉 bcc Ni 또는 fcc Cr 등에 대해서도 Gibbs 에너지를 정량적으로 표현해야 할 필요가 생긴다. 식 (2-48)의 형태로 순수 원소 각 상의 Gibbs 에너지를 표현할 경우, 기본적으로 C_P의 온도 의존성에 대한 실험 자료가 있어야 하는데, 대기압 하에서 안정하게 존재하는 동소체에 대해서는 이러한 실험 자료를 확보할 수 있지만, 불안정한 구조를 가진 상에 대해서는 실험 C_P 자료를 확보하기가 불가능하다. 이 경우, 식 (2-44) 또는 식 (2-48)의 접근 방법을 사용할 수 없으며, C_P에 대한 실험 자료가 존재하지 않는 원소의 Gibbs 에너지를 추측하기 위해 별도의 방법이 동원되어야 한다. 이를 위해 CALPHAD 학계에서는, 용체 상에서 측정된 열역학 특성치(예를 들면, 활동도), 상태도 정보, 용융 엔트로피-결정구조-융점 간의 상관관계, 적층결함 에너지, 주기율표상에서의 규칙성을 이용하는 방법 등 다양한 접근 방법을 오랫동안 사용하여 왔다. 최근에는 실험정보가 존재하지 않는 새로운 소재 군에 대한 연구가 빈번해 지면서 이와 같은 방법이 활용성을 잃어가고 있는 반면, 제일원리계산 기술의 향상으로 이를 활용하여 실험 정보가 없거나 부족한 원소 및 화합물의 Gibbs 자유 에너지를 구하는 방안이 강력한 대안으로 떠오르고 있다.

2) Gibbs 자유 에너지에서의 자기 변태 기여 분

순금속에서 자기 변태가 일어날 경우, 비열 C_P는 변태점에서 불연속적인 피크(peak)를 보이게 된다. Fig. 2-2는 자기 변태를 보이는 순 금속에 대해 온도에 따른 C_P의 변화 중 자성으로 인한 기여 분만을 정성적으로 도시한 것이다. 변태 온도(T_c)를 중심으로 고온 영역은 상자성, 저온 영역은 강자성 상태에 해당하며 여기서는 이를 각각 β, α 상태로 표현한다. Fig. 2-2와 같은 C_P의 변화는 식 (2-45)와 같은 경험식으로는 표현하기 어려우므로 별도의 수식화를 위한 연구가 진행되었다. Inden[15]은 Curie 온도 T_c 부근에서 C_P가 발산하는 양상이 로그함수에 의해 잘 표현된다는 것을 알고 강자성 영역과 상자성 영역을 나누어 자성에 의한 C_P를 다음과 같이 표현하였다.

$$C_P^{mo,\alpha} = K^{\alpha} R \ln \frac{1+\tau^3}{1-\tau^3} \qquad \tau < 1 \tag{2-49a}$$

$$C_P^{mo,\beta} = K^{\beta} R \ln \frac{\tau^5+1}{\tau^5-1} \qquad \tau > 1 \tag{2-49b}$$

τ는 T/T_c로 정의되고, K^{α}와 K^{β}는 상수로서 금속과 결정 구조마다 다르다. Hillert와 Jarl[16]은 식 (2-49)의 적분을 간편하게 하기 위해 ln 항을 멱급수로 전개하여 다음과 같이 표현하였다.

$$C_P^{mo,\alpha} = 2K^{\alpha} R(\tau^3 + \tau^9/3 + \tau^{15}/5) \qquad \tau < 1 \tag{2-50a}$$

$$C_P^{mo,\beta} = 2K^{\beta} R(\tau^{-5} + \tau^{-15}/3 + \tau^{-25}/5) \qquad \tau > 1 \tag{2-50b}$$

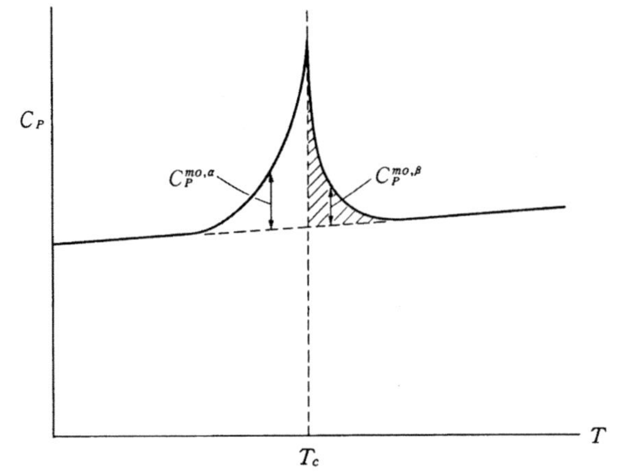

[Fig. 2-2] 자기 변태로 인한 C_P의 온도 의존성 개략도

자성으로 인한 Gibbs 에너지 기여 분을 위의 C_P^{mo}를 적분하여 얻기 위해서는 K^α와 K^β값을 알아야 한다. 이를 구하기 위해서는 두 개의 관계식이 필요하다. 하나는 강자성체의 자기 엔트로피를 구하는 경험식을 이용하여 얻을 수 있고, 다른 하나는 Fig. 2-2의 C_P를 적분하여 얻어지는 자기 엔탈피 중 상자성 상태에서의 엔탈피(빗금친 부분)의 비율을 실험적으로 측정하여 얻을 수 있다.

강자성 금속의 Bohr magneton을 β라고 할 때, 자기 엔트로피는 간단한 통계역학적 개념에 의해 다음과 같이 표현된다.

$$S^{mo}(T=\infty)-S^{mo}(T=0)=R\ln(\beta+1) \tag{2-51}$$

한편, 위와 같은 자기 엔트로피는 식 (2-50)의 C_P를 적분해서도 얻을 수 있다.

$$\begin{aligned} S^{mo}(T=\infty)-S^{mo}(T=0) &= \int_0^{T_c}\frac{C_p^{mo,\alpha}}{T}dT+\int_{T_c}^{\infty}\frac{C_p^{mo,\beta}}{T}dT \\ &= \frac{518}{675}R(K^\alpha+0.6K^\beta) \end{aligned} \tag{2-52}$$

식 (2-51)과 (2-52)를 같게 놓음으로써 다음의 관계식을 얻는다.

$$K^\alpha+0.6K^\beta=\frac{675}{518}\ln(\beta+1) \tag{2-53}$$

한편, 상자성 상태에서의 자기 엔탈피와 강자성 상태에서의 자기 엔탈피는 C_P^{mo}의 적분을 통해 다음과 같이 얻을 수 있다.

$$\Delta H^{mo,\beta} = \int_{T_c}^{\infty} C_P^{mo,\beta} dT = \frac{79}{140} RT_c K^{\beta} \quad (2\text{-}54a)$$

$$\Delta H^{mo,\alpha} = \int_{0}^{T_c} C_P^{mo,\alpha} dT = \frac{71}{120} RT_c K^{\alpha} \quad (2\text{-}54b)$$

이중 상자성 상태에서의 자기 엔탈피의 비율은 실험 측정을 통해 얻을 수 있으며 이를 f라 할 때 다음의 식을 얻게 된다.

$$f = \Delta H^{mo,\beta} / (\Delta H^{mo,\alpha} + \Delta H^{mo,\beta}) \quad (2\text{-}55)$$

$$K^{\alpha} = \left(\frac{1}{f} - 1\right)\frac{474}{497} K^{\beta} \quad (2\text{-}56)$$

식 (2-53)과 식 (2-56)을 연립으로 풀면 다음의 결과를 얻는다.

$$K^{\beta} = \ln(\beta+1) / \left[\frac{518}{1125} + \frac{11692}{15975}\left(\frac{1}{f} - 1\right)\right] \quad (2\text{-}57a)$$

$$K^{\alpha} = \frac{474}{497}\left(\frac{1}{f} - 1\right)\ln(\beta+1) / \left[\frac{518}{1125} + \frac{11692}{15975}\left(\frac{1}{f} - 1\right)\right] \quad (2\text{-}57b)$$

K^{α}와 K^{β} 값을 구했으므로 식 (2-50)의 C_P를 적분하면 자성으로 인한 Gibbs 에너지 기여 분을 계산할 수 있게 된다. 이때의 적분은 온도가 ∞일 때 자기 에너지 기여 분이 0이 되어야 한다는 점을 고려하여 $T = \infty$ 로부터 거꾸로 적분을 해야 한다. 상자성 영역에 해당하는 온도와 강자성 상태에 해당하는 온도에서의 Gibbs 에너지 기여 분은 각각 다음과 같은 적분에 의해 구해진다.

$$\begin{aligned} \Delta G_m^{mo,\beta} &= \int_{\infty}^{T} C_P^{mo,\beta} dT - T\int_{\infty}^{T} \frac{C_P^{mo,\beta}}{T} dT \\ &= -K^{\beta} RT_c [\tau^{-4}/10 + \tau^{-14}/315 + \tau^{-24}/1500] \end{aligned} \quad (2\text{-}58a)$$

$$\begin{aligned} \Delta G_m^{mo,\alpha} &= \int_{\infty}^{T_c} C_P^{mo,\beta} dT + \int_{T_c}^{T} C_P^{mo,\alpha} dT - T\int_{\infty}^{T_c} \frac{C_P^{mo,\beta}}{T} dT - T\int_{T_c}^{T} \frac{C_P^{mo,\alpha}}{T} dT \\ &= -K^{\beta} RT_c [79/140 - 518\tau/1125] \\ &\quad - K^{\alpha} RT_c [\tau^{4}/6 + \tau^{10}/135 + \tau^{16}/600 + 71/120 - 518\tau/675] \end{aligned} \quad (2\text{-}58b)$$

위와 같이 유도된 자기 에너지는 최종적으로 다음과 같이 정리된다.

$$G_m^{mo}(T) = RT\ \ln(\beta+1)f(\tau) \tag{2-59}$$

$$f(\tau) = -\left(\frac{\tau^{-5}}{10} + \frac{\tau^{-15}}{315} + \frac{\tau^{-25}}{1500}\right)/D \qquad \tau > 1$$

$$1 - \left[\frac{79}{140f}\tau^{-1} + \frac{474}{497}\left(\frac{1}{f} - 1\right)\left(\frac{\tau^3}{6} + \frac{\tau^9}{135} + \frac{\tau^{15}}{600}\right)\right]/D \qquad \tau < 1$$

$$\tau = T/T_c$$

$$D = \frac{518}{1125} + \frac{11692}{15975}\left(\frac{1}{f} - 1\right)$$

Inden은 bcc Fe의 비열 측정치를 분석하여 f값을 0.4로 결정하였고, fcc 원소에 대해서는 0.28의 값을 보고하였다. 또한, f값이 결정 구조에 따라서만 변한다고 가정하여 모든 bcc 원소에 대해 0.4의 값을, 모든 fcc 원소에 대해서는 0.28의 값을 사용할 것을 제안하였다. 이러한 제안은 현재까지 그대로 사용되고 있다. 또한, 식 (2–59)는 β와 τ를 조성의 함수로 표현함으로써, 합금 고용체의 Gibbs 에너지에 대한 자기변태 기여 분으로서 [식 (2–44) 또는 식 (2–48)에서의 $G_m^{mo}(T)$] 사용되는 식인데, β와 τ의 조성에 대한 함수 표현에서 최근 약간의 개선이 이루어진 바 있으며, 참고문헌[17]을 참고하기 바란다.

3) Gibbs 자유 에너지에서의 압력 의존성

순수 성분의 Gibbs 에너지에 미치는 압력의 영향은 식 (2–44) 또는 식 (2–48)에서처럼 몰 부피를 압력에 대해 적분함으로써 구해진다. 문제는 온도와 압력에 따라 변하는 몰 부피의 함수 형태인데, 많은 연구가 진행되었었으나 현재는 Fernandez Guillermet와 Gustafson[14]이 순수 Fe에 적용했던 방법이 널리 사용되고 있다. 여기서 몰 부피는, Murnaghan[18]이 제안했던 다음의 식으로 표현된다.

$$V_m(T,P) = \frac{V_m(T,\ 0)}{[1 + n\kappa(T,\ 0)P]^{1/n}} \tag{2-60}$$

$V_m(T,\ 0)$와 $\kappa(T,\ 0)$는 각각 압력 $P=0$에서의 몰 부피와 등온 압축률(compressibility)이고, n은 모델 상수이다. $V_m(T,\ 0)$는 $P=0$에서의 열팽창 계수를 α로 표현할 경우 다음과 같은 온도 함수의 형태로 주어진다.

$$V_m(T,\ 0) = V_m(T_0,\ 0)\exp\left(\int_{T_0}^{T}\alpha(T,\ 0)dT\right) = V_0\exp\left(\int_{T_0}^{T}\alpha(T,\ 0)dT\right) \tag{2-61}$$

마지막으로 열팽창 계수 α와 등온 압축률 κ에 대해 온도 의존성이 주어지는 데, 각각 다음과 같은 형태가 주어진다.

$$\alpha = \alpha_0 + \alpha_1 T + \alpha_2 T^{-2} \tag{2-62}$$

$$\kappa = \kappa_0 + \kappa_1 T \tag{2-63}$$

식 (2-60)~(2-63)을 종합하면, 순수 원소의 Gibbs 에너지에 대한 압력 기여 분, 즉 식 (2-44)에서의 마지막 항은 다음과 같이 표현된다.

$$\int_0^P V_m(T,P)dP = \frac{V_o \exp(\alpha_0 T + \frac{1}{2}\alpha_1 T^2 + \alpha_2 / T)}{(\kappa_0 + \kappa_1 T)(n-1)} \times \left\{ [1 + n(\kappa_0 + \kappa_1 T)P]^{(n-1)/n} - 1 \right\} \tag{2-64}$$

이로써 순수 원소의 Gibbs 에너지에 대한 식 (2-44) 또는 (2-48)의 모든 항에 대한 표현을 알아보았다. 순수 원소에 대한 이러한 Gibbs 에너지 표현은 1991년 SGTE에서 database의 형태로 발표가 된 이후[19], 전 세계 모든 관련 연구자들이 사용하여 왔으며, 순수 원소는 물론 화학량론적 화합물의 Gibbs 에너지에 대해서도 같은 표현이 사용된다. 위 모델을 이용한, 순수 Fe의 bcc, fcc, hcp 및 액상에 대한 Gibbs 에너지 표현은 표 2-1에 정리한 바와 같다[14]. Fig. 2-3은 표 2-1의 Gibbs 에너지 정보를 이용하여 계산한 순수 Fe의 압력-온도 상태도이다.

Gibbs energy의 압력 의존성은 최근까지도 식 (2-64)의 표현이 사용되어 왔으나, partial molar Gibbs energy를 좀 더 편리하게 다룰 수 있는 모델이 제안되기도 하였다[20]. 앞서 설명한 (식 (2-60)) Murnaghan 모델은 체적탄성계수(bulk modulus, 등온 압축률의 역수)가 압력에 비례하여 증가한다는 가정으로부터 출발하는 반면, 새로운 모델은 몰 부피와 체적탄성계수 간의 다음과 같은 경험적 관계식으로부터 출발한다.

$$V_m(T,\ P) = V_m(T,\ 0) + c(T)\ln\left(\frac{\kappa(T,\ P)}{\kappa(T,\ 0)}\right) \tag{2-65}$$

여기서 $c(T)$는 모델 상수로서 실험 정보로부터 수식 표현을 얻을 수 있다. 식 (2-65)를 P에 대해 적분하면 다음과 같은 간단한 Gibbs energy 표현이 얻어진다.

$$\int_0^P V_m(T,\ P)dP = \frac{c(T)}{\kappa(T,\ 0)}\left[\exp\left(\frac{V_m(T,\ 0) - V_m(T,\ P)}{c(T)}\right) - 1\right] \tag{2-66}$$

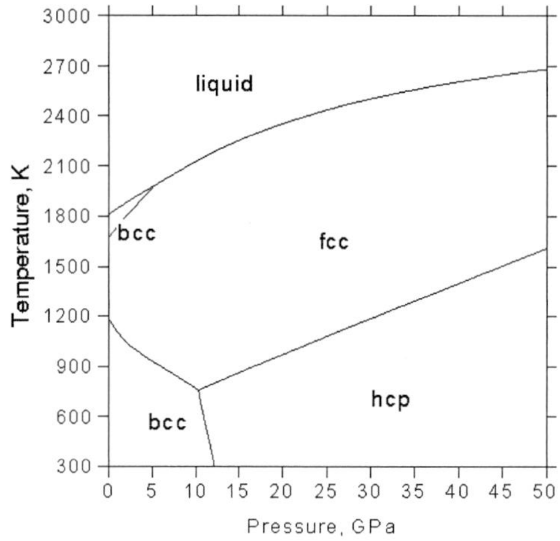

[Fig. 2-3] 순수 Fe의 압력-온도 상태도

〈Table 2-1〉 순수 Fe의 Gibbs 에너지(J/mol)[14]

bcc Fe

$$^oG^{bcc}-H^{SER} = 1225.7 + 124 - 134\ T - 23.5143\,T\ \ln\ T - .00439752\ T^2 - 5.8927\cdot 10^{-8}T^3 + 77359\ T^{-1} + G^{mo} + \int_0^P V_m(T,P)dP \qquad 298.15 < T < 1811.00$$

$$^oG^{bcc}-H^{SER} = -25383.58 + 299.31255 - 46\,T\ln + 2.29603\cdot 10^{+31}T^{-9} + G^{mo} + \int_0^P V_m(T,P)dP \qquad 1811.00 < T < 6000.00$$

$T_c = 1043$ $\beta = 2.22$

$V_o = 7.042095\cdot 10^{-6}$

$\alpha_0 = 2.3987\cdot 10^{-5}$ $\alpha_1 = 2.569\cdot 10^{-8}$ $\alpha_2 = 0$

$\kappa_0 = 5.965\cdot 10^{-12}$ $\kappa_1 = 6.5152\cdot 10^{-17}$ $n = 4-7041$

fcc Fe

$$^oG^{Fcc}-H^{SER} = -236.7 + 132.416\,T - 24 - 6643\,T\ln T - .00375752\,T^2 - 5.8927\cdot 10^{-8}T^3 + 77359\,T^{-1} + G^{mo} + \int_0^P V_m(T,P)dP \qquad 298.15 < T < 1811.00$$

$$^oG^{Fcc}-H^{SER} = -27097.395 + 300.25256\,T - 46\,T\ln T + 2.78854\cdot 10^{+31}T^{-9} + \int_0^P V_m(T,P)dP \qquad 1811.00 < T < 6000.00$$

$V_o = 6.688726\cdot 10^{-6}$

$\alpha_0 = 7.3097\cdot 10^{-5}$ $\alpha_1 = 0$ $\alpha_2 = 0$

$\kappa_0 = 6.2951\cdot 10^{-12}$ $\kappa_1 = 6.5152\cdot 10^{-17}$ $n = 5.1665$

hcp Fe

$$^{o}G^{hcp}-H^{SER}=-2480.08+136.725T-24-6643T\ln T-.00375752T^{2}-5.8927\cdot 10^{-8}T^{3}+77359T^{-1}+G^{mo}+\int_{0}^{P}V_{m}(T,P)dP \quad 298.15<T<1811.00$$

$$^{o}G^{hcp}-H^{SER}=-29340.779+304-56T-46T\ln T+2.78854\cdot 10^{+31}T^{-9}+\int_{0}^{P}V_{m}(T,P)dP \quad 1811.00<T<6000.00$$

$V_{o}=6.59121\cdot 10^{-6}$

$\alpha_0=7.3646\cdot 10-5$	$\alpha_1=0$	$\alpha_2=0$
$\kappa_0=6.2951\cdot 10^{-12}$	$\kappa_1=6.5152\cdot 10^{-17}$	$n=5.1665$

liquid Fe

$$^{o}G^{liq}-H^{SER}=13265.87+117.57557T-23.5143T\ln T-.00439752T^{2}-5.8927\cdot 10^{-8}T^{3}+77359T^{-1}-3.6751551\cdot 10^{-21}T^{7}+\int_{0}^{P}V_{m}(T,P)dP$$

$$298.15<T<1811.00$$

$$^{o}G^{liq}-H^{SER}=-10838.83+291.302T-46T\ln T+\int_{0}^{P}V_{m}(T,P)dP$$

$$1811.00<T<6000.00$$

$V_{o}=6.62574\cdot 10^{-6}$

$\alpha_0=10.7895\cdot 10-5$	$\alpha_1=0$	$\alpha_2=-25.79493$
$\kappa_0=0.75475\cdot 10-12$	$\kappa_1=4-8509\cdot 10-15$	$n=6.59834$

3 열역학 계산 및 응용

합금계에 대해 수식화된 열역학 자료를 이용, 컴퓨터 계산에 의해 필요한 상평형 자료를 구하려는 연구는 70년대 이래 꾸준히 진행되어 왔으며 이제 학문적 관심의 영역을 넘어 실제 재료 개발에 응용되는 단계로까지 발전하였다. 열역학 자료의 수식화란 합금계 각 상에 대해 Gibbs 에너지 모델을 설정하고 관련 상평형 및 열역학 실험 정보들로부터 모델 상수값을 구해내는 과정을 말한다. 열역학 계산의 활용성이 인식되고 재료 개발에서의 비중이 커짐에 따라 새로운 모델, 연구 기법의 개발 못지않게, 정확히 수식화된 열역학 자료 역시 그 중요성을 더해가고 있다. 수식화된 열역학 자료는 Gibbs 에너지 최소화 조건에 의해 열역학 계산에 사용되는데, 열역학 계산은 상태도의 계산이라는 본래의 목적 이외에도 다양한 응용 분야에서 활용되고 있다. 여기서는 실용 다원 합금계에 대한 열역학 수식화, 열역학 계산 및 이의 응용예 등을 소개한다.

3.1 다원 합금계 열역학 수식화

4원계 이상 다원 합금계 열역학 자료를 수식화할 때, 우선 이를 구성하는 2원 합금계에 대한 열역학 수식화가 필수적이며 뒤를 이어 3원계, 4원계, ⋯, 최종 다원 합금계 열역학 수식화로 이어지는 것이 통상의 예이다. 이를 이해하기 위해, 대표적 스테인리스강의 성분을 나타내는 Fe-Cr-Ni-C 합금계의 열역학 수식화를 고려하자. 이 합금계 고용체 상의 부격자 구조식은 다음과 같이 표현된다.

$$(\mathrm{Fe},\ \mathrm{Cr},\ \mathrm{Ni})_a(\mathrm{Va},\ \mathrm{C})_c \tag{3-1}$$

두 개의 부격자는 각각 격자 자리와 8면체 공극을 나타내고, 아래첨자 a와 c가 두 부격자 상의 자리 비율을 나타낸다는 것은 앞의 2.2절 2)항에서 이미 소개한 바 있다. 위의 부격자 구조식 1몰당 Gibbs 에너지 식은 다음과 같다.

$$\begin{aligned}G_m = & y_{Fe}y_{Va}{}^oG_{Fe:Va} + y_{Cr}y_{Va}{}^oG_{Cr:Va} + y_{Ni}y_{Va}{}^oG_{Ni:Va} \\ & + y_{Fe}y_C{}^oG_{Fe:C} + y_{Cr}y_C{}^oG_{Cr:C} + y_{Ni}y_C{}^oG_{Ni:C} \\ & + aRT(y_{Fe}\ln y_{Fe} + y_{Cr}\ln y_{Cr} + y_{Ni}\ln y_{Ni}) \\ & + cRT(y_{Va}\ln y_{Va} + y_C\ln y_C) \\ & + y_{Fe}y_{Va}y_C L_{Fe:Va,C} + y_{Cr}y_{Va}y_C L_{Cr:Va,C} + y_{Ni}y_{Va}y_C L_{Ni:Va,C} \\ & + y_{Fe}y_{Cr}y_{Va} L_{Fe,Cr:Va} + y_{Fe}y_{Ni}y_{Va} L_{Fe,Ni:Va} + y_{Cr}y_{Ni}y_{Va} L_{Cr,Ni:Va} \\ & + y_{Fe}y_{Cr}y_C L_{Fe,Cr:C} + y_{Fe}y_{Ni}y_C L_{Fe,Ni:C} + y_{Cr}y_{Ni}y_C L_{Cr,Ni:C} \\ & + y_{Fe}y_{Cr}y_{Ni}y_{Va} L_{Fe,Cr,Ni:Va} + \Delta G^{mo}\end{aligned} \quad (3\text{-}2)$$

위의 식에서 각 항의 의미는 이미 2.2절 2)항에서 설명한 바 있다. 여기서는 열역학 수식화의 관점에서 각 항을 다시 한 번 살펴보기로 한다. ${}^oG_{M:Va}$는 순수 원소 M의 비자성 상태에서의 Gibbs 에너지를 나타낸다. 이는 합금계와는 관계없이 2.4절에서 설명한 형태의 Gibbs 에너지 식으로 독립적으로 수식화된다. ${}^oG_{M:C}$는 격자 간 자리가 모두 C로 채워진 가상의 M-C 화합물의 Gibbs 에너지를 나타내며 M-C 2원계 수식화 과정에서 그 값을 구하게 된다. aRT 및 cRT로 시작되는 항은 각 부격자 내에서 원자 배열 엔트로피로 인한 Gibbs 에너지 항이며, 마지막의 ΔG^{mo}는 자기 변태에 의한 Gibbs 에너지의 변화를 나타내는 항으로 모두 앞에서 다루었던 항들이다. 상호작용을 나타내는 L 상수들은 M-C 2원계 ($L_{M:Va,C}$), M-M 2원계 ($L_{M,M:Va}$), M-M-C 3원계 ($L_{M,M:C}$) 및 Fe-Cr-Ni 3원계 ($L_{Fe,Cr,Ni:Va}$)에 대한 항들로 분류될 수 있다. 각각의 값들은 해당 2, 3원계를 수식화하는 과정에서 구해지게 되며, 위의 경우 최종 4원 합금계에 대한 Gibbs 에너지가 구성 2원계 및 3원계에 대한 모델 상수들만으로 표현됨을 알 수 있다. 합금계나 상(phase)에 따라서는 이외에 4원 상호작용 에너지 항이 추가되기도 한다.

위에서 보듯, 다원 합금계의 열역학 계산을 위해서는 이를 구성하는 2원, 3원 합금계에 대해 열역학 수식화가 선행되어야 한다. 이미 상태도가 비교적 정확히 알려져 있는 2원 또는 3원 합금계에 대해 열역학 자료를 수식화하고 이미 알려져 있는 상태도를 다시 계산으로 재현해 낸다는 것은 언뜻 무의미하게 보일지 모르나, 이때 중요한 것은 계산된 상태도가 아니라 특정 합금계에 대해 — 열역학적으로 밀접한 관계에 있는 — 열역학 특성(엔탈피, 활동도 등등)과 상평형 거동에 관한 실험 정보들을 동시에 잘 재현해 낼 수 있는 열역학 모델 상수들을 구해냈다는 사실이다. 여러 작은 합금계(lower order system)들에 대해 수식화된 열역학 모델 상수들은 식 (3-2)에서처럼 서로 합쳐져서 보다 큰 합금계(higher order system)의 열역학 수식화에 이용되며, 이러한 과정이 반복되면 최종적으로 다원 실용 합금계의 열역학 수식화가 자동적으로 이루어지고, 이때 비로소 실험이 이루어지지 않은 미지의 합금의 열역학 특성 및 상 안정성에 대해서도 실험 오차 이내의 예측 기능을 가짐으로 해서 실험을 대체할 수 있는 열역학 계산이 가능해지는 것이다.

2원 합금계에 대한 수식화의 예로 Ni-Cr 2원계를 고려하자. 합금계가 수식화되었다는 것은 그 합금계의 상태도, 구성 성분의 활동도, 혼합 엔탈피 등 제반 열역학 특성을 실험 자료와 일치하게 계산해 낼 수 있는 열역학 모델 상수가 수식화되었다는 것을 의미한다. Ni-Cr 2원계에 대한 이와 같은 열역학 특성의 계산 결과는 Fig. 3-1에 실험 자료와 함께 제시되어 있다. 실제로 다양한 열역학 특성들이 계산을 통해 잘 재현됨을 확인할 수 있다. 이와 같은 열역학 수식화는 Fe-Cr, Fe-Ni 등의 2원계에 대해서도 수식화되어 있으며, 그 결과를 종합하고 3원 상호작용 계수를 도입함으로써 Fe-Cr-Ni 3원계의 열역학 수식화가 완성된다. Fig. 3-2에는 Fe-Cr-Ni 3원계의 주요 온도에서의 등온 단면도와 액상에서 각 원소의 활동도에 대한 계산 결과가 실험 자료와 비교되어 있다. 같은 방법으로 Fe-Cr-C, Fe-Ni-C, Cr-Ni-C 등의 3원 합금계가 수식화되면 이들을 종합하여 Fe-Cr-Ni-C 4원 합금계 열역학 수식화가 진행되게 되고, 다른 4원 합금계에 대한 수식화 자료가 합쳐져서 Fe-Cr-Ni-Mo-Mn-Si-C-N과 같은 실용 다원 합금계에 대한 열역학 계산이 가능하게 되는 것이다. 다원 합금계에 대한 열역학 계산의 예로서, Fig. 3-3은 316 스테인리스 강에서 온도와 탄소 함량에 따른 $M_{23}C_6$ 탄화물의 석출 조건에 대한 계산 결과를 나타낸다. Fig. 3-4는 두 개의 서로 다른 이상조직 강종에 대해 온도에 따른 오스테나이트 분율을 계산한 것이다. 두 경우 모두 계산 결과가 실험 오차 이내에서 실험 정보와 잘 일치하고 있음을 확인할 수 있다. 중요한 것은, 위의 계산에 사용된 열역학 모델 상수값들이 특별히 위의 실험 정보를 잘 재현해 내기 위해 수식화된 것이 아니라는 점이다. 실용 다원 합금계에 대한 열역학 수식화가 완성되었다는 것은 특정 조성을 가진 강종뿐만 아니라, 같은 원소로 구성되어 있는 임의의 조성을 가진 미지의 강종에 대한 열역학 계산이 가능함을 의미하며, 다양한 강종에 대해 Fig. 3-3과 Fig. 3-4에 제시한 정도의 예측 능력을 기대할 수 있음을 의미하는 것이다.

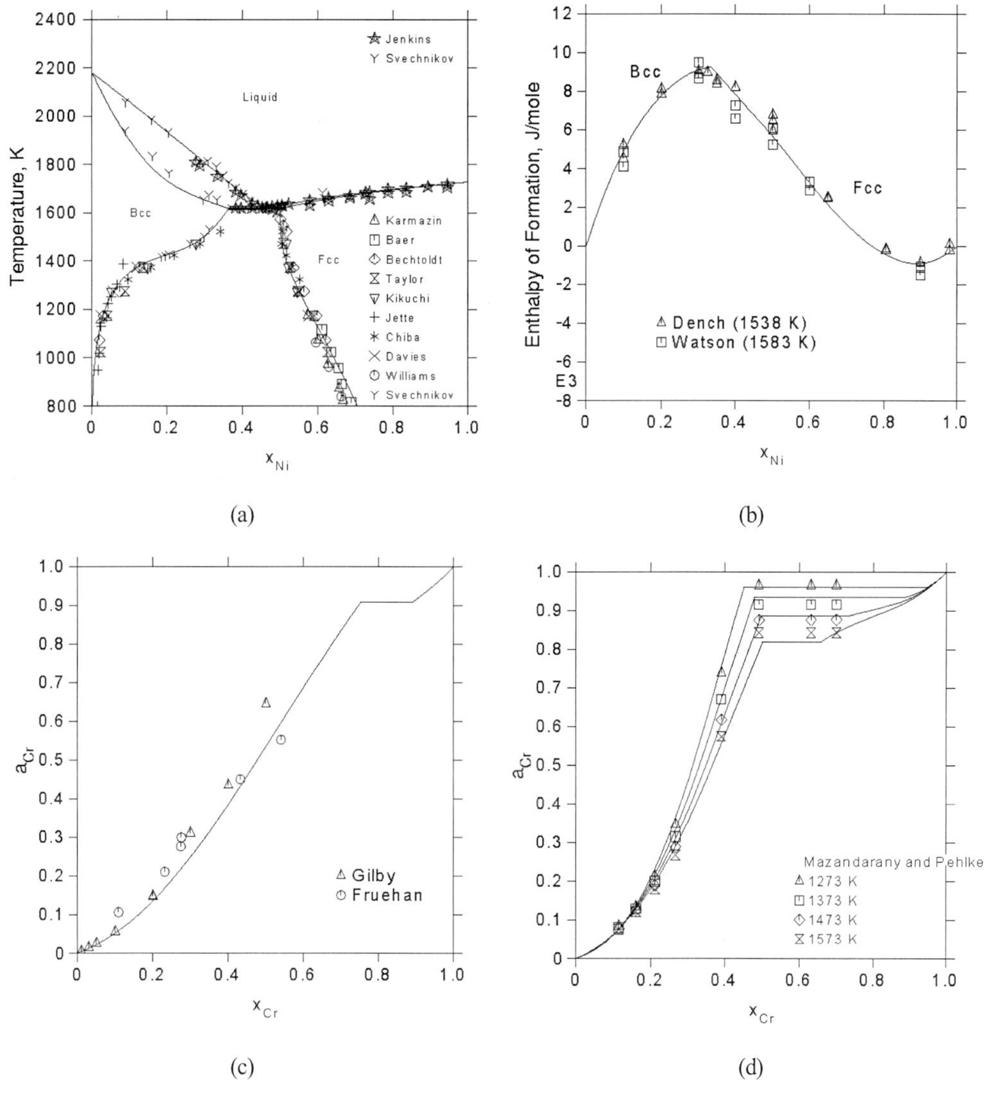

[Fig. 3-1] Ni-Cr 2원계의 열역학 특성-계산 결과와 실험 자료의 비교[21].
(a) 상태도 (b) 엔탈피 (c) 액상(1873K) 및 (d) 고상에서의 Cr 활동도

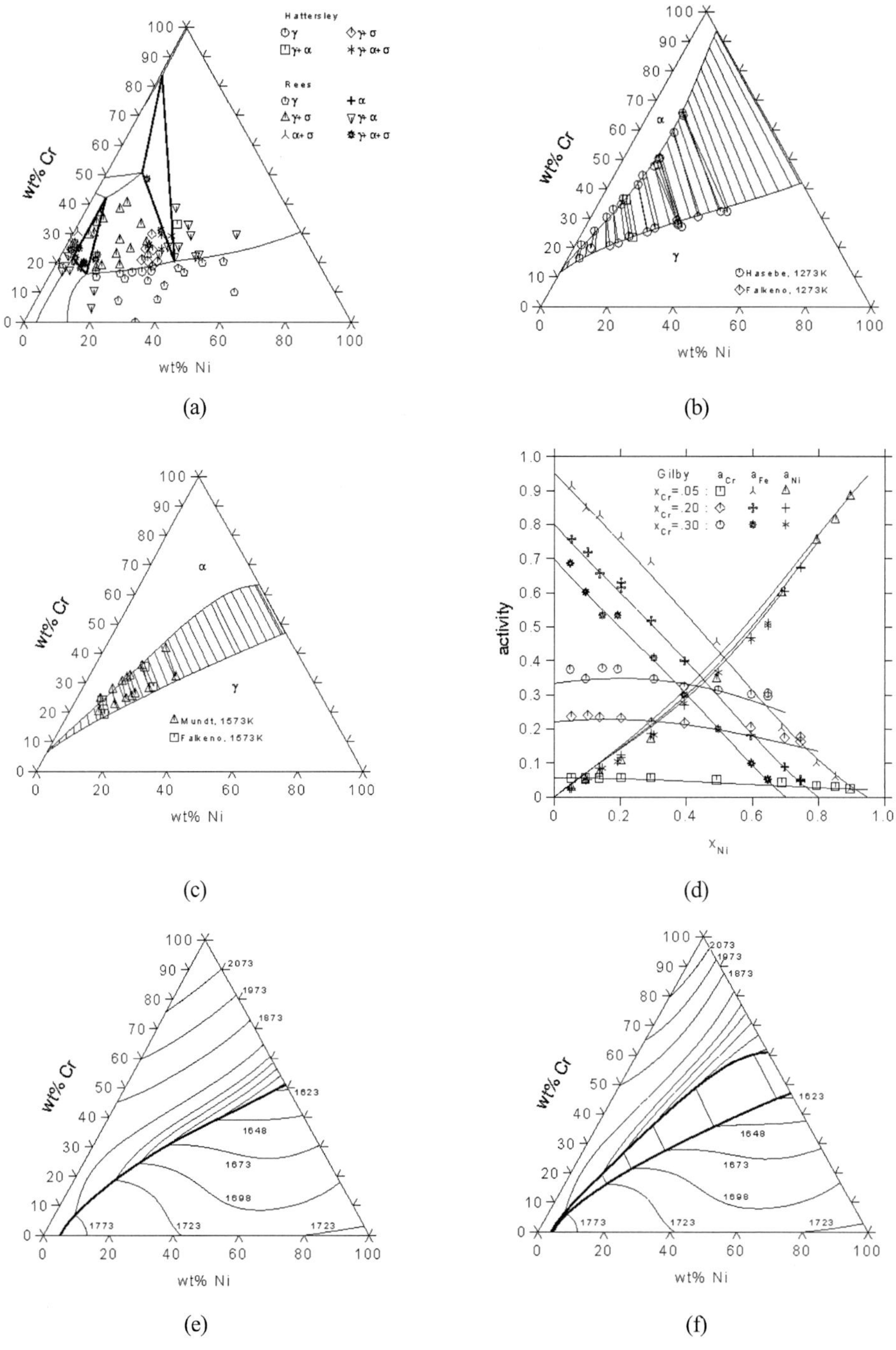

[Fig. 3-2] Fe-Ni-Cr 3원계 열역학 특성-계산 결과와 실험 자료의 비교[22].
(a) 923 K 등온 단면도 (b) 1273 K 등온 단면도
(c) 1573 K 등온 단면도 (d) 1873 K 각 원소의 활동도
(e) 액상선 (f) 고상선

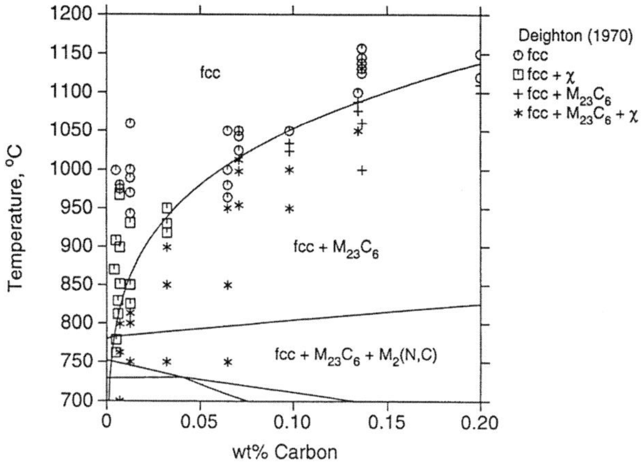

[Fig. 3-3] 316 스테인리스 강에서 온도와 탄소 함량에 따른 $M_{23}C_6$ 탄화물 석출 조건[23]

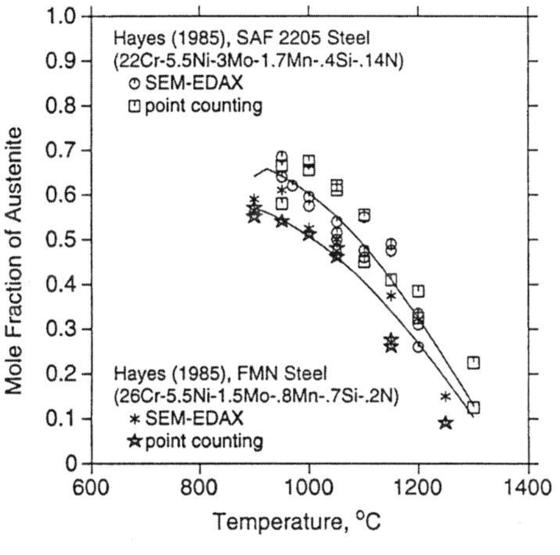

[Fig. 3-4] 두 이상조직 강종에서의 온도에 따른 오스테나이트 분율 변화[23]

3.2 다원 합금계 상평형 계산

상평형의 계산이란 주어진 열역학 조건(온도, 압력, 조성)에서 계의 Gibbs 에너지를 최소화할 수 있는 상의 종류, 양, 조성 등을 결정하는 것이다. 2원 합금계의 경우 각 상의 Gibbs 에너지를 조성의 함수로 도시하고 공통 접선(common tangent line)을 그어 상경계를 계산할 수 있다. 3원계의 경우 공통 접면(common tangent line)을 찾아 상경계를 결정할 수 있다. 임의의 다원계에 대한 상평형 계산 역시 합금계의 Gibbs 에너지가 최소화되는 조건을 찾는다는 면에서 동일하다. 단지 수식이 더 복잡할 뿐이다.

Hillert's equilibrium condition[24]으로 알려져 있는, 임의의 다원 합금계 상평형을 일반적으로 계산하기 위한 방법을 좀 더 구체적으로 알아보자. 편의상, 각 상의 Gibbs 에너지는 2.2절 2)항에서 설명한 부격자 모델을 이용하여 표현하는 것으로 한다. 합금계의 Gibbs 에너지는 다음과 같이 표현될 수 있다.

$$G = \sum_p n^p G_m^p \tag{3-3}$$

위에서 G는 합금계의 총 Gibbs 에너지, n^p는 상 p의 부격자 구조식 몰수를 나타내며, G_m^p 은 상 p의 부격자 구조식 1몰당 Gibbs 에너지로서 식 (3-2) 등과 같이 표현된다. 식 (3-3)의 최소화 조건에는 다음과 같은 제약조건이 따른다.

$$n_i = \sum_p n^p x_i^p = \sum_p n^p \sum_s a^{ps} y_i^{ps} \tag{3-4}$$

$$\sum_j y_j^{ps} = 1 \tag{3-5}$$

n_i는 성분 i의 원자 몰수(gram-atom 수)를 나타내고 x_i^p는 상 p의 부격자 구조식 1몰당 성분 i의 원자 몰수를 나타낸다. a^{ps}는 상 p의 s 부격자의 자리 비율을 나타내는 수로 앞 절의 부격자 구조식에서 사용된 a, c에 해당하는 값을 가진다. y_i^{ps}는 상 p의 s 부격자에서 성분 i의 자리비율을 나타내는 변수로서 각 상의 각 부격자에 대해 자리비율의 합은 정의에 의해 1이 된다.

일반적으로 제약조건이 따르는 상태에서 어떠한 함수의 최소조건을 구하는 데는 Lagrange 미정계수(undetermined multipliers)법이 사용되는데, 여기서의 L값은 다음과 같이 정의된다.

$$L = \sum_p n^p G_m^p + \sum_i \mu_i \left(n_i - \sum_p n^p \sum_s a^{ps} y_i^{ps}\right) + \sum_{ps} \lambda^{ps} \left(\sum_i y_i^{ps} - 1\right) \tag{3-6}$$

μ_i와 λ^{ps}는 각각 식 (3-4)와 (3-5)에 대한 미정계수들이며, 식 (3-6)의 L값의 최소화 조건은 위의 두 미정계수 외에 모든 변수, 즉 모든 n^p와 y_i^{ps}에 대해 최솟값을 갖는 조건으로부터 다음과 같이 구해지게 된다.

$$\frac{\partial L}{\partial n^p} = G_m^p - \sum_i \mu_i \sum_s a^{ps} y_i^{ps} = 0 \tag{3-7}$$

$$\frac{\partial L}{\partial y_i^{ps}} = n^p \frac{\partial G_m^p}{\partial y_i^{ps}} - \mu_i n^p a^{ps} + \lambda^{ps} = 0 \tag{3-8}$$

식 (3-7)에서 편의상 상 p가 일반 치환형 고용체라 생각하면 부격자는 단 한 개뿐이고 a 값은 1이 되며, 이때 G_m^p 는 몰 Gibbs 에너지가 되고 y_i^{ps}는 몰분율 x_i가 된다. 따라서 미정계수 μ_i는 성분 i의 화학 퍼텐셜(chemical potential)임을 알 수 있다.

식 (3-6)을 미정계수 μ_i와 λ^{ps}로 편미분했을 때 0이 되어야 한다는 조건으로부터 얻어지는 식 (3-4), (3-5)와 식 (3-7), (3-8)을 종합하면 미지수의 수와 관계식의 수가 같아져 수치 해석적 방법으로 해를 구할 수 있는 비선형 연립방정식계가 얻어진다. 실제 이러한 비선형 연립방정식을 풀어서 상평형 계산을 할 수도 있다. 그러나 이 방법은 주어진 열역학 조건 (온도, 압력 및 조성) 하에서 평형을 이루고 있는 상들을 미리 알고 있을 때 각 평형상의 몰분율 및 조성을 구하는 데는 사용될 수 있으나, 평형상의 종류를 미리 알지 못하는 상황에서 열역학적으로 가장 안정한 상의 조합을 계산해 내는 데는 비효율적이다. 또한, 계산량이 많아 시간이 오래 걸린다는 단점이 있다(비선형 연립방정식을 수치 해석적으로 풀 때 Jacobian matrix 크기가 크면서도 대부분의 matrix 원소는 0의 값을 가짐으로 해서 비효율적으로 계산량만 많아진다).

지금부터 소개하는, 상평형 계산을 위한 Hillert's equilibrium condition[24]에서는 두 개의 식, 식 (3-7)과 (3-8)을 별도로 iteration에 활용함으로써 계산을 효율적으로 수행할 수 있다. 상평형 계산은 두 개의 단계로 나누어져서 수행되는데, 첫 번째 단계에서는 초기값으로 준 조성값(y_i^{ps})들을 이용하여 모든 항을 계산한 후 식 (3-7)을 이용하여 화학 퍼텐셜 μ_i값들을 계산해 낸다. 다음, 두 번째 단계에서는 계산된 μ_i값들을 식 (3-8)에 적용하여 조성에 대한 수정값들을 계산하며, 두 단계의 계산을 반복함으로써 상평형 계산이 이루어지게 되는데 구체적인 과정은 다음과 같다.

우선 식 (3-7)을 iteration에 활용할 수 있도록 미분 형식으로 표현한다.

$$dG_m^p = \sum_i \mu_i \sum_s a^{ps} dy_i^{ps} + \sum_i \left(\sum_s a^{ps} y_i^{ps}\right) d\mu_i \tag{3-9}$$

한편 Gibbs energy의 정의로부터

$$dG_m^p = V_m^p\, dP - S_m^p\, dT + \sum_i \mu_i \sum_s a^{ps} dy_i^{ps} \tag{3-10}$$

를 얻을 수 있는데, 위 두 식으로부터 다음과 같은 Gibbs-Duhem 관계식이 얻어진다.

$$0 = \sum_i \left(\sum_s a^{ps} y_i^{ps}\right) d\mu_i - V_m^p\, dP + S_m^p\, dT \tag{3-11}$$

V_m^p 과 S_m^p 은 상 p 분자식 1몰당 부피와 엔트로피이고 P와 T는 각각 압력과 온도이다. 상평형 계산을 위한 한 iteration step을 생각할 때, 초기 치로 주어진 y_i^{ps}와 이로부터 계산된 V_m^p,

S_m^p 들을 이용, 식 (3-11)로부터 μ_i, P, T 등에 대한 수정값, $\Delta\mu_i$, ΔP, ΔT를 계산하게 된다. 식 (3-7)을 이용하면 식 (3-11)에서 화학 퍼텐셜 항을, 수정값 $\Delta\mu_i$ 대신 μ_i로 직접 다음과 같이 나타낼 수 있다.

$$G_m^p(0) = \sum_i \left(\sum_s a^{ps} y_i^{ps}(0)\right)\mu_i - V_m^p(0)\Delta P + S_m^p(0)\Delta T \tag{3-12}$$

여기서 $G_m^p(0)$는 $\Sigma(\Sigma a^{ps} y_i^{ps}(0))\mu_i(0)$에 해당하며, (0)는 직전 iteration 단계에서의 결과로서 계산된 값들을 의미한다.

합금계에서의 열역학 상태는 세기성질(intensive properties) μ_i, P, T 등의 값이 결정되면 정의될 수 있다. 이러한 세기성질의 개수는 성분의 수가 C 일 때 $C+2$가 된다. 한편, 식 (3-12)는 평형상태에서 공존하는 각 상에 대해 정의되므로 그러한 상의 개수를 P라고 하면 식 (3-12) 형태의 식의 수도 P가 된다. $C+2-P(=f)$는 Gibbs phase rule에서 자유도가 되며, $C+2-P=0$가 성립하는 경우 위의 식 (3-12)가 주는 연립방정식을 풀면 μ_i, P, T 등을 모두 계산할 수 있게 된다. 즉, 상평형 열역학 계산이 가능하게 되는 것이다. 자유도 f가 0 보다 큰 경우에, 식 (3-12)만으로 열역학 계산이 가능하기 위해서는 μ_i, P, T 중 f개만큼에 대해 특정한 값을 주어야 한다. 온도와 압력에 대해 특정한 값을 주었다면, 식 (3-12)에서 ΔP, ΔT는 0이 되므로 미지수는 C 개의 μ_i만 남는다. 평형상의 개수가 C인 경우 식 (3-12)만으로 열역학 계산이 가능해 지지만, C 보다 적은 경우는 적은 수만큼 μ_i 중의 일부에 대해 값을 지정하거나, 그렇지 못한 경우에는 또 다른 관계식이 식 (3-12)에 추가되어야 한다. 이러한 관계식을 도입하기 전에, 열역학 계산의 두 번째 단계에서, 식 (3-8)을 이용하여 어떻게 세기성질로부터 조성 y에 대한 수정값들을 계산할 수 있는지 알아볼 필요가 있다.

G_m^p 가 P, T 및 y_i^{ps}의 함수라는 사실로부터 $\dfrac{\partial G_m^p}{\partial y_i^{ps}}$ 를 다음과 같이 미분 형태로 표현한다.

$$d\left(\frac{\partial G_m^p}{\partial y_i^{ps}}\right) = \frac{\partial V_m^p}{\partial y_i^{ps}}dP - \frac{\partial S_m^p}{\partial y_i^{ps}}dT + \sum_j \frac{\partial^2 G_m^p}{\partial y_i^{ps}\partial y_j^{ps}}dy_i^{ps} \tag{3-13}$$

앞서 식 (3-11)을 식 (3-12)로 바꾸어 표현한 것처럼, 위의 식 (3-13)을 한 iteration step에서의 계산에 해당하는 것으로 생각하고 식 (3-8)의 관계식을 적용하면 다음과 같은 관계식을 얻을 수 있다.

$$a^{ps}\mu_i - \frac{\partial G_m^p(0)}{\partial y_i^{ps}} - \frac{\partial V_m^p(0)}{\partial y_i^{ps}}\Delta P + \frac{\partial S_m^p(0)}{\partial y_i^{ps}}\Delta T = \sum_j \frac{\partial^2 G_m^p(0)}{\partial y_i^{ps}\partial y_j^{ps}}\Delta y_i^{ps} + \frac{\lambda^{ps}}{n^p} \tag{3-14}$$

또한, 식 (3-5)로부터 다음의 관계식을 얻는다.

$$0 = \sum_j \Delta y_j^{ps} \tag{3-15}$$

식 (3-14)에서 왼쪽에 있는 항들은 첫 번째 단계[식 (3-12)]에서 계산되었거나 조성 y_i^{ps}에 대한 초기값을 이용하여 그 값을 계산할 수 있는 항들이다. 미지수는 조성에 대한 수정치, Δy_i^{ps}와 λ^{ps}/n^p 뿐이며, 식 (3-14)와 (3-15)는 이 미지수들에 대한 선형 방정식이 된다. 이 선형 방정식에서 미지수의 개수는 "Δy_i^{ps}의 수 + 해당 상의 부격자의 수" 이고, 식 (3-14), (3-15)로부터 같은 수의 선형 관계식이 제공된다. 식 (3-14), (3-15)로 이루어지는 선형 연립방정식은 언제나 해석적으로(analytically) 해를 구할 수 있으며, Δy_i^{ps}를 다음과 같이 μ_i, ΔP, ΔT의 함수 형태로 표현할 수 있다.

$$\Delta y_j^{ps} = e_{0j}^p + \sum_i e_{ij}^p \mu_i + e_{Pj} \Delta P + e_{Tj} \Delta T \tag{3-16}$$

Iteration의 두 번째 단계에서 식 (3-16)을 통해 조성에 대한 수정치가 구해지면 새로운 조성이 계산되고, 이 새로운 조성은 다음 iteration 첫 번째 단계에서의 계산[식 (3-12)]에 보내어져 새로운 μ_i, P, T를 구하는 데 사용된다. 식 (3-16)을 이용한 조성의 계산은 모든 상에 대해, 적용된 열역학 모델에 관계없이 개별적으로 행해질 수 있다.

앞서, 평형상의 수, 즉 식 (3-12)로 주어지는 관계식의 수가 미지수로 존재하는 μ_i, P, T의 수보다 적을 경우 또 다른 관계식이 식 (3-12)에 추가되어야 한다고 언급한 바 있다. 식 (3-16)에서 Δy_i^{ps}가 μ_i, ΔP, ΔT의 선형 함수 형태로 표현될 수 있다는 사실은, 경우에 따라서는 식 (3-16) 형태의 관계식이 식 (3-12)와 연립되어 iteration의 첫 번째 단계에서의 계산에 활용될 수 있다는 점을 내포한다. 만약, 특정 상에 대해 한(또는 몇) 성분의 조성을 미리 알고 있는 조건에서 열역학 계산이 행해진다면, 그 조성에 해당하는 y_i^{ps}값은 이미 식 (3-16)과 같은 계산을 통해 그 값이 구해져야 하는 미지수가 아니다. 즉, 그러한 조성에 대한 Δy_i^{ps}값은 0가 되며, 이에 해당하는 식 (3-16)은 다음과 같이 바뀌게 된다.

$$-e_{0j}^p = \sum_i e_{ij}^p \mu_i + e_{Pj} \Delta P + e_{Tj} \Delta T \tag{3-17}$$

이 식은 μ_i, ΔP, ΔT 간의 관계식으로 식 (3-12)와 똑같은 형태를 가진다. 즉, 식 (3-12)와 함께 iteration의 첫 번째 단계에서 사용될 수 있는 식이 된다. 압력과 온도가 일정한 상태에서, 3원계 등온 상태도 상의 2상 간 평형(tie-line)을 결정하려는 경우, 세 성분의 화학 퍼텐셜이 미지수로 남지만 식 (3-12) 형태의 관계식은 두 개밖에 존재하지 않는다. 이때 전체 조성(overall composition)이 정해져 있지 않다면 적어도 한 상에서 한 용질 원소의 조성을 미리 알고 있어야 한다. 이 경우 그 용질 원소의 조성에 해당하는 Δy_i^{ps}값이 0이 되어 이에 해당하는 식 (3-16) 형태의 식이 하나 없어지는 대신 식 (3-17) 형태의 관계식이 얻어지고, 식 (3-12)와 연립되어 화학 퍼텐셜에 대한 계산이 가능해지게 되는 것이다.

상평형의 계산에서 특정 원소의 화학 퍼텐셜이나, 특정 상 내 특정 원소의 조성에 대해 미리 값을 부여하고 계산을 시도하는 경우는 흔하지 않다. 보다 일반적으로 주어지는 조건은 압력, 온도 및 전체 조성이 주어진 상태에서 평형상의 종류, 양 및 조성을 계산하는 것이다. 통상 합금계의 몰수를 (예를 들면 1 gram-atom 으로) 지정한 상태에서 전체 조성이 주어졌다는 것은 각 원소의 몰수가 지정되었다는 것과 같다. 앞서 예로 들었던, 주어진 압력, 온도에서 특정 상 간의 상평형을 계산하는 경우 각 상의 조성과 각 원소의 chemical potential이 최종적으로 계산되는 내용이지만, 평형을 이루는 상의 종류가 미리 주어지지 않고 대신 각 원소의 몰수가 주어진 경우에는 평형을 이루는 상의 종류 및 각 상의 양이 추가로 계산되어야 한다. 평형을 이루는 상의 종류를 어떻게 찾아내는가를 알아보기 전에 우선 각 원소의 몰 수가 지정되었다는 사실이 어떠한 수식적 형태로 상평형 계산에 반영되는지를 알아볼 필요가 있다. 이를 위해 식 (3-4)를 미분형태로 다시 표현한다.

$$dn_i = \sum_p \left(\sum_s a^{ps} y_i^{ps}\right) dn^p + \sum_p n^p \sum_s a^{ps} dy_i^{ps} \tag{3-18}$$

위 식을 한 iteration step에 해당하는 형태로 고치고 식 (3-4)를 적용하여 재배열하면 다음과 같은 식을 얻을 수 있다.

$$n_i + \Delta n_i = \sum_p \left(\sum_s a^{ps} y_i^{ps}(0)\right) n^p + \sum_p n^p(0) \sum_s a^{ps} \Delta y_i^{ps} \tag{3-19}$$

n_i는 계산 조건으로 값이 주어져 있으므로 이 경우 Δn_i는 0이다. Δy_i^{ps}를 식 (3-16)으로 대체하면 식 (3-19)는 식 (3-12)와 같이 μ_i, ΔP, ΔT 간의 선형관계식이 된다. 다만 n^p가 미지수로 포함되어 있다는 점이 다르다. 그러나 식 (3-12)와 식 (3-19)를 합친 형태의 연립방정식을 생각할 때, 임의의 원소 개수 C와 임의의 상의 개수 P에 대해, 식 (3-12) 형태의 관계식은 P개, 식 (3-19) 형태의 관계식은 C개가 얻어지고, 미지수는 C개의 μ_i, P개의 n^p로 같은 수가 된다. 따라서 식 (3-12)와 (3-19)를 합친 형태의 선형 연립방정식은 항상 해를 구할 수 있으며, iteration의 첫 번째 단계에서 식 (3-12)와 (3-19)를 연립으로 풀고, 두 번째 단계에서 식 (3-16)을 풀어 새로운 조성값을 구하며, 이러한 두 단계의 계산을 반복함으로써 상평형의 계산이 이루어질 수 있다.

평형을 이루는 상의 조합을 찾아내기 위해서는 위에 설명한, 두 개의 단계로 된 iteration을 여러 상들의 조합을 가정한 상태에서 수행하여 가장 열역학적으로 안정한 상의 조합을 찾아내야 한다. 이러한 평형상들의 조합을 단순한 시행착오에 의해 찾는 것은 아니다. 일반적으로 액상은 어느 합금계에나 존재하고 전 조성 범위에 걸쳐서 Gibbs energy가 정의되어 있으므로 처음에 평형상이 액상 하나뿐이라고 가정한 상태에서 주어진 조건에서의 상평형 계산을 수행할 수 있다. 압력, 온도, 조성이 주어진 경우, 상평형 계산을 통해 얻어지는 정보는 그 조건에서의 각 원소들의 화학 퍼텐셜이 된다. 화학 퍼텐셜이 결정되면, 식 (3-16)을 이용하여 (이 경우 ΔP, ΔT는 0이다) 액상 이외의 모든 상들에 대해서도 개별적으로 준안정한 상태에서의 조성을 구할 수 있게 된다. 이러한 조성과 화학 퍼텐셜을 이용하면 식 (3-12)에서 왼쪽의 Gibbs energy와 오른쪽의 첫 항을 계산할 수 있는데 그 차이는 해당 상이 평형상으로 존재할 구동력이 된다. 즉, 왼쪽의 Gibbs energy 값이 오른쪽의 첫 항보다 크면 그 상은 현재의 평형상 조합에 비해 불안정한 것이고, 작으면 그 상은 현재의 평형상 조합(액상 단상)보다 안정한 것이 된다. 현재의 평형상 조합보다 안정한 상이 발견되면 그 상을 추가하여 다시 2단계 iteration을 통한 상평형 계산을 시도한다. 각 상의 조성과 새로운 화학 퍼텐셜 값이 계산되면 다시 조합에서 빠진 다른 모든 상에 대해 구동력을 계산한다. 이러한 계산 과정에서, 평형상 조합에 속해 있었던 어떤 상에 대해 평형 상분율 n^p가 음의 값으로 계산되면 그 상은 제외시키고, 조합에서 제외되었던 다른 상들 중 새로 안정한 상이 발견되면 그 상은 새로이 조합에 추가하여 상평형 계산을 다시 시도한다. 이러한 과정을 더 이상 안정한 상이 나타나지 않을 때까지 반복하면, 최종적으로 평형을 이루는 상의 조합과 상분율 및 각 상의 조성, 즉 평형 상태가 계산된다.

일반적으로 상평형을 계산하는 조건은 대단히 다양하다. 위에서는 평형에 참여하는 상이 이미 주어진 경우, 또는 평형상 조합을 모르는 상태에서 합금 조성만이 주어진 경우를 예로 들었지만, 평형에 참여하는 상의 일부만 주어지는 조건도 있을 수 있고, 합금 원소 일부에 대해서만 조성이 주어지는 경우도 있을 수 있으며, 몰 분율 대신 무게 분율이 주어지는 경우, 일부 원소의 절대량 대신 상대 비율이 일정하게 주어지는 경우 등 다양한 열역학적 조건이 상정될 수 있다. 이러한 모든 조건들은 다 수식적으로 표현될 수 있을 것이며, 한 iteration에 대한 수식으로 바뀌어 식 (3-12)와 함께 첫 번째 단계에서의 계산에 활용된다. 수식적으로, 첫 번째 단계에서 식 (3-12)와 함께 풀리는 연립방정식에서 미지수의 개수와 관계식의 개수가 같기만 하면 상평형 계산은 언제든지 행해질 수 있게 된다.

3.3 열역학 계산의 활용

열역학 계산은 소재 미세조직 발현의 기본이 되는 상평형 관계를 신속하게 예측할 수 있게 해 줌으로써 합금 및 공정 개발 시 실험 결과의 해석을 돕고 시행 오차를 줄이는 데 기여할 수 있다. 다양한 합금·공정 설계에 응용할 수 있기 위해서는 일반 연구자들이 쉽게 사용할 수 있는 컴퓨터 프로그램과 신뢰할 만한 계산 결과를 줄 수 있는 열역학 모델 상수의 database가 필수적이다. 이와 같은 기본 요건이 갖추어진 상태에서, 열역학 계산은 상태도의 계산이라는 직접적인 형태로도 활용이 가능하지만 속도론 모델링과 결합시킬 경우 보다 다양한 물리

야금학적 문제 해결에 응용될 수 있다. 확산 율속 반응에서 계면에 국부 평형을 가정하게 되고 이에 대한 시뮬레이션 과정에서 상평형의 계산이 필수적으로 수반된다는 것은 이미 앞서 언급한 바 있다. 다원 확산은 속도론적인 문제일 뿐만 아니라 열역학적 요인이 커다란 영향을 미치는 문제라는 것을 다음 장에서 보다 구체적으로 설명할 것이다.

일반적으로 N 성분계의 열역학 수식화가 완성되기 위해서는 $_NC_2$개의 2원계, $_NC_3$개의 3원계 등 수많은 합금계에 대해 열역학 수식화를 필요로 한다. 이때 각각의 2, 3원 합금계에 대한 열역학 수식화는 동일한 열역학 모델에 의해 이루어져야 하고, 특히 순수 원소에 대해 각기 동일한 Gibbs 에너지 식이 이용되어야 한다. 예를 들어, Fe-Cr 과 Fe-Ni 계의 수식화된 열역학 자료를 이용하여 Fe-Cr-Ni 3원계의 열역학 수식화를 행하고자 할 때, 두 2원계에서 액상이 서로 다른 용체 모델에 의해 수식화되었거나 Fe에 대해 서로 다른 Gibbs 에너지 식이 이용되었다면 이의 결합은 이루어질 수 없다. 마찬가지로 Fe-Cr-Ni 및 Ni-Cr-C 계를 수식화할 때, Ni-Cr 2원계에 대해 각각 다른 수식화 자료가 이용되었다면, 위의 두 3원계 자료를 결합한 Fe-Cr-Ni-C 4원 합금계의 수식화는 불가능하게 되고 만다. 따라서 효율적인 연구를 위해서는 국제적으로 인정되어 모든 나라의 연구자들이 이용할 수 있는 열역학 모델의 개발이 필수적이었으며, 1, 2원 합금계들에 대한 수식화 결과를 database 형태로 운영하여 중복 연구를 피할 필요가 있었다. 이러한 필요에 따라 유럽 국가들을 중심으로 국제 공동연구그룹이 탄생하여 SGTE(Scientific Group Thermodata Europe)라는 이름하에 database를 운영하고 있다. SGTE는 순수 원소의 Gibbs 에너지를 표현하는 방법을 제안하고(이에 대해서는 이미 2.4 절에서 소개한 바 있다), 이에 따른 Gibbs 에너지 값을 공개함으로써[19] 전 세계 연구 결과의 통합을 유도하여 왔다. 이러한 국제적 공동체의 노력과 개개 연구자들의 오랜 기간에 걸친 노력의 결과로 주요 합금계에 대해 열역학 database가 구축되기에 이르렀다. 현재, 열역학 계산용 database가 구축되어 있는 합금계로는 Fe-합금계를 비롯 Al-, Ni-, Ti-, Mg-합금계 및 슬래그 계 등을 들 수 있으며, 이외에도 순수 화합물, 수용액, 원전재료, 솔더 등 광범위한 분야의 열역학 database가 구축되어 있고, 지속적인 보완과 확장이 세계 각국의 연구기관에서 이루어지고 있다. 참고로 본 교재에서 제시하는 모든 열역학 계산 결과는 저자와 스웨덴 KTH의 ThermoCalc 그룹에서 공동으로 개발한 Fe-합금계 database TCFE2000 및 그 upgrade 버전을 이용한 것임을 밝힌다.

한편, 열역학 계산용 프로그램 역시 여러 연구그룹에 의해 개발되어 있는 상태인데, 많이 활용되는 프로그램으로 스웨덴 KTH의 ThermoCalc(www.thermocalc.com), 독일 RWTH-Aachen의 ChemSage와 캐나다 Ecole Polytechnique의 FACT가 합쳐진 FactSage(www.factsage.com), 미국 Univ. of Wisconsin-Madison의 Pandat(www.computherm.com) 등을 들 수 있다. 각각의 프로그램들은 주로 사용자 환경에서 커다란 차이를 보이나 각각의 장단점이 있으며, 개발자들은 비전문가들이 사용하기 편리한 사용자 환경을 제공하는 데 많은 비중을 두고 있다. 각 프로그램들은 또한 고유의 열역학 database를 연계시켜 활용도를 높이고 있다. 보다 상세한 사항은 각각의 Web Site를 참고할 수 있을 것이다.

4 열역학과 확산 속도론의 결합

상태도의 계산은 그 신뢰성과 광범위함으로 인해 철강 합금계는 물론 다른 비철 합금계 연구 분야에서도 다양하게 활용되고 있지만, 기본적으로 상평형을 가정해야 한다는 면에서 한계를 지닌다. 이러한 한계를 극복하기 위한 노력으로, 확산 속도론과 열역학 계산을 접목시키려는 연구가 오랫동안 진행되어 왔다. 계면을 두께가 없는 수학적인 면으로 간주하는 Gibbs 모델과 Fick's 제1, 2법칙을 기반으로 하는 확산 변태 모사는 현재 다원 합금계에서 단상 합금 간의 확산 반응은 물론 제2, 제3 상을 포함하는 다상 합금 간의 확산 반응을 정량적으로 다룰 수 있는 수준으로 발전해 있다. 이 방법의 한계는 2차원 이상으로 확장이 어려워 미세조직 발현을 구현하기 어렵다는 데 있으며, 확산 계면의 개념에 기반을 둔 Phase Field modeling이 발전하면서 새로운 가능성을 열고 있다. 열역학 계산은 확산 변태 모사에 크게 세 가지 목적으로 활용된다. 하나는 확산 계수에서 열역학 인자(thermodynamic factor)를 구하는 것이고, 다른 하나는 국부 평형이 가정되는 계면에서 국부 평형 조성을 계산하는 일이며, 세 번째는 다상 합금 간 확산 반응의 경우 반응에 따른 제2, 제3 상 분포를 계산하는 것이다. 여기서는, 흔히 속도론적인 속성을 가진 것으로만 알기 쉬운 확산 계수에 열역학이 얼마나 기여를 하는지를, 다양한 확산 계수의 정의를 정리하고, 다원 확산 모델을 설명하면서 살펴보고자 한다. 또한, Gibbs 계면 개념에 기반을 두고, 서로 다른 다상 합금의 접합 시 계면에서의 상 분포 변화를 예측하는 문제와 오스테나이트계 스테인리스 강의 응고 시 $\delta-$페라이트 잔류량과 응고 편석의 예측 문제를 전산 모사한 예를 소개하면서 그 한계와 추후의 발전 방향을 모색해 보고자 한다.

4.1 확산 계수

확산 계수는 확산 유속과 확산 구동력으로서의 농도 구배 간 비례 관계를 나타내는 계수이다. 각종 핸드북에는 다양한 결정상에서의 확산 계수 값을 수록해 놓고 있다. 이때, 확산 계수는 한 가지만 수록되어 있는 것이 아니고, 자기 확산(Self diffusion), 추적 확산(Tracer diffusion), 추적 불순물 확산(Tracer Impurity diffusion), 상호 확산(Inter diffusion) 계수라는 이름으로 구분이 되어 수록되어 있음을 알 수 있다. 확산 계수 data를 용도에 맞게 정확하게 활용할 수 있기 위해서는 우선 다양한 이름을 가진 확산 계수를 구분할 수 있어야 한다. 확산 계수는 위에 열거한 이름 이외에도 고유 확산(Intrinsic diffusion), 화학 확산(Chemical diffusion coefficient)이라는 이름도 있다. 이제 그 차이를 알아보자.

1) 고유 확산(Intrinsic diffusion), 상호 확산(Inter diffusion)

잔잔히 흐르는 개울에서 조각배를 띄워놓고 그 위에서 강물에 잉크를 한 방울 떨어뜨리는 장면을 생각해 보자. 잉크를 떨어뜨리는 사람의 입장에서, 또한 개울을 건너지르는 다리 위에 서서 이를 지켜보고 있는 사람의 입장에서 잉크의 움직임을 생각하자. 강물에 떨어진 잉크는 한편으로는 강물의 흐름에 따라 떠내려가면서 동시에 주변의 물로 확산이 되어 퍼져 나갈 것이다. 배 위에서, 잉크와 같은 속도로 떠내려가면서 이를 지켜보는 사람은 잉크가 사방으로 퍼져 나가는 것만을 보게 된다. 한편, 다리 위에 있는 사람은 잉크가 떠내려가는 것과 퍼져나가는 것을 동시에 보게 된다. 두 사람 모두 잉크가 물 속으로 확산되어 나간다고 생각을 하지만, 두 사람이 느끼는 확산 속도는 강물이 흘러 내려가는 속도만큼 다르다. 이는 확산의 출발 원점을 어디로 하느냐, 즉 다리 위의 고정된 위치로 하느냐 떠내려가고 있는 잉크의 중심점으로 하느냐의 차이에서부터 오는 것이다. 어떤 확산이 진정한 확산인가? 필자는 잉크와 같은 속도로 떠내려가는 사람이 보는 확산이 진정한 확산이고, 다리 위에서 보는 사람은 물의 흐름까지 더해진, 일종의 겉보기 확산을 보는 것이라고 생각하고 싶다.

결정질 속 원자의 확산도 정도는 다르지만 기준점을 어디에 두느냐에 따라 비슷한 차이를 보일 수 있다. 확산 유속(J)은 확산 계수(D)와 농도(n) 구배의 곱으로, 1차원적으로 다음과 같이 표현될 수 있다(Fick's 제1법칙).

$$J = -D\frac{\partial n}{\partial x} \tag{4-1}$$

확산 속도가 다른 두 물질 사이에서 확산 반응이 일어날 때 경계면이 이동한다는 것은 Kirkendall effect라는 이름으로 잘 알려져 있다. 이때 계면을 확산의 원점($x=0$)으로 생각할 때와 계면과 평행한 시편의 한쪽 면을 원점으로 생각할 때 확산 속도가 달라질 것은 쉽게 이해할 수 있다. 그렇다면, 어떤 게 진정한 확산일까? 원점에 따라 확산 속도(유속)가 달라진다면 위 식 (4-1)의 유속 표현은 원점에 따라 어떻게 달라져야 할까? 확산에서 원점을 어디에 두느냐 하는 문제는 확산의 좌표계(reference frame)를 어떻게 설정하느냐 라고 표현을 한다.

A, B 각각의 원소로 이루어진 순 결정을 접합시켜 A, B 원소 간에 서로 반대 방향으로 확산이 일어나고 있는 확산 쌍을 생각하자. A, B 원소는 치환형 고용체를 이루고 확산은 원자공공 메커니즘을 통해 일어난다고 간주한다. 초기 A, B 결정 간의 경계를 확산의 원점이라고 생각하고 이 경계를 지나가는 A, B 원자 및 공공의 유속을 각각 J_A, J_B, J_V라고 표현하면 이들 사이에는 다음과 같은 관계가 얻어진다.

$$J_A + J_B + J_V = 0 \tag{4-2}$$

결정 간의 경계에 해당하는, 한 격자면(lattice plane)을 확산의 원점으로 삼는 경우, 격자 고정 좌표계 (lattice fixed frame of reference)에 의한 확산이라고 이야기한다. 이때 A, B 원소 각각에 대한 확산 유속은 아래와 같이 표현된다.

$$J_A = -D_A \frac{\partial n_A}{\partial x} \tag{4-3a}$$

$$J_B = -D_B \frac{\partial n_B}{\partial x} \tag{4-3b}$$

여기서 예로 들고 있는 $A-B$ 확산쌍에서 A 원소와 B 원소 확산 유속의 절댓값이 정확하게 같다면 원자공공의 유속은 정확하게 상쇄가 되어 0이 될 것이다. 일반적으로 서로 다른 원소 원자의 확산 유속이 같을 수는 없으므로 항상 원자공공의 이동이 발생할 수밖에 없는데 (원자공공은 이렇게 이동하여 농도의 변화가 생기더라도 입계로 소멸되거나 새로 생성되어 결정 입자 내부에는 항상 평형 농도의 원자공공이 유지되고 있다고 가정한다), 이러한 원자공공의 이동은 초기 경계면의 이동을 야기하게 된다. 단위 부피당 격자점의 수를 n_t라고 한다면, 원자공공의 유속과 이로 인한 초기 경계면(reference plane)의 이동 속도 v간에는 다음과 같은 관계식이 얻어진다.

$$J_V = -J_A - J_B = n_t v \tag{4-4}$$

단위 부피당 격자점의 수 n_t는 A, B 원자 농도(단위 부피당 원자 개수)의 합이라 할 수 있는데($n_t = n_A + n_B$), A, B 원소의 몰 부피(또는 원자 부피)가 동일하다고 가정하면 n_t는 항상 상수가 되며, 초기 경계면의 이동 속도에 대해 다음과 같은 표현을 얻게 된다.

$$v = (D_A - D_B) \frac{\partial N_A}{\partial x} \tag{4-5}$$

여기서 N_A는 A 원소의 몰 분율이다. 만일 최초 경계면을 확산 좌표계의 원점으로 삼지 않고, 시편의 한쪽 끝 면을 원점으로 삼았다고 생각해 보자. 시편의 한쪽 끝을 좌표계의 원점으로 삼는 것은 가장 편한 방법이기도 하며 실험실 좌표계(laboratory frame of reference)라고 하는데, 여기서 예로 든 것처럼 확산 반응 중 부피가 보전되는 경우, 부피 고정 좌표계(volume fixed frame of reference)라고도 할 수 있다(이동하는 초기 경계면을 좌표계 원점으로 삼는 것은 머릿속으로 생각하기는 좋은데 실제 사용하기에는 측정의 어려움이 있다). 시편의 한쪽 끝 면을 원점으로 생각한다면, 이 관점에서 보는 원자의 확산은, 격자면을 원점으로 삼았을 때 보이는 확산과 초기 경계면의 이동을 함께 고려한 것이 된다. 실험실 좌표계를 사용할 때의 원소의 B의 확산 유속을 $\widetilde{J}_B$로 표시하고 이를 격자고정 좌표계를 사용했을 때의 항들을 이용하여 표현해 보자.

$$\widetilde{J}_B = J_B + N_B n_t v = J_B - N_B(J_A + J_B) = -(N_B D_A + N_A D_B)\frac{\partial n_B}{\partial x} = -\widetilde{D}\frac{\partial n_B}{\partial x} \tag{4-6}$$

$$\widetilde{D} = N_B D_A + N_A D_B \tag{4-7}$$

식 (4-6)에 나타낸 유속 $\widetilde{J}_B$는 분명히 식 (4-3b)에 나타낸 유속 J_B와는 다른 값을 가진다. 그러나 두 양 모두 확산 유속으로서 동일하게 식 (4-1)에서와 같은 형태를 가지며, 값의 차이는 확산 계수를 통해 나타나는 것이다.

특정 격자면을 중심으로 좌우를 지나가는 A, B 원자의 개수를 고려함으로써 나타내는 확산, 즉 격자고정 좌표계를 사용하여 나타내는 확산은, 앞서 예로 든, 잉크와 같은 속도로 떠내려가는 사람이 보는 잉크의 확산처럼 진정한 확산을 정량적으로 표현하는 것이라고 볼 수 있다. 이런 의미에서, 이 경우의 확산 계수를 고유 확산 계수라고 부른다. 반면, 실험실 좌표계를 사용하여 나타내는 확산은 다리 위에 서서 떠내려가는 잉크를 관찰하는 사람이 보는 것처럼, (진정한 확산과 계면의 이동을 한꺼번에 보는) 겉보기 확산을 정량적으로 표현하는 것이라 할 수 있다. 이 경우의 확산 계수는 상호 확산 계수라고 부른다. 두 확산 계수는 식 (4-7)로 서로 연관 관계를 가진다. 엄밀한 의미에서 각 원소의 진정한 확산 특성을 나타내는 것이 아님에도 불구하고, 고상 확산에 대해 가장 광범위하게 사용되는 좌표계는 실험실 좌표계이고 확산을 정량적으로 다룰 때 기본적으로 사용되는 확산 계수는 상호 확산 계수이다. 그 이유는 편리함 때문이다. 시편의 한쪽 끝을 원점으로 거리를 재고 농도를 측정해서 확산 profile을 그림으로 표현하는 것이 보편적으로 사용될 수 있는 가장 편리한 방법이기 때문이다. 반면, 각 원소의 확산 특성을 가장 정확하게 나타내는 방법이라고 생각됨에도 불구하고 격자고정 좌표계가 현실적으로 사용되지 못하는 이유는 움직이는 경계 격자 면을 거리 좌표계의 원점으로 삼는다는 것이 실험적으로 항상 가능한 일이 아니기 때문이다. 고유 확산 계수는 격자 면의 움직임과 상호 확산 계수를 실험적으로 측정한 후 식 (4-5)와 (4-7)을 통해 계산이 가능하다. 격자 면의 이동 속도 등 공정 조건의 영향으로부터 상대적으로 더 독립적이라는 면에서, 상호 확산보다는 고유 확산 계수가 이론 연구자들의 관심을 더 받고 있으며, 필요한 경우 식 (4-7)을 이용하여 상호 확산 계수를 계산한 후 확산 문제를 정량적으로 다루는 것이 현재 진행되고 있는 이론 연구의 통상적인 방법이다.

문제

$A-B$ 확산 쌍에 대한 다음의 실험 정보로부터 각 원소의 고유 확산 계수를 구하시오.

Matano plane과 marker plane 사이의 거리:

0.01 cm

Annealing time: 18000 sec

marker plane에서의 각종 측정치:

- $N_A = 0.65$, $N_B = 0.35$
- $\tilde{D} = 5.5 \times 10^{-8}\ \text{cm}^2/\text{sec}$
- $\dfrac{\partial N_A}{\partial x} = 2.44\ \text{cm}^{-1}$

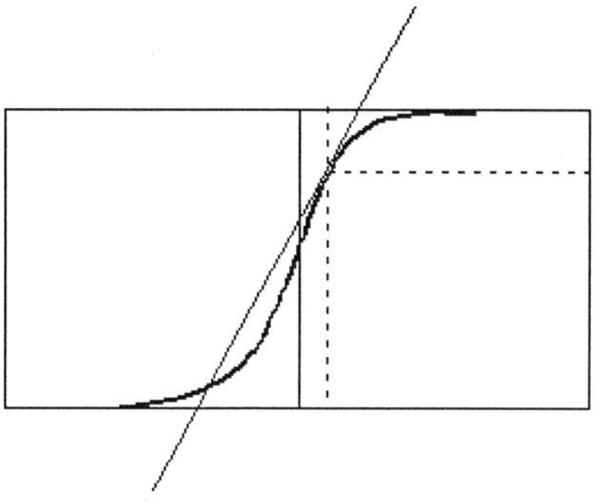

2) 자기 확산(Self diffusion), 추적 확산(Tracer diffusion)

통계역학에서는 확산을 random walk process로 접근한다. 열적 활성화된 원자들이(치환형 확산의 경우 더 정확하게는 원자 공동들이) 어디로 이동을 할지 모르기 때문이다. 한편, 경험적으로는 확산의 구동력이 원소의 농도 구배라고 한다. 그렇다면 농도 구배가 없는 순수 원소로 이루어진 고상에서는 확산이 없을까? 평형 농도만큼의 원자공공이 있고, 열적 활성화가 되면 이 원자공공들도 주위로 이동을 할 것이다. 확산이 일어날 수 있다. 구동력은 단순히 순물질이 아닌 경우, 확산을 표현하는 데 편리하기 때문에 만들어진 경험식에 존재하는 항일뿐이다. 순수 물질에서도 확산이 일어나고 있을 것이 명백함에도 불구하고 농도 구배를 이용하여 확산 계수를 구하는 방법으로는 순물질의 확산 계수를 구할 수가 없다. 이때 사용하는 방법이 확산 쌍의 한쪽에 동위원소를 이용하고 그 동위원소의 확산 profile을 구함으로써 확산 계수를 구하는 것이다(Fig. 4-1). 이렇게 구한 확산 계수는 시편 한쪽을 좌표의 원점으로 사용했을 것이 확실하기 때문에, 또 다른 관점에서는 상호 확산 계수라고 보아야 한다.

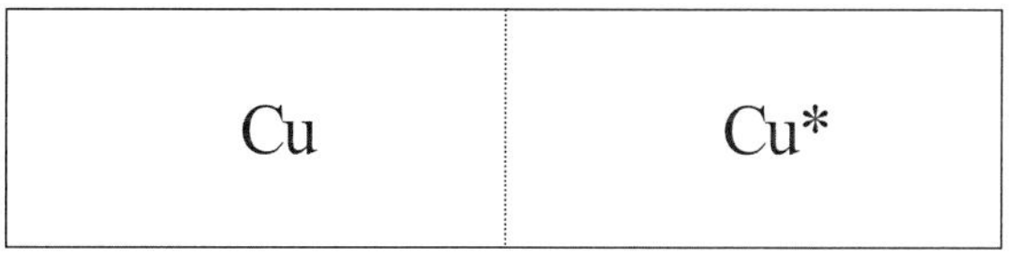

[Fig. 4-1] 자기 확산 계수 측정을 위한 동위원소의 사용

Fig. 4-1의 예에서 순수 Cu를 A, 동위원소 Cu^*를 B로 간주한다면, 동위원소 확산 profile로부터 측정한 확산 계수는 $\tilde{D} = N_B D_A + N_A D_B$로 표현되는 것이 마땅하다. 여기서 D_A, D_B는 보통의 Cu 원자, 동위원소 Cu^* 원자의 고유 확산 계수로서 서로 같은 값을 가질 것이고, N_A, N_B는 각 원소의 몰분율로 그 합은 1이다. 따라서 실험적으로 구한 상호 확산 계수는 이

경우 순수 원소의 고유 확산 계수와 같은 특성치가 되며($\widetilde{D} = D_A$), 이를 자기 확산 계수라고 부른다. 즉, 순수한 원소에서의 자기 확산 계수는 그 원소의 진정한 확산 특성을 나타내는 만큼 고유 확산 계수도 되고, 실험적으로 직접 측정한 특성치로서 상호 확산 계수도 되는 것이다. 가장 좁은 의미를 가진 자기 확산 계수가 이 경우 확산 계수에 대한 가장 정확한 표현이 된다.

다음은 순수 원소가 아닌 다원 물질이지만, 역시 농도 구배가 없는 균질 합금(homogeneous alloy)에서의 확산을 생각해 보자(Fig. 4-2).

Cu 80% Au 20%	Cu 80% Au* 20%

[Fig. 4-2] 균질 합금에서 추적 확산 계수 측정을 위한 동위원소의 사용

이 경우 역시 확산이 일어나고 있을 것은 명백하나 농도 구배가 없어 통상의 방법으로 확산 계수를 측정할 수 없고, 앞의 예에서와 마찬가지로 동위원소를 사용하여야만 한다. Au와 Au* 사이의 확산에 관계없이, Au의 총 농도는 시편 전체에 걸쳐 20%로 일정할 것이다. 일정한 농도를 가진 합금에서 Au의 확산과 Au*의 확산 특성이 달라야할 이유가 없다. 따라서 앞의 순수 Cu의 자기 확산에서와 같은 과정으로부터, Au*의 확산 profile로부터 측정한 확산 계수가 상호 확산 계수가 되는 동시에 Au의 고유 확산 계수가 됨을 알 수 있다. 여기서 구한 고유 확산 계수는 측정 대상이 된 물질이 순수 Au가 아니라 Cu-Au 합금이기 때문에 자기 확산 계수로 불릴 수는 없다. 다만, 농도 구배가 없는 균일한 합금에서의 고유 확산 계수를, 방사선 동위원소의 확산을 추적해서 측정한다는 점을 강조하여 추적 확산 계수라고 부른다. 추적 확산 계수는 고유 확산 계수의 한 종류이기는 하지만, 농도 구배로부터의 구동력이 없는 상태의 확산 특성에 해당한다는 면에서 좀 더 물질 기초 특성에 가깝다고 할 수 있다. 추적 확산 계수는 일반적으로 합금 농도에 따라 다른 값을 가진다. 앞의 예에서, Cu-20%Au 합금이 아닌 다른 조성의 균질 합금에서 확산 계수를 측정했다면 다른 값이 얻어졌을 것이다. 따라서 추적 확산 계수는 조성의 함수라고 생각해야 한다. 자기 확산 계수는 추적 확산 계수의 한 종류로서 균질 합금이 아닌 순수 물질의 경우에 해당하는 특성치가 된다.

3) 고유 확산(Intrinsic diffusion), 추적 확산(tracer diffusion)

지금까지 설명을 통해, 실제로 확산 문제를 정량적으로 다룰 때 사용하는 기준 좌표계는 실험실 좌표계이고 수식에 사용하는 확산 계수는 상호 확산 계수라는 것을 알았다. 상호 확산 계수는 다루는 조성 범위 등 공정 조건에 따라 그 수치의 변화를 예측하기가 어렵기 때문에 보다 근원적인 물질 특성의 함수로 표현해서 값을 예측하는 것이 바람직한데, 식 (4-7)과

같은 고유 확산 계수의 함수 꼴로 표현하는 것이 이를 구현하는 방법의 하나이다. 한편, 보다 간단한 경우(순수 원소 또는 균질 합금)에 대해서는 추적 확산 계수나 자기 확산 계수가 정의되고 측정될 수 있음을 소개하였으며, 추적 확산 계수는 고유 확산 계수의 한 종류인데, 농도 구배가 없는 합금의 경우에 대해 특별히 정의가 되는 확산 계수라는 것을 설명하였다. 그렇다면 고유 확산 계수와, 이의 특별한 경우에 해당하는 추적 확산 계수 간의 관계는 어떠한 수식으로 표현이 될까? 이 문제가 이 절에서 다루려고 하는 문제이다. 고유 확산 계수를 농도 구배의 함수가 아닌 몰분율 구배의 함수꼴로 다음과 같이 나타내 보자.

$$J_A = -D_A \frac{\partial n_A}{\partial x} = -D_A n_t \frac{\partial N_A}{\partial x} \tag{4-8}$$

농도 대신 몰분율을 사용한 이유는, 농도보다는 몰분율이 합금에 대한 열역학 모델에서 편리하게 사용되는 변수이기 때문이다. 순수 원소에 대한 열역학 모델과 다원 합금계에 대한 열역학 모델에서의 가장 큰 차이는 화학 퍼텐셜 또는 활동도 등 합금 내 개개 원소의 열역학 거동을 표현하는 특성치의 도입이라 할 수 있을 것이다. 우리는 합금 내 개개 원소의 열역학 특성이 확산 유속 또는 확산 계수에 어떤 형태로 반영이 되는지를 수식적으로 도출해 내기 위해, 위의 식 (4-8)을 화학 퍼텐셜 구배의 함수로 바꾸어 표현했다가 다시 몰분율 구배의 함수로 돌아올 것이다. 몰분율과 화학 퍼텐셜 간의 관계를 가장 간단하게(그러나 물리적 의미를 잃지 않으면서) 표현하는 식은 다음과 같은 이상 용액(ideal solution)에서의 화학 퍼텐셜 표현식일 것이다.

$$\mu_A = {}^oG_A + RT\ln N_A \tag{4-9}$$

이로부터 화학 퍼텐셜 구배 식을 얻고 식 (4-8)에 대입하여 확산 유속을 화학 퍼텐셜 구배의 함수꼴로 표현해 보자.

$$\frac{\partial \mu_A}{\partial x} = \frac{RT}{N_A}\frac{\partial N_A}{\partial x} \tag{4-10}$$

$$J_A = \frac{D_A}{RT} n_A \frac{\partial \mu_A}{\partial x} = B_A n_A \frac{\partial \mu_A}{\partial x} \tag{4-11}$$

여기서 새로이 도입된 B_A는 이동도(mobility)라고 불리는 항으로 속도론적인 속성과 열역학적인 속성이 혼합되어 있는 확산 계수와는 달리 순수하게 속도론적인 속성만을 가진 물질 특성이라는 특징을 가진다. 이제 식 (4-11)에 들어 있는 화학 퍼텐셜 구배 항을 다시 몰분율 구배 항으로 바꾸어 보자. 이제는 일반적인 비 이상 용액에서의 화학 퍼텐셜(활동도 계수 γ를 포함하고 있는) 표현을 사용할 것이다.

$$\mu_A = {}^oG_A + RT\ln N_A\gamma_A \tag{4-12}$$

$$\frac{\partial \mu_A}{\partial x} = \frac{RT}{N_A}\left[\frac{\partial N_A}{\partial x} + N_A \frac{\partial \ln\gamma_A}{\partial x}\right] \tag{4-13}$$

$$J_A = -\,B_A RTn_t \frac{\partial N_A}{\partial x}\left[1 + N_A \frac{\partial \ln\gamma_A}{\partial N_A}\right] \tag{4-14}$$

식 (4-8)과 (4-14)로부터 다음과 같은 고유 확산 계수에 대한 표현이 얻어진다.

$$D_A = B_A RT\left[1 + N_A \frac{\partial \ln\gamma_A}{\partial N_A}\right] \tag{4-15}$$

식 (4-15)는 일반적인 다원 합금에서의 고유 확산 계수에 대한 표현이 된다. 앞서 추적 확산 계수는 고유 확산 계수의 한 종류로 농도 구배가 없는 균일 합금 상에서 확산의 경우에 해당한다고 언급한 바 있다. 식 (4-15)를 농도 구배가 없는 균일 합금 상에 적용하면 어떻게 될까? 우선 D_A는 추적 확산 계수라는 점을 강조하여 D_A^*로 표현이 바뀌어야 한다. 두 항의 수치상의 차이는 없지만, 이동도 B_A도 B_A^*로 바뀌어야 할 것이다. 가장 큰 차이는 좌표 상의 위치가 바뀌어 A^*의 몰분율이 변하더라도 $A+A^*$의 몰분율 합이 균질 합금 내에서 항상 일정하게 유지되기 때문에, 조성의 함수인 활동도 계수 값의 변화가 없다는 점이다.

$$D_A^* = B_A^*\,RT\left[1 + N_{A^*} \frac{\partial \ln\gamma_{A+A^*}}{\partial N_{A^*}}\right] = B_A^*\,RT \tag{4-16}$$

$$B_A^* = B_A \tag{4-17}$$

$$D_A = D_A^*\left[1 + N_A \frac{\partial \ln\gamma_A}{\partial N_A}\right] \tag{4-18}$$

이 절에서의 목표는 고유 확산 계수와, 이의 특별한 경우에 해당하는 추적 확산 계수 간의 관계를 수식적으로 표현하는 것이었다. 그리고 식 (4-18)이 그 답이다. 확산 계수로서 고유 확산 계수는 속도론적인 속성과 열역학적인 속성을 모두 포함하고 있다고 설명한 바 있다. 식 (4-18)의 고유 확산 계수는 두 항으로 나누어져 있다. 하나는 추적 확산 계수 D_A^*이고 다른 하나는 합금 용체의 열역학 특성만을 나타내는 항이다. 추적 확산 계수는 열역학 특성에 관계없이 보다 근본적인 차원에서 원소의 확산 특성(이동 특성)을 나타내는 항이라는 면에서 고유 확산 계수보다도 더 기초적인 물성치라고 볼 수 있다. 이론적인 측면에서 보다 관심을 둘 수 있는 물성치라고 할 수 있으며, 실제로 확산 관련 이론 연구계에서 구축하고 있는 물성

데이터베이스는 상호 확산 계수도 아니고, 고유 확산 계수도 아닌, 추적 확산 계수, 즉 조성의 함수로서의 이동도 데이터베이스이다.

고유 확산 계수와 추적 확산 계수 간의 수식적인 관계가 도출되었으므로, 보다 현실적인 상호 확산 계수와 추적 확산 계수 간의 관계식도 쉽게 유도될 수 있다.

$$\begin{aligned}\widetilde{D} &= N_B D_A + N_A D_B \\ &= N_B D_A^* \left[1 + N_A \frac{\partial \ln \gamma_A}{\partial N_A}\right] + N_A D_B^* \left[1 + N_B \frac{\partial \ln \gamma_B}{\partial N_B}\right]\end{aligned} \tag{4-19}$$

식 (4-19)에는 순수 열역학적 속성을 가진 항이 두 개 포함되어 있다. 다음의 Gibbs-Duhem 식을 이용하면 그 두 항이 서로 같은 항이라는 것을 알 수 있다.

$$N_A d\mu_A + N_B d\mu_B = 0 \rightarrow N_A \frac{d\mu_A}{dN_A} = N_B \frac{d\mu_B}{dN_B} \tag{4-20}$$

$$\frac{d\mu_i}{dN_i} = \frac{RT}{N_i}\left[1 + \frac{d\ln\gamma_i}{d\ln N_i}\right] \rightarrow \left[1 + \frac{d\ln\gamma_A}{d\ln N_A}\right] = \left[1 + \frac{d\ln\gamma_B}{d\ln N_B}\right] \tag{4-21}$$

따라서 최종적으로 상호 확산 계수와 추적 확산 계수 간의 관계식은 다음과 같이 유도된다.

$$\widetilde{D} = (N_B D_A^* + N_A D_B^*)\left[1 + \frac{\partial \ln \gamma_A}{\partial \ln N_A}\right] \tag{4-22}$$

상호 확산 계수는 순수 속도론적인 속성을 가지는 추적 확산 계수(또는 이동도) 항과 순수 열역학적인 속성을 가지는 항으로 나누어진다. 이 열역학적 속성을 가진 항을 thermodynamic factor라고 부른다. 실제 확산 문제를 정량적으로 다룰 때는, 속도론 연구 분야에서 구축된 이동도 데이터베이스와 열역학 계산 분야에서 별도로 구축된 열역학 데이터베이스를 이용하여 각각 추적 확산 계수와 thermodynamic factor를 계산하여 사용하고 있다. 또한, 농도 구배가 없는 상황에서의 확산 계수인 추적 확산 계수에 상대적인 개념으로서 thermodynamic factor가 포함된 확산 계수를 화학 확산(chemical diffusion) 계수라고도 하는데, 여기에는 고유 확산 계수와 상호 확산 계수가 해당하며 각각 화학 고유(chemical intrinsic) 확산, 화학 상호(chemical inter) 확산 계수라고 구분해서 부른다.

4.2 다원 확산 모델링

본 장에서는 다원(3원계 이상) 단상 합금 내에서의 확산을 모델링하는 문제를 다루었다. 2원 합금 확산에서는 특수한 경우에만 나타나나 다원 합금 확산에서는 일반적으로 나타나는 대표적인 현상으로 uphill diffusion을 들 수 있다. 이는, 2원계 합금에서는 용질 농도의 증가가 항상 용질 원소의 화학 퍼텐셜 증가를 수반하지만 다원 합금계에서는 반드시 그 변화의 방향이 같지 않다는 데서 유래한다. 즉, 특정 용질 원소의 농도가 증가하더라도 타 성분의 영향으로 그 원소의 화학 퍼텐셜은 오히려 감소할 수도 있다는 사실 때문이다. 따라서 현상학적으로 용질 원소 확산 구동력을 그 원소 농도 기울기로 나타내서는 안 되며 화학 퍼텐셜 기울기로 나타내는 것으로 출발해야 한다. 그러나 확산 구동력을 농도 기울기로 표현하는 것이 전통적으로 익숙하게 사용해 온 방법일 뿐만 아니라(Fick's 법칙) 실제 확산 계수를 측정하는 실험에서도 일반적으로 사용하는 방법이라는 점을 생각하면, (확산 구동력을 농도 기울기로 표현하는) 전통적인 방법을 사용할 때의 편리성을 무시할 수는 없다. 본 절에서는 확산 구동력을 화학 퍼텐셜 기울기로 나타내는 것으로 출발해서, 전통적인 방법에 따라 확산 구동력을 농도 기울기로 표현하는 식으로 변환하는 과정에서 다원 확산 계수가 어떻게 행렬의 형태를 가지게 되는지, 확산 계수 행렬의 각 요소에는 속도론적 요인과 열역학적 요인이 어떻게 반영되어 있고, 또 확산 계수 상호 간에는 어떠한 관계를 가지는지에 대해 설명할 것이다. 아울러, 확산 방정식을 finite difference method(FDM)로 푸는 과정을 Darken[25]의 uphill diffusion에 대한 시뮬레이션 결과와 함께 소개할 것이다.

1) 다원 확산 계수 모델

다원 확산 계수에 대한 이론적 모델은 Onsager[26,27]로부터 Darken[28], Kirkaldy[29-36]를 거쳐 Andersson과 Ågren[37]에 이르기까지 수많은 연구자들에 의해 연구되어 왔으며 이들의 연구 결과를 종합적으로 간략하게 요약하면 다원 확산 계수 모델 표현식을 다음과 같이 유도할 수 있다[38].

기본 가정 및 정의

본 다원 확산 계수 모델에서 기본적인 가정은 고용상의 몰부피(molar volume)에 대해서 이루어진다. 일반적으로 몰부피, V_m은 조성에 따라 변하며 구성 원소의 분몰부피(partial molar volume)와 조성의 함수 형태로 다음과 같이 표현된다.

$$V_m = \sum_{k=1}^{n} x_k V_k \tag{4-23}$$

x_k와 V_k는 각각 원소 k의 몰분율 및 분몰부피를 나타낸다. 각 원소의 분몰부피는 원소마다 다를 뿐 아니라 한 원소에 대해서도 조성에 따라 달라질 수 있다. 여기서는 수식을 단순화하기 위해 모든 치환형 원소의 분몰부피는 동일하고 조성에 관계없이 상수(V_S)이며, 모든 침입형 원소는 0의 분몰부피를 가진다고 가정한다.

$$V_j = V_S \text{ for } j \in S \text{ (substitutional)} \tag{4-24a}$$

$$V_j = 0 \text{ for } j \notin S \tag{4-24b}$$

"$j \in S$"는 원소 j가 치환형(substitutional) 원소임을 나타낸다. 이러한 가정에 의해 몰부피는 다음과 같이 표현될 수 있다.

$$V_m = \sum_{k=1}^{n} x_k V_k = V_S \sum_{k \in S} x_k \tag{4-25}$$

식 (4-25)에 따르면, 침입형 고용체의 몰부피는 상수가 아니고 상 내 치환형 원소 전체의 몰분율에 따라 변하게 된다. 수식을 단순화하기 위해 식 (4-24)에서와 같은 가정을 한 만큼, 이제 몰부피는 침입형, 치환형 원소 구분 없이 원자 1몰당 부피로 정의하는 것보다는 치환형 원자 1몰당 부피로 정의하여 V_S라는 상수로 취급하는 것이 편리할 것이다. 한편, 확산 구동력을 농도 기울기로 표현한다고 할 때, 농도 C_k는 단위 부피당 원소 k의 몰 수로 정의되는데, 이는 몰부피와 다음과 같은 관계를 가지게 된다.

$$C_k = \frac{x_k}{V_m} = \frac{x_k}{\sum_{j \in S} x_j} / V_S = u_k / V_S \tag{4-26}$$

u_k는 치환형 원소 1몰당 원소 k의 몰 수를 나타내는 새로운 농도 변수로서 다음과 같이 정의된다.

$$u_k = x_k / \sum_{j \in S} x_j \tag{4-27}$$

실제로 확산 반응을 시뮬레이션 할 때, 새로운 농도 변수 u_k는 C_k 대신에 매우 유용하게 사용되며, 다음 절에서 이를 보다 상세히 설명할 것이다.

앞의 4.1절에서 설명하였듯이, 확산을 정량적으로 다룰 때는 좌표를 어떻게 설정하느냐에 따라 서로 다른 개념의 확산 계수가 정의된다. 확산 계수를 실험적으로 측정하거나, 시뮬레이션 결과를 실험 측정 결과와 비교할 때 가장 편리한 좌표계는 실험실 좌표계이며, 이때 측정되는 (또는 사용되는) 확산 계수는 상호 확산 계수가 된다. 여기서 가정한 것처럼 부피가 고정된 경우, 실험실 좌표계는 부피 고정 좌표계와 동일하다고 볼 수 있고, 부피 고정 좌표계에서 각 확산 원소의 분몰 부피(partial molar volume) V_k와 확산 유속(diffusional flux) J_k 간에는 다음의 관계가 성립한다.

$$\sum_{k=1}^{n} V_k J_k = 0 \tag{4-28}$$

위에서 언급한 몰부피에 관한 가정을 고려하면 식 (4-28)은 다음과 같이 바뀐다.

$$\sum_{k \in S} J_k = 0 \tag{4-29}$$

이는, 애초에 정의한 확산 좌표계(부피 고정 좌표계)가 치환형 원자에 대한 원자수 고정 좌표계(number fixed frame of reference wrt. substitutional atoms)로도 간주될 수 있음을 의미한다. 어느 좌표계의 관점에서든 확산 유속에 대한 표현은 항상 식 (4-28), (4-29)를 만족해야 하는데, 침입형 원소는 분몰 부피를 0으로 가정하였으므로 식 (4-28)은 항상 만족되며, 치환형 원소의 확산 유속은 다음과 같은 관계식을 통해 임의의 좌표계로부터 부피 고정 좌표계로 변환시킬 수 있다.

$$J_k = \widetilde{J}_k - u_k \sum_{i \in S} \widetilde{J}_i \tag{4-30}$$

위의 식 (4-30)에서 $\widetilde{J}_k$는 임의의 좌표계로 표현된 확산 유속을 나타내고, J_k는 부피 고정 좌표계로 표현된 확산 유속을 나타낸다. u_k의 치환형 원소에 대한 합이 1이 된다는 사실로 부터 식 (4-30)의 J_k가 항상 식 (4-28)과 (4-29)의 조건을 만족함을 쉽게 유도할 수 있다.

다원 확산 계수 모델식의 유도

다원 확산 계수의 유도는 확산 유속의 구동력이 해당 원소 농도 구배가 아니라 해당 원소의 화학 퍼텐셜 구배라는 경험식(phenomenological equation)으로부터 출발한다. 이에 따라 임의의 확산 좌표계에서 개개 원소의 확산 유속은 다음 식 (4-31)로 표현될 수 있다.

$$J_i = -L_i \nabla \mu_i \tag{4-31}$$

식 (4-31)에서 화학 퍼텐셜 μ_i는 확산 좌표계 상 거리의 함수이지만 조성, 즉 구성 성분 농도의 함수이기도 하므로 다음과 같이 변환시킬 수 있다.

$$J_i = -L_i \sum_{j}^{n^*} \frac{\partial \mu_i}{\partial C_j} \nabla C_j = -\sum_{j}^{n^*} \left[L_i \frac{\partial \mu_i}{\partial u_j} V_S \right] \nabla C_j \tag{4-32}$$

여기서 $\sum$ 부호에 나타나는 성분 j는 원소 i의 화학 퍼텐셜에 영향을 미치는 모든 성분을 나타내며, 전체 구성 원소 외에 침입형 고용체의 경우 격자 간 자리에서의 원자공공을 포함하게 된다. 따라서 원소의 수가 n인 경우 식 (4-32)의 n^*는 치환형 고용체의 경우는 n이 되지만 침입형 고용체의 경우는 $n+1$이 되며, $n+1$번째 원소는 침입형 자리의 원자공공이 되는 것이다. 한편, 치환형 원소의 확산 유속은 식 (4-30)을 이용, 부피 고정 좌표계로 다음과 같이 변환시킨다.

$$J_k = \widetilde{J}_k - u_k \sum_{i \in S} \widetilde{J}_i = \sum_{i \in S} \delta_{ik} \widetilde{J}_i - \sum_{i \in S} u_k \widetilde{J}_i = \sum_{i \in S} (\delta_{ik} - u_k) \widetilde{J}_i$$
$$= - \sum_j^{n^*} [\sum_{i \in S} (\delta_{ik} - u_k) L_i \frac{\partial \mu_i}{\partial u_j} V_S] \nabla C_j \qquad (4-33)$$

식 (4-31)~(4-33)에서 L_i는 i 원자의 이동도(mobility)를 나타내는 항으로, i 원자의 확산이 원자공공과의 자리바꿈(vacancy mechanism)에 의해 이루어진다고 가정할 경우 다음과 같은 식으로 표현할 수 있다.

$$L_i = u_i y_{Va} M_{iVa} \qquad (4-34)$$

여기서 y_{Va}는, 일반적 의미의 격자(치환형 격자) 외에 원자 공극을 또 하나의 격자(침입형 격자)로 간주할 경우 각 격자 내에서 원자공공(vacancy)의 자리 분율을 나타내는 변수이다. M_{iVa}는 원자공공 기구에 의한 i 원자의, 일종의 격자 이동 빈도(jumping frequency)에 해당하는 모델 변수이다. 식 (4-32), (4-33)에서 V_S는 상수로 가정한(치환형 원자당) 몰부피이고 식 (4-34)에서 M_{iVa}는 실험 정보로부터 수식화되어야 하는 모델 변수이므로 둘 다 오차를 포함하고 있는 항으로 각각에 대해 별도로 구체적인 수치를 부여할 필요는 없다. 또한, 침입형 격자의 경우 y_{Va}는 의미를 가지고 있는 변수지만(제3장에서의 식 (3-2) 참조), 치환형 격자의 경우 y_{Va}값을 정확히 알기란 불가능하다. 치환형 격자 내에서 원자공공이 열역학적 평형에 해당하는 분율을 가지고 항상 균일하게 분포되어 있다고 가정하면 이 경우의 y_{Va} 또한 구체적인 수치를 주기 위해 노력할 필요가 없는 항이 된다. 따라서 치환형, 침입형 격자 각각에 대해 실험 정보로부터 수식화되어야 하는 새로운 모델 변수를 다음과 같이 정의한다.

$$\Omega_i = y_{\mathrm{Va}} M_{i\mathrm{Va}} V_{\mathrm{S}} \text{ for substitutional } i \qquad (4-35a)$$

$$\Omega_i = M_{i\mathrm{Va}} V_{\mathrm{S}} \text{ for interstitial } i \qquad (4-35b)$$

이상의 과정을 통해 치환형 원소 및 침입형 원소 각각에 대해 확산 유속에 대한 표현을 정리하면 다음과 같다.

$$J_k = -\sum_{j=1}^{n^*}\left[\sum_{i\in S}(\delta_{ik}-u_k)u_i\Omega_i\frac{\partial\mu_i}{\partial u_j}\right]\nabla C_j \text{ for substitutional } k \tag{4-36a}$$

$$J_k = -\sum_{j=1}^{n^*}\left[u_k y_{\mathrm{Va}}\Omega_k\frac{\partial\mu_k}{\partial u_j}\right]\nabla C_j \text{ for interstitial } k \tag{4-36b}$$

식 (4-36a)와 (4-36b)에서 J_k는 용매 원자를 포함한 모든 원소의 확산 유속이 될 수 있으며, ∇C_j는 용매 원자는 물론 침입형 격자에서의 원자공공까지 포함한 모든 성분의 농도 기울기가 된다. 그러나 식 (4-28), (4-29)의 관계식에 의해 모든 원소의 확산 유속이 독립적인 것은 아니므로, 일반적으로 확산 시뮬레이션에서 용매 원자의 확산 유속은 독립적으로 고려를 하지 않는다. 또한, 치환형 원자 1몰당 부피, V_S를 상수로 가정하였으므로 단위 부피당 치환형 원소 몰 수 및 침입형 성분 몰 수, 즉 각 격자(치환형, 침입형) 상에서 해당 성분 농도의 합은 역시 상수가 되며, 각 격자에 대해 다음의 관계식이 성립한다.

$$\sum_j \nabla C_j = 0 \tag{4-37}$$

여기서 성분 j는 치환형 격자에서는 모든 치환형 원소가 되고, 침입형 격자에서는 원자공공을 포함한 모든 성분을 나타낸다. 식 (4-37)에 나타난 바와 같이, 식 (4-36a) 및 (4-36b)에 포함된 모든 성분의 농도 기울기가 독립적인 것은 아니며, 치환형 고용체의 경우는 하나, 침입형 고용체의 경우는 두 종류의 격자에서 하나씩 두 개의 성분에 대한 농도 기울기 항을 소거할 수 있게 된다. 대개 치환형 격자에서는 용매 원소의 농도 기울기를 소거하고, 침입형 격자에서는 원자공공의 기울기를 소거하게 되며, 이로부터 모든 용질 원소의 확산 유속을 다음과 같은 형태로 표현할 수 있게 된다.

$$J_k = -\sum_{j=1}^{n-1} D_{kj}^n \nabla C_j \tag{4-38}$$

식 (4-38)은 n성분계에서의 확산 계수가 $(n-1)\times(n-1)$ 크기의 행렬 형태가 된다는 것을 보여주고 있다. Σ 부호에 의한 합은 식 (4-32)나 식 (4-36a), (4-36b)에서와는 달리 용질 원소에 대해서만 이루어지게 되며, 확산 계수 D_{kj}^n에서의 n은 확산 유속을 식 (4-38)에서와 같이 용질 원자 농도 기울기 항만의 합으로 표현했을 때의 확산 계수임을 나타낸다. 최종적으로 위와 같은 확산 계수에 대한 수식적 표현은 다음과 같다.

$$D_{kj}^n = \sum_{i\in S}(\delta_{ik}-u_k)u_i\Omega_i\left(\frac{\partial\mu_i}{\partial u_j}-\frac{\partial\mu_i}{\partial u_n}\right) \text{ for substitutional } k \tag{4-39a}$$

$$D_{kj}^{n} = u_k y_{Va} \Omega_k \left(\frac{\partial \mu_k}{\partial u_j} - \frac{\partial \mu_k}{\partial u_n} \right) \text{for interstitial } k \tag{4-39b}$$

각 식의 u_n에 대한 편미분 항에서 성분 n은, 성분 j가 치환형 원소일 때는 용매 원소, 성분 j가 침입형 원소일 때는 원자공공이 된다.

2) 다원 확산 계수의 속도론적, 열역학적 의미

본 절에서는 앞서 유도한, 다원 확산 계수에 대한 수식적 표현에서, 속도론적 요인과 열역학적 요인이 어떤 식으로 포함되어 있으며, 특히 대부분의 확산 시뮬레이션에서는 구체적인 값을 구할 수가 없어 생략되고 있는, 확산 계수 행렬 상의 off-diagonal 항이, 어떠한 의미가 있고 diagonal 항과는 어떠한 관계를 가지고 있는지에 대해 구체적으로 설명한다.

치환형 2원 합금(Fe–M)에서의 확산 계수

Fe–M 2원계 치환형 합금은 한 개의 부격자(치환형 부격자:$(\mathrm{Fe}, \mathrm{M})_1$)로 이루어졌다고 볼 수 있으며, Fe 원자와 M 원자의 확산 유속은 식 (4–28), (4–29)의 관계식으로 인하여 독립적인 양이 아니므로 M 원자만의 확산 유속으로 모든 확산 거동을 정량화할 수 있다. 또한, M 원자의 확산 유속을 식 (4–38)과 같은 형태로 표현할 경우, $\nabla C_{Fe} + \nabla C_M = 0$의 관계식으로부터 ∇C_{Fe} 항은 소거되고 ∇C_M 항만 남게 된다. 이때, M 원자의 확산 계수는 1×1 크기의 행렬 형태를 가지며 식 (4–39a)에 의해 표현된다. 치환형 합금의 경우 농도 변수로 사용된 u_k는 통상적인 몰분율 x_k 및 열역학 모델에서 사용되는 자리분율 y_k와 같은 의미가 되므로, 여기서는 u_k 대신 y_k를 이용하여 M 원자의 확산 유속을 다음과 같이 표현할 수 있다.

$$\begin{aligned} J_M &= -\left[y_{\mathrm{Fe}} y_{\mathrm{M}} \Omega_{\mathrm{M}} \left(\frac{\partial \mu_{\mathrm{M}}}{\partial y_{\mathrm{M}}} - \frac{\partial \mu_{\mathrm{M}}}{\partial y_{\mathrm{Fe}}} \right) - y_{\mathrm{M}} y_{\mathrm{Fe}} \Omega_{\mathrm{Fe}} \left(\frac{\partial \mu_{\mathrm{Fe}}}{\partial y_{\mathrm{M}}} - \frac{\partial \mu_{\mathrm{Fe}}}{\partial y_{\mathrm{Fe}}} \right) \right] \nabla C_{\mathrm{M}} \\ &= -\left[y_{\mathrm{Fe}} y_{\mathrm{M}} \Omega_{\mathrm{M}} \frac{d\mu_{\mathrm{M}}}{dy_{\mathrm{M}}} - y_{\mathrm{M}} y_{\mathrm{Fe}} \Omega_{\mathrm{Fe}} \frac{d\mu_{\mathrm{Fe}}}{dy_{\mathrm{M}}} \right] \nabla C_{\mathrm{M}} \\ &= -\left[y_{\mathrm{Fe}} \Omega_{\mathrm{M}} RT + y_{\mathrm{M}} \Omega_{\mathrm{Fe}} RT \right] \left(1 + \frac{d \ln \gamma_{\mathrm{M}}}{d \ln y_{\mathrm{M}}} \right) \nabla C_{\mathrm{M}} \end{aligned} \tag{4-40}$$

본 확산 모델에서는 부피 고정 좌표계(실험실 좌표계)로 확산 유속을 표현하고 있으므로, 식 (4–40)에서 $-\nabla C_{\mathrm{M}}$을 제외한 부분은 Fe–M 2원 합금에서의 상호 확산 계수가 되어야 하며, 실제로 4.1절에서 유도한, 2원 상호 확산 계수에 대한 최종 표현식 (4–22)와 동일한 수식 형태를 가짐을 알 수 있다. 따라서 식 (4–40)의 항 하나하나는 앞의 4.1절에서 다루었던 항들과 직접 비교가 가능하다. 식 (4–40)의 마지막 줄에서 [ ] 안의 항은 순수 속도론적인 항이 되고, ( )

안의 항은 thermodynamic factor가 된다. 그리고 식 (4-40) [ ] 안의 항 중 $\Omega_M RT$ 는 원소 M의 추적 확산 계수 D_M^* , Ω_M 은 이동도 B_M에 해당함을 알 수 있다. 2원 합금계의 확산 거동을 정량적으로 다룬 대부분의 연구에서 확산 계수를 상수로 처리하고 계산하는 경우가 많으나, 이 경우 여러 조성에서의 확산 거동을 정확하게 모사할 수 없고, 특히 실용 다원 합금계의 확산 거동을 정량적으로 다루려 할 때, 합금 원소가 추가됨에 따른 특정 원소의 확산 계수의 변화를 고려하는 데 제한을 받게 된다. 다원 합금계의 열역학 수식화를 행할 때 구성 2원 합금계의 열역학 수식화 결과를 그대로 이용함으로써 효율적인 수식화가 이루어질 수 있는 것처럼, 2원 합금계의 확산 계수로부터 다원 합금계의 확산 계수를 예측할 때 예측 능력을 부여 받기 위해서는 2원 합금의 확산 계수에 대해 체계적인 수식화가 이루어져야 한다.

식 (4-40)에서 thermodynamic factor는 수식화된 열역학 상수로부터 직접 계산이 가능한 반면, 이동도에 해당하는 Ω_M, Ω_{Fe} 등은 확산 계수에 대한 실험 정보로부터 새로이 수식화되어야 하는 항이다. 확산 계수에 대한 실험 정보가 상호 확산 계수 외에 추적 확산 계수, 추적 불순물 확산 계수, 자기 확산 계수 등 4가지로 분류되어 발표된다는 점을 염두에 두고, 이동도에 대한 보다 체계적인 수식화를 위해서는 식 (4-40)의 확산 계수에 대한 수식적 표현을 좀 더 면밀히 분석할 필요가 있다. 원소 M의 추적 확산 계수를 구하는 실험을 위해서는 M 원소의 방사성 동위원소를 추가하여야 한다. 이를 M^*로 표시하고 $Fe-M-M^*$으로 주어지는 3원 합금계에 대해 $\nabla C_{Fe}=0$, $\nabla C_M + \nabla C_M{}^*=0$ 및 $\Omega_M = \Omega_{M^*}$의 관계를 고려하여 식 (4-36a)로부터 식 (4-40)을 다시 유도하면 다음의 결과를 얻는다.

$$J_{M*} = - \ \Omega_M RT \nabla C_{M*} \tag{4-41}$$

이러한 상황에서 측정한 확산 계수가 추적 확산 계수가 된다는 것은 앞의 4.1절에서 설명한 바 있다. 식 (4-41)로부터 $\Omega_M RT$는 바로 M^*의 추적 확산 계수가 됨을 다시 한 번 확인할 수 있다. 이는 엄밀하게는 $\Omega_{M*}RT$로 표현되어야 하나 순수 속도론적 요소인 Ω가 양자 간에 서로 다를 필요가 없으므로 그대로 식 (4-41)에서처럼 표현할 수 있다. 원자 확산이 열적 활성화 과정임을 고려할 때, 위의 추적 확산 계수는 다음과 같이 Arrehnius 형태로 표현된다.

$$\Omega_M RT = \Omega_M^o \exp[-Q_M/RT] \tag{4-42}$$

Ω_M^o 는 원자 진동수와 관련된 항이고 Q_M은 활성화 에너지가 되나, 이들 역시 상수는 아니며 각각 C_{M+M*}에 해당하는 원소 M의 조성의 함수가 된다. 이는 합금 상의 Gibbs energy가 조성의 함수로 표현되는 것과 같은 형태로(혼합 엔트로피 항은 제외), y_{Fe}와 y_M의 함수로 표현되기도 한다.

식 (4-41) 및 (4-42)로 표현되는 추적 확산 계수는 조성에 따라 다른 이름으로 불리는데, 원소 M의 분율이 1인 경우, 즉 순수 M에서의 추적 확산 계수는 자기 확산 계수라는 이름으로, 또한 원소 M의 분율이 0에 가까우면 추적 불순물 확산 계수라는 별도의 이름으로 각각 발표된다. 각각의 경우를 수식으로 표현하면 다음과 같다.

$$D_{\mathrm{M}}^{self} = \Omega_{\mathrm{M}}^{o}(y_{\mathrm{M}} = 1)\exp[-Q_{\mathrm{M}}(y_{\mathrm{M}} = 1)/RT] \tag{4-43}$$

$$D_{\mathrm{M}}^{*impurity} = \Omega_{\mathrm{M}}^{o}(y_{\mathrm{M}} = 0)\exp[-Q_{\mathrm{M}}(y_{\mathrm{M}} = 0)/RT] \tag{4-44}$$

Ω_{M}에 포함된 모델상수 (Ω_{M}^{o}, Q_{M}) 중 $y_{\mathrm{M}} = 0$과 $y_{\mathrm{M}} = 1$의 극한에 해당하는 상수들은 식 (4-43), (4-44)에 보이는 바와 같이 실험적으로 보고된 자기 확산 계수 또는 추적 불순물 확산 계수로부터 수식화할 수 있으며 나머지 모델상수(상호작용항)들은 여러 조성에서 보고된 추적 확산 계수 데이타를 이용하여 수식화가 가능하다. 또한, Ω_{Fe}에 포함된 모델상수들도 같은 방법으로 해당 실험 자료로부터 수식화가 가능하며, 실험 자료의 미비로 일부 모델 상수에 대한 수식화가 불가능할 경우, 모델 상수의 수를 줄이고 상호 확산 계수 등 가능한 실험 자료로부터 나머지 모델 상수들을 수식화할 수 있다.

침입형 2원 합금(Fe–C)에서의 확산 계수

Fe–C 2원계 fcc 합금의 분자식은 $(\mathrm{Fe})_1(\mathrm{Va},\ \mathrm{C})_1$로 표현된다. 여기서는 침입형 부격자 내 C 원자의 확산 유속만이 관심의 대상이 되고 치환형 부격자 내 Fe 원자의 유속은 없다고 볼 수 있다. C 원자의 확산 유속을 식 (4-38)의 형태로 표현할 경우 ∇C_C 하나의 항으로 표현할 수 있으며, 침입형 원자의 확산 계수 식 (4-39b)로부터 다음과 같은 확산 유속 표현이 얻어진다.

$$\begin{aligned} J_C &= -y_{\mathrm{C}}y_{\mathrm{Va}}\Omega_{\mathrm{C}}\left(\frac{\partial \mu_{\mathrm{C}}}{\partial y_{\mathrm{C}}} - \frac{\partial \mu_{\mathrm{C}}}{\partial y_{\mathrm{Va}}}\right)\nabla C_{\mathrm{C}} \\ &= -y_{\mathrm{C}}y_{\mathrm{Va}}\Omega_{\mathrm{C}}\frac{d\mu_{\mathrm{C}}}{dy_{\mathrm{C}}}\nabla C_{\mathrm{C}} \end{aligned} \tag{4-45}$$

여기서는 확산 계수 항에 포함된 u_C를 직접 y_C로 바꾸어 표현하였지만 이는 fcc 합금에서 격자 자리와 격자 간 자리의 비율이 1이기 때문에 가능한 것이고 $(\mathrm{Fe},\ \mathrm{M})_a(\mathrm{Va},\ \mathrm{C})_c$의 분자식으로 표현되는 일반적인 침입형 고용체에 대해 u와 y 간에는 다음과 같은 관계가 성립한다.

$$u_j = y_j \quad \text{for substitutional } j \tag{4-46a}$$

$$u_j = \frac{c}{a}y_j \quad \text{for interstitial } j \tag{4-46b}$$

C 원자의 mobility Ω_C는 C 원자 확산에 관한 실험 자료로부터 식 (4-42)와 같은 온도, 조성의 함수로 수식화된다. Ågren[39]은 과정은 다르지만 결국 식 (4-45)와 같은 형태의 확산 계수 표현식을 유도하였으며, 이에 기초를 두고 Gustafson[40]에 의한 Fe-C 계 열역학 수식화 자료와 해당 확산 실험 자료[41]를 이용하여 Ω_C를 다음과 같이 수식화한 바 있다.

$$\Omega_C RT = 4.529 \cdot 10^{-7} \exp\left[-\frac{(1-2.221 \cdot 10^{-4} \cdot T)}{RT}(-72007 y_C + 147723 y_{Va})\right] \quad (4\text{-}47)$$

Fe-M-C 3원 합금에서의 확산 계수

Fe-M-C 3원계에서 fcc 고용체는 부격자 모델을 적용하여 $(\mathrm{Fe},\ \mathrm{M})_1(\mathrm{C},\ \mathrm{Va})_1$ 의 분자식으로 표현된다. 여기서는 Fe, M, C, Va 등 4개의 성분에 대한 확산 유속이 정의되나 앞서 밝힌 바와 같이 Fe와 M 및 C와 Va 간에 각각 $J_{Fe} + J_M = 0$ 및 $J_{Va} + J_C = 0$의 관계식이 성립하므로 M과 C에 대한 확산 유속만으로 모든 확산 거동을 기술할 수 있다. 또한, Fe와 M, C와 Va 사이에 $\nabla C_{Fe} + \nabla C_M = 0$, $\nabla C_{Va} + \nabla C_C = 0$의 관계가 성립하므로 식 (4-38) 및 식 (4-39a), (4-39b)에 의해 C와 M의 확산 유속은 다음과 같이 표현된다.

$$\begin{aligned} J_C &= -y_C y_{Va} \Omega_C \left(\frac{\partial \mu_C}{\partial y_C} - \frac{\partial \mu_C}{\partial y_{Va}}\right) \nabla C_C - y_C y_{Va} \Omega_C \left(\frac{\partial \mu_C}{\partial y_M} - \frac{\partial \mu_C}{\partial y_{Fe}}\right) \nabla C_M \\ &= -D_{CC}^{Fe} \nabla C_C - D_{CM}^{Fe} \nabla C_M \end{aligned} \quad (4\text{-}48a)$$

$$\begin{aligned} J_M = &-\left[y_{Fe} y_M \Omega_M \left(\frac{\partial \mu_M}{\partial y_C} - \frac{\partial \mu_M}{\partial y_{Va}}\right) - y_M y_{Fe} \Omega_{Fe} \left(\frac{\partial \mu_{Fe}}{\partial y_C} - \frac{\partial \mu_{Fe}}{\partial y_{Va}}\right)\right] \nabla C_C \\ &-\left[y_{Fe} y_M \Omega_M \left(\frac{\partial \mu_M}{\partial y_M} - \frac{\partial \mu_M}{\partial y_{Fe}}\right) - y_M y_{Fe} \Omega_{Fe} \left(\frac{\partial \mu_{Fe}}{\partial y_M} - \frac{\partial \mu_{Fe}}{\partial y_{Fe}}\right)\right] \nabla C_M \\ = &-D_{MC}^{Fe} \nabla C_C - D_{MM}^{Fe} \nabla C_M \end{aligned} \quad (4\text{-}48b)$$

C와 M 각각의 확산 유속은 C와 M 두 원소 농도 기울기의 선형 함수 형태로 표현되며, 이 경우 확산 계수는 2×2 크기의 행렬 형태가 된다.

일반적으로 Fe-M-C 3원 합금 상에서의 확산 반응에 의한 농도 변화를 시뮬레이션하기 위해서는 위의 식 (4-48a), (4-48b)에 나타난 4가지 확산 계수의 값을 알아야 한다. 윗 식으로부터 4가지 확산 계수를 구하기 위해서는 (μ_i를 조성의 함수로 표현하기 위한) 열역학 상수의 수식화 이외에 각 원소의 Ω값을 수식화해야 한다는 점을 알 수 있다. 그러나 현재까지도 많은 확산 시뮬레이션 연구에서는 확산 계수 행렬의 요소 중 off-diagonal 항(D_{CM}^{Fe}, D_{MC}^{Fe})의 정확한 값을 실험적으로 구할 때의 어려움 때문에 이를 생략하고 확산 유속을 diagonal 항만으로 표현하는 경우가 많다. 또는, off-diagonal 항의 중요성을 인식하고 이를 시뮬레이션에 포함시키더라도 실제 이의 값을 구하는 데 어려움을 겪기도 한다. Kirkaldy[30]의 경우, Darken의 uphill diffusion(Fe–Si–C 3원계)을 시뮬레이션하려는 시도에서 D_{CSi}^{Fe} 값을 구하는 데에 실제로 많은 시행착오를 겪었다. 그러나, 식 (4–48a), (4–48b)에 의하면, 특정 원소의 확산 계수 중 off-diagonal 항에 해당하는 확산 계수는 diagonal 항의 확산 계수에 비해 열역학 항이 다를 뿐 속도론 항은 같다는 것을 알 수 있다. 이는, 각 원소의 화학 퍼텐셜 μ_i가 이미 조성의 함수 형태로 수식화되어 있고, Ω_{C}와 Ω_{Fe}, Ω_{M}이 diagonal 항의 확산 계수, $D_{\mathrm{CC}}^{\mathrm{Fe}}$, $D_{\mathrm{MM}}^{\mathrm{Fe}}$에 대한 수식화 과정을 통해 결정되면 off-diagonal 항의 확산 계수는 저절로 수식화된다는 것을 의미한다.

앞서, 각 원소 이동도 Ω_i는 온도뿐 아니라 구성 원소 조성의 함수 형태를 가진다는 것을 언급한 바 있다. Fe–M–C 3원 합금계에서 Ω_{C}, Ω_{Fe}, Ω_{M}는 Fe, M, C 세 원소의 조성의 함수가 되어야 한다. 해당 3원 합금에서의 확산 계수에 대한 실험 정보가 충분히 보고되어 있는 경우 Ω_i를 3원 조성의 함수로 수식화하는 데는 문제가 없지만, 대개의 경우는 충분한 실험 정보를 구하기 힘들다. 이런 경우 근사치로서, Ω_{C}는 Fe–C 2원계에서 수식화된 값을, Ω_{Fe}와 Ω_{M}은 Fe–M 2원계에서 수식화한 값을 사용하게 되는데, 이때 제3 원소의 영향은 thermodynamic factor를 통해서 나타나게 된다.

Fe–M–C 3원 확산 계수와 상태도 간의 관계

본 절의 서두에서 언급한 바와 같이 다원계 확산의, 2원계 확산에서 찾을 수 없는 특징은 uphill diffusion이 나타날 수 있는 소지가 항상 존재한다는 점이다. Uphill diffusion의 대표적인 예는 Fe–Si–C 3원 합금과 Fe–C 2원 합금 간 확산 쌍에서 행해진 Darken[25]의 실험일 것이다. 이 실험에서 C 원자의 uphill diffusion이 확산 쌍의 한쪽 합금에 Si를 첨가한 때문이라는 것은 잘 알려진 사실이다. Si가 C 원자의 mobility에 크게 영향을 줄 이유가 없는 만큼, Si의 첨가 효과라는 것은 uphill diffusion이 열역학적 요인에 의한 것임을 암시한다. 한편, Fe–Si–C 3원 합금에서 C의 확산 유속을 식 (4–48a)와 같이 표현할 경우, 식 (4–48a)의 첫 번째 항만으로는 절대로 uphill diffusion이 나타날 수 없다. $D_{\mathrm{CC}}^{\mathrm{Fe}}$가 음수가 아닌 한 농도가 낮아지는 쪽으로 확산이 일어날 것이기 때문이다. 따라서 uphill diffusion을 야기하는 항은 식 (4–48a)의 두 번째 항이라고 볼 수 있다. 즉, ∇C_{Si}와 함께 $D_{\mathrm{CSi}}^{\mathrm{Fe}}$가 uphill diffusion에 중요한 기여를 한다고 보게 되는 것이다. 대개 확산 계수란 (확산 율속 변태에서) 속도론적 특성을 대표하는 양으로 인식되고 있다. 한편으로는 uphill diffusion이 열역학적 요인에 의한 것이라고 하면서, 또 한편으로는 속도론적 요소인 확산 계수가 이의 발생에 중요한 기여를 한다고 하는 것은 일견 모순인 것처럼 보인다. 아니면 확산 계수 자체에 단순한 thermodynamic factor 이상의 열역학적 의미가 포함되어 있는지도 모른다. 이를 밝히기 위해 Fe–Si–C 3원계 fcc 상에서의 C의 확산 유속을 식 (4–48a)의 형태로 다음과 같이 다시 써 보자.

$$J_{\mathrm{C}} = -\ y_{\mathrm{C}}\, y_{\mathrm{Va}}\, \Omega_{\mathrm{C}} \frac{d\mu_{\mathrm{C}}}{dy_{\mathrm{C}}} \nabla C_{\mathrm{C}} - y_{\mathrm{C}}\, y_{\mathrm{Va}}\, \Omega_{\mathrm{C}} \frac{d\mu_{\mathrm{C}}}{dy_{\mathrm{Si}}} \nabla C_{\mathrm{Si}} \tag{4-49}$$

식 (4-48a)와의 차이점은 확산 계수에 대한 표현에서 편미분 형태가 전미분 형태로 바뀌었다는 점이다. 이는 치환형 부격자나 침입형 부격자 내에 각각 두 가지 성분씩만 존재할 때 가능한 것으로, 여기에 또 다른 치환형 합금 원소나 침입형 원소들이 추가될 때는 식이 성립하지 않는다는 것을 밝혀 둔다. 즉, Fe－M－C 또는 Fe－M－N 형태의 3원계에 대해서만 가능한 방법이다. 열역학 모델에서 y_C와 y_{Si}는 서로 독립적인 변수라는 점을 상기하면서 다음의 식을 보자.

$$D_{\mathrm{CSi}}^{\mathrm{Fe}} = y_{\mathrm{C}}\, y_{\mathrm{Va}}\, \Omega_{\mathrm{C}} \left(\frac{d\mu_{\mathrm{C}}}{dy_{\mathrm{Si}}} \right)_{y_{\mathrm{C}}} \tag{4-50}$$

$$D_{\mathrm{CC}}^{\mathrm{Fe}} = y_{\mathrm{C}}\, y_{\mathrm{Va}}\, \Omega_{\mathrm{C}} \left(\frac{d\mu_{\mathrm{C}}}{dy_{\mathrm{C}}} \right)_{y_{\mathrm{Si}}} \tag{4-51}$$

$$D_{\mathrm{CSi}}^{\mathrm{Fe}} \,/\, D_{\mathrm{CC}}^{Fe} = \left(\frac{d\mu_{\mathrm{C}}}{dy_{\mathrm{Si}}} \right)_{y_{\mathrm{C}}} \Big/ \left(\frac{d\mu_{\mathrm{C}}}{dy_{\mathrm{C}}} \right)_{y_{\mathrm{Si}}} = -\left(\frac{dy_{\mathrm{C}}}{dy_{\mathrm{Si}}} \right)_{\mu_{\mathrm{C}}} \tag{4-52}$$

식 (4-52)는 $D_{\mathrm{CSi}}^{\mathrm{Fe}} / D_{\mathrm{CC}}^{\mathrm{Fe}}$가 상태도 상에서 C의 등활동도(또는 등퍼텐셜) 곡선 기울기와 관계있음을 나타낸다. 즉, Fe－Si－C 3원계 등온상태도를, y_{Si}와 y_{C}를 각각 x, y축으로 표시하여 나타냈을 때 C 등 활동도 곡선 기울기의 음수가 된다. 이로부터 확산 계수 자체는 속도론적 요인과 열역학적 요인을 모두 포함하고 있지만, uphill diffusion에 결정적인 영향을 미치는 off-diagonal 항과 diagonal 항의 상대적 크기는 순전히 열역학적 요인에 지배된다는 사실을 알 수 있다. 이러한 uphill diffusion은 기본적으로 침입형 원소의 화학 퍼텐셜에 영향을 미치는 치환형 원소와 침입형 원소 간의 확산 속도 차이가 크게 발생하는 데서 유래하는 것으로, 식 (4-49)에서와 같이 침입형 원소의 확산 유속을 결정하는 항이 두 개 이상인 3원계 이상 다원 합금계에서는 일반적으로 나타날 수 있는 물질 현상이라 할 수 있다.

활동도 곡선은 일정한 C 활동도 하에서 고용체 내 C 용해도를 측정함으로써 얻어지는 것으로 일반 연구자들이 수식화된 열역학 자료보다는 훨씬 수월하게 구할 수 있는 실험 정보이다. Fe－Si－C 계 fcc 상에서 여러 C 활동도에서의 C 용해도를 보여주는 실험 자료[42]를 Fig. 4-3에 나타내었다. 등활동도 곡선은 직선이 아니므로 그 기울기는 상수가 아니고 조성에 따라 변하게 된다. Darken의 실험[25]이 행해진 조성 영역, 즉 $y_C = 0.014 \sim 0.028$(0.3~0.6 wt% C) 영역에서 $D_{\mathrm{CSi}}^{\mathrm{Fe}} / D_{\mathrm{CC}}^{\mathrm{Fe}}$는 Fig. 4-3으로부터 약 0.135~0.235 사이의 값이 얻어진다.

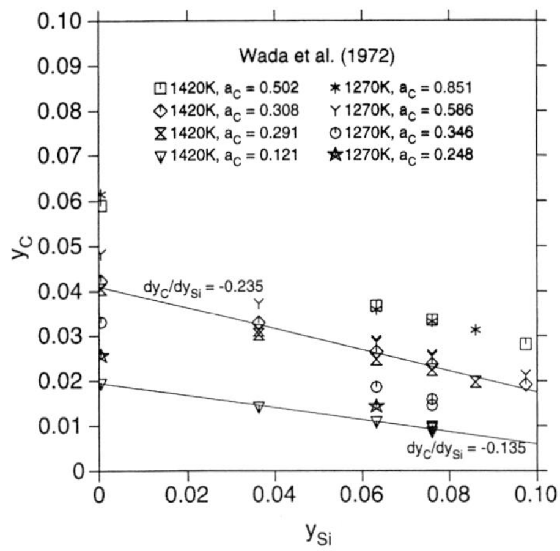

[Fig. 4-3] Fcc Fe-Si-C 3원 합금에서의 1420, 1270 K 탄소 등 활동도[38,42].

이 값을 이용하여 Darken의 실험을 모사한 후 실험 자료 또는 수식화된 열역학 자료를 이용하여 계산한 결과와 비교하면 앞서 유도한, 침입형 원소의 확산 계수와 상태도(침입형 원소의 등퍼텐셜 곡선) 간 관계의 타당성을 확인할 수 있을 것이다.

3) Darken's uphill diffusion의 시뮬레이션

다원 합금계에서는 확산 계수가 행렬 형태를 가지고, 이 중 off-diagonal 항은 다원 확산의 특징을 나타내는 중요한 항이라는 것을 앞에서 살펴보았다. 여기서는 Fe－Si－C 합금계에서 나타난 uphill diffusion 현상을 확산 시뮬레이션 기법을 통해 재현해 보고자 한다. C 확산 유속에 대한 표현에서의 off-diagonal 항에 해당하는 $D^{\mathrm{Fe}}_{\mathrm{CSi}}$ 의 값을, 한 번은 식 (4-50)의 표현을 이용하여 수식화된 열역학 함수로부터 구해내고, 다른 한 번은 식 (4-52)의 관계를 이용 Fig. 4-3의 열역학 정보로부터 결정하여 시뮬레이션을 수행한 후 그 결과를 비교할 것이다. 시뮬레이션을 수행하기 전에 다원 확산 방정식을 수치해석적으로 푸는 과정을 먼저 살펴보자.

자유표면에서의 확산 유속이 없을 때, 단상 확산 문제에서 확산 시뮬레이션 결과로 구해지는 것은 시간에 따른 농도 profile의 변화이다. 이는 Fick's 제2법칙으로 알려진 다음의 mass balance equation의 해로부터 얻어진다.

$$\frac{\partial C_k}{\partial t} = -\nabla \cdot J_k = \sum_{j=1}^{n-1} \nabla \cdot (D^n_{kj} \nabla C_j) \tag{4-53}$$

다원 합금계 확산에서는 위의 확산 방정식을 각 용질 원소별로 독립적으로 풀어서 해를 구하게 된다. 확산 쌍에서의 확산 유속이 단면적에 수직한 방향으로만 일어난다고 간주하면 모든 수식을 Cartesian coordinate 상의 1차원에 해당하는 식으로 바꿀 수 있으며, C 및 Si에 대한 확산 방정식은 다음과 같이 표현된다.

$$\frac{\partial C_{\mathrm{C}}}{\partial t} = \frac{\partial}{\partial x}\left[D_{\mathrm{CC}}\frac{\partial C_{\mathrm{C}}}{\partial x} + D_{\mathrm{CSi}}\frac{\partial C_{\mathrm{Si}}}{\partial x}\right] \tag{4-54a}$$

$$\frac{\partial C_{\mathrm{Si}}}{\partial t} = \frac{\partial}{\partial x}\left[D_{\mathrm{SiC}}\frac{\partial C_{\mathrm{C}}}{\partial x} + D_{\mathrm{SiSi}}\frac{\partial C_{\mathrm{Si}}}{\partial x}\right] \tag{4-54b}$$

위 확산 연립방정식은 유한차분법(FDM: finite difference method)을 사용하여 풀 수 있다. 식 (4-54a), (4-54b)에 나타나는 미분 항들은 다음과 같이 차분화된다.

$$\frac{\partial C_i}{\partial t} = \frac{C_i^{j+1} - C_i^j}{\Delta t} \tag{4-55}$$

$$\frac{\partial}{\partial x}[D_i\frac{\partial C_i}{\partial x}] = \frac{1}{\Delta x}[\sqrt{D_{i+1}D_i}\,\frac{C_{i+1}^j - C_i^j}{\Delta x} - \sqrt{D_i D_{i-1}}\,\frac{C_i^j - C_{i-1}^j}{\Delta x}] \tag{4-56}$$

위의 식 (4-55), (4-56)에서 아래첨자 i는 grid 번호, 즉 좌표계의 원점으로부터의 거리를 나타내는 부호이고, 위첨자 j는 시간 step을 나타내는 부호이다. $\sqrt{D_{i+1}D_i}$ 는 $i+1$번째 grid와 i 번째 grid 사이에서의 평균 diffusivity를 나타내는 것으로 양 grid 점에서의 diffusivity의 기하평균값으로 주어진다.

위와 같은 FDM을 이용하여 $\mathrm{Fe-Si-C}$ 합금에서의 Darken[25] uphill diffusion을 시뮬레이션한 결과를 검토해 보자. 3원계 결과를 보기 전에 우선 간단한 2원계 확산 시뮬레이션이 어떻게 수행되는지를 이해할 필요가 있다. 아래에는 확산 계수가 조성에 무관한 상수인 경우 2원 단상 합금에서의 확산을 시뮬레이션할 수 있는 program code를 예로 보이고 있다. 이 code를 이용해서 표면에서 용질을 제거하는 경우(표면 농도 0) 및 표면으로부터 용질 원자를 주입하는 경우(표면 농도 0.05)에 대한, 시간에 따른 시뮬레이션 결과를 같이 도시하였다.

2원 확산 simulation code (확산 계수가 조성에 관계없이 상수인 경우)

```
      implicit integer (i-n)
      implicit double precision (a-h,o-z)
      dimension U(1000), UF(1000)
c
      write(*,'(a)',advance='NO') ' Length of Simulation (micro-m) ? '
      read(*,*) XL
      write(*,'(a)',advance='NO') ' Initial Composition (U-fraction) ? '
      read(*,*) Uini
      write(*,'(a)',advance='NO') ' Boundary (Left-end) Composition ? '
      read(*,*) U0
      write(*,'(a)',advance='NO') ' Diffusion Coefficient (cm^2/sec) ? '
```

```
      read(*,*) D
      write(*,'(a)',advance='NO') ' Reaction Time (sec) ? '
      read(*,*) Tend
      write(*,'(a)',advance='NO') ' number of grid ? '
      read(*,*) n
c
      D = 1.d+08 * D
      dx = XL / dble(n-1)
      dt = 0.25d0 * dx * dx / D
      dtdx = D * dt / dx / dx
c
      xiter = Tend / dt
      nprnt = idint(xiter/10.d0)
c
c     initial condition
c
      U  = Uini
      UF = Uini
      time = 0.d0
      iter = 0
      open(unit=1,file='result.txt',status='unknown')
      write(1,'(a,f12.6)') '$ time = ', time
      write(1,'(f6.2,f12.6,a)') 0.d0, uf(1), '   M'
      do i = 2, n
         write(1,'(f6.2,f12.6)')  dble(i-1)*dx, uf(i)
      enddo
c
c      Boundary condition
c
      U(1)   = U0
      UF(1) = U0
      U(n+1) = U(n-1)
c
c      update of diffusion profile by FDM
c
    1 iter = iter + 1
      time = time + dt
      do i = 2, n
         uf(i) = u(i) + dtdx * ( u(i+1) - 2.d0*u(i) + u(i-1) )
      enddo
      uf(n+1) = uf(n-1)
      u = uf
```

```
c
c      Print results at every "nprnt"th step
c
       if(mod(iter,nprnt) .eq. 0) then
            write(1,'(a,f12.6)') '$ time = ', time
            write(1,'(f6.2,f12.6,a)') 0.d0, uf(1), '   M'
          do i = 2, n
               write(1,'(f6.2,f12.6)')  dble(i-1)*dx, uf(i)
          enddo
       endif
c
       if(time.lt.tend) goto 1
       stop
       end
```

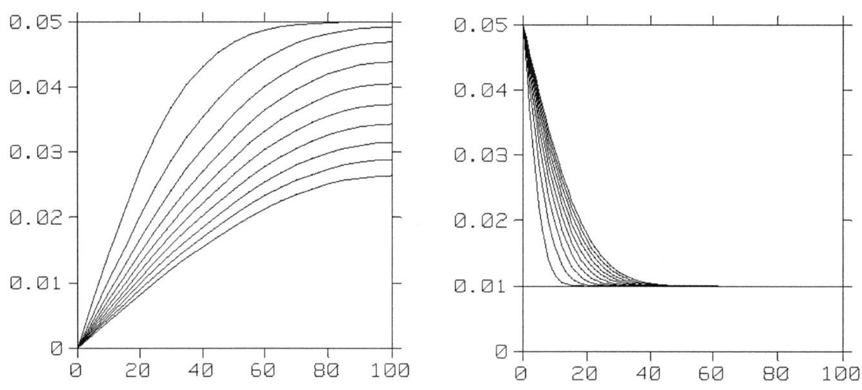

이 시뮬레이션에서 y축의 값은 실제 농도 C가 아니라 u–fraction이다. 앞에서 이동도에 대한 식(4–35a, b)에는 몰 부피 V_s가 포함되어 있지만, 실제 계산에서 V_s는 여기에 포함되지 않고 식 (4–53)과 같은 식에 끝까지 살아남아 ∇C_j와 곱해져서 이 항을 ∇u_j로 변경시킨다(식 (4–26) 참조).

2원계 확산 시뮬레이션에서는 한 종류의 용질 원자에 대해서만 확산 profile을 계산하면 된다. 즉, 식 (4–54)와 같은 확산 방정식을 하나의 용질 원자에 대해서만 풀면 되고, 오른편 항의 수도 하나면 된다. 이 부분은 위 예제에서 굵은 글씨로 표시되어 있다. 3원계 확산 시뮬레이션을 위해서는 식 (4–54)에 나타낸 것처럼 확산 방정식이 두 개가 되고, 각 방정식에서 오른편 항의 수도 용질 원자의 수와 같은 두 개가 된다. 또한, 확산 계수도 실제 원소의 이동도와 실제 합금계의 thermodynamic factor를 고려한, 보다 실질적인 값이 이용이 되어야 한다. 수식화된 열역학 자료를 이용한 경우의 시뮬레이션 결과는 Fig. 4–4a에 나타낸 바와 같다. 또한, $D^{\mathrm{Fe}}_{\mathrm{SiC}}$를 무시하고 $D^{\mathrm{Fe}}_{\mathrm{CSi}}/D^{\mathrm{Fe}}_{\mathrm{CC}}$에 대해 Fig. 4–3으로부터 구한 값(0.135 ~ 0.235)의 중간치인 0.185를 주었을 경우, 시뮬레이션 결과는 Fig. 4–4b에 나타낸 바와 같다. 두 결과의 비교를 통

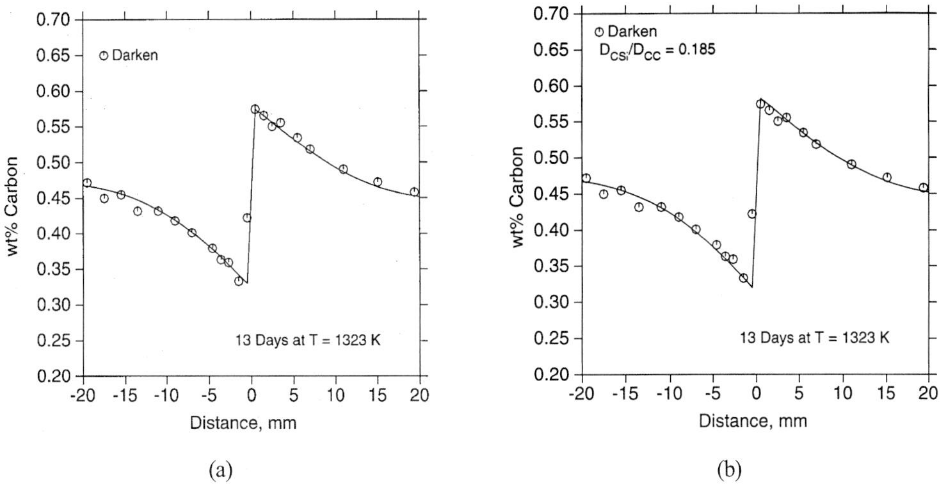

[Fig. 4-4] Fe-3.8$wt\%$Si-C / Fe-C 합금 접합체에서, 확산 계수 D_{CSi} 값에 대해 (a) 수식화된 열역학 data 및 (b) Fig. 4-3의 탄소 등활동도 자료를 이용하여 값을 얻어낸 후 Darken uphill diffusion [25]을 시뮬레이션한 결과

하여 상태도 정보로부터 구한 확산 계수를 이용한 계산 결과가 수식화된 열역학 정보를 이용한 계산 결과에 비해 결코 나쁘지 않다는 것을 알 수 있다. Darken의 실험이 1323 K에서 이루어진 반면 Fig. 4-3의 실험 자료들은 1420 및 1270 K에서 측정된 것이고, 본질적으로 직선이 아닌 등활동도 곡선을 무리하게 직선으로 생각하여 기울기 값을 구한 만큼 0.185라는 값이 상당히 근사적인 값임에도 불구하고 Fig. 4-4b는 우수한 시뮬레이션 결과를 보이고 있다. 이는 앞서 유도한 3원 확산 계수와 상태도 간의 관계가 타당하다는 것과, 또한 수식화된 열역학 자료를 구할 수 없는 경우 침입형 원소의 등퍼텐셜 곡선을 이용하는, 앞서 제시한 방법이 off-diagonal 항의 확산 계수를 구해내기 위한 차선의 방법으로 활용될 수 있음을 보여주는 것이다. 이는 Fe − M − C 또는 Fe − M − N 형태, 즉 하나의 침입형 원소를 포함하는 3원 합금계에 대해 적용되는 방법이지만, 4원계 이상 다원 합금계에 대해서도 구성 3원계로 부터 얻어낸 $D^{\mathrm{Fe}}_{\mathrm{CM}}/D^{\mathrm{Fe}}_{\mathrm{CC}}$ 또는 $D^{\mathrm{Fe}}_{\mathrm{NM}}/D^{\mathrm{Fe}}_{\mathrm{NN}}$ 값을 그대로 이용함으로써 적용이 가능하다는 것을 보인 바 있다[38].

4.3 다원 확산 시뮬레이션

다원계 단상 합금 내에서의 확산 방정식을 finite difference method(FDM)를 이용하여 푸는 방법은 앞의 4.2절 3)항에서 기술한 바 있다. 이 경우 확산 시뮬레이션을 통해 얻어지는 정보는 시간에 따른 각 원소 농도(조성) profile의 변화이다. 서로 다른 두 상이 접촉하고 있고 경계면을 통해 확산 반응을 하는 경우에는 각 상 내부에서의 농도 profile의 변화 외에 각 상의 성장・소멸 거동을 기술할 수 있어야 한다. 확산 반응을 통한 상의 성장・소멸은 경계 이동 방향 및 속도를 통해 표현되기 때문에 수치해석 과정에는 경계 이동 속도를 계산하는 과정이 포함되게 된다. 다원, 다상 확산 시뮬레이션에서 경계 이동 속도는 다음의 flux balance equation에 의해 기술된다.

$$v = \frac{J_k^{R/L} - J_k^{L/R}}{C_k^{R/L} - C_k^{L/R}} \tag{4-57}$$

편의상 경계면을 중심으로 왼쪽의 상은 L, 오른쪽의 상은 R로 표시할 경우, C와 J에서의 R/L과 L/R은 각각 R상과 L상의 경계면 상에서의 농도와 확산 유속을 나타낸다. v는 경계 이동속도이다.

Flux balance equation이 유도되는 과정을 좀 더 면밀하게 살펴보기 위해, FDM 과정 중 한 time step에 대해 한 용질 원소의 농도 변화와 경계 이동을 도식적으로 나타내면 Fig. 4-5와 같다.

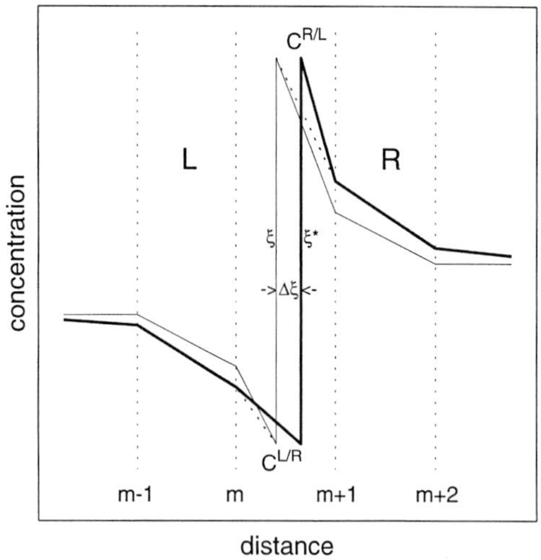

[Fig. 4-5] 2상 확산 반응 시 계면의 이동을 FDM으로 시뮬레이션할 때, 한 time step이 지난 후 농도 profile 및 계면 위치의 정성적인 변화

Fig. 4-5에서 가는 실선은 한 time step 초기의 농도 profile을 나타낸다. 가는 점선은 한 time step 동안 각 상 내부에서의 확산에 의한 농도 profile의 변화를 나타내며, 굵은 실선은 각 상 내부 농도 profile의 변화와 경계 이동이 반영된 최종 농도 profile을 나타낸다. ξ와 ξ^*는 적용된 좌표계 상에서 계면의 위치를 나타내는 변수로서, 각각 한 time step이 시작될 때와 끝날 때의 계면 위치를 나타내며, $\Delta\xi = \xi^* - \xi$는 한 time step 동안의 계면 이동거리가 된다. 즉, 한 time step 동안에 Fig. 4-5에서는 상 내부에서의 농도 변화와 경계 이동이라는 두 가지 변화가 나타난다. 이러한 변화는 동시에 일어나는 것이지만, FDM에서는 각 변화가 순차적으로 일어난다고 간주한다. 우선, 각 상 내부에서의 농도 변화, 즉 Fig. 4-5의 가는 실선으로부터 가는 점선으로의 변화는 식 (4-53)으로 주어진 mass balance equation을 각 grid point에 대해 적용함으로써 계산한다. 그 결과, Fig. 4-5에서와 같은 상황의 경우, L 상에서는 용질원소의 양이 감소하고, R 상에서는 용질원소의 양이 증가하게 된다. 양 상에서 용질 원소량 변화 크기(절댓값)가 같을 때에는 경계의 이동이 없다. 그러나 일반적으로 양 상에서의 용질 원소 변화량은 서로 다르고, 이는 해당 용질 원소 총량의 변화를 야기하게 되는데, 한 time step 동안 계면의 이동량은 이러한 용질 원소 총량의 변화를 해소시키는 방향으로 일어난다고 보고 계산이 이루어진다.

편의상 Cartesian coordinate의 경우를 예로 들 경우, 한 time step 동안에 각 상 내의 확산으로 인해 발생하는 합금 내 총 용질 원소량의 변화는 계면에서 양 상의 확산 유속의 차이, 즉 net flux를 계산하고 이에 time step의 크기 Δt를 곱함으로써 용질 원소량의 변화를 추정하는 것이다. 이러한 방법에 의해 Δt 동안 발생하는 용질 원소의 변화량(Fig. 4-5의 경우 증가량)은 다음과 같이 수식적으로 표현된다.

$$\Delta m_k = (J_k^{R/L} - J_k^{L/R}) \cdot \Delta t \tag{4-58}$$

또한, 계면이 $\Delta\xi$ 만큼 이동할 때 발생하는 총 용질 원소량의 변화(Fig. 4-5 경우 감소량)를 계산하기 위해 일반적으로 많이 쓰이는 방법은 계면 이동량에 양 상의 계면 농도 차이를 곱하는 것이다.

$$\Delta m_k = (C_k^{R/L} - C_k^{L/R}) \cdot \Delta\xi \tag{4-59}$$

계면 이동이 각 상 내 확산으로 인한 용질 원소량의 변화를 해소하는 방향으로 일어난다는 것은 위의 식 (4-58)과 (4-59)에서 계산된 Δm값이 같다는 것을 의미한다. 이로부터

$$v = \frac{\Delta\xi}{\Delta t} = \frac{J_k^{R/L} - J_k^{L/R}}{C_k^{R/L} - C_k^{L/R}} \tag{4-60}$$

으로 식 (4-57)에 소개했던 flux balance equation이 얻어지는 것이다.

다원, 다상 확산 시뮬레이션 과정에서 식 (4-60)으로 주어진 flux balance equation을 풀기 위해서는 계면을 이루는 양 상에서의 계면 농도 $C^{R/L}$과 $C^{L/R}$을 알아야 한다. 확산 율속 변태에서는 계면을 이루는 두 상 간에 국부 평형을 가정할 수 있다. 즉, 상태도 상의 2상 평형 농도를 계면 농도로 간주할 수 있다. 2원 확산 문제의 경우 일정한 온도에서 두 상 사이의 평형 농도는 항상 결정이 되어 문제가 없다. 그러나 3원계의 경우 두 상 사이에는 tie-line으로 연결되어 있는 무한한 수의 평형 농도 set가 존재한다. 실제로 압력과 온도가 정해져 있을 때 n성분계 2상 평형에는 $n-2$개의 자유도가 존재한다. 한편, 식 (4-60)에 주어진 flux balance equation은 각 용질 원소마다 각각 정의가 될 수 있다. n성분계의 경우 flux balance equation의 수는 $n-1$개가 된다. 각각의 식에서 계면 이동 속도 v가 정의가 되는데, 이 계면 이동 속도는 항상 동일해야 한다. 즉 $n-1$개의 flux balance equation은 서로 같은 계면 이동 속도를 보여야 한다는 조건이 추가되며 이로부터 $n-2$개의 독립적인 관계식을 유도해 낼 수 있다. 다원 다상 확산 시뮬레이션에서는 flux balance equation으로부터 계면 이동 속도를 구하기 전에 위와 같이 얻어진 $n-2$개의 비선형 연립방정식을 풀어서 계면 조성을 구하는 작업이 선행되게 된다.

다상 확산 반응을 수치해석적으로 시뮬레이션할 때 발생하는 실질적인 문제는 flux balance equation을 FDM으로 푸는 과정에서 각 용질 원소의 mass balance가 유지되지 못한다는 점이다. 이는 1890년 Stefan Problem이라는 이름으로 문제가 제기된 후 100년이 넘도록 아직까지 완벽한 해결을 보지 못한 문제이다. 식 (4-60)에는 몇 가지 mass balance error의 소지가 내포되어 있다. 첫 번째는 각 상 내부에서의 확산으로 인한 용질 원소의 변화량을 계면에서의 net flux로부터 계산하였다는 것으로, 식 (4-58) 자체가 정확한 식이 아니라는 점이다. 두 번째는 계면 이동으로 인한 용질 원소량의 변화가 Fig. 4-5로부터도 알 수 있듯이, 계면에서의 농도 차이 ($C^{R/L}- C^{L/R}$)에 $\Delta\xi$를 곱한 직사각형 형태가 아니라는 것으로, 식 (4-59) 역시 정확한 표현이 아니라는 점이다. 확산 방정식을 FDM으로 푸는 데는 movable grid method와 fixed grid method라는 두 가지 방법이 이용되는데(Fig. 4-5는 후자의 경우를 보여준다), 두 가지 방법 각각이 위에 언급한 이유들 이외에 추가로 masss balance error를 유발할 수 있는 소지를 포함하고 있다. 다상 확산 방정식을 수치해석적으로 풀려는 시도가 수십 년 전부터 있어 왔음에도 불구하고, mass balance error의 감소 · 제거에 관심을 가지고 이 문제에 대한 체계적인 고찰이 이루어지기 시작한 것은 비교적 최근의 일이다[43-45]. 여기서는 fixed grid method에 기반을 둔 수치해석적 방법을 이용하여, 앞서 언급한 바와 같이, 단상이 아닌 다상 합금 간 확산 반응 시 접합 시 계면에서의 상 분포 변화를 예측하는 문제와 오스테나이트계 스테인리스 강의 응고 시 δ-페라이트 잔류량과 응고 편석의 예측 문제를 시뮬레이션한 예를 간략하게 소개하면서 그 가능성과 한계 및 추후의 발전 방향을 모색해 보고자 한다.

1) 다상 합금 간 계면 반응

제4장에서 현재까지 다룬 모든 확산 문제는 단상(single-phase) 합금 간의 확산 반응에 관한 것이다. 그러나 실용 금속 합금들은 대부분 제2상, 제3상 입자들을 포함하고 있으며, 확산 시뮬레이션도 이러한 다상 합금 내의 또는 다상 합금 간의 확산 반응을 다루어야 하는 경우가 많다. 예를 들어 침탄 과정을 시뮬레이션하는 경우, 초기에는 침탄의 대상이 되는 합금이 단상일지라도 탄소가 표면을 통해 확산해 들어감에 따라 기지 내에 탄화물이 형성될 수 있으며, 표면으로부터의 거리에 따라 확산된 탄소의 양이 다른 만큼 형성되는 탄화물의 종류와 양이 달라지게 된다. 또한, austenite 기지를 가지는 저탄소강과 ferrite 기지에 탄화물을 포함한 고합금강을 접합시키는 경우, 계면 부근에는 확산 반응으로 인해 예측하기 어려운 조직과 탄화물 분포가 얻어지는 경우가 있다. 위와 같은 경우는 multiphase mixture에서 확산이 일어나고 있기 때문에, 지금까지 다룬 확산 시뮬레이션 기법만으로는 접근이 불가능하며, multiphase mixture에서의 확산을 기술할 수 있는 새로운 시뮬레이션 기법이 개발되어야 한다. 기법에 대한 상세한 설명은 참고문헌[46]에 소개되어 있으며, 여기서는 그 주요 결과를 살펴보기로 한다.

다상 합금 간의 확산 반응에 대한 모델 실험으로서, Fe-Cr-Ni 계에서의 $\alpha+\gamma/\gamma+\alpha$ 합금 간 확산 반응이 발표된 바 있다[47]. α(페라이트)가 기지상이면서 약 35%의 γ(오스테나이트)를 포함하는 Fe-24.3Cr-6.9Ni 합금과 γ가 기지상이면서 약 25%의 α를 포함하는 Fe-40Cr-29.4Ni 합금을 접합시키고 열처리한 후 계면 부근에서 조성과 조직의 변화를 관찰하였는데, Fig. 4-6은 위와 같은 확산 쌍을 1100°C에서 100시간 동안 열처리한 후의 계면에서의 조직을 나타낸다.

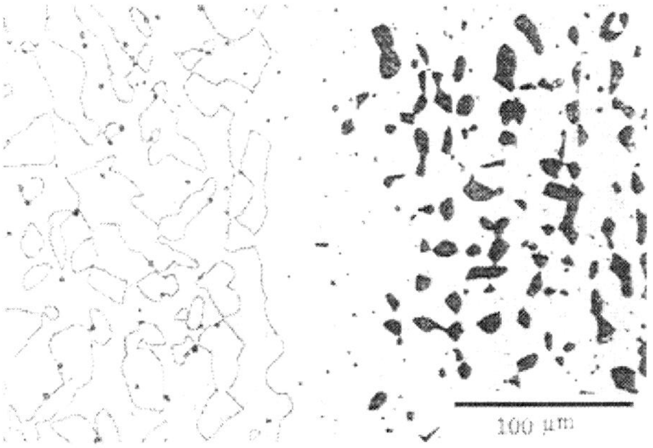

[Fig. 4-6] Fe-24.3Cr-6.9Ni / Fe-40Cr-29.4Ni 확산 쌍을 1100°C에서 100시간 열처리한 후의 조직 사진 [35] (원저자 허락 취득)

이 확산 반응은 계면에서 제2상 입자가 없어지고 γ 단상 영역이 형성된다는 것이 특징이다. 이와 같은 확산 반응에 대한 시뮬레이션은 대상 합금에 단상이 아닌 혼합체라는 점을 고려하여 확산 계수를 수정하고, 각 위치에서 확산 시뮬레이션과 상평형 계산을 병행함으로써 이루어질 수 있었다[46]. 계면으로부터의 거리에 따라 각 상의 조성이 어떻게 변화하는지에 대한 시뮬레이션 결과와 실험 결과는 Fig. 4-7a,b에 도시한 바와 같다. Fig. 4-7a,b에서 계면($x = 0$)을 기준으로 왼쪽은 α가 기지인 합금이고 오른쪽은 γ가 기지인 합금이다. 계면 주위에서의 급격한 조성 변화 양상이 시뮬레이션을 통해 잘 예측될 수 있음을 확인할 수 있다. 특히, 실험 미세 조직에서 계면에 나타난 γ 단상 영역은 Fig. 4-7a,b에서 bcc 곡선이 끊어진 부분으로 잘 나타나있다. Fig. 4-7c는 Fig. 4-7a,b의 조성 측정 결과로부터 계산된 합금 조성 (overall composition)의 변화를 Fe-Cr-Ni 상태도 등온 단면도에 나타낸 것으로, 초기 조성에 해당하는 두 조성 사이의 확산 경로를 보여준다. 이 반응은 Cr, Ni의 활동도가 높은 고합금(40Cr-29.4Ni 합금)에서 상대적으로 Cr, Ni의 활동도가 낮은 저합금(24.3Cr-6.9Ni 합금) 쪽으로 Cr과 Ni 원자가 확산해 가는 과정이라 볼 수 있으며, 확산이 상대적으로 느린 γ를 기지상으로 하는 고합금 내에서의 Cr, Ni 확산이 속도를 결정한다고 생각할 수 있다. 이때 확산 속도가 빠른 Cr이 먼저 고합금에서 저합금 영역으로 빠져나감으로 해서, 계면에 인접한 고합금 내 일부 구간에서는 Cr에 비해 상대적으로 Ni 농도가 높아질 것을 예상할 수 있으며, 이로부터 γ 단상 영역이 발생하는 것을 정성적으로 설명할 수 있다. 확산 시뮬레이션은 이와 같은 계면 반응 양상을 보다 정량적으로 분석할 수 있게 해주는 것이라 볼 수 있다.

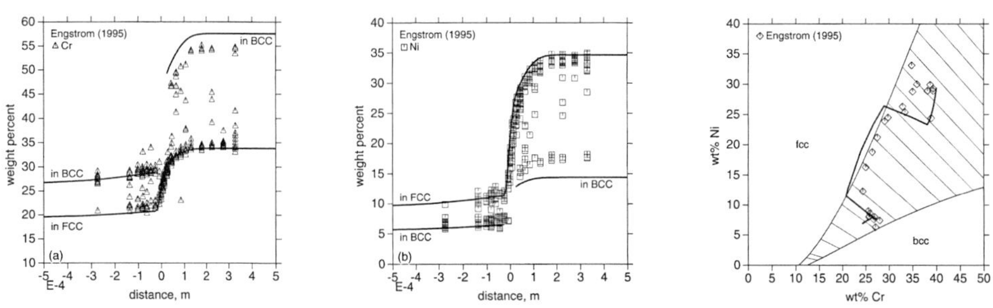

(a) (b) (c)

[Fig. 4-7] Fe-24.3Cr-6.9Ni/Fe-40Cr-29.4Ni 확산 쌍을 1100°C에서 100시간 열처리한 후 계면 부근에서의 (a) Cr 농도 (b) Ni 농도 (c) 합금 조성 변화[46]

2) 응고 편석 및 상분포

18Cr-8Ni 강으로 알려진 304 스테인리스 강은 오스테나이트계임에도 불구하고 응고 초기 δ-페라이트가 초정으로 형성된다. 이러한 δ-페라이트는 온도의 저하와 함께 오스테나이트가 형성되면서 성장이 둔화되고 오스테나이트의 성장과 함께 소멸되기 시작한다. 응고가 열역학 평형 상태를 유지하면서 진행된다면 초기에 형성된 δ-페라이트는 1200°C 근방에 이르러 모두 소멸되나, 실제 제강 공정의 냉각 속도에서는 속도론적인 이유로 모두 소멸되지 않고 일부가 잔류하게 된다. 응고 완료 후 이러한 δ-페라이트의 잔류량은 응고 균열, 열간 가

공성 등 강 특성에 영향을 주기 때문에 이를 예측하고 제어하기 위한 노력이 다각적으로 이루어지고 있다. Fig. 4-8은 Fe-18.2Cr-8.7Ni-1.2Mn-.6Si-.04C-.03S-.025P의 조성을 가지는 304 스테인리스 강에 대한 일방향 응고 실험을 대상으로 하여, 온도에 따른 δ-페라이트의 양과 각 상 내부에서 용질 원자의 분포 변화를 나타낸 것으로, 해당 실험 자료와 이를 Fe-Cr-Ni-C 4원 합금으로 간주하고 동일 냉각 조건에서 시뮬레이션한 결과가 비교되어 있다. 각 상 내부에서의 용질 원자 조성에 대한 실험 측정은 오스테나이트 영역, 페라이트 영역의 임의의 위치에서 이루어진 것으로 각 온도에서 하나의 값으로 나타나 있지만 실제 시뮬레이션에서는 수지상의 중심으로부터 수지상 간 영역에 이르는 동안 위치에 따라 다른 값이 얻어지게 된다. Fig. 4-8b에서 시뮬레이션 결과는 각 상 영역에서의 최고치와 최저치를 같이 표시하여 조성의 범위를 보여주고 있으며, 이러한 조성 범위는 용질 원자의 확산 속도가 큰 페라이트보다는 확산 속도가 작은 오스테나이트에서 상대적으로 넓게 나타난다.

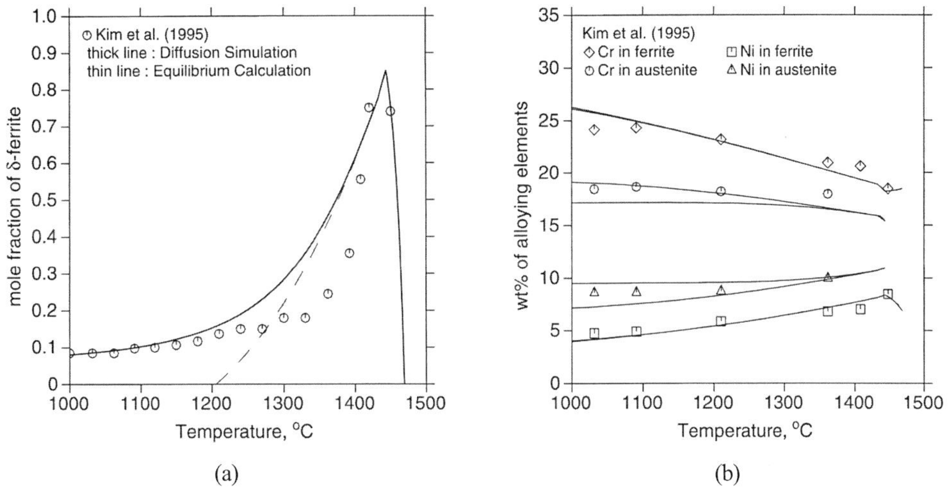

[Fig. 4-8] 일방향 응고시킨 304 스테인리스 강에서 온도에 따른 δ-페라이트 잔류량의 변화 및 각 상 내부 용질 원자 분포에 대한 확산 시뮬레이션과 실험 결과의 비교[48]

이 시뮬레이션은 실제 수지상 조직의 발달을 기술하는 것은 아니고, 수지상을 실린더 형태로 간주한 후 반지름 방향으로 확산을 통한 고상 성장을 1차원적으로 기술하는 것이다. 이 시뮬레이션에서 응고 진행에 따른 수지상 성장과 상변화를 어떻게 모델링 하였는가는 Fig. 4-9와 같이 도시할 수 있다. Fig. 4-9a에는 실제 시뮬레이션이 수행되는 영역이 volume element로 표시되어 있다. 이는 2차 수지상을 실린더 형태로 간주하고 수지상의 성장을 실린더가 반지름 방향으로 성장해 나가는 것으로 간주하면서 실린더 간격은 실제 응고조직 상에서 2차 수지상 간 간격으로 정한 것에 해당하며, volume element 내에서는 응고 진행에 따라 Fig. 4-9b에 도시한 것과 같은 상변화가 일어나게 된다.

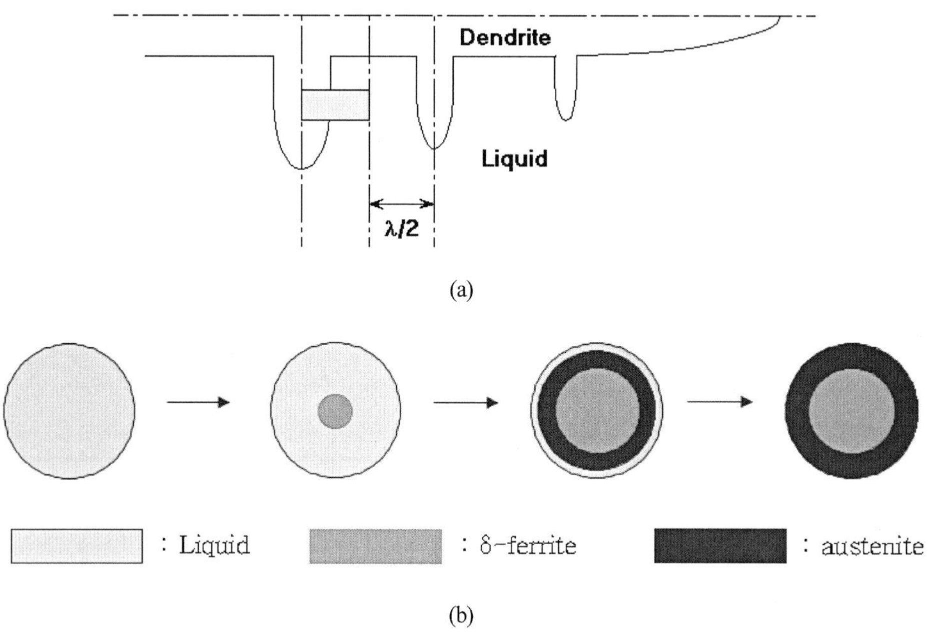

[Fig. 4-9] 304 스테인리스 강 응고 시뮬레이션 모델링에 대한 정성적 도시.
(a) 확산 시뮬레이션이 수행되는 volume element
(b) 실린더 내부에서 응고 진행에 따른 상 변화 과정

이 시뮬레이션에는 세 종류의 서로 독립적인 모델 상수값들이 활용된다. 하나는 해당 합금계 열역학 계산을 위한 열역학 모델 상수이고, 다른 하나는 확산 계수이며, 마지막 하나는 실린더의 최종 크기(반지름)이다. 앞의 두 종류의 모델 상수들은 다원 합금계 확산 변태 시뮬레이션에서 일반적으로 필요한 자료들로, 확산 시뮬레이션의 물리적 상황과는 상관없이 독립적으로 수식화된 자료들을 이용하게 된다. 세 번째 상수인 실린더의 크기는 시뮬레이션의 대상이 되는 물리적 상황에 맞추어 값을 주게 되며, Fig. 4-8의 결과는, 시뮬레이션에서 실린더와 실린더 사이의 거리가 실제 응고 조직 관찰을 통해 얻어진 2차 수지상 간의 거리에 해당한다고 간주하여 얻어진 결과이다. 다양한 조건에서의 시뮬레이션 결과에 대한 면밀한 분석을 통해 [48], 실린더의 크기에 대해, 1차 수지상 간 거리에 해당하는 값을 주었을 때보다 2차 수지상 간 거리에 해당하는 값을 주었을 때, 실험 결과가 보다 잘 재현됨을 확인할 수 있으며, 반응 면적이 상대적으로 넓은 2차 수지상 계면에서의 반응이 전체 상 분율에 결정적인 영향을 미치는 것으로 분석된다.

수지상 조직의 발달을 단순한 실린더의 반지름 방향으로의 성장으로 단순화하였다는 한계에도 불구하고, 위의 시뮬레이션은 해당 실험 결과를 만족할 만한 정도로 재현해 내고 있다고 평가할 수 있다. 특히, 임의의 값을 줄 수 있는 모델 상수가 실린더의 크기 하나뿐이라는 점은 보다 일반적인 합금계의 응고 현상에 대해 위의 시뮬레이션 기법을 활용할 수 있음을 시사한다. 그러나 위와 같은 확산 시뮬레이션 기법을 합금·공정 설계 과정에 보다 실질적으

로 활용할 수 있기 위해서는 아직 많은 추가 연구를 필요로 한다. 가장 문제가 되는 부분으로, 실제 제강 과정에서는 슬라브 표면으로부터의 두께 위치에 따라 $\delta-$페라이트 잔류량이 달라진다는 사실을 들 수 있다. 그 이유로 냉각 속도의 차이에 따른, 2차 수지상 간 거리의 변화 또는 응고 형태의 변화를 들 수도 있고, 거시 편석으로 인해 합금 조성 자체가 두께 방향으로 달라질 수 있음을 들 수도 있다. 어느 경우건, 계면의 두께를 고려하지 않는 현 시뮬레이션 기법으로는 해결하기 어려운 요인이며, 이에 대한 정량적 접근이 가능하기 위해서는, 근본적으로 다른 접근 방법을 가진 새로운 시뮬레이션 기법이 창안되어야 할 것이다.

위 문제를 극복할 수 있는 새로운 시뮬레이션 기법은 상변태 반응 중 미세조직의 변화 자체를 시뮬레이션 대상으로 삼으면서, 응고 과정의 경우 조건에 따라 수지상 간 간격이 어떻게 달라지는지를 예측해 낼 수 있을 필요가 있다. 또한, 여기서 깊이 있게 다루지는 않았지만 mass balance error를 보다 근본적인 차원에서 해결해 낼 수 있을 필요가 있다. 현재까지 개발된 열역학 계산 기법, 다원 확산 모델링 기법을 모두 흡수하면서 위에 열거한 문제들을 한꺼번에 해결한 새로운 상변태 시뮬레이션 기법이 1990년대 초중반부터 약 20년에 걸쳐 발전이 되어 왔다. 이 기법이 본 교재 제3부에서 소개할 phase field 기법이다.

참고문헌

1. L. Kaufman and H. Bernstein, "Computer Calculation of Phase Diagrams," Academic Press, New York, 1970.
2. H.L. Lukas, S.G. Fries, and B. Sundman, "Computational Thermodynamics: The Calphad Method," Cambridge University Press, UK, 2007.
3. M. Hillert and L.-I. Staffansson, "The Regular Solution Model for Stoichiometric Phases and Ionic Melts," *Acta Chem. Scand.* 24, 3618 (1970).
4. B. Sundman and J. Ågren, "A Regular Solution Model for Phases with Several Components and Sublattices, Suitable for Computer Applications," *J. Phys. Chem. Solids* 42, 297 (1981).
5. J.H. Wernick, "Topologically Closed-Packed Structures" in Intermetallic Compounds, J.H. Westbrook, ed., Robert E. Krieger Publ. Co., Huntington, 1977.
6. B. Sundman, "An assessment of the Fe-O System," *J. Phase Equil.* 12, 127 (1991).
7. I. Ansara, B. Sundman and P. Willemin, "Thermodynamic Modeling of Ordered Phases in the Ni-Al system," *Acta Metall.* 36, 977 (1988).
8. E.A. Guggenheim, "The Statistical Mechanics of Regular Solutions," *Proc. Royal Soc.* A148, 304 (1935).
9. A.D. Pelton and M. Blander, "Thermodynamic Analysis of Ordered Liquid Solutions by a Modified Quasichemical Approach—Application to Silicate Slags," *Metall. Trans.* 17B, 805 (1986).
10. G. Eriksson, P. Wu and A.D. Pelton, "Critical Evaluation and Optimization of the Thermodynamic Properties and Phase Diagrams of the MgO-Al_2O_3, MnO-Al_2O_3, FeO-Al_2O_3, Na_2O-Al_2O_3, and K_2O-Al_2O_3 Systems," *CALPHAD* 17, 189 (1993).
11. F. Sommer, "Association Model for the Description of the Thermodynamic Functions of Liquid Alloys - 1," *Z. Metallkd.* 73, 72 (1982); "Association Model for the Description of the Thermodynamic Functions of Liquid Alloys - 2," *Z. Metallkd.* 73, 77 (1982).
12. B.-J. Lee and B. Sundman, unpublished work at KTH, Stockholm, (1999).
13. M. Hillert, B. Jansson, B. Sundman, J. Ågren, "A Two-Sublattice Model for Molten Solutions with Different Tendency for Ionization," *Metall. Trans.* 16A, 261 (1985).
14. A. Fernandez Guillermet and P. Gustafson, "An Assessment of the Thermodynamic Properties and the(p, T) Phase Diagram of Iron," *High Temperature - High Pressure* 16, 591 (1985).
15. G. Inden, "The effect of Continuous Transformations on Phase Diagrams," *Bull. Alloy Phase Diagrams*, 2 412 (1981).

16. M. Hillert and M. Jarl, "A Model for Alloying in Ferromagnetic Metals," *CALPHAD* 2, 227 (1978).
17. W. Xiong, Q. Chen, P.A. Korzhavyi, M. Selleby, "An Improved Magnetic Model for Thermodynamic Modeling," *CALPHAD* 39, 11 (2012).
18. F.D. Murnaghan, "The Compressibility of Media under Extreme Pressures," *Proc. Natl. Acad. Sci.* (USA) 30, 244 (1944).
19. A.T. Dinsdale, "SGTE Data for Pure Elements," *CALPHAD* 15, 317 (1991).
20. X.-G. Lu, M. Selleby, B. Sundman, "Assessments of Molar Volume and Thermal Expansion for Selected bcc, fcc and hcp Metallic Elements," *CALPHAD* 29, 49 (2005).
21. Byeong-Joo Lee, "On the Stability of Cr Carbides," *CALPHAD* 16, 121 (1992).
22. 이병주, "Fe-Cr-Ni 합금계의 열역학 수식화," *대한금속학회지* 31, 480 (1993).
23. 이병주, "스테인리스강 합금계에서의 열역학 계산," *대한금속학회지* 33, 766 (1995).
24. M. Hillert, "Some Viewpoints on the Use of a Computer for Calculating Phase Diagrams," *Physica* 103B, 31 (1981).
25. L.S. Darken, "Diffusion of Carbon in Austenite with a Discontinuity in Composition," *Trans. AIME* 180, 430 (1949).
26. L. Onsager, "Reciprocal Relations in Irreversible Processes. I," *Phys. Rev.* 37, 405 (1931); "Reciprocal Relations in Irreversible Processes. II," *Phys. Rev.* 38, 2265 (1931).
27. L. Onsager, "The Diffusion of Electrolytes and Macromolecules in Solution: A Historical Survey," *Annals New York Academy of Science* 46, 241 (1945-6).
28. L.S. Darken, "Formal Basis of Diffusion Theory," in *Atom Movements*, ASM, Cleveland, OH, pp.1-25, 1951.
29. J.S. Kirkaldy, "Diffusion in Multicomponent Metallic Systems," *Can. J. Phys.* 35, 435 (1957); "Diffusion in Multicomponent Metallic Systems: I. Phenomenological Theory for Substitutional Solid Solution Alloys," *Can. J. Phys.* 36, 899 (1958); "Diffusion in Multicomponent Metallic Systems: II. Solutions for Two-Phase Systems with Applications to Transformations in Steel," *Can. J. Phys.* 36, 907 (1958).
30. J.S. Kirkaldy, "Diffusion in Multicomponent Metallic Systems: III. The Motion of Planar Phase Interfaces," *Can. J. Phys.* 36, 917 (1958); "Diffusion in Multicomponent Metallic Systems: IV. A General Theorem for Construction of Multicomponent Solutions From Solutions of the Binary Diffusion Equation," *Can. J. Phys.* 37, 30 (1959).
31. J.S. Kirkaldy and G.R. Purdy, "Diffusion in Multicomponent Metallic Systems: V. Interstitial Diffusion in Dilute Ternary Austenites," *Can. J. Phys.* 40, 208 (1962).
32. J.S. Kirkaldy, D. Weichert and Zia-Ul-Haq, "Diffusion in Multicomponent Metallic Systems: VI. Some Thermodynamic Properties of the D Matrix and the Corresponding Solutions of the Diffusion Equations," *Can. J. Phys.* 41, 2166 (1963).

33. J.S. Kirkaldy, J.E. Lane and G.R. Mason, "Diffusion in Multicomponent Metallic Systems: VII. Solutions of the Multicomponent Diffusion Equations with Variable Coefficients," *Can. J. Phys.* 41, 2174 (1963).
34. J.E. Lane and J.S. Kirkaldy, "Diffusion in Multicomponent Metallic Systems: VIII. A Kinetic Calculation of the Onsager L Coefficients in Substitutional Solid Solutions," *Can. J. Phys.* 42, 1643 (1964).
35. J.S. Kirkaldy and J.E. Lane, "Diffusion in Multicomponent Metallic Systems: IX. Intrinsic Diffusion Behavior and the Kirkendall Effect in Ternary Substitutional Solutions," *Can. J. Phys.* 44, 2059 (1966).
36. J.S. Kirkaldy and G.R. Purdy, "Diffusion in Multicomponent Metallic Systems. X. Diffusion at and near Ternary Critical States," *Can. J. Phys.* 47, 865 (1969).
37. J. Ågren, "Diffusion in Phases with Several Components and Sublattices," *J. Phys. Chem. Solids* 43, 421 (1982).
38. B.-J. Lee, "Evaluation of Off-Diagonal Diffusion Coefficient from Phase Diagram Information," *J. Phase Equilibria* 22, 241 (2001).
39. J. Ågren, "A Revised Expression for the Diffusivity of Carbon in Binary Fe-C Austenite," *Scripta Metall.* 20, 1507 (1986).
40. P. Gustafson, "A Thermodynamic Evaluation of the Fe−C System," *Scand. J. Metall.* 14, 259 (1985).
41. C. Wells, W. Batz and R.F. Mehl, "Diffusion Coefficient of Carbon in Austenite," *Trans. AIME, J. Metals* 188, 553 (1950).
42. T. Wada, H. Wada, J.F. Elliott and J. Chipman, "Thermodynamics of the fcc Fe-Mn-C and Fe-Si-C alloys," *Metall. Trans.* 3, 1657 (1972).
43. S. Crusius, G. Inden, U. Knoop, L. Höglund and J. Ågren, "On the Numerical Treatment of Moving Boundary Problems," *Z. Metallkd.* 83, 673 (1992).
44. B.-J. Lee and K.H. Oh, "Numerical Treatment of Moving Interface in Diffusional Reactions," *Z. Metallkd.,* 87, 195 (1996).
45. B.-J. Lee, "Numerical Procedure for Simulation of Multicomponent and Multi-Layered Phase Diffusion," *Metals and Materials* 5, 1 (1999).
46. B.-J. Lee, "Numerical Simulation of Diffusional Reactions between Multiphase Alloys with Different Matrix Phases," *Scripta Materialia* 40, 573 (1999).
47. A. Engström, "Interdiffusion in multiphase, Fe-Cr-Ni diffusion couples," *Scand. J. Metall.* 24, 12 (1995).
48. B.-J. Lee, "Prediction of the Amount of Retained delta-ferrite and Microsegregation in an Austenitic Stainless Steel," *Z. Metallkd.* 90, 522 (1999).

PART

3

상변태의 phase field 모델

1 서론

1.1 미세조직과 phase field 모델

미세조직은 서로 다른 상 사이의 계면이 이루는 공간구조이다. 모든 미세조직은 고유의 특성길이를 갖는다. 예를 들어 결정립 조직에서는 평균 결정립 크기, 수지상 응고 조직에서는 수지상 간격이 미세조직의 특징을 대표하는 특성길이가 된다. 미세조직의 특성길이는 그 재료의 물리, 화학적 성질에 결정적인 영향을 미치기 때문에, 재료의 미세조직과 그 특성길이는 공학적인 측면에서 적극적으로 예측하고 조절해야 하는 중요한 대상이다. 미세조직의 형성과정에서 중요한 역할을 하는 것은 합금원소 또는 잠열의 확산, 계면 에너지 효과, 계면 동역학 효과 및 응력 효과 등이다[6-9]. 그러나 이들 중 많은 상변태에서 가장 근본적인 역할을 하는 것은 확산과 계면 에너지 효과이다. 예를 들어 합금이 수지상으로 응고하는 경우를 보자. 수지상의 첨단 반지름과 이차가지 간격과 같은 특성거리는 가지치기를 통해 끊임없이 특성거리를 줄이려는 확산의 고유한 효과와 계면의 면적을 줄임으로써 총 에너지를 낮추려는 계면 에너지 효과(Gibbs-Thomson 효과) 사이의 경쟁과 균형에 의해 결정된다[6]. 확산과 계면 에너지의 상호작용은 응고 미세조직뿐만 아니라 고상변태, 소결 및 박막성장과 같은 수많은 미세조직의 형성과정에서 핵심적인 역할을 한다.

확산과정을 지배하는 확산 방정식과 계면 에너지 효과를 지배하는 Gibbs-Thomson 방정식을 수치적인 방법으로 풀어냄으로써 미세조직을 이해하고 예측하고자 하는 노력은 수지상 응고에 대한 연구를 중심으로 지난 50년간 끊임없이 지속되어 왔다. 그러나 대부분의 시도는 정량적인 예측은 고사하고 미세조직의 패턴을 정성적으로조차 재현할 수 없었다. 1990년대 들어서부터 미세조직의 형성과정을 계산할 수 있는 강력한 새로운 방법이 등장하였다. Phase field 모델이라 불리는 이 방법의 근본적인 아이디어는 다음과 같다; i) 계 전체에서 정의되는 연속변수인 phase field ϕ를 도입한다. ii) 계면은 두 상의 분율이 연속적으로 변하는 유한한 두께를 갖는 영역으로 간주된다. 즉, 계면 내에서는 위치에 따라 ϕ가 연속적으로 변한다. iii) ϕ의 시간변화에 대한 미분 방정식(phase field 방정식)을 만들고, 이 방정식이 특정 조건에서 기존의 Gibbs-Thomson 방정식에 수렴하도록 방정식에 들어있는 파라미터 사이의 관계를 맺어준다. 수치계산에서 phase field 모델이 기존의 방법들과 근본적으로 다른 점은, 기존의 방법에서는 계면에만 적용되어야 하기 때문에 다루기 어려웠던 Gibbs-Thomson 방정식 대신, 계 전체에 적용되기 때문에 수치계산에서 다루기 쉬운 phase field 방정식을 푼다는 것이다. 따라서 phase field 모델은 수치계산 코드가 매우 간단하고, 2차원에서 3차원으로의 확장이 쉬울 뿐만 아니라, 계면의 어떠한 토폴로지 변화도 자동적으로 처리된다는 장점을 가지고 있다.

Phase field 모델은 21세기에 들어선 이후 미세조직의 형성과정을 전산모사하는 가장 강력한 도구로서 부상하고 있다.

1.2 Phase field 모델의 역사와 현황

두 상 사이의 계면에서 밀도나 농도와 같은 물리량이 유한한 두께에 걸쳐서 연속적으로 변한다는 확산계면(diffuse interface)의 아이디어는 19세기 말 Van der Waals에 의한 액체 표면의 연구[10]로 거슬러 올라간다. 그러나 20세기 들어서부터는 계면을 두께가 없는 수학적인 면으로 간주하고 계면의 존재에 기인하는 과잉 물리량을 그 면에 투영시키는 Gibbs의 아이디어[11]가 주류로 정착되면서 확산계면의 개념은 한동안 설 땅을 잃었었다. 그 후 1960년대부터 확산계면의 개념이 다시 과학계에서 부활한 것은 거의 전적으로 Cahn-Hilliard 방정식[12]과 Allen-Cahn 방정식[13]의 발견에 기인한다. Cahn-Hilliard 방정식은 스피노달 분해에서처럼 결정구조와 원자배열의 변화 없이 농도의 변화만 일어나는 계면에 대한 모델이며, Allen-Cahn 방정식은 결정립계처럼 농도변화 없이 원자배열만 변하는 계면에 대한 모델이다. 1986년 Langer는 Cahn-Hilliard 방정식과 Allen-Cahn 방정식을 결합하면 원자배열의 변화와 농도(또는 온도)의 변화를 모두 수반하는 일차 상전이에 대한 모델이 얻어지며, 이를 이용한 수치계산이 다른 방법으로 얻을 수 없는 유용한 결과를 줄 수 있음을 지적하였다[14]. 이러한 수치계산을 성공적으로 수행한 사람은 일본의 응용 수학자 Kobayashi이다[15,16]. 그는 1989년 과랭된 순물질에서의 수지상 응고에 대한 계산을 통해, 비록 정량적인 의미는 없었지만, 실험에서 관찰되는 것과 닮은 모양의 수지상을 재현하는 데 처음으로 성공하였으며, 그가 제작한 애니메이션은 많은 학자들의 폭발적인 관심을 유발하였다. 1990년대에 들어서면서 phase field 모델은 순물질에서의 수지상 응고[17,18]에서부터 합금의 수지상 응고[19,20], 공정 응고[21-23], 포정 응고[24-26] 등에 이르기까지 순식간에 확장되었다. 그럼에도 불구하고, 이때까지의 모델은 정량적으로 의미 있는 계산결과를 줄 수 없다는 근본적인 한계를 가지고 있었다. 그 이유 중의 하나는 수치계산의 속도에 있었다. 즉, 실제 계면의 두께는 약 0.5 nm 정도인데, 계산을 수행할 때 계면 내에서의 농도나 온도 분포를 분석하기 위해서는 계산 그리드의 크기(Δx)로서 0.5 nm보다 충분히 작은 값(예를 들어, $\Delta x = 0.1$ nm)이 취해져야 한다. 이는 불과 10 μm×10 μm의 2차원 영역에 대한 계산조차도 $10^5 \times 10^5$ 개라는 엄청난 그리드 시스템을 필요로 함을 의미한다.

계산 속도에 대한 phase field 모델의 한계는 곧 극복되었다; 1996년 Karma와 Rappel은 순물질의 응고에 대한 모델에서 실제보다 훨씬 두꺼운 계면을 취하면서도 계산된 미세조직은 실제의 계면 두께를 갖는 경우로 수렴하도록 해주는 새로운 점근해석법을 발견하였다[27-29]. '얇은 계면 해석'(thin interface analysis)으로 불리는 이 방법은 수치계산의 속도와 정밀도 모두를 극적으로 향상시켰다. 이어서 Kim 등[30]은 계면의 열역학적 상태에 대한 새로운 정의를 도입함으로써 합금 상변태의 phase field 모델이 가지고 있었던 근본 문제를 해결함과 동시에, 순물질의 경우처럼 '얇은 계면 해석'이 가능하다는 것을 보여주었다. 또한, Karma는 확산 방정식에 반포획(anti-trapping) 유속이라는 새로운 항을 도입함으로써 합금의 phase field 모델에서 발생할 수 있는 비정상적인 계면효과들을 제거하는 데 성공하였다[31]. Steinbach 등은 interface field의 개념을 도입하고 이를 바탕으로 결정립 성장과 다상계(multiphase system) 상변태에 적용할 수 있는 phase field 모델을 개발하였다[32]. 가장 최근의 주목할 만한 진전으로는, 반포획 유속을 결합시킨 다상계 합금[33-35]과 다성분계 합금의 phase field 모델의 개발[36], 모상과 변태상 모두에서 확산을 허용하는 모델의 개발[37,38, 80-83]과 이 모델을 임의의 다성분계 합금의 경우로 확장시킨 것[39, 84] 등을 들 수 있다(2015년 1월 현재의 시점에서는 확산변태에 대한 phase field 모델의 구축이 사실상 완결된 것으로 여겨진다). 모델 자체의 발전과 더불어, phase field 모델의 수치계산 방법[40-42]과 컴퓨터 하드웨어도 급속한 발달을 거듭해왔으며, 이러한 발전을 바탕으로, phase field 모델은 과학적인 목적뿐 아니라 공학적인 목적을 위한 정량적인 전산모사 도구로서 유망한 입지를 구축하게 되었다.

1.3 교재의 내용

본 교재는 독자들에게 phase field 모델의 기본 원리를 소개함과 더불어, 학문적, 공학적 문제에 대한 phase field 모델의 응용을 염두에 두고 만들어졌으며, 학부 수준의 기초 재료과학, 재료열역학 및 공업수학을 잘 이해하고 있는 대학원생과 젊은 연구원을 주 대상으로 한다. 본 교재에서 필자는 phase field 모델에 대한 개괄이 아니라, 모델의 세부적인 구조를 가능한 한 일관된 논리로 상세하게 설명하고자 하였다(Phase field 모델의 개괄에 대해서는 문헌 [1-5]를 참고하기 바란다). 또한, 비교적 간단한 몇몇 경우에 대해서는 필자가 직접 작성한 전산모사 코드를 제공하였다. 이론적인 검토와 전산모사 수행을 병행하면, 이론에 대한 이해가 깊어짐과 동시에 독자들이 각자의 연구를 위해 전산모사 코드를 작성하는 데도 큰 도움이 되리라 여겨진다.

필자는 다른 문헌의 참고를 최소화하면서도 전체 내용을 이해할 수 있도록, 자체 완결성을 갖는 교재를 만들기 위해 노력하였다. 본 교재의 내용 중에는 다른 연구자들의 중요한 기여뿐만 아니라, 필자가 직접 개척한 내용도 많이 들어 있다. 다른 연구자들이 기여한 부분에 대해서는, 필자의 시각을 따라 재해석된 방식으로 기술함으로써 논리 체계의 일관성을 유지하고자 하였다.

교재의 개략적인 내용은 다음과 같다.

• 제2장: Phase field 모델은 열역학과 밀접한 관련을 가지고 있다. 따라서 먼저 phase field

모델을 이해하는 데 필요한 열역학적 기초를 정리한다. 기존의 열역학적 접근 방법과는 달리, 확산의 구동력과 상변태의 구동력이라는 개념을 중심으로 평형 상태를 설명한다. 또한, 계면의 열역학적 성질과 결정학적 이방성에 대해서도 자세히 설명한다.

- 제3장: 자유 에너지 범함수와 이의 미분에 대한 기본 개념을 소개한다. 이를 바탕으로 가장 단순한 계면인 결정립계에 대한 phase field 모델인 Allen-Cahn 방정식의 평형 성질과 비평형 성질에 대해 자세히 살펴본다. Allen-Cahn 방정식을 수치적으로 풀어서 곡률 효과에 의한 입계 이동과정을 살펴볼 수 있는 전산모사 코드가 제공된다.
- 제4장: 순물질의 열확산 응고에 대한 phase field 모델에 대해 자세히 설명한다. 특히, 모델의 파라미터를 결정하기 위한 '얇은 계면 해석'에 대해 상세하게 검토한다. 이 방법이 합금의 phase field 모델에서 파라미터를 결정하는 기초를 이룬다. 과랭된 순물질이 수지상으로 응고하는 과정에 대한 전산모사 코드가 제공되고, 코드의 구조가 설명된다.
- 제5장: Phase field 모델에 관한 내용에서는 본 장이 가장 핵심적인 부분이다. 먼저 2성분계 합금의 상변태에 대한 기존 모델의 문제점을 살펴보고, 그 문제점들을 해결한 KKS 모델이라 불리는 새 모델을 소개한다. KKS 모델을 직관적 방법과 열역학적 방법으로 유도한다. 합금의 phase field 모델에 내재되어 있는 두꺼운 계면으로 인한 비정상 현상을 검토하고, 반포획 유속(anti-trapping current)를 도입함으로써 비정상 현상을 제거하는 방법을 자세히 설명하며, 얇은 계면 해석으로부터 모델의 파라미터를 결정한다. 합금의 수지상 응고에 대한 전산모사 코드가 제공되고, 코드의 구조가 설명된다.
- 제6장: KKS 모델을 확장하여 다성분계 합금의 상변태를 위한 phase field 모델을 구축한다. 얇은 계면 해석을 통해, 확산 방정식에 들어있는 반포획 유속의 파라미터와 phase field 방정식에 들어 있는 이동도를 구한다. 얇은 계면 해석은 모상에서의 확산만 고려하는 one side 모델과, 모상 및 변태상 모두에서의 확산이 고려되는 two side 계에 대해 각각 별도로 이루어진다.
- 제7장: 상변태와 관련된 비평형 열역학을 간략하게 소개하고, 이를 기반으로 Brener와 Boussinot의 phase field 모델을 유도한다. Two side 계의 경우에 대해, 국소평형 조건에서 Brener와 Boussinot 모델의 파라미터들이 어떻게 결정될 수 있는지에 대해 자세히 설명한다. 또한, 이원계 합금에 대한 Brener와 Boussinot 모델을 일반적인 다성분 합금의 경우로 확장한다.
- 제8장: 다상 phase field 방정식을 만드는 한 방법인 interface field 법을 소개한다. 이 방법을 출발점으로 하여, 상의 수와 성분의 수에 제한이 없는 범용 phase field 모델을 유도한다. 결정립 성장을 위한 phase field 모델에서 입계편석과 결정학적 이방성을 도입하는 방법이 설명된다. 합금의 phase field 모델에서 불가결한 요소인 등확산 퍼텐셜 조건은 전산모사에서 골치 아픈 문제를 일으킨다. 이 조건을 효율적으로 계산하는 방법이 3상 5성분계의 철강합금을 대상으로 상세하게 설명된다. 마지막으로, 다결정체에서 일어나는 결정립성장에 대한 전산모사 코드가 제공되고, 코드의 구조가 설명된다.

2 Phase field 모델을 위한 열역학적 기초

2.1 열역학과 확산

열역학과 확산의 기본 원리는 앞의 Ⅱ부에 자세히 설명되어있다. 그럼에도 불구하고, 본 장에서는 이들에 대해 다시 설명한다. 그 이유는 다음과 같다. 하나는 본 Ⅲ부의 전체에 걸쳐 사용되는 물리량의 정의와 변수의 표기가 Ⅱ부의 경우와 약간 다르다는 것이다. 본 장에서는 Ⅲ부에서 사용되는 정의와 표기를 이용하여 열역학과 확산의 기본 원리를 설명한다. 두 번째 이유는 관점을 더 좁히기 위해서이다. 즉, Ⅱ부에서는 보편적인 입장에서 열역학과 확산의 원리를 기술하였지만, 여기에서는 phase-field 모델의 기초라는 좁지만 더 구체적인 관점에서 이들에 대해 설명할 것이다.

1) 농도

농도의 정의에 대해서는 초등학교 때부터 익히 배워왔다. 특히, 재료공학 관련 학과의 학생들은 재료열역학을 배우면서 몰 분율로 정의된 농도가 가장 편리하다는 것을 느껴왔을 것이다. 본 장에서처럼 상평형과 상변태를 다루는 경우에도, 합금계가 치환형 원소로만 이루어져 있는 한, 몰 분율이 가장 편리한 농도의 정의이다. 그러나 거의 모든 철강 합금에는 치환형 원소뿐만 아니라 탄소와 질소 같은 침입형 원소들도 들어 있다. 이 경우에는 몰 분율보다는 치환형 격자점 개수를 기준으로 농도를 정의할 필요가 있다. 본 절에서는 이에 대해 상세히 설명한다.

침입형 원소가 포함된 합금의 농도를 정의하기 위해서는 부격자 모델(sublattice model)을 이용하는 것이 편리하다[43]. 예를 들어 BCC 구조의 철 원소에 치환형 원소인 Mn과 침입형 원소 C가 함께 고용되어 있는 경우를 고려해 보자. 부격자 모델에서는 치환형 원소 Fe, Mn과 치환형 vacancy가 동등한 격자점을 차지할 수 있으며, 침입형 원소 C와 침입형 vacancy가 역시 동등한 틈자리 격자점을 차지할 수 있다고 가정한다. 즉, Fe-Mn-C의 3성분계 합금은 3개의 치환형 원소(Fe, Mn, 치환형 vacancy V_S)가 이루는 부격자와 2개의 침입형 원소(C, 침입형 vacancy V_i)들이 이루는 또 다른 부격자의 합으로 이루어져 있다고 간주된다. 이를 분자식처럼 표현하면 다음과 같다.

$$(\mathrm{Fe},\mathrm{Mn},\mathrm{V_S})_a(\mathrm{C},\mathrm{V_i})_c \tag{2-1}$$

여기서 a와 c는 각각 단위정 내에 들어있는 치환형 격자점과 침입형 격자점의 개수이다.

BCC 단위정 1개당 치환형 자리의 수는 2개이며, 침입형 자리의 수는 6개이다. 따라서 이 경우 $a=1$과 $c=3$이 된다.

부격자를 이용하여 농도를 정의하기 위해서 다음의 가정들을 도입한다[43]: i) 변태상과 모상의 몰 부피는 같다. ii) 합금의 치환형 원소들은 모두 동일한 몰 부피를 가지고 있다. iii) 침입형 원소는 합금의 몰 부피에 영향을 미치지 않는다. iv) 치환형 vacancy의 농도는 무시 가능할 만큼 작아서 몰 부피에 대한 영향이 무시될 수 있다.

이제 단위 부피의 Fe-Mn-C 합금계를 고려해 보자. 위의 가정 하에서, 부피가 일정하다는 것은 치환형 원소들의 몰 수가 일정하다는 것을 의미하며, 다음의 구속조건을 얻는다.

$$N_{\mathrm{Fe}} + N_{\mathrm{Mn}} = k_1 \tag{2-2}$$

여기서 N_i는 합금계에 들어 있는 i원소의 몰 수를 의미한다. 이 식에서의 상수 k_1은 단위부피당 Fe와 Mn의 총 몰 수이다. 가정에 따라 침입형 원자의 몰 수는 계의 부피와 무관하다. 그러나 부피가 주어지면 치환형 원자의 몰 수가 결정되고, 다시 이로부터 침입형 격자점의 몰 수가 결정되어야 한다. 따라서 침입형 격자에 대해서도 다음의 구속조건이 가해진다.

$$N_{\mathrm{C}} + N_{\mathrm{Vi}} = k_2 \tag{2-3}$$

여기서 k_2는 단위 부피당 침입형 격자점의 몰 수이다. 식 (2-2)와 (2-3)에서 두 상수의 비 k_1/k_2는 결정구조에 따라 변한다. 예를 들어, BCC 구조의 경우, 두 상수 사이에는 $k_1/k_2 = a/c = 1/3$의 관계가 성립한다. 식 (2-2)와 (2-3)은 4개의 변수(N_{Fe}, N_{Mn}, N_{C}, N_{Vi})에 대해 2개의 구속조건을 가한다. 따라서 독립 변수의 수는 2개이다. 그 독립 변수로서 N_{Mn}과 N_{C}를 택한다.

이제 독립 변수의 농도, 즉 Mn과 C의 농도를 정의해 보자. 이들의 농도는 다음과 같이 여러 가지로 정의될 수 있다. 열역학 교과서에서 가장 널리 쓰는 농도는 다음의 몰 분율이다.

$$X_i = \frac{N_i}{N_{\mathrm{Fe}} + N_{\mathrm{Mn}} + N_{\mathrm{C}}} \tag{2-4}$$

이 농도는 단위 부피당 총 몰 수가 일정하게 유지되는 계에서 편리하게 이용될 수 있다. 그러나 불균일한 농도 분포를 갖는 계에서, 침입형 원자가 존재하는 한, 식 (2-4)의 분모는 상수가 아니라는 사실에 주목해야 한다. 즉, 불균일한 계 내의 모든 위치에서 단위 부피당 치환형 원자의 몰 수 $(N_{\mathrm{Fe}} + N_{\mathrm{Mn}})$는 일정하지만, 침입형 원자의 단위 부피당 몰 수 (N_{C})는 위치마다 다르다. 따라서 단위 부피당 원자의 총 몰 수인 $(N_{\mathrm{Fe}} + N_{\mathrm{Mn}} + N_{\mathrm{C}})$ 역시 위치마다 서로 다르게 된다. 불균일한 농도 분포를 갖는 계에서, 식 (2-4)의 분모가 위치에 따라 달라진다는 것은 이 계에 대한 열역학적, 수학적 및 계산적인 측면 모두에서 성가신 문제들을 일으킨다.

그렇다면 불균일한 계에서도 분모를 일정한 값으로 유지할 수 있는 방식으로 농도를 정의할 수는 없을까? 여러 가지 방식으로 가능하다. 가장 간단한 예는 다음과 같이 단위 부피당 원자 몰 수로 농도를 정의하는 것이다.

$$c_i = \frac{N_i}{(\text{volume})} \tag{2-5}$$

식 (2-5)의 정의에서는 농도에 항상 단위가 붙어있다는 점이 다소 껄끄럽다. 그렇다면 다음의 정의는 어떨까?

$$y_{\text{Mn}} = \frac{N_{\text{Mn}}}{N_{\text{Fe}} + N_{\text{Mn}}} \quad \text{and} \quad y_{\text{C}} = \frac{N_{\text{C}}}{N_{\text{C}} + N_{\text{V}_\text{i}}} \tag{2-6}$$

이 정의에서 치환형 원자의 농도는 치환형 자리 수에 대한 비율로, 그리고 침입형 원자의 농도는 침입형 자리 수에 대한 비율로 표현되기 때문에, 단위가 사라질 뿐만 아니라, 부격자의 물리적 의미까지 함축하고 있기 때문에 쓸모가 있다. 그러나 여기에서는 실제 관심의 대상과는 다소 거리가 있는 N_{V_i}를 끌고 다녀야 한다는 불편함이 있다. 이와 유사하면서도 약간 다른 다음의 정의가 있다.

$$u_i = \frac{N_i}{N_{\text{Fe}} + N_{\text{Mn}}} \tag{2-7}$$

여기서 원소의 농도는 치환형이든 침입형 원소든 관계없이, **치환형** 격자점의 수에 대한 비율로 정의된다. 언뜻 볼 때, 식 (2-7)의 정의가 치환형 원소에는 적당하나, 침입형 원소에 대해서는 물리적 의미가 없는 것처럼 보인다. 그러나 그렇지 않다. 식 (2-2)와 식 (2-3)에서 k_1/k_2가 결정구조에 의해 주어지는 일정 값(BCC의 경우 1/3)을 가지고 있다는 점을 감안하면, 침입형 원소인 C의 농도 u_{C}는 다음과 같이 침입형 격자점의 수에 대한 비율 y_{C}로 쉽게 환산될 수 있다.

$$u_{\text{C}} = \frac{N_{\text{C}}}{N_{\text{Fe}} + N_{\text{Mn}}} = \frac{k_2}{k_1} \cdot \frac{N_{\text{C}}}{N_{\text{C}} + N_{\text{V}_\text{i}}} = \frac{k_2}{k_1} y_{\text{C}} \tag{2-8}$$

Phase field 모델에 관해서는, 별다른 설명이 없는 한, 농도로서 식 (2-7)의 정의를 따를 것이다. 이 정의에 따라, 임의의 원소들을 포함하는 합금계에서 한 원소의 농도는 다음과 같이 나타내진다.

$$u_i = \frac{N_i}{\sum_{j \in S} N_j} \tag{2-9}$$

여기서 분모는 치환형 원소의 몰 수를 의미한다. 몰 분율과 격자 분율 사이의 환산 관계는 쉽게 유도될 수 있으며, Fe-Mn-C 합금계를 예로 들면 다음과 같다.

$$u_i = \frac{N_i}{N_{\mathrm{Fe}} + N_{\mathrm{Mn}}} = \frac{X_i}{X_{\mathrm{Fe}} + X_{\mathrm{Mn}}} = \frac{X_i}{1 - X_{\mathrm{C}}} \tag{2-10}$$

$$X_i = \frac{N_{\mathrm{C}}}{N_{\mathrm{Fe}} + N_{\mathrm{Mn}} + N_{\mathrm{C}}} = \frac{u_{\mathrm{C}}}{u_{\mathrm{Fe}} + u_{\mathrm{Mn}} + u_{\mathrm{C}}} = \frac{u_{\mathrm{C}}}{1 + u_{\mathrm{C}}} \tag{2-11}$$

2) 화학 퍼텐셜

주어진 임의의 부피 내에 N_A 몰의 A 원자와 N_B 몰의 B 원자로 이루어진 합금계가 있다(B는 치환형 원소일수도, 침입형 원소일수도 있다). 이 합금의 자유 에너지는 $G(N_A,\ N_B)$로 주어진다. 이제 이 계에 dN_A 몰의 A 원자와 dN_B 몰의 B 원자를 더 첨가하면, 계의 자유 에너지는 변할 것이다. 그 변화량 dG는 다음과 같이 나타내질 수 있다.

$$\begin{aligned} dG &= \left(\frac{\partial G}{\partial N_A}\right)_{N_B = \mathrm{const}} dN_A + \left(\frac{\partial G}{\partial N_B}\right)_{N_A = \mathrm{const}} dN_B \\ &\equiv \mu_A dN_A + \mu_B dN_B \end{aligned} \tag{2-12}$$

여기서 A의 화학 퍼텐셜 μ_A와 B의 화학 퍼텐셜 μ_B를 다음과 같이 정의하였다.

$$\mu_A \equiv \left(\frac{\partial G}{\partial N_A}\right)_{N_B = \mathrm{const}} \quad \text{and} \quad \mu_B \equiv \left(\frac{\partial G}{\partial N_B}\right)_{N_A = \mathrm{const}} \tag{2-13}$$

화학 퍼텐셜 μ_A는 계에 A 원소만 미량 첨가될 때 자유 에너지가 변하는 비율을 나타낸다. 따라서 μ_A가 클수록, A 원소가 유입됨에 따라 자유 에너지가 크게 증가한다. 반대로 표현하자면, μ_A가 클수록, A 원소가 계를 빠져나감으로써 자유 에너지가 크게 감소한다. 이런 의미에서, 한 원소의 화학 퍼텐셜은 그 원소의 <계를 빠져나가려는 경향에 대한 척도>로 여겨질 수 있다(이는 역학적 퍼텐셜의 의미와 상응한다. 중력 하에서 한 물체의 역학적 퍼텐셜은 높이에 비례한다. 높이가 높아질수록, 그 물체는 아래로 낙하함으로써 중력 에너지를 더 많이 낮출 수 있다. 이처럼 물체의 역학적 퍼텐셜이란 그 물체가 현재 위치를 벗어나려는 경향에 대한 척도라고 볼 수 있다. J.W. Gibbs가 화학 퍼텐셜이란 용어를 처음 만들 때[11], 역학적 퍼텐셜과의 유사성을 염두에 두었을 것이다).

만약 Fe-Mn-C 3성분계 합금의 경우라면, 식 (2-12)는 다음과 같이 나타내질 수 있다.

$$dG = \mu_{\mathrm{Fe}} dN_{\mathrm{Fe}} + \mu_{\mathrm{Mn}} dN_{\mathrm{Mn}} + \mu_{\mathrm{C}} dN_{\mathrm{C}} \tag{2-14}$$

여기서 G의 단위는 Joule이며, μ_i의 단위는 J/mol이다. 그러나 본 책의 phase field 모델에서는 식 (2-7)로 정의된 농도 u_i를 사용하며, 자유 에너지로는 G 대신에 단위 부피당 자유 에너지인 f를 사용할 것이다. 식 (2-14)를 f와 u_i로 나타내기 위해, 식 (2-14)의 양변을 계의 전체 부피로 나눈다.

$$df = \mu_{\mathrm{Fe}} dn_{\mathrm{Fe}} + \mu_{\mathrm{Mn}} dn_{\mathrm{Mn}} + \mu_{\mathrm{C}} dn_{\mathrm{C}} \tag{2-15}$$

여기서 n_i는 단위 부피당 i원소의 몰 수이다. 균일계의 경우에는 f와 n_i가 계 전체에 걸쳐서 일정한 값을 갖지만, 불균일계의 경우에는 f와 n_i가 위치에 따라 달라진다. v_m을 치환형 원자의 몰 부피로 정의한다면, $(n_{\mathrm{Fe}} + n_{\mathrm{Mn}})v_m = 1$의 관계가 성립한다. 따라서 식 (2-15)는 다음과 같이 써질 수 있다.

$$df = \frac{\mu_{\mathrm{Fe}}}{v_m} \frac{dn_{\mathrm{Fe}}}{(n_{\mathrm{Fe}} + n_{\mathrm{Mn}})} + \frac{\mu_{\mathrm{Mn}}}{v_m} \frac{dn_{\mathrm{Mn}}}{(n_{\mathrm{Fe}} + n_{\mathrm{Mn}})} + \frac{\mu_{\mathrm{C}}}{v_m} \frac{dn_{\mathrm{C}}}{(n_{\mathrm{Fe}} + n_{\mathrm{Mn}})} \tag{2-16}$$

여기서 식 (2-7)의 농도 정의를 이용하면, 다음을 얻는다.

$$\frac{dn_i}{n_{\mathrm{Fe}} + n_{\mathrm{Mn}}} = d\left(\frac{n_i}{n_{\mathrm{Fe}} + n_{\mathrm{Mn}}}\right) = du_i \tag{2-17}$$

식 (2-17)을 식 (2-16)에 대입하면, 다음 식이 얻어진다.

$$df = \frac{\mu_{\mathrm{Fe}}}{v_m} du_{\mathrm{Fe}} + \frac{\mu_{\mathrm{Mn}}}{v_m} du_{\mathrm{Mn}} + \frac{\mu_{\mathrm{C}}}{v_m} du_{\mathrm{C}} \tag{2-18}$$

이 식에서 μ_i/v_m은 단위 부피당 i 원소의 화학 퍼텐셜이 된다. 이를 그냥 μ_i로 표기하기로 약속한다. 그러면 식 (2-18)은 다음으로 나타내진다.

$$\begin{aligned} df &= \mu_{\mathrm{Fe}} du_{\mathrm{Fe}} + \mu_{\mathrm{Mn}} du_{\mathrm{Mn}} + \mu_{\mathrm{C}} du_{\mathrm{C}} \\ &= (\mu_{\mathrm{Mn}} - \mu_{\mathrm{Fe}}) du_{\mathrm{Mn}} + \mu_{\mathrm{C}} du_{\mathrm{C}} \end{aligned} \tag{2-19}$$

별다른 표기의 구분 없이 식 (2-18)의 μ_i/v_m가 식 (2-19)에서 그냥 μ_i로 대치되었음을 다시 강조한다. 그 대신, 식 (2-19)을 사용할 때마다, 화학 퍼텐셜 μ_i가 단위 부피당의 값임을 전제로 한다면 문제가 없을 것이다. 또한, 식 (2-19)의 두 번째 줄에서는 농도의 정의에 따라 $u_{\mathrm{Fe}} + u_{\mathrm{Mn}} = 1$이 성립한다는 점을 이용하였다.

만약 식 (2-16)~(2-19)의 과정에서 u_i 대신 몰 분율 X_i를 농도로 사용하면 어떻게 될까? 이를 위해서는 식 (2-16)을 얻는 과정에서 식 (2-15)의 양변을 단위 부피당 총 원자 몰 수인

$(n_{Fe}+n_{Mn}+n_C)$로 나누어야 한다. 그러나 앞서 지적했듯이, 침입형 원자가 존재하는 한, 불균일한 농도 분포를 갖는 계에서 이 값은 더 이상 상수가 아니며 위치에 따라 달라진다. 이는 식 (2-17)에 대응하는 변환이 더 이상 성립하지 않음을 의미한다:

$$\frac{dn_i}{n_{Fe}+n_{Mn}+n_C} \neq d\left(\frac{n_i}{n_{Fe}+n_{Mn}+n_C}\right) = dX_i \tag{2-20}$$

이처럼 침입형 원소를 포함하는 계에 대한 열역학적 접근을 치환형 원소만 존재하는 경우처럼 일관성 있는 방식으로 진행하기 위해서는, 농도 기울기가 존재하는 불균일 계를 다루는 한, 몰 분율과 같은 농도의 사용을 피해야 한다. 그 대신 분모가 항상 일정한 상수로 남아있는 방식으로 정의된 농도를 사용할 필요가 있다[62]. 물론 상 내부의 농도가 균일하게 유지되는 평형 열역학에만 관심이 있다면 앞서 언급된 어떤 정의의 농도를 사용해도 문제가 되지 않는다.

PART 3

3) 확산의 구동력

농도 분포가 비평형 상태에 놓여있는 계에서 확산이 일어나게 만드는 힘, 즉 확산의 구동력은 확산에 따른 자유 에너지의 감소이다. 예를 들어 아래의 Fig. 2-1에서처럼 서로 치환적으로 고용되는 A-B 합금계를 생각해 보자.

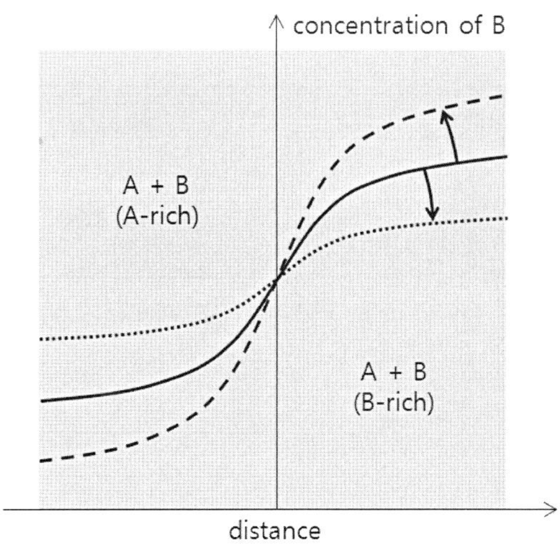

[Fig. 2-1] 치환적으로 고용되는 A-B 합금계에서 시간에 따른 농도 분포의 변화

B 원소의 초기 농도 분포는 Fig. 2-1의 실선처럼 오른쪽에서 높고 왼쪽에서는 낮다. 이제 시간이 경과하여 원자 사이의 상호 확산이 일어남에 따라 농도 분포는 변할 것이다. 그렇다면 그림의 점선처럼 농도 분포는 좌우측의 농도차가 작아지는 쪽으로 변할 것인가? 아니면 반대

로 파선처럼 좌우측의 농도차가 오히려 커지는 쪽으로 변할 것인가? 어느 쪽으로 변할 것인가는 A와 B 원자의 상호 작용에 따라 달라진다. 우선 이상용액의 경우처럼 원자 사이의 상호 작용이 없는 경우(또는 A-A 상호 작용과 B-B 및 A-B 상호 작용이 동등한 크기인 경우)를 고려해 보자. 이 경우에는 특정 원소 사이의 결합을 더 선호하는 경향은 존재하지 않으며, 확산은 개별 원자의 무질서한 도약에 의해 일어난다. 그 결과 농도가 높은 쪽에서 낮은 쪽으로 도약하는 원자의 개수가 반대쪽으로 도약하는 원자의 개수보다 더 많아지며, 시간에 따라 양쪽의 농도 차는 점점 더 작아질 것이다. 열역학적인 의미로 말하자면, 이는 엔트로피를 증가시키려는 거동에 해당한다. 이번에는 A 원자와 B 원자가 서로 심하게 반발하는 경우, 즉 A-A와 B-B 결합이 A-B 결합보다 훨씬 더 안정한 경우를 고려해 보자. 이때는 A 원자는 A 원자끼리 뭉치고 B 원자는 B 원자끼리 뭉치려는 경향이 강하게 나타나며, 이 경향이 원자들의 무질서한 도약에 의해 원자들이 서로 섞이려는 경향을 압도하게 된다. 그 결과 시간이 지남에 따라 농도 분포는 Fig. 2-1의 파선과 같이 변하게 될 것이다. 이러한 경우가 up-hill 확산이라고 부르는 상황으로, 확산의 방향이 A 원자와 B 원자가 서로 반발하는 엔탈피 효과에 의해 지배되는 경우이다. 임의의 확산 쌍에서 확산이 일어나는 방향은 어떻게 결정되는가? 확산의 방향은 엔트로피를 증가시키려는 경향과 엔탈피를 낮추려는 경향 사이의 절충에 의해 결정된다. 이 절충에 대응하는 물리량이 바로 자유 에너지이다. 확산은 계의 자유 에너지를 낮출 수 있는 방향으로만 일어난다.

확산의 구동력을 정량적으로 이해해 보자. Fig. 2-2의 (a)는 용매 A와 용질 B 원소로 이루어진 **치환형** 합금계의 내부에서 미소 영역을 확대해서 그린 것이다.

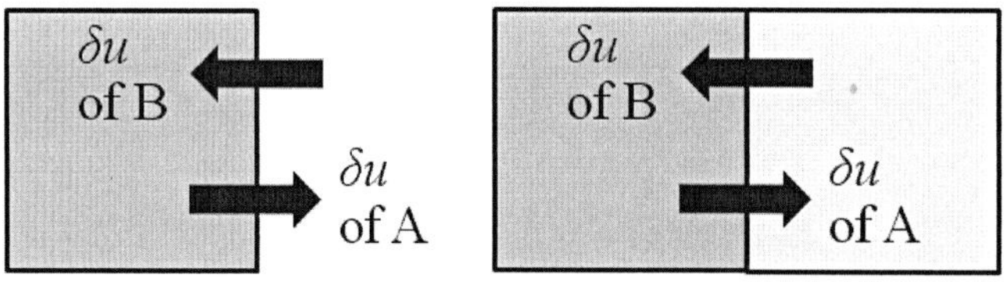

[Fig. 2-2] (a) 용매 A와 용질 B 원소로 이루어진 치환형 합금계 내부의 미소 영역으로 B 원자가 유입되고 A 원자가 나가는 경우. (b) 두 개의 미소 영역이 서로 붙어있는 외부로부터 고립된 확산 쌍의 경우

이 영역에서 δu 농도에 해당하는 만큼의 용질 B 원자가 계 내부로 들어왔다고 가정해 보자. 이 합금이 치환형이라고 가정했기 때문에, 이 과정에서 동일한 개수만큼의 용매 A 원자가 그 영역 밖으로 빠져 나가야 한다. 이 과정에서 영역 내의 자유 에너지의 변화를 구해 보자. 우선 B 원자가 들어옴으로써 나타나는 자유 에너지의 변화량은 $(+\delta u)\mu_B$이고 A 원자가 나감으로써 나타나는 자유 에너지 변화량은 $(-\delta u)\mu_A$이다. 따라서 미소 영역 내의 총 자유 에너지 변화량 δf는 다음과 같이 된다(물론 이 결과는 식 (2-19)와 동일한 것이다).

$$\delta f = (\mu_B - \mu_A)\delta u \tag{2-21}$$

어떤 변화 과정에서 자유 에너지 변화 δf가 음의 방향으로 커질수록 그 변화의 가능성은 더 커진다. 반대로 δf가 양의 방향으로 커질수록 그 반대로의 변화 가능성이 더 커진다. 따라서 식 (2-21)은 $(\mu_B - \mu_A)$가 클수록 용질 원자 B가 미소 계를 탈출하려는 경향이 더 커진다는 것을 의미한다. 이런 의미에서 $(\mu_B - \mu_A)$는 용질 원자의 확산 퍼텐셜(diffusion potential)이라고 불린다. 이제 Fig. 2-2의 (b)처럼 두 개의 미소 영역이 서로 붙어있는 외부로부터 고립된 확산 쌍을 고려해 보자. 두 영역은 모두 용매 A와 용질 B로 이루어져 있다. 만약 왼쪽과 오른쪽 영역의 $(\mu_B - \mu_A)$ 값이 서로 같다면, 양쪽에서 <용질 원자 B가 미소 계를 탈출하려는 경향>이 같기 때문에 용질 B는 어느 쪽으로도 탈출할 수 없으며, 그 결과 용매 A도 확산할 수 없다. Fig. 2-2의 (b)에서처럼 용질 B가 왼쪽으로 이동하기 위해서는 <용질 원자 B가 미소 계를 탈출하려는 경향>의 크기가 오른쪽에서 더 커야만 한다. 즉, $(\mu_B - \mu_A)$ 값이 오른쪽 영역에서 더 커야만 한다. 또한, 그 기울기가 클수록 확산 유속은 더 커질 것이다. 따라서 왼쪽 방향으로의 치환형 용질 확산에 대한 구동력 Δf_d는 다음과 같이 나타내질 수 있다.

$$\Delta f_d = \frac{d}{dx}(\mu_B - \mu_A) \tag{2-22}$$

치환형 확산의 유속 J는 구동력에 비례하기 때문에 다음으로 나타내질 수 있다.

$$J = -M_d \frac{d}{dx}(\mu_B - \mu_A) \tag{2-23}$$

이 식의 우변에 음의 부호가 추가되었음에 유의하라. 그 이유는 식 (2-22)는 용질 원자가 왼쪽으로 이동하는 경우에 대한 구동력이지만, 통상 확산 유속은 그 방향이 오른쪽으로 향해 있을 때 양의 값으로 정의되기 때문이다. 또한, 식 (2-23)에서 비례상수 M_d는 확산의 이동도로서, 확산 계수 D와 특정 관계를 가지고 있다. 그 관계에 대해서는 뒤에서 설명하겠다.

이상과 같은 확산의 구동력에 대한 설명은 치환형 확산에만 국한된 것이다. 이제 침입형 확산의 경우를 고려해 보자. 이를 위해 용매 원자 A에 대해 침입형으로 B가 고용되어 있는 미소 계를 고려한다. 이 미소 계에서 δu만큼의 용질 원자가 빠져 나갔을 때의 자유 에너지 변화량은 다음과 같다.

$$\delta f = \mu_B \delta u \tag{2-24}$$

이 결과는 식 (2-19)로부터 직접적으로 얻어질 수도 있다. 치환형 확산에 대한 식 (2-21)의 경우와는 달리, 식 (2-24)에는 우변이 한 개의 항으로만 되어 있다. 이는 침입형 원자가 계를 빠져나갔다고 해서 치환형 원자인 용매 A가 계 내부로 들어올 이유가 없기 때문이다. 결국 침입형 원자의 확산에서 확산의 구동력은 용질 원자 자체의 화학 퍼텐셜 기울기가 되며, 유속 J는 다음과 같이 표현된다.

$$J = -M_d \frac{d\mu_B}{dx} \tag{2-25}$$

그렇다면 치환형 고용체와 침입형 고용체의 확산에 대한 열역학적 구동력은 항상 구분하여 써야 하는가? 그렇지 않다. 확산의 구동력은 항상 다음과 같이 확산 퍼텐셜 $\partial f/\partial u$의 기울기로써 통일적으로 나타내질 수 있다.

$$\Delta f_d = \frac{d}{dx}\left(\frac{\partial f}{\partial u}\right) \tag{2-26}$$

자유 에너지 f가 식 (2-9)와 같이 정의되는 농도 u의 함수로써 주어져 있는 한, df/du는 u가 치환형 원소의 농도인가 아니면 침입형 원소의 농도인가 따라 자동적으로 식 (2-21) 또는 (2-24)의 형태로 귀결된다. 예를 들어 Fe-Mn 합금과 Fe-C 합금의 경우 자유 에너지는 해석적 함수형태 또는 데이터베이스의 형태로 주어질 수 있다. 어느 경우든 그 형태가 용질 농도 u_{Mn}과 u_{C}의 함수로 주어지면, 이 함수를 u_{Mn}과 u_{C}로 편미분한 결과는 식 (2-19)에 따라 각각 $\mu_{\mathrm{Fe}} - \mu_{\mathrm{Mn}}$ 및 μ_{C}와 자동적으로 같아진다.

여기서 2성분계 합금에서 확산의 이동도 M_d와 확산 계수 D의 관계를 간략하게 설명한다. 치환형 원소이든 침입형 원소이든, 3차원 공간에서 주어진 한 상(α)에서의 확산 유속은 다음과 같이 나타내질 수 있다.

$$J^\alpha = -M_d^\alpha \nabla\left(\frac{\partial f^\alpha(u_\alpha)}{\partial u_\alpha}\right) \tag{2-27}$$

여기서 첨자 α는 α상에서의 물리량임을 의미한다. 확산 퍼텐셜의 기울기로 표현된 이 식은 다음과 같이 농도의 기울기로 나타내질 수 있다.

$$\begin{aligned} J^\alpha &= -M_d^\alpha \frac{\partial^2 f^\alpha(u_\alpha)}{\partial u_\alpha^2} \nabla u_\alpha \\ &\equiv -M_d^\alpha f_{uu}^\alpha \nabla u_\alpha \end{aligned} \tag{2-28}$$

확산 계수 D^α는 확산 유속과 농도 기울기 사이의 비례 상수로 정의된다. 따라서 확산 계수와 이동도 사이에는

$$D^\alpha = M_d^\alpha f_{uu}^\alpha \tag{2-29}$$

가 성립해야 한다. 자유 에너지를 낮추기 위해 확산이 일어나는 한, 이동도 M_d^α는 항상 양의 값을 갖는다. 그러나 확산 계수 D^α도 항상 양의 값을 갖는 것은 아니다. 위의 식 (2-29)에서

볼 수 있듯이, 자유 에너지의 이차 미분 f^{α}_{uu}가 음의 값을 갖는다면, 확산 계수는 음의 값을 갖는다. 이런 경우가 바로 up-hill 확산이다. 이에 대한 물리적 의미는 간단하다. $f^{\alpha}_{uu} < 0$는 농도에 따른 자유 에너지 곡선이 위로 볼록한 형태로 된다는 것을 의미한다. 이 경우에는 용질 원자는 용질 농도가 높은 쪽으로, 용매 원자 역시 용매 농도가 높은 쪽으로 이동해야 전체적인 자유 에너지를 낮출 수 있다. 반대로 통상적인 확산(down-hill diffusion)은 농도에 따른 자유 에너지 곡선이 아래로 볼록한 경우, 즉 $f^{\alpha}_{uu} > 0$일 때 일어난다. 이 경우에는 용매와 용질 원자 모두 농도가 높은 쪽에서 낮은 쪽으로 확산이 일어나야 자유 에너지가 낮아진다. 대부분의 철강에서와 같이 합금원소가 소량으로만 첨가되는 경우에는, 농도의 로그 값에 비례하는 엔트로피 항이 농도 자체에 비례하는 엔탈피 항을 압도하여, 자유 에너지 곡선은 아래로 볼록해지며, 따라서 down-hill 확산이 주로 일어난다.

4) 다성분계 확산

앞에서 설명한 확산의 구동력은 2성분계에 국한된 것이다. 일반적인 다성분계에서의 확산에 대해서는 DICTRA® formalism이 널리 이용되고 있다. 이에 대해서는 앞의 Part 2에 쉽고 그리고 대단히 상세하게 설명되어 있다. 그러나 앞의 Part 2에서 사용된 물리량의 정의와 변수의 표기는 본 Part 3에서와 몇 가지 차이가 있다. 예를 들어 Part 2에서는 자유 에너지와 화학 퍼텐셜이 몰당 에너지로 정의된 반면, Part 3 전체에서는 단위 부피당 에너지로 정의된다. 또 다른 예는 Part 2에서는 자유 에너지와 화학 퍼텐셜이 각 성분의 농도와 침입형 vacancy 농도의 함수로 표현되었지만, Part 3 전체에서는 자유 에너지와 화학 퍼텐셜이 원자 농도의 함수만으로 나타내진다. 이러한 차이점들을 감안하여, 본 Part 3에서 정의된 물리량과 변수들을 기반으로, 다성분계 확산의 DICTRA® formalism 중에서 phase field 모델과 관련되는 부분만을 간략하게 다시 정리한다.

n개의 성분으로 이루어진 계가 주어져 있다. 여기서 n번째 원소가 치환형 격자점을 점유할 수 있는 용매 원자이고, 나머지 원소들은 침입형 또는 치환형으로 고용될 수 있는 용질 원소이다. 앞 절에서와 마찬가지로, 모든 치환형 원소들의 몰 부피는 v_m이라는 일정한 값으로 주어지고, 침입형 원소들의 몰 부피는 0이라고 가정한다. 불균일계에서만 일어나는 확산을 다루기 위해서 식 (2-9)의 농도를 국소적인 형태로 다시 쓴다.

$$u_i = \frac{n_i}{\sum_{j \in S}^{n} n_j} \tag{2-30}$$

여기서 n_i는 단위 부피당 i 원소의 몰 수이다. $j \in S$ (또는 $j \in I$)라는 표기는 그 합이 치환형 원소(또는 침입형 원소)에 대해서만 이루어진다는 것을 의미한다. 따라서 식 (2-30)의 분모는 단위 부피당 치환형 원소의 총 몰 수이다. 각 성분들의 농도가 $du_i(i=1,\ 2,\cdots,n)$ 만큼 변할 때, 자유 에너지 밀도의 변화는 다음과 같다.

$$\begin{aligned} df &= \sum_{i}^{n} \mu_i du_i \\ &= \sum_{i\in S}^{n} \mu_i du_i + \sum_{i\in I}^{n-1} \mu_i du_i \end{aligned} \tag{2-31}$$

식 (2-19)에서처럼, 여기서도 화학 퍼텐셜이 단위 부피당 에너지로 정의되었음에 유의해야 한다. 식 (2-31)에 대해 Gibbs-Duhem 식을 적용하면

$$\sum_{i}^{n} u_i d\mu_i = 0 \tag{2-32}$$

이 성립해야 한다. 또한, 농도 정의 (2-30)에 따라 다음의 보존 법칙이 성립해야 한다.

$$\sum_{i\in S}^{n} u_i = 1 \ ; \ du_n = -\sum_{i\in S}^{n-1} du_i \tag{2-33}$$

식 (2-33)을 식 (2-31)에 대입하면 다음을 얻는다.

$$\begin{aligned} df &= \sum_{i\in S}^{n-1} \mu_i du_i + \mu_n du_n + \sum_{i\in I}^{n-1} \mu_i du_i \\ &= \sum_{i\in S}^{n-1} \mu_i du_i - \mu_n \sum_{i\in S}^{n-1} du_i + \sum_{i\in I}^{n-1} \mu_i du_i \\ &= \sum_{i\in S}^{n-1} (\mu_i - \mu_n) du_i + \sum_{i\in I}^{n-1} \mu_i du_i \end{aligned} \tag{2-34}$$

확산 퍼텐셜은 $\tilde{\mu}_i \equiv df/du_i$로 정의된다. 따라서 식 (2-34)에 의해 치환형 원소와 침입형 원소의 확산 퍼텐셜은 다음과 같이 나타내질 수 있다.

$$\tilde{\mu}_i \equiv \frac{\partial f}{\partial u_i} = \begin{cases} \mu_i - \mu_n & \text{for } i \in S \\ \mu_i & \text{for } i \in I \end{cases} \tag{2-35}$$

확산 퍼텐셜을 간단하게 표현하는 또 다른 표기법은 다음과 같다.

$$\tilde{\mu}_i \equiv \frac{\partial f}{\partial u_i} = \mu_i - q_i \mu_n \tag{2-36}$$

여기서 q_i는 i가 치환형 원소일 때는 $q_i = 1$로 주어지고, i가 침입형 원소일 때는 $q_i = 0$으로 주어진다.

원소의 확산 유속은 여러 가지 서로 다른 좌표계로 나타내질 수 있다. 격자 고정 좌표계(lattice-fixed frame)에서는 격자점 밀도가 보존된다. 이 보존 조건은 다음으로 나타내진다.

$$J_{Va} + \sum_{k \in S}^{n} J_k = 0 \tag{2-37}$$

여기서 J_{Va}는 vacancy의 유속이고, k 원소의 유속 J_k는 k원자의 화학 퍼텐셜 구배에 비례한다고 가정한다:

$$J_i = - L_i \nabla \mu_i \tag{2-38}$$

여기서 L_i는 비례 상수이다. 화학 퍼텐셜 μ_i가 모든 구성 원소의 농도의 함수임을 감안하면, 식 (2-38)에서 화학 퍼텐셜 구배는 다음과 같이 농도 구배로 나타내질 수 있다.

$$\begin{aligned} J_i &= - L_i \sum_{j=1}^{n} \frac{\partial \mu_i}{\partial u_j} \nabla u_j \\ &\equiv \sum_{j=1}^{n} D_{ij}^{\text{intr}} \nabla u_j \end{aligned} \tag{2-39}$$

여기서 D_{ij}^{intr}는 고유 확산 계수(intrinsic diffusivity)이며, 고유 이동도 L_i와 다음의 관계를 갖는다.

$$D_{ij}^{\text{intr}} = L_i \frac{\partial \mu_i}{\partial u_j} = L_i \frac{\partial^2 f}{\partial u_i \partial u_j} \tag{2-40}$$

확산 유속을 다룰 때 가장 널리 이용되는 좌표계는 부피 고정 좌표계(volume fixed frame)이다. 이 좌표계에서는 치환형 원자들의 개수 밀도가 보존되며, 따라서 다음이 성립한다.

$$\sum_{k \in S}^{n} J_k = 0 \tag{2-41}$$

임의의 좌표계에서 주어진 유속 $\tilde{J}_k$는 다음 식을 통해 부피 고정 좌표계에서의 유속으로 변환될 수 있다.

PART 3

(농도에 대한 보존 조건인 식 (2-33) 때문에, 식 (2-42)로 주어진 유속 J_k는 식 (2-41)을 항등적으로 만족한다.) 변환식 (2-42)는 다음과 같이 표현될 수 있다.

$$J_k = \tilde{J}_k - u_k \sum_{i \in S}^{n} \tilde{J}_i = \tilde{J}_k - u_k \sum_{i}^{n} q_i \tilde{J}_i \tag{2-42}$$

$$\begin{aligned} J_k &= \tilde{J}_k - u_k \sum_{i}^{n} q_i \tilde{J}_i \\ &= \sum_{i}^{n} \delta_{ik} \tilde{J}_i - u_k \sum_{i}^{n} q_i \tilde{J}_i \\ &= \sum_{i}^{n} (\delta_{ik} - u_k q_i) \tilde{J}_i \end{aligned} \tag{2-43}$$

δ_{ik}는 $i = k$일 때는 $\delta_{ik} = 1$로, $i \neq k$일 때는 $\delta_{ik} = 0$으로 정의되는 Kronecker delta이다. 이제 격자 고정 좌표계에서의 유속 (2-38)을 변환식 (2-43)에 대입하면, 부피 고정 좌표계에서의 유속이 다음과 같이 얻어진다.

$$\begin{aligned} J_k &= -\sum_{i}^{n} (\delta_{ik} - u_k q_i) L_i \nabla \mu_i \\ &\equiv -\sum_{i}^{n} L'_{ki} \nabla \mu_i \end{aligned} \tag{2-44}$$

여기서 L'_{ik}는 다음으로 정의되는 상호 확산 이동도(interdiffusion mobility)이다.

$$L'_{ik} = (\delta_{ik} - u_k q_i) L_i \tag{2-45}$$

부피 고정 좌표계에서의 확산 유속을 나타내는 또 다른 표현 방식이 있다. 이 표현은 phase field 모델의 확산 방정식과 밀접한 관계를 가지고 있다. 이를 살펴보기 위해, 먼저 Gibbs-Duhem 식 (2-32)를 다음과 같이 나타낸다.

$$\sum_{j}^{n} u_j \nabla \mu_j = 0 \tag{2-46}$$

이 식을 이용하면 다음의 항등식을 얻을 수 있다.

$$\nabla \mu_i = \nabla (\mu_i - q_i \mu_n) - q_i \sum_{j}^{n} u_j \nabla (\mu_j - q_j \mu_n) \tag{2-47}$$

이 등식이 항상 성립함을 증명하는 것은 식 (2-46)과 더불어 다음을 이해하는 것으로 충분하다.

$$\sum_{j}^{n} u_j \nabla q_j \mu_n = (\nabla \mu_n) \sum_{j}^{n} u_j q_j = (\nabla \mu_n) \sum_{j \in S}^{n} u_j = \nabla \mu_n \tag{2-48}$$

$\nabla \mu_i$에 대한 항등식 (2-47)은 Kronecker delta를 이용하여 다음과 같이 더 간단하게 표기될 수 있다.

$$\begin{aligned} \nabla \mu_i &= \sum_{j}^{n} \delta_{ij} \nabla (\mu_j - q_j \mu_n) - q_i \sum_{j}^{n} u_j \nabla (\mu_j - q_j \mu_n) \\ &= \sum_{j}^{n} (\delta_{ij} - q_i u_j) \nabla (\mu_j - q_j \mu_n) \end{aligned} \tag{2-49}$$

이제 식 (2-49)를 식 (2-44)에 대입한다:

$$\begin{aligned} J_k &= -\sum_{i}^{n} L'_{ki} \nabla \mu_i = -\sum_{i}^{n} L'_{ki} \left(\sum_{j}^{n} (\delta_{ij} - q_i u_j) \nabla (\mu_j - q_j \mu_n) \right) \\ &= -\sum_{j}^{n} \left(\sum_{i}^{n} L'_{ki} (\delta_{ij} - q_i u_j) \nabla (\mu_j - q_j \mu_n) \right) \\ &= -\sum_{j}^{n} L''_{kj} \nabla (\mu_j - q_j \mu_n) \\ &= -\sum_{j}^{n} L''_{kj} \nabla \left(\frac{\partial f}{\partial u_j} \right) \end{aligned} \tag{2-50}$$

마지막 줄에서는 확산 퍼텐셜에 대한 식 (2-36)을 이용하였으며, L''_{kj}는 다음으로 정의되었다.

$$L''_{kj} \equiv \sum_{i}^{n} L'_{ik} (\delta_{ij} - q_i u_j) \tag{2-51}$$

확산 퍼텐셜의 정의에 의해, 용매 원소의 확산 퍼텐셜 $\partial f / \partial u_n$은 항상 0이다. 따라서 (2-50)에서 모든 원소에 대한 합은 다음과 같이 용질 원소에 대한 합으로 대체될 수 있다. 즉,

$$J_k = -\sum_{j}^{n-1} L''_{kj} \nabla \left(\frac{\partial f}{\partial u_j} \right) \tag{2-52}$$

유속 (2-44)와 유속 (2-52)는 겉으로는 서로 매우 다른 형태로 보이지만, 수학적으로는 동등한 식이다. 그러나 식 (2-52)에서는 확산 유속이 용질 원소의 확산 퍼텐셜 구배에 의해 직접적으로 나타내진다는 점을 주목해야 한다. 바로 이 식이 다성분계 phase field 모델에서의 확산 방정식과 밀접한 관계를 가지고 있다.

PART 3

확산 유속 (2-52)는 다음과 같이 용질 원소의 농도 구배에 의해 나타내질 수 있다.

$$\begin{aligned} J_k &= -\sum_j^{n-1} L_{kj}'' \nabla\left(\frac{\partial f}{\partial u_j}\right) = -\sum_j^{n-1} L_{kj}'' \sum_i^{n-1} \frac{\partial}{\partial u_i}\left(\frac{\partial f}{\partial u_j}\right)\nabla u_i \\ &= -\sum_i^{n-1}\sum_j^{n-1} L_{kj}''\left(\frac{\partial f^2}{\partial u_i \partial u_j}\right)\nabla u_i \\ &\equiv -\sum_i^{n-1} D_{ki}\nabla u_i \end{aligned} \tag{2-53}$$

따라서 용질 원소의 상호 확산 계수 D_{ki}는 다음으로 주어진다.

$$D_{ki} = \sum_j^{n-1} L_{kj}''\left(\frac{\partial f^2}{\partial u_i \partial u_j}\right) \tag{2-54}$$

용질 원소가 단 한 개인 2원계 합금의 경우, 확산 유속 (2-52)와 확산 계수 (2-54)는 각각 앞 절의 유속 (2-27)과 확산 계수 (2-29)로 돌아간다.

5) 상변태의 구동력

등온, 등압과 각 원자의 수가 보존되는 조건에서 특정 상변태가 일어나기 위한 필요 조건은 그 상변태의 결과로서 Gibbs 자유 에너지가 감소해야 한다는 것이다. 본 절에서는 등온, 등압 하에서 일어나는 상변태의 열역학적 구동력에 대해 검토한다.

1차 상변태는 핵생성과 성장 과정에 의해 일어난다. 우선 변태상의 핵생성에 대한 열역학적 구동력을 살펴보자. 이를 위해 Fig. 2-3처럼, 2성분계 합금에서 용질 농도가 u_α이고 부피가 Ω인 모상 α로부터, 용질 농도가 u_β이고 부피($\delta\Omega$)가 충분히 작은 β 상이 생성된 상황을 고려한다(두 상 사이에 존재하는 계면이 평형 상태에 영향을 미칠 수 있다. 본 절에서는 일단 그 영향이 무시된다. 대신 다음 절에서 그 영향에 대해 자세히 설명한다).

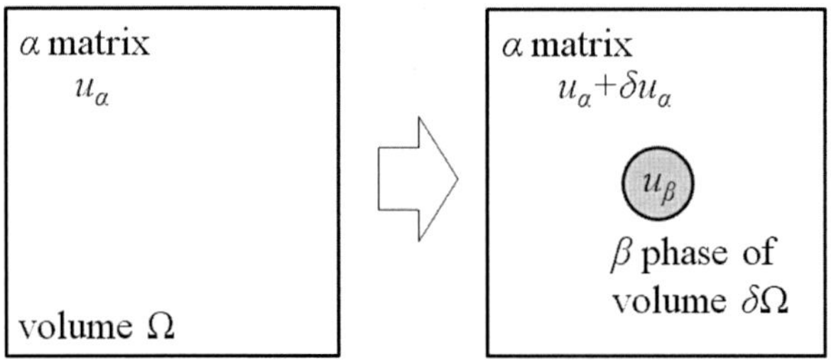

[Fig. 2-3] 2성분계 합금에서 용질 농도가 u_α이고 부피가 Ω인 모상 α로부터, 용질 농도가 u_β이고 부피($\delta\Omega$)가 충분히 작은 β 상이 생성된 상황

원래의 α상과 다른 조성을 갖는 β상이 생성되면 α 기지상의 조성이 변해야 한다. 그 변화량 δu_α는 용질 총 몰수가 보존된다는 다음의 조건으로부터 결정된다.

$$u_\alpha \Omega \frac{\Omega}{v_m} = (u_\alpha + \delta u_\alpha)\frac{(\Omega - \delta\Omega)}{v_m} + u_\beta \frac{\delta\Omega}{v_m} \tag{2-55}$$

δ의 일차 항까지만 고려하면

$$\delta u_\alpha = \frac{\delta\Omega}{\Omega}(u_\alpha - u_\beta) \tag{2-56}$$

가 얻어진다. Fig. 2-3의 상변태 과정에서, 처음 상태는 u_α조성과 Ω 부피의 α상이며, 나중 상태는 $(u_\alpha + \delta u_\alpha)$조성을 갖는 $(\Omega - \delta\Omega)$ 부피의 α상과 u_β 조성을 갖는 $\delta\Omega$ 부피의 β상이다. 따라서 자유 에너지의 변화 ΔF_p를 δ의 일차 항까지 구하면,

$$\begin{aligned}
\Delta F_p &= (\Omega - \delta\Omega) f^\alpha(u_\alpha + \delta u_\alpha) + \delta\Omega f^\beta(u_\beta) - \Omega f^\alpha(u_\alpha) \\
&= (\Omega - \delta\Omega)\left(f^\alpha(u_\alpha) + \frac{df^\alpha(u_\alpha)}{du}\delta u_\alpha\right) + \delta\Omega f^\beta(u_\beta) - \Omega f^\alpha(u_\alpha) \\
&= \Omega \frac{df^\alpha(u_\alpha)}{du}\delta u_\alpha - \delta\Omega f^\alpha(u_\alpha) + \delta\Omega f^\beta(u_\beta)
\end{aligned} \tag{2-57}$$

식 (2-56)을 식 (2-57)에 대입하고, 새로 생성된 β 상의 단위 부피당 총 자유 에너지의 변화 Δf_p를 구하면 다음이 얻어진다.

$$\Delta f_p \equiv \frac{\Delta F_p}{\delta\Omega} = f^\beta(u_\beta) - f^\alpha(u_\alpha) - (u_\beta - u_\alpha)\frac{df^\alpha(u_\alpha)}{du} \tag{2-58}$$

식 (2-58)로 정의된 Δf_p가 $\alpha \rightarrow \beta$ 변태에 대한 열역학적 구동력이다. Fig. 2-3은 α상만 존재하는 상태에서 새로운 β상이 생성될 때의 구동력이기 때문에 이를 핵생성의 구동력으로 부르기도 한다.

핵생성의 구동력 (2-58)은 다음과 같이 유도될 수도 있다(편의상, $u_\alpha > u_\beta$라고 가정한다). Fig. 2-3의 $\delta\Omega$ 공간에서 $\alpha \rightarrow \beta$ 상변태 따른 자유 에너지 변화는 $[f^\beta(u_\beta) - f^\alpha(u_\alpha)]\delta\Omega$이다. 이때 $\delta\Omega$ 부피의 β상으로부터 $(u_\alpha - u_\beta)\delta\Omega/v_m$몰 만큼의 용질 원자가 $(\Omega - \delta\Omega)$ 부피의 α 상 쪽으로 밀려나가야 한다(물론, 치환형 합금이라면, 이 과정에서 같은 몰수만큼의 용매 원자가 β상으로 들어와야 한다). 이때, $\delta\Omega \ll \Omega$이기 때문에, α 속으로 유입된 용질 몰수는 α에 존재하는 용질의 총 몰수에 비해 충분히 작다. 즉, α상의 용질 농도와 확산 퍼텐셜은 각각 u_α와 $df^\alpha(u_\alpha)/du$에 매우 가까워야 하고, 유입된 용질 몰수에 따른 α상의 자유 에너지 변화

는 $[df^{\alpha}(u_{\alpha})/du](u_{\alpha}-u_{\beta})\delta\Omega$로 근사된다. 계의 총 자유 에너지 변화는 $\alpha\rightarrow\beta$ 상변태 따른 자유 에너지 변화와 α상의 조성 변화에 따른 자유 에너지 변화의 합이며, 따라서 그 결과는 식 (2-58)과 같아진다.

그렇다면 핵생성이 아니라 성장의 구동력은 어떻게 될까? 이를 이해하기 위해 다음의 Fig. 2-4를 보자. 이 그림에서처럼 u_{β} 조성의 β상이 α상을 잠식하면서 $\delta\Omega$의 부피만큼 성장한 경우를 고려해 보자. 새로 성장한 β상의 조성이 그 이전에 이미 존재하고 있던 β상의 조성과 동일하다고 가정한다. 그러면 α상의 조성만 δu_{α}만큼 변하게 될 것이다. β상이 $\delta\Omega$ 부피만큼 성장하기 이전과 성장한 이후의 자유 에너지 차이는 식 (2-58)과 동일해야 한다. 이는 Fig. 2-4에서 아무런 변화 없이 그대로 유지되고 있는 부피 Ω_{β}만큼의 β상을 제외하고 나면, 나머지 부분은 사실상 Fig. 2-3의 상황과 동일해지기 때문이다(여기서 평형에 대한 곡률 효과는 무시한다. 이에 대해서는 별도로 다음 절에서 자세히 설명하겠다). Fig. 2-4에서처럼, 과잉 용질 원자가 모상으로만 밀려나가는 경우에는, 핵생성과 성장과정에 대한 열역학적 구동력은 모두 동일하게 식 (2-58)로 나타내진다.

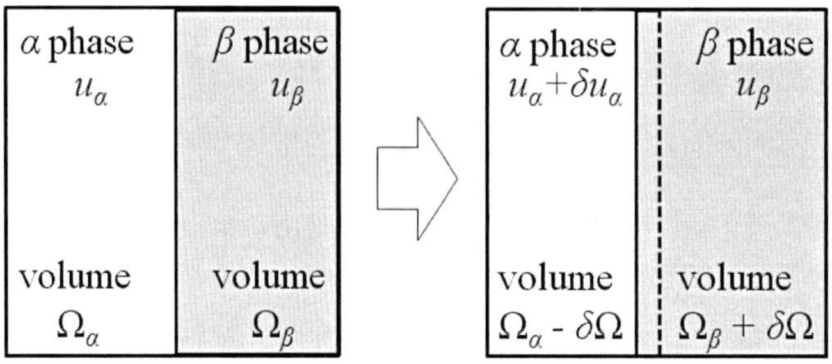

[Fig. 2-4] u_{β} 조성의 β상이 α상을 잠식하면서 $\delta\Omega$의 부피만큼 성장한 경우. 새로 성장한 β상의 조성이 그 이전에 이미 존재하고 있던 β상의 조성과 동일하다고 가정한다. 따라서 α상의 조성만 δu_{α}만큼 변한다

그러나 과잉 용질 원자가 항상 모상으로만 밀려나가는 것은 아니다. 예를 들어 화학량론적 고상(stoichiometric solid phase) α가 용질 농도가 다른 액상 β와 접해있는 계에서, $\delta\Omega$부피만큼의 α상이 용융되는 경우을 고려해 보자($u_{\alpha}>u_{\beta}$라고 가정한다). 이 과정에서, α상은 화학량론적 상이기 때문에 u_{α}는 변하지 않아야 하기 때문에, α상의 용융에 따라 배출되는 과잉 용질 원자들은 모두 β에만 누적되어야 한다. 이 상황을 다음의 Fig. 2-5에 나타냈다.

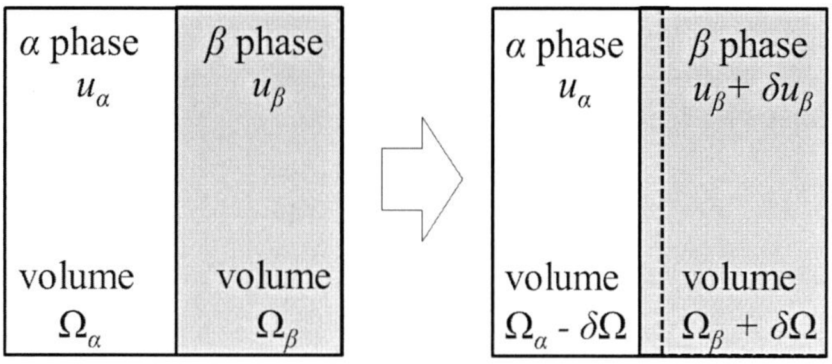

[Fig. 2-5] 화학량론적 고상 α가 용질 농도가 다른 액상 β와 접해있는 계에서, α상의 용융이 일어나는 과정 ($u_\alpha > u_\beta$). 여기에서 u_α는 변하지 않으며, α상의 용융에 따라 배출되는 과잉 용질 원자들은 모두 β에만 누적된다

앞의 과정에서, $\alpha \rightarrow \beta$ 상변태에 따른 자유 에너지 변화는 $[f^\beta(u_\beta) - f^\alpha(u_\alpha)]\delta\Omega$이며, β상의 조성 변화로 인한 자유 에너지 변화는 $[df^\beta(u_\beta)/du](u_\alpha - u_\beta)\delta\Omega$이다. 따라서 이 경우에 대한 상변태의 구동력, 즉 새로 생성된 β상의 단위 부피당 총 자유 에너지 변화는

$$\Delta f_p \equiv \frac{\Delta F_p}{\delta\Omega} = f^\beta(u_\beta) - f^\alpha(u_\alpha) - (u_\beta - u_\alpha)\frac{df^\beta(u_\beta)}{du} \tag{2-59}$$

가 된다. 식 (2-58)과 식 (2-59)는 마지막 항에서만 서로 다르다. 즉, 상변태에 따른 과잉 용질 원자가 어느 상 쪽으로 배출되느냐에 따라, 마지막 항의 확산 퍼텐셜 df/du가 α상 또는 β상 쪽에서의 값으로 된다.

그렇다면 과잉 용질 원자들이 α상과 β상 양쪽으로 배출되는 경우에 대한 상변태의 열역학적 구동력은 어떻게 될 것인가? 이 경우에는 구동력의 마지막 항에 들어있는 확산 퍼텐셜이 $df^\alpha(u_\alpha)/du$와 $df^\beta(u_\beta)/du$의 가중 평균이 될 것이다. 이러한 상황에 속하는 특별한 한 경우가 자주 문헌에 이용되고 있다. 이 특별한 경우에서는 용질 원자(B)는 두 상 사이의 계면을 통과하지 못하는 반면, 용매 원자(A)는 계면을 관통하여 이동할 수 있다고 가정한다. 다시 말해서, 상변태의 과정에서 α상과 β상 각각에 들어있는 용질 원자의 수가 변하지 않는다고 가정한다. 이 과정을 Fig. 2-6에 나타냈다. 이 그림에서는 전체 계를 세 영역 ①, ② 및 ③으로 나누어 나타냈으며, 이들은 각각 상변태가 일어나지 않은 $(\Omega_\alpha - \delta\Omega)$ 부피의 α상 영역, 상변태가 일어나지 않은 Ω_β 부피의 β상 영역과, $\delta\Omega$ 부피의 $\alpha \rightarrow \beta$ 상변태가 일어난 영역에 대응된다. 상변태에 따라 계면은 오른쪽에서 왼쪽방향으로 이동한다. 이때 영역 ③ 내부의 α상에 들어있던 $u_\alpha\delta\Omega/v_m$ 몰수의 용질 원자들은 계면을 관통할 수 없기 때문에 모두 영역 ①의 α상으로 들어갈 수밖에 없다. 그 대신 영역 ③ 내부로는 영역 ②의 β상에 있던 용질 원자가 채워 들어오며, 그 몰수는 $u_\beta\delta\Omega/v_m$가 된다(만약 Fig. 2-6의 계가 치환형 합금이라면 상변태 과정에서 용질 원자(B)의 유속과 반대 방향으로 동일한 크기의 용매 원자(A) 유속이 존재해야 한다. 침입형

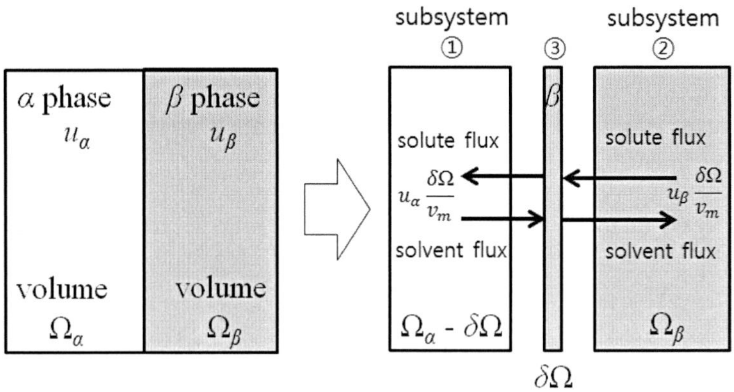

[Fig. 2-6] 용질 원자(B)는 두 상 사이의 계면을 통과하지 못하는 반면, 용매 원자(A)는 계면을 관통하여 이동할 수 있는 경우의 상변태 과정

합금의 경우에는 용질 원자의 유속만 존재한다). 이러한 과정에서 각 영역의 자유 에너지 변화는 각각 다음과 같다:

$$\Delta F^{①} = (\mu_B^\alpha - \mu_A^\alpha) u_\alpha \delta\Omega = \frac{df^\alpha(u_\alpha)}{du} u_\alpha \delta\Omega \tag{2-60}$$

$$\Delta F^{②} = \left(f^\beta(u_\beta) - f^\alpha(u_\alpha)\right)\delta\Omega \tag{2-61}$$

$$\Delta F^{③} = (\mu_A^\beta - \mu_B^\beta) u_\beta \delta\Omega = -\frac{df^\beta(u_\beta)}{du} u_\beta \delta\Omega \tag{2-62}$$

앞의 2.1절의 3)항에서 설명했듯이, 위의 식 (2-60)과 (2-62)에서 마지막 등식은 합금이 치환형인가 아니면 침입형인가에 무관하게 성립함을 주목해야 한다. 위의 세 항을 더하면, 상변태의 구동력, 즉 새로 생성된 β상의 단위 부피당 총 자유 에너지 변화는

$$\begin{aligned} \Delta f_p &= \frac{\Delta F^{①} + \Delta F^{②} + \Delta F^{③}}{\delta\Omega} \\ &= \left(f^\beta(u_\beta) - \frac{df^\beta(u_\beta)}{du} u_\beta\right) - \left(f^\alpha(u_\alpha) - \frac{df^\alpha(u_\alpha)}{du} u_\alpha\right) \\ &\equiv \Phi_\beta - \Phi_\alpha \end{aligned} \tag{2-63}$$

가 된다. 여기서 새롭게 정의된 Φ는 그랜드 퍼텐셜(grand potential)이라고 불리며, Fig. 2-6의 상황에 대한 상변태의 구동력은 그랜드 퍼텐셜의 차이로 주어진다. 식 (2-63)의 구동력은 더 간단하게 나타낼 수 있다. 즉, 다음과 같은 각 상에서 각 성분들의 화학 퍼텐셜과 자유 에너

지 사이의 관계

$$\begin{aligned} f^{\alpha}(u_{\alpha}) &= u_{\alpha}\mu_A^{\alpha} + (1-u_{\alpha})\mu_B^{\alpha} \\ f^{\beta}(u_{\beta}) &= u_{\beta}\mu_A^{\beta} + (1-u_{\beta})\mu_B^{\beta} \end{aligned} \tag{2-64}$$

를 식 (2-60) ~ (2-62)에 대입하여 Δf_p를 구하면 그 결과는

$$\Delta f_p = \mu_A^{\beta} - \mu_A^{\alpha} \tag{2-65}$$

로 나타난다. 즉, 상변태의 구동력은 두 상 사이에서 용매 원자의 화학 퍼텐셜 차이에 불과하다. 왜 이런 의외의 결과가 나왔을까? Fig. 2-6의 상황을 다시 살펴보자. 이 그림에서는 용질 원자가 계면을 관통하여 이동할 수 없다고 가정했기 때문에, 상변태가 일어나도 α상에서의 총 용질 몰수와 β상에서의 총 용질 몰수는 변하지 않는다. 이러한 상변태의 결과는 α상에서 $\delta\Omega/v_m$ 몰의 용매(A) 원자가 β상 쪽으로 넘어간 것에 불과하다. 식 (2-65)은 당연한 그 귀결이다.

Fig. 2-6에서 부분 계 ③의 부피 $\delta\Omega$는 부분 계 ①과 ②의 부피에 비해 훨씬 작기 때문에, 부분 계 ①과 ②는 부분 계 ③에 대한 reservoir로 여겨질 수 있다. 부분 계 ③에서 일어난 열역학적 변화는 u_{α} 조성의 α상이 u_{β}조성의 β상으로 변한 것이다. 만약 이런 변화가 <③에 들어있는 용질과 용매 원자의 총 수>가 일정하게 유지되면서 일어났다면, 상변화가 일어날지의 여부를 결정하는 열역학 함수는 부분 계 ③에서의 Gibbs 자유 에너지 변화인 $f^{\beta}(u_{\beta}) - f^{\alpha}(u_{\alpha})$가 되어야 한다(계 전체는 등온, 등압 하에 있다고 가정하였음). 그러나 Fig. 2-6의 상변태 과정에서는 부분 계 ③에 들어 있는 용매와 용질 원자와 수는 계면이 이동함에 따라 계속 변하기 때문에, ③에서의 Gibbs 자유 에너지 변화가 상변화의 여부를 결정하는 열역학 함수로 될 수는 없다. Fig. 2-6의 상변태의 과정에서, 부분 계 ③ 내에서 변하지 않는 것은 α상과 β상의 용질 농도이다. 또한, 각 상의 용질 농도가 변하지 않으면 각 상에서 각 원소의 화학 퍼텐셜도 변하지 않아야 한다. 따라서 부분 계 ③에서 상변태가 일어날지의 여부를 결정하는 열역학 함수는 일정 온도, 일정 압력 및 일정 화학 퍼텐셜이라는 구속 조건에서 작동하는 성질을 가지고 있어야 한다. 그런 함수가 바로 식 (2-63)으로 정의되는 그랜드 퍼텐셜이다(즉, 일정온도, 일정 압력 및 일정 화학 퍼텐셜의 조건에서 평형 상태는 그랜드 퍼텐셜이 최소화되는 상태이다). 물론 부분 계 ③만을 대상으로 하지 않고, ①, ② 및 ③을 합친 전체 계를 대상으로 한다면, 각 원소의 총 수가 보존되기 때문에, 이 전체 계의 상변태 여부를 결정하는 열역학 함수는 전체 자유 에너지 변화이다. 그것이 바로 식 (2-63)의 첫 줄이다. 다시 말하자면, Fig. 2-6에서 고립된 전체 계의 자유 에너지 변화는 열린 계 ③에서의 그랜드 퍼텐셜 변화와 같다.

식 (2-58), (2-59) 또는 (2-63)으로 주어지는 상변태의 구동력은 기하학적으로 표현될 수 있다. 한 예로서 식 (2-58)에 대한 기하학적 표현을 살펴본다. 다음의 Fig. 2-7에는 농도에 따른

α상과 β상의 자유 에너지 f^α와 f^β의 변화가 나타나 있다. 여기에는 a점에서의 f^β 곡선에 대한 접선이 그려져 있다. 이 접선의 기울기는 $df^\alpha(u_\alpha)/du$와 같다. 따라서 c점과 d점 사이의 거리는 다음과 같다.

$$\overline{\mathrm{cd}} = -(u_\alpha - u_\beta)\frac{df^\alpha(u_\alpha)}{du} \tag{2-66}$$

또한, $\overline{\mathrm{ab}} = \overline{\mathrm{df}} = f^\alpha(u_\alpha)$와 $\overline{\mathrm{ef}} = f^\beta(u_\beta)$임을 감안하면, d점과 e점 사이의 거리는 $\overline{\mathrm{de}} = f^\alpha(u_\alpha) - f^\beta(u_\beta)$가 된다. 이제 c점과 e점 사이의 거리 $\overline{\mathrm{ce}}$를 구해보면 그 결과는 다음과 같다.

$$\overline{\mathrm{ce}} = \overline{\mathrm{cd}} + \overline{\mathrm{de}} = -(u_\alpha - u_\beta)\frac{df^\alpha(u_\alpha)}{du} + f^\alpha(u_\alpha) - f^\beta(u_\beta) \tag{2-67}$$

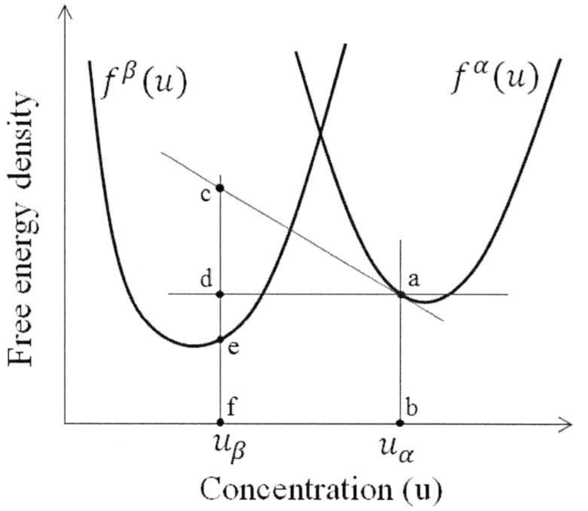

[Fig. 2-7] 농도에 따른 α상과 β상의 자유 에너지 f^α와 f^β의 변화. a점에서의 f^β 곡선에 대한 접선의 기울기는 $df^\alpha(u_\alpha)/du$와 같다

이 결과는 $\alpha \to \beta$상변태의 열역학적 구동력인 식 (2-58)과 일치한다. 다만 부호가 정반대인 이유는 식 (2-58)의 구동력은 자유 에너지의 변화의 부호를 그대로 따른 반면, 식 (2-67)의 구동력은 양의 값을 갖는 '선분의 길이'로 표현되었기 때문이다.

대부분의 실용 합금은 용질 원소의 수가 2개 이상인 다성분계이다. n개의 원소로 구성된 합금에서 α상과 β상의 자유 에너지 밀도는 $n-1$개의 용질 농도의 함수로 주어진다.

$$f^\alpha = f^\alpha(u_{1\alpha}, u_{2\alpha}, \cdots) \tag{2-68}$$

$$f^\beta = f^\beta(u_{1\beta}, u_{2\beta}, \cdots) \tag{2-69}$$

과잉 용질 원자가 모상으로만 배출되는 경우, 이 합금에서 $\alpha \rightarrow \beta$ 상변태에 대한 열역학적 구동력은 2성분계 합금에 대한 앞의 식 (2-55) ~ (2-58)과 유사한 과정을 거쳐 얻어질 수 있다. 그 결과는 다음과 같다.

$$\Delta f_p = f^{\beta}(u_{1\beta}, u_{2\beta}, \ldots) - f^{\alpha}(u_{1\alpha}, u_{1\alpha}, \ldots) - \sum_{i=1}^{n-1}(u_{i\beta} - u_{i\alpha})\frac{\partial f^{\alpha}(u_{1\alpha}, u_{2\alpha}, \ldots)}{\partial u_i} \tag{2-70}$$

2.2 평형

평형 상태는 개별 원자의 무질서한 움직임을 무시할 수 있는 거시적인 척도에서 볼 때 '아무 일도 일어나지 않는 상태' 또는 '아무런 흐름이 없는 상태'를 의미한다. 이 상태에서 계는 자유 에너지가 최소인 상태에 놓여 있다. 자유 에너지가 최소인 상태에서는 더 이상 자유 에너지를 낮출 수 없기 때문에 무한한 시간이 경과해도 계 내부에서는 아무 일도 일어나지 않는다. 주어진 계가 평형 상태에 있다면, i) 계 전체가 기계적으로 정지해 있고, ii) 에너지의 이동이 일어나지 않으며, iii) 농도의 변화와 상의 변화도 일어나지 않아야 한다. 본 절에서는 고려 대상의 계에서 기계적 평형 조건인 i)과 열적 평형 조건인 ii)가 이미 만족된다고 가정하며, 화학적 평형 조건이라고 불리는 iii)에 대해서만 설명한다.

화학적 평형 상태는 계의 자유 에너지를 온도, 압력, 농도, 화학 퍼텐셜 등의 세기 성질 중 독립변수만의 함수로 표현한 다음, 자유 에너지가 최소인 상태를 계산하는 방법으로 결정될 수 있다. 화학적 평형 상태를 결정하는 또 다른 방법은 계에서 아무 일도 일어나지 않을 조건을 찾는 것이다. 화학적으로 아무 일도 일어나지 않는다는 것은 확산이 일어나지 않음과 동시에 계를 구성하는 상의 분율이 변하지 않는다는 것을 의미한다. 이처럼 화학적 평형 상태는 확산의 구동력과 상변태의 구동력이 동시에 사라질 조건으로부터도 결정될 수가 있어야 한다. 화학적 평형에 대한 대부분의 접근은 전자의 방법을 따르고 있다. 그러나 생소함에도 불구하고 지금부터는 후자의 방법이 평형 상태를 결정하는 도구로 이용될 것이다. 그 이유는 여러 가지다: 첫째, 이 접근 방법이 평형에 대한 물리적 의미를 더 분명하게 드러내주고, 둘째, 비평형 과정(즉, 확산과 상변태)과 평형 상태 사이를 통일적으로 연결시켜주며, 셋째, 합금에 대한 phase field 모델의 기본 구조와 직접적인 관계를 가지고 있기 때문이다.

본 절에서는 편의상 온도와 압력이 계 전체에 걸쳐 일정하게 유지되는 등온 등압의 계만을 고려하기로 한다.

1) 화학적 평형 조건

2종류의 상 α와 β가 공존하고 $n-1$ 종류의 용질 원소를 포함하는 2상 다성분계 합금에 대한 평형을 고려해 보자. 이 계가 평형 상태에 있기 위한 첫 번째 조건은 계 내부에서 확산이 일어나지 않아야 한다는 것이다. 이를 위해서는 α상 내부에서의 확산과 β상 내부에서의 확산이 모두 일어나지 않아야 한다. 이는 각 상 내부에서의 확산 퍼텐셜이 상수이어야 함을 의미한다. 또한, α상과 β상 사이에서도 확산이 일어나지 않아야 하며, 이는 상수인 α상에서의 확산 퍼텐셜과 역시 상수인 β상에서의 확산 퍼텐셜이 서로 같아야 함을 의미한다. 식 (2-36)에 의해, 확산이 일어나지 않아야 한다는 첫 번째 평형 조건은 다음과 같이 나타내진다.

$$\frac{\partial f^{\alpha}}{\partial u_i}=\frac{\partial f^{\beta}}{\partial u_i}=\text{(const) for } i=1,\ 2,\ ....,\ n-1 \tag{2-71}$$

언뜻 생각하기에 조건 (2-71)만 만족되면 계 내부에서 확산이 일어나지 않기 때문에, 계가 평형 상태에 도달한다는 생각이 들 수도 있다. 그러나 이 상태는 아직 평형 상태가 아니다. 예를 들어 용질 원소가 한 개인 2성분계 합금의 경우라면, 식 (2-71)은 α와 β상의 자유 에너지 곡선에 대한 각각의 접선의 기울기가 서로 평행할 것을 요구하고 있다. 두 자유 에너지 곡선에 대해 서로 평행한 접선의 조합은 무수히 그려질 수 있다. 이 접선들의 조합 중에서 어느 하나만 평형 상태에 대응된다. 따라서 식 (2-71)만으로는 평형 상태에 도달하지 못한다. 달리 말하자면, 계 전체에서 아무런 확산이 일어나지 않는다 해도, $\alpha \leftrightarrow \beta$ 상변태에 대한 구동력은 존재하고 이로 인해 계면이 움직일 수 있다. 이처럼 완전한 평형 상태를 위해서는 $\alpha \rightarrow \beta$ 상변태에 대한 구동력이 사라져야 한다는 두 번째의 조건이 추가되어야 한다. 이 조건은 식 (2-70)에 의해 다음과 같이 나타내질 수 있다.

$$f^{\beta}(u_{1\beta},u_{2\beta},\dots)-f^{\alpha}(u_{1\alpha},u_{2\alpha},\dots)-\sum_{i=1}^{n-1}(u_{i\beta}-u_{i\alpha})\frac{\partial f^{\alpha}(u_{1\alpha},u_{2\alpha},\dots)}{\partial u_i}=0 \tag{2-72}$$

(앞의 식 (2-58), (2-59) 및 (2-63)과 같이 상변태의 구동력은 용질 원자가 모상과 변태상 중에서 어느 쪽으로 밀려나가느냐에 따라 달라진다. 그러나 식 (2-71)과 같이 변태상과 모상에서의 확산 퍼텐셜이 같은 경우에는 식 (2-58), (2-59) 및 (2-63)은 동일해진다. 즉, 평형 상태를 다루는 한, 상변태의 구동력으로서 식 (2-58), (2-59) 및 (2-63) 중 어느 것을 사용해도 문제가 되지 않는다. 본 절에서는 식 (2-58)을 택한다.) 두 상이 공존하는 계에서의 화학적 평형 상태는 식 (2-71)과 (2-72)에 의해 결정된다. 두 식이 만족되면 계는 자유 에너지가 최소인 상태에 놓인다.

평형 조건 (2-71)과 (2-72)의 의미를 더 잘 이해하기 위해, 가장 간단한 상황을 먼저 살펴본다. 한 종류의 용질 원소만 존재하는 2성분계 합금을 고려해 보자. α상과 β상에서의 용질 농도를 각각 u_{α}와 u_{β}라 하면, 2성분계 합금에 대한 평형 조건은 다음과 같다.

$$\frac{df^{\alpha}(u_{\alpha})}{du} = \frac{df^{\beta}(u_{\beta})}{du} = \text{const} \tag{2-73}$$

$$f^{\beta}(u_{\beta}) - f^{\alpha}(u_{\alpha}) - (u_{\beta} - u_{\alpha})\frac{df^{\alpha}(u_{\alpha})}{du} = 0 \tag{2-74}$$

해석적 형태든 데이터베이스 형태든 농도의 함수로써 f^{α}와 f^{β}의 구체적인 형태가 주어지면, 위의 두 식으로부터 두 개의 미지수 u_{α}와 u_{β}가 결정될 수 있다. 그 값들이 바로 상태도 상에서 tie line의 양 끝의 두 점에 대응된다. 식 (2-73)과 (2-74)는 다음과 같이 잘 알려진 형태로 표현될 수 있다.

$$\frac{df^{\beta}(u_{\beta})}{du} = \frac{df^{\alpha}(u_{\alpha})}{du} = \frac{f^{\beta}(u_{\beta}) - f^{\alpha}(u_{\alpha})}{u_{\beta} - u_{\alpha}} \tag{2-75}$$

f^{α}와 f^{β}를 세로축으로 하여, 농도에 따른 자유 에너지의 변화를 그림으로 나타내면, 식 (2-75)의 첫 번째와 두 번째 항은 각각 f^{α} 곡선과 f^{β} 곡선에 대한 접선의 기울기이다. 식 (2-75)의 마지막 항은 두 접점을 서로 연결한 직선의 기울기이다. 따라서 식 (2-75)는 잘 알려진 '공통접선 규칙(common tangent rule)'이라 불리는 다음의 기하학적 의미로 해석될 수 있다: 평형 상태에서는 f^{α}와 f^{β}에 대한 두 접선이 서로 완전히 중첩되어 공통접선이 되어야 한다.

문제

2성분계 합금에서 용질 농도가 u_{α}인 α상이 주어져 있다. 이로부터 농도 u_{β}인 β상의 핵이 생성될 때, 열역학적 구동력이 음의 값으로 되는 u_{β}의 조성 범위를 기하학적인 방법으로 구하라. 또한, 구동력이 최대로 되는 u_{β}의 값은 식 (2-73)에 의해 결정됨을 보여라.

이제 3성분계 합금에서 α상과 β상 사이의 평형을 고려해 보자. α상에서의 용질 농도를 $u_{1\alpha}$와 $u_{2\alpha}$로, β상에서의 용질 농도를 $u_{1\beta}$와 $u_{2\beta}$로 표시하기로 한다. 그러면 식 (2-71)과 (2-72)로부터 다음의 평형 조건이 얻어진다.

$$\frac{\partial f^{\alpha}(u_{1\alpha}, u_{2\alpha})}{\partial u_1} = \frac{\partial f^{\beta}(u_{1\beta}, u_{2\beta})}{\partial u_1} = (\text{const}) \tag{2-76}$$

$$\frac{\partial f^{\alpha}(u_{1\alpha}, u_{2\alpha})}{\partial u_2} = \frac{\partial f^{\beta}(u_{1\beta}, u_{2\beta})}{\partial u_2} = (\text{const}) \tag{2-77}$$

$$f^{\beta}(u_{1\beta}, u_{2\beta}) - f^{\alpha}(u_{1\alpha}, u_{2\alpha}) - (u_{1\beta} - u_{1\alpha})\frac{\partial f^{\alpha}}{\partial u_1} - (u_{2\beta} - u_{2\alpha})\frac{\partial f^{\alpha}}{\partial u_2} = 0 \tag{2-78}$$

앞의 세 식이 2상 3성분계 합금의 평형 상태를 규정하는 조건이다. 그런데 결정되지 않은 미지수는 4개의 농도 $u_{1\alpha}$, $u_{2\alpha}$, $u_{1\beta}$ 및 $u_{2\beta}$이다. 3개의 조건식으로부터 4개의 미지 농도 조합이 일의적으로 결정될 수는 없다. 다만 3개의 조건식을 만족하는 무수히 많은 농도 조합들이 존재할 뿐이다. 실제 3성분계 상태도도 그렇다. 3성분계 상태도의 등온 단면에는 무한히 많은 tie line이 존재한다(이러한 성질은 Gibbs의 상률(phase rule)로부터 예측되는 당연한 결과이다). 각 상에서의 평형 농도의 조합을 일의적으로 결정하기 위해서는 하나의 부가 조건이 더 요구된다. 대표적인 부가 조건은 합금 전체에서 각 원소의 평균 농도이다. 평균 농도 $\overline{u}_1$과 $\overline{u}_2$는 다음으로 주어진다.

$$\overline{u}_1 = g_\alpha u_{1\alpha} + (1 - g_\alpha) u_{1\beta} \tag{2-79}$$

$$\overline{u}_2 = g_\alpha u_{2\alpha} + (1 - g_\alpha) u_{2\beta} \tag{2-80}$$

여기서 g_α는 α상의 부피 분율이다. 따라서 평균 농도 $\overline{u}_1$과 $\overline{u}_2$가 주어져 있다는 것은 결정해야할 독립변수로서 4개의 농도 $u_{1\alpha}$, $u_{2\alpha}$, $u_{1\beta}$, $u_{2\beta}$ 이외에 g_α 하나가 더 추가되어야 함을 의미한다. 그러면 결국 상황은 식 (2-76)~(2-80)이라는 5개의 식으로부터 5개의 독립변수 해를 구하는 문제로 되고, 따라서 그 해는 일의적으로 결정될 수 있다.

마지막으로 α, β, γ, δ, $\cdots$ 으로 표시된 p개의 상이 공존하고 1, 2, 3, $\cdots$으로 표시된 $n-1$ 종류의 용질 원소를 포함하는 일반적인 다상 다성분계 합금의 평형 조건을 고려해 보자. 평형을 위한 첫 번째 필요 조건은 임의의 용질 원소의 확산 퍼텐셜이 모든 상에서 서로 같아서 확산이 일어나지 않아야 한다는 것이다:

$$\frac{\partial f^\alpha}{\partial u_i} = \frac{\partial f^\beta}{\partial u_i} = \frac{\partial f^\gamma}{\partial u_i} = \cdots \text{ (const) for } i = 1, 2, \cdots, n-1 \tag{2-81}$$

두 번째 조건은 계에 존재하는 임의의 어느 두 상 사이에서도 상변태에 대한 구동력이 사라져야 한다는 것이다:

$$\begin{aligned}
&f^\beta(u_{1\beta}, u_{2\beta}, \ldots) - f^\alpha(u_{1\alpha}, u_{2\alpha}, \ldots) - \sum_{i=1}^{n-1} (u_{i\beta} - u_{i\alpha}) \frac{\partial f^\alpha}{\partial u_i} = 0 \\
&f^\gamma(u_{1\gamma}, u_{2\gamma}, \ldots) - f^\alpha(u_{1\alpha}, u_{2\alpha}, \ldots) - \sum_{i=1}^{n-1} (u_{i\gamma} - u_{i\alpha}) \frac{\partial f^\alpha}{\partial u_i} = 0 \\
&f^\delta(u_{1\delta}, u_{2\delta}, \ldots) - f^\alpha(u_{1\alpha}, u_{2\alpha}, \ldots) - \sum_{i=1}^{n-1} (u_{i\delta} - u_{i\alpha}) \frac{\partial f^\alpha}{\partial u_i} = 0 \\
&\cdots
\end{aligned} \tag{2-82}$$

식 (2-82)에서는 임의의 상과 α상 사이의 상변태 구동력만 고려된 것처럼 보이지만, 그렇지 않다. 식 (2-82)가 만족되면, 어느 두 상 사이에서도 그 상변태에 대한 구동력이 자동적으로 사라진다. 예를 들어 $\beta \leftrightarrow \alpha$ 변태의 구동력과 $\gamma \leftrightarrow \alpha$ 변태의 구동력이 사라지면 $\beta \leftrightarrow \gamma$ 변태의 구동력도 사라진다. 식 (2-81)과 (2-82)의 평형 조건으로부터 등온 등압 계의 상률 $(p+f=n)$이 다음과 같이 유도된다(여기서 p는 공존하는 상의 개수, f는 자유도, n은 용매 원소를 포함한 성분의 개수이다). p개의 상과 n개의 원소가 존재하는 계에서는 독립변수로서 $p(n-1)$개의 농도가 있다. 평형 상태에서 확산의 구동력이 사라져야 한다는 식 (2-81)로부터 $(p-1)(n-1)$ 개의 구속조건이 가해지고, 공존하는 상 사이의 상변화가 일어나지 않아야 한다는 식 (2-82)로부터 $(p-1)$개의 구속 조건이 가해진다. 따라서 독립변수 개수와 구속조건 개수의 차이로 정의되는 자유도 f는 다음과 같이 된다.

$$f = p(n-1) - (p-1)(n-1) - (p-1) = n - p \tag{2-83}$$

이것이 바로 등온 등압 계의 상률 $p+f=n$이다.

평형 상태에 놓여있는 계가 0이 아닌 자유도를 가지고 있다면, 이는 각 상에서의 평형 농도가 일의적으로 결정될 수 없다는 것을 의미한다. 그렇다면 어느 경우에 평형 농도가 일의적으로 결정될 수 있는가? 대표적인 경우는 각 성분에 대해 계 전체의 평균 농도 $\overline{u}_i$가 주어질 때이다. 평균 농도는 다음과 같이 나타내질 수 있다.

$$\begin{aligned}
\overline{u}_1 &= g_\alpha u_{1\alpha} + g_\beta u_{1\beta} + g_\gamma u_{1\gamma} + \dots \\
\overline{u}_2 &= g_\alpha u_{2\alpha} + g_\beta u_{2\beta} + g_\gamma u_{2\gamma} + \dots \\
\overline{u}_3 &= g_\alpha u_{3\alpha} + g_\beta u_{3\beta} + g_\gamma u_{3\gamma} + \dots \\
&\dots
\end{aligned} \tag{2-84}$$

여기서 g_α, g_β, $\cdots$ 등은 각 상의 부피 분율을 의미하며, 이들의 총합은 1이 되어야 한다. 이 식은 평균 농도에 대한 $(n-1)$개의 구속 조건을 줌과 동시에, g_α, g_β, g_γ, $\cdots$ 등에 대응하는 $(p-1)$개의 새로운 독립변수를 만들어 낸다. 이로 인해 자유도는

$$(p-1) - (n-1) = p - n \tag{2-85}$$

만큼 변하게 된다. 이러한 자유도의 변화는 식 (2-83)으로 주어지는 자유도 $(n-p)$를 정확하게 상쇄시켜서 최종적인 자유도를 사라지게 만든다. 이는 계 전체의 평균 조성이 주어지면 각 상 마다 각 원소의 평형 농도들이 일의적으로 결정될 수 있다는 것을 의미한다.

2) 평형에 대한 계면 곡률의 효과

서로 다른 두 상이 만나는 경계를 상 경계(interphase boundary) 또는 더 간단히 계면(interface)이라고 부른다. 계면에서는 원자 배열이 한쪽 상의 배열로부터 다른 쪽 상의 배열로 급격히 변한다. 따라서 계면 내에 존재하는 원자들은 각 상의 내부에 있는 원자들에 비해 더 높은 에너지 상태에 놓여 있다. 이처럼 두 개 이상의 상이 공존하는 계의 평형을 살펴보기 위해서는 두 상 사이의 계면이 존재하는 데 따른 에너지의 상승이 고려되어야만 한다. 실제 계면은 유한한 두께를 가진 물리적 실체이다. 그럼에도 불구하고 Gibbs는 유한한 두께의 계면이 가지고 있는 과잉 물리량을 두께가 없는 가상적인 면에 투영시킴으로써, 계면을 2차원적인 면으로 취급하였다. 이러한 접근 방법을 sharp interface approach라고 부르며, 두께가 없는 가상적인 면을 계면이라고 정의한다. 또한, 계 내부의 원소 몰 수와 온도 및 압력이 일정한 상태에서, 계면의 면적 A를 증가시킬 때 자유 에너지 G가 증가하는 비율이 계면 에너지로 정의된다:

$$\sigma = \left(\frac{\delta G}{\delta A}\right)_{N_1, N_2, \ldots, T, P} \tag{2-86}$$

α상 기지에 β상 입자가 평형을 이루고 있는 계가 있다. 미소 부피 $\delta\Omega$ 만큼 β상의 부피가 늘어나고, 동일한 부피의 α가 사라진 경우를 고려해 보자. 이 과정에 대해 단위 부피당 자유 에너지의 변화량 $\delta G/\delta\Omega \equiv \Delta f_p$, 즉 $\alpha \rightarrow \beta$ 상변태의 구동력은 식 (2-58)의 유도와 동일한 과정을 따라서 다음으로 얻어질 수 있다.

$$\Delta f_p = f^{\beta}(u_\beta) - f^{\alpha}(u_\alpha) - (u_\beta - u_\alpha)\frac{df^{\alpha}(u_\alpha)}{du} + \sigma\frac{\delta A}{\delta\Omega} \tag{2-87}$$

마지막 항이 β상의 부피 변화에 따른 계면의 총 에너지 변화인 $\delta G_{\text{int}}/\delta\Omega = \delta(\sigma A)/\delta\Omega = \sigma\delta A/\delta\Omega$이다(여기서는 계면 에너지가 계면의 모든 위치에서 동일한 값을 갖는다고 가정하였다). $\delta A/\delta\Omega$는 곡률 κ로 정의되며, β가 반지름이 R인 3차원의 구형 입자라면 $\kappa = 2/R$가 되며, 원통형 입자의 경우(2차원의 원에 대응) $\kappa = 1/R$가 된다. 평형 상태에서는 상변태의 구동력과 확산의 구동력이 모두 사라지기 때문에 다음이 성립해야 한다.

$$f^{\beta}(u_\beta) - f^{\alpha}(u_\alpha) - (u_\beta - u_\alpha)\frac{df^{\alpha}(u_\alpha)}{du} + \sigma\kappa = 0 \tag{2-88}$$

$$\frac{\partial f^{\alpha}(u_\alpha)}{\partial u} = \frac{\partial f^{\beta}(u_\beta)}{\partial u} = \text{const} \tag{2-89}$$

계면 에너지 σ의 농도 의존성을 무시한다면 위의 두 식은 다음과 같이 변형될 수 있다.

$$\frac{\partial(f^{\beta}+\sigma\kappa)}{\partial u_{\beta}}=\frac{\partial f^{\alpha}}{\partial u_{\alpha}}=\frac{\left(f^{\beta}(u_{\beta})+\sigma\kappa\right)-f^{\alpha}(u_{\alpha})}{u_{\beta}-u_{\alpha}} \tag{2-90}$$

이 결과는 β상의 자유 에너지f^{β}를 $f^{\beta}+\sigma\kappa$로 대체했을 때의 평형 조건으로 볼 수 있다. 물론 식 (2-88)과 (2-89)를 다음과 같이 변형시킬 수도 있다.

$$\frac{\partial f^{\beta}}{\partial u_{\beta}}=\frac{\partial(f^{\alpha}-\sigma\kappa)}{\partial u_{\alpha}}=\frac{f^{\beta}(u_{\beta})-\left(f^{\alpha}(u_{\alpha})-\sigma\kappa\right)}{u_{\beta}-u_{\alpha}} \tag{2-91}$$

이 결과는 α상의 자유 에너지를 f^{β}를 $f^{\beta}-\sigma\kappa$로 대체했을 때의 평형 조건으로 볼 수 있다. 식 (2-90)과 (2-91)에서 볼 수 있듯이, 계면 곡률 κ의 β상 입자가 α 기지상과 평형을 이루고 있다면, 입자의 곡률 효과는 다음의 두 가지 방식으로 해석될 수 있다: i) β상의 자유 에너지 밀도가 $\sigma\kappa$만큼 상승하는 반면, α상의 자유 에너지 밀도는 변하지 않는다. ii) α상의 자유 에너지 밀도가 $\sigma\kappa$만큼 하강하는 반면, β상의 자유 에너지 밀도는 변하지 않는다. 왜 이런 상이한 해석이 가능한가? 그 이유는 κ가 볼록한 β상의 곡률 반경으로 정의되었기 때문이다. α 기지상의 입장에서 보면 계면은 오목하며 그 곡률반경은 $-\kappa$가 된다. 그러나 둘 중 어느 쪽으로 해석하든 열역학적인 차이가 없으며, 두 상의 평형 농도는 어느 경우든 동일하다. 그러나 대부분의 문헌은 첫 번째의 해석을 선호하고 있다.

만약 α상과 β상 사이의 계면이 $\kappa=0$(즉, $R=\infty$)인 평면이라면, 식 (2-90)과 식 (2-91)은 곡률 효과가 무시될 때의 평형 조건인 식 (2-75)로 돌아간다. 따라서 식 (2-90)과 식 (2-91)은 식 (2-75)의 경우와 유사한 공통 접선의 규칙으로 해석될 수 있다. 즉, 먼저 f^{α}와 f^{β}를 세로축으로 하여 농도에 따른 자유 에너지의 변화를 그림으로 나타낸다. 그 다음, f^{β} 곡선을 $\sigma\kappa$만큼 상승시키고 이 곡선과 f^{α} 곡선 사이의 공통 접선을 그리면, 두 접점에서의 농도가 평형 농도로 된다. 물론 f^{α} 곡선을 $\sigma\kappa$만큼 아래로 이동시키고, 이 곡선과 f^{β} 곡선과의 공통 접점을 구해도 앞의 경우와 동일한 평형 농도가 얻어진다.

두 상의 자유 에너지가 농도의 함수로서 주어져 있을 때, 입자상과 기지상의 평형 조성은 식 (2-90) 또는 (2-91)의 해를 구함으로써 얻어진다. 그러나 재료과학에서 나타나는 대부분의 경우에서, 평형 조성 자체보다는 곡률 효과가 각 상의 평형 조성을 얼마나 이동시키는가라는 문제가 더 중요하다. 본 절에서는 이에 대해 설명한다. 우선 곡률 효과가 없는 경우에 대해 α상과 β상의 평형 농도를 각각 u_{α}^{e}와 u_{β}^{e}로 나타낸다. 곡률 효과가 없다는 것은 $\kappa=0$, 즉 $R=\infty$인 경우로 두 상 사이의 계면이 평면임을 의미한다. 이때의 평형 조건은 식 (2-88)과 (2-89)를 따라 다음과 같이 주어진다.

$$f^{\beta}(u_{\beta}^{e})-f^{\alpha}(u_{\alpha}^{e})-(u_{\beta}^{e}-u_{\alpha}^{e})\frac{df^{\alpha}(u_{\alpha}^{e})}{du}=0 \tag{2-92}$$

$$\frac{df^{\alpha}(u_{\alpha}^{e})}{du} = \frac{df^{\beta}(u_{\beta}^{e})}{du} \tag{2-93}$$

이제 β상이 곡률 κ인 구형 입자로 존재할 때 α상과 β상의 평형 농도를 각각 u_{α}^{κ}와 u_{β}^{κ}로 나타낸다. 이때의 평형 조건은 다음과 같다.

$$f^{\beta}(u_{\beta}^{\kappa}) - f^{\alpha}(u_{\alpha}^{\kappa}) - (u_{\beta}^{\kappa} - u_{\alpha}^{\kappa})\frac{df^{\alpha}(u_{\alpha}^{\kappa})}{du} + \sigma\kappa = 0 \tag{2-94}$$

$$\frac{df^{\alpha}(u_{\alpha}^{\kappa})}{du} = \frac{df^{\beta}(u_{\beta}^{\kappa})}{du} \tag{2-95}$$

β상의 크기가 개략적으로 나노미터 스케일보다 더 크다면, 곡률 효과에 의한 평형 농도의 변화 정도는 평형 농도 그 자체의 크기에 비해 충분히 작다. 다시 말해서, u_{α}^{κ}와 u_{β}^{κ}는 각각 u_{α}^{e}와 u_{β}^{e} 근방의 값을 갖는다. 따라서 식 (2-94)와 (2-95)에 있는 자유 에너지와 그 미분 값을 평면 계면에서의 평형 농도를 중심으로 1차 근사 전개할 수 있다:

$$f^{p}(u_{p}^{\kappa}) \simeq f^{p}(u_{p}^{e}) + \frac{df^{p}(u_{p}^{e})}{du}(u_{p}^{k} - u_{p}^{e}) \tag{2-96}$$

$$\frac{df^{p}(u_{p}^{\kappa})}{du} \simeq \frac{df^{p}(u_{p}^{e})}{du} + \frac{d^{2}f^{p}(u_{p}^{e})}{du^{2}}(u_{p}^{k} - u_{p}^{e}) \tag{2-97}$$

여기서 아래첨자 p는 α 또는 β를 의미한다. 식 (2-96)을 식 (2-94)에 대입하면

$$\begin{aligned}\left(f^{\beta}(u_{\beta}^{e}) + \frac{df^{\beta}(u_{\beta}^{e})}{du}(u_{\beta}^{\kappa} - u_{\beta}^{e})\right) - \left(f^{\alpha}(u_{\alpha}^{e}) + \frac{df^{\alpha}(u_{\alpha}^{e})}{du}(u_{\alpha}^{\kappa} - u_{\alpha}^{e})\right)\\ - (u_{\beta}^{\kappa} - u_{\alpha}^{\kappa})\frac{df^{\alpha}(u_{\alpha}^{\kappa})}{du} + \sigma\kappa = 0\end{aligned} \tag{2-98}$$

이 식에서 식 (2-92)를 이용하여 $f^{\beta}(u_{\beta}^{e}) - f^{\alpha}(u_{\alpha}^{e})$를 소거하면

$$\begin{aligned}\frac{df^{\alpha}(u_{\alpha}^{e})}{du}(u_{\beta}^{e} - u_{\alpha}^{e}) + \frac{df^{\beta}(u_{\beta}^{e})}{du}(u_{\beta}^{\kappa} - u_{\beta}^{e}) - \frac{df^{\alpha}(u_{\alpha}^{e})}{du}(u_{\alpha}^{\kappa} - u_{\alpha}^{e})\\ - (u_{\beta}^{\kappa} - u_{\alpha}^{\kappa})\frac{df^{\alpha}(u_{\alpha}^{\kappa})}{du} + \sigma\kappa = 0\end{aligned} \tag{2-99}$$

여기에 식 (2-93)과 (2-95)를 적용하고, $u_{\beta}^{\kappa} - u_{\alpha}^{\kappa} \simeq u_{\beta}^{e} - u_{\alpha}^{e}$의 근사를 감안하면, 곡률 효과가 있을 때와 없을 때의 확산 퍼텐셜 차이가 다음으로 구해진다.

$$\frac{df^{\beta}(u_{\beta}^{\kappa})}{du}-\frac{df^{\beta}(u_{\beta}^{e})}{du}=\frac{\sigma\kappa}{u_{\beta}^{e}-u_{\alpha}^{e}} \quad \text{and} \quad \frac{df^{\alpha}(u_{\alpha}^{\kappa})}{du}-\frac{df^{\alpha}(u_{\alpha}^{e})}{du}=\frac{\sigma\kappa}{u_{\beta}^{e}-u_{\alpha}^{e}} \tag{2-100}$$

다시 식 (2-97)의 근사를 이용하면 곡률 효과에 의한 평형 농도의 변화가 직접적으로 주어지는 다음의 식을 얻을 수 있다.

$$\begin{aligned}(u_{\beta}^{\kappa}-u_{\beta}^{e})&=\frac{\sigma\kappa}{(u_{\beta}^{e}-u_{\alpha}^{e})\left(d^2f^{\beta}(u_{\beta}^{e})/du^2\right)} \quad \text{and}\\ (u_{\alpha}^{\kappa}-u_{\alpha}^{e})&=\frac{\sigma\kappa}{(u_{\beta}^{e}-u_{\alpha}^{e})\left(d^2f^{\alpha}(u_{\alpha}^{e})/du^2\right)}\end{aligned} \tag{2-101}$$

이 식이 2성분계 합금에 대한 일반화된 Gibbs-Thomson 방정식이다. 이것은 합금의 열역학적 특성에 무관에게 일반적으로 적용될 수 있는 중요한 식이다.

만약 합금계가 희석 이상 용액(dilute ideal solution)이라면 확산 퍼텐셜은 다음으로 주어진다.

$$\frac{df^{p}(u_p)}{du}\simeq E_p+\frac{R_gT}{v_m}\ln u_p \tag{2-102}$$

여기서 R_g는 기체상수이고 T는 균일하다고 가정한 계의 온도이다. 또한, E_p는 농도에 무관한 상수이다. 이를 식 (2-100)에 대입하면 곡률 효과에 의한 평형 농도의 변화가 얻어진다:

$$u_{\beta}^{\kappa}=u_{\beta}^{e}\exp\left(\frac{v_m\sigma\kappa}{R_gT(u_{\beta}^{e}-u_{\alpha}^{e})}\right) \quad \text{and} \quad u_{\alpha}^{\kappa}=u_{\alpha}^{e}\exp\left(\frac{v_m\sigma\kappa}{R_gT(u_{\beta}^{e}-u_{\alpha}^{e})}\right) \tag{2-103}$$

일반적으로 u_p^{κ}가 u_p^{e}에 대단히 가깝기 때문에 지수 안의 값은 0에 가까워야 한다. 따라서 지수를 1차 근사 전개하면 평형 농도는 다음으로 나타내질 수 있다.

$$u_{\beta}^{\kappa}=u_{\beta}^{e}\left(1+\frac{v_m\sigma\kappa}{R_gT(u_{\beta}^{e}-u_{\alpha}^{e})}\right) \quad \text{and} \quad u_{\alpha}^{\kappa}=u_{\alpha}^{e}\left(1+\frac{v_m\sigma\kappa}{R_gT(u_{\beta}^{e}-u_{\alpha}^{e})}\right) \tag{2-104}$$

물론 식 (2-104)는, 식 (2-102)를 한 번 더 미분하고 그 결과를 식 (2-101)에 대입하여 얻어질 수도 있다. 이상 용액이 아닌 희석 용액의 경우에도 식 (2-104)와 동일한 결과가 나타난다. 식 (2-104) 역시 Gibbs-Thomson 방정식으로 불리며, 여러 형태의 Gibbs-Thomson 방정식 중에서 소결, 석출 및 입자 조대화(Ostwald ripening) 등의 문제를 다룰 때 가장 널리 이용되고 있다.

이상에서처럼, 계면의 곡률 효과는 각 상의 평형 농도를 변화시킨다. 이는 곡률 효과에 의해 평형 상태도에서 각 경계선들의 위치가 변한다는 것을 의미하며, 그 결과로써 평형 온도의 변화가 뒤따른다. 평형 온도의 변화라는 입장에서 곡률 효과를 표현하는 방식은 응고와 관련된 분야에서 오랫동안 널리 애용되어 왔다. 그 표현 방식은 식 (2-104)로부터 다음과 같이 얻어진다. 아래의 Fig. 2-8은 2성분계 희석 합금의 상태도이다.

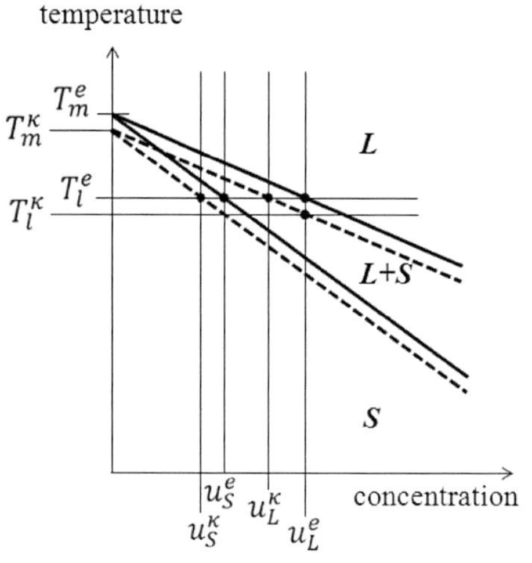

[Fig. 2-8] 2성분계 희석 합금의 상태도. 각 기호들의 의미는 본문에 설명되어 있다

액상선과 고상선은 모두 기울기가 일정한 직선으로 나타나며, 어느 온도에서든 고상에서의 평형 농도 u_S^e와 액상에서의 평형 농도 u_L^e의 비율이 일정하게 유지된다. 그 비율인 $k = u_S^e/u_L^e$을 분배 계수(partition coefficient)라고 부른다. 액상선의 기울기를 $|m_l|$로 표기하자. 용질 농도 u_L^e에 대응하는 액상선 온도 T_l^e은

$$T_l^e = T_m^e - |m_l|(1-k)u_L^e \tag{2-105}$$

로 주어진다. 여기서 T_m^e은 순수한 용매의 용융 온도이다. 이 식은 계면 효과가 무시되는 평면 고/액 계면의 평형 상태에서 성립한다. 이제 액상 $L(=\alpha)$과 곡률 κ의 고상 $S(=\beta)$ 입자가 서로 평형을 이루고 있을 때를 생각해 보자. 이때는 식 (2-104)에 따라 액상과 고상의 평형 농도가 변하며, Fig. 2-8에 나타낸 것처럼, 이는 액상선과 고상선의 위치를 왼쪽으로 이동시킨다($u_\beta^e = u_S^e < u_L^e = u_\alpha^e$임에 주의할 것). 이는 식 (2-104)에 따라 주어진 조성의 합금에 대한 액상선 온도와 고상선 온도를 δT_l만큼 아래쪽으로 하강시키는 결과를 낳는다:

$$\delta T_l = |m_l|\delta u_L = |m_l|(u_L^\kappa - u_L^e) = |m_l|\frac{v_m\sigma\kappa}{R_g T_m^e}\frac{u_L^e}{(u_S^e - u_L^e)} = -\frac{v_m|m_l|\sigma\kappa}{R_g T_m^e(1-k)} \tag{2-106}$$

따라서 새로운 액상선의 온도 T_L^κ는 다음과 같이 변한다.

$$T_l^\kappa = T_l^e + \delta T_l = T_l^e - |m_l| u_L^e - \frac{v_m |m_l| \sigma\kappa}{R_g T_m^e (1-k)} \tag{2-107}$$

희석 합금에 대해 다음과 같은 van't Hoff 식이 성립한다.

$$\frac{v_m |m_l|}{R_g T_m^e (1-k)} = \frac{T_m^e}{\Delta H_f} \tag{2-108}$$

식 (2-108)을 식 (2-107)에 대입하면 액상선 온도의 변화에 대한 최종 식이 얻어진다:

$$T_l^\kappa = T_l^e - |m_l| u_L^e - \frac{T_m^e \sigma\kappa}{\Delta H_f} \tag{2-109}$$

식 (2-109)도 Gibbs-Thomson 방정식으로 불리며, 합금의 응고를 다룰 때 가장 많이 등장하는 형태이다.

지금까지 2성분계 합금의 평형에 대한 곡률 효과를 공부했다. 이제 2성분계보다 더 단순한 1성분계 합금(즉 순물질)의 경우와 반대로 더 복잡한 다성분계 합금의 경우를 살펴본다. 먼저 순물질의 경우를 보자. 순물질에서는 평형에 대한 곡률 효과가 직접적으로 계산될 수 있다. 순물질은 $u_\alpha \to 0$과 $u_\beta \to 0$인 경우에 대응하며, 식 (2-88)은

$$f^\beta(0) - f^\alpha(0) + \sigma\kappa = 0 \tag{2-110}$$

가 된다. 예를 들어 β를 고상, α를 액상이라고 한다면, 순물질에서 고상과 액상의 자유 에너지 차이는 $(\Delta H_f / T_m^e)(T_m^e - T)$로 주어진다(여기서 ΔH_f는 응고잠열, T_m은 평형 용융 온도, T는 계의 온도이다). 이를 식 (2-110)에 대입하면 다음과 같은 평형 조건이 얻어진다.

$$T = T_m^e - \frac{\sigma T_m}{\Delta H_f}\kappa \equiv T_m^\kappa \tag{2-111}$$

식 (2-111)도 Gibbs-Thomson 방정식으로 불리고 있으며, 순수한 물질의 응고와 관련된 문제에서 자주 등장한다.

마지막으로 $n-1$개의 용질 원소를 가지고 있는 다성분계 합금에서 평형에 대한 곡률 효과를 살펴본다. 곡률 효과가 없는 평면 계면의 경우에 대해 α상과 β상에서 성분 i의 평형 농도를 각각 $u_{i\alpha}^e$와 $u_{i\beta}^e$로 나타낸다. 곡률 효과가 없을 때의 평형 조건은 식 (2-71)과 (2-72)를 따라 다음과 같이 주어진다.

$$\frac{\partial f^\alpha(u_{1\alpha}^e, u_{2\alpha}^e, \cdots)}{\partial u_i} = \frac{\partial f^\beta(u_{1\beta}^e, u_{2\beta}^e, \cdots)}{\partial u_i} \quad \text{for } i = 1, 2, \ldots, n-1 \tag{2-112}$$

$$f^{\beta}(u_{1\beta}^{e}, u_{2\beta}^{e}, \ldots) - f^{\alpha}(u_{1\alpha}^{e}, u_{2\alpha}^{e}, \ldots) - \sum_{i=1}^{n-1}(u_{i\beta}^{e} - u_{i\alpha}^{e})\frac{\partial f^{\alpha}(u_{1\alpha}^{e}, u_{2\alpha}^{e}, \ldots)}{\partial u_i} = 0 \qquad (2\text{-}113)$$

이제 β상이 곡률 κ인 구형 입자로 존재할 때 α상과 β상의 평형 농도를 각각 $u_{i\alpha}^{\kappa}$와 $u_{i\beta}^{\kappa}$로 나타낸다. 이때의 평형 조건은 다음과 같다.

$$\frac{\partial f^{\alpha}(u_{1\alpha}^{\kappa}, u_{2\alpha}^{\kappa}, \ldots)}{\partial u_i} = \frac{\partial f^{\beta}(u_{1\beta}^{\kappa}, u_{2\beta}^{\kappa}, \ldots)}{\partial u_i} \quad \text{for } i = 1,\ 2,\ \ldots.,\ n-1 \qquad (2\text{-}114)$$

$$f^{\beta}(u_{1\beta}^{\kappa}, u_{2\beta}^{\kappa}, \ldots) - f^{\alpha}(u_{1\alpha}^{\kappa}, u_{2\alpha}^{\kappa}, \ldots) - \sum_{i=1}^{n-1}(u_{i\beta}^{\kappa} - u_{i\alpha}^{\kappa})\frac{\partial f^{\alpha}(u_{1\alpha}^{\kappa}, u_{2\alpha}^{\kappa}, \ldots)}{\partial u_{i\alpha}} + \sigma\kappa = 0 \qquad (2\text{-}115)$$

여기서 다음의 표기를 정한다.

$$f^{p,e} = f^{p}(u_{1p}^{e}, u_{2p}^{e}, \ldots) \quad \text{and} \quad f^{p,\kappa} = f^{p}(u_{1p}^{\kappa}, u_{2p}^{\kappa}, \ldots) \qquad (2\text{-}116)$$

$$f_i^{p,\kappa} \equiv \frac{\partial f^{p,\kappa}}{\partial u_i} \quad \text{and} \quad f_{ij}^{p,\kappa} \equiv \frac{\partial^2 f^{p,\kappa}}{\partial u_i \partial u_j} \qquad (2\text{-}117)$$

입자의 곡률이 극단적으로 크지 않은 한, $u_{ip}^{\kappa}(p=\alpha$ 또는 $p=\beta)$는 u_{ip}^{e} 근방의 값을 갖기 때문에, 곡률 효과에 따른 농도 변화 δu_{ip}는 u_{ip}^{e}에 비해 충분히 작다. 따라서 농도, 자유 에너지, 및 확산 퍼텐셜(= 자유 에너지의 미분) 등은 u_{ip}^{e}값을 중심으로 δu_{ip}에 대해 1차 근사 전개될 수 있다:

$$u_{ip}^{\kappa} = u_{ip}^{e} + \delta u_{ip} \qquad (2\text{-}118)$$

$$f^{p,\kappa} = f^{p,e} + \sum_{i=1}^{n-1}\frac{\partial f^{p,e}}{\partial u_i}\delta u_{ip} \equiv f^{p,e} + \sum_{i=1}^{n-1} f_i^{p,e}\delta u_{ip} \qquad (2\text{-}119)$$

$$\frac{\partial f^{p,\kappa}}{\partial u_i} = \frac{\partial f^{p,e}}{\partial u_i} + \sum_{j=1}^{n-1}\frac{\partial^2 f^{p,e}}{\partial u_i \partial u_j}\delta u_{jp} \equiv \frac{\partial f^{p,e}}{\partial u_i} + \sum_{j=1}^{n-1} f_{ij}^{p,e}\delta u_{jp} \qquad (2\text{-}120)$$

그러면 식 (2-114)와 (2-115)는 각각 다음과 같이 나타내진다.

$$\frac{\partial f^{\alpha,e}}{\partial u_i} + \sum_{j=1}^{n-1} f_{ij}^{\alpha,e}\delta u_{j\alpha} = \frac{\partial f^{\beta,e}}{\partial u_i} + \sum_{j=1}^{n-1} f_{ij}^{\beta,e}\delta u_{j\beta} \quad \text{for } i = 1,\ 2,\ \ldots.,\ n-1 \qquad (2\text{-}121)$$

$$\begin{aligned} & f^{\beta,e}+\sum_{i=1}^{n-1} f_i^{\beta,e}\delta u_{i\beta}-f^{\alpha,e}-\sum_{i=1}^{n-1} f_i^{\alpha,e}\delta u_{i\alpha} \\ & \quad -\sum_{i=1}^{n-1}(u_{i\beta}^e+\delta u_{i\beta}-u_{i\alpha}^e-\delta u_{i\alpha})\left(f_i^{\alpha,e}+\sum_{j=1}^{n-1} f_{ij}^{\alpha,e}\delta u_{j\alpha}\right)+\sigma\kappa=0 \end{aligned} \tag{2-122}$$

식 (2-122)에서 δ에 대한 이차항을 무시하면

$$\begin{aligned} & f^{\beta,e}+\sum_{i=1}^{n-1} f_i^{\beta,e}\delta u_{i\beta}-f^{\alpha,e}-\sum_{i=1}^{n-1} f_i^{\alpha,e}\delta u_{i\alpha}-\sum_{i=1}^{n-1}(u_{i\beta}^e-u_{i\alpha}^e)f_i^{\alpha,e} \\ & \quad -\sum_{i=1}^{n-1}(u_{i\beta}^e-u_{i\alpha}^e)\sum_{j=1}^{n-1} f_{ij}^{\alpha,e}\delta u_{j\alpha}-\sum_{i=1}^{n-1}(\delta u_{i\beta}-\delta u_{i\alpha}^e)f_i^{\alpha,e}+\sigma\kappa=0 \end{aligned} \tag{2-123}$$

로 된다. 평면 계면에 대한 평형 조건인 (2-112)와 (2-113)을 이용하면, 식 (2-121)과 (2-123)은 각각 다음과 같이 된다.

$$\sum_{j=1}^{n-1} f_{ij}^{\alpha,e}\delta u_{j\alpha}=\sum_{j=1}^{n-1} f_{ij}^{\beta,e}\delta u_{j\beta} \quad \text{for } i=1,\ 2,\ \ldots.,\ n-1 \tag{2-124}$$

$$\sum_{i=1}^{n-1}(u_{i\beta}^e-u_{i\alpha}^e)\sum_{j=1}^{n-1} f_{ij}^{\alpha,e}\delta u_{j\alpha}=\sigma\kappa \tag{2-125}$$

식 (2-124)와 (2-125)가 일반화된 다성분 Gibbs-Thomson 방정식이다. 이 식들은 n개의 선형 방정식으로 구성되어 있다(식 (2-124)는 (n-1)개의 식이고 식 (2-125)는 단 1개의 식이다). 이에 비해 미지의 농도 변화 δu_{ip}의 개수는 $2(n-1)$이다. 만약 모든 용질 원자의 평균 농도 $\overline{u}_i$가 미리 정해져 있다면, 평균 농도와 α상의 부피 분율 g_α 사이에 다음의 관계가 성립해야 한다.

$$\overline{u}_i=g_\alpha u_{i\alpha}+(1-g_\alpha)u_{i\beta} \ \text{ for } i=1,2,\ldots.,n-1 \tag{2-126}$$

이제 식 (2-124), (2-125) 및 (2-126)은 $(2n-1)$개의 선형 방정식으로 구성된다. 이 식들을 연립으로 풀면 미지 분율 g_α와 $2(n-1)$개의 미지의 농도 변화 δu_{ip}가 일의적으로 결정될 수 있다.

2성분계의 경우 식 (2-124)와 (2-125)는 다음과 같이 된다.

$$f_{11}^{\alpha,e}\delta u_\alpha=f_{11}^{\beta,e}\delta u_\beta \tag{2-127}$$

$$(u_\beta^e-u_\alpha^e)f_{11}^{\alpha,e}\delta u_\alpha=\sigma\kappa \tag{2-128}$$

따라서 식 (2-128)로부터 다음의 결과가 얻어진다.

$$u_\alpha^\kappa = u_\alpha^e + \delta u_\alpha = u_\alpha^e + \frac{\sigma\kappa}{(u_\beta^e - u_\alpha^e) f_{11}^{\alpha,e}} = u_\alpha^e + \frac{\sigma\kappa}{(u_\beta^e - u_\alpha^e)\left(d^2 f^\alpha (u_\alpha^e)/du^2\right)} \tag{2-129}$$

또한, 식 (2-127)을 식 (2-129)에 대입하면

$$u_\beta^\kappa = u_\beta^e + \delta u_\beta = u_\beta^e + \frac{\sigma\kappa}{(u_\beta^e - u_\alpha^e)\left(d^2 f^\beta (u_\beta^e)/du^2\right)} \tag{2-130}$$

식 (2-129)와 (2-130)은 2성분계 합금에 대해 앞에서 유도한 식 (2-101)과 동일하다.

3) 움직이는 계면의 열역학적 상태

순수한 물이 과랭된 상태로 유지되고 있는 고립계를 생각해 보자. 어느 순간에 얼음의 핵생성이 일어난 후, 충분히 긴 시간이 지나면 이 고립계는 온도가 일정하고 상변화도 일어나지 않는 평형 상태에 도달할 것이다. 평형 상태에서 얼음의 분율과 계의 온도는 초기 과랭도, 얼음과 물의 비열 및 응고 잠열의 크기가 주어지면 결정될 수 있다. 이제 평형에 도달하기 이전의 과정, 즉 물이 얼음으로 얼어가고 있는 비평형 과정을 고려해 보자. 이때 계면 주위에서의 온도 분포를 Fig. 2-9에 나타냈다. 여기서 T_m^e 는 평형 용융 온도이고, $T^S(x)$와 $T^L(x)$는 각각 얼음과 물에서의 온도 분포이다. 응고가 일어나는 과정에서는 거시적인 차원과 미시적인 차원에서 비평형 현상이 일어난다. 거시적인 비평형 현상은 계면에서 방출된 응고 잠열이 계면 주위로 확산해 나가는 과정이며, 미시적인 비평형 현상은 응고 계면의 액상 쪽에 있는 물 분자가 응고 계면의 얼음 쪽으로 도약하는 과정이다. 이때 물/얼음 계면의 온도는 얼마일까? 실제 측정을 해보면, 계면의 이동 속도가 극단적으로 크지 않은 한, 거의 섭씨 0도에 가깝다. 여기서 0도는 물과 얼음이 열역학적 평형을 이루는 온도이다. 이처럼 계 전체는 비평형 상태에 있다할지라도, 두 상이 서로 접촉하고 있는 계면의 열역학적 상태는 평형 상태에 매우 가깝게 유지될 수 있다. 이를 국소 평형(local equilibrium) 상태[9,44]라고 한다. 응고 계면에서 국소 평형이 유지되면, 얼음의 성장 속도는 응고 잠열의 확산 과정에 의해서만 지배된다.

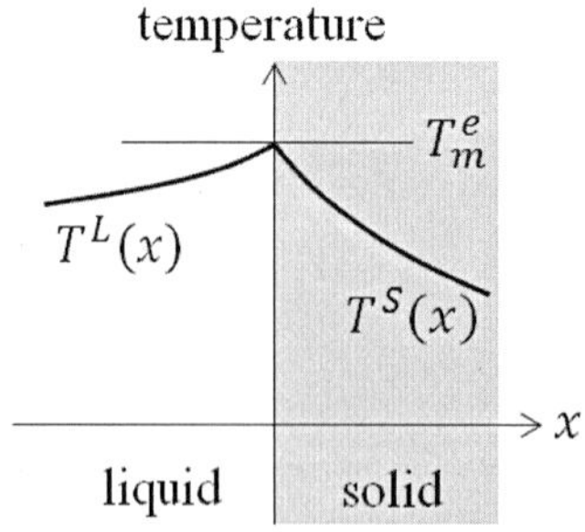

[Fig. 2-9] 과랭된 물에서 얼음이 성장할 때 계면 주위의 온도 분포. 계면에서 국소평형 상태가 유지되는 경우이다

그러나 만약 응고 계면의 온도가 수학적으로 정확하게 평형 온도인 T_m^e 로 유지된다면, 응고 계면의 액상 쪽에서 고상 쪽으로 원자(또는 분자)가 이동할 수 없다. 다시 말해서, 계면에서 원자 또는 분자가 도약하기 위해서는 유한한 크기의 구동력이 응고 계면 자체에 작용해야 한다. 이 상황을 Fig. 2-10의 (a)에 도식적으로 나타냈다. 이 그림에서 응고 계면의 온도 T_i는 평형 온도 T_m^e 로부터 어느 정도 과랭되어 있으며, 이 계면 과랭이 계면에서 고상 쪽의 원자를 액상 쪽으로 도약하게끔 만든다. 이때 원자의 도약 속도, 즉 응고 계면의 이동 속도 v_n은 계면 과랭도 $(T_m^e - T_i)$ 또는 계면 이동의 구동력 $\Delta f_d^i = (T_m^e - T_i)/\Delta H_f$에 비례한다. 여기서 ΔH_f는 응고 잠열이다. 계면의 열역학적 상태가 평형 상태로부터 멀지 않는 한, 원자적 스케일에서 거친 계면(rough interface on atomic scale)에 대해서는 그 비례 관계가 잘 만족되는 것으로 알려져 있으며, 다음의 식으로 나타낼 수 있다.

$$T_m^e - T_i = \beta_k v_n \tag{2-131}$$

또는

$$v_n = m \Delta f_d^i \tag{2-132}$$

계면 속도와 계면 과랭도 사이의 비례 상수인 β_k는 계면 동역학 계수(interface kinetic coefficient)로 불리며, 열역학적 구동력과 계면 속도 사이의 비례 상수인 m은 계면 이동도(interface mobility)라고 불린다. 만약 일정 속도 v_n으로 움직이고 있는 계면에서 $\beta_k = 0$ 또는 $m \to \infty$ 라면, $T_i = T_m^e$ 또는 $\Delta f_d^i = 0$가 성립하며, 이 경우가 바로 국소 평형 상태이다.

이상에서는 계면에서 고상 쪽의 온도 T_i^S와 계면에서 액상 쪽의 온도 T_i^L의 온도가 같다고 가정하였다(즉, $T_i^S = T_i^L \equiv T_i$). 그러나 실제 계면에서는 계면 열 저항(interface thermal resistance)이라고 알려진 효과가 존재하며 이로 인해, 계면을 가로지르는 열 유속이 존재하는 한, T_i^S과 T_i^L은 일반적으로 서로 다르게 된다. 그 상황을 Fig 2-10의 (b)에 나타냈다. 둘 사이의 차이 $(T_i^L - T_i^S)$는 계면을 가로지르는 열 유속의 크기에 비례하며, 그 비례 상수를 Kapitza 저항[79, 80, 85]이라고 부른다.

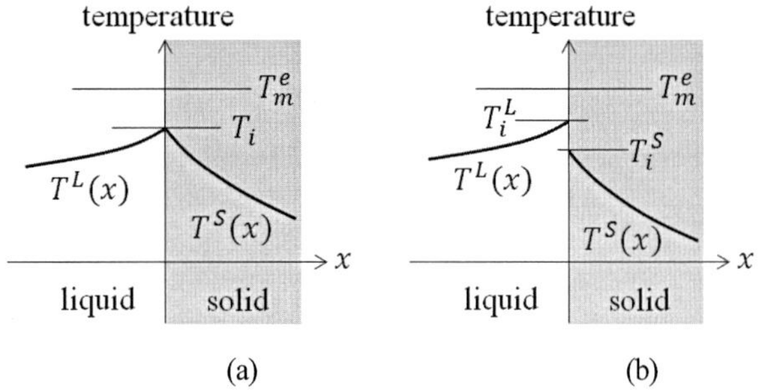

[Fig. 2-10] 계면에서의 원자 도약에 유한한 크기의 구동력이 요구되는 경우에 대한 계면 주위의 온도 분포. (a) 계면 열 저항이 없을 때와 (b) 계면 열 저항이 존재할 때

이상에서 살펴본 바와 같이 순물질의 응고 과정에서는 계면 과랭과 Kapitza 저항이라는 두 가지의 비평형 현상이 응고 계면에서 나타난다. 이러한 비평형 현상의 정도는 응고 계면의 두께가 커질수록 증가한다. 거의 모든 물질에서 응고 계면의 두께는 1 nm 이하로 대단히 얇다. 따라서 고-액 계면에서의 비평형 현상은, 계면 이동 속도가 극단적으로 크지 않은 한, 실용적인 차원에서는 대부분의 경우 무시될 수 있으며, 계면에서는 국소 평형 조건이 비교적 잘 만족된다. 그러나 계면에서의 비평형 현상이 크게 과장돼서 나타나는 경우가 있다. 그것이 바로 이 책의 주제인 phase field 모델이다. Phase field 모델에서는 수치계산의 효율 향상을 위해 계면의 두께 2ξ를 가능한 한 두껍게 만들어주어야 하며, 실용적인 계산에서는 $2\xi \sim 1\ \mu$m를 취하는 경우도 있다. 이 정도의 두께는 실제 계면 두께보다 1,000배 정도 과장된 것이며, 계면에서의 비평형 현상이 심각한 문제로 떠오른다. 따라서 phase field 모델을 이용하여 실제 계면의 거동을 정량적으로 전산모사하기 위해서는 크게 과장된 계면에서의 비평형 현상을 억제 또는 제거하기 위한 특별한 장치들이 필요하다. 이에 대해서는 뒤에서 자세히 설명될 것이다.

계면에서의 비평형 현상은 합금의 상변태에서도 나타난다. 합금에서 확산 상변태가 일어날 때, 계면 내부에서는 모상 쪽으로부터 변태상 쪽으로 원자들이 도약함과 동시에, 용질 원자들의 재분배(solute redistribution 또는 solute partitioning)가 일어나야 한다. 원자들의 도약을 위해서는 계면에서 서로 마주하고 있는 모상과 변태상 사이에 열역학적 구동력이 가해지고 있어야 하며, 용질 재분배를 위해서는 계면 내부에서 용질 원자가 재분배될 수 있는 충분한 시간적 여유가 주어져야 한다. 계면의 이동 속도가 빠를수록, 계면에서의 열역학적 구동력 크기는 증가하고, 용질 재분배를 위한 시간적 여유는 줄어든다. 계면 이동 속도가 충분히 느릴 때는, 계면의 열역학적 구동력이 거의 무시될 수 있고, 용질 재분배도 충분히 일어나서 모상과 변태상의 용질 농도는 평형 농도로 유지된다. 이 상태가 바로 국소 평형 상태이다. 2원계 합금의 α/β 계면에서 국소 평형이 만족되는 경우를 생각해 보자. 2원계 합금의 평형 조건인 식 (2-75)에 따라, 계면에서의 국소 평형 조건은 다음으로 나타내진다.

$$\frac{df^{\beta}(u_{\beta}^{i})}{du} = \frac{df^{\alpha}(u_{\alpha}^{i})}{du} = \frac{f^{\beta}(u_{\beta}^{i}) - f^{\alpha}(u_{\alpha}^{i})}{u_{\beta}^{i} - u_{\alpha}^{i}} \tag{2-133}$$

여기서 용질 농도에 대한 위 첨자 i는 계면에서의 값을 의미한다. 2.1절의 3)항에서 설명했듯이 자유 에너지를 용질 농도로 미분한 것이 바로 확산 퍼텐셜이다. 따라서 식 (2-133)의 첫 번째와 두 번째 항은 각각 계면에서 β상과 α상의 확산 퍼텐셜이다. 마지막 항은 자유 에너지 곡선에 대한 공통 접선의 기울기이며, 이것이 평형 상태에서의 확산 퍼텐셜 $\tilde{\mu}^{e}$에 대응한다. 따라서 국소 평형이 만족될 때, 계면 근처에서 확산 퍼텐셜의 분포 $\tilde{\mu}^{\alpha}(x)$와 $\tilde{\mu}^{\beta}(x)$를 도식적으로 나타내면 Fig. 2-11(a)와 같이 된다.

계면의 이동 속도가 충분히 빨라지면, 용질 재분배를 위한 시간적 여유가 짧아지기 때문에 계면에서 모상과 변태상의 용질 농도는 평형 값으로부터 벗어나기 시작한다. 이와 더불어 계면에서의 열역학적 구동력 크기는 무시할 수 없는 수준으로 커지게 된다. 이러한 상황을 Fig. 2-11의 (b)에 나타냈다. 이 그림에서 $\tilde{\mu}_{i}^{\alpha}$과 $\tilde{\mu}_{i}^{\beta}$는 각각 계면에서 α상과 β상의 확산 퍼텐셜이다. 계면에서 $\tilde{\mu}_{i}^{\alpha}$과 $\tilde{\mu}_{i}^{\beta}$가 서로 달라지는 현상을 확산 퍼텐셜 도약 또는 화학 퍼텐셜 도약(chemical potential jump)이라고 부른다. 이는 계면에서의 용질 재분배가 충분히 일어나지 못할 때 나타나는 것으로, Fig. 2-12에 나타낸 바와 같이, 계면에서 변태상과 모상의 용질 농도 차이 $|u_{\alpha}^{i} - u_{\beta}^{i}|$가 평형 상태에서의 농도 차이인 $|u_{\alpha}^{e} - u_{\beta}^{e}|$ 보다 더 작아지는 현상이다. 이 현상은 계면으로부터 모상 쪽으로 밀려나갔어야 할 용질 원자들의 일부가 고상 쪽으로 포획되기 때문에 나타나며, 따라서 물리적인 측면에서는 용질 포획(solute trapping)이라고 불린다. 일반적으로 계면 이동에 대한 열역학적 구동력 크기 Δf_{d}^{i}와 확산 퍼텐셜 도약의 크기 $\Delta\tilde{\mu}_{i}$ $(=\tilde{\mu}_{i}^{\alpha} - \tilde{\mu}_{i}^{\beta})$는 계면의 이동 속도 v_{n}과 계면을 가로지르는 용질 원자의 유속 J_{B}에 대해 선형적인 관계를 갖는다(언뜻 생각하면 J_{B}와 v_{n}이 서로 비례하기 때문에 둘 중 하나만 고려해도 문제가 없을 것처럼 보인다. 그러나 J_{B}와 v_{n}이 서로 독립적인 경우[85]도 있다). 이 관계는 다음 식으로 나타내질 수 있다[79-82].

$$\Delta f_{d}^{i} = a v_{n} + b J_{B} \tag{2-134}$$

$$\Delta\tilde{\mu}_{i} = c J_{B} + d v_{n} \tag{2-135}$$

여기서 a, b, c 및 d는 비례 상수들이다. 앞서 설명한 순물질 응고의 경우처럼, 합금 상변태의 경우에도 계면에서의 비평형 현상은 계면 두께가 커질수록 심각해진다. 따라서 가상적인 매우 두꺼운 계면을 이용하는 합금 상변태의 phase field 모델에서도 계면에서의 과도한 비평형 현상을 억제하기 위한 특별한 수단들이 요구되며, 이에 대해서도 뒤에서 자세히 설명하겠다.

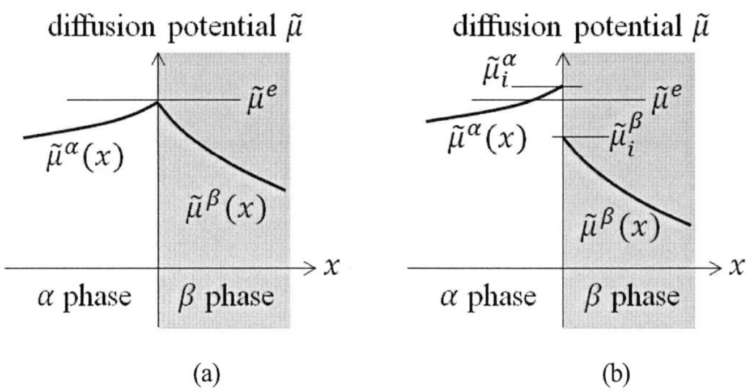

[Fig. 2–11] 합금의 상변태 과정에서 (a) 국소 평형이 만족될 때와 (b) 국소 평형이 만족되지 않을 때, 계면 근처에서 확산 퍼텐셜의 분포

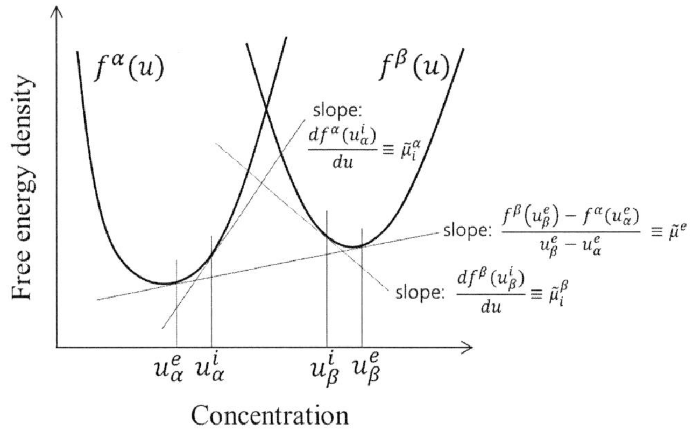

[Fig. 2–12] 계면에서의 용질 재분배가 충분히 일어나지 못할 때, 계면에서 모상 α와 변태상 β의 용질 농도 차이 $|u_\alpha^i - u_\beta^i|$가 평형 상태에서의 농도 차이인 $|u_\alpha^e - u_\beta^e|$ 보다 더 작아지는 현상. 이 현상은 계면으로부터 모상 쪽으로 밀려나갔어야 할 용질 원자들의 일부가 고상 쪽으로 포획되기 때문에 나타나며, 열역학적 측면에서는 계면에서의 화학 퍼텐셜 도약(chemical potential jump)이라고 불리고, 물리적인 측면에서는 용질 포획(solute trapping)이라고 불린다

주어진 합금에서 용질 원소의 확산에 의해 지배되는 상변태가 일어나고 있을 때, 계면에서 국소 평형이 만족되는지의 여부는 상황에 따라 다르다. 국소 평형이 만족되기 위해서는, 계면에서 용질 원소가 재빨리 이동함으로써, 계면에서 서로 접하고 있는 두 상이 평형 조건에 대응하는 용질 농도를 가질 수 있어야 한다. 계면의 두께를 2ξ, 계면 이동 속도를 v_n, 계면에서의 용질 확산 계수를 D_i라 할 때, 용질 원자의 확산 거리는 개략적으로 D_i/v_n이다. 따라서 $2\xi \ll D_i/v_n$가 만족되면, 용질 원자가 계면 두께에 비해 충분히 먼 거리까지 이동가능하며, 이는 계면에서 평형 조건이 만족될 수 있을 만큼 용질 원자에게 충분한 시간적 여유가 주어진다는 것을 의미한다. $P_e \equiv 2\xi v_n/D_i$는 계면 페클레 수(interface Peclet number)라고 불린다. P_e가 1에 비해 무시할 수 있을 만큼 작다면, 계면은 국소 평형 상태에 놓이게 된다. 그렇지 않다면, 계면에서는 국소 평형 조건이 만족되지 않을 것이다. 합금의 응고 과정에서는 $2\xi \sim 0.3$ nm, $D_i \sim D_L$(액상에서의

용질 확산 계수) $\sim 3\times10^{-9}\ m^2/s$ 임을 고려하면, v_n이 1 m/s일 때 $P_e=0.1$이 된다. P_e값이 이 정도 수준이면, 계면에서의 비평형 현상은 무시될 수 없다. 상업적인 금속 공정에서 응고가 가장 빠르게 일어나는 경우로는 연속 주조의 초기 응고 과정과 용접부의 응고 과정을 들 수 있다. 이들 경우에서 계면 이동 속도는 0.001 ~ 0.01 m/s 수준이다. 이때의 P_e 값은 무시할 수 있을 만큼 작다. 이처럼 대부분의 응고에서는 고/액 계면에서 국소 평형이 성립한다.

그러나 고상 변태의 경우는 상황이 다르다. 이 경우에는 고상에서 확산 속도가 매우 느리기 때문에, 계면에서 국소 평형 조건이 만족되기가 어렵다. 예외적인 경우는 철과 탄소(Fe-C)의 합금이다. 침입형 원소인 탄소는 고상에서도 무척 빠른 속도로 이동할 수 있다. 따라서 Fe-C 합금에서는, 상변태 속도가 매우 빠르지 않는 한, 국소 평형이 만족되는 경우가 많다. 철 합금이 침입형 원소 이외에 치환형 원소도 포함하는 경우는 어떨까? 철 합금에서 치환형 원소의 고상 확산 계수는 탄소에 비해 약 1/10,000 수준에 불과하다. 따라서 상변태가 극단적으로 느리게 일어나지 않는 한, 계면에서 치환형 원소의 국소 평형이 이루어지길 기대하기는 무척 어렵다. 오히려 치환형 원소의 확산 거리가 계면의 두께보다 훨씬 작은 경우가 허다하다. 그러다 보니 계면에서 치환형 원소는 사실상 전혀 못 움직이는 데 비해, 침입형 원소는 계면에서 국소 평형이 이루어지는 상황도 발생할 수 있다. 이러한 상황을 반쪽 평형(paraequilibrium) 상태[45]라고 부른다.

2.3 계면 에너지와 이방성

1) 합금의 계면 에너지

Gibbs가 정의한 sharp interface[11]는 유한한 두께의 계면이 가지고 있는 과잉 물리량을 두께가 없는 가상적인 면에 투영시킴으로써, 계면을 2차원적인 면으로 취급한 것이다. 또한, 식 (2-86)과 같이, 계 내부의 용질 몰 수와 온도 및 압력이 일정한 상태에서, 계면의 면적 A를 증가시킬 때 자유 에너지 G가 증가하는 비율이 계면 에너지로 정의된다. 그러나 원자 하나하나를 볼 수 있을 만큼 실제 계면을 크게 확대해서 보면 용질 원자는 계면을 가로질러서 연속적인 분포를 하고 있다. 심지어는 용질 원자가 양쪽 상에서보다 계면에서 더 농축되어 존재하는 경우도 자주 관찰된다. 이러한 경우를 계면 편석 또는 입계 편석이라고 부른다. 계면을 가로지르는 농도 분포가 임의의 형태로 주어져 있을 때, 계면 에너지는 어떻게 정의되어야 하는가? 이 문제는 계면 편석의 문제뿐만 아니라 합금의 phase field 모델에서도 중요하다. 본 절에서는 이에 대해 설명한다.

α와 β상 사이의 계면을 포함하는 2성분계 합금이 평형 상태에 놓여 있다. 이 계에서 용질 원소의 가상적인 농도 분포 $u(x)$를 Fig. 2-13(a)에 나타냈다.

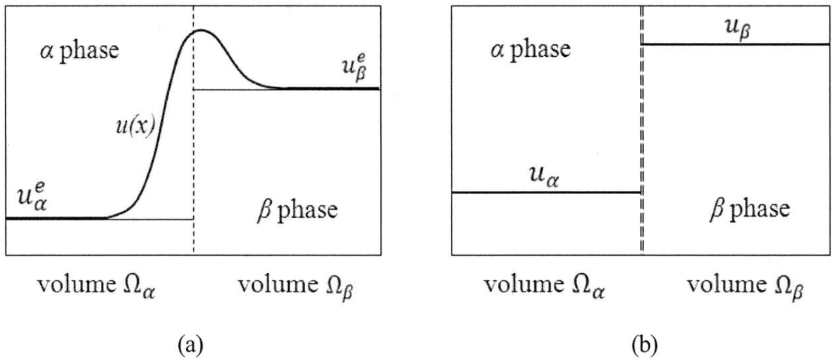

[Fig. 2-13] (a) α와 β상 사이의 계면을 포함하는 2성분계 합금의 평형 상태. $u(x)$는 용질 원소의 가상적인 농도 분포이다. (b) 계면에 갑자기 사라진 상태. 계면이 사라졌음을 강조하기 위해 두 상 사이를 이중 점선으로 표시하였다

이 계는 평형 상태에 있기 때문에 α와 β상에서의 확산 퍼텐셜이 같아야 한다. 즉,

$$\frac{df^{\alpha}(u_{\alpha}^{e})}{du}=\frac{df^{\beta}(u_{\beta}^{e})}{du}\equiv\tilde{\mu}^{e}\ \text{(const)} \tag{2-136}$$

가 성립해야 한다. Gibbs의 sharp interface 정의에 따라 계면 근방이 가지고 있는 모든 과잉 에너지 G^{XS}는 두께가 없는 계면이 갖는 과잉 에너지로 전환된다. 즉, Fig. 2-13(a)의 총 에너지 G_a는 다음과 같이 나타내진다.

$$G_a=\Omega_{\alpha}f^{\alpha}(u_{\alpha}^{e})+\Omega_{\beta}f^{\beta}(u_{\beta}^{e})+G^{XS} \tag{2-137}$$

계면 근처에 과잉으로 존재하는 용질 원자들도 점선으로 표시된 계면이 갖는 과잉 용질 원자로 전환된다. 농도 분포가 $c(x)$로 주어질 때 과잉 용질 원자의 총 몰수 Γ^{XS}는

$$\Gamma^{XS}=\frac{\Omega_{\alpha}}{v_m}\int_{-\infty}^{0}\left(u(x)-u_{\alpha}^{e}\right)dx+\frac{\Omega_{\beta}}{v_m}\int_{0}^{+\infty}\left(u(x)-u_{\beta}^{e}\right)dx \tag{2-138}$$

가 된다(이 식의 적분에서 $x=0$은 sharp interface의 위치에 대응한다). 이제 계면이 갑자기 사라졌다고 가정해 보자. 이 상태를 Fig. 2-13(b)에 나타냈으며, 계면이 사라졌음을 강조하기 위해 두 상 사이를 이중 점선으로 표시하였다. 계면 에너지는 식 (2-86)에 따라 일정 온도, 일정 압력 및 일정 원자수의 조건 하에서 단위 면적의 계면이 생성되었을 때의 자유 에너지증가량, 또는 반대로 계면이 사라졌을 때의 자유 에너지감소량으로 정의된다. 따라서 Fig. 2-13의 (a)와 (b)에서의 자유 에너지 차이를 계면의 면적으로 나누면 그 값이 계면 에너지 σ가 된다:

$$\sigma=\frac{\Omega_{\alpha}}{A}\left(f^{\alpha}(u_{\alpha}^{e})-f^{\alpha}(u_{\alpha})\right)+\frac{\Omega_{\beta}}{A}\left(f^{\beta}(u_{\beta}^{e})-f^{\beta}(u_{\beta})\right)+\frac{G^{XS}}{A} \tag{2-139}$$

그러나 여기서 주의할 점은 계면 에너지의 정의에 따라, (a)와 (b)에서 용질 원자의 총 개수가 동일하게 유지되어야 한다는 것이다. 따라서 (b)에서의 농도 u_α와 u_β는 더 이상 u_α^e 및 u_β^e와 같을 수가 없다. 용질 원자수의 보존을 위해서는

$$\frac{1}{v_m}\left(u_\alpha^e\Omega_\alpha + u_\beta^e\Omega_\beta\right) + \Gamma^{XS} = \frac{1}{v_m}\left(u_\alpha\Omega_\alpha + u_\beta\Omega_\beta\right) \tag{2-140}$$

즉,

$$(u_\alpha^e - u_\alpha)\Omega_\alpha + (u_\beta^e - u_\beta)\Omega_\beta = -v_m\Gamma^{XS} \tag{2-141}$$

가 성립해야 한다. 그러나 계면 영역의 두께가 결정립 크기에 비해 충분히 작은 한, u_α와 u_β는 각각 u_α^e와 u_β^e에 매우 가까운 값을 가질 것이다. 이는 벌크 상태의 자유 에너지 밀도 $f^\alpha(u_\alpha)$와 $f^\beta(u_\beta)$가 다음과 같이 $f^\alpha(u_\alpha^e)$와 $f^\beta(u_\beta^e)$ 주변의 값으로 근사 전개될 수 있음을 의미한다.

$$f^\alpha(u_\alpha) = f^\alpha(u_\alpha^e) + (u_\alpha - u_\alpha^e)\frac{df^\alpha(u_\alpha)}{du} \tag{2-142}$$

$$f^\beta(u_\beta) = f^\beta(u_\beta^e) + (u_\beta - u_\beta^e)\frac{df^\beta(u_\beta)}{du} \tag{2-143}$$

식 (2-142)와 (2-143)을 식 (2-139)에 대입하면

$$\sigma = \frac{\Omega_\alpha}{A}(u_\alpha^e - u_\alpha)\frac{df^\alpha(u_\alpha)}{du} + \frac{\Omega_\beta}{A}(u_\beta^e - u_\beta)\frac{df^\beta(u_\beta)}{du} + \frac{G^{XS}}{A} \tag{2-144}$$

이 식은 평형 조건 중의 하나인 식 (2-136)에 따라 다음과 같이 나타내질 수 있다.

$$\sigma = \frac{1}{A}\left(\Omega_\alpha(u_\alpha^e - u_\alpha) + \Omega_\beta(u_\beta^e - u_\beta)\right)\tilde{\mu}^e + \frac{G^{XS}}{A} \tag{2-145}$$

이제 식 (2-141)을 식 (2-145)에 대입하면 2성분계 합금의 계면 에너지를 결정하는 다음의 식이 얻어진다.

$$\sigma = \frac{G^{XS}}{A} - v_m\frac{\Gamma^{XS}}{A}\tilde{\mu}^e \tag{2-146}$$

Phase field 모델을 다루는 장에서는 이 식을 이용하여 계면 에너지와 phase field 파라미터 사이의 관계를 유도하게 된다.

2) 고액 계면 에너지의 이방성

서로 다른 두 상 사이의 계면 에너지는 일반적으로 계면의 방위에 따라 달라지며, 그 이방성이 상변태와 관련된 미세조직의 형성과정에서 결정적인 역할을 한다. 따라서 미세조직의 특성과 형성과정을 이해하기 위해서는 계면 에너지의 이방성이 계의 평형 상태에 미치는 영향을 열역학적 및 수학적으로 정확하게 이해할 필요가 있다. 한편, phase field 모델의 가장 강력한 장점 중의 하나는 계면 에너지의 이방성을 자연스럽게 포함시킬 수 있다는 것이다. Phase field 모델에서 계면 에너지의 이방성를 구현하는 방법은 본 절의 내용과도 밀접한 관계를 가지고 있다. 고상-액상 사이의 계면 에너지와 고상-고상 사이의 계면 에너지는 이방성의 측면에서 서로 크게 다른 점이 있으며, 고액 계면의 이방성이 더 단순하다. 따라서 본 절에서는 고액 계면의 이방성을 먼저 다루고, 고상 사이의 계면에 대해서는 이어지는 절에서 별도로 설명하겠다.

다음의 Fig. 2-14에는 고상 입자가 일정한 부피를 유지하면서 액상과 평형 상태를 유지하고 있다.

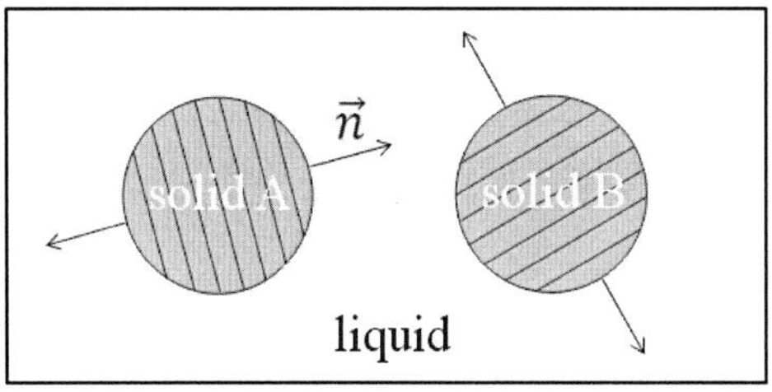

[Fig. 2-14] 고상 입자가 일정한 부피를 유지하면서 액상과 평형 상태를 유지하는 상태. 입자 내의 평행한 선들은 조밀면을 의미한다

만약 고액 계면 에너지가 계면 전체에 걸쳐서 동일한 값을 가지고 있다면, 입자의 형태는 계면 에너지를 최소화하기 위해 구형을 유지할 것이다. 그러나 고상이 규칙적인 원자 배열을 갖는 결정질 물질이라면, 고액 계면의 방위에 따라 계면 에너지가 달라진다(주어진 계면의 방위는 그 계면에 수직한 벡터의 방위로 정의된다). 예를 들어 Fig. 2-14에서 고상 내부에 그린 직선들이 조밀면(원자들이 조밀하게 배열되어 있는 면)에 해당한다고 가정해 보자. 그러면 조밀면에 평행한 계면(즉, Fig. 2-14에서 $\vec{n}$의 방위를 갖는 계면)은 낮은 에너지를 갖게 되고, 반면에 조밀면에서 벗어난 다른 방위의 계면은 더 높은 에너지를 가질 것이다. 이러한 경우에 고상의 부피를 유지하면서 고상 표면의 전체 에너지를 최소화하려면 다음의 두 가지 요소가 고려되어야 한다: 첫째, 가능한 한 계면 전체의 면적을 줄여야 한다. 둘째, 계면 에너지가 작은 방위의 계면 면적보다는 계면 에너지가 큰 쪽의 계면 면적을 더 많이 줄여야 한다. 표면의 총 에너지가 최소인 상태는 이러한 두 요소 사이의 절충에 의해 결정되며, 당연히 그 상태에서 고상의 형태는 구형으로부터 벗어나야 한다. 계면 에너지의 이방성이 구체적으로 주어져

있을 때, 표면 전체의 에너지를 최소로 만드는 고상의 형태는 정확하게 결정될 수 있다. 이를 위해 계면 에너지가 이방적일 때, 상변태의 구동력이 어떻게 달라지는지를 살펴보자.

다음의 Fig. 2-15는 액상 내에 존재하는 임의의 형태의 고상 입자를 보여준다. 이 그림에서 지면에 수직한 방향으로의 두께는 단위 두께로 주어지며, 따라서 2차원의 경우에 해당한다.

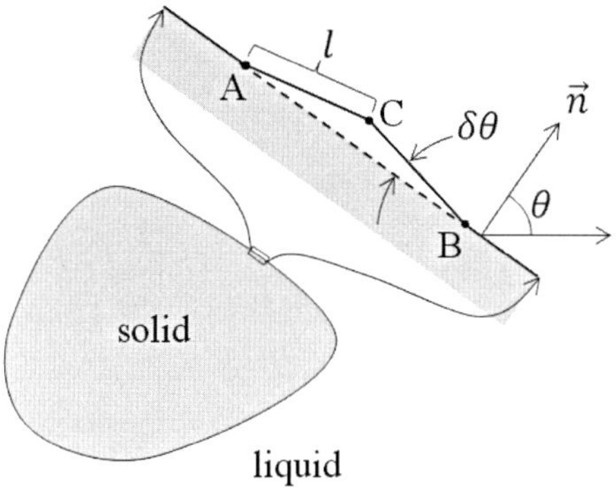

[Fig. 2-15] 액상 내에 존재하는 임의의 형태의 고상 입자. 고액 계면의 매우 작은 일부분(작은 사각형 부분)를 크게 확대해서 오른쪽 위에 나타냈다

고액 계면의 매우 작은 일부분(작은 사각형 부분)을 크게 확대하면 고액 계면이 거의 평면에 가까울 것이다. 이 평면 계면에 대한 수직 벡터 $\vec{n}$은 수평 방향으로부터 θ만큼 기울어진 각도를 갖는다. 이 각도 θ를 경사각(inclination angle)이라 부른다. 계면 에너지 σ가 이방성을 갖는 경우, σ는 경사각 θ의 함수가 되어야 한다. 이제, Hirth와 Lothe의 논의[47]를 따라, 이 평면상의 계면에서 점선으로 표시된 직선 AB 부분이 ACB의 형태로 조금 변형된 경우를 생각해 보자. 그러면, 단위 두께의 가정 하에서, 계면의 면적이 $\overline{AB}$로부터 $\overline{AC}+\overline{CB}$로 늘어난다. 이와 동시에 AC 부분의 계면의 경사각은 $\theta+\delta\theta$만큼 증가하는 반면, CB 부분의 경사각은 $\theta-\delta\theta$만큼 감소한다. 이처럼 계면에 변형이 생기면, 계면의 총 에너지 변화에는 두 가지의 기여가 나타난다. 하나는 계면의 면적 변화에 기인한 것이며, 다른 하나는 계면 방위의 변화에 기인하는 것이다. 각각의 기여도를 계산해 보자: 면적 $\overline{AC}$를 l이라 하면 변형 후의 면적은 총 $2l$이 되고, 변형 이전의 면적은 $2l\cos\delta\theta \simeq 2l(1-\delta\theta^2/2)$이다. 따라서 계면 면적의 변화는 $\delta A = l\delta\theta^2$가 된다. AC 부분의 계면 에너지와 CB 부분의 계면 에너지는 각각 다음과 같이 근사될 수 있다.

$$\sigma_{\theta+\delta\theta} = \sigma + \frac{d\sigma}{d\theta}\delta\theta + \frac{d^2\sigma}{d^2\theta}\frac{\delta\theta^2}{2} \tag{2-147}$$

$$\sigma_{\theta-\delta\theta} = \sigma - \frac{d\sigma}{d\theta}\delta\theta + \frac{d^2\sigma}{d^2\theta}\frac{\delta\theta^2}{2} \tag{2-148}$$

이제 계면의 총 자유 에너지 변화 δG_{int}는 다음과 같이 구해진다.

$$\begin{aligned}\delta G_{\text{int}} &= \delta(\sigma A) \\ &= \sigma_{\theta+\delta\theta} \times \overline{AC} + \sigma_{\theta-\delta\theta} \times \overline{CB} - \sigma \times \overline{AB} \\ &= l(\sigma_{\theta+\delta\theta} + \sigma_{\theta-\delta\theta}) - 2l\left(1 - \frac{\delta\theta^2}{2}\right)\sigma \\ &= l\left(2\sigma + \frac{d^2\sigma}{d\theta^2}\delta\theta^2\right) - 2l\left(1 - \frac{\delta\theta^2}{2}\right)\sigma \\ &= \left(\sigma + \frac{d^2\sigma}{d\theta^2}\right) l\delta\theta^2 \\ &= \left(\sigma + \frac{d^2\sigma}{d\theta^2}\right)\delta A\end{aligned} \tag{2-149}$$

따라서

$$\frac{\delta G_{\text{int}}}{\delta A} = \sigma + \frac{d^2\sigma}{d\theta^2} \equiv \sigma + \sigma'' \tag{2-150}$$

가 얻어진다. 이상의 논의는 직선 계면의 특수한 변형에 따른 자유 에너지의 변화를 구한 것이다. 그러나 임의의 곡선 계면에서 임의의 변형에 따른 자유 에너지의 변화를 구해도 그 결과는 위와 동일하게 나타난다. 또한, 위에서 얻은 계면의 면적 변화 δA에 따른 자유 에너지의 변화는 고상의 부피 변화 $\delta\Omega$에 따른 자유 에너지 변화로 환산될 수 있다. 즉, 계면의 곡률이 $\kappa \equiv \delta A/\delta\Omega$임을 이용하면 다음의 변환이 얻어진다.

$$\frac{\delta G_{\text{int}}}{\delta\Omega} = \frac{\delta G_{\text{int}}}{\delta A}\frac{\delta A}{\delta\Omega} = (\sigma + \sigma'')\kappa \tag{2-151}$$

이 식에서 σ는 계면의 면적을 변화시키는 데 소모되는 에너지를 나타내며, σ''는 계면의 방위를 바꾸는 데 소모되는 에너지를 나타낸다. 둘을 합친 $\sigma + \sigma''$는 계면의 변형에 대한 저항의 척도로 이해될 수 있으며, 이런 의미에서 계면 강성(interface stiffness)이라고 불린다.

지금까지의 논의는 단위 두께를 갖는 계면, 즉 사실상 이차원 계면의 이방성으로 국한되었다. 3차원의 공간에서 임의의 곡면으로 나타나는 계면에 대해서도 위와 거의 동일한 방법이 적용될 수 있다. 3차원 공간에서 곡면의 방위 $\vec{n}$는 다음의 Fig. 2-16과 같이 서로 수직한 두 방향으로의 경사각 θ_1과 θ_2로 나타내질 수 있다.

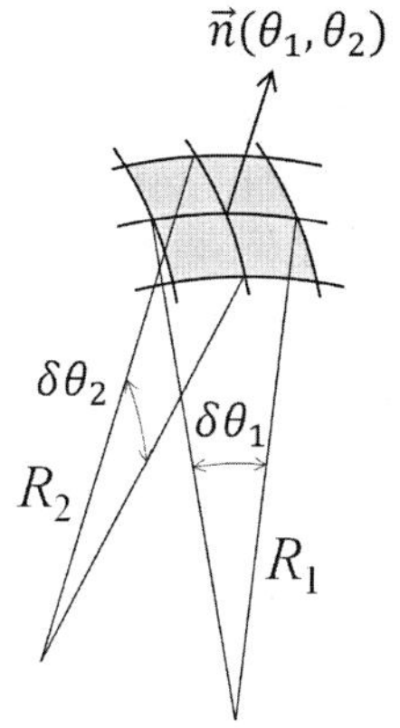

[Fig. 2-16] 3차원의 공간에서 계면. 곡면의 방위 $\vec{n}$는 서로 수직한 두 방향으로의 경사각 θ_1과 θ_2로 나타내질 수 있다

이제 그림의 회색으로 표시한 계면을 θ_1 방향을 따라 지붕 모양으로 변형시킨다. 이러한 계면의 변형에 따른 계면 자유 에너지의 변화는 식 (2-150)과 같은 형태로 얻어지며 부피 변화에 따른 계면 자유 에너지의 변화도 식 (2-151)의 형태로 주어진다. 단, σ''는 θ_1에 대한 2차 미분이 되고 곡률은 $\kappa = 1/R_1$이 된다. θ_2 방향을 따라서도 θ_1의 경우와 동일한 과정을 따라 계면 자유 에너지의 변화를 구할 수 있다. 따라서 계면의 부피 변화에 따른 자유 에너지의 총 변화량은

$$\frac{\delta G_{\text{int}}}{\delta\Omega} = \left(\sigma + \frac{d^2\sigma}{d\theta_1^2}\right)\kappa_1 + \left(\sigma + \frac{d^2\sigma}{d\theta_2^2}\right)\kappa_2 = \left(\sigma + \frac{d^2\sigma}{d\theta_1^2}\right)\frac{1}{R_1} + \left(\sigma + \frac{d^2\sigma}{d\theta_2^2}\right)\frac{1}{R_2} \tag{2-152}$$

가 된다. 이 식을 상변태의 구동력인 식 (2-87)의 마지막 항에 대입하면, 계면 에너지의 이방성을 갖는 3차원 계면에 대한 상변태의 구동력이 얻어진다:

$$\Delta f_p = f^S(u_S) - f^L(u_L) - (u_S - u_L)\frac{df^L(u_L)}{du} + \left(\sigma + \frac{d^2\sigma}{d\theta_1^2}\right)\kappa_1 + \left(\sigma + \frac{d^2\sigma}{d\theta_2^2}\right)\kappa_2 \tag{2-153}$$

여기서 첨자 S와 L은 각각 고상과 액상을 의미한다. 앞 절에서 설명한 다양한 형태의 Gibbs-Thomson 방정식들은 σ를 식 (2-153)의 마지막 두 항으로 교체하면 계면 에너지가 이방적인 경우로 변한다.

3) 평형 결정 형태(ECS: Equilibrium Crystal Shape)

고상 입자가 액상 내에 존재하는 계를 다시 고려해 보자. 상변태의 구동력과 확산의 구동력이 동시에 사라지는 조건이 만족되면 이 계는 평형 상태에 도달한다. 이는 두 조건으로부

터 평형 상태에서의 고상 조성과 고상 분율뿐만 아니라, 고상의 형태까지 결정되어야 함을 의미한다. 만약 계면 에너지가 등방적이라면, 고상의 형태는 당연히 구형(3차원의 경우) 또는 원형(2차원의 경우)으로 나타날 것이다. 그러나 계면 에너지가 이방성을 가지고 있다면, 평형 상태에서의 고상 형태는 더 이상 구형 또는 원형이 될 수 없다. 평형 상태에서의 고상 형태를 ECS(Equilibrium Crystal Shape) 또는 Wulff shape라고 부른다[46]. 계면 에너지의 이방성이 구체적으로 주어지면 ECS는 해석적인 방법 또는 기하학적인 방법으로 결정될 수 있다. 본 절에서는 2차원에서 ECS의 수학적 해를 유도하고, 그 해의 성질에 대해 공부하겠다. ECS의 해는 phase field 모델의 수치 계산에서 계산의 정확성을 테스트하는 중요한 기준이 되기도 한다.

지금부터 ECS의 2차원 해를 유도한다[48](3차원의 경우에도 해석적 해[48]를 얻을 수 있으나 그 과정이 대단히 복잡하므로 여기서는 생략하겠다). ECS는 본질적으로 계면 에너지의 이방성에 의해서만 결정되고, 합금이든 순물질이든 ECS에는 차이가 없다. 따라서 용질 원소가 없는 순수한 물질($u_\beta \rightarrow 0$, $u_\alpha \rightarrow 0$)의 평형 상태를 고려하기로 한다. 등온으로 유지되는 순물질에서, 용질 확산은 일어나지 않기 때문에, 평형 상태는 식 (2-153)의 구동력이 사라진다는 조건에 의해서만 결정된다:

$$f^L(0) - f^S(0) = \left(\sigma + \frac{d^2\sigma}{d\theta^2}\right)\kappa \tag{2-154}$$

여기서 $\theta_1 \equiv \theta$ 및 $\kappa_1 \equiv \kappa$로 두었다. 식 (2-154)는 계면의 존재로 인한 자유 에너지의 증가를 벌크 에너지의 차이로 상쇄시킴으로써 평형이 유지된다는 의미를 가지고 있다. 벌크 에너지의 차이 $f^L - f^S$는 $(\Delta H_f / T_m^e)(T_m^e - T)$로 주어진다. 일정 온도에서 $f^L - f^S$는 상수로 유지된다(이 값 자체는 평형 상태에서 고상의 부피를 정해주는 역할을 한다. 그러나 ECS는 고상의 부피가 크든 작든 항상 닮은꼴 형상으로 나타난다). 2차원에서의 ECS를 $y = f(x)$라는 곡선으로 나타내자. 그러면 계면 상의 임의의 한 점에서 곡률 κ는 다음과 같이 주어진다.

$$\kappa = \frac{d^2y/dx^2}{(1 + (dy/dx)^2)^{3/2}} \tag{2-155}$$

Fig. 2-17에서처럼 경사각이 θ인 계면 상의 임의의 한 점을 생각해 보자. 이 점에서 계면에 대한 접선의 기울기는 $y_x \equiv dy/dx = -1/\tan\theta$가 된다(본 절에서 아래 첨자는 그 첨자에 대한 미분으로 정의한다). y를 x에 대해 두 번 미분한 y_{xx}는

$$y_{xx} = \frac{dy_x}{d\theta}\frac{d\theta}{dx} = -\frac{d\cot\theta}{d\theta}\frac{d\theta}{dx} = -\frac{\sec^2\theta}{\tan^2\theta}\frac{1}{x_\theta} \tag{2-156}$$

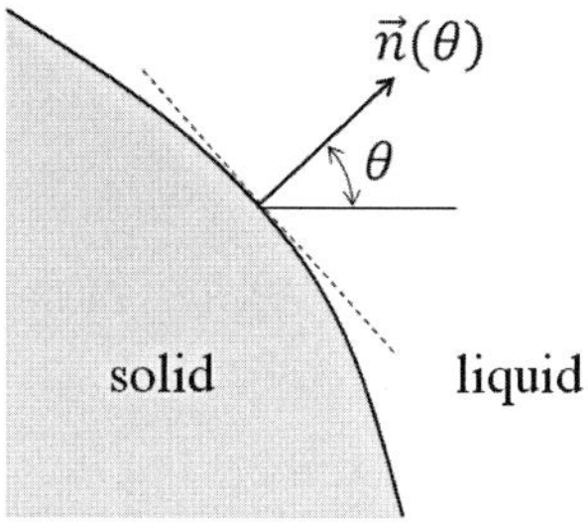

[Fig. 2-17] 경사각이 θ인 계면 상의 임의의 한 점. 이 점에서 계면에 대한 접선의 기울기는 $y_x \equiv dy/dx = -1/\tan\theta$가 된다

가 된다. y_x와 y_{xx}를 식 (2-155)에 대입하며, 다음과 같이 곡률 κ를 x_θ로 나타낼 수 있다:

$$\kappa = -\frac{\sin\theta}{x_\theta} \tag{2-157}$$

곡률 κ는 y_θ로 표현될 수도 있다. 즉, $y_x = y_\theta / x_\theta = -1/\tan x$이므로, $x_\theta = -y_\theta \tan\theta$가 되어 식 (2-155)의 곡률은 다음과 같이 나타내질 수 있다.

$$\kappa = \frac{\cos\theta}{y_\theta} \tag{2-158}$$

이제 식 (2-157)과 (2-158)을 평형 조건 (2-154)에 대입하면, 다음과 같이 $x(\theta)$와 $y(\theta)$ 각각에 대한 미분 방정식이 얻어진다.

$$\left(\sigma(\theta) + \frac{d^2\sigma(\theta)}{d\theta^2}\right)\frac{\sin\theta}{x_\theta} = -\left(f^L - f^S\right) \tag{2-159}$$

$$\left(\sigma(\theta) + \frac{d^2\sigma(\theta)}{d\theta^2}\right)\frac{\cos\theta}{y_\theta} = \left(f^L - f^S\right) \tag{2-160}$$

식 (2-159)에서 x_θ를 구한 다음 이를 적분한다:

$$x = x_0 - \frac{1}{\left(f^L - f^S\right)} \int_0^\theta \left(\sigma(\theta) + \frac{d^2\sigma(\theta)}{d\theta^2}\right) \sin\theta \, d\theta \tag{2-161}$$

여기서 x_0는 적분 상수이다. 이 식에서 이차 미분이 들어있는 항을 연속으로 두 번 부분적분한다:

$$\int_0^\theta \frac{d^2\sigma(\theta)}{d\theta^2} \sin\theta \, d\theta = \frac{d\sigma(\theta)}{d\theta}\sin\theta - \sigma(\theta)\cos\theta + \sigma(0) - \int_0^\theta \sigma(\theta)\sin\theta \, d\theta \tag{2-162}$$

이 식 (2-162)에 들어 있는 마지막 적분은 식 (2-161)에 들어 있는 $\sigma\sin\theta$의 적분과 정확하게 상쇄된다. 따라서 식 (2-161)은 결국 다음과 같이 된다.

$$x = x_0 - \frac{1}{(f^L - f^S)}\left(\frac{d\sigma(\theta)}{d\theta}\sin(\theta) - \sigma(\theta)\cos\theta + \sigma(0)\right) \tag{2-163}$$

식 (2-160)에 대해서 동일한 방법으로 적분을 반복하면 다음이 얻어진다.

$$y = y_0 + \frac{1}{(f^L - f^S)}\left(\frac{d\sigma(\theta)}{d\theta}\cos\theta + \sigma(\theta)\sin\theta - \frac{d\sigma(0)}{d\theta}\right) \tag{2-164}$$

적분 상수 x_0와 y_0는 임의로 정할 수 있는 상수로서, 이 값이 달라지면 $y(x)$ 곡선의 원점만 이동할 뿐 곡선의 형태 자체는 변하지 않는다. 따라서 적분 상수로서 다음을 택한다.

$$x_0 = \frac{\sigma(0)}{f^L - f^S} \quad \text{and} \quad y_0 = \frac{1}{f^L - f^S}\frac{d\sigma(0)}{d\theta} \tag{2-165}$$

이제 매개변수 θ의 함수로서 평형 상태에서의 계면형태 ECS가 다음과 같이 결정된다.

$$\begin{aligned} x &= \frac{1}{(f^L - f^S)}\left(\sigma(\theta)\cos\theta - \frac{d\sigma(\theta)}{d\theta}\sin(\theta)\right) \\ y &= \frac{1}{(f^L - f^S)}\left(\sigma(\theta)\sin\theta + \frac{d\sigma(\theta)}{d\theta}\cos\theta\right) \end{aligned} \tag{2-166}$$

식 (2-166)은 다음과 같은 행렬식으로도 표현된다.

$$(x, y) = \frac{1}{f^L - f^S}(\sigma, \sigma_\theta)\begin{pmatrix} \cos\theta & \sin\theta \\ -\sin\theta & \cos\theta \end{pmatrix} \tag{2-167}$$

이 식으로부터 알 수 있듯이, $(f^L - f^S)$는 고상의 크기만 결정하는 scale factor일 뿐이며, ECS는 계면 에너지의 이방성 $\sigma(\theta)$에 의해서만 결정된다. 식 (2-167)은 ECS 및 계면 열역학에 대해 여러 의미를 함축하고 있다. 우선, σ는 계면의 면적을 줄이려는 힘으로서 계면에 접하는 방향으로 작용한다. 이에 비해 σ_θ는 계면의 방위를 계면 에너지가 낮은 쪽으로 비틀려는 힘(torque)으로서, 계면에 수직한 방향으로 작용한다. 즉, σ와 σ_θ는 서로 수직한 방향으로 작용한다. 게다가 식 (2-167)에서 삼각함수를 포함하는 2×2 행렬은 벡터의 평면 회전을 나타내는 잘 알려진 행렬이다. 따라서 ECS, 즉 (x,y)의 자취는 (σ, σ_θ) 벡터를 θ의 각도만큼 회전시킨 점의 자취에 대응한다. 이처럼 식 (2-167)의 (σ, σ_θ) 벡터는 열역학적으로, 그리고 기하학적으로 매우 흥미로운 성질을 가지고 있다. Cahn과 Hoffman[49]은 $\vec{\xi} \equiv (\sigma, \sigma_\theta)$로 정의된 벡터를 도입하고, 이를 중심으로 계면의 열역학을 재구성한 바 있다. 계면의 이방성을 다루는 방법에는 $\sigma(\theta)$를 직접 다루는 방법과 $\vec{\xi}$를 이용하는 방식이 있다. 본 절은 주로 전통적인 방식인 전자를 따라 기술되었다. Phase field 모델에서 이방성 계면을 다룰 때도 두 가지 방식이 모두 가능[50,51]하나, 역시 전자의 방법을 따르도록 하겠다.

이방성 계면의 열역학적 성질을 $\vec{\xi}$를 기반으로 묘사하는 방법도 대단히 유용하다. 따라서 $\vec{\xi}$의 정의와 기본 성질에 대해 간략하게 살펴보자. 앞에서 설명한 것처럼, 2차원의 경우 계면 에너지 σ는 경사각 θ에만 의존하며, Cahn-Hoffmann 벡터는 $\vec{\xi}=(\sigma,\sigma_\theta)$로 정의된다. 그렇다면 3차원에서 이에 대응하는 벡터는 무엇인가? 3차원에서 계면 에너지는 계면에 수직한 벡터의 경도 θ(altitude angle)와 경위 φ(azimuthal angle)에 의존한다. 이러한 경우에는 토크가 θ와 φ에 의존하는 함수 형태로 주어질 것이다. 그러나 Cahn과 Hoffman은 3차원에서의 $\vec{\xi}$를 간단하게 표현할 수 있는 일반적인 방법을 발견하였다. 이를 이해하기 위해, 우선 원점 $O(0,0,0)$으로부터 떨어져 있는 한 점 $P(x,y,z)$를 생각해 보자. 구좌표 상에서, 이 점의 위치는 원점으로부터의 거리 r과 $\overrightarrow{OP}$의 방위인 θ 및 φ에 의해 정해진다. 물리적인 의미에서 본다면, σ는 계면에 수직한 벡터 $\vec{n}$의 θ와 φ 값에 따라 달라진다. 다시 말해서 점 P에 계면이 존재할 때만 그 점에서 $\vec{n}$과 $\sigma(\vec{n})$가 정의될 뿐이며, 계면이 존재하지 않는 공간 상의 다른 점들에서는 $\vec{n}$과 $\sigma(\vec{n})$가 정의되지 않는다. Cahn과 Hoffman은 이러한 구속을 풀었다. 즉, 계면이 어딘가에 존재하는 실제 공간이 아니라, 계면의 존재 여부에 무관한 수학적인 공간을 상정하고, $\sigma(\theta,\varphi)$를 그 공간 상의 모든 점에서 정의되는 스칼라 장으로 간주하였다. 이 공간 상의 주어진 한 점 P에서의 σ값은, 원점으로부터의 거리에 무관하게, $\overrightarrow{OP}$의 방위인 θ와 φ에만 의존하는 것으로 정의된다(즉, $\overrightarrow{OP}$의 길이 방향을 따라서는 σ가 변하지 않는다). Cahn과 Hoffman은 원점으로부터 점 P까지의 거리라는 스칼라 장을 하나 더 도입한다. 거리 함수 $r=\sqrt{x^2+y^2+z^2}$을 생각해 보자. r은 공간 상의 모든 점 (x, y, z)에서 크기를 갖는 양이다. 예를 들어 점 (1, 1, 1)에서는 $r=\sqrt{3}$이고, 점 (3, 0, 4)에서는 $r=5$이다. 이런 의미에서 r은 공간 상의 모든 점에서 크기를 가지고 있는 일종의 스칼라 장(scalar field)으로 간주될 수 있다(phase field 모델이라는 이름도 전체 공간에서 정의되는 스칼라 장 ϕ가 주 역할을 하기 때문에 붙여진 이름이다). r은 원점으로부터의 거리에 의존할 뿐, θ와 φ와는 무관하다. 이처럼 Cahn과 Hoffman은 원점으로부터 주어진 점까지의 거리에만 의존하는 스칼라 장 r과 주어진 점의 방위에만 의존하는 스칼라 장 σ를 수학적인 공간에 도입하였다. 이제 두 장을 곱한 다음 여기에 그래디언트 ∇를 취하면, 그것이 바로 일반 차원에서의 Cahn-Hoffman 벡터가 된다. 즉,

$$\vec{\xi}\equiv\nabla(r\sigma)=\sigma\nabla r+r\nabla\sigma \tag{2-168}$$

$\vec{\xi}$ 벡터는 $\sigma\nabla r$와 $r\nabla\sigma$라는 두 개의 벡터로 분해될 수 있다. 이 중 첫 번째 벡터는 ∇r 방향, 즉 거리 함수의 기울기 방향인 <$\overrightarrow{OP}$의 방향> 또는 <방위가 변하지 않는 방향>을 향한다. 반

PART 3

면에 두 번째 벡터는 $\nabla\sigma$ 방향, 즉 방위의 기울기 방향인 <$\overrightarrow{OP}$에 수직한 방향> 또는 <거리가 변하지 않는 방향>을 향한다. 이처럼 한 점에서의 $\vec{\xi}$는 그 점에서 거리만 변하는 방향과 방위만 변하는 방향이라는 서로 수직한 두 성분으로 이루어져 있다.

$\vec{\xi}$ 벡터의 의미를 더 구체적으로 이해하기 위해 2차원의 경우로 돌아가 보자. 2차원에서 점 $P(x,y)$의 거리 r과 방위 θ는 각각 다음으로 주어진다.

$$r = \sqrt{x^2 + y^2} \tag{2-169}$$

$$\theta = \tan^{-1}\left(\frac{y}{x}\right) \tag{2-170}$$

이들을 이용하여, r과 θ를 x와 y에 관해 편미분하면 다음이 유도된다.

$$\begin{aligned}\sigma\nabla r &= \sigma\left(\vec{i}\frac{\partial r}{\partial x} + \vec{j}\frac{\partial r}{\partial y}\right)\\ &= \sigma(\vec{i}\cos\theta + \vec{j}\sin\theta)\end{aligned} \tag{2-171}$$

$$\begin{aligned}r\nabla\sigma &= r\frac{d\sigma}{d\theta}\nabla\theta\\ &= \frac{d\sigma}{d\theta}r\left(\vec{i}\frac{\partial\theta}{\partial x} + \vec{j}\frac{\partial\theta}{\partial y}\right)\\ &= \frac{d\sigma}{d\theta}(-\vec{i}\sin\theta + \vec{j}\cos\theta)\end{aligned} \tag{2-172}$$

이로부터 $\sigma\nabla r \cdot r\nabla\sigma = 0$가 되며, 따라서 $\sigma\nabla r$ 벡터와 $r\nabla\sigma$ 벡터는 서로 수직하고, 각각의 크기는 $|\sigma\nabla r| = \sigma$와 $|r\nabla\sigma| = \sigma_\theta$로 됨을 알 수 있다. 만약 $\sigma\nabla r$ 벡터의 방향을 x축으로 잡는다면, $r\nabla\sigma$ 벡터의 방향은 y축 방향이 되어야 하며, $\vec{\xi}$ 벡터는 결국 앞에서 설명했던 $\vec{\xi} = (\sigma, \sigma_\theta)$라는 표현으로 나타내진다. 결정의 평형 형태 ECS도 $\vec{\xi}$ 벡터로 나타내질 수 있다. 이를 위해 식 (2-171)과 (2-172)에서 $\vec{i}$ 방향을 x축으로, $\vec{j}$ 방향을 y축으로 택해 보자. 그러면 $\vec{\xi} = \sigma\nabla r + r\nabla\sigma$의 x 성분과 y 성분인 ξ_x와 ξ_y는 각각 다음으로 주어진다.

$$\begin{aligned}\xi_x &= \sigma\cos\theta - \sigma_\theta\sin\theta\\ \xi_y &= \sigma\sin\theta + \sigma_\theta\cos\theta\end{aligned} \tag{2-173}$$

이 결과를 2차원 ECS의 일반해인 식 (2-166)과 결합하면, ECS는 다음과 같이 나타내질 수 있다.

$$x = \frac{\xi_x}{(f^L - f^S)}$$
$$y = \frac{\xi_y}{(f^L - f^S)} \qquad (2-174)$$

즉, 원점에서 ECS 곡선 위의 임의의 점 (x, y)를 연결하는 벡터 $\vec{d} = (x, y)$는

$$\vec{d} = \frac{\vec{\xi}}{f^L - f^S} \qquad (2-175)$$

로 나타내진다. $\vec{\xi}$를 통해 2차원의 ECS를 결정해주는 이 식은 $\sigma(\theta)$로부터 ECS를 결정해주는 식 (2-166)과 크게 달라 보이지만, 수학적으로는 동치이다. 이상에서 단편적으로 살펴보았지만, ECS를 포함하는 이방성 계면의 모든 열역학적 특성들은 전통적인 해석적 방법으로 접근할 수도 있고, 벡터 연산을 이용하는 Cahn과 Hoffman의 방법으로도 접근할 수 있다. 본 책에서는 고등학교 수준의 수학만을 이용하는 전자의 방식을 주로 사용한다.

식 (2-166)을 이용하여, $\sigma(\theta)$가 구체적인 함수로 주어졌을 때 ECS를 계산해보는 것은 계면의 코너(coner) 형성과 관련하여 대단히 유익한 정보를 준다. 단순한 예로서, 계면 에너지가

$$\sigma(\theta) = \sigma_0(1 + \delta_\sigma \cos 4\theta) \qquad (2-176)$$

로 주어진 경우를 고려해 보자. 이 함수는 특이점이 없는 연속함수임을 주목해야 한다. 이 계면 에너지는 θ에 관한 주기가 $\pi/2$이며, 입방정 결정의 (100) 면처럼 4회 회전 대칭성을 가지고 있다. $\delta_\sigma = 0$은 계면 에너지가 등방적인 경우에 해당하며, δ_σ의 크기가 커질수록 계면 에너지는 강한 이방성을 갖는다. 그러나 σ는 항상 양의 값을 가지기 때문에 δ_σ는 1보다는 작아야 한다. 계면 에너지 함수를 식 (2-166)에 대입하면 $(x,\ y)$가 다음과 같이 θ의 함수로서 얻어진다(여기서 편의상 $\sigma_0 = 1,\ f^L - f^S = 1$로 놓는다).

$$x = [1 + \delta\cos 4\theta]\cos\theta + 4\delta\sin 4\theta\sin\theta$$
$$y = -4\delta\sin 4\theta\cos\theta + [1 + \delta\cos 4\theta]\sin\theta \qquad (2-177)$$

$\theta = 0$에서부터 $\theta = 2\pi$까지 변화시키면서 점 $(x,\ y)$를 구하고 그 결과를 그림으로 나타내면 다음과 같다.

PART 3

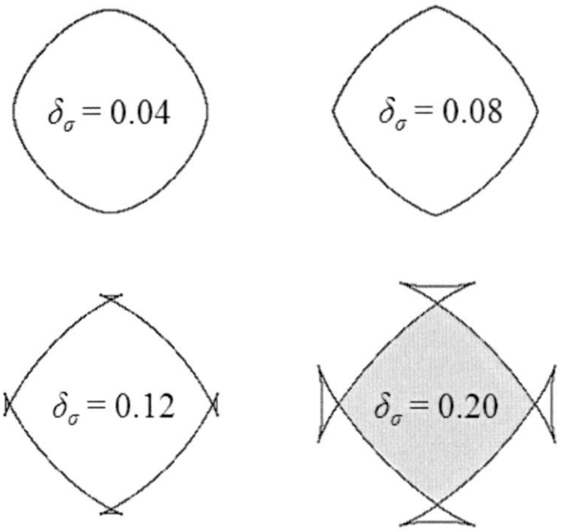

[Fig. 2-18] 계면 에너지가 $\sigma(\theta) = \sigma_0(1 + \delta_\sigma \cos 4\theta)$의 형태로 주어질 때, 평형 결정 형태.
(a) $\delta_\sigma = 0.04$, (b) $\delta_\sigma = 0.08$, (c) $\delta_\sigma = 0.12$, (d) $\delta_\sigma = 0.20$

우선 $\delta_\sigma = 0.04$의 경우를 보자. 이때 ECS는 경사각이 연속적으로 변하는 매끄러운 형태로 나타난다. 그러나 낮은 계면 에너지의 방위($\theta = \pi/4$, $3\pi/4$, $5\pi/4$ 및 $7\pi/4$)에 가까운 면들이 높은 계면 에너지의 방위($\theta = 0$, $\pi/2$, π 및 $3\pi/2$)에 가까운 면보다 ECS에서 더 많은 비중을 차지하고 있다. $\delta_\sigma = 0.2$처럼 δ_σ가 충분히 클 때는 (x, y)의 자취에 귀가 생성된다. 이 귀는 열역학적으로 불안정하며, 그림에서 회색으로 표시된 부분만이 안정한 ECS에 해당한다. 이처럼 귀가 형성되면 ECS에는 코너가 형성된다. 이는 특정 범위의 계면 방위만 존재하고 그 밖의 방위를 갖는 계면은 ECS에서 사라진다는 것을 의미한다. 사라지는 계면 방위를 missing 또는 forbidden orientation이라고 부른다. ECS에서의 코너는 $\sigma + \sigma''$가 특정 경사각의 범위에서 음의 값을 가질 때 나타난다. $\sigma(\theta)$가 식 (2-176)으로 주어질 때, $\sigma + \sigma''$는 다음과 같이 된다.

$$\sigma + \sigma'' = \sigma_0(1 - 15\delta_\sigma \cos 4\theta) \tag{2-178}$$

따라서 $\delta_\sigma > 1/15 = 0.0666...$일 때 $\sigma + \sigma'' < 0$으로 되는 θ의 범위가 존재하게 된다. 이때부터 ECS에는 코너가 나타난다. Fig. 2-18에서 $\delta_\sigma = 0.08$일 때도 크기가 작아서 잘 보이지 않을 뿐, 확대하면 귀와 코너가 존재한다.

문제

4회 대칭을 갖는 계면 에너지의 이방성은 $\sigma(\theta) = \sigma_0\left(1 + \delta_\sigma'(\sin^4\theta + \cos^4\theta)\right)$로 나타내지기도 한다. 이 표현이 식 (2-176)와 사실상 동등하며, $\delta_\sigma' = 4\delta_\sigma/(1 - 3\delta_\sigma)$의 관계가 성립함을 보여라.

계면 에너지의 이방성은 3개의 계면이 만나는 삼중점에서의 기계적 평형에도 영향을 미친다. 화학적으로 평형 상태에 있는 α, β 및 γ상이 한 점에서 만날 때, 3종류의 계면은 자신의 계면 에너지를 최소화하기 위해 3중점을 어느 방향으론가 끌어당길 것이다. Fig. 2-19는 2차원 평면 상에 존재하는 $\alpha\beta$계면이 삼중점을 어떻게 끌어당기는지를 보여준다. $\sigma_{\alpha\beta}$는 계면의 면적을 줄이기 위해 삼중점을 계면에 접하는 방향으로 끌어당긴다. 이와는 달리 $\sigma_{\alpha\beta}'$는 에너지가 낮은 방향으로 계면의 방위를 바꾸기 위해 계면에 수직한 방향으로 삼중점을 이동시키려 한다(따라서 이 힘을 계면에 대한 토크 힘(torque force)이라고 부른다). 결과적으로 $\alpha\beta$계면은 두 힘이 합쳐진 방향, 즉 그림에 표시한 $\vec{\Gamma}_{\alpha\beta}$의 방향으로 삼중점을 당기게 된다. 나머지 $\beta\gamma$ 및 $\gamma\alpha$계면에 대해서도 각각의 계면 에너지와 이들의 미분값이 주어져 있으면 $\vec{\Gamma}_{\beta\gamma}$와 $\vec{\Gamma}_{\gamma\alpha}$의 크기와 방향이 결정되며, 최종적인 기계적 평형 조건은 다음으로 주어진다.

$$\vec{\Gamma}_{\alpha\beta} + \vec{\Gamma}_{\beta\gamma} + \vec{\Gamma}_{\gamma\alpha} = 0 \tag{2-179}$$

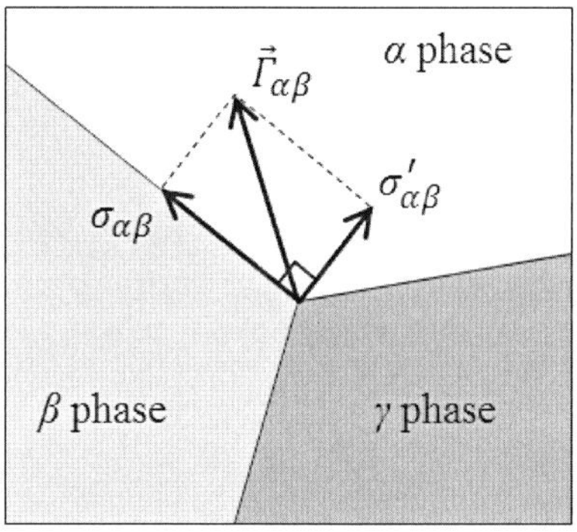

[Fig. 2-19] 평형 상태에 있는 α, β 및 γ상 사이의 계면

계면의 방위를 바꾸려는 토크 $d\sigma/d\theta$가 계면의 면적을 줄이려는 힘 σ를 압도하는 상황도 있다. 4회 회전 대칭성을 갖는 이차원 계면에 대해, 방위 θ에 따른 계면 에너지 변화 $\sigma(\theta)$의 예를 Fig.2-20에 나타냈다. 이 경우에 계면 에너지는 $\theta=0^0$, $\pm 90^0$, 180^0에서 최댓값을 갖는 반면, $\theta=\pm 45^0$와 $\theta=\pm 135^0$에서 최솟값을 갖는다. 후자의 방위에서는 미분 $d\sigma/d\theta$가 일의적으로 정의되지 않는다. 즉, $\theta=45^\circ+\varepsilon$일 때($\varepsilon$은 무한히 작은 양수), $d\sigma/d\theta$는 양의 값을 갖는 반면, $\theta=45^\circ-\varepsilon$일 때 $d\sigma/d\theta$는 음의 값을 갖는다. 이러한 방위를 $\sigma(\theta)$ 도표에서 첨단 방위(cusp orientation) 또는 특이 방위(singular orientation)라고 부른다. 계면의 면적을 줄이기 위한 힘 σ는 $\theta=0$에서 최대이고, $\theta=45^\circ$에서 최소이나, 그 반대로, 계면의 방위를 에너지가 낮은 쪽으로 비틀려는 토크 힘 $d\sigma/d\theta$는 $\theta=0$에서 최소$(=0)$이고, $\theta=45^\circ\pm\varepsilon$에서 최대로 된다. Fig. 2-20에서 $\theta=45^\circ$인 방위처럼 특이 방위를 갖는 낮은 에너지의 계면은 원자 스케일에서 평평한 facet 면(atomically flat facet plane)을 형성한다. Facet 면의 방위를 $\theta=45^\circ$로

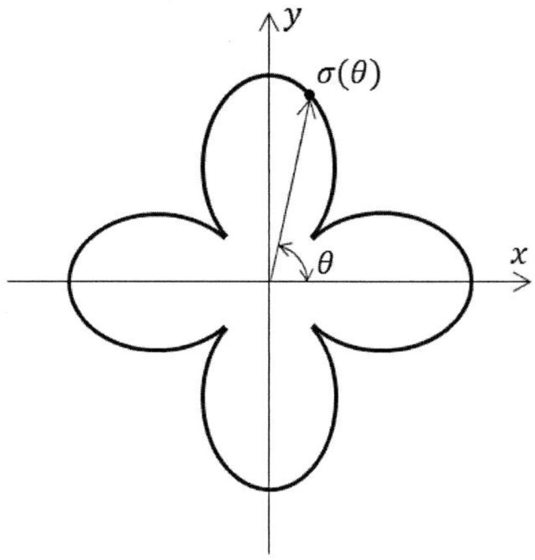

[Fig. 2-20] 4회 회전 대칭성을 갖는 이차원 계면에 대해, 방위 θ에 따른 계면 에너지 변화 $\sigma(\theta)$의 예

유지하려는 힘 $d\sigma/d\theta|_{\theta=45°\pm\varepsilon}$는 facet 면의 면적을 줄이려는 힘 σ보다 훨씬 더 크다. 따라서 facet 계면이 다른 계면과 만날 때 계면 사이의 각도는 facet 계면의 σ보다는 거의 전적으로 $d\sigma/d\theta$에 의해 결정되는 경우가 많다.

문제

2차원의 경우에서 임의의 $\sigma(\theta)$가 주어져 있을 때, ECS 코너에 대해 토크 힘을 포함한 기계적 평형 조건을 적용함으로써 missing orientation의 범위를 결정하는 식을 유도하라(그 결과는 식 (2-166)에서 $x=0$ 또는 $y=0$으로 놓음으로써 missing orientation의 범위를 구한 결과와 같아야 한다). 또한, Fig. 2-18의 4가지 경우 각각에 대해 missing orientation의 범위를 구하라.

문제

한 점에서 두 개의 계면이 만나고 있다. 그 중 하나는 $\sigma_\theta \gg \sigma$를 만족하는 특이 방위에 해당하는 계면이고, 다른 하나는 $\sigma \gg \sigma_\theta$를 만족하는 계면이다. 이때, 두 계면이 왜 직각에 가까운 각을 이루어야 하는지를 설명하라. 2) 한 점에서 세 개의 결정립계가 만나고 있다. 그 중 하나는 $\sigma_\theta \gg \sigma$를 만족하는 특이 방위에 해당하는 계면이고, 나머지 두 개는 $\sigma \gg \sigma_\theta$를 만족하는 계면이다. 이들 세 계면의 기하학적인 배치에 대해 설명하라.

3 입계 이동의 phase field 모델

앞의 제2장까지는 모든 계면을 두께가 없는 수학적인 면으로 가정했으며, 이를 바탕으로 계면이 갖는 열역학적 성질과 이방성이 묘사되었다. 지금부터는 계면이 유한한 두께를 가지고 있을 때, 이를 어떻게 수학적으로 표현할 수 있는지에 대해 설명한다. 유한한 두께의 계면을 가진 계에서 계면의 거동을 묘사하는 방법들은 일반적으로 phase field 모델이라는 이름으로 통칭된다. Phase field 모델에서의 핵심적인 내용은 지배 방정식을 만드는 방법과 모델의 파라미터들을 결정하는 방법이다. 지배 방정식은 계의 자유 에너지를 낮추는 방향으로 계면이 이동하며, 자유 에너지가 크게 낮아질수록 계면 이동속도가 빨라진다는 단순한 가정으로부터 유도된다. 지배 방정식의 파라미터들은 평형 상태와 비평형 상태에서 지배 방정식이 갖는 성질을 검토하고, 이로부터 측정된 물리량들과의 관계를 유도함으로써 결정된다.

모든 계면 중에 가장 단순한 계면은 순수한 결정질 물질의 결정립계이다. 여기에서는 합금원소의 역할이 없기 때문에 계의 평형 상태와 비평형 거동은 모두 계면 에너지에 의해서만 결정된다(물론, 합금이라 할지라도 용질 원소가 계 전체에 걸쳐서 균일하게 분포되어 있다면, 이 계는 순수한 물질과 열역학적으로 동등하게 취급된다). 결정립계의 이동은 전통적인 의미에서 상변태가 아니다. 그러나 본 장에서는 접해 있는 두 결정립의 방위만 서로 다른 경우에 대해서도, 두 결정립을 서로 다른 상이라고 간주할 것이다. 이런 의미에서 결정립계가 이동하는 것도 일종의 상변태로 간주된다. 제1장의 서론에서 설명했듯이, 결정립계에 대한 phase field 모델은 Allen과 Cahn[13]에 의해 40여 년 전에 발견되었으며, 그 지배 방정식은 Allen-Cahn 방정식이라 불린다. 본 장에서는 결정립계에 대한 phase field 모델, 즉 Allen-Cahn 방정식의 구축 방법과 방정식의 성질 및 파라미터들에 대해 자세히 설명한다. 결정립계의 phase field 모델은 합금 상변태에 대한 모든 phase field 모델의 출발점이다. 따라서 본 장의 내용을 잘 이해해야만 다음 단계로의 진전이 수월하게 이루어질 수 있다.

본 장은 다음과 같이 구성되어 있다. 먼저 범함수의 개념과 범함수 미분의 개념을 간략하게 설명한다. 이는 여러 개의 상이 공존하는 계, 즉 불균일한 계의 총 자유 에너지가 범함수에 의해 나타내질 수 있기 때문이다. 그 다음으로 결정립계를 포함하는 계에 대한 phase field와 자유 에너지 범함수를 정의하고, 이의 성질에 대해 정성적으로 검토한다. 다음 단계로 자유 에너지 범함수로부터 Allen-Cahn 방정식을 유도하고, 이의 평형 성질과 비평형 성질에 대해 정량적으로 자세히 검토하며, 이로부터 방정식의 파라미터와 측정 가능한 물성들 사이의 관계가 유도된다. 마지막으로 결정립계가 inclination에 따른 이방성을 가질 때의 Allen-Cahn 방정식에 대해 설명한다.

3.1 범함수와 범함수 미분

함수(function) $f(x)$는 실수나 복소수와 같은 수 x를 다른 수에 대응시키는 관계 또는 규칙을 의미한다. 이에 비해, 함수를 어떤 수에 대응시킬 수도 있으며, 이때의 관계를 범함수(functional)라고 한다. 평면 상의 주어진 두 점 $P=(x_1, y_1)$과 $Q=(x_2, y_2)$이 $y=f(x)$라는 곡선에 의해 연결되어 있을 때, 두 점 사이의 곡선의 길이 L은 잘 알려져 있듯이 다음 식에 의해 주어진다.

$$L=\int_{x_1}^{x_2}\sqrt{1+(y'(x))^2}\,dx \tag{3-1}$$

여기서 L은 명백하게 $y'(x)$라는 함수의 함수가 된다. 이러한 경우 L을 $y'(x)$의 범함수라 한다. 두 점 P와 Q를 연결할 수 있는 모든 $y(x)$ 중에서 길이 L을 최소로 만드는 $y'(x)$(또는 $y(x)$)는 무엇인가? 이 문제에 답하기 위해서는 범함수 L을 최소화하는 함수 $y'(x)$(또는 $y(x)$)를 찾아내야 한다(물론, 답은 P와 Q를 연결하는 직선이다). 이때 필요한 기법이 범함수 미분(functional derivative 또는 variational derivative)이다.

범함수 F가 어떤 물리량의 분포 $\psi(x)$(예를 들자면 농도 분포)뿐만 아니라, 그 물리량의 기울기, 기울기의 제곱, 이차미분 등에 의존하는 일반적인 경우를 고려해 보자. 이 범함수는 다음으로 나타내질 수 있다.

$$F=\int \mathfrak{L}\left(\psi(x), \frac{d\psi(x)}{dx}, \left(\frac{d\psi(x)}{dx}\right)^2, \frac{d^2\psi}{dx^2}, \cdots\right)dx \tag{3-2}$$

본 절에서 우리의 관심 대상은 $\psi(x)$가 어떤 조건을 만족할 때 범함수 F가 최소로 되는가이다. 그 조건을 찾기 위해 분포 $\psi(x)$에 $\delta\psi(x)$만큼의 변형을 가하고, 이에 대응하는 F의 변화량 δF를 계산한다. δ에 대한 1차 항까지만 고려하면 그 결과는 일반적으로 다음과 같이 나타내질 수 있다.

$$\delta F=\int dx\,(\cdots)\,\delta\psi(x) \tag{3-3}$$

F가 최솟값을 가질 조건은 바로 임의의 변형 $\delta\psi(x)$에 대응하는 F의 변화량 δF가 사라져야 한다는 것이다. 즉, 식 (3-3)에서 괄호로 표시된 $(\cdots)$이 계의 모든 부분에서 0이 되어야 한다. 이는 함수 $f(x)$가 최소 또는 최대의 극값을 가질 조건이 $df/dx=0$라는 것과 유사성을 갖는다. 이런 바탕에서 $(\cdots)$부분을 F의 범함수 미분이라고 정의한다:

$$\frac{\delta F}{\delta\psi}\equiv(\cdots) \tag{3-4}$$

그렇다면 범함수 F의 구체적 형태가 주어져 있을 때 (⋯)를 어떻게 구하는가? 매우 간단하지만, phase field 모델과 관련하여 아주 중요한 다음의 범함수를 예로 든다.

$$F = \int \left[g(\psi) + \frac{\epsilon^2}{2}\left(\frac{d\psi}{dx}\right)^2 \right] dx \tag{3-5}$$

여기서 ϵ은 상수라고 가정한다. 이 범함수는 결정립계의 phase field 모델 및 합금의 스피노달 분해와 밀접한 관계를 가지고 있다. 식 (3-5)의 범함수 미분을 구하기 위해 우선 $\psi(x)$에 충분히 작은 크기의 변형 $\delta\psi(x)$를 가한다(이때 계의 양쪽 끝은 변형시키지 않는다고 가정한다). 결과적인 F의 변화량은

$$\delta F = \delta \int \left[g(\psi) + \frac{\epsilon^2}{2}\left(\frac{d\psi}{dx}\right)^2 \right] dx = \int \left[\delta g + \frac{\epsilon^2}{2}\delta\left(\frac{d\psi}{dx}\right)^2 \right] dx \tag{3-6}$$

가 된다. 여기서 g는 $\psi(x)$라는 국소 값만의 함수이므로 $\delta g = (\partial g/\partial\psi)\delta\psi$가 된다. 식 (3-6)의 적분에서 두 번째 항은 δ의 일차항만 고려할 때 다음과 같이 변화된다.

$$\begin{aligned} \delta\left(\frac{d\psi}{dx}\right)^2 &= \left(\frac{d}{dx}(\psi+\delta\psi)\right)^2 - \left(\frac{d\psi}{dx}\right)^2 = \left(\frac{d\psi}{dx} + \frac{d\delta\psi}{dx}\right)^2 - \left(\frac{d\psi}{dx}\right)^2 \\ &= \left(\frac{d\psi}{dx}\right)^2 + 2\left(\frac{d\psi}{dx}\right)\frac{d\delta\psi}{dx} - \left(\frac{d\psi}{dx}\right)^2 = 2\left(\frac{d\psi}{dx}\right)\frac{d\delta\psi}{dx} \end{aligned} \tag{3-7}$$

식 (3-7)을 식 (3-6)에 대입한다:

$$\delta F = \int \left[\frac{dg}{d\psi}\delta\psi + \epsilon^2\left(\frac{d\psi}{dx}\right)\frac{d\delta\psi}{dx} \right] dx \tag{3-8}$$

이 식의 두 번째 항을 부분적분하고, 계의 양쪽 경계에서 $\delta\psi = 0$로 두었음을 감안하면,

$$\begin{aligned} \delta F &= \epsilon^2\left(\frac{d\psi}{dx}\delta\psi\right)_{\text{boundary}} + \int\left(\frac{dg}{d\psi}\delta\psi - \epsilon^2\frac{d^2\psi}{dx^2}\delta\psi\right)dx \\ &= \int dx\left(\frac{dg}{d\psi} - \epsilon^2\frac{d^2\psi}{dx^2}\right)\delta\psi \end{aligned} \tag{3-9}$$

을 얻는다. 따라서 식 (3-3)과 (3-4)의 정의에 따라 다음과 같이 범함수 미분이 얻어진다.

$$\frac{\delta F}{\delta\psi} = \frac{dg}{d\psi} - \epsilon^2\frac{d^2\psi}{dx^2} \tag{3-10}$$

식 (3-10)은 1차원의 경우에 대해 유도된 결과이지만 3차원의 경우로 바로 확장될 수 있다.

즉, 부피가 Ω인 계에 대한 범함수가

$$F=\int_{\Omega}\left[g(\psi)+\frac{\epsilon^2}{2}|\nabla\psi|^2\right]d\Omega \tag{3-11}$$

로 주어지면 이의 범함수 미분은

$$\frac{\delta F}{\delta\psi}=\frac{dg}{d\psi}-\epsilon^2\nabla^2\psi \tag{3-12}$$

가 된다. 식 (3-10)과 (3-12)는 phase field 모델과 관련해서 앞으로 자주 등장할 것이다.

이상에서는 한 개의 함수 ψ가 한 개의 변수 x의 함수일 때, 범함수와 그 미분을 설명하였다. 그러나 여러 개의 결정립 또는 여러 개의 상이 공존하는 다상계(multiphase system)에 대한 phase field 모델을 다루다 보면, 임의의 개수의 함수를 포함하는 3차원 범함수가 필요로 해진다. 부피가 Ω인 계의 범함수 F가 다음과 같이 ψ_1, ψ_2, ... 와 $\nabla\psi_1$, $\nabla\psi_2$, ... 등의 함수로 주어질 때,

$$F=\int_{\Omega}\left[g(\psi_1,\psi_2,\psi_3,\ldots)+\mathcal{L}(\nabla\psi_1,\nabla\psi_2,\nabla\psi_3,\ldots)\right]d\Omega \tag{3-13}$$

이 범함수의 ψ_i에 대한 미분은 결과만 적으면 다음과 같다.

$$\begin{aligned}\frac{\delta F}{\delta\psi_i}&=\frac{\partial g}{\partial\psi_i}-\nabla\cdot\frac{\partial\mathcal{L}}{\partial(\nabla\psi_i)}\\&=\frac{\partial g}{\partial\psi_i}-\frac{\partial}{\partial x}\frac{\partial\mathcal{L}}{\partial(\partial_x\psi_i)}-\frac{\partial}{\partial y}\frac{\partial\mathcal{L}}{\partial(\partial_y\psi_i)}-\frac{\partial}{\partial z}\frac{\partial\mathcal{L}}{\partial(\partial_z\psi_i)}\end{aligned} \tag{3-14}$$

이 식에서는 $\partial_x\psi_i\equiv\partial\psi_i/\partial x$의 표기($y$와 z에 대해서도 마찬가지)가 이용되었다.

식 (3-14)의 기호적인 의미를 정확하게 이해하기 위해 다음의 범함수에 대한 미분을 구해 보자.

$$F=\int_{\Omega}\left[g(\psi)+\frac{\epsilon(\vec{n})^2}{2}|\nabla\psi|^2\right]d\Omega \tag{3-15}$$

여기서 $\vec{n}$은 $\psi=\text{const}$인 면에 수직한 단위 벡터로서 다음과 같이 주어진다.

$$\vec{n}=\frac{\nabla\psi}{|\nabla\psi|} \tag{3-16}$$

(다음 절에서 보겠지만, 식 (3-15)의 범함수는 입계 에너지가 경사(inclination) 방위 $\vec{n}$의 함수

로 주어질 때 계의 총에너지를 나타낸다.) 식 (3-16)에 따라 $\vec{n}=(n_x, n_y, n_z)$의 세 성분은 각각 다음과 같이 주어진다.

$$n_x = \frac{\partial_x\psi}{\sqrt{\partial_x\psi^2+\partial_y\psi^2+\partial_z\psi^2}}$$
$$n_y = \frac{\partial_y\psi}{\sqrt{\partial_x\psi^2+\partial_y\psi^2+\partial_z\psi^2}} \qquad (3\text{-}17)$$
$$n_z = \frac{\partial_z\psi}{\sqrt{\partial_x\psi^2+\partial_y\psi^2+\partial_z\psi^2}}$$

식 (3-11)에서는 ϵ이 상수인 반면, 식 (3-15)에서는 ϵ이 $\vec{n}$의 함수, 즉 $\partial_x\psi$, $\partial_y\psi$ 및 $\partial_z\psi$의 함수로 주어지고 있다. 따라서 범함수 (3-15)를 다시 쓰면

$$F=\int_\Omega\left[g(\psi)+\frac{\epsilon^2(\partial_x\psi,\partial_y\psi,\partial_z\psi)}{2}\left((\partial_x\psi)^2+(\partial_y\psi)^2+(\partial_z\psi)^2\right)\right]d\Omega \qquad (3\text{-}18)$$

와 같이, $\partial_x\psi$, $\partial_y\psi$ 및 $\partial_z\psi$의 함수로 나태내질 수 있다. 이제 공식 (3-14)를 이용하여 범함수 (3-15)의 미분을 구해 보자. 우선 식 (3-14)의 우변에서 $\partial_x\psi$에 관한 미분항을 구해보면

$$\begin{aligned}\frac{\partial\mathcal{L}}{\partial(\partial_x\psi)}&=\left(\frac{\epsilon^2}{2}\right)\frac{\partial}{\partial(\partial_x\psi)}|\nabla\psi|^2+|\nabla\psi|^2\frac{\partial}{\partial(\partial_x\psi)}\left(\frac{\epsilon^2}{2}\right)\\&=\epsilon^2\frac{\partial\varphi}{\partial x}+|\nabla\varphi|^2\epsilon\frac{\partial\epsilon}{\partial(\partial_x\varphi)}\end{aligned} \qquad (3\text{-}19)$$

가 된다. 마찬가지로 $\partial_y\psi$와 $\partial_z\psi$에 관한 미분항들을 구해서 식 (3-14)에 넣으면

$$\begin{aligned}\frac{\delta F}{\delta\psi}=\frac{dg}{d\psi}&-\nabla\cdot\epsilon^2\nabla\psi\\&-\frac{\partial}{\partial x}\left(|\nabla\psi|^2\epsilon\frac{\partial\epsilon}{\partial(\partial_x\psi)}\right)-\frac{\partial}{\partial y}\left(|\nabla\psi|^2\epsilon\frac{\partial\epsilon}{\partial(\partial_y\psi)}\right)\\&-\frac{\partial}{\partial z}\left(|\nabla\psi|^2\epsilon\frac{\partial\epsilon}{\partial(\partial_z\psi)}\right)\end{aligned} \qquad (3\text{-}20)$$

이 얻어진다. 이 식이 계면 에너지의 이방성을 갖는 phase field 모델에서 자주 이용된다 [27-29].

2차원 phase field 모델에서 계면 에너지의 이방성이 주어지는 경우에는 범함수 미분 (3-20)이 더 간단해진다. 2차원의 경우, 단위 벡터 $\vec{n}$의 성분인 n_x와 n_y는 각각 다음으로 주어진다.

$$n_x = \frac{\partial_x \psi}{\sqrt{\partial_x \psi^2 + \partial_y \psi^2}} \equiv \cos\theta \text{ and } n_y = \frac{\partial_y \psi}{\sqrt{\partial_x \psi^2 + \partial_y \psi^2}} \equiv \sin\theta \tag{3-21}$$

여기서 θ는 $\vec{n}$가 x축과 이루는 각이다. 따라서 $\vec{n}$는 θ만의 함수가 되며 이는 ϵ 역시 θ만의 함수, 즉 $\epsilon = \epsilon(\theta)$임을 의미한다. 식 (3-21)의 두 식으로부터 다음의 관계가 성립한다.

$$\tan\theta = \frac{\partial_y \psi}{\partial_x \psi} \tag{3-22}$$

이제 식 (3-20)의 우변에서 첫 번째 큰 괄호 안의 항을 보자. 이 항은 다음과 같이 θ에 대한 미분으로 변형될 수 있다.

$$|\nabla \psi|^2 \epsilon \frac{\partial \epsilon}{\partial(\partial_x \psi)} = |\nabla \psi|^2 \epsilon \frac{d\epsilon}{d\theta} \frac{\partial \theta}{\partial(\partial_x \psi)} = |\nabla \psi|^2 \epsilon \epsilon' \frac{\partial \theta}{\partial(\partial_x \psi)} \tag{3-23}$$

여기서 $\epsilon' = d\epsilon/d\theta$의 표기가 사용되었다. 식 (3-22)의 양변을 $\partial_x \psi$으로 편미분(이때 $\partial_y \psi$는 상수)하여

$$\sec^2\theta \frac{\partial \theta}{\partial(\partial_x \psi)} = -\frac{\partial_y \psi}{(\partial_x \psi)^2} \tag{3-24}$$

을 얻고,

$$\begin{aligned}\frac{\partial \theta}{\partial(\partial_x \psi)} &= -\frac{1}{\sec^2\theta} \frac{\partial_y \psi}{(\partial_x \psi)^2} = -\frac{1}{1+\tan^2\theta} \frac{\partial_y \psi}{(\partial_x \psi)^2} \\ &= -\frac{1}{1+(\partial_y \psi/\partial_x \psi)^2} \frac{\partial_y \psi}{(\partial_x \psi)^2} = -\frac{\partial_y \psi}{|\nabla \psi|^2}\end{aligned} \tag{3-25}$$

임을 고려하면, 식 (3-23)은 다음과 같이 된다.

$$|\nabla \psi|^2 \epsilon \frac{\partial \epsilon}{\partial(\partial_x \psi)} = -\epsilon \epsilon' \psi_y \tag{3-26}$$

식 (3-20)의 우변에서 두 번째 큰 괄호 안의 항은, 식 (3-23)~(3-26)과 사실상 동일한 과정을 거치면, 다음과 같이 된다.

$$|\nabla \psi|^2 \epsilon \frac{\partial \epsilon}{\partial(\partial_y \psi)} = \epsilon \epsilon' \psi_x \tag{3-27}$$

식 (3-26)과 식 (3-27)을 식 (3-20)에 대입하면, 범함수 미분 (3-20)의 2차원 형식이 다음과 같이 얻어진다.

$$\frac{\delta F}{\delta\psi}=\frac{\partial g}{\partial\psi}-\nabla\cdot\epsilon^2\nabla\psi+\frac{\partial}{\partial x}\left(\epsilon\epsilon'\frac{\partial\psi}{\partial y}\right)-\frac{\partial}{\partial y}\left(\epsilon\epsilon'\frac{\partial\psi}{\partial x}\right) \tag{3-28}$$

범함수 미분 (3-28)은 또 다른 형태로 나타내질 수 있다. 우선 식 (3-22)로부터 다음을 얻을 수 있으며,

$$\cos\theta=\frac{\partial_x\psi}{|\nabla\psi|^2}\ ;\ \sin\theta=\frac{\partial_y\psi}{|\nabla\psi|^2} \tag{3-29}$$

식 (3-22)의 양변을 x와 y에 대해 각각 미분하면 다음이 얻어진다.

$$\theta_x=\frac{\psi_{xy}\psi_x-\psi_y\psi_{xx}}{|\nabla\psi|^2}\ ;\ \theta_y=\frac{\psi_{yy}\psi_x-\psi_y\psi_{xy}}{|\nabla\psi|^2} \tag{3-30}$$

식 (3-28)에서 우변의 두 번째 항을 전개한다:

$$\begin{aligned}\nabla\cdot\epsilon^2\nabla\psi&=\epsilon^2\nabla^2\psi+2\epsilon\nabla\epsilon\cdot\nabla\psi\\&=\epsilon^2\nabla^2\psi+2\epsilon\epsilon'\nabla\theta\cdot\nabla\psi\\&=\epsilon^2\nabla^2\psi+2\epsilon\epsilon'(\theta_x\psi_x+\theta_y\psi_y)\end{aligned} \tag{3-31}$$

또한, 식 (3-28)의 마지막 두 항은 다음과 같이 나타내질 있다.

$$\begin{aligned}\frac{\partial}{\partial x}\left(\epsilon\epsilon'\frac{\partial\psi}{\partial y}\right)-\frac{\partial}{\partial y}\left(\epsilon\epsilon'\frac{\partial\psi}{\partial x}\right)&=\frac{\partial(\epsilon\epsilon')}{\partial x}\frac{\partial\psi}{\partial y}-\frac{\partial(\epsilon\epsilon')}{\partial y}\frac{\partial\psi}{\partial x}\\&=(\epsilon\epsilon')'(\theta_x\psi_y-\theta_y\psi_x)\\&=(\epsilon'^2+\epsilon\epsilon'')(\theta_x\psi_y-\theta_y\psi_x)\end{aligned} \tag{3-32}$$

식 (3-29)을 염두에 두고, 식 (3-30)을 식 (3-31)과 (3-32)에 대입하여 정리하면, 범함수 미분 (3-28)의 우변 항이 다음으로 나타내진다.

$$\begin{aligned}&\nabla\cdot\epsilon^2\nabla\psi-\frac{\partial}{\partial x}\left(\epsilon\epsilon'\frac{\partial\psi}{\partial y}\right)+\frac{\partial}{\partial y}\left(\epsilon\epsilon'\frac{\partial\psi}{\partial x}\right)\\&=\epsilon^2\nabla^2\psi+\epsilon\epsilon'\left[(\psi_{yy}-\psi_{xx})\sin(2\theta)+2\psi_{xy}\cos(2\theta)\right]\\&\quad-(\epsilon'^2+\epsilon\epsilon'')\left(\psi_{xy}\sin(2\theta)-\frac{1}{2}|\nabla\psi|^2-\frac{1}{2}(\psi_{yy}-\psi_{xx})\cos(2\theta)\right)\end{aligned} \tag{3-33}$$

계면 에너지가 이방성을 갖는 2차원 phase field 모델에서는 식 (3-20) (우변의 마지막 항은 생략함), 식 (3-28)과 식 (3-33) 중에서 어느 식을 사용해도 좋다. 겉으로 보기에는 식 (3-33)이 가장 복잡해 보이지만 시뮬레이션을 위한 코딩은 이 식을 이용할 때 가장 간단해진다. 계면 에너지의 이방성이 결정적인 역할을 하는 예는 수지상 응고이다. 지금까지 발표된 수지상 응고의 phase field 모델링에 대한 문헌에서는 식 (3-28)이 가장 널리 이용되어 왔으며[27-29], 식 (3-33)도 가끔 이동된다[20]. 식 (3-28)과 (3-33)은 3차원으로의 확장이 곤란하다. 수지상 응고의 3차원 전산모사에서는 식 (3-20)으로 주어지는 범함수 미분이 이용되어야 한다.

3.2 Phase field의 정의와 자유 에너지 범함수

Phase field 모델에서는 계면이 유한한 두께를 가지며, 계면을 가로지름에 따라 모든 물리량이 한쪽 상에서부터 다른 쪽 상의 값으로 연속적으로 변해간다고 가정한다. 두 개의 결정립 α와 β 사이의 계면 영역에서는, α 결정립의 방위가 β 결정립의 방위로 서서히 변한다고 간주된다. Phase field 모델에서는 계 내부의 모든 영역에서 정의되면서도 각각의 상을 구분해줄 수 있는 물리량 ϕ를 도입하고, 그 물리량을 phase field라 부른다. 예를 들어, 2차원의 경우라면 x축과 결정립의[10] 축 방향 사이의 각을 phase field로 간주할 수 있다. 즉, Fig. 3-1의 (a)처럼, α상과 β상 내부에서 phase field ϕ는 각각 일정한 값 $\phi=\theta_\alpha$와 $\phi=\theta_\beta$를 가지며, 계면 영역 내부에서는 ϕ가 θ_α로부터 θ_β로 연속적으로 변하는 것으로 정의될 수 있다. 만약 α 결정립의[10] 축 자체를 방위의 기준으로 본다면, α 결정립은 $\phi=0$로, 그리고 β 결정립은 $\phi=\theta_\beta-\theta_\alpha$로 정의될 것이다. 이에 대해 다시 방위를 $\theta_\beta-\theta_\alpha$로 스케일링시킨다면, α 결정립은 $\phi=0$로, 그리고 β 결정립은 $\phi=1$로 정의될 것이다. 이처럼 계면 내에서 단조 변화하는 어떠한 물리량에 대해서도, 계면 양쪽의 벌크 상에 대해서는 각각 $\phi=0$과 $\phi=1$을, 그리고 계면 내부에서는 $0<\phi<1$을 대응시킬 수 있다. 물론, 또 다른 기준값과 스케일을 선택함으로써 $-1\le\phi\le+1$이 되도록 정의할 수도 있다. 많은 이론 물리학 계통의 문헌에서는 phase field의 정의로서 후자를 선택하는 경향이 있다(이는 상전이 이론이 가장 깊게 연구된 Ising 모델에서 격자점의 스핀을 +1과 -1의 값으로 정의해왔던 것과 연관이 있다). 반면 대부분의 재료과학 문헌에서는 전자의 정의를 따르는 편이다. 그 이유는 $0\le\phi\le1$로 정의하면 phase field ϕ가 변태상 β의 분율에 상응하는 의미를 가질 수 있기 때문이다. 본 책에서도 이 정의를 따를 것이다.

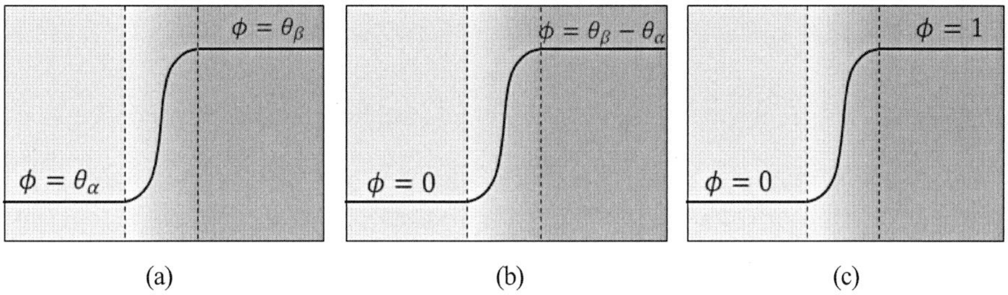

[Fig. 3-1] α상과 β상의 phase field ϕ를 정의하는 방법. (a) 결정립의 방위 자체, (b) 두 결정립의 방위 차이 및 (c) 스케일링된 방위 차이

두 결정립과 이들 사이의 계면으로 이루어진 계의 총 자유 에너지에는 다음과 같은 범함수로 나타내질 수 있다.

$$F=\int_{\Omega}\left(\omega g(\phi)+\frac{\epsilon^2}{2}|\nabla\phi|^2\right)d\Omega \tag{3-34}$$

여기서 $g(\phi)$는 다음의 Fig. 3-2에 나타낸 바와 같이, $\phi=0$과 $\phi=1$에서 최솟값 0을 갖는 함수이다. 이처럼 두 개의 최솟값을 갖는 함수들을 이중우물(double-well) 퍼텐셜이라고 통칭한다. 전형적인 예는 $g(\phi)=\phi^2(1-\phi)^2$이다. ω는 이중우물 퍼텐셜의 높이라고 한다. 또한, 식 (3-34)의 두 번째 항을 구배 에너지라고 하며, ϵ을 구배 에너지 계수라고 한다.

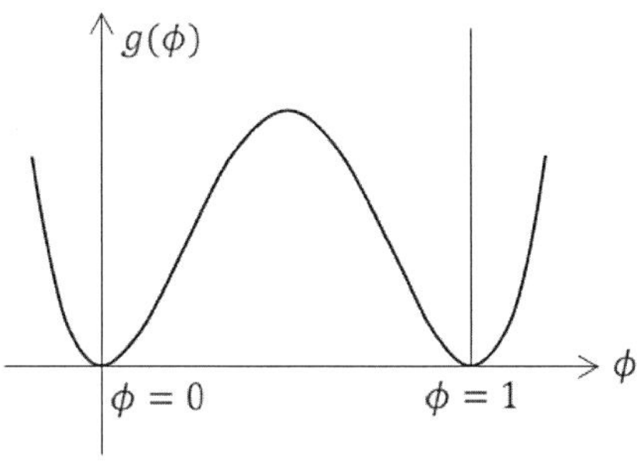

[Fig. 3-2] 이중우물 퍼텐셜의 전형적인 예: $g(\phi)=\phi^2(1-\phi)^2$

이제 총 자유 에너지가 식 (3-34)로 나타내지는 계가 어떤 성질을 가질지에 대해 정성적으로 고찰한다. 논의를 간단하게 하기 위해 Fig. 3-3의 실선처럼 두께가 2ξ인 계면 내에서 phase field가 0으로부터 1까지 직선적으로 변한다고 가정한다. 자유 에너지 범함수 (3-34)에서 첫 번째 항인 $g(\phi)$를 들여다보자. $g(\phi)$는 $\phi=0$이거나 $\phi=1$일 때 최소화된다. 만약 Fig. 3-3의 점선처럼 계면의 두께가 0에 수렴한다면 총 자유 에너지에 대한 $g(\phi)$의 기여는 사라진다. 이처럼 $g(\phi)$는 자유 에너지를 낮추기 위해 계면의 두께를 줄이려 한다. 자유 에너지 범함수 (3-34)의 두 번째 항인 구배 에너지를 보자.

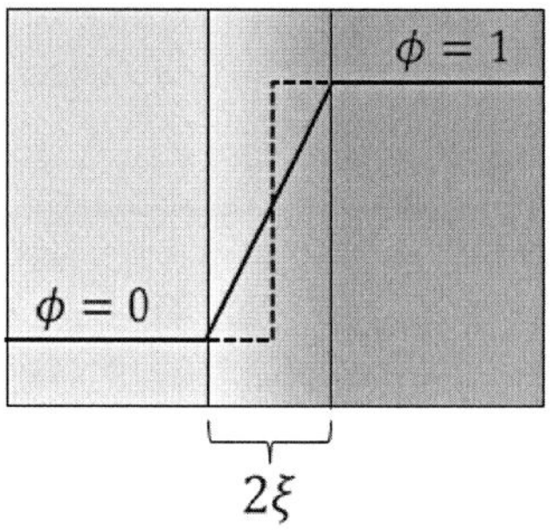

[Fig. 3-3] 두께가 2ξ인 계면 내에서 phase field가 0으로부터 1까지 직선적으로 변하는 가상적인 상황

구배 에너지 항은 phase field가 일정한 값으로 유지되는 결정립 내부의 영역에서는 사라지고, 부피가 $2\xi A$인 결정립계의 영역에서만 $|d\phi/dx| > 0$으로 남는다(여기서 A는 지면에 수직한 계면의 면적이다). 따라서 총 자유 에너지에 대한 구배 에너지의 기여는

$$\frac{\epsilon^2}{2}\int_{\Omega}\left|\frac{d\phi}{dx}\right|^2 d\Omega = \frac{\epsilon^2}{2}\left(\frac{1}{2\xi}\right)^2(2\xi A) = \frac{\epsilon^2 A}{4\xi} \tag{3-35}$$

가 된다. 이 식은 구배 에너지 항이 계면의 두께 2ξ를 늘임으로써 계의 자유 에너지를 낮추려 한다는 것을 의미한다. 이상과 같이, 자유 에너지 범함수 (3-34)에 들어 있는 이중우물 퍼텐셜은 자유 에너지를 낮추기 위해 계면의 두께를 줄이려 하는 반면, 구배 에너지 항은 반대로 계면의 두께를 늘리려한다. 계의 자유 에너지가 최소인 상태는 바로 상반된 두 효과 사이의 균형이 이루어진 상황으로, 이 상태에서 계면의 평형 두께가 결정될 것이다. 그러나 범함수 (3-34)에는 자유 에너지를 낮추는 또 다른 길이 내포되어 있다. $0 < \phi < 1$인 영역과 $|\nabla\phi| \neq 0$인 영역은 둘 다 계면의 영역에 해당한다. 따라서 계면에 해당하는 영역의 전체 부피를 줄임으로써 계의 총 자유 에너지가 감소할 수 있다.

이상의 논의를 요약하면 다음과 같다. 자유 에너지 범함수 (3-34)는 다음을 함축하고 있다: i) 계면의 두께 방향에서 범함수 (3-34)의 두 항은 서로 경쟁한다. 즉, 계면의 두께 2ξ는 두 항 사이의 균형에 의해 결정되며, 따라서 $2\xi \sim \epsilon/\sqrt{\omega}$가 예상된다. ii) 계면의 면 방향을 따라서는 범함수 (3-34)의 두 항이 서로 협력하여 계면의 면적 자체를 줄이고자 하는 계면 에너지 σ의 역할을 한다. 따라서 $\sigma \sim \epsilon\sqrt{\omega}$가 예상된다(여기서 ϵ^2은 J/m의 단위를 가지고 있고, ω는 는 $\mathrm{J/m^3}$의 단위를 가지고 있음에 유의하라).

3.3 Allen-Cahn 방정식의 성질과 파라미터

동일 조성($u_\alpha = u_\beta$)을 갖는 두 개의 결정립(α와 β)과 그들 사이의 결정립계로 구성된 계가 주어져 있다. 여기서 결정립계의 에너지는 일단 등방적이라고 가정한다. 이 계에서 계면 이동에 대한 구동력은 $\Delta f_p = \sigma\kappa$로 주어진다. 식 (2-58)로 주어지는 Δf_p를 이용할 때, 다음의 몇 가지 사항에 대해 주의해야 한다.

i) Δf_p는 $\alpha \to \beta$ 상변태에 따른 자유 에너지의 변화이다.

ii) $\Delta f_p < 0$ 일 때 자유 에너지가 감소하며 $\alpha \to \beta$ 상변태는 가능해진다.

iii) κ는 변태상인 β상의 입장에서 측정된 계면의 곡률이다. α상의 입장에서는 κ 부호가 반대이다.

곡률 효과에 의해 β상이 성장하는 속도, 즉 결정립계가 이동하는 속도 v_n은 구동력 $\sigma\kappa$에 비례할 것이다:

$$v_n = - m\sigma\kappa \tag{3-36}$$

여기서 비례상수 m은 결정립계의 이동도(mobility)이다. 우변에 음의 부호를 붙인 이유는 변태상 β의 곡률 κ가 음의 값을 가지고 있을 때만 β상이 성장하기 때문이다.

식 (3-36)은 곡률에 의해 구동되는 계면 이동(curvature driven motion of interface)이라고 불린다. 식 (3-36)은 결정립계가 가지고 있는 가장 기본적인 성질 중의 하나이다. 따라서 어떠한 방법으로 모델링을 하든, 결정립계의 움직임에 대한 모델은 (3-36)을 재현할 수 있어야 한다. 본 절에서는 자유 에너지 범함수 (3-34)를 이용하여 결정립계의 이동에 대한 Allen-Cahn 방정식을 유도하고, 이 식이 어떻게 그리고 어떤 조건 하에서 식 (3-36)을 재현하는지에 대해 설명한다.

1) Allen-Cahn 방정식의 유도

계의 총 자유 에너지F가 식 (3-34)로 주어지는 계에서, 범함수 미분은 식 (3-12)에 따라 다음으로 나타난다.

$$\frac{\delta F}{\delta\phi} = \omega\frac{dg(\phi)}{d\phi} - \epsilon^2\nabla^2\phi \tag{3-37}$$

여기서 $g(\phi) = \phi^2(1-\phi)^2$이다. 평형 상태는 범함수 미분이 사라지는 조건인

$$\frac{\delta F}{\delta\phi} = 0 \text{ at equilibrium state} \tag{3-38}$$

에 의해 결정된다. 비평형 상태에서 상태의 변화 속도는 그 상태가 변화함으로써 자유 에너지가 얼마나 많이 낮아지느냐에 의존할 것이다. 다시 말하자면, phase field의 시간(t) 변화율은 phase field가 변화함으로써 자유 에너지가 감소하는 크기에 비례할 것이다. 이를 수학적으로 나타내면

$$\frac{\partial \phi}{\partial t} = -M_{\phi}\frac{\delta F}{\delta \phi} \tag{3-39}$$

가 된다. 여기서 M_{ϕ}는 phase field의 이동도이다. 이 식이 유명한 Ginzburg-Landau 식[52]이다. 식 (3-37)을 식 (3-39)에 대입하면 역시 유명한 Allen-Cahn 방정식[13]이 얻어진다.

$$\frac{1}{M_{\phi}}\frac{\partial \phi}{\partial t} = \epsilon^2 \nabla^2 \phi - \omega \frac{dg(\phi)}{d\phi} \tag{3-40}$$

2) 평형 상태에서의 계면 두께

Fig. 3-4와 같은 1차원 계에서 평형 상태에 있는 계면을 생각한다. $x \to -\infty$ 쪽에는 $\phi = 0$인 결정립이, $x \to +\infty$ 쪽에는 $\phi = 1$인 결정립이 있으며 계면영역의 중심위치를 위치를 $x = 0$이라 둔다.

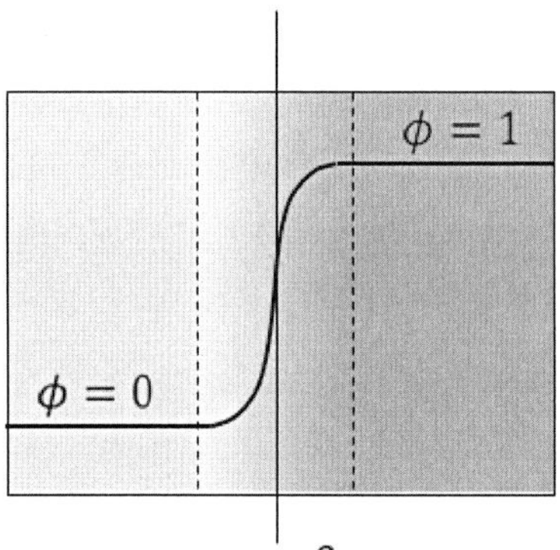

[Fig. 3-4] 평형 상태에 있는 1차원 계면의 phase field 분포

1차원 평형 상태에서 Allen-Cahn 방정식은

$$\epsilon^2 \frac{d^2 \phi}{dx^2} = \omega \frac{dg(\phi)}{d\phi} \tag{3-41}$$

으로 주어지는데, 이 비선형 미분 방정식은 의외로 쉽게 풀린다. 식 (3-41)의 양변에 $d\phi/dx$를 곱한 다음 영역 $[-\infty, x]$에서 적분한다:

$$\epsilon^2 \int_{-\infty}^{x} \frac{d^2\phi}{dx^2}\frac{d\phi}{dx}dx = \omega \int_{-\infty}^{x} \frac{dg}{d\phi}\frac{d\phi}{dx}dx$$
$$\frac{\epsilon^2}{2}\left(\frac{d\phi}{dx}\right)^2\Bigg|_{x=-\infty}^{x} = \omega g(\phi(x))\Bigg|_{x=-\infty}^{x} \tag{3-42}$$

$x \to -\infty$ 에서는 $d\phi/dx \to 0$과 $\phi = 0$이므로, 식 (3-42)는

$$\frac{d\phi}{dx} = \frac{\sqrt{2\omega}}{\epsilon}\sqrt{g(\phi)}$$
$$\frac{\epsilon d\phi}{\sqrt{2\omega g(\phi)}} = dx \tag{3-43}$$

로 된다. 이 식을 다시 $[0, x]$의 구간에서 x에 대해 적분한다: (이 구간은 ϕ의 구간으로는 $[1/2, \phi]$에 대응한다.)

$$\frac{\epsilon}{\sqrt{2\omega}}\int_{1/2}^{\phi}\frac{d\phi}{\sqrt{g(\phi)}} = x \tag{3-44}$$

이중우물 퍼텐셜이 $g(\phi) = \phi^2(1-\phi)^2$로 주어지면, 식 (3-44)는

$$x = \frac{\epsilon}{\sqrt{2w}}\int_{1/2}^{\phi}\frac{d\phi}{\phi(1-\phi)} = \frac{\epsilon}{\sqrt{2w}}\ln\left(\frac{\phi}{1-\phi}\right) \tag{3-45}$$

가 되며, 이 식을 역함수 형태로 바꾸면

$$\phi(x) = \frac{1}{2}\left[1 + \tanh\left(\frac{\sqrt{w}}{\epsilon\sqrt{2}}x\right)\right] \tag{3-46}$$

로 나타낼 수 있다. 이것이 평형 상태에서의 phase field이다. $\phi(x)$의 프로파일을 다음의 Fig. 3-5에 나타냈다. tanh 함수의 지수함수적 특징으로 인해, $\phi(x)$는 유한한 위치에서 엄밀한 0과 1에 도달하지 못한다. 따라서 계면의 두께를 정의하기 위해서는 적절한 위치에서 ϕ를 절단할 필요가 있다. 만약 phase field가 ϕ_a에서 ϕ_b까지 변하는 거리를 계면두께 2ξ로 정의한다면, 식 (3-43)에 의해

$$2\xi = \frac{\epsilon}{\sqrt{2\omega}}\int_{\phi_a}^{\phi_b}\frac{d\phi}{\sqrt{g(\phi)}} \tag{3-47}$$

와 같이 된다. 이중우물 퍼텐셜이 $g(\phi) = \phi^2(1-\phi)^2$으로 주어지는 경우에는, Fig. 3-5에서처럼 $0.1 < \phi < 0.9$의 범위에 해당하는 거리를 계면 두께로 정하는 경우가 많다.

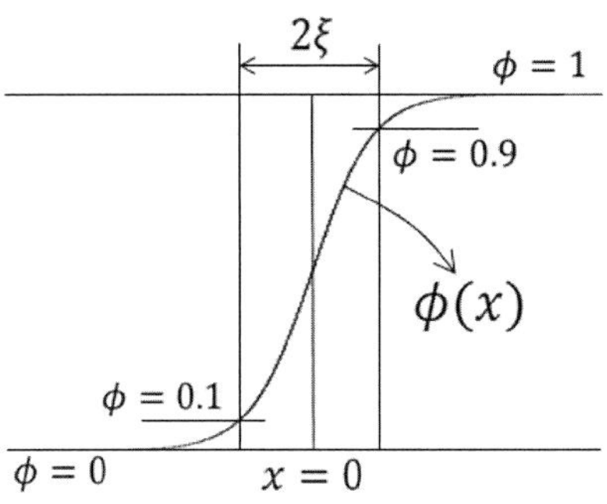

[Fig. 3-5] 평형 상태에서의 phase field 프로파일

이렇게 정의된 계면 두께 2ξ는 Allen-Cahn 방정식의 파라미터인 ϵ및 ω와 특별한 관계를 가지고 있으며, 그 관계는 식 (3-47)로부터 얻어진다:

$$2\xi = \frac{4\epsilon}{\sqrt{2\omega}}\ln 3 \tag{3-48}$$

3) 평형 상태에서의 계면 에너지

평형 상태에서의 계면 에너지는 앞 장에서의 식 (2-146)으로 주어진다. 본 절에서처럼 용질 원자가 없는 경우 또는 두 결정립의 조성 차이가 없는 경우에는 계

면의 과잉 용질 원자의 총 몰 수 Γ^{XS}는 사라지고 계면 에너지는 다음으로 주어진다.

$$\sigma = \frac{G^{XS}}{A} \tag{3-49}$$

즉, 계면 에너지는 계면의 과잉 자유 에너지G^{XS}를 면적이 A이고 두께가 없는 가상적인 면에 부여함으로써 얻어진다. 계의 자유 에너지 범함수 F가 식 (3-34)로 주어져 있을 때, G^{XS}는 다음과 같이 계산된다(단위 면적의 계면을 고려하여 $A=1$로 둔다).

$$\begin{aligned}\sigma = G^{XS} &= \int_{-\infty}^{+\infty}\left(\omega g(\phi)+\frac{\epsilon^2}{2}\left(\frac{d\phi}{dx}\right)^2\right)dx - \omega\int_{-\infty}^{0} g(1)dx - \omega\int_{0}^{\infty} g(0)dx \\ &= \int_{-\infty}^{+\infty}\left(\omega g(\phi)+\frac{\epsilon^2}{2}\left(\frac{d\phi}{dx}\right)^2\right)dx\end{aligned} \tag{3-50}$$

결정립 내부에서의 phase field는 $\phi=0$ 또는 $\phi=1$로서 일정한 값을 가지기 때문에 결정립 내부에서의 적분은 사라지고, 계면 영역만이 적분에 기여한다는 것을 고려하면, 위의 식 (3-50)은 당연한 결과이다. 평형 상태에서는 앞의 관계 (3-43)에 따라

$$\omega g(\phi) = \frac{\epsilon^2}{2}\left(\frac{d\phi}{dx}\right)^2 \tag{3-51}$$

가 성립한다. 식 (3-51)은 식 (3-50)으로 주어지는 계면 에너지에 대해 이중우물 퍼텐셜과 구배 에너지가 정확하게 같은 비율로 기여한다는 것을 의미한다. 식 (3-51)을 식 (3-50)에 대입하면

$$\sigma = \epsilon^2 \int_{-\infty}^{+\infty} \left(\frac{d\phi}{dx}\right)^2 dx \tag{3-52}$$

여기에 식 (3-46)으로 주어지는 평형 상태에서의 phase field 프로파일 $\phi(x)$를 대입하면 계면 에너지가 얻어진다. 그러나 계면 에너지를 조금 더 간단하게 얻기 위해 식 (3-52)를 다음과 같이 변형시킨다.

$$\begin{aligned} \sigma &= \epsilon^2 \int_{-\infty}^{+\infty} \left(\frac{d\phi}{dx}\right)^2 dx = \epsilon^2 \int_0^1 \left(\frac{d\phi}{dx}\right)^2 \frac{dx}{d\phi} d\phi \\ &= \epsilon^2 \int_0^1 \frac{d\phi}{dx} d\phi \end{aligned} \tag{3-53}$$

$d\phi/dx$에 대한 식 (3-43)을 식 (3-53)에 대입하면

$$\sigma = \epsilon \sqrt{2\omega} \int_0^1 \sqrt{g(\phi)}\, d\phi \tag{3-54}$$

가 되며, 여기에 $g(\phi) = \phi^2(1-\phi)^2$를 넣어 적분하면 계면 에너지에 대한 다음의 표현이 얻어진다.

$$\sigma = \frac{\epsilon\sqrt{\omega}}{3\sqrt{2}} \tag{3-55}$$

이상과 같이 계면 두께 (3-47) 및 (3-48)과 계면 에너지 (3-54) 및 (3-55)는 Allen-Cahn 방정식에 들어있는 파라미터 ϵ, ω와 고유의 관계를 갖는다. 이 관계들은 합금의 상변태를 포함한 모든 phase field 모델에서 기본적인 역할을 한다. 그 중요성을 감안하여, 이 결과를 별도로 요약하여 적는다.

요약 1 Allen-Cahn 방정식과 성질

1 Allen-Cahn 방정식

$$\frac{1}{M_\phi}\frac{\partial\phi}{\partial t}=\epsilon^2\nabla^2\phi-\omega\frac{dg(\phi)}{d\phi} \tag{3-56}$$

2 계면 두께(phase field가 ϕ_a에서 ϕ_b까지 변하는 거리)

$$2\xi=\frac{\epsilon}{\sqrt{2\omega}}\int_{\phi_a}^{\phi_b}\frac{d\phi}{\sqrt{g(\phi)}} \tag{3-57}$$

3 계면 에너지

$$\sigma=\epsilon^2\int_{-\infty}^{\infty}\left(\frac{d\phi}{dx}\right)^2 dx=\epsilon\sqrt{2\omega}\int_0^1\sqrt{g(\phi)}\,d\phi \tag{3-58}$$

이중우물 퍼텐셜이 $g(\phi)=\phi^2(1-\phi)^2$일 때,

$$2\xi=\frac{4\epsilon}{\sqrt{2\omega}}\ln 3 \tag{3-59}$$

$$\sigma=\frac{\epsilon\sqrt{\omega}}{3\sqrt{2}} \tag{3-60}$$

Allen-Cahn 방정식을 이용한 전산모사에서, 결정립계의 두께와 에너지가 주어지면 방정식에 들어있는 파라미터 중 ϵ과 ω는 식 (3-57)과 (3-58)로부터 결정될 수 있다. 그러나 Allen-Cahn 방정식 (3-56)에는 아직 결정되지 못한 파라미터 M_ϕ가 남아있다. 이 파라미터의 결정이 다음 절에서 이루어진다. 그 이전에 이중우물 퍼텐셜 $g(\phi)$에 대해 설명해야 할 부분이 더 있다.

본 절과 그 이전 절에서는 이중우물 퍼텐셜로서 $g(\phi)=\phi^2(1-\phi)^2$ 만을 채택했다. 그러나 항상 이 퍼텐셜만 사용될 필요는 없다. 3.2절에서 설명했듯이, 자유 에너지 범함수 (3-34)에서 이중우물 퍼텐셜은 계면의 두께를 좁히는 역할을 함과 동시에 절반만큼의 계면 에너지에 기여를 한다. 이 역할은 퍼텐셜이 $\phi=0$과 $\phi=1$에서 0의 극소값을 갖고 $\phi=1/2$에서 극대값을 갖는 모든 퍼텐셜에서 공통적으로 기대되는 것이다. 따라서 다양한 형태의 이중우물 퍼텐셜이 Allen-Cahn 방정식에서 채용될 수 있다. 예를 들면 $g(\phi)=\phi^{2n}(1-\phi)^{2n}$ (여기서 n은 2보다 큰 양의 정수)와 같은 퍼텐셜도 가능하다[53]. 그러나 이 퍼텐셜은 $\phi^2(1-\phi)^2$에 비해 별다른 이점이 없어서 거의 사용되지 않는다. 그러나 다음의 두 가지 이중우물 퍼텐셜에 대해서는 기억할 필요가 있다.

$$g^d(\phi)=\phi(1-\phi)\ \text{with obstacles of}\ g^d(0)=\infty\ \text{and}\ g^d(1)=\infty \tag{3-61}$$

$$g^s(\phi)=\frac{1}{2}(1-\cos 2\pi\phi) \tag{3-62}$$

퍼텐셜 (3-61)은 이중장벽 퍼텐셜(double obstacle potential) 또는 포물형 퍼텐셜(parabolic potential)이라고 불린다. 이 퍼텐셜은 Steinbach와 Pezzola[32]에 의해 널리 이용되기 시작한 것으로, 다결정체의 결정립 성장과 다상계 상변태의 phase field 모델링에 아주 유용한 성질을 가지고 있다. 이에 대해서는 뒤의 8.1절에서 별도로 자세히 설명한다. 퍼텐셜 (3-62)는 주기적인 삼각함수이다. 주기적인 퍼텐셜은 일반 상변태에서는 그다지 특별한 이점을 갖지 못한다. 그러나 결정 표면에 존재하는 수많은 스텝(step) 사이의 상호작용을 모델링하는 경우에는 주기적인 퍼텐셜이 유용하게 이용될 수 있다[54,55]. 다음의 Fig. 3-6에 여러 형태의 이중우물함수를 그림으로 나타냈다. 여기서 실선이 $\phi^2(1-\phi)^2$의 경우이며, 점선은 식 (3-61)의 이중장벽 퍼텐셜, 파선은 삼각함수 퍼텐셜을 나타낸다.

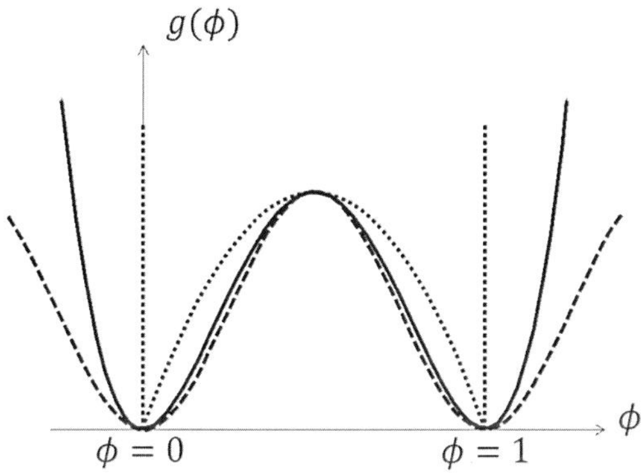

[Fig. 3-6] 여러 형태의 이중우물함수. 실선: $\phi^2(1-\phi)^2$, 점선: 이중장벽 퍼텐셜, 파선: 삼각함수 퍼텐셜

문제

Allen-Cahn 방정식에서 $g(\phi)$가 이중장벽 퍼텐셜 (3-61)과 삼각함수 퍼텐셜 (3-62)로 주어지는 각각의 경우에 대해, 식 (3-59)와 (3-60)에서처럼 ϵ과 ω 함수로서 계면 두께 2ξ와 계면 에너지 σ를 구하라.

4) Phase field 이동도

Allen-Cahn 방정식 (3-56)에는 아직 결정되지 못한 파라미터 M_ϕ가 있다. 이 파라미터는 $\partial\phi/\partial t \neq 0$일 때만 역할을 한다. 따라서 M_ϕ를 결정하기 위해서는 $\partial\phi/\partial t \neq 0$인 경우, 즉 움직이는 결정립계를 고려해야 한다. Fig. 3-7(a)는 비평형 상태에 있는 결정립계를 보여주며, 중앙 위의 사각 박스 부분에 있는 결정립계는 왼쪽으로 이동할 것이다. 이 박스 부분을 확대해서 (b)에 나타냈다.

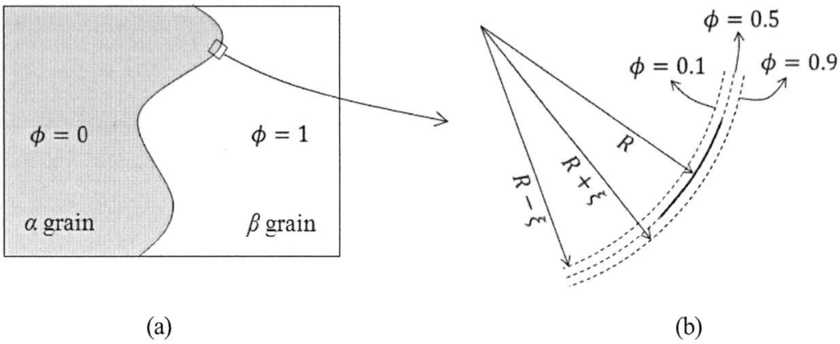

[Fig. 3-7] 비평형 상태에 있는 결정립계. 중앙 위의 사각 박스 부분이 (b)에 확대되어 있다

여기서 결정립계는 유한한 두께를 가지고 있다. 그 두께 2ξ는 앞 절에서처럼 ϕ가 0.1에서 0.9까지 변하는 영역의 두께로 정의되었다. 따라서 $\phi=0.5$인 부분의 곡률 반경을 R이라 하면, $\phi=0.1$과 $\phi=0.9$인 부분의 곡률 반경은 각각 $R-\xi$와 $R+\xi$가 된다. 이제 Allen-Cahn 방정식 (3-56)에서 좌표계를 두 단계로 변환한다. 첫 번째 단계는 Allen-Cahn 방정식을 극좌표에서의 형태로 바꾸는 것이다. ϕ가 원점(결정립계의 곡률 중심)으로부터의 거리 r'과 시간 t에만 의존할 때, $\nabla^2\phi$는

$$\nabla^2\phi = \frac{1}{r}\frac{d}{dr'}\left(r'\frac{d\phi}{dr'}\right) = \frac{d^2\phi}{dr'^2} + \frac{1}{r'}\frac{d\phi}{dr'} \tag{3-63}$$

로 나타내지며, 식 (3-56)은 다음과 같이 된다.

$$\frac{1}{M_\phi}\frac{\partial\phi}{\partial t} = \epsilon^2\frac{d^2\phi}{dr'^2} + \frac{\epsilon^2}{r'}\frac{d\phi}{dr'} - \omega\frac{dg(\phi)}{d\phi} \tag{3-64}$$

여기서 좌표 변환의 두 번째 단계는 거리의 기준을 곡률중심으로부터의 거리 r'이 아니라 계면 중앙(Fig. 3-7(b)에서 $\phi=0.5$인 점선)으로부터의 거리 r로 바꾸는 것이다. r과 r'사이에는 $r=r'-R$의 관계가 성립한다. 따라서 식 (3-64)는 다음과 같이 변한다.

$$\frac{1}{M_\phi}\frac{\partial\phi}{\partial t} = \epsilon^2\frac{d^2\phi}{dr^2} + \frac{\epsilon^2}{(r+R)}\frac{d\phi}{dr} - \omega\frac{dg(\phi)}{d\phi} \tag{3-65}$$

주어진 계에서 결정립계가 움직이면 대부분의 경우 결정립계의 곡률 자체가 변하기 때문에, 계는 완전한 정상 상태에 도달하지 못한다. 그러나 계면의 이동속도에 비해 곡률 변화가 천천히 일어난다면, 충분히 짧은 시간 동안에는 계면의 곡률 변화가 무시될 수 있고 따라서 순간적인 정상 상태가 유지된다고 볼 수 있다. 이 상태에서는

$$\frac{\partial\phi}{\partial t} \simeq -v_n\frac{d\phi}{dx} \tag{3-66}$$

가 성립한다. 이를 준정상 상태(quasi steady state) 또는 순간 정상 상태(instantaneous steady state)라고 하며, 뒤에서도 자주 이용하게 되니 기억하기 바란다. 준정상 상태에서 식 (3-65)는

$$-\frac{v_n}{M_\phi}\frac{d\phi}{dx}=\epsilon^2\frac{d^2\phi}{dr^2}+\frac{\epsilon^2}{(r+R)}\frac{d\phi}{dr}-\omega\frac{dg(\phi)}{d\phi} \tag{3-67}$$

로 된다. 이제 매우 중요한 가정을 한다: 이 식의 우변에서 두 번째 항을 보자. 이 항은 $d\phi/dx$를 $(r+R)$로 나눈 것이다. $d\phi/dx$는 결정립의 내부에서는 항상 0이 되고, 오로지 계면 영역에서만 0이 아닌 값을 갖는다. 이때 계면 영역에서 $r+R$은

$$R-\xi \le r+R \le R+\xi \tag{3-68}$$

범위의 값을 가지고 있다(r이 계면 중앙으로부터의 거리로 정의되었음을 상기할 것). 따라서 만약 계면의 두께 2ξ가 계면의 곡률반경 R에 비해 충분히 작다면, 즉

$$2\xi \ll R \tag{3-69}$$

이 성립한다면, 계면 영역 내에서는 $r+R \simeq R$로 놓을 수 있으며, 식 (3-67)에서 우변의 두 번째 항은

$$\frac{\epsilon^2}{(r+R)}\frac{d\phi}{dr}\simeq\frac{\epsilon^2}{R}\frac{d\phi}{dr} \tag{3-70}$$

와 같이 써질 수 있다. 조건 (3-69)를 얇은 계면 조건(thin interface condition)이라고 부른다. 이 조건은 거의 모든 phase field 모델의 파라미터를 결정하는 과정에서 필수적으로 요구되기 때문에 꼭 기억해야 한다. 이제 식 (3-67)의 양변에 $d\phi/dr$을 곱하고, 얇은 계면의 조건을 적용한 다음, 계의 전체 영역에 대해 적분한다:

$$-\frac{v_n}{M_\phi}\int_{-\infty}^{+\infty}\left(\frac{\partial\phi}{\partial r}\right)^2 dr=\frac{\epsilon^2}{R}\int_{-\infty}^{+\infty}\left(\frac{d\phi}{dr}\right)^2 dr+\frac{\epsilon^2}{R}\int_{-\infty}^{+\infty}\frac{d^2\phi}{dr^2}\frac{d\phi}{dr}dr-\omega\int_{-\infty}^{\infty}\frac{dg}{d\phi}\frac{d\phi}{dr}dr \tag{3-71}$$

여기서 우변의 두 번째 적분은 다음과 같이 사라지고

$$\int_{-\infty}^{+\infty}\frac{d^2\phi}{dr^2}\frac{d\phi}{dr}dr=\frac{1}{2}\left(\frac{d\phi}{dr}\right)^2\Bigg|_{-\infty}^{\infty}=0 \tag{3-72}$$

우변의 마지막 적분도 다음과 같이 사라진다.

$$\int_{-\infty}^{\infty}\frac{dg}{d\phi}\frac{d\phi}{dr}dr=\int_0^1 dg(\phi)=g(1)-g(0)=0 \tag{3-73}$$

PART 3

따라서 식 (3-71)은

$$v_n = -\frac{\epsilon^2 M_\phi}{R} = -\epsilon^2 M_\phi \kappa \tag{3-74}$$

로 귀결되며, Allen-Cahn 방정식에서의 결정립계가 곡률 κ에 비례하는 속도로 이동한다는 것을 명백하게 보여준다. 이처럼 Allen-Cahn 방정식이 3.3절의 서두에서 설명했던 '이동하는 결정립계에 대한 모델이 갖추어야 할 기본 조건'인 (3-36)을 만족한다. 식 (3-36)과 식 (3-74)를 비교하면 실제 계면의 이동도 m과 Can-Allen 방정식에서의 phase field 이동도 M_ϕ 사이의 관계가 다음과 같이 얻어진다.

$$m = \frac{\epsilon^2}{\sigma} M_\phi \tag{3-75}$$

여기서 ϵ은 앞의 식 (3-57)과 (3-58)로부터 이미 결정된 파라미터이다. 따라서 결정립계의 이동도 m과 계면 에너지 σ가 실험적으로 결정되면, 식 (3-75)로부터 M_ϕ가 결정될 수 있다.

여기서 반드시 기억해야 할 점은 얇은 계면의 조건, 즉 결정립계의 곡률 반경이 계면의 두께보다 충분히 크다는 가정 아래에서 식 (3-75)가 얻어졌다는 사실이다. 결정립계의 곡률 반경이 너무 작은 경우에는 식 (3-70)의 근사가 성립하지 않는다. 이로 인해 식 (3-67)과 (3-71)에서 우변의 두 번째 적분이 이루어질 수 없으며, 결정립계의 이동속도 v_n도 더 이상 곡률 κ에 비례하지 않는다. 그렇다면 Allen-Cahn 방정식을 이용한 실제 전산모사에서 결정립계의 곡률 반경 R이 결정립계의 두께 2ξ보다 어느 정도 더 커야 식 (3-74)와 (3-75)의 거동이 보장되는가? 필자의 경험으로는 개략적으로 $R \geq 3\xi$이다. 즉, 결정립의 반지름이 계면두께 2ξ의 1.5배보다 더 크면 식 (3-74)와 (3-75)가 비교적 잘 만족되는 것으로 나타난다.

5) 이방성을 갖는 Allen-Cahn 방정식

두 결정립 사이의 계면 에너지는 misorientation과 inclination에 따라 달라진다. 두 결정립의 상대적인 방위관계가 정해져 있으면, misorientation은 일정한 상수로 남게 되며, 따라서 Allen-Cahn 방정식은 변하지 않는다. 이와는 달리 계면의 inclination은 계면에 수직한 단위 벡터의 함수이기 때문에 계면의 위치마다 다를 수 있다. 더구나 계면 에너지 σ뿐만 아니라, 계면의 두께 2ξ도 inclination에 따라 변하지 않는다는 보장은 없다. 이와 같은 계면 특성의 inclination 의존성을 고려하려면, Allen-Cahn 방정식을 수정해야 한다. 또한, phase field 이동도인 M_ϕ도 당연히 이방성을 가질 수 있다. 그러나 M_ϕ는 Ginzburg-Landau 방정식 (3-39)에서 범함수 미분의 밖에 위치해 있기 때문에 Allen-Cahn 방정식의 형태에 영향을 미치지는 못한다.

Inclination에 따른 이방성을 고려한 Allen–Cahn 방정식을 찾기 위해, 식 (3–59)와 (3–60)을 다시 들여다보자. 두 식으로부터, ϵ과 ω는 다음과 같이 2ξ와 σ의 함수로 나타내질 수 있다.

$$\omega = (6\ln 3)\frac{\sigma}{\xi} \tag{3–76}$$

$$\epsilon = \sqrt{\frac{3\xi\sigma}{\ln 3}} \tag{3–77}$$

3차원에서 θ(polar angle)와 방위각 φ(azimuthal angle)의 함수인 계면 에너지를 $\sigma = \sigma_0 f_\sigma(\theta,\varphi)$로 쓴다. 여기서 σ_0는 상수이고, $f_\sigma(\theta,\varphi)$는 계면 에너지의 이방성을 나타내는 함수이다. 물론 이방성 함수 f_σ는 θ와 φ외에 어떤 다른 변수로 표현해도 좋다. 예를 들어 f_σ는 계면에 수직한 단위 벡터의 성분인 n_x, n_y, n_z의 함수로 나타낼 수도 있다.

이제 계면 두께 2ξ가 등방적인 경우와 이방적인 경우를 각각 고려한다. i) 2ξ가 등방적인 경우: 식 (3–76)과 (3–77)에 따라 ω와 ϵ은 각각 $\omega = \omega_0 f_\sigma(\theta,\varphi)$와 $\epsilon = \epsilon_0\sqrt{f_\sigma(\theta,\varphi)}$의 형태로 되어, ω와 ϵ 둘 다 이방성을 갖게 된다. ii) 2ξ가 σ와 동일한 형태의 이방성을 갖는 경우: $2\xi = 2\xi_0 f_\sigma(\theta,\varphi)$가 되고 따라서 식 (3–76)과 (3–77)로부터 ω는 상수로 남는 반면, ϵ은 $\epsilon = \epsilon_0 f_\sigma(\theta,\varphi)$로 되어 항상 계면 에너지와 동일한 형태의 이방성을 갖게 된다. ii)의 경우가 i)의 경우에 비해 Allen–Cahn 방정식과 관련된 수식 전개가 더 간단해지기 때문에, 이방성을 다루는 모든 phase field 모델은 ii)의 접근을 따르고 있다[27–29]. ii)의 경우를 다시 정리하면,

$$\omega = (6\ln 3)\frac{\sigma_0 f_\sigma(\theta,\varphi)}{\xi_0 f_\sigma(\theta,\varphi)} = (6\ln 3)\frac{\sigma_0}{\xi_0} = \mathrm{const} \tag{3–78}$$

$$\epsilon = \sqrt{\frac{3}{\ln 3}\xi_0 f_\sigma(\theta,\varphi)\sigma_0 f_\sigma(\theta,\varphi)} = \sqrt{\frac{3}{\ln 3}\xi_0\sigma_0}\, f_\sigma(\theta,\varphi) \equiv \epsilon_0 f_\sigma(\theta,\varphi) \tag{3–79}$$

가 된다. 이처럼 ϵ이 inclination에 대한 의존성을 가지는 반면 ω는 상수로 유지될 때, 자유 에너지(3–34)에 대한 범함수 미분을 얻는 과정은 이미 앞의 3.1절에서 자세히 설명하였으며, 3차원에 대한 범함수 미분과 2차원에 대한 범함수 미분은 각각 식 (3–20)과 식 (3–28) 또는 식 (3–33)으로 나타난다. 이들과 더불어 Ginzburg–Landau 방정식 (3–39)를 이용하면, 다음과 같이 이방적 Allen–Cahn 방정식(anisotropic Allen–Cahn equation)이 얻어진다.

3차원의 경우

$$\frac{1}{M_\phi}\frac{\partial\phi}{\partial t}=\nabla\cdot\epsilon^2\nabla\phi-\omega\frac{dg(\phi)}{d\phi}+\frac{\partial}{\partial x}\left(|\nabla\phi|^2\epsilon\frac{\partial\epsilon}{\partial(\partial_x\phi)}\right)+\frac{\partial}{\partial y}\left(|\nabla\phi|^2\epsilon\frac{\partial\epsilon}{\partial(\partial_y\phi)}\right)+\frac{\partial}{\partial z}\left(|\nabla\phi|^2\epsilon\frac{\partial\epsilon}{\partial(\partial_z\phi)}\right) \tag{3-80}$$

2차원의 경우

$$\frac{1}{M_\phi}\frac{\partial\phi}{\partial t}=\nabla\cdot\epsilon^2\nabla\phi-\omega\frac{dg(\phi)}{d\phi}-\frac{\partial}{\partial x}\left(\epsilon\epsilon'\frac{\partial\phi}{\partial y}\right)+\frac{\partial}{\partial y}\left(\epsilon\epsilon'\frac{\partial\phi}{\partial x}\right) \tag{3-81}$$

여기서 M_ϕ는 식 (3-75)에 따라 결정되어야 한다. 즉, 실험적으로 측정된 계면 이동도의 이방성 $f_m=f_m(\theta,\varphi)$가 주어져 있으면, M_ϕ는 다음과 같이 정해진다.

$$M_\phi=\frac{m\sigma}{\epsilon^2}=\frac{m_0 f_m(\theta,\varphi)\sigma_0 f_\sigma(\theta,\varphi)}{\epsilon_0^2\, f_\sigma(\theta,\varphi)^2}=\frac{m_0\sigma_0}{\epsilon_0^2}\frac{f_m(\theta,\varphi)}{f_\sigma(\theta,\varphi)} \tag{3-82}$$

여기서 볼 수 있듯이 실제 결정립계의 이동도 m이 등방적이라 해도, 결정립계의 에너지가 이방적인 한, phase field의 이동도 M_ϕ는 이방적이어야 한다.

식 (3-80)을 이용하려면, 파라미터 ϵ이 식 (3-17)로 정의된 $\vec{n}=(n_x,n_y,n_z)$의 함수로 표현되어야 한다. 이는 계면 에너지의 이방성이 계면에 수직한 단위 벡터의 함수로 주어져야 함을 의미한다. 만약 이차원의 경우임에도 불구하고 계면 에너지가 $\vec{n}=(n_x,n_y)$의 함수로 주어져 있다면, 식 (3-80)을 사용하되, 마지막 항을 무시하면 된다. 만약 2차원에서 ϵ이 경사각 θ의 함수로 주어졌다면 식 (3-81)을 이용하는 것이 더 편하다.

구체적인 예를 들어보겠다. 2차원에서 계면 에너지의 이방성이 $\sigma=\sigma_0(1+\delta_\sigma)\cos 4\theta$ 으로, 계면의 이동도 m이 상수 m_0로, 그리고 평균 계면 두께 $2\xi_0$가 주어져 있다고 하자. 그러면 식 (3-78), (3-79) 및 (3-82)으로부터 다음이 구해진다.

$$\omega=(6\ln 3)\frac{\sigma_0}{\xi_0} \tag{3-83}$$

$$\epsilon=\sqrt{\frac{3}{\ln 3}\xi_0\sigma_0}(1+\delta_\theta\cos 4\theta)\equiv\epsilon_0(1+\delta_\theta\cos 4\theta)\ \text{and}\ \epsilon'=\frac{d\epsilon}{d\theta}=-4\epsilon_0\delta_\sigma\sin 4\theta \tag{3-84}$$

$$M_\phi=m\frac{\sigma}{\epsilon^2}=m\frac{\sigma_0(1+\delta_\theta\cos(4\theta))}{\epsilon_0^2(1+\delta_\theta\cos(4\theta))^2}\equiv\frac{M_\phi^0}{1+\delta_\sigma\cos 4\theta} \tag{3-85}$$

식 (3-83)~(3-85)을 식 (3-81)에 대입하면, 수치계산에서 사용할 최종 식이 얻어진다.

3.4 단일 입계의 전산모사

Allen - Cahn 방정식을 컴퓨터를 이용하여 수치적으로 풀면, 이 방정식에 의해 지배되는 입계의 거동에 대한 모든 정보가 얻어질 수 있다. 본 절에서는 입계의 거동에 대한 전산모사의 예를 설명한다. 우선 가장 간단한 경우로서 정지해 있는 평면계면에서 phase field의 분포를 수치적으로 구하고, 그 결과를 이론적인 해와 비교하는 코드를 설명한다. 다음 단계로 큰 결정립 내부에 존재하는 작은 결정립이 시간에 따라 소멸해가는 과정에 대한 전산모사 코드를 설명한다. 여기서는 입계 에너지가 등방적인 경우와 이방적인 경우로 나누어 제시된다.

1) 1차원 결정립계

- line 4: 현재 시간 스텝과 이전 시간 스텝에서의 phase field를 각각 PHI와 PPP로 나타냄.
- line 9, 10: 그리드 크기와 입계 에너지 σ.
- line 11: 입계 두께 $2\xi = 5\Delta x$
- line 12: 입계 이동도 m
- line 14 ~ 16: ϵ, ω, M_ϕ와 σ, 2ξ, m사이의 관계
- line 33 ~ 39: 1차원 Allen - Cahn 방정식의 수치 해를 구한다.
- line 46: Phase field 분포의 이론적 해(3-46)
- 전산모사 결과(수치 해와 이론 해의 비교)

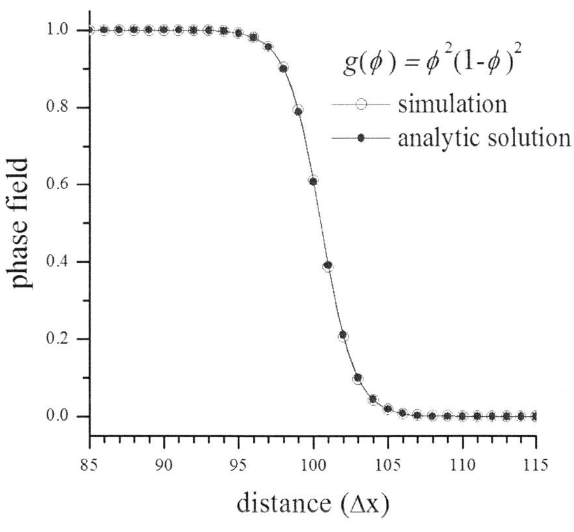

[Fig. 3-8] 평면 입계에서 phase field의 평형 분포. 청색 점은 이론 해이며, 적색 원은 수치계산의 결과이다. 둘 사이의 일치 정도는 2ξ 내에 들어있는 그리드의 수를 늘려줄수록 향상된다

```
C     One dimensional Cahn-Allen model of a flat interface

      PARAMETER(IM=200) ! system size
      DIMENSION PHI(-1:IM+2),PPP(-1:IM+2) ! Phase fields
      OPEN(11,FILE='PROFILE.DAT',STATUS='UNKNOWN') ! data output
C     ----------------------------------------------------------------------
      ! Parameters
      PI=4.*ATAN(1.) ! definition of Pi
      DXL=1. ! Grid size in X-direction
      SIGMA=1. ! inetrface energy
      AETA=DXL*2.5 ! half interface width
      ZMOB=1. ! interface mobility
      TIFACTOR=0.7 ! time factor for numerical stability
      CEP=SQRT(3.*AETA*SIGMA/LOG(3.)) ! epsilon
      WWW=6.*LOG(3.)*SIGMA/AETA ! omega: height of double-well potential
      EMM=ZMOB*SIGMA/CEP**2. ! M_phi: phase field mobility
C     ----------------------------------------------------------------------
      ! Initial condition
      DO I=1,IM
      PHI(I)=0.
      IF(I.LE.IM/2)PHI(I)=1. ! Two grains system
      ENDDO
C     ----------------------------------------------------------------------
      DTTIME=DXL**2./(2.*(CEP**2.*EMM))*TIFACTOR ! Time interval
      NNN=0
  400 NNN=NNN+1 ! number of time step
      TTIME=TTIME+DTTIME ! physical time
      DO I=1,IM
      PPP(I)=PHI(I) ! update of phase field
      ENDDO
C     ----------------------------------------------------------------------
      ! Solution of CH equation
      DO I=1,IM
      PP1=PPP(I)
      PP2=PPP(I+1)
      PP3=PPP(I-1)
      PHIXX=(PP2-2.*PP1+PP3)/DXL**2. ! second derivative of phase field
      DF=CEP**2.*PHIXX-WWW*4.*PP1*(1.-PP1)*(0.5-PP1)
      PHI(I)=PPP(I)+DTTIME*EMM*DF ! phase field ar new time step
      ENDDO
C     ------------------------------------------------------------
      ! Compare the profile with the analytic solution
      IF(NNN.EQ.1000)THEN
      DO I=IM/2-15,IM/2+15
      X=DXL*(FLOAT(I-IM/2)-0.5)
      PHI_PREDICTION=1./2.*(1.-TANH(SQRT(WWW/2.)/CEP*X)) ! Analytic solution
      WRITE(*,200)NNN,I,PHI(I),PHI_PREDICTION
      WRITE(11,200)NNN,I,PHI(I),PHI_PREDICTION
      ENDDO
      GOTO 600
  200 FORMAT(2X,I6,2X,I3,2(2X,F9.3))
      ENDIF
C     ------------------------------------------------------------
      GO TO 400
  600 STOP
      END
```

2) 고립된 결정립의 소멸과정: 등방적 입계 에너지

- line 14 ~ 23: 파라미터의 정의
- line 26 ~ 34: 초기 조건($\phi = 0$으로 정의되는 기지(matrix) 결정립의 중앙에 $\phi = 1$로 정의되는 원형 결정립이 놓여 있다.)
- line 51 ~ 63: 2차원 Allen-Cahn 방정식의 수치 해를 구한다.
- line 67 ~ 73: 결정립의 면적을 측정하고 이로부터 결정립의 반지름을 계산한다.
- line 74: 결정립의 반지름 변화에 대한 이론 해
- line 80 ~ 92: 결정립 형태 변화에 대한 그래픽 출력

‖ 전산모사 결과 ‖

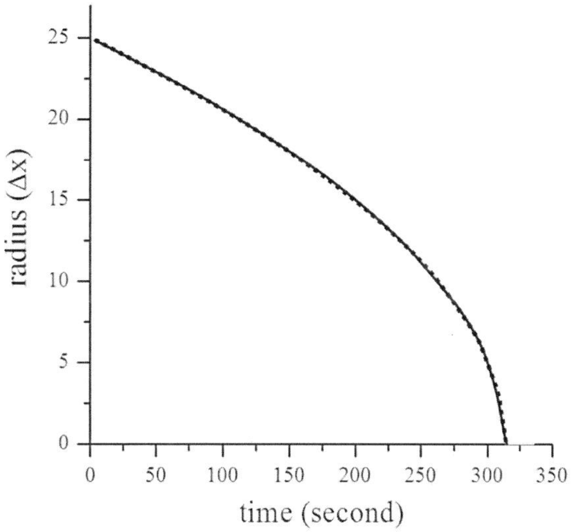

[Fig. 3-9] 시간에 따른 결정립의 반지름 변화. 여기서 점선은 이론 해의 결과이며, 실선은 전산모사의 결과이다. 두 결과는 거의 완전히 서로 겹친다

```
C     Two dimensional ISOTROPIC Cahn-Allen model

      USE MSFLIB ! use graphic window

      PARAMETER(IM=100,JM=100) ! system size
      DIMENSION PHI(-1:IM+2,-1:JM+2),PPP(-1:IM+2,-1:JM+2) ! Phase fields

      WRITE(*,*) 'CALCULATING...' ! data window
      OPEN(10, FILE='USER', TITLE='PHASE FIELD METHOD') ! graphic window
      OPEN(11,FILE='RADIUS.DAT',STATUS='UNKNOWN') ! data: grain radius

C     ----------------------------------------------------------------------
      ! Parameters
      PI=4.*ATAN(1.) ! definition of Pi
      DXL=1. ! Grid size in X-direction
      DYL=DXL ! Grid size in Y-direction
      SIGMA=1. ! inetrface energy
      AETA=DXL*3. ! half interface width
      ZMOB=1. ! interface mobility
      TIFACTOR=0.8 ! time factor for numerical stability
      CEP=SQRT(3.*AETA*SIGMA/LOG(3.)) ! gradient energy coefficient
      WWW=6.*LOG(3.)*SIGMA/AETA ! height of double-well potential
      EMM=ZMOB*SIGMA/CEP**2. ! phase field mobility
C     ----------------------------------------------------------------------
      ! Initial condition
      RAD_INI=FLOAT(1*IM)/4. ! initial radius of inner grain
      DO I=1,IM
      DO J=1,JM
      PHI(I,J)=0.
      IF((FLOAT(I-IM/2)**2+FLOAT(J-JM/2)**2-RAD_INI**2).LT.0.)THEN
      PHI(I,J)=1.
      ENDIF
      ENDDO
      ENDDO

C     ----------------------------------------------------------------------
      DTTIME=DXL**2./(4.*(CEP**2.*EMM))*TIFACTOR ! Time interval

      NNN=0
  400 NNN=NNN+1 ! number of time step
      TTIME=TTIME+DTTIME ! physical time

      DO I=1,IM
      DO J=1,JM
      PPP(I,J)=PHI(I,J) ! Update of phase field
      ENDDO
      ENDDO

C     ----------------------------------------------------------------------
      ! Solution of CH equation
      DO I=1,IM
      DO J=1,JM
      PP1=PPP(I,J)
      PP2=PPP(I+1,J)
      PP3=PPP(I-1,J)
      PP4=PPP(I,J+1)
      PP5=PPP(I,J-1)
      PHIXX=(PP2-2.*PP1+PP3)/DXL**2. ! second derivative of phase field
      PHIYY=(PP4-2.*PP1+PP5)/DYL**2. ! second derivative of phase field
      DF=CEP**2.*(PHIXX+PHIYY)-WWW*4.*PP1*(1.-PP1)*(0.5-PP1)
```

```
      PHI(I,J)=PPP(I,J)+DTTIME*EMM*DF ! phase field ar new time step
      ENDDO
      ENDDO

C     -----------------------------------------------------------------------
      ! Finding average radius of inner grain !
      AREA=0.
      DO I=1,IM
      DO J=1,JM
      AREA=AREA+PHI(I,J) ! area of inner grain
      ENDDO
      ENDDO
      RADIUS=SQRT(AREA/PI) ! radius of inner grain at current time step
      ZZZ=RAD_INI**2.-2.*ZMOB*SIGMA*TTIME
      RADIUS_THEORY=0.
      IF(ZZZ.GE.0)RADIUS_THEORY=SQRT(ZZZ)

C     -----------------------------------------------------------------------
      ! Graphic dispaly
        IF(MOD(NNN,100).EQ.0)THEN
      DO I=1,IM
      DO J=1,JM
      ZP=PPP(I,J)
      ICOLOR=#FFFFFF
        IF(ZP.GE.0.9)ICOLOR=#FFAAAA ! color for inner grain
        IF(ZP.GT.0.1.AND.ZP.LT.0.9)ICOLOR=#0 ! color for interfacial region
      LPX=10+I
      LPY=10+J
      ISTATUS = SETPIXELRGB( INT2(LPX),INT2(LPY),ICOLOR)
      ENDDO
      ENDDO
        ENDIF

C     ----------------------------------------------------------------
      IF(MOD(NNN,10).EQ.0)THEN
      WRITE(*,222)NNN,TTIME,RADIUS,RADIUS_THEORY ! write on monitor
      WRITE(11,222)NNN,TTIME,RADIUS,RADIUS_THEORY ! write on file
      ENDIF
  222 FORMAT(2X,I8,2X,E12.4,2(2X,F8.3))
      IF(RADIUS.LE.0.001.AND.RADIUS_THEORY.LE.0.001)GOTO 600

      GO TO 400
  600 STOP
      END
```

3) 고립된 결정립의 소멸과정: 이방적 입계 에너지

다음에 제시하는 전산모사 코드의 특징은 다음과 같다.

1) 초기 조건은 기지 결정립 내에 바로 선 다이아몬드 형태의 결정립이 존재하는 경우이다.
2) 이방적 Allen - Cahn 방정식 (3-81)을 수치적으로 푼다.
3) 두 가지의 서로 다른 이중우물 퍼텐셜인 $g=\phi^2(1-\phi)^2$와 $g=\phi(1-\phi)$을 사용하여 그 결과를 비교할 수 있다.

4) 입계 에너지의 θ에 대한 의존성은 $\sigma = \sigma_0(1 + \alpha\cos(4\theta))$로 가정한다. 여기서 θ는 계면에 수직한 벡터가 결정학적 (10)축과 이루는 각이다.
5) 이방성의 크기 α는 0에서 1사이의 임의의 값을 취할 수 있다. 2.3절의 3)항에서 설명했듯이, $\alpha > 1/15$일 때는 입계의 형태에 코너가 생긴다. 본 코드의 예에서는 $\alpha = 0.2$를 취했으며, 따라서 날카로운 코너가 생기는 것을 볼 수 있다.
6) 결정립의 결정학적 (10)축은 x축과 30도를 이루는 것으로 입력하였다. 따라서 계면 에너지가 최대로 되는 방향, 즉 코너가 형성되는 방향은 x축과 30도를 이룬다.
7) 입계 이동도는 등방적인 것으로 가정한다. 즉, 식 (3-82)에서 $f_m = 1$로 취하였다. 이 경우에 phase field의 이동도 M_ϕ는 식 (3-82)에 따른 이방성을 가져야 한다.
8) 이방적 Allen-Cahn 방정식을 풀 때 식 (3-81)을 이용하는 대신, 식 (3-33)을 이용할 수도 있다. $\alpha < 1/15$일 때는 식 (3-33)과 식 (3-81)이 동일한 전산모사 결과를 준다. 그러나 입계에 코너가 형성되는 $\alpha < 1/15$의 경우에는, 식 (3-33)을 사용하면 계산이 망가지는 반면, 식 (3-81)을 사용하면 계산이 안정적으로 진행된다. 이러한 면을 감안할 때, 수치계산적인 측면에서 식 (3-81)이 더 강인하다. 반면에 코드의 작성은 식 (3-33)을 사용하는 편이 훨씬 더 간단하다. 뒤에서 순물질과 합금에서의 수지상 응고에 대한 전산모사의 예를 보여줄 때는 식 (3-33)을 사용할 것이다. 만약 독자들이 각진 수지상의 성장을 보고 싶다면, 수지상 성장 코드에서 식 (3-33)의 풀이 부분을 식 (3-81)의 풀이로 교체하면 된다.
9) 독자들은 여러 가지 서로 다른 α값에 대해 전산모사를 수행하고, 관찰되는 결정립의 형태를 평형결정형태인 식 (2-166)과 비교해보기 바란다.

첨부한 코드의 상세 내용은 다음과 같다.

- line 17: 두 가지의 서로 다른 이중우물 퍼텐셜을 선택
  (LP=1 → $g = \phi^2(1-\phi)^2$, LP=2 → $g = \phi(1-\phi)$)
- line 26~30: $g = \phi^2(1-\phi)^2$에 대한 ϵ, ω, M_ϕ와 σ, 2ξ, m사이의 관계
- line 31~34: $g = \phi(1-\phi)$에 대한 ϵ, ω, M_ϕ와 σ, 2ξ, m사이의 관계
- line 37: 입계 이동도의 이방성은 없음(등방적)
- line 38: 입계 에너지 σ는 이방적임(뒤에서 보듯이 $\sigma(\theta) = \sigma_0(1 + \alpha\cos(4\theta))$이다.)
- line 39: x축과 결정학적 (10)축 사이의 각도(30도로 세팅되어 있다.)
- line 43~55: 초기 조건(다이아몬드 형태)
- line 71~82: 본 계산에서는 필요 없으나, 입계가 시스템의 경계와 닿을 때는 필요하다.
- line 86~103: 입계에 수직한 방향과 x축 사이의 각도인 $\theta = \tan^{-1}(\phi_y/\phi_x)$를 구한 다음, 이 값에 x축과 (10)축 사이의 각인 TILT를 더해줌. 결과적인 ANGLE(I, J)는 임의의 한 점에서 입계에 수직한 벡터와 (10)축 사이의 각도가 된다.

- line 114 ~ 118: $0 \le \phi \le 1$인 그리드과 그 이웃 그리드에서만 계산을 수행한다.
- line 119 ~ 169: 이방적 Allen - Cahn 방정식인 식 (3-81)을 푼다.
- line 132: 식 (3-79)에 의한 $\epsilon(\theta)$
- line 133: $d\epsilon(\theta)/d\theta$
- line 155, 156: 이방적 이동도를 나타내는 식 (3-82)
- line 172 ~ 179: 입계 위치 확인

전산모사 결과

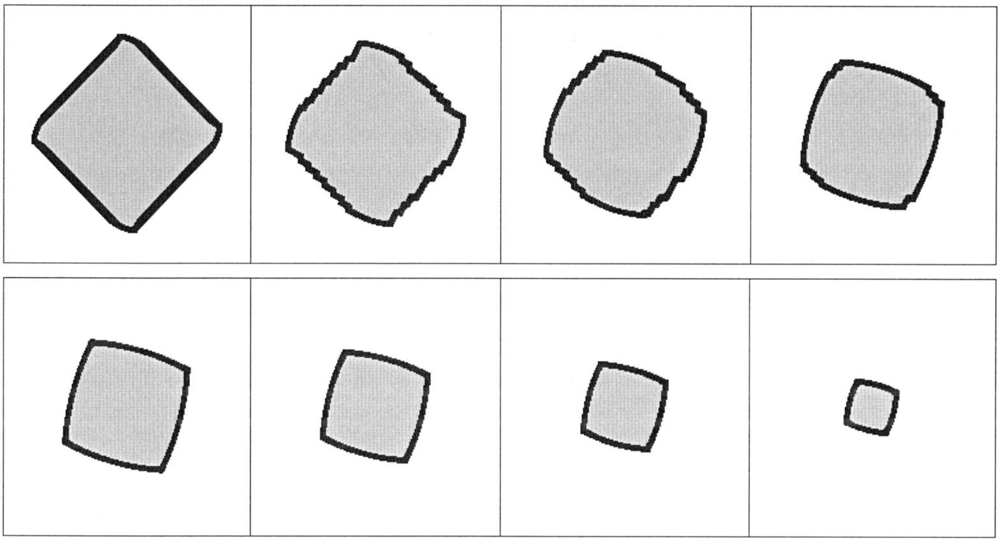

[Fig. 3-10] 이방적 Allen-Cahn 방정식을 이용한 전산모사의 예로서, 기지 결정립 내에 다이아아몬드 형태의 다른 결정립이 존재할 때, 결정립의 형태와 크기가 시간에 따라 변하는 과정. 초기 조건에서 코너는 x축과 0도와 90도를 이루는 방향으로 주어졌으나, 계산이 진행됨에 따라 코너는 x축과 30도와 120도를 이루는 방향으로 변한다. 이와 동시에 결정립의 크기 자체가 줄어든다. 이처럼 결정립계는 자신의 에너지를 낮추기 위해 입계의 방위와 입계의 길이(3차원에서는 면적)를 동시에 변화시킨다

```
C      Two dimensional ANISOTROPIC Cahn-Allen model

       USE MSFLIB

       PARAMETER(IM=200,JM=200) ! system size
       ! Phase fields in current and previous time steps
       DIMENSION PHI(-1:IM+2,-1:JM+2),PPP(-1:IM+2,-1:JM+2)
       ! angle between normal vector to interface and x-axis
       DIMENSION ANGLE(-1:IM+2,-1:JM+2)

       WRITE(*,*) 'CALCULATING...' ! data window
       OPEN(10, FILE='USER', TITLE='PHASE FIELD METHOD') ! graphic window
       OPEN(11,FILE='RADIUS.DAT',STATUS='UNKNOWN') ! data: grain radius

C      ------------------------------------------------------------------
       ! Double-well potential type
       LP=1  ! LP=1: PHI^4 potential, LP=2: parabolic potential
       ! Fixed parameters
       PI=4.*ATAN(1.) ! definition of Pi
       DXL=1. ! Grid size in X-direction
       DYL=DXL ! Grid size in Y-direction
       SIGMA=1. ! inetrface energy
       AETA=DXL*3. ! half interface width
       ZMOB=1. ! interface mobility
       TIFACTOR=0.8 ! time factor for numerical stability
       IF(LP.EQ.1)THEN ! For phi^2*(1-phi)^2 potential
       CEP=SQRT(3.*AETA*SIGMA/LOG(3.)) ! gradient energy coefficient
       WWW=6.*LOG(3.)*SIGMA/AETA ! height of double-well potential
       EMM=ZMOB*SIGMA/CEP**2. ! phase field mobility
       ENDIF
       IF(LP.EQ.2)THEN ! For phi*(1-phi) potential
       CEP=4./PI*SQRT(AETA*SIGMA)
       WWW=2.*SIGMA/AETA
       EMM=ZMOB*SIGMA/CEP**2.
       ENDIF
       ! Control parameters
       BETA=0. ! anisotropy of interface mobility
       ALPHA=0.2 ! anisotropy of interface energy
       TILT=30.*PI/180. ! tilt angle between x-axis and crystal axis

C      ------------------------------------------------------------------
       ! Initial conditions: diamond grain shape at the center of system
       IRAD=2*IM/5 ! initial radius of inner grain
       DO I=1,IM
       DO J=1,JM
       PHI(I,J)=0.
         JY1=JM+IRAD-I
         JY2=JM-IRAD-I
         JY3=IRAD+I
         JY4=-IRAD+I
       IF(J.LT.JY1.AND.J.GT.JY2.AND.J.LT.JY3.AND.J.GT.JY4)THEN
       PHI(I,J)=1.
       ENDIF
       ENDDO
       ENDDO

C      ------------------------------------------------------------------
       ! time interval within numerical stability
       DTTIME=DXL**2./(4.*(CEP**2.*EMM))*TIFACTOR
       NNN=0
```

```
 400  NNN=NNN+1 ! number of time step
      TTIME=TTIME+DTTIME ! physical time
      DO I=1,IM
      DO J=1,JM
      PPP(I,J)=PHI(I,J) ! Update of phase field
      ENDDO
      ENDDO

C     ------------------------------------------------------------------
      ! adiabatic boundary conditions
      DO I=1,IM ! along X-axis
      PPP(I,0)=PPP(I,1)
      PPP(I,JM+1)=PPP(I,JM)
      PPP(I,-1)=PPP(I,2)
      PPP(I,JM+2)=PPP(I,JM-1)
      ENDDO
      DO J=1,JM ! along Y-axis
      PPP(0,J)=PPP(1,J)
      PPP(IM+1,J)=PPP(IM,J)
      PPP(-1,J)=PPP(2,J)
      PPP(IM+2,J)=PPP(IM-1,J)
      ENDDO

C     ------------------------------------------------------------------
      ! finding orientation of grid points within interfacial region
      DO I=0,IM+1
      DO J=0,JM+1
      PP1=PPP(I,J)
      PP2=PPP(I+1,J)
      PP3=PPP(I-1,J)
      PP4=PPP(I,J+1)
      PP5=PPP(I,J-1)
      PSUM=PP1+PP2+PP3+PP4+PP5
      PSS=1.D-4
      IRANGE=0
      IF(PSUM.GE.PSS.AND.PSUM.LE.(5.-PSS))IRANGE=1 ! find interfacial region
              IF(IRANGE.EQ.1)THEN ! Only on interfacial region
      PHIX=(PP2-PP3)/(2.*DXL)
      PHIY=(PP4-PP5)/(2.*DYL)
      ANGLE(I,J)=ATAN(PHIY/(PHIX+1.D-20))+TILT ! orientation of interfac
              ENDIF
      ENDDO
      ENDDO

C     ------------------------------------------------------------------
      ! Solution of phase field equation
      DO I=1,IM
      DO J=1,JM
      PP1=PPP(I,J)
      PP2=PPP(I+1,J)
      PP3=PPP(I-1,J)
      PP4=PPP(I,J+1)
      PP5=PPP(I,J-1)
      PSUM=PP1+PP2+PP3+PP4+PP5
      PSS=1.D-4
      IRANGE=0
      IF(PSUM.GE.PSS.AND.PSUM.LE.(5.-PSS))IRANGE=1 ! find interfacial region
          IF(IRANGE.EQ.1)THEN ! computation Only on interfacial region
      PHIXX=(PP2-2.*PP1+PP3)/DXL**2. ! dphi^2/dx^2_center
      PHIYY=(PP4-2.*PP1+PP5)/DYL**2. ! dphi^2/dy^2_center
```

```
      PHIX=(PP2-PP3)/(2.*DXL) ! dphi/dx_center
      PHIY=(PP4-PP5)/(2.*DYL) ! dphi/dy_center
      PHIXR=(PPP(I+2,J)  -PPP(I,J))/(2.*DXL) ! dphi/dx_right
      PHIXL=(PPP(I,J)    -PPP(I-2,J))/(2.*DXL) ! dphi/dx_lelt
      PHIXT=(PPP(I+1,J+1)-PPP(I-1,J+1))/(2.*DXL) ! dphi/dx_top
      PHIXB=(PPP(I+1,J-1)-PPP(I-1,J-1))/(2.*DXL) ! dphi/dx_down
      PHIYR=(PPP(I+1,J+1)-PPP(I+1,J-1))/(2.*DYL) ! dphi/dy_right
      PHIYL=(PPP(I-1,J+1)-PPP(I-1,J-1))/(2.*DYL) ! dphi/dy_left
      PHIYT=(PPP(I,J+2)  -PPP(I,J))/(2.*DYL) ! dphi/dy_top
      PHIYB=(PPP(I,J)    -PPP(I,J-2))/(2.*DYL) ! dphi/dy_down

      ACEP=CEP*(1.+ALPHA* COS(4.*ANGLE(I,J))) ! epsilon(theta)_center
      BCEP=-4.*CEP*ALPHA* SIN(4.*ANGLE(I,J)) ! d(epsilon)/d(theta)_center
      ACEPX=CEP*ALPHA*(   COS(4.*ANGLE(I+1,J))
     &                   -COS(4.*ANGLE(I-1,J)) )/(2.*DXL)
      ACEPY=CEP*ALPHA*(   COS(4.*ANGLE(I,J+1))
     &                   -COS(4.*ANGLE(I,J-1)) )/(2.*DYL)
      ACEPR=CEP*(1.+ALPHA*COS(4.*ANGLE(I+1,J)))
      BCEPR=-4.*CEP*ALPHA*SIN(4.*ANGLE(I+1,J))
      ACEPL=CEP*(1.+ALPHA*COS(4.*ANGLE(I-1,J)))
      BCEPL=-4.*CEP*ALPHA*SIN(4.*ANGLE(I-1,J))
      ACEPT=CEP*(1.+ALPHA*COS(4.*ANGLE(I,J+1)))
      BCEPT=-4.*CEP*ALPHA*SIN(4.*ANGLE(I,J+1))
      ACEPB=CEP*(1.+ALPHA*COS(4.*ANGLE(I,J-1)))
      BCEPB=-4.*CEP*ALPHA*SIN(4.*ANGLE(I,J-1))
      ST=+ACEPT*BCEPT*PHIXT
      SB=+ACEPB*BCEPB*PHIXB
      TR=+ACEPR*BCEPR*PHIYR
      TL=+ACEPL*BCEPL*PHIYL
      ZA=2.*ACEP*(ACEPX*PHIX+ACEPY*PHIY)
      ZB=(ST-SB)/(2.*DYL)
      ZC=(TR-TL)/(2.*DXL)
      AAN=ZA+ZB-ZC

      FMM=EMM*(1.+BETA*COS(4.*ANGLE(I,J)))
     &      /(1.+ALPHS*COS(4.*ANGLE(I,J))) ! anisotropic mobility
      IF(LP.EQ.1)THEN ! for phi^2*(1-phi)^2 potential
      DF=AAN+ACEP**2.*(PHIXX+PHIYY)-WWW*4.*PP1*(1.-PP1)*(0.5-PP1)
      PHI(I,J)=PPP(I,J)+DTTIME*FMM*DF
      ENDIF
      IF(LP.EQ.2)THEN ! for phi*(1-phi) potential
      DF=AAN+ACEP**2.*(PHIXX+PHIYY)-WWW*(1.-2.*PP1)
      PHI(I,J)=PPP(I,J)+DTTIME*FMM*DF
        IF(PHI(I,J).GE.1.)PHI(I,J)=1.
        IF(PHI(I,J).LT.0.)PHI(I,J)=0.
      ENDIF
          ENDIF
      ENDDO
      ENDDO

      ! interface position along I-direction
      POS=0.
      DO I=IM,IM/2,-1
      IF(PHI(I,I).LT.0.5)THEN
      IAA=IC
      ENDIF
      ENDDO
      POS=FLOAT(IAA)+(0.5-PHI(IAA,IAA))/(PHI(IAA,IAA)-PHI(IAA-1,IAA))
      CPOS=POS-FLOAT(IM/2)
```

```
C      -----------------------------------------------------------------------
       ! Graphic display
           IF(MOD(NNN,100).EQ.0)THEN
       DO I=1,IM
       DO J=1,JM
       ZP=PPP(I,J)
       ICOLOR=#FFFFFF
       IF(LP.EQ.1)THEN ! for phi^2*(1-phi)^2 potential
         IF(ZP.GE.0.9)ICOLOR=#FFAAAA ! color for inner grain
         IF(ZP.GT.0.1.AND.ZP.LT.0.9)ICOLOR=#0 ! color for interface region
       ENDIF
       IF(LP.EQ.2)THEN ! for phi*(1-phi) potential
         IF(ZP.GE.1.)ICOLOR=#FFAAAA
         IF(ZP.GT.0.AND.ZP.LT.1.)ICOLOR=#0
       ENDIF
       LPX=10+I
       LPY=10+J
       ISTATUS = SETPIXELRGB( INT2(LPX),INT2(LPY),ICOLOR )
       ENDDO
       ENDDO
       IF(J.EQ.JM/2.AND.I.GE.CPOS-5.AND.I.LE.CPOS+5)WRITE(*,*)I,PHI(I,J)
           ENDIF

C      --------------------------------------------------------------
       IF(MOD(NNN,10).EQ.0)WRITE(*,899)NNN,TTIME,POS-IM/2 ! write on monitor
       IF(MOD(NNN,10).EQ.0)WRITE(11,899)NNN,TTIME,POS-IM/2 ! write on file
  899  FORMAT(2x,i6,2(2X,F12.5))
       IF(CPOS.LE.0.)GOTO 600 ! Stop computation when the inner grain disappers
       GO TO 400

  600  STOP
       END
```

4 순물질 응고의 phase field 모델

순물질이 응고될 때, 고액 계면의 형태는 응고 잠열이 어느 쪽으로 빠져나가느냐에 따라 달라진다. 만약 액상의 온도가 용융점보다 높고, 고상의 온도는 용융점보다 낮은 온도로 유지되고 있다면, 계면에서 방출되는 응고 잠열은 고상 쪽으로만 빠져나간다. 이런 상황에서 응고 계면은 항상 평평한 형태를 유지하게 된다. 그러나 만약 액상이 용융점 이하로 과랭되어 있고 또한 액상 내부에서 고상의 응고가 시작된다면, 응고 잠열은 과랭된 액상 쪽으로 빠져나가야 한다. 이러한 상황에서 평평한 고액 계면은 형태적으로 불안정하며 수지상(dendrite)라고 불리는 복잡한 패턴을 형성하게 된다. 수지상의 성장 속도는 물질의 과랭도의 함수이며, 이에 대한 많은 측정이 이루어져 왔다. 그러나 수지상의 성장에 대한 이론적인 접근과 수치해석적인 접근은 둘 다 의외로 어려운 문제인 것으로 드러났다. 1950년대부터 수지상 성장에 대해 수많은 이론적 연구가 이루어졌음에도 불구하고, 실험과 일치하는 올바른 이론인 micro-solvability 이론은 1990년 즈음이 돼서야 완성될 수 있었다[29,56,57]. 이론적 연구와 더불어 수지상 성장에 대한 전산모사 연구도 끊임없이 이어져 왔으며, 역시 1990년을 전후해서 수지상 성장의 3차원 전산모사가 일본의 응용 수학자인 Kobayashi[15,16]에 의해 성공적으로 이루어질 수 있었다. 이때 Kobayashi가 이용한 방법이 phase field 모델이다.

이처럼 phase field 모델의 역사는 순물질에서의 수지상 응고를 이해하고자하는 노력과 궤적을 같이 한다. 그러나 본 장에서 순물질 응고의 phase field 모델을 공부하는 이유가 단지 역사적인 측면에만 있는 것은 아니다. 이전 장의 결정계면에 대한 모델과 더불어, 이 모델은 공업적으로 중요한 합금 상변태에 대한 phase field 모델의 기초를 이루고 있다. 특히, 이 모델의 파라미터를 '얇은 계면 조건'(thin interface condition)에서 결정하는 방법[27-29]은 매우 중요하다. 그 이유는 이렇게 결정된 파라미터를 사용해야만, phase field 전산모사의 계산 효율이 높아지고 계산 결과의 정량적 의미가 담보될 수 있기 때문이다. 본 장에서 이용하는 '얇은 계면 조건에서의 해석'에 대한 접근 방법은 합금의 경우로 확장 적용할 수 있는 발판을 마련해 준다.

본 장의 내용은 다음으로 구성되어 있다. 먼저 고전적인 날카로운 계면(classical sharp onterface)의 입장에서, 순물질 응고를 지배하는 방정식과 그 의미에 대해 간략하게 설명한다. 그 다음으로 순물질 응고에 대한 phase field 모델을 만들고, 이 모델이 가지고 있는 성질을 날카로운 계면 조건(sharp interface condition)과 얇은 계면 조건에서 검토한다.

4.1 순물질 응고의 sharp interface 모델

고상과 액상 사이의 계면(고액 계면)을 두께가 0인 수학적인 면으로 간주할 때, 순물질의 응고 과정은 고상과 액상에서의 열전도, 계면에서의 에너지 보존 및 계면의 열역학적 상태에 의해 지배된다[6-9]. 계 내부의 임의의 한 점의 온도를 T, 비열을 c_p, 열전도도를 k_T라 할 때, 두 상에서의 열전도도는 다음의 식으로 나타내진다.

$$c_p \frac{\partial T}{\partial t} = k_T \nabla^2 T \tag{4-1}$$

열확산 계수 $D_T = k_T / c_p$를 이용하여

$$\frac{\partial T}{\partial t} = D_T \nabla^2 T \tag{4-2}$$

로 써도 좋다. 두 상 사이의 경계면에서는 두 가지의 조건이 만족되어야 한다. 그중 첫 번째는 응고의 결과로서 방출되는 응고 잠열의 양이 계면에서 액상 또는 고상 쪽으로 빠져나가는 열 에너지의 양과 같아야 한다는 조건, 즉 에너지 보존 조건이다. 이는 다음 식으로 표현된다.

$$v_n \Delta H_f = k_T \left(\frac{\partial T}{\partial n} \right)_S - k_T \left(\frac{\partial T}{\partial n} \right)_L \tag{4-3}$$

여기서 v_n은 고액 계면의 이동 속도, ΔH_f는 응고 잠열이며, $(\partial T / \partial n)_S$와 $(\partial T / \partial n)_L$은 각각 계면의 고상 쪽과 액상 쪽에서 계면에 수직한 방향으로의 온도구배이다. 계면에 대한 두 번째 조건은 계면 자체의 온도에 대한 경계조건이다. 고액 계면이 평면 형태이고 움직이지 않는다면, 계면의 온도는 평형 용융 온도 T_m^e 이 되어야 한다. 만약 고액 계면이 임의의 곡률 κ를 가지고 있고 또한 움직이지 않는 평형 상태에 있다면, 계면의 온도는 식 (2-111)에 따라 T_m^e 보다 $\Delta T_R \equiv (T_m^e / \Delta H_f) \sigma \kappa$만큼 더 낮아야 한다. ΔT_R을 곡률 과랭(curvature undercooling) 이라고 한다. 만약 고액 계면이 v_n의 속도로 이동하고 있다면, 액상 쪽에서 고상 쪽으로 원자들의 도약이 일어나야 하며, 이 과정은 유한한 크기의 구동력을 필요로 한다. 이 구동력에 대응하는 과랭의 크기 ΔT_k를 동역학적 과랭(kinetic undercooling)이라고 한다. 계면의 이동 속도가 클수록 계면에서 원자들의 도약 속도는 더 빨라져야 하기 때문에, ΔT_k는 v_n의 단조 증가 함수이어야 한다. 재료에 따라 다르기는 하지만, 둘 사이는 $\Delta T_k = \beta_k v_n$라는 선형적인 관계를 갖는 경우가 많으며, 이때의 β_k를 계면 동역학 계수(interface kinetic coefficient)라고 부른다[6-9](문헌에 따라서는 $\Delta T_k = v_n / \mu_k$로 나타내고, μ_k를 계면 동역학 계수로 부르기도 한다). 고상과 액상의 엔트로피 차이가 그다지 크지 않거나, 또는 계면의 이동 속도가 작을 때

PART 3

ΔT_k는 무시될 수 있다. 이 경우에 대해 '계면에서 국소 평형 조건(local equilibrium condition)이 만족된다'고 말한다. ΔT_k와 ΔT_R의 효과가 모두 존재하는 일반적인 경우에 계면의 온도 T_i는 다음과 같이 된다.

$$T_i = T_m^e - \frac{T_m^e}{\Delta H_f}\sigma\kappa - \beta_k v_n \tag{4-4}$$

식 (4-1)~(4-4)가 sharp interface 모델에서 순물질의 응고 과정을 지배하는 방정식이다. 해석적이든 수치적이든, 이 방정식들만 풀 수 있으면, 주어진 조건에서 계면의 이동 속도와 온도 분포뿐만 아니라 계면의 형태 변화까지 모든 정보를 얻어낼 수 있다. 그러나 해석적인 방법은 고사하고 기존의 수치적 방법으로도 이 식들을 정확하게 풀기는 대단히 어렵다. 사실, 이 식들을 가장 쉬우면서도 가장 정확하게 푸는 방법이 바로 phase field 모델을 이용하는 것이며, 애초에 phase field 모델은 그 목적을 달성하기 위해 고안되었다[14-16]. 지금부터 식 (4-1)~(4-4)에 대응하는 phase field 모델을 어떻게 만드는지, 그리고 그 모델이 어떤 성질을 가지고 있는지를 살펴본다.

4.2 순물질 응고의 phase field 모델

순물질을 위한 모델을 포함해서, 모든 phase field 모델에서는 계 내부에 있는 어떠한 임의의 점(point)들도 변태상과 모상의 mixture라고 간주된다. 본 절처럼 응고를 다루는 경우에는, 임의의 점 $\boldsymbol{x}$에서 임의의 물리량 Q의 값은

$$Q(\boldsymbol{x}) = Q_S(\boldsymbol{x})h(\boldsymbol{x}) + Q_L(\boldsymbol{x})(1 - h(\boldsymbol{x})) \tag{4-5}$$

로 나타내진다. 여기서 h는 점 $\boldsymbol{x}$에서 고상의 분율이다. Q_L과 Q_S은 액상과 고상의 해당 물리량의 값을 의미하며, 그 자체가 $\boldsymbol{x}$의 함수이다. Q는 온도, 농도, 엔탈피, 비열, 열전도도, 확산 계수, 자유 에너지등 정의할 수 있는 어떤 물리량도 될 수 있다.

액상과 고상의 phase field 값을 각각 $\phi = 0$과 $\phi = 1$로 정의한다. 유한한 두께 2ξ를 갖는 계면의 영역에서, $x < 0$인 쪽에 있는 고상에서 $x > 0$인 쪽에 있는 액상 쪽으로 감에 따라, phase field는 1로부터 0로 단조 감소한다. 임의의 한 점에서 고상 분율 $h_S(\boldsymbol{x})$는 $\phi(\boldsymbol{x})$의 함수라고 가정하며, 그 관계를 $h(\phi)$로 쓴다. $h(\phi)$는 $h(0) = 0$과 $h(1) = 1$을 만족하는 ϕ의 단조 증가 함수이다. 이 함수는 가장 간단한 ϕ의 1차식부터 고차 다항식까지 다양한 형태로 될 수 있다. 그러나 이 함수에게

$$h(\phi)+h(1-\phi)=1 \tag{4-6}$$

라는 대칭성을 강요할 필요가 있다(그 이유는 뒤에서 설명한다). 이 대칭성을 만족하는 $h(\phi)$의 예를 다음의 Fig. 4-1의 (a)에 나타냈다. 이 그림에서 볼 수 있듯이, $h(\phi)$에 대한 대칭성 (4-6)은 점 (1/2,1/2)에 대한 180도 회전대칭을 의미한다. 또한 phase field ϕ가 위치 x의 함수이므로, $h(\phi)$는 x의 함수, 즉 $h(x)$로 나타낼 수 있다. 이를 Fig. 4-1의 (b)에 나타냈다. ϕ가 평형 상태에서의 Allen-Cahn 방정식을 만족하고, $h(\phi)$가 식 (4-6)을 만족하면, 함수 $h(x)$는 항상 다음의 대칭성을 만족한다.

$$h(x)+h(-x)=1 \tag{4-7}$$

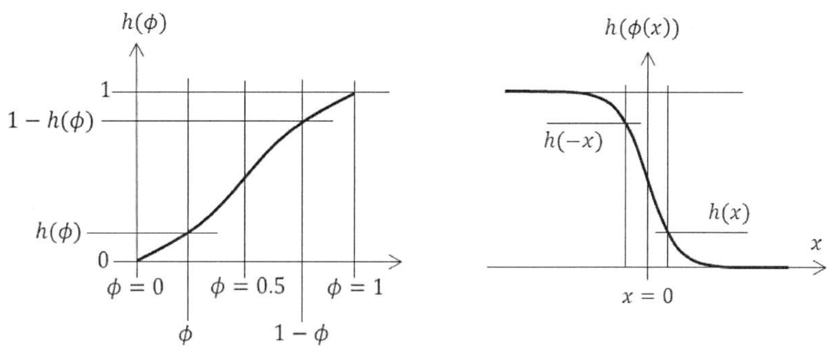

(a) (b)

[Fig. 4-1] (a) 계면에서 phase field ϕ에 따른 $h(\phi)$의 변화의 예 및 (b) 위치 x에 따른 $h(x)$의 변화

대칭성 (4-6)을 만족하는 가장 간단한 함수는

$$h(\phi)=\phi \tag{4-8}$$

이다. 이는 phase field ϕ 자체를 고상 분율로 간주하는 경우이며, 실제로 가장 많이 이용된다. 그러나 다음과 같은 고차 다항식들도 문헌[20,23]에서 자주 채용되고 있다.

$$\begin{aligned} h(\phi)&=\phi^2(3-2\phi) \\ h(\phi)&=\phi^3(6\phi^2-15\phi+10) \end{aligned} \tag{4-9}$$

이제 계의 자유 에너지 범함수를 만들어 보자. 앞의 제3장에서 2개의 결정립과 그 사이에 존재하는 결정립계를 포함하는 계의 자유 에너지 범함수가 식 (3-34)로 주어진 바 있으며, 이 범함수에 의해 계면 에너지가 표현될 수 있었다. 따라서 고상과 액상의 계면 에너지를 고려하기 위해서는 식 (3-34)의 범함수를 구성하는 두 항이 모두 필요하다. 그러나 여기에 더 추가해야할 것이 있다. 제3장에서 계를 구성하는 두 결정립의 자유 에너지 밀도는 서로 같다고 가정되었다. 그러나 본 장에서처럼 응고가 일어나는 계에서는 액상의 자유 에너지 밀도가 고상의 자유 에너지 밀도보다 더 커야 하며, 그 차이는 계의 온도에 따라 달라진다. 계 내부의 임의의 한 점에서 자유 에너지 밀도 $f(\boldsymbol{x})$는 그 점에서의 온도 $T(\boldsymbol{x})$와 $\phi(\boldsymbol{x})$에 따라 달라진다. 따라서 자유 에너지 밀도 f는 T와 ϕ의 함수로 볼 수 있다. f는 식 (4-5)의 형식을 따른다고 가정하면,

$$f(T,\phi) = h(\phi) f^S(T) + (1 - h(\phi)) f^L(T) \tag{4-10}$$

로 주어진다. 이 항을 범함수 (3-34)에 추가하면, 응고가 일어나는 계의 총 자유 에너지는 다음의 범함수로 나타내진다.

$$F = \int_\Omega \left(h(\phi) f^S(T) + (1 - h(\phi)) f^L(T) + \omega g(\phi) + \frac{\epsilon^2}{2} |\nabla \phi|^2 \right) d\Omega \tag{4-11}$$

이 범함수를 Ginzburg-Landau 식 (3-39)에 대입한 다음, 3.1절에서의 범함수 미분을 그대로 따른다. 그러면 응고 계면의 이동, 즉 시간에 따른 ϕ의 변화가 다음과 같이 얻어진다.

$$\frac{1}{M_\phi} \frac{\partial \phi}{\partial t} = \epsilon^2 \nabla^2 \phi - \omega g'(\phi) - h'(\phi) \left(f^S(T) - f^L(T) \right) \tag{4-12}$$

이 식이 순수한 물질의 응고에 대한 phase field 방정식이다.

Phase field 방정식을 유도한 앞의 과정에는 지적해야 할 문제가 있다: Ginzburg-Landau 식 (3-39)에는 자유 에너지가 감소하는 방향으로 응고가 일어난다는 전제가 들어있다. 계가 등온 등압 상태에 있는 한, 이 전제는 옳다. 그러나 본 절에서처럼 응고가 일어나는 계에서는 응고 잠열의 방출에 따라 온도가 불균일해지기 때문에, 계의 총 자유 에너지가 감소하는 방향이 아니라, 계의 총 엔트로피가 증가하는 방향으로 응고가 진행되어야 한다. 따라서 phase field 방정식은 식 (3-34)의 자유 에너지 범함수가 대신, 엔트로피 범함수를 이용하여 유도되어야 한다[20,58]. 그럼에도 불구하고, 본 절에서 우리는 식 (4-12)를 그대로 이용한다. 왜냐하면 엔트로피 범함수를 이용해도 phase field 방정식의 기본 형태는 변하지 않기 때문이다.

자유 에너지 범함수를 이용할 때 발생하는 또 다른 문제는 이 범함수로부터 열의 확산과정에 대한 지배 방정식을 얻을 수 없다는 것이다. 비록 엔트로피 범함수를 이용하여 열확산 방정식을 유도할 수도 있지만[20,58], 그 결과는 잘 알려져 있는 열확산 방정식과 동일하다. 따라서 본 절에서는 열확산 방정식에 대한 별도의 유도과정 없이, 잘 알려진 방정식을 그대로 쓴다:

$$\frac{\partial T}{\partial t} = D_T \nabla^2 T + \frac{\Delta H_f}{c_p} \frac{\partial h(\phi)}{\partial t} \tag{4-13}$$

여기서 $h(\phi)$는 앞에서 정의했던 고상의 부피 분율이다. 이 식의 마지막 항은 응고 잠열의 방출에 따른 온도 변화율을 의미한다.

순물질의 응고에 대한 phase field 모델은 phase field 방정식 (4-12)와 확산 방정식 (4-13)으로 구성되며, 이 한 쌍의 미분 방정식이 응고 과정을 지배한다. 벌크 고상과 벌크 액상에서는 식 (4-13)의 마지막 항은 사라지기 때문에, 식 (4-13)은 식 (4-2)로 돌아간다. 그러나 sharp interface 모델의 지배 방정식 중에서 (4-3)과 (4-4)는 유한한 두께의 계면을 갖는 phase field 모델의 지배 방정식인 (4-12) 및 (4-13)과 상당히 다른 것처럼 보인다. 그러나 계면의 두께가 충분히 얇고, phase field 방정식에 들어있는 파라미터들이 적절히 결정된다면, 식 (4-12)와 (4-13)은 식 (4-3)과 (4-4)를 재현할 수 있다. 먼저 평형 상태에서 현재의 phase field 모델이 갖는 기본 성질을 살펴본 다음, 그 재현 과정을 자세히 설명하겠다.

4.3 Phase field 모델의 성질

먼저 두 상이 평형을 이루는 상태를 먼저 살펴보고, 다음 단계로 고상이 성장하는 비평형 과정을 검토한다.

1) 평형 상태에서의 성질

고상과 액상이 평면 계면을 유지하면서 평형을 이루는 경우를 고려한다. 계의 왼쪽 $x<-\xi$에 $\phi=1$인 고상이 있고, 오른쪽 $x>\xi$에 $\phi=0$인 액상이 있으며, 두께가 2ξ인 계면의 중심($\phi=0.5$인 위치)에 원점 $x=0$을 둔다.

평형 상태에서 계의 온도 T는 일정해야 한다. 따라서 확산 방정식 (4-13)의 해는 $T=\text{const}$가 될 수밖에 없다. 평면 계면의 경우 phase field 방정식 (4-12)는 다음과 같이 된다.

$$\epsilon^2\frac{d^2\phi}{dx}-\omega\frac{dg(\phi)}{d\phi}-\left(f^S(T)-f^L(T)\right)\frac{dh(\phi)}{d\phi}=0 \tag{4-14}$$

이 식의 양변에 $d\phi/dx$를 곱하고 계 전체 영역에 걸쳐 적분하면

$$\epsilon^2\int_{-\infty}^{+\infty}\frac{d^2\phi}{dx^2}\frac{d\phi}{dx}dx-\omega\int_{-\infty}^{\infty}\frac{dg}{d\phi}\frac{d\phi}{dx}dx-\left(f^S(T)-f^L(T)\right)\int_{-\infty}^{\infty}\frac{dh(\phi)}{d\phi}\frac{d\phi}{dx}dx=0 \tag{4-15}$$

앞 장의 식 (3-72)와 (3-73)에서처럼, 첫 번째와 두 번째의 적분은 사라진다. 마지막 적분은

$$\left(f^S(T)-f^L(T)\right)\int_{-\infty}^{\infty}\frac{dh(\phi)}{d\phi}\frac{d\phi}{dx}dx=\left(f^S(T)-f^L(T)\right)\int_1^0 dh(\phi)=f^L(T)-f^S(T) \tag{4-16}$$

가 된다. 따라서 식 (4-15)는 $f^S(T)=f^L(T)$가 된다. 이는 고상과 액상의 자유 에너지가 같아야 평형 상태에 도달한다는 당연하지만 의미있는 결과이다. 이 결과를 다시 식 (4-14)에 대입하면

$$\epsilon^2\frac{d^2\phi}{dx}-\omega\frac{dg(\phi)}{d\phi}=0 \tag{4-17}$$

가 얻어진다. 이 식은 Allen-Cahn 방정식 (3-41)과 동일하다. 따라서 phase field 프로파일 $\phi(x)$는 식 (3-43)으로부터 결정된다. 이를 여기에 다시 쓴다.

$$\frac{d\phi}{dx}=-\frac{\sqrt{2\omega}}{\epsilon}\sqrt{g(\phi)} \tag{4-18}$$

여기서 우변의 부호가 식 (3-43)과는 반대로 바뀌었다. 그 이유는 식 (3-43)은 $x<-\xi$에서 $\phi=0$, $x>\xi$에서 $\phi=1$로 정의되었으나, 여기에서는 반대로 정의되어 있기 때문이다. $g(\phi)=\phi^2(1-\phi)^2$로 주어지면 식 (4-18)의 해가 구체적으로 결정된다:

$$\phi(x)=\frac{1}{2}\left[1-\tanh\left(\frac{\sqrt{w}}{\epsilon\sqrt{2}}x\right)\right] \tag{4-19}$$

(여기서도 $\tanh$앞의 부호가 식 (3-46)과는 반대이다. 그 이유도 식 (4-18)의 경우와 마찬가지다.) 계면의 두께와 계면 에너지도 각각 식 (3-47) 및 식 (3-54)로 나타내진다. 따라서 순물질의 phase field 모델이 평형 상태에서 갖는 성질은 다음과 같이 요약될 수 있다:

i) 온도가 일정하다.

ii) 고상과 액상의 자유 에너지 밀도가 같다.

iii) phase field 프로파일, 계면 두께 및 계면 에너지는 모두 Allen-Cahn 방정식의 경우와 동일하다.

2) 비평형 상태에서의 성질: 날카로운 계면 해석(sharp interface analysis)

지금부터는 응고가 진행되고 있는 비평형 상태를 살펴본다. 액상 내부에 곡률 반경이 R인 고상 입자가 놓여있는 경우를 고려한다. 이 계의 거동은 phase field 방정식 (4-12)와 확산 방정식 (4-13)에 의해 지배된다. 3.3절의 4)항에서 설명한 것과 동일한 과정을 따라,

i) 이 식들을 극좌표로 나타내고,

ii) 거리 r을 계면 중앙($\phi=0.5$인 위치)으로부터의 거리로 정의한 다음,

iii) 준정상 상태의 가정과

iv) $2\xi\ll R$을 이용하면, 식 (4-12)와 (4-13)은 다음과 같이 된다.

PART 3

$$-\frac{v_n}{M_\phi}\frac{d\phi}{dr}=\epsilon^2\left(\frac{1}{R}\frac{d\phi}{dr}+\frac{d^2\phi}{dr^2}\right)-\omega g'(\phi)-h'(\phi)\left(f^S(T)-f^L(T)\right) \tag{4-20}$$

$$-v_n\frac{dT}{dr}=\frac{D_T}{R}\frac{dT}{dr}+D_T\frac{d^2T}{dr^2}-v_n\frac{\Delta H}{c_p}h'(\phi)\frac{d\phi}{dr} \tag{4-21}$$

우리의 관심은 식 (4-20)과 (4-21)이 classical sharp interface 모델의 지배 방정식 (4-3)과 (4-4)를 재현할 수 있는가이다. 식 (4-3)과 (4-4)는 계면의 상태에 관한 것이고 벌크 액상이나 벌크 고상과는 무관하다. 따라서 지금부터는 식 (4-20)과 (4-21)이 계면 근처에서 어떻게 거동하는지를 살펴본다. 계면의 두께가 절대적으로 0에 가까워지는 경우와 계면의 두께가 열확산거리 D_T/v_n에 비해 충분히 작은 경우로 나누어서 고찰하겠다. $2\xi \to 0$을 의미하는 전자의 경우를 sharp interface 조건[17]이라고 하며, $2\xi \ll D_T/v_n$를 의미하는 후자의 경우를 thin interface 조건[27-29]이라고 한다.

먼저 sharp interface 조건의 경우를 설명한다. 다음의 Fig. 4-2에는 계면 근처에서의 온도 분포 $T(r)$이 도식적으로 나타나 있으며, 계면에서 고상 쪽의 온도 T_i^S와 계면에서 액상 쪽의 온도 T_i^L가 표시되어 있다. 계면의 두께가 두꺼울수록 T_i^S와 T_i^L의 차이는 더 커지며, 반대로 계면의 두께가 작을수록 그 차이는 작아진다. $2\xi \to 0$의 극한에서는 그 차이는 사라진다. 이때의 계면 온도를 sharp interface 조건에서의 계면 온도인 T_i로 표시한다. 즉,

$$T_i^S=T_i^L\equiv T_i \text{ at sharp interface limit} \tag{4-22}$$

식 (4-21)을 계면 부근의 영역에 대해 적분한다.

$$-v_n\left(T_i^L-T_i^S\right)=\frac{D_T}{R}\left(T_i^L-T_i^S\right)+D_T\left(\frac{dT}{dr}\right)_{x>+\xi}-D_T\left(\frac{dT}{dr}\right)_{x<-\xi}+v_n\frac{\Delta H}{c_p} \tag{4-23}$$

Sharp interface 조건에서는 식 (4-22)에 따라 계면 부근에서는 $T_i^S=T_i^L$이기 때문에 위 식의 우변의 첫 항과 좌변은 사라진다. 또한, 우변의 큰 괄호 안에 있는 두 항은 각각 계면에서 액상과 고상 쪽의 온도 구배인 $(\partial T/\partial n)_S$ 및 $(\partial T/\partial n)_L$와 같다. 따라서 식 (4-23)은

$$D_T\left(\frac{\partial T}{\partial n}\right)_L-D_T\left(\frac{\partial T}{\partial n}\right)_S+v_n\frac{\Delta H_f}{c_p}=0 \tag{4-24}$$

가 되는데, $D_T=k_T/c_p$임을 고려하면, 이 식은 sharp interface에서의 에너지 보존을 나타내는 식 (4-3)과 같아진다. 이처럼 phase field 모델의 확산 방정식 (4-21)은 $2\xi \to 0$의 조건에서 sharp interface의 에너지 보존을 나타내는 식으로 귀결된다.

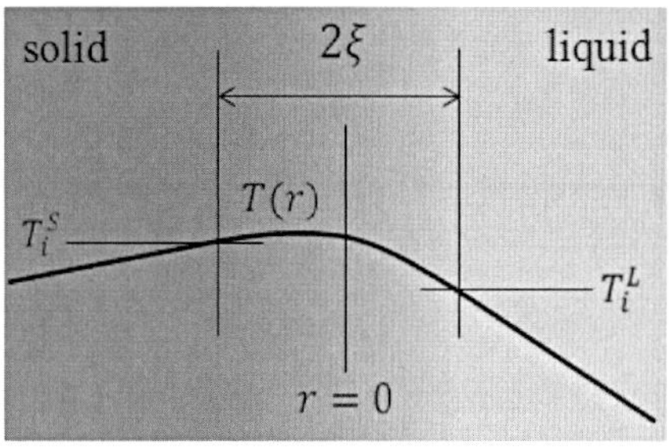

[Fig. 4-2] 계면 근처에서의 온도 분포 $T(r)$. 각 기호의 의미는 본문에 설명되어 있다

이제 남은 일은 $2\xi \to 0$의 조건에서 phase field 방정식 (4-20)이 계면 온도에 대한 식 (4-4)를 재현하는지 알아보는 것이다. 이를 위해 식 (4-20)의 양변에 $d\phi/dr$을 곱한 다음, Fig. 4-2의 전체 영역에서 r에 대해 다음과 같이 적분해준다:

$$-\frac{v_n}{M_\phi}\int_{-\infty}^{+\infty}\left(\frac{d\phi}{dr}\right)^2 dr = \frac{\epsilon^2}{R}\int_{-\infty}^{+\infty}\left(\frac{d\phi}{dr}\right)^2 dr + \frac{\epsilon^2}{2}\left(\frac{d\phi}{dr}\right)^2\Big|_{-\infty}^{+\infty} - \omega g(\phi)\Big|_{-\infty}^{+\infty} - h(\phi)\Big|_{-\infty}^{+\infty}\cdot\left(f^S(T_i) - f^L(T_i)\right) \tag{4-25}$$

여기서 적분 구간 ∞의 의미는 계면 두께 2ξ보다는 충분히 크기만 열 확산층의 두께 D_T/v_n보다는 충분히 작은 거리를 의미한다. 우변에서 두 번째와 세 번째 적분은 사라지고, 마지막 항은 $f^S(T_i) - f^L(T_i)$가 된다. 또한, 바로 앞 절에서 보여주었듯이 평형 상태에서의 계면 에너지는 Allen-Cahn 방정식의 경우와 동일하다. 따라서 식 (3-52)에 따라

$$\int_{-\infty}^{+\infty}\left(\frac{d\phi}{dr}\right)^2 dr = \frac{\sigma}{\epsilon^2} \tag{4-26}$$

이 된다. 이를 식 (4-25)에 대입하고 정리하면, 다음이 얻어진다.

$$-\frac{v_n}{M_\phi}\frac{\sigma}{\epsilon^2} = \frac{\sigma}{R} + f^S(T_i) - f^L(T_i) \tag{4-27}$$

순물질의 경우 액상과 액상의 자유 에너지 차이 $f^S - f^L$는 $\Delta H_f(T_i - T_m^e)/T_m^e$로 주어지기 때문에 이 식을 정리하면 다음의 결과가 나온다.

$$T_i = T_m^e - \frac{T_m^e}{\Delta H_f}\frac{\sigma}{R} - \frac{T_m^e}{\Delta H_f}\frac{\sigma}{M_\phi \epsilon^2}v_n \tag{4-28}$$

이 결과를 sharp interface의 온도에 대한 식 (4-4)와 비교해 보라. 만약 다음의 관계가 성립한다면 두 식은 동일해진다.

$$\beta_k = \frac{T_m^e}{\Delta H_f}\frac{\sigma}{M_\phi \epsilon^2} \tag{4-29}$$

식 (4-29)가 phase field 방정식에 들어있는 이동도 M_ϕ와 계면 동역학 계수 β_k 사이의 관계를 맺어준다.

이상의 내용을 다음과 같이 요약한다.

요약 2 순물질 응고의 phase field 모델

1 Phase field 방정식

$$\frac{1}{M_\phi}\frac{\partial \phi}{\partial t} = \epsilon^2 \nabla^2 \phi - \omega g'(\phi) - h'(\phi)\left(f^S(T) - f^L(T)\right) \tag{4-30}$$

2 확산 방정식

$$\frac{\partial T}{\partial t} = D_T \nabla^2 T + \frac{\Delta H}{c_p}\frac{\partial h(\phi)}{\partial t} \tag{4-31}$$

3 계면 두께(phase field가 ϕ_a에서 ϕ_b까지 변하는 거리)

$$2\xi = \frac{\epsilon}{\sqrt{2\omega}}\int_{\phi_a}^{\phi_b} \frac{d\phi}{\sqrt{g(\phi)}} \tag{4-32}$$

4 계면 에너지

$$\sigma = \epsilon^2 \int_{-\infty}^{\infty} \left(\frac{d\phi}{dx}\right)^2 dx = \epsilon\sqrt{2\omega}\int_0^1 \sqrt{g(\phi)}\, d\phi \tag{4-33}$$

5 계면 동역학 계수(전제 조건: $2\xi \to 0$)

$$\beta_k = \frac{T_m^e}{\Delta H_f}\frac{\sigma}{M_\phi \epsilon^2} \tag{4-34}$$

식 (4-32)~(4-34)가 성립하면, phase field 방정식 (4-30)과 확산 방정식 (4-31)은 $2\xi \to 0$ 조건에서 classical sharp interface 모델의 지배 방정식 (4-1)~(4-4)를 만족한다. 다시 말해서, 3개의 식 (4-32)~(4-34)를 이용하여 3개의 파라미터 ϵ, ω 및 M_ϕ를 결정해주면, $2\xi \to 0$ 조건에서의 phase field 모델은 classical sharp interface 모델에 대응된다. $2\xi \to 0$ 조건에서의 phase field 모델을 sharp interface phase field 모델이라고 부른다. 그러나 이 모델을 이용해서 전산모사를 하는 경우에는 심각한 문제에 봉착한다: M_ϕ와 β_k의 관계인 식 (4-34)는 $2\xi \to 0$의 조건에서 얻어졌다. 따라서 전산모사에서 이 관계를 유지시키기 위해서는 계면의 두께를 충분히 작게 만들어야 한다. 그렇다면 2ξ를 얼마나 작게 해주어야 하는가[27-29]? 식 (4-34)를 얻는 과정에서 $2\xi \to 0$의 역할은 식 (4-22)에서 알 수 있듯이 $T_i^S = T_i^L$가 되도록 만드는 것이다. 다음의 Fig. 4-3에 나타냈듯이 이는 계면 내부에서의 온도 차이 δT_i가 동역학적 과랭의 크기

PART 3

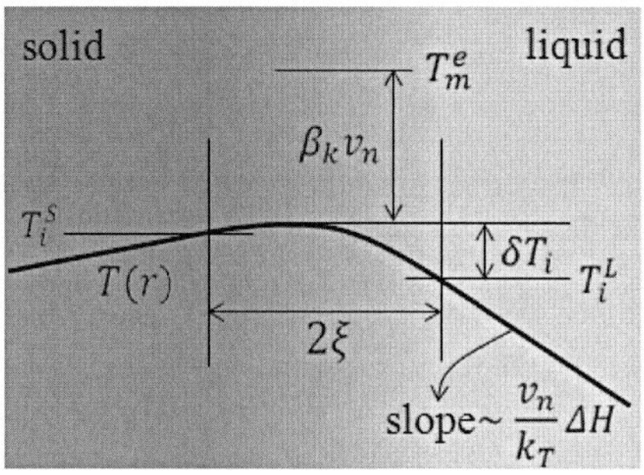

[Fig. 4-3] 계면 근처에서의 온도 분포. 각 기호의 의미는 본문에 설명되어 있다

$\beta_k v_n$에 비해 무시될 수 있어야 함을 의미한다. 식 (4-3)에 의해, 계면 근처에서 액상 또는 고상 쪽의 온도 구배는 개략적으로 $v_n \Delta H_f / k_T$가 된다. 따라서 계면 내부의 온도 차이 δT_i는

$$\delta T_i \sim 2\xi \frac{v_n \Delta H_f}{k_T} \tag{4-35}$$

정도가 된다. 따라서 $2\xi \rightarrow 0$라는 조건, 즉 $T_i^S = T_i^L$의 조건은

$$2\xi \frac{v_n \Delta H_f}{k_T} \ll \beta_k v_n \;\; \rightarrow \;\; 2\xi \ll \frac{k_T \beta_k}{\Delta H_f} \tag{4-36}$$

로 된다. 금속에서 우변의 물성은 개략적으로 $k_T = 100$ J/smK, $\beta_k = 1$ sK/m, $\Delta H_f = 10^9 \text{ J/m}^3$이다. 이 값들을 식 (4-36)에 대입하면 $2\xi \ll 100$ nm라는 결과가 나온다. Phase field 모델의 전산모사에서 이 조건을 만족시키기 위해 예를 들어 $2\xi = 10$ nm를 택했다고 하자. 전산모사에서 계면 두께가 최소한 약 4~5개 이상의 그리드로 분할되어야 함을 감안할 때, 이는 그리드 크기 Δx가 2 nm보다 작아야 함을 의미한다. 더구나 확산 방정식의 수치계산에서 time step의 크기는

$$\Delta t \sim \frac{\Delta x^2}{D_T} \sim \frac{(2 \times 10^{-9}\text{m})^2}{2 \times 10^{-5}\text{m}^2/s} = 2 \times 10^{-13}\text{s} \tag{4-37}$$

이다. 100 μm×100 μm 크기의 영역에서 0.001초 동안 일어나는 응고 과정을 phase field 모델로 계산한다고 가정해 보자. 필요한 그리드의 수는 50,000 × 50,000 이상이며, 요구되는 계산 횟수는 약 50억으로 나온다. 이런 계산은 아마도 웬만한 대학이 가지고 있는 초고속 컴퓨터로도 쉽지 않을 것이다.

$2\xi \rightarrow 0$의 조건에서 얻어진 식 (4-34)에는 또 다른 문제가 들어 있다. 대부분의 금속의 경우 계면 동역학 계수 β_k는 비교적 작아서, 아예 0으로 놓는 경우가 많다. $\beta_k = 0$인 경우, 식 (4-28)과 식 (4-4)를 국소 평형 조건(local equilibrium condition)이라고 부른다. 이때 M_ϕ는 식 (4-34)에 따라 무한대의 값을 가져야 한다. Phase field 방정식을 풀 때 시간 간격은

$$\Delta t \sim \frac{\Delta x^2}{M_\phi \epsilon^2} \tag{4-38}$$

으로 주어진다. 따라서 $\beta_k \to 0$이면 $\Delta t \to 0$가 되어 계산이 사실상 불가능해진다.

이상과 같이 M_ϕ와 β_k의 관계가 $2\xi \to 0$의 조건에서 결정되는 한, phase field 모델을 이용한 전산모사는 엄청난 하드웨어 자원을 필요로 하면서도, 계산 속도는 극히 느리며, 계면이 국소 평형 상태에 있는 경우는 아예 계산이 불가능하다는 문제를 가지고 있다. 이런 문제를 근원적으로 해결하기 위해서는 $2\xi \to 0$ 보다 덜 구속적인 조건하에서 M_ϕ와 β_k의 관계를 결정할 수 있는 방법을 찾아야 한다. 바로 그런 방법이 1996년 Karma와 Rappel에 의해 발견되었다. 다음 절에서 그 내용을 설명한다.

3) 비평형 상태에서의 성질: 얇은 계면 해석(thin interface analysis)

Karma와 Rappel[27-29]은 $2\xi \to 0$보다 훨씬 덜 구속적인 조건에서 M_ϕ와 β_k의 관계를 찾을 수 있었다. 그 방법을 얇은 계면 해석(thin interface analysis)이라고 부른다. 현재 순물질의 응고를 위해 사용되고 있는 모든 phase field 모델에서는, M_ϕ가 얇은 계면 해석의 방법으로 결정되고 있다.

얇은 계면 해석을 이해하기 위해서는 계면 부근에서의 온도 분포를 잘 들여다봐야 한다. Fig. 4-4의 (a)는 계면을 중심으로 거시적인 온도 분포를 개략적으로 보여준다. 고상과 액상에는 응고 잠열에 방출에 따른 열확산층이 존재한다. 계면이 액상 쪽으로 v_n의 속도로 움직이고 있을 때, 액상에서의 열확산층 두께는 개략적으로 D_T/v_n이다. Fig. 4-4(a)의 중앙에 점선의 작은 동그라미로 표시한 계면 부근의 영역(D_T/v_n보다 충분히 작은 영역)을 (b)에 확대해서 나타냈다. (b)의 위 부분에 있는 두꺼운 실선은 phase field의 분포 $\phi(r)$이며, 아래 부분의 두꺼운 실선은 온도 분포 $T(r)$이다.

얇은 계면 해석의 배경에 깔려 있는 기본 아이디어는 Fig. 4-4를 통해 이해될 수 있다. 첫째, $\xi \lesssim |r| \ll D/v_n$에서의 온도 분포, 즉 (b)에서 계면을 벗어난 지역에서의 온도 분포는 직선적이다. 고상과 액상에서의 이러한 직선적 분포를 (b)에서 점선으로 표시하였다. 둘째, (b)에서 나타낸 바와 같이, 계면 밖의 직선적 온도 분포를 계면 내부로 확장하면 두 점선이 만나는 한 점이 생긴다. 이 점에서의 온도를 T_i^*라 하면, 이 온도가 사실상 effective sharp interface, 즉 $2\xi \to 0$일 때의 계면 온도에 대응한다. 따라서 $T_m^e - T_i^*$를 계면 이동에 대한 구동력으로 간주한다면, 이 계면은 마치 $2\xi \to 0$인 sharp interface처럼 거동할 것이다. 이는 계면 온도를 적절히 정의해 주면, 유한한 두께의 계면을 가지고 있는 계가 마치 두께가 없는 계면을 가진 계처럼 거동한다는 것을 의미한다. 그러나 만약 $2\xi \ll D_T/v_n$이 성립하지 않으면, 예를 들어 $2\xi \simeq D_T/v_n$이라면, 직선적인 온도 분포의 영역은 존재하지 않으며, 이 경우에는 T_i^*를 정의

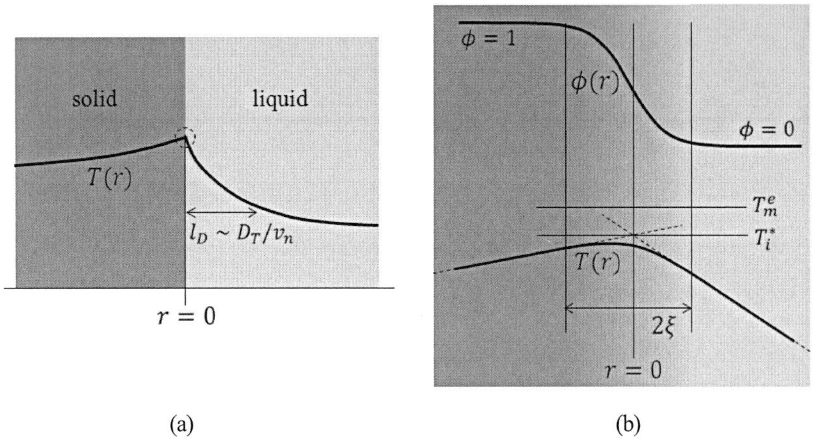

[Fig. 4-4 | (a) 고상과 액상에서의 전체적인 온도 분포. (b) 계면 부근, 즉 (a)의 동그라미 부분에서 phase field 분포와 온도 분포. 각 기호의 의미는 본문에 설명되어 있다

할 수 없다. 이처럼 T_i^*를 정의하고 또 그 값을 계산하기 위해서는 계면 근처에 온도 분포가 직선적인 부분이 있어야 하며, 이를 위해서는

$$2\xi \ll \frac{D_T}{v_n} \tag{4-39}$$

라는 조건이 불가결하다. 이 조건을 얇은 계면 조건이라고 부른다. 이미 앞의 식 (3-69)에서 또 다른 얇은 계면 조건인

$$2\xi \ll R \tag{4-40}$$

을 설명한 적이 있다. 지금부터 얇은 계면 조건이라 함은 두 개의 조건 (4-39)와 (4-40)을 동시에 만족하는 경우를 의미한다.

얇은 계면 조건에서 phase field 이동도 M_ϕ와 계면 동역학 계수 β_k의 관계를 찾는 과정은 다음의 전략을 따라 이루어질 수 있다.

① 준정상 상태에서의 확산 방정식을 얇은 계면 조건에서 풀어서, Fig. 4-4의 (b)에서 실선에 해당하는, 계면 근처에서의 온도 분포 $T(r)$을 구한다.

② 온도 분포 $T(r)$로부터, Fig. 4-4의 (b)에서 두 점선에 해당하는, 고상 쪽과 액상 쪽에 있는 두 개의 직선적 온도 분포를 추출해낸다. 두 직선적 온도 분포의 교점으로부터 가상적 sharp interface의 온도인 T_i^*를 구한다.

③ $(T_m - T_i^*)$를 계면 이동의 구동력으로 간주하고, 계면 속도 v_n과 $(T_m - T_i^*)$사이의 비례상수를 찾는다. 그 비례상수로부터 계면 동역학 계수 β_k와 M_ϕ사이의 새로운 관계가 얻어진다. 지금부터 이 전략의 각 단계를 자세히 설명한다.

① 단계

준정상 상태에서의 phase field 방정식 (4-20)과 확산 방정식 (4-21)을 다시 옮겨 적는다.

$$-\frac{v_n}{M_\phi}\frac{d\phi}{dr}=\epsilon^2\left(\frac{1}{R}\frac{d\phi}{dr}+\frac{d^2\phi}{dr^2}\right)-\omega g'(\phi)-h'(\phi)\left(f^S(T)-f^L(T)\right) \tag{4-41}$$

$$-v_n\frac{dT}{dr}=\frac{D_T}{R}\frac{dT}{dr}+D_T\frac{d^2T}{dr^2}-v_n\frac{\Delta H_f}{c_p}h'(\phi)\frac{d\phi}{dr} \tag{4-42}$$

확산 방정식 (4-42)에서 거리 r을 계면 두께 2ξ로 스케일링을 해보자. 즉, 무차원 거리 $\bar{r}=r/2\xi$을 도입하여 식 (4-42)를 다시 쓰고,

$$-\frac{v_n}{2\xi}\frac{dT}{d\bar{r}}=\frac{D_T}{2\xi R}\frac{dT}{d\bar{r}}+\frac{D_T}{(2\xi)^2}\frac{d^2T}{d\bar{r}^2}-v_n\frac{\Delta H_f}{2\xi c_p}h'(\phi)\frac{d\phi}{d\bar{r}} \tag{4-43}$$

이를 정리한다:

$$\frac{d^2T}{d\bar{r}^2}=\frac{2\xi v_n}{D_T}\frac{\Delta H_f}{c_p}h'(\phi)\frac{d\phi}{d\bar{r}}-\frac{2\xi v_n}{D_T}\frac{dT}{d\bar{r}}-\frac{2\xi}{R}\frac{dT}{d\bar{r}} \tag{4-44}$$

여기서 $\delta_1\equiv 2\xi v_n/D_T$와 $\delta_2\equiv 2\xi/R$을 정의하면, 식 (4-44)는

$$\frac{d^2T}{d\bar{r}^2}=\delta_1\frac{\Delta H_f}{c_p}h'(\phi)\frac{d\phi}{d\bar{r}}-\delta_1\frac{dT}{d\bar{r}}-\delta_2\frac{dT}{d\bar{r}} \tag{4-45}$$

가 된다. 이 식을 적분한다.

$$\frac{dT}{d\bar{r}}=\delta_1\frac{\Delta H_f}{c_p}h(\phi)-\delta_1 T-\delta_2 T+A \tag{4-46}$$

여기서 A는 적분 상수이다. 얇은 계면 조건 (4-39)와 (4-40)은 $\delta_1\ll 1$과 $\delta_2\ll 1$와 동등하다. 또한 계면 근처에서 온도 T는 평형 온도 T_m^e에 가깝다. 따라서 δ_1과 δ_2에 대한 1차 항까지만 고려하고 그 이상의 고차 항을 무시하면, 식 (4-46)은 다음과 같이 써질 수 있다.

$$\frac{dT}{d\bar{r}} = \delta_1 \frac{\Delta H_f}{c_p} h(\phi) - \delta_1 T_m^e - \delta_2 T_m^e + A + \mathrm{O}(\delta_1^2) + \mathrm{O}(\delta_2^2) + \mathrm{O}(\delta_1 \delta_2) + \cdots$$
$$= \delta_1 \frac{\Delta H_f}{c_p} h(\phi) - \delta_1 T_m^e - \delta_2 T_m^e + A \tag{4-47}$$
$$= \delta_1 \frac{\Delta H_f}{c_p} h(\phi) + B$$

여기서 B는 새로 정의된 상수이다. 이 식에서 ϕ는 $\delta_1 = 0$과 $\delta_2 = 0$일 때의 phase field, 즉 평형 상태에 있는 평면 계면에 대한 phase field임을 기억해야 한다. 식 (4-47)을 차원량으로 다시 쓰면

$$\frac{dT}{dr} = \frac{v_n}{D_T} \frac{\Delta H_f}{c_p} h(\phi) + B \tag{4-48}$$

가 된다. 이 식에 $r = -\xi$와 $r = \xi$를 대입한 다음, 고상과 액상에서 각각 $h(\phi) = 1$과 $h(\phi) = 0$임을 고려하면 다음 식이 얻어진다.

$$\left.\frac{dT}{dr}\right|_{r=-\xi} = \frac{v_n}{D_T} \frac{\Delta H_f}{c_p} h(\phi)|_{r=-\xi} + B = \frac{v_n}{D_T} \frac{\Delta H_f}{c_p} + B \tag{4-49}$$

$$\left.\frac{dT}{dr}\right|_{r=\xi} = \frac{v_n}{D_T} \frac{\Delta H_f}{c_p} h(\phi)|_{r=\xi} + B = B \tag{4-50}$$

식 (4-49)와 (4-50)의 좌변은 각각 계면에서 고상 쪽과 액상 쪽에서의 온도 구배이다. 두 식을 빼주고, $D_T = k_T / c_p$임을 고려하면 다음이 얻어진다.

$$k_T \left(\frac{dT}{dr} \right)_S - k_T \left(\frac{dT}{dr} \right)_L = v_n \Delta H_f$$

이 식은 바로 계면에서의 에너지 보존식 (4-3)과 같다. 이처럼 얇은 계면 조건에서도 phase field 모델의 확산 방정식은 계면에서의 에너지 보존 조건을 만족한다. 이제 식 (4-48)을 한 번 더 적분하면 계면 근처에서의 온도 분포 $T(r)$이 다음과 같이 구해진다.

$$T(r) = T_0 + Br + \frac{v_n}{D_T} \frac{\Delta H_f}{c_p} \int_0^r h(\phi) dr \tag{4-51}$$

여기서 T_0는 새로운 적분 상수이다. 이것으로 ① 단계를 마쳤다.

② 단계

앞의 Fig. 4-4의 (b)에서 두 점선으로 표시한 바와 같이, $D/v_n \ll |r| < \xi$에서 식 (4-51)의 온도 분포는 직선 형태가 되어야 한다. 이 직선적 분포를 찾기 위해서는 식 (4-51)의 $h(\phi)$에 대한 적분

$$L = \int_0^r h(\phi)dr \tag{4-52}$$

가 $D/v_n \ll |r| < \xi$ 영역에서 어떤 거동을 하는지 알아야 한다. 계면 부근에서 거리 r에 따른 $\phi(r)$과 $h(\phi(r))$의 변화를 Fig. 4-5에 나타냈다. 여기서 $\phi(r)$과 $h(\phi(r))$은 점 $(0,1/2)$에 대해 180도 회전대칭을 갖는다고 가정한다. 이 대칭성을 만족하기 위해서는 두 가지 조건이 만족되어야 한다. 첫째, 이중우물 퍼텐셜 $g(\phi)$가 $\phi = 1/2$에 대해 좌우대칭이어야 한다. 예를 들자면 $g(\phi) = \phi^2(1-(\phi))^2$가 그런 경우에 속하며, 이때의 $\phi(r)$은 식 (3-46)으로 주어진다. 이 $\phi(r)$은 Fig. 4-1에서처럼 점 $(0,1/2)$에 대해 180도 회전대칭을 이룬다. 둘째, $h(\phi)$가 앞 절에서 설명한 대칭성 (4-6)을 만족해야 한다. $h(\phi) = \phi$, $h(\phi) = \phi^2(3-2\phi)$ 등이 이를 만족한다. 이 대칭성과 $\phi(r)$에 대한 대칭성이 동시에 만족되면, $h(\phi(r))$은 점 $(0,1/2)$에 대해 180도 회전대칭성, 즉 $h(-r) = 1 - h(r)$의 성질을 갖게 된다.

적분 영역 r이 $\xi \ll r < D/v_n$의 영역에 들어있는 경우를 먼저 고려해 보자. 이 위치를 Fig. 4-5의 오른쪽 부분에 점선으로 표시하였다. $r > \xi$에서 $h(\phi(r))$은 거의 0에 수렴한다. 따라서 식 (4-52)의 적분은

$$L = \int_0^r h(\phi)dr = \int_0^\infty h(\phi)dr \tag{4-53}$$

가 된다. 이 결과를 식 (4-51)에 넣으면 $\xi \ll r < D/v_n$에서의 온도 분포 $T^+(r)$가

$$T^+(r) = T_0 + Br + \frac{v_n}{D_T}\frac{\Delta H_f}{c_p}\int_0^\infty h(\phi)dr \tag{4-54}$$

로 결정된다. 마지막 항이 상수이기 때문에 기대했던 대로 이 분포는 r에 대한 1차 함수이며, 이것이 앞의 Fig. 4-4(b)에서 오른쪽에 표시된 점선이다. 이번에는 적분 영역 r이 $-D/v_n \ll r < -\xi$의 영역에 들어있는 경우를 고려한다. 이 위치를 Fig. 4-5의 왼쪽 부분에 점선으로 표시하였다. $r < -\xi$에서 $h(\phi(r))$은 거의 1에 수렴한다. 따라서 식 (4-52)의 적분은

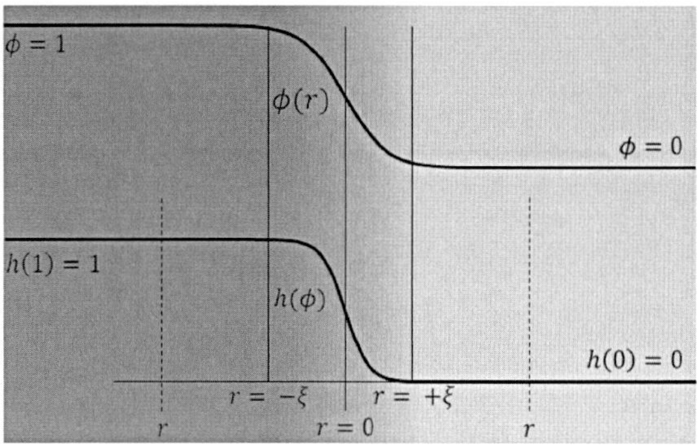

[Fig. 4-5] 계면 부근에서 phase field와 내삽 함수의 프로파일

$$
\begin{aligned}
L &= \int_0^r h(\phi)dr \\
&= r + \int_{-\infty}^0 (1 - h(\phi))dr
\end{aligned}
\tag{4-55}
$$

가 된다. $h(\phi(r))$은 $h(-r) = 1 - h(r)$의 대칭성을 가지고 있기 때문에 이 적분의 영역을 다음과 같이 바꿀 수 있다.

$$
L = r + \int_0^\infty h(\phi)dr \tag{4-56}
$$

이 결과를 식 (4-51)에 넣으면 $-D/v_n \ll r < -\xi$에서의 온도 분포 $T^-(r)$가

$$
T^-(r) = T_0 + \left(B + \frac{v_n}{D_T}\frac{\Delta H_f}{c_p}\right)r + \frac{v_n}{D_T}\frac{\Delta H_f}{c_p}\int_0^\infty h(\phi)dr \tag{4-57}
$$

로 결정된다. 이 분포 역시 r에 대한 1차 함수이며, 이것이 앞의 Fig. 4-4(b)의 왼쪽에 표시된 점선이다.

두 직선 식 (4-54)와 (4-57)로 주어지는 두 직선의 교점을 구해 보자. $T^+(r) = T^-(r)$이 만족될 때, $r = 0$이 된다. 즉, 두 직선은 항상 $\phi = 0.5$가 되는 원점 $r = 0$에서 만난다. 이 교점에서의 온도 T_i^*는

$$
T_i^* = T_0 + \frac{v_n}{D_T}\frac{\Delta H_f}{c_p}\int_0^\infty h(\phi)dr \tag{4-58}
$$

이 된다. T_i^*는 가상적인 sharp interface의 온도이다. T_0는 확산 방정식을 적분할 때 튀어나온 적분 상수이다. 이제 이 적분 상수는

$$T_0 = T_i^* - \frac{v_n}{D_T}\frac{\Delta H_f}{c_p}\int_0^\infty h(\phi)dr \tag{4-59}$$

로 나타내질 수 있으며, 이를 식 (4-51)의 T_0에 대입하면 계면 영역 전체에 걸친 온도 분포가 얻어진다.

$$\begin{aligned} T(r) &= T_i^* - \frac{v_n}{D_T}\frac{\Delta H_f}{c_p}\int_0^\infty h(\phi)dr + Br + \frac{v_n}{D_T}\frac{\Delta H_f}{c_p}\int_0^r h(\phi)dr \\ &= T_i^* - \frac{v_n}{D_T}\frac{\Delta H_f}{c_p}\int_0^\infty h(\phi)dr + Br - \frac{v_n}{D_T}\frac{\Delta H_f}{c_p}\int_r^0 h(\phi)dr \\ &= T_i^* + Br - \frac{v_n}{D_T}\frac{\Delta H_f}{c_p}\int_r^\infty h(\phi)dr \end{aligned} \tag{4-60}$$

이렇게 두 번째 단계를 마친다.

③ 단계

3단계에서 해야 할 일은 식 (4-60)의 온도 분포를 phase field 방정식 (4-41)에 대입해서 가상적인 sharp interface의 과랭도 $T_m^e - T_i^*$와 계면 이동 속도 v_n사이의 관계를 살펴보는 것이다. 이를 위해 먼저 phase field 방정식 (4-41)의 양변에 $d\phi/dr$을 곱한 다음 계의 전체 영역에 걸쳐 적분한다. 이때 고상과 액상의 자유 에너지 차이가 $(T - T_m^e)\Delta H_f / T_m^e$ 임을 고려하고, 적분의 결과로 사라지는 항들을 제외하면 그 결과는 다음과 같다.

$$-\frac{v_n}{M_\phi}\int_{-\infty}^{\infty}\left(\frac{d\phi}{dr}\right)^2 dr = \frac{\epsilon^2}{R}\int_{-\infty}^{\infty}\left(\frac{d\phi}{dr}\right)^2 dr - \frac{\Delta H_f}{T_m^e}\int_{-\infty}^{\infty}(T - T_m^e)\frac{dh(\phi)}{d\phi}\frac{d\phi}{dr}dr \tag{4-61}$$

이 된다. 식 (3-52)에 따라 좌변의 적분과 우변의 첫 적분이 σ/ϵ^2임을 고려해서, 식 (4-61)을 다시 쓴다.

$$-v_n\frac{\sigma}{\epsilon^2 M_\phi} = \frac{\sigma}{R} - \frac{\Delta H_f}{T_m^e}\int_{-\infty}^{\infty}(T - T_m^e)\frac{dh(\phi)}{d\phi}\frac{d\phi}{dr}dr \tag{4-62}$$

이 식의 마지막 적분에 식 (4-60)의 온도 분포 $T(r)$을 대입한다.

PART 3

$$\begin{aligned}
&\int_{-\infty}^{\infty}\left(T-T_m^e\right)\frac{dh(\phi)}{dr}dr \\
&=\int_{-\infty}^{\infty}\left(T_i^*+Br-\frac{v_n}{D_T}\frac{\Delta H_f}{c_p}\int_r^{\infty}h(\phi)dr-T_m^e\right)\frac{dh(\phi)}{dr}dr \\
&=\left(T_i^*-T_m^e\right)\int_{-\infty}^{\infty}\frac{dh(\phi)}{dr}dr+B\int_{-\infty}^{\infty}r\frac{dh(\phi)}{dr}dr \\
&\quad-\frac{v_n}{D_T}\frac{\Delta H_f}{c_p}\int_{-\infty}^{\infty}\left(\int_r^{\infty}h(\phi)dr\right)\frac{dh(\phi)}{dr}dr
\end{aligned} \tag{4-63}$$

우변에는 3개의 항이 있다. 첫 항의 적분은 -1이다. 두 번째 항을 보자. $dh(\phi)/dr$는, 앞서 설명한 대칭성을 가지고 있는 한, 우함수이다. 그러면 $rdh(\phi)/dr$은 기함수가 되기 때문에 미지수 B가 들어있는 두 번째 항이 사라진다. 마지막 항을 부분 적분한다.

$$\begin{aligned}
&\int_{-\infty}^{\infty}\frac{dh(\phi)}{dr}\left(\int_r^{\infty}h(\phi)dr\right)dr \\
&\qquad=\left(h(\phi)\int_r^{\infty}h(\phi)dr\right)_{-\infty}^{+\infty}+\int_{-\infty}^{\infty}h(\phi)^2dr \\
&\qquad=-\int_{-\infty}^{\infty}h(\phi)dr+\int_{-\infty}^{\infty}h(\phi)^2dr \\
&\qquad=-\int_{-\infty}^{\infty}h(\phi)(1-h(\phi))dr \\
&\qquad=-\int_1^0 h(\phi)(1-h(\phi))\frac{dr}{d\phi}d\phi \\
&\qquad=\int_1^0 h(\phi)(1-h(\phi))\frac{\epsilon}{\sqrt{2\omega g(\phi)}}d\phi \\
&\qquad=-\frac{\epsilon}{\sqrt{2\omega}}\int_0^1\frac{h(\phi)(1-h(\phi))}{\sqrt{g(\phi)}}d\phi \\
&\qquad=-\frac{\epsilon}{\sqrt{2\omega}}J
\end{aligned} \tag{4-64}$$

끝에서 세 번째 줄에서는 $d\phi/dr$에 대한 식 (4-18)을 이용하였다. 식 (4-64)에서 상수 J는 다음과 같이 정의되며,

$$J\equiv\int_0^1\frac{h(\phi)(1-h(\phi))}{\sqrt{g(\phi)}}d\phi \tag{4-65}$$

$g(\phi)$와 $h(\phi)$가 주어지면 언제든지 계산할 수 있다. 예를 들어, $g(\phi)=\phi^2(1-\phi)^2$이고 $h(\phi)=\phi$라면 $J=1$이다. 식 (4-64)를 식 (4-63)에 대입하면,

$$\int_{-\infty}^{\infty}\left(T-T_m^e\right)\frac{dh(\phi)}{dr}dr=-\left(T_i^*-T_m^e\right)+\frac{v_n}{D_T}\frac{\Delta H_f}{c_p}\frac{\epsilon}{\sqrt{2\omega}}J \tag{4-66}$$

가 된다. 이를 식 (4-62)에 대입하고 정리하면,

$$T_i^*=T_m^e-\frac{T_m^e}{\Delta H}\frac{\sigma}{R}-\left(\frac{T_m^e}{\Delta H_f}\frac{\sigma}{M_\phi\epsilon^2}-\frac{\Delta H_f}{c_pD_T}\frac{\epsilon}{\sqrt{2\omega}}J\right)v_n \tag{4-67}$$

가 얻어진다. 이 식이 바로 얇은 계면 조건에서 계면의 온도와 곡률 반경 및 성장 속도 사이의 관계를 나타내준다. 이 식을 sharp interface 모델에서의 계면 온도 식 (4-4)와 비교해 보라. 계면 동역학 계수 β_k를 다음과 같이 정의해주면

$$\beta_k=\frac{T_m^e}{\Delta H_f}\frac{\sigma}{M_\phi\epsilon^2}-\frac{\Delta H_f}{c_pD_T}\frac{\epsilon}{\sqrt{2\omega}}J \tag{4-68}$$

식 (4-67)과 (4-4)가 서로 일치하게 된다.

식 (4-68)이 얇은 계면 해석으로부터 얻어지는 최종 결과이다. 이 식과 관련하여 몇 가지 점이 강조되어야 한다.

i) 식 (4-68)의 우변에서 첫 항은 $2\xi\to 0$의 조건에서 얻어진 β_k인 식 (4-29)와 일치한다. 따라서 식 (4-68)의 우변에서 두 번째 항은 유한한 두께의 계면으로부터 생성되는 보정에 해당된다.

ii) $2\xi\to 0$의 조건에서 β_k를 구했을 때는, $\beta_k=0$일 때 $M_\phi=\infty$가 되는 문제가 있었다. 그러나 식 (4-68)의 경우에는 $\beta_k=0$일지라도 M_ϕ의 값은 유한하게 남는다. 이는 국소 평형 조건에서도 전산모사가 가능하다는 것을 의미한다.

iii) 식 (4-68)을 유도할 때, 얇은 계면 조건인 $2\xi\ll R$와 $2\xi\ll D_T/v_n$을 가정하였다. 이 조건은 날카로운 계면 조건인 $2\xi\to 0$보다는 훨씬 덜 가혹한 조건이다.

iv) 얇은 계면조건에서의 phase field 모델은 앞에서 정리한 <요약 2>와 기본적으로 같다. <요약 2>에서 계면 동역학 계수에 대한 마지막 식만 식 (4-68)로 대체될 뿐이다.

v) 계면 에너지와 이동도가 계면의 방위(inclination과 misorientation)에 따른 이방성을 가질 때, β_k, σ, ϵ 및 M_ϕ는 계면 방위의 함수가 된다. 이때도 식 (4-68)의 관계는 그대로 유지된다.

vi) Karma와 Rappel의 논문[29]에서는 식 (4-68)의 상수 J가 식 (4-65)와는 상당히 다른 중적분의 형태로 주어진다. 그 이유는 그들의 논문에서 고상과 액상의 phase field를 각각 +1과 -1로 정의했으며, 중적분을 부분적분하지 않은 채 그대로 두었기 때문이다(또한, 그들의 논문에서는 $1/\beta_k$를 τ로 정의하였다).

PART 3

4.4 순물질 응고의 전산모사

다음에 제시하는 전산모사 코드의 특징은 다음과 같다.

1) 과랭된 Nickel 액상에서 고상이 수지상으로 응고하는 경우이다.
2) 고상과 액상의 비열과 열전도도는 같다고 가정한다.
3) 계면에서 국소 평형 조건이 만족된다고 가정한다. 즉, 계면 동역학에 의한 계면 과랭은 없다고 가정한다.
4) 계면 에너지의 이방성은 $\sigma(\theta)=\sigma_0(1+\alpha\cos(4\theta))$의 형태로 가정한다.
5) 계면 에너지가 이방적일 때의 범함수 미분으로는 앞의 식 (3-33)을 택하였다. 계면에 코너가 형성되지 않을 조건인 $\alpha<1/15$가 만족되는 한, 이 식 대신 식 (3-28)과 식 (3-20) 중에서 어느 식을 이용해도 같은 결과가 나온다. 독자가 직접 이를 시험해보기 바란다.
6) 수지상에서 이차 수지상 가지는 잡음이 존재할 때만 형성된다. 이를 위해 계면 영역의 온도에 대해 무작위 요동을 주었다. 요동의 크기가 이차 가지 형성에 어떤 영향을 미치는지는 제시된 코드를 이용하여 독자가 직접 검토해보기 바란다.

코드의 상세 설명

- line 6: 시스템 크기 IM × JM = 1000 x 1000
- line 8: 현재 시간 스텝에서의 온도 U와 phase field PHI
- line 10: 이전 시간 스텝에서의 온도 UUU와 phase field PPP
- line 18 ~ 22: Nickel의 물성
- line 23: 계면 에너지의 이방성이 $\sigma(\theta)=\sigma_0(1+\alpha\cos(4\theta))$로 주어질 때, 이방성의 정도를 나타내는 α의 크기
- line 24: 계면 동역학 계수(이 값을 0으로 두면, 계면에서 국소 평형 조건이 만족된다.)
- line 25: $g=\phi^2(1-\phi)^2$, $h(\phi)=\phi^3(6\phi^2-15\phi+10)$일 때 식 (4-65)의 적분값
- line 26: 계면 영역에서의 온도 요동 크기 (line 132 - 136 부분에서 작용된다.)
- line 30: 초기 과랭도 0.6(고립된 계 전체 부피의 60%까지 고상으로 변할 수 있다.)
- line 31: 계면 두께 $2\xi=5\Delta x$ (ϕ가 0.1로부터 0.9로 변하는 거리)
- line 32, 33: $g=\phi^2(1-\phi)^2$일 때 ϵ, ω와 σ, 2ξ사이의 관계
- line 34: x축과 수지상의 우선 성장 방향인 (10)축 사이의 각도는 25도로 세팅되어 있으며, 이로 인해 수지상은 x축으로부터 25도 tilt되어 자란다.
- line 38 ~ 48: 초기조건(계의 중심에 의치한 작은 원형의 고상 입자)
- line 64 ~ 75: 계의 표면에서의 단열 경계조건
- line 87 ~ 91: 입계 영역과 그 근처에서만 phase field 계산을 수행한다.

- line 94: 계면에 수직한 벡터와 x축 사이의 각 θ
- line 95: 계면에 수직한 벡터와 결정학적 (10) 축 사이의 각
- line 97: 이방적 계면 에너지를 $\sigma(\theta)=\sigma_0(1+\alpha\cos(4\theta))$로 나타낸다. 여기서 θ는 계면에 대한 수직 벡터와 (10) 축 사이의 각도이다.
- line 98: ω가 θ에 무관하기 위해서는 3.3절의 5)항에서 설명했듯이 $\xi(\theta)=\xi_0(1+\alpha\cos(4\theta))$로 되어야 한다.
- line 99: ϵ의 θ에 대한 의존성은 식 (3-79)에 따라 $\epsilon=\epsilon_0(1+\alpha\cos(4\theta))$로 된다.
- line 100, 101: $d\epsilon/d\theta$과 $d^2\epsilon/d\theta^2$
- line 102: 얇은 계면 조건에서의 phase field 이동도 $M_\phi(\theta)$. 식 (4-68)로 결정된다.
- line 106 ~ 109: $d^2\phi/dxdy$, $d^2\phi/dx^2$ 및 $d^2\phi/dy^2$
- line 111: $dh_p(\phi)/d\phi$, 여기서 $h_p(\phi)=\phi^3(6\phi^2-15\phi+10)$
- line 112: 응고에 따른 자유 에너지 변화, 즉 응고의 구동력 $(T-T_m^e)\Delta H_f/T_m^e$
- line 116 ~ 119: phase field 방정식에서 이방적 계면 에너지에 대응하는 항. (식 (4-33))
- line 121: 새로운 시간 스텝에서의 phase field 값
- line 125 ~ 128: 그리드의 오른쪽, 왼쪽, 위, 아래 면으로부터 들어오는 확산 유속
- line 129: 주어진 그리드로 들어오는 총 유속
- line 130 ~ 131: 새로운 시간 스텝에서의 온도
- line 132 ~ 136: 온도에 대한 요동
- line 140 ~ 153: 성장 과정의 graphic 출력
- line 154 ~ 163: graphic을 파일로 저장한다.

전산모사 결과

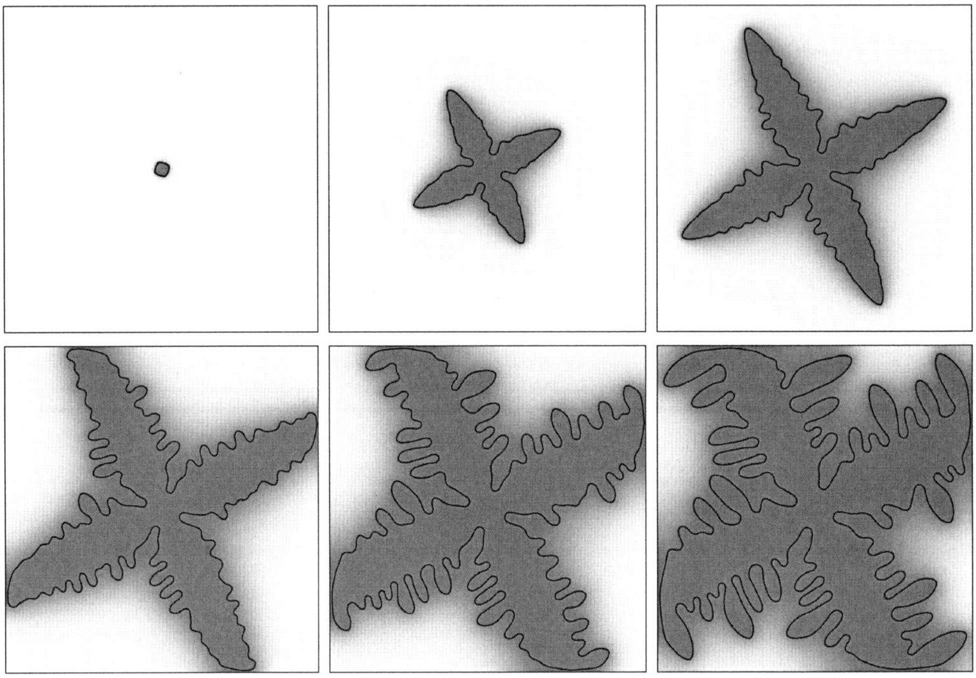

[Fig. 4-6] 과랭된 Nickel 액상에서 수지상 응고 과정. 짙은 회색으로부터 흰색으로의 농담 변화는 초기 과랭 온도로부터 평형 용융 온도까지의 변화에 대응한다. 수지상의 우선 성장 방향인 결정학적 (10)축은 x축과 25도의 각을 이루고 있다

```
C      Dendritic growth in pure undercooled Nickel melt

       USE MSFLIB

       CHARACTER*12 OUT_F ! graphic output number
       PARAMETER(IM=1000,JM=1000) ! system size
       ! Temperature and phase fields in current time step
       DIMENSION U(0:IM+1,0:JM+1),PHI(0:IM+1,0:JM+1)
       ! Temperature and phase fields in previous time step
       DIMENSION UUU(0:IM+1,0:JM+1),PPP(0:IM+1,0:JM+1)

       WRITE(*,*) 'CALCULATING...' ! data window
       OPEN(10, FILE='USER', TITLE='PHASE FIELD METHOD') ! graphic window

C      ------------------------------------------------------------------------
       !Parameters (MKS unit)
       PI=4.*ATAN(1.)
       CPS= 5.42E6 ! specific heat of solid and liquid
       TKL=0.84E2 ! thermal conductivity of solid and liquid
       TME=1728. ! melting point of Nickel
       TLH=2.35E9 ! latent heat of solidification per unit volume
       SIGMA=0.37 ! interface energy
       ALPHA=0.02 ! anisotropy of interface energy
       BETAK=0. ! local equilibrium ! interface kinetics coefficient
       ZJJJ=209./420. ! constant at thin interface limit
       ANOISE=1.D-3 ! fluctuation in temperature
```

```
      TTIMEF=0.8 ! time factor for numerical stability
      DXL=0.3E-8 ! grid size in X-direction
      DYL=DXL ! grid size in Y-direction
      TIN=TME-TLH/CPS *0.6 ! initial undercooling
      AETA=DXL*2. ! half interface width
      WWW=6.*LOG(3.)*SIGMA/AETA ! height of double-well potential
      CEP=SQRT(3.*SIGMA*AETA/LOG(3.))
      TILT=25.*PI/180. ! tilt angle of crystallographic axis

C     ----------------------------------------------------------------
      ! Initial conditions
      IRAD=3 ! radius of initial solid particle
      DO I=1,IM
      DO J=1,JM
      U(I,J)=TIN ! initial temperature
      PHI(I,J)=0. ! liquid phase
      IDD=(I-IM/2)**2+(J-JM/2)**2-IRAD**2
      IF(IDD.LE.0)THEN
      PHI(I,J)=1. ! solid particle
      ENDIF
      ENDDO
      ENDDO

C     ----------------------------------------------------------------
      ! time interval within numerical stability
      DTTIME=DXL**2./(4.*TKL/CPS)*TTIMEF
      NNN=0
  400 NNN=NNN+1

      DO I=1,IM
      DO J=1,JM
      PPP(I,J)=PHI(I,J) ! Update of phase field
      UUU(I,J)=U(I,J) ! Update of temperature field
      ENDDO
      ENDDO

      ! adiabatic boundary conditions
      DO I=1,IM
      PPP(I,0)=PPP(I,1)
      PPP(I,JM+1)=PPP(I,JM)
      UUU(I,0)=UUU(I,1)
      UUU(I,JM+1)=UUU(I,JM)
      ENDDO
      DO J=1,JM
      PPP(0,J)=PPP(1,J)
      PPP(IM+1,J)=PPP(IM,J)
      UUU(0,J)=UUU(1,J)
      UUU(IM+1,J)=UUU(IM,J)
      ENDDO

C     ----------------------------------------
      ! Solutions of phase field and thermal diffusion field
        DO 500 I=1,IM
        DO 500 J=1,JM
      ! Phas efield
      PP1=PPP(I,J)
      PP2=PPP(I+1,J)
      PP3=PPP(I-1,J)
      PP4=PPP(I,J+1)
      PP5=PPP(I,J-1)
      PSUM=PP1+PP2+PP3+PP4+PP5
      PSS=1.D-4
```

```
      IRANGE=0
      IF(PSUM.GE.PSS.AND.PSUM.LE.(5.-PSS))IRANGE=1 ! find interfacial region
         IF(IRANGE.EQ.1)THEN ! computation Only on interfacial region
      PHIX=(PPP(I+1,J)-PPP(I-1,J))/(2.*DXL) ! d(phi)/dx
      PHIY=(PPP(I,J+1)-PPP(I,J-1))/(2.*DYL) ! d(phi)/dy
      ANGLE=ATAN(PHIY/(PHIX+1.E-20)) ! inclination of interface
      QANGLE=ANGLE+TILT ! inclination of interface (crystal axis frame)

      SIGMAA=SIGMA*(1. +ALPHA*COS(4.*QANGLE)) ! anisotropic interface energy
      AETAA=AETA*(1. +ALPHA*COS(4.*QANGLE)) ! anisotropic interface width
      CEPA=CEP*(1.+ALPHA*COS(4.*QANGLE)) ! epsilon
      DCEPA= -4.*CEP*ALPHA*SIN(4.*QANGLE) ! 1st derivative
      ECEPA=-16.*CEP*ALPHA*COS(4.*QANGLE) ! 2st derivative
      EMMA_INV=(TLH*CEPA**2.)/(TME*SIGMAA)*
     & ( BETAK+TLH/TKL*CEPA/SQRT(2.*WWW)*ZJJJ )
      EMMA=1./EMMA_INV

      PHIXY= ( (PPP(I+1,J+1)-PPP(I-1,J+1))-
     &        (PPP(I+1,J-1)-PPP(I-1,J-1)) )/(4.*DXL*DYL) ! d^2(phi)/dxdy
      PHIXX=(PPP(I+1,J)-2.*PPP(I,J)+PPP(I-1,J))/DXL**2. ! d^2(phi)/dx^2
      PHIYY=(PPP(I,J+1)-2.*PPP(I,J)+PPP(I,J-1))/DYL**2. ! d^2(phi)/dy^2

      DHPHI=30.*PPP(I,J)**2.*(PPP(I,J)-1.)**2. ! d(h_p)/d(phi)
      DELTAF=(UUU(I,J)-TME)*TLH/TME ! thermodynamic driving force
      FP=DELTAF*DHPHI+4.*PPP(I,J)*(1.-PPP(I,J))*(0.5-PPP(I,J))*WWW
      PHAA=-FP
      PHAC=CEPA**2.* ( PHIXX+PHIYY )
      PHAD=CEPA*DCEPA* ( SIN(2.*ANGLE)*(PHIYY-PHIXX)
     &                 +2.*COS(2.*ANGLE)* PHIXY )
      PHAE=-(DCEPA**2.+CEPA*ECEPA)*( SIN(2.*ANGLE)* PHIXY
     &    -(PHIXX+PHIYY)/2.-COS(2.*ANGLE)*(PHIYY-PHIXX)/2. )
      PALL=PHAA+PHAC+PHAD+PHAE

      PHI(I,J)=PPP(I,J)+DTTIME*EMMA*PALL ! phase field at new time step
         ENDIF

      ! diffusion field
      THEA1=(DYL*1.)*TKL*(UUU(I-1,J)-UUU(I,J))/DXL ! flux from right(J/s)
      THEA2=(DYL*1.)*TKL*(UUU(I+1,J)-UUU(I,J))/DXL ! flux from left(J/s)
      THEA3=(DXL*1.)*TKL*(UUU(I,J-1)-UUU(I,J))/DYL ! flux from top(J/s)
      THEA4=(DXL*1.)*TKL*(UUU(I,J+1)-UUU(I,J))/DYL ! flux from down(J/s)
      THEALL=THEA1+THEA2+THEA3+THEA4 ! total flux
      U(I,J)=UUU(I,J)+TLH*DHPHI/CPS* (PHI(I,J)-PPP(I,J))
     &        +DTTIME/(CPS*DXL*DYL*1.)*THEALL ! temperature at new time step
      IF(PPP(I,J).GE.0.01.AND.PPP(I,J).LE.0.99)THEN
      CALL RANDOM_NUMBER(RANNUM)
      RANNOI=(2.*RANNUM-1) ! random number between -1 and +1
      U(I,J)=U(I,J)*(1.+ANOISE*RANNOI) ! driving force with fluctuation
      ENDIF
  500 CONTINUE

C     ------------------------------------------------------------------
      ! Graphic output on monitor
      INTERVAL=500 ! graphic interval
      IF(MOD(NNN,INTERVAL).EQ.0)THEN
      DO I=1,IM
      DO J=1,JM
      AEMP=(TME-U(I,J))/TME
      AMAX=(TME-TIN)/TME
      IF(AEMP.LE.0)AEMP=0
      TMP = -255*(AMAX-AEMP)/AMAX + 255
      ICOLOR = #0000FF+INT4(TMP)*#100 + INT4(TMP)*#10000 ! temp. tone
      IF(PHI(I,J).GE.0.1.AND.PHI(I,J).LE.0.9)ICOLOR=0
```

```
        ISTATUS = SETPIXELRGB(I,J,ICOLOR) ! display graphics
        ENDDO
        ENDDO
        ! save graphics
        MNB=NNN/INTERVAL ! figure number
        WRITE(OUT_F,201)MNB
   201  FORMAT(I4,'.BMP')
        KX1=1
        KY1=1
        KX2=IM
        KY2=JM
        IMGRES=SAVEIMAGE(OUT_F,KX1,KY1,KX2,KY2) ! save figure
        ENDIF

C       ----------------------------------------------------------------------
        IF(MOD(NNN,100).EQ.0)WRITE(*,*)'NNN=',NNN
        IF(PHI(IM,JM).LT.0.99) GO TO 400
   600  STOP
```

5 합금의 확산 변태를 위한 phase field 모델

5.1 합금 확산 변태에 대한 classical sharp interface 모델

합금의 상변태 과정에서는 용질 원자의 확산과 계면의 이동 이외에, 변태 잠열의 확산도 일어나며, 변태상과 모상 사이의 밀도차이로 인해 응력도 발생한다. 본 장에서는 잠열 확산과 응력 발생을 무시하고, 상변태가 순전히 용질 원자의 확산에 지배되는 경우만 고려하기로 한다. 합금 상변태의 전형적인 예는 액상이 고상으로 변하는 응고이다. 본 장에서는 응고와 관련된 용어가 주로 쓰일 것이다. 그러나 앞으로 나타나는 모든 방정식들은, 변태 응력이 무시될 수 있는 한, 고상 변태의 경우에도 그대로 적용될 수 있다.

순물질 응고의 phase field 모델이 그렇듯이, 합금 상변태의 phase 모델도 3개의 파라미터를 가지고 있다. 이 파라미터들은 얇은 계면 조건에서 phase field 모델이 classical sharp interface 모델의 특성을 재현하도록 결정될 것이다. 이를 위해서 먼저 합금 상변태의 classical sharp interface 모델[6-9]을 살펴보자. 이 모델은 다음의 식들로 구성된다.

▌액상과 고상에서의 용질 확산 방정식▐

$$\frac{\partial u}{\partial t} = \nabla \cdot (D_S \nabla u) \tag{5-1}$$

$$\frac{\partial u}{\partial t} = \nabla \cdot (D_L \nabla u) \tag{5-2}$$

여기서 D_S와 D_L은 각각 고상과 액상에서의 용질 확산 계수이다.

▌계면에서의 질량 보존 조건▐

$$v_n (u_L^i - u_S^i) = D_S \frac{\partial u_S}{\partial n} - D_L \frac{\partial u_L}{\partial n} \tag{5-3}$$

여기서 u_S^i와 u_L^i는 각각 고상과 액상에서의 용질 농도이고, $\partial u_S / \partial n$과 $\partial u_L / \partial n$은 각각 계면에서 액상과 고상의 용질 농도 구배이다.

계면의 열역학적 상태

고액 계면에서 고상 쪽의 곡률이 κ고, 계면이 v_n의 속도로 이동하고 있을 때, 계면의 국소적 열역학적 상태는 여러 가지 형태로 표현될 수 있다. 그 중 하나는 식 (2-100)에 계면 동역학 효과를 첨가하여 계면의 국소적 열역학적 상태를 다음 식과 같이 계면의 확산 퍼텐셜로 나타내는 것이다.

$$f_u^S(u_S^i) = f_u^L(u_L^i) = f_u^L(u_L^e) - \frac{\sigma\kappa}{u_L^e - u_S^e} - \frac{\Delta H_f}{T_m(c_L^e - c_S^e)}\beta_k v_n \tag{5-4}$$

여기서 $f_u^p \equiv df^p(u_p^e)/du$의 정의를 사용하였으며, 우변의 두 번째 항과 세 번째 항은 각각 유한한 계면 곡률과 계면 속도에 기인하는 확산 퍼텐셜의 변화를 나타낸다. 만약 희석 이상 용액의 경우라면 식 (2-102)에 의해 $f_u^p = E_p + (R_g T/v_m)\ln u_p$이기 때문에 식 (2-105)~(2-109)와 동일한 과정을 거침으로써, 계면의 열역학적 상태는 다음 식과 같이 계면의 온도로 나타내질 수도 있다[6-9].

$$T_l^\kappa = T_l^e - |m_l|u_L^e - \frac{T_m^e \sigma\kappa}{\Delta H_f} - \beta_k v_n \tag{5-5}$$

식 (5-1)~(5-3)과 (5-4) 또는 (5-5)가 2성분계 합금의 응고 과정을 지배하는 방정식이다.

5.2 합금의 phase field 모델: 기본 방정식과 계면의 상태

고상과 액상 및 둘 사이의 계면으로 이루어진 2성분계 합금계가 있다. 계 내부의 용질 농도의 분포는 불균일하며, 그 분포는 $u(\boldsymbol{x},t)$로 주어져 있다. 또한, phase field의 분포는 $\phi(\boldsymbol{x},t)$로 주어진다. 계의 총 자유 에너지는 다음과 같이 나타내진다.

$$F = \int_\Omega \left(f(u,\phi) + \omega g(\phi) + \frac{\epsilon^2}{2}|\nabla\phi|^2 \right) d\Omega \tag{5-6}$$

이 범함수에서 두 번째 항과 세 번째 항은 결정립계에 대한 식 (3-34) 또는 순물질의 고액 계면에 대한 범함수 (4-11)에서와 동일하다. 나머지 항인 $f(u,\phi)$를 어떻게 취하느냐에 대해서는 깊은 고찰을 필요로 하며, 이에 대해서는 잠시 뒤에 논하기로 한다. 농도 분포와 phase field 분포의 시간에 따른 변화는 자유 에너지를 감소시키는 방향으로만 일어나야 한다. Phase field에 대해 이 전제조건을 만족하는 가장 간단한 방정식은 식 (3-39)로 나타내지는 Ginzburg-

Landau 방정식이다. 이 식을 여기에 다시 쓴다.

$$\frac{\partial \phi}{\partial t} = -M_\phi \frac{\delta F}{\delta \phi} \tag{5-7}$$

농도 분포에 대해서는 위의 식이 적용될 수 없다. 그 이유는 상변태가 일어날 때 계 전체에 걸친 phase field의 총량은 보존될 필요가 없는 반면, 총 용질 무게(또는 몰 수)는 반드시 보존되어야 하기 때문이다. 2.1절의 3)항에서 설명했듯이, 용질 확산의 구동력은 공간 상에서 $\delta F/\delta u$의 기울기, 즉 $\nabla \delta F/\delta u$이며 확산의 유속 $\vec{J}$은 이 구동력에 비례한다:

$$\vec{J} = -M_d \nabla \frac{\delta F}{\delta u} \tag{5-8}$$

여기서 M_d는 용질 원자의 이동도이다. 여기에 질량 보존 조건인 $\partial u/\partial t = -\nabla \vec{J}$을 적용하면

$$\frac{\partial u}{\partial t} = \nabla \cdot M_d \nabla \frac{\delta F}{\delta u} \tag{5-9}$$

가 얻어진다. 식 (5-7)과 (5-9)는 다음과 같이 여러 가지 이름으로 불린다: i) 대상으로 하는 장(field)이 계 전체에 걸쳐 보존되는지의 여부에 초점을 맞추는 경우에는, 두 식을 각각 비보존(non-conserved) 및 보존(conserved) Ginzburg-Landau 방정식이라고 부른다[52]. ii) 냉전시기 중 서방세계에서 두 식을 처음 제안한 사람의 이름을 따서, 각각 Allen-Cahn 방정식[13]과 Cahn-Hilliard 방정식[12]으로 부르기도 한다. iii) 요즘 들어 가장 흔하게 부르는 이름은 식 (5-7)에 대해서는 phase field 방정식, 식 (5-9)에 대해서는 확산 방정식이다. 범함수 (5-6)을 미분하면, phase field 방정식 (5-7)과 확산 방정식 (5-9)의 구체적인 형태를 다음과 같이 얻을 수 있다.

$$\frac{1}{M_\phi}\frac{\partial \phi}{\partial t} = \epsilon^2 \nabla^2 \phi - \omega g'(\phi) - \frac{\partial f}{\partial \phi} \tag{5-10}$$

$$\frac{\partial u}{\partial t} = \nabla \cdot \left(M_d \nabla \frac{\partial f}{\partial u} \right) \tag{5-11}$$

앞의 4.2절의 첫머리에서 설명했듯이, phase field 모델에서는 계 내부에 존재하는 어떤 임의의 점도 두 상(여기에서는 고상과 액상)의 공존으로 이루어져 있고, 그 점에서의 임의의 물리량은 식 (4-5)와 같은 혼합 법칙에 의해 결정된다고 가정한다. 임의의 한 점에서의 농도도 다음과 같은 혼합 법칙을 따라야 한다.

$$u(\boldsymbol{x}) = u_S(\boldsymbol{x})\, h(\phi(\boldsymbol{x})) + u_L(\boldsymbol{x})\,[1 - h(\phi(\boldsymbol{x}))] \tag{5-12}$$

여기서 u_S와 u_L은 각각 임의의 한 점 $\boldsymbol{x}$에 공존하고 있는 고상과 액상의 용질 농도이다 (여기서 u_S와 u_L이 계면에서 액상 쪽과 고상 쪽의 용질 농도가 아님에 주의해야 한다). 확산 방정식 (5-11)은 $u(\boldsymbol{x})$의 변화를 지배하는 방정식일 뿐, u_S와 u_L 각자의 변화를 지배하지는 못한다. 따라서 u_S와 u_L에 대해서는 모종의 관계를 맺어줄 필요가 생긴다.

생각할 수 있는 가장 간단한 관계는

$$u_S(\boldsymbol{x}) = u_L(\boldsymbol{x}) \equiv u(\boldsymbol{x}) \tag{5-13}$$

이다. 이 관계는 한 점을 구성하는 고상과 액상의 용질 농도가 같아지도록 강제한다. 이를 등농도 조건(equal concentration condition)이라고 부른다. 등농도 조건을 이용하는 경우, 계의 용질 농도는 상의 종류에 무관하게 항상 단일 농도 u에 의해서만 기술된다. 미국 NIST의 Wheeler, Boettinger와 McFadden(이하 WBM)의 모델[19,20]을 필두로, 개발 초기의 합금 phase field 모델들은 예외 없이 등농도 조건을 이용하였다(이 조건을 이용하는 모든 문헌들은 이에 대해 언급조차 하지 않는다. 그만큼 이 조건 자체가 당연시되었다). 이 조건을 채용한 phase field 모델은 WBM 모델로 불린다. 그러나 등농도 조건에는 미묘한 문제가 잠재해 있다. 앞의 2.1절에서 설명했듯이, 확산의 구동력은 확산 퍼텐셜(diffusion potential)의 기울기이다. 따라서 고상과 액상의 농도가 같다면, 두 상 사이에는 유한한 크기의 확산 퍼텐셜 차이가 존재한다. 더구나 식 (5-12)와 (5-13)에서 점 $\boldsymbol{x}$가 무한히 작은 수학적인 점이라는 것을 고려하면, 그 점을 구성하는 고상과 액상 사이에서 확산 퍼텐셜의 기울기가 무한대로 된다는 이상한 상황이 생긴다.

이러한 상황을 피할 수 있는 방법은 식 (5-13)의 등농도 조건 대신에 다음과 같이 등확산 퍼텐셜 조건을 가하는 것이다.

$$\frac{df^S(u_S(\boldsymbol{x}))}{du_S} = \frac{df^L(u_L(\boldsymbol{x}))}{du_L} \equiv \tilde{\mu} \tag{5-14}$$

농도를 가로축으로 잡고 자유 에너지를 세로축으로 잡아서 둘 사이의 관계를 그림으로 타나냈을 때, 조건 (5-14)는 평행 접선 조건으로 해석된다. 이 조건이 만족되면, 점 $\boldsymbol{x}$를 구성하는 고상과 액상 사이의 확산 퍼텐셜은 사라지며, 대신 두 상의 용질 농도는 서로 다르게 된다. 등확산 퍼텐셜 조건 (5-14)는 1999년 Kim 등[30]에 의해 처음 제시되었으며, 현재는 거의 모든 합금 phase field 모델에서 필수불가결한 요소로 자리를 잡았다. 이 조건을 채용한 phase field 모델은 KKS 모델로 불린다. 합금의 phase field 모델에서 조건 (5-13)과 (5-14)가 어떤 차이를 가지는지 그리고 그 차이가 왜 중요한지에 대해서는 다음 절에서 자세히 설명한다.

5.3 합금의 phase field 모델: WBM 모델

WBM 모델은 phase field 방정식 (5-10), 확산 방정식 (5-11), 혼합법칙 (5-12) 및 등농도 조건 (5-13)으로 구성된 합금의 phase field 모델을 의미한다. WBM 계통의 모델들은 희석 합금 또는 이상 용액 합금에 국한되어 개발되어 왔다. 그러나 모델을 단순화시키기 위한 목적으로 도입했던 희석 합금 또는 이상 용액 합금의 가정이 오히려 문제를 매우 복잡하게 만들었다. Kim 등[59]이 보여주었듯이, 오히려 합금의 열역학적 성질에 대한 아무런 가정을 하지 않는 편이 WBM 모델을 훨씬 간단하고 깔끔하게 만들어 주며, 모델의 본질을 더 잘 드러나게 해준다. 본 절에서는 WBM 모델의 성질과 문제점[59]에 대해 자세히 설펴본다.

등농도 조건 (5-13)이 만족되면 자유 에너지 밀도 $f(u,\phi)$는 다음과 같이 나타내질 수 있다.

$$f(u,\phi)=h(\phi)f^S(u)+(1-h(\phi))f^L(u) \tag{5-15}$$

이를 phase field 방정식 (5-10)과 확산 방정식 (5-11)에 대입하면

$$\begin{aligned}\frac{1}{M_\phi}\frac{\partial\phi}{\partial t}&=\epsilon^2\nabla^2\phi-\omega g'(\phi)-\frac{\partial f}{\partial\phi}\\&=\epsilon^2\nabla^2\phi-\omega g'(\phi)-\left(f^S(u)-f^L(u)\right)h'(\phi)\end{aligned} \tag{5-16}$$

$$\begin{aligned}\frac{\partial u}{\partial t}&=\nabla\cdot M_d\nabla\frac{\partial f}{\partial u}\\&=\nabla\cdot M_d\nabla\left(h(\phi)\frac{\partial f^S(u)}{\partial u}+(1-h(\phi))\frac{\partial f^L(u)}{\partial u}\right)\end{aligned} \tag{5-17}$$

가 얻어진다. 이 두 식이 WBM 모델의 지배 방정식이다. 확산 방정식에 들어 있는 이동도 M_d는 용질 확산 계수 $D(\phi)$와 다음의 관계를 갖는다.

$$M_d=\frac{D(\phi)}{d^2f/du^2}\equiv\frac{D(\phi)}{f_{uu}}$$

이 관계에 따라 확산 방정식은 다음과 같이 나타내질 수 있다.

$$\begin{aligned}\frac{\partial u}{\partial t}&=\nabla\cdot\frac{D(\phi)}{f_{uu}}\nabla\frac{\partial f}{\partial u}\\&=\nabla\cdot\frac{D(\phi)}{f_{uu}}(f_{uu}\nabla u+f_{u\phi}\nabla\phi)\\&=\nabla\cdot D(\phi)\nabla u+\nabla\cdot\frac{f_{u\phi}D(\phi)}{f_{uu}}\nabla\phi\end{aligned} \tag{5-18}$$

이 식의 마지막 줄에서, 첫 번째 항은 농도 구배에 의한 확산을 의미하며, 두 번째 항은 계면에서의 용질 재분배를 의미한다.

지금부터 평형 상태에서 WBM 모델이 어떤 성질을 갖고 있는지에 대해 살펴보겠다(평형 상태에서의 성질을 고려하는 것만으로도 그 모델의 문제점이 심각하게 드러나기 때문에, 비평형 상태, 즉 응고가 일어나는 상황에서의 성질에 대한 검토는 생략한다).

1) 평형 농도

논의를 간단하게 하기 위해, 1차원의 2상 2성분계 합금을 먼저 고려한다. 계의 왼쪽에 벌크 고상이, 오른쪽에는 벌크 액상이 자리하며, 중앙에 평면 상의 고액 계면이 놓여 있다. 계면의 중앙 위치를 원점 $x=0$으로 둔다. 이 계가 평형 상태에 놓여 있다면 농도 u와 ϕ는 시간에 따라 변하지 않아야 하며, 따라서 다음이 만족되어야 한다.

$$\epsilon^2 \frac{d^2\phi}{dx^2} = \omega g'(\phi) + f_\phi(u,\phi) \tag{5-19}$$

$$\frac{d}{dx}\left(M_d \frac{d}{dx} f_u(u,\phi)\right) = 0 \tag{5-20}$$

여기서 $f_\phi \equiv \partial f/\partial\phi$와 $f_u \equiv \partial f/\partial u$의 정의가 이용되었다. 식 (5-20)의 해는

$$f_u(u,\phi) = \tilde{\mu}^e \ \text{(constant)} \tag{5-21}$$

이다(물론 확산 유속 $J \equiv M_d df_u(u,\phi)/dx$가 계 전체에 걸쳐서 유한한 일정값으로 유지되고 있는 정상 상태(steady state)도 식 (5-20)의 해이다. 그러나 본 논의에서는 정상 상태가 아니라, $J=0$인 평형 상태만을 고려하기로 한다). 이는 평형 상태에서 확산 퍼텐셜이 일정해야 함을 의미한다. 좌표계의 원점을 계면의 중앙에 두기로 하고, 식 (5-19)의 양변에 $d\phi/dx$를 곱한 다음, 계의 전체영역에 대해 적분하면,

$$\frac{\epsilon^2}{2}\left(\frac{d\phi}{dx}\right)^2\Bigg|_{x=-\infty}^{x=+\infty} = \omega g(\phi)\Bigg|_{x=-\infty}^{x=+\infty} + \int_{-\infty}^{+\infty} f_\phi(u,\phi)\frac{d\phi}{dx}dx \tag{5-22}$$

을 얻는다. 벌크 고상에서는 $\phi=1,\ d\phi/dx=0,\ g(\phi)=g(1)=0$이고, 벌크 액상에서는 $\phi=0,\ d\phi/dx=0,\ g(\phi)=g(0)=0$이기 때문에, 좌변과 우변의 첫 항은 사라지며, 다음과 같이 마지막 항만 남는다.

$$\int_{-\infty}^{+\infty} f_\phi(u,\phi)d\phi = 0 \tag{5-23}$$

식 (5-15)로 주어지는 자유 에너지$f(u,\phi)$를 각 변수에 대해 연쇄미분하면

$$df(\phi,u)=f_{\phi}d\phi+f_{u}du \tag{5-24}$$

가 되는데, 여기서 f_u는 확산 방정식의 해인 식 (5-21)에 의해 상수($\tilde{\mu}^e$)가 되어야 한다. 따라서 식 (5-23)은

$$\int_{-\infty}^{+\infty}f_{\phi}(u,\phi)d\phi=\int_{-\infty}^{+\infty}(df-\tilde{\mu}^e du)=\int_{-\infty}^{+\infty}df-\tilde{\mu}^e\int_{-\infty}^{+\infty}du=0 \tag{5-25}$$

가 된다. 계의 왼쪽과 오른쪽이 각각 벌크 고상과 벌크 액상임을 고려하면 이 식은

$$f(u_L,0)-f(u_S,1)-(u_L-u_S)\tilde{\mu}^e=0 \tag{5-26}$$

으로 된다. 다시 식 (5-15)에 따라 $f(u_L,0)=f^L(u_L)$이고 $f(u_S,1)=f^S(u_S)$이므로, 식 (5-26)은

$$\tilde{\mu}^e=\frac{f^L(u_L)-f^S(c_S)}{u_L-u_S} \tag{5-27}$$

가 된다. 식 (5-21)과 식 (5-27)을 결합하면,

$$f_u^L(u_L^e)=f_u^S(u_S^e)=\frac{f^L(u_L^e)-f^S(u_S^e)}{u_L^e-u_S^e} \tag{5-28}$$

가 얻어진다. 여기서 위 첨자 e는 평형 상태를 의미한다. 이 결과는 바로 앞의 2.2절에서 설명했던 2상 2성분계의 평형에 대한 공통접선 규칙 (2-75)이다. 이처럼 WBM 모델은 열역학적 평형 조건을 재현한다.

평형 상태에서 고상과 액상의 용질 농도는 식 (5-28)의 조건에 의해 각각 일정한 값으로 결정된다. 그러나 계면 영역에서는 용질 조성이 u_S^e로부터 u_L^e로 연속적으로 변해갈 것이다. 계면에서의 연속적인 용질 농도 분포는 다음과 같이 식 (5-21)과 (5-28)에 의해 결정된다.

$$h(\phi)\frac{df^S(u)}{du}+(1-h(\phi))\frac{df^L(u)}{du}=\frac{f^L(u_L^e)-f^S(u_S^e)}{u_L^e-u_S^e}\ \text{(constant)} \tag{5-29}$$

만약 고상과 액상의 자유 에너지 밀도 f^S와 f^L의 구체적인 형태가 농도의 함수로서 주어지기만 하면, 식 (5-29)를 해석적 또는 수치적으로 적분함으로써, ϕ에 따른 u의 변화를 구할 수 있다. 이 해를 $\tilde{u}(\phi)$로 표기한다.

문제

이상 용액의 합금이 평형 상태에 있을 때, WBM 모델로부터 계면에서의 농도 분포 u를 ϕ의 함수로 구하라[60].

2) 계면 두께

WBM 모델에서 계가 평형 상태에 있을 때 고액 계면의 두께를 구해 보자. 이를 위해 앞의 식 (5-19)의 양변에 $d\phi/dx$를 곱한 다음, $[-\infty, x]$의 구간에서 x에 대해 적분한다:

$$\frac{\epsilon^2}{2}\left(\frac{d\phi}{dx}\right)^2\Bigg|_{x=-\infty}^{x=x} = \omega g(\phi)\Bigg|_{x=-\infty}^{x=x} + \int_{-\infty}^{x} f_\phi \frac{d\phi}{dx} dx \tag{5-30}$$

$x \to -\infty$에서 $\phi = 1$, $d\phi/dx = 0$, $g(\phi) = g(1) = 0$임을 감안하면 이 식은

$$\frac{\epsilon^2}{2}\left(\frac{d\phi}{dx}\right)^2 = \omega g(\phi) + \int_1^{\phi} f_\phi \, d\phi \tag{5-31}$$

이 된다. 식 (5-24)를 이용하여 $f_\phi d\phi = df - f_u du = df - \tilde{\mu}^e du$로 고쳐 쓴 다음, 적분을 실행하면 다음을 얻는다.

$$\begin{aligned}\frac{\epsilon^2}{2}\left(\frac{d\phi}{dx}\right)^2 &= \omega g(\phi) + \int_{x=-\infty}^{x=x} (df - \tilde{\mu}^e du) \\ &= \omega g(\phi) + \left(f(u,\phi) - f(u_S^e, 1)\right) - \left(u - u_S^e\right)\tilde{\mu}^e\end{aligned} \tag{5-32}$$

이 식에서 농도 분포 u는 식 (5-29)에 의해 ϕ의 함수인 $\tilde{u}(\phi)$로 주어지며, 식 (5-32)는 다음과 같이 된다.

$$\begin{aligned}\frac{\epsilon^2}{2}\left(\frac{d\phi}{dx}\right)^2 &= \omega g(\phi) + f(\tilde{u}(\phi),\phi) - f(u_S^e, 1) - \left(\tilde{u}(\phi) - u_S^e\right)\tilde{\mu}^e \\ &\equiv \omega g(\phi) + W(\phi)\end{aligned} \tag{5-33}$$

여기서 새로운 퍼텐셜 $W(\phi)$는 다음과 같이 정의되었다.

$$W(\phi) = f(\tilde{u}(\phi),\phi) - f(u_S^e, 1) - \left(\tilde{u}(\phi) - u_S^e\right)\tilde{\mu}^e \tag{5-34}$$

식 (5-33)의 우변에서 첫 번째 항 $\omega g(\phi)$는 언제나 나타나는 이중우물 퍼텐셜이다. 두 번째 항인 $W(\phi)$는 결정립계의 경우인 식 (3-43)과 순물질의 경우인 식 (4-18)에서는 볼 수 없었던 새로운 퍼텐셜이다. 이 퍼텐셜은 자유 에너지 범함수 (5-6)에서는 겉으로 드러내지 않고

PART 3

있으며, 다음 절에서 보겠지만, WBM 모델에 가해지는 등농도 조건 (5-13)에 그 기원을 두고 있다.

식 (5-34)로 정의되는 새로운 퍼텐셜 $W(\phi)$의 형태를 자세히 들여다보자. 우선 $\phi=1$인 고상에서는 $\tilde{u}(\phi)=u_S^e$이므로, $W(1)=0$가 된다. $\phi=0$인 액상에서는 $\tilde{u}(\phi)=u_L^e$, $f(\tilde{u}(\phi),\phi)=f^L(u_L^e)$이 성립하고 $\tilde{\mu}^e$가 식 (5-27)로 주어짐을 감안하면, $W(0)=0$임을 알 수 있다. 이제 남아있는 영역, 즉 $0<\phi<1$인 계면 영역에서 $W(\phi)$의 형태를 검토해 보자. 이를 위해 농도 u와 phase field ϕ에 따른 고상과 액상의 자유 에너지 변화를 Fig. 5-1에 나타냈다. 이 그림에서 고상과 액상의 평형 농도 u_S^e와 u_L^e는 자유 에너지 곡선에 대한 공통 접선의 두 접점에 의해 주어진다.

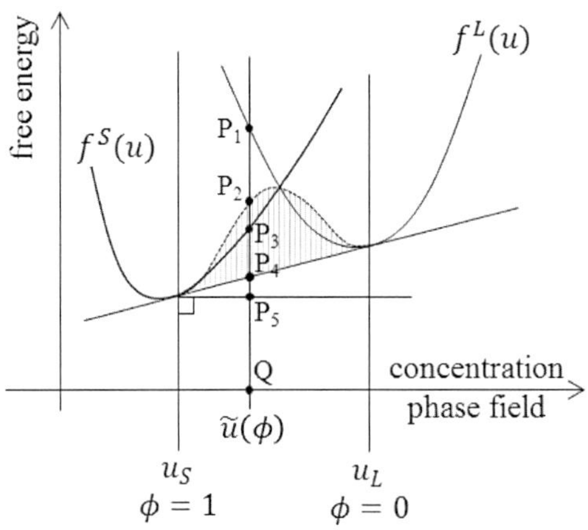

[Fig. 5-1] 농도 u와 phase field ϕ에 따른 고상과 액상의 자유 에너지 변화. 고상과 액상의 평형농도 u_S^e와 u_L^e는 자유 에너지 곡선에 대한 공통 접선의 두 접점에 의해 주어진다.

식 (5-34)의 각 항들이 Fig. 5-1의 어느 부분에 해당하는지를 찾아보자. 그림에서 길이 $\overline{P_1Q}$과 $\overline{P_3Q}$는 각각 $f^L(\tilde{u}(\phi))$와 $f^S(\tilde{u}(\phi))$에 해당한다. 따라서 $W(\phi)$의 첫 번째 항은 식 (5-15)에 따라 다음으로 주어진다.

$$f(\tilde{u}(\phi),\phi)=h(\phi)f^S(\tilde{u}(\phi))+(1-h(\phi))f^L(\tilde{u}(\phi)) \tag{5-35}$$

여기서 볼 수 있듯이 $f(\tilde{u}(\phi),\phi)$는 점 P_1인 $f^L(\tilde{u}(\phi))$와 P_3인 $f^S(\tilde{u}(\phi))$ 사이의 내삽(interpolation)으로 주어지며, 그 크기는 그림에서 $\overline{P_2Q}$의 길이에 해당한다. $f(\tilde{u}(\phi),\phi)$가 $f^L(\tilde{u}(\phi))$와 $f^S(\tilde{u}(\phi))$ 중에서 어느 쪽에 더 가까운지는 고상 분율 $h(\phi)$에 따라 달라지며, ϕ의 변화에 따른 $f(\tilde{u}(\phi),\phi)$의 개략적인 변화를 그림에서 점선으로 표시하였다. 두 번째 항 $f(u_S,1)$은 그림에서 길이 $\overline{P_5Q}$에 해당한다. 평형 상태에서의 확산 퍼텐셜인 $\tilde{\mu}^e$는 공통 접선

의 기울기이며, 따라서 마지막 항 $\left(\tilde{u}(\phi)-u_S^e\right)\tilde{\mu}^e$은 길이 $\overline{\mathrm{P_4P_5}}$에 해당한다. 결국 식 (5-34)의 퍼텐셜은

$$
\begin{aligned}
W(\phi) &= \overline{\mathrm{P_2Q}} - \overline{\mathrm{P_5Q}} - \overline{\mathrm{P_4P_5}} \\
&= \overline{\mathrm{P_2P_4}}
\end{aligned}
\tag{5-36}
$$

로 주어지며, 이는 Fig. 5-1에서 점선으로 표시한 곡선과 공통 접선 사이의 차이에 대응된다. 이처럼 ϕ에 따른 $W(\phi)$의 변화는 Fig. 5-1에서 회색선의 높이로 나타내진다.

지금까지 살펴보았듯이, $W(\phi)$는 $W(0)=W(1)=0$이고, $\phi=1/2$에 가까운 중간 위치 즈음에서 최댓값을 갖는다. 이는 바로 이중우물 퍼텐셜이 갖는 성질과 대단히 유사하다. 따라서 $W(\phi)$도 일종의 이중우물 퍼텐셜로 여겨질 수 있으며, 처음부터 자유 에너지 범함수에 집어넣었던 이중우물 퍼텐셜 $\omega g(\phi)$와 유사한 역할을 한다. 이를 감안하면서, 계면의 두께를 구해보자. 식 (5-33)은 다음과 같이 변형될 수 있다.

$$
\frac{d\phi}{dx} = -\frac{\sqrt{2}}{\epsilon}\sqrt{\omega g(\phi)+W(\phi)}
\tag{5-37}
$$

이 식으로부터 계면의 두께가 다음과 같이 얻어진다(여기서 계면의 두께 2ξ는 $\phi_a < \phi < \phi_b$의 phase field 범위에 해당하는 거리로 정의되었다).

$$
\begin{aligned}
2\xi &= \int_{-\xi}^{+\xi} dx \\
&= -\frac{\epsilon}{\sqrt{2}}\int_{\phi_b}^{\phi_a}\frac{d\phi}{\sqrt{\omega g(\phi)+W(\phi)}} \\
&= \frac{\epsilon}{\sqrt{2}}\int_{\phi_a}^{\phi_b}\frac{d\phi}{\sqrt{\omega g(\phi)+W(\phi)}}
\end{aligned}
\tag{5-38}
$$

만약 고상과 액상의 자유 에너지가 용질 농도의 함수로 주어져 있으면, $W(\phi)$가 결정될 수 있고, 이로부터 계면의 두께가 구해질 수 있다. 그 과정을 더 구체적으로 설명하면 다음과 같다. i) 식 (5-28)로부터 평형 상태에서의 용질 농도 u_L^e, u_S^e와 확산 퍼텐셜 $\tilde{\mu}^e$를 구한다. ii) 식 (5-29)을 풀어서 평형 상태에서의 용질 농도 분포 $\tilde{u}(\phi)$를 구한다. iii) 그 결과를 식 (5-34)에 대입하여 $W(\phi)$를 구한다. iv) $W(\phi)$를 식 (5-38)에 대입하고 적분하여 2ξ를 구한다. 물론, 마지막의 과정에서는 이중우물 퍼텐셜 $g(\phi)$가 주어져 있어야 하며, phase field 방정식의 파라미터인 ϵ과 ω도 미리 결정되어 있어야 한다. ϵ과 ω의 결정 문제에 대해서는 이어지는 절에서 설명한다.

문제

2성분계 이상 용액의 희석 합금에서 $W(\phi)$를 해석적으로 구하고, 용질 분배 계수 k에 따라 $W(\phi)$의 피크 위치와 높이가 어떻게 변하는지를 설명하라[60].

3) 계면 에너지

용질 원소가 존재하는 합금의 계면 에너지는 2.3절에서 설명한 바와 같이 식 (2-146)으로 주어진다. 여기에 이 식을 다시 쓴다.

$$\sigma=\frac{G^{XS}}{A}-v_m\frac{\Gamma^{XS}}{A}\tilde{\mu}^e \tag{5-39}$$

여기서 G^{XS}와 Γ^{XS}는 면적 A의 계면이 가지고 있는 과잉 에너지와 과잉 용질 원자 몰 수이다. G^{XS}와 Γ^{XS}를 구하기 위해서 계의 자유 에너지 범함수 (5-6)를 다시 보자. 평형 상태에서는 식 (5-33)으로부터 다음이 성립한다.

$$\omega g(\phi)+f(\tilde{u}(\phi),\phi)=\frac{\epsilon^2}{2}\left(\frac{d\phi}{dx}\right)^2+f(u_S^e,1)+\left(\tilde{u}(\phi)-u_S^e\right)\tilde{\mu}^e \tag{5-40}$$

이를 범함수 (5-6)에 대입하면

$$F=\int_\Omega\left(\epsilon^2\left(\frac{d\phi}{dx}\right)^2+f^S(u_S^e)+\left(\tilde{u}(\phi)-u_S^e\right)\tilde{\mu}^e\right)d\Omega \tag{5-41}$$

가 얻어진다. 이 식으로부터 계면 영역의 존재로 인한 단위 면적당 과잉 에너지는

$$\begin{aligned}\frac{G^{XS}}{A}=&\int_{-\infty}^{+\infty}\left(\epsilon^2\left(\frac{d\phi}{dx}\right)^2+f^S(u_S^e)+\tilde{u}(\phi)\tilde{\mu}^e-u_S^e\right)dx\\&-\int_{-\infty}^{0}f^S(u_S^e)dx-\int_0^\infty f^L(u_L^e)dx\end{aligned} \tag{5-42}$$

가 되고. 계면의 단위 면적당 과잉 용질 원자의 몰 수는

$$\frac{\Gamma^{XS}}{A}=\frac{1}{v_m}\left(\int_{-\infty}^{\infty}\tilde{u}(\phi)dx-\int_{-\infty}^{0}u_S^e dx-\int_0^\infty u_L^e dx\right) \tag{5-43}$$

가 된다. 식 (5-42)와 (5-43)을 계면 에너지 (5-39)에 대입한 다음, $\tilde{\mu}^e$에 대한 식 (5-27)을 이용하여 정리하면, 대부분의 항들이 서로 상쇄되고, 다음과 같이 단 한 개의 항만 남는다.

$$\sigma = \epsilon^2 \int_{-\infty}^{\infty} \left(\frac{d\phi}{dx} \right)^2 dx \tag{5-44}$$

이 식을 다음과 같이 더 간단하게 정리하고

$$\sigma = \epsilon^2 \int_1^0 \left(\frac{d\phi}{dx} \right)^2 \frac{dx}{d\phi} d\phi = \epsilon^2 \int_1^0 \left(\frac{d\phi}{dx} \right) d\phi \tag{5-45}$$

$d\phi/dx$에 대한 식 (5-37)을 대입하면 계면 에너지에 대한 최종적인 식이 얻어진다:

$$\sigma = \epsilon \sqrt{2} \int_0^1 \sqrt{\omega g(\phi) + W(\phi)}\, d\phi \tag{5-46}$$

4) 계면 두께와 계면 에너지의 제한[59]

WBM 모델에서 얻어진 계면 두께와 계면 에너지에 대한 식을 다시 옮겨 적는다.

$$2\xi = \frac{\epsilon}{\sqrt{2}} \int_{\phi_a}^{\phi_b} \frac{d\phi}{\sqrt{\omega g(\phi) + W(\phi)}} \tag{5-47}$$

$$\sigma = \epsilon \sqrt{2} \int_0^1 \sqrt{\omega g(\phi) + W(\phi)}\, d\phi \tag{5-48}$$

두 식을 서로 나누면 파라미터 ϵ이 사라지고 다음 식이 얻어진다.

$$2\xi = \frac{\sigma}{2} \frac{\displaystyle\int_{\phi_a}^{\phi_b} \frac{d\phi}{\sqrt{\omega g(\phi) + W(\phi)}}}{\displaystyle\int_0^1 \sqrt{\omega g(\phi) + W(\phi)}\, d\phi} \tag{5-49}$$

여기서 $g(\phi)$는, 3.2절에서 설명했듯이, 안정된 두께의 계면을 만들기 위해 처음부터 일부러 집어넣은 이중우물 퍼텐셜이다. 이와는 달리, $W(\phi)$는 Fig. 5-1에 나타난 바와 같이 액상과 고상의 자유 에너지로부터 저절로 나타나는 여분의 퍼텐셜이다. 두 퍼텐셜이 함께 계면 두께와 계면 에너지에 기여한다. 여기서 주목해야 할 점은, $\omega g(\phi)$는 임의로 조절 가능한 퍼텐셜인 반면, $W(\phi)$는 인위적으로 조절될 수 없으며 고상과 액상의 자유 에너지형태에 의해서만 결정된다는 것이다. 이를 감안하면, 식 (5-49)로부터 다음의 사실을 얻을 수 있다.

i) 계면 에너지와 계면 두께는 고상과 액상의 자유 에너지의 영향을 받는다. 다시 말해서, 계면 에너지와 계면 두께를 고상과 액상의 자유 에너지에 무관하게 설정할 수 없다. 이에 비해 일반적인 전산모사에서 우리는 계면 에너지와 계면 두께를 용질 농도에 무관하게 설정하기를 선호한다.

ii) 계면의 두께가 충분히 작을 때, 즉 $2\xi \to 0$일 때는 $\omega \to \infty$가 되어야 한다. 이 경우 $W(\phi)$는 $\omega g(\phi)$에 비해 무시될 수 있으며, 계면 두께 및 계면 에너지와 ϵ 및 ω 사이의 관계는

$$2\xi = \frac{\epsilon}{\sqrt{2\omega}} \int_{\phi_a}^{\phi_b} \frac{d\phi}{\sqrt{g(\phi}} \tag{5-50}$$

$$\sigma = \epsilon \sqrt{2\omega} \int_0^1 \sqrt{g(\phi)}\, d\phi \tag{5-51}$$

가 된다. 이 관계는 결정립계의 경우(식 (3-57)와 (3-59)) 또는 순물질 응고의 경우(식 (4-32)와 (4-33))와 동일하다.

iii) 계면의 두께가 두꺼워질수록 ω의 크기는 작아져야 하며, 상대적으로 $W(\phi)$의 기여가 점차 증가한다.

iv) 고상과 액상의 평형 농도의 차이가 증가하면, Fig. 5-1에서 두 자유 에너지 곡선 사이의 간격은 좌우로 더 벌어지며, 이로 인해 $W(\phi)$의 높이가 더 증가한다. 이는 계면 두께와 계면 에너지에 대한 $W(\phi)$의 영향이 더 커진다는 것을 의미한다.

v) 금속 간 화합물처럼 고용도가 작은 상인 경우 Fig. 5-1의 자유 에너지 곡선은 날카로운 칼날 모양이 된다. 이 경우 $W(\phi)$는 대단히 큰 높이를 갖게 되며, 식 (5-49)에 따라 계면 두께는 아주 작은 값으로 제한된다.

식 (5-47)과 (5-48)에서 알 수 있듯이, 일정한 두께와 일정한 에너지를 갖는 계면이 존재하기 위해서는 $0 < \phi < 1$의 범위에서 $\omega g(\phi) + W(\phi)$가 항상 양의 값을 가지고 있어야 한다. 따라서 만약 $\omega < 0$이라면, ϕ의 어느 영역에서 $\omega g(\phi) + W(\phi)$가 음의 값을 가질 가능성이 있으며 이러한 경우에는 안정적인 계면이 존재할 수 없게 된다. 이처럼 안정적인 계면의 존재가 항상 보장되기 위해서는 $\omega > 0$의 조건이 만족되어야 한다. $\omega > 0$라는 조건은 다음과 같이 계면 두께와 계면 에너지의 크기에 구속을 가하게 된다.

$$2\xi < \frac{\epsilon}{\sqrt{2}} \int_{\phi_a}^{\phi_b} \frac{d\phi}{\sqrt{W(\phi)}} \tag{5-52}$$

$$\sigma > \epsilon \sqrt{2} \int_0^1 \sqrt{W(\phi)}\, d\phi \tag{5-53}$$

이 두 부등식을 서로 나누면 파리미터 ϵ이 사라진 다음의 새 부등식이 얻어진다.

$$2\xi < \frac{\sigma}{2} \frac{\displaystyle\int_{\phi_a}^{\phi_b} \frac{d\phi}{\sqrt{W(\phi)}}}{\displaystyle\int_0^1 \sqrt{W(\phi)}\, d\phi} \tag{5-54}$$

이 부등식은 고상과 액상의 자유 에너지에 의해서 결정되는 $W(\phi)$가 계면의 두께를 얼마나 가혹하게 제한하는지를 정량적으로 평가하게 해준다. 구체적인 예를 든다. Al－2 at% Si 합금에서 고상과 액상의 자유 에너지에 대한 데이터베이스가 Murrary와 McAlister에 의해 보고된 바 있다[61]. 필자[59]는 이 데이터베이스를 이용하여 앞의 2)항에서 설명한 과정을 따라 $W(\phi)$를 계산하고, $\sigma = 0.093$ J/m^{2}에 대해 식 (5-54)로부터 계면 두께에 대한 제한조건을 얻었으며, 그 결과는 $2\xi < 6.51$ nm로 나타났다. Phase field 모델의 전산모사에서는 계면 영역을 적어도 4~5개 이상의 그리드로 분할해야 함을 감안하면, 그리드 크기는 약 1 nm 수준이 되어야 한다. 이 정도의 그리드 크기로는 2차원에서조차 의미있는 전산모사가 거의 불가능하다.

일반적으로 고용도가 작을수록 Fig 5-1에서의 자유 에너지 곡선은 더 날카롭게 되며, 이로 인해 퍼텐셜 $W(\phi)$의 높이는 더 증가한다. 앞에서 예로 든 Al-Si 합금에서, 실리콘은 알루미늄 속에 최대 1.65 at% 까지 고용될 수 있다. 따라서 이보다 고용도가 더 낮은 합금의 경우에는 그리드의 크기는 1 nm 이하로 제한될 것이다. 극단적인 예는 고용도가 매우 적은 금속 간 화합물의 경우이다. 이때는 $W(\phi)$의 높이가 워낙 커지기 때문에, 전산모사에서의 계면 두께가 원자 크기보다도 훨씬 더 작아야 한다는 당혹스런 상황이 벌어진다.

이상에서 보여준 바와 같이, 합금의 상변태에 대한 WBM 모델은 계면 두께에 대한 가혹한 제약 조건인 부등식 (5-54)를 피할 수 없다. WBM 모델에 이러한 제약 조건이 숨어있었다는 사실이 Kim 등[59]에 의해 지적된 이후, WBM 모델은 사실상 수명을 다했다. 그렇다면 부등식 (5-54)와 같은 제약 조건이 없는, 합금의 상변태를 위한 새로운 phase field 모델이 구축될 수 있을까? 그러한 모델이 Kim 등[30]에 의해 제시되었다. 다음 절에서는 이 모델에 대해 자세히 설명한다.

5.4 합금의 phase field 모델: KKS 모델

앞 절에서 살펴본 바와 같이, 합금의 상변태를 위한 WBM 모델은 계면 두께에 대한 가혹한 구속 조건으로 인해, 전산모사의 효율이 극히 낮다는 문제를 가지고 있다. 그러나 제4장에서 설명한 순금속 응고의 phase field 모델에서는 WBM 모델에서와 같은 그런 계면 두께에 대한 가혹한 구속 조건이 없었다. 왜 그럴까?

열확산에 의해 지배되는 순금속의 응고 과정과 용질 확산에 의해 지배되는 합금의 응고 과정에 대한 classical sharp interface 모델을 비교해 보면, 두 경우가 서로 어떠한 대응관계를 가지고 있는지가 선명하게 드러난다. 이와 같은 sharp interface 모델에서의 대응관계는 phase field 모델에 대해서도 그대로 적용될 수 있다[30]. 즉, 그 대응관계를 이용하면, 순물질의 열확산 응고에 대한 phase field 모델이 용질 확산 응고에 대한 phase field 모델로 변환될 수 있다. 결과적으로 얻어지는 합금 응고에 대한 새로운 phase field 모델은 기존의 WBM 모델과 확연히 다른 성질을 가지고 있다. 특히, WBM 모델에서 골칫거리였던 계면 두께에 대한 구속조건이 새 모델에서는 완전히 사라진다[30,62].

본 절의 주 내용은 다음과 같다.

i) 먼저 순금속의 응고 과정과 용질 확산에 의해 지배되는 합금의 응고 과정에 대한 classical sharp interface 모델을 비교하고, 이로부터 두 경우가 서로 어떠한 대응 관계를 가지고 있는지를 살펴본다. 이 대응 관계를 이용하여 용질 확산 응고에 대한 새로운 phase field 모델(KKS 모델)을 만든다.

ii) KKS 모델을 자유 에너지 범함수를 이용하는 열역학적 방법[36]으로 다시 유도한다.

iii) KKS 모델의 기본 특성을 검토하고 이를 기존 모델의 성질과 비교한다.

iv) KKS 모델의 파라미터와 측정 가능한 물리량 사이의 관계를 얇은 계면 조건에서 유도한다.

v) KKS 모델에서 계면 두께로부터 야기되는 비평형 현상을 살펴보고 반포획 유속(anti-trapping current)을 이용하여 비평형 현상을 제어하는 방법[31]을 설명한다.

vi) 용질확산이 모상과 변태상 모두에서 일어나는 경우에 대해, KKS 모델의 파라미터와 측정 가능한 물리량 사이의 관계를 유도한다.

이상의 내용에는 KKS 모델이 처음 제시된 지난 1999년부터 최근(2013년)에 이르기까지, 합금의 상변태를 위한 phase field 모델의 발전 과정이 망라되어 있다. 본 절에서는 2성분계의 경우만 다룰 것이다. 다성분계와 다상계로의 확장은 별도의 장에서 설명하겠다.

1) 새로운 phase field 모델: KKS 모델

순물질의 응고에 대한 sharp interface 모델은 4.1절의 식 (4-2)~(4-4)로 나타내진다. 이 식들은 모두 온도에 관한 미분 방정식과 경계 조건으로 표현되어 있다. 이 식들을 변형시키기 위해 다음과 같이 고상과 액상의 엔탈피를 도입한다.

$$\begin{aligned} H_S(T_S) &= H_S(T_m^e) + c_p(T_S - T_m^e) \\ H_L(T_L) &= H_L(T_m^e) + c_p(T_L - T_m^e) \end{aligned} \tag{5-55}$$

여기서 T_S와 T_L은 고상과 액상의 온도이며, c_p는 비열이다. 엔탈피를 이용하여 고상과 액상에서의 열확산 방정식과 경계 조건들을 다시 쓰면 다음과 같다.

$$\frac{\partial H_S}{\partial t} = D_S^T \nabla^2 H_S$$
$$\frac{\partial H_L}{\partial t} = D_L^T \nabla^2 H_L \tag{5-56}$$

$$v_n (H_L^i - H_S^i) = D_S^T \frac{\partial H_S}{\partial n} - D_L^T \frac{\partial H_L}{\partial n} \tag{5-57}$$

$$T_S^i = T_L^i = T_m^e - \frac{T_m^e}{\Delta H_f} \sigma\kappa - \beta_k v_n \tag{5-58}$$

여기서 D_S^T와 D_L^T는 각각 고상과 액상의 열확산 계수, H_S^i와 H_L^i는 각각 계면에서 고상과 액상의 엔탈피, $\partial H_S/\partial n$과 $\partial H_L/\partial n$은 각각 계면에서 고상과 액상의 엔탈피 기울기, T_S^i와 T_L^i는 각각 계면에서 고상과 액상의 온도이다. 언뜻 보기에 식 (5-56)~(5-58)은 앞의 식 (4-2)~(4-4)와 매우 다른 형태처럼 느껴진다. 그러나 식 (5-56)~(5-58)에 엔탈피에 대한 식 (5-55)를 대입하고 $D_S^T = D_L^T \equiv D_T$로 두면, 식 (4-2)~(4-4)와 동일한 식이 얻어진다.

이제 열확산에 의한 응고의 지배 방정식인 식 (5-56)~(5-58)을 용질 확산에 의한 응고의 지배 방정식인 식 (5-1)~(5-4)와 비교해 보자. 이를 위해 두 경우의 지배 방정식들을 다음의 Table 1에 정리했다. 이 표로부터 두 경우에 대한 변수 사이에 다음과 같은 대응 관계가 분명하게 나타난다.

$$H_S \leftrightarrow u_S \text{ and } H_L \leftrightarrow u_L \tag{5-59}$$

$$D_S^T \leftrightarrow D_S \text{ and } D_L^T \leftrightarrow D_L \tag{5-60}$$

$$T_S \leftrightarrow \frac{\partial f^S}{\partial u} \equiv f_u^S \text{ and } T_L \leftrightarrow \frac{\partial f^L}{\partial u} \equiv f_u^L \tag{5-61}$$

〈Table 1〉 열확산에 의한 응고의 지배 방정식과 용질 확산에 의한 응고의 지배 방정식의 비교

	solidification by thermal diffusion	solidification by chemical diffusion
diffusion in solid	$\frac{\partial H_S}{\partial t} = D_S^T \nabla^2 H_S$	$\frac{\partial u_S}{\partial t} = D_S \nabla^2 u_S$
diffusion in liquid	$\frac{\partial H_L}{\partial t} = D_L^T \nabla^2 H_L$	$\frac{\partial u_L}{\partial t} = D_L \nabla^2 u_L$
energy and mass balance	$v_n (H_L^i - H_S^i) = D_S^T \frac{\partial H_S}{\partial n} - D_L^T \frac{\partial H_L}{\partial n}$	$v_n (u_L^i - u_S^i) = D_S \frac{\partial u_S}{\partial n} - D_L \frac{\partial u_L}{\partial n}$
local equilibrium at interface	$T_S^i = T_L^i = T_m^e - \frac{T_m^e}{\Delta H_f} \sigma\kappa - \beta_k v_n$	$f_u^S(u_S) = f_u^L(u_L) = f_u^L(u_L^e) - \frac{\sigma\kappa}{u_L^e - u_S^e} - \frac{\Delta H_f}{T_m^e (c_L^e - c_S^e)} \beta_k v_n$

이 표에서 볼 수 있듯이, 열확산에 의한 응고의 지배 방정식에서 엔탈피, 열확산 계수 및 온도를 각각 농도, 용질 확산 계수 및 확산 퍼텐셜로 바꾸어주기만 하면, 용질 확산에 의한 응고의 지배 방정식으로 자동 전환된다. 그렇다면, 순물질의 응고에 대한 phase field 모델의 변수들에 대해서도 (5-59)~(5-61)의 변수 변환을 가하면 용질 확산에 대한 phase field 모델이 자동적으로 도출되지 않을까? 그렇다.

이를 확인하기 위해, 식 (5-56)~(5-58)에서처럼, 순물질 응고를 위한 phase field 모델의 지배 방정식에서 온도 변수를 엔탈피 변수로 바꾸어 다시 써 보자.

$$\frac{\partial H}{\partial t} = \nabla \cdot k(\phi) \nabla T \tag{5-62}$$

$$\frac{1}{M_\phi} \frac{\partial \phi}{\partial t} = \epsilon^2 \nabla^2 \phi - \omega g'(\phi) - \frac{\partial f}{\partial \phi} \tag{5-63}$$

$$H = h(\phi) H_S + (1 - h(\phi)) H_L \tag{5-64}$$

$$T_S(\boldsymbol{x}, t) = T_L(\boldsymbol{x}, t) \equiv T(\boldsymbol{x}, t) \tag{5-65}$$

$$f(H(T), \phi) = h(\phi) f^S(H_S(T_S)) + (1 - h(\phi)) f^L(H_L(T_L)) \tag{5-66}$$

여기서 $k(\phi)$는 열전도도이며, $k(1) = k_S$, $k(0) = k_L$을 만족한다. 네 번째 식 (5-65)에는 임의의 한 점 $\boldsymbol{x}$가 고상과 액상으로 구성되어 있으며, 그 점에서 고상의 온도와 액상의 온도가 같다는 가정이 들어있다. 식 (5-62)~(5-66)은 앞의 4.2절에서 보여준 phase field 모델의 지배 방정식과 매우 다른 것처럼 보인다. 그러나 엔탈피에 대한 식 (5-55)를 식 (5-64)에 대입하여 H

를 얻은 다음, 그 결과를 식 (5-62)~(5-66)에 대입하여 정리하면, 다음과 같은 두 개의 식으로 귀결된다.

$$\frac{\partial T}{\partial t} = \nabla \cdot k(\phi)\nabla T + \frac{\Delta H_f}{c_p}\frac{\partial h(\phi)}{\partial t} \tag{5-67}$$

$$\frac{1}{M_\phi}\frac{\partial \phi}{\partial t} = \epsilon^2 \nabla^2 \phi - \omega g'(\phi) - h'(\phi)\left(f^S(T) - f^L(T)\right) \tag{5-68}$$

식 (5-67)과 (5-68)은 순물질에 대한 phase field 모델의 지배 방정식인 (4-13) 및 (4-12)와 일치한다. 다만 여기에서는 고상과 액상의 열전도도를 서로 다르게 놓았을 뿐이다.

이제 식 (5-62)~(5-66)에서 엔탈피, 열확산 계수 및 온도를 각각 농도, 용질 확산 계수 및 확산 퍼텐셜로 바꾸어준다. 이때 열전도도는 다음과 같이 나타내질 수 있다.

$$k(\phi) = D^T(\phi)c_p = D^T(\phi)\frac{dH}{dT} = \frac{D^T(\phi)}{dT/dH} \tag{5-69}$$

따라서 $k(\phi)$에 대응하는 변수 변환은

$$k(\phi) \leftrightarrow \frac{D(\phi)}{\partial f_u / \partial u} = \frac{D(\phi)}{\partial^2 f / \partial u^2} \equiv \frac{D(\phi)}{f_{uu}} \tag{5-70}$$

가 된다. 따라서 변수 변환의 결과, 식 (5-62)~(5-66)은 다음과 같이 변한다.

$$\frac{\partial u}{\partial t} = \nabla \cdot \frac{D(\phi)}{f_{uu}} \nabla f_u \tag{5-71}$$

$$\frac{1}{M_\phi}\frac{\partial \phi}{\partial t} = \epsilon^2 \nabla^2 \phi - \omega g'(\phi) - \frac{\partial f}{\partial \phi} \tag{5-72}$$

$$u = h(\phi)u_S + (1 - h(\phi))u_L \tag{5-73}$$

$$f_u^S(u_S(\boldsymbol{x},t)) = f_u^L(u_L(\boldsymbol{x},t)) \equiv f_u(\boldsymbol{x},t) \tag{5-74}$$

$$f(u,\phi) = h(\phi)f^S(u_S) + (1 - h(\phi))f^L(u_L) \tag{5-75}$$

식 (5-71)~(5-75)가 KKS 모델의 지배 방정식이다. 이 방정식들은 WBM 모델과 비슷해 보인다. 특히 확산 방정식과 phase field 방정식은 기본적으로 같다. KKS 모델과 WBM 모델의 근본적인 차이는 계 내부의 임의의 한 점을 구성하는 고상과 액상의 열역학적 상태에 있다: WBM 모델에서는 한 점을 구성하는 고상과 액상의 조성이 같아야 한다는 등농도 조건 (5-13)

을 이용한다. 따라서 이 모델에서는 고상과 액상의 확산 퍼텐셜이 서로 다르게 된다. 이와는 달리, KKS 모델에서는 식 (5-74)에서와 같이 한 점을 구성하는 액상과 고상의 확산 퍼텐셜이 서로 같아야 한다는 등확산 퍼텐셜 조건을 이용한다. 그 대신 액상과 고상의 조성은 서로 다를 수밖에 없다.

KKS 모델을 이용하여 전산모사를 수행할 때, 우선 확산 방정식 (5-71)과 phase field 방정식 (5-72)를 풀어 u와 ϕ를 구한 다음, 이들을 식 (5-73)과 (5-74)에 대입하여 두 식을 연립으로 풀어 u_S와 u_L를 구한다. 이런 의미에서 u_S와 u_L은 둘 다 ϕ와 u의 함수이다. 더 나아가기 전에, 확산 방정식 (5-71)과 phase field 방정식 (5-72)의 우변을 u_S와 u_L의 함수로 나타내보자(그렇게 함으로써 두 식의 물리적 의미가 분명해진다). 이를 위해 u_S와 u_L를 ϕ와 u의 함수로 간주하고, 식 (5-73)을 ϕ와 u에 대해 각각 미분하여 다음을 얻는다.

$$1 = h(\phi)\frac{\partial u_S}{\partial u} + (1-h(\phi))\frac{\partial u_L}{\partial u} \tag{5-76}$$

$$0 = h'(\phi)u_S - h'(\phi)u_L + h(\phi)\frac{\partial u_S}{\partial \phi} + (1-h(\phi))\frac{\partial u_L}{\partial \phi} \tag{5-77}$$

마찬가지로 식 (5-74)도 ϕ와 u에 대해 각각 미분하여 다음을 얻는다.

$$f^S_{uu}(u_S)\frac{\partial u_S}{\partial u} = f^L_{uu}(u_L(\boldsymbol{x},t))\frac{\partial u_L}{\partial u} \tag{5-78}$$

$$f^S_{uu}(u_S)\frac{\partial u_S}{\partial \phi} = f^L_{uu}(u_L(\boldsymbol{x},t))\frac{\partial u_L}{\partial \phi} \tag{5-79}$$

여기서 $f^S_{uu}(u_S) = d^2 f^S(u_S)/du_S^2$와 $f^L_{uu}(u_L) = d^2 f^L(u_L)/du_L^2$의 표기를 사용하였다. 식 (5-76) ~(5-79)를 $\partial u_S/\partial u$, $\partial u_L/\partial u$, $\partial u_S/\partial \phi$, 및 $\partial u_S/\partial \phi$에 대해 연립으로 풀면 다음이 얻어진다.

$$\frac{\partial u_L}{\partial u} = \frac{f^S_{uu}(u_S)}{(1-h(\phi))f^S_{uu}(u_S) + h(\phi)f^L_{uu}(u_L)} \tag{5-80}$$

$$\frac{\partial u_S}{\partial u} = \frac{f^L_{uu}(u_L)}{(1-h(\phi))f^S_{uu}(u_S) + h(\phi)f^L_{uu}(u_L)} \tag{5-81}$$

$$\frac{\partial u_L}{\partial \phi} = \frac{h'(\phi)(u_L - u_S)f^S_{uu}(u_S)}{(1-h(\phi))f^S_{uu}(u_S) + h(\phi)f^L_{uu}(u_L)} \tag{5-82}$$

$$\frac{\partial u_S}{\partial \phi}=\frac{h'(\phi)(u_L-u_S)f_{uu}^L(u_L)}{(1-h(\phi))f_{uu}^S(u_S)+h(\phi)f_{uu}^L(u_L)} \tag{5-83}$$

이들 4개의 식과 자유 에너지(5-75)를 이용하면 다음을 얻는다.

$$\begin{aligned} f_\phi &= \frac{\partial f}{\partial \phi}=\frac{\partial}{\partial \phi}\left(h(\phi)f^S(u_S)+(1-h(\phi))f^L(u_L)\right) \\ &= h'(\phi)f^S(u_S)-h'(\phi)f^L(u_L)+h(\phi)f_u^S(u_S)\frac{\partial u_S}{\partial \phi}+(1-h(\phi))f_u^L(u_L)\frac{\partial u_L}{\partial u} \\ &= -h'(\phi)\left(f^L(u_L)-f^S(u_S)-\frac{df^L(u_L)}{du_L}(u_L-u_S)\right) \end{aligned} \tag{5-84}$$

$$\begin{aligned} f_u &= \frac{\partial f}{\partial u}=\frac{\partial}{\partial u}\left(h(\phi)f^S(u_S)+(1-h(\phi))f^L(u_L)\right) \\ &= h(\phi)f_u^S(u_S)\frac{\partial u_S}{\partial u}+(1-h(\phi))f_u^L(u_L)\frac{\partial u_L}{\partial u} \\ &= \frac{df^L(u_L)}{du_L}=\frac{df^S(u_S)}{du_S} \end{aligned} \tag{5-85}$$

$$\frac{\partial^2 f}{\partial u^2}=\frac{f_{uu}^S(u_S)f_{uu}^L(u_L)}{(1-h(\phi))f_{uu}^S(u_S)+h(\phi)f_{uu}^L(u_L)} \tag{5-86}$$

$$\frac{f_{u\phi}}{f_{uu}}=h'(\phi)(u_L-u_S) \tag{5-87}$$

식 (5-84)~(5-87)을 이용하여 KKS 모델의 지배 방정식을 변형시켜 보자. 우선 확산 방정식 (5-71)은 다음과 같이 나타내질 수 있다.

$$\begin{aligned} \frac{\partial u}{\partial t} &= \nabla \cdot \frac{D(\phi)}{f_{uu}}\nabla f_u \\ &= \nabla \cdot \frac{D(\phi)}{f_{uu}}(f_{uu}\nabla u+f_{u\phi}\nabla \phi) \\ &= \nabla \cdot D(\phi)\nabla u+\nabla \cdot \frac{D(\phi)f_{u\phi}}{f_{uu}}\nabla \phi \\ &= \nabla \cdot D(\phi)\nabla u+\nabla \cdot D(\phi)h'(\phi)(u_L-u_S)\nabla \phi \end{aligned} \tag{5-88}$$

위 과정의 마지막 단계에서 식 (5-87)이 이용되었다. 이 마지막 줄의 확산 방정식에서 우변의 첫 항은 농도 구배에 의한 확산을 의미하며, 두 번째 항은 계면에서의 용질 재분배(solute

PART 3

redistribution)를 나타낸다. 확산 방정식은 또 다른 형태로 변형될 수도 있다. 위 식의 마지막 줄에서 u 대신에 식 (5-73)을 대입하면,

$$\begin{aligned}\frac{\partial u}{\partial t} &= \nabla \cdot D(\phi)\nabla\left(h(\phi)u_S + (1-h(\phi))u_L\right) + \nabla \cdot D(\phi)h'(\phi)(u_L - u_S)\nabla\phi \\ &= \nabla \cdot D(\phi)\left[h(\phi)\nabla u_S + (1-h(\phi))\nabla u_L\right]\end{aligned} \tag{5-89}$$

이 확산 방정식의 의미는 다음과 같다: 한 점에서 용질 농도의 변화는 그 점을 이루고 있는 고상에서의 확산 유속과 액상에서의 확산 유속의 합에 의해 결정된다.

f_ϕ에 대한 식 (5-84)를 phase field 방정식에 대입하면

$$\frac{1}{M_\phi}\frac{\partial \phi}{\partial t} = \epsilon^2\nabla^2\phi - \omega g'(\phi) + h'(\phi)\left(f^L(u_L) - f^S(u_S) - \frac{df^L(u_L)}{du_L}(u_L - u_S)\right) \tag{5-90}$$

가 얻어진다. 이 식의 우변에서 첫 번째 항과 두 번째 항은 안정된 두께와 일정 크기의 에너지를 갖는 계면을 만들어주는 역할을 한다. 마지막 항의 큰 괄호는 응고의 열역학적 구동력인 2.1절의 식 (2-58)과 동일하다. 따라서 이 항은 비평형 상태에 있는 계면에게 열역학적 구동력을 가함으로써 계면이 이동하도록 만들어 준다. 열역학적 구동력 앞에 $h'(\phi)$가 곱해져 있다는 사실을 명심해야 한다. $h'(\phi)$는 $h'(0) = h'(1) = 0$을 만족해야 한다. 이로 인해 phase field의 변화는 계면에서만 일어난다. 만약 $h(\phi) = \phi^3(6\phi^2 - 15\phi + 10)$을 택한다면, $h'(\phi) = 50\phi^2(1-\phi)^2$이 될 것이다. $h(\phi) = \phi$, 즉 $h'(\phi) = 1$을 택해도 좋다. 다만 이 경우에는 $\phi = 0$과 $\phi = 1$인 쪽에서 $h'(\phi) = 0$으로 만들어주는 조건이 강제적으로 부가되어야 한다.이상에서처럼 확산 방정식과 phase field 방정식의 우변에서 u를 소거하고 대신 u_S와 u_L만 존재하도록 수정함으로써, 확산 방정식과 phase field 방정식의 물리적 의미가 분명해진다.

2) 열역학적 유도

앞 절에서는 열확산 응고와 용질 확산 응고에 대한 지배 방정식에서 변수 사이에 존재하는 대응관계를 이용함으로써, 합금의 응고에 대한 KKS 모델을 유추하였다. 본 절에서는 열역학적 접근을 통해 KKS 모델을 다시 유도한다[36]. 재유도의 목적은 엄밀한 방법을 사용함으로써 KKS 모델이 열역학 및 수학적 입장에서 확고한 기초 위에 서있음을 보여줌과 동시에, 다상 다성분계의 경우로 쉽게 확장할 수 있는 길을 미리 준비하는 데 있다.

KKS 모델을 재유도하는 과정에서 대전제는 등확산 퍼텐셜 조건이다. 이 조건을 다시 쓴다:

$$\frac{df^S(u_S)}{du} = \frac{df^L(u_L)}{du} \equiv \tilde{\mu} \tag{5-91}$$

이 식의 양변에 gradient를 취하면

$$f_{uu}^{S}(u_S)\nabla u_S = f_{uu}^{L}(u_L)\nabla u_L \equiv \nabla\tilde{\mu} \tag{5-92}$$

가 된다. 이 식은 앞의 등확산 퍼텐셜 조건과 동등하지만 다른 형식의 표현이다. 이 표현이 뒤에서 이용된다. 등확산 퍼텐셜이 만족되기 위해서는 한 점을 구성하는 고상의 조성 u_S과 액상의 조성 u_L이 서로 달라야 한다. 따라서 한 점에서 평균 용질 농도(또는 유효 용질 농도) u는 u_S과 u_L에 대한 혼합 규칙으로 결정되어야 한다. 이 혼합 규칙도 다시 쓴다.

$$u = h(\phi)u_S + (1-h(\phi))u_L \tag{5-93}$$

이 식에서 u_S와 u_L은 둘 다 u와 ϕ의 함수이다. 이 식을 u와 ϕ에 대해 각각 편미분한다:

$$h(\phi)\frac{\partial u_S}{\partial u} + (1-h(\phi))\frac{\partial u_L}{\partial u} = 1 \tag{5-94}$$

$$h(\phi)\frac{\partial u_S}{\partial \phi} + (1-h(\phi))\frac{\partial u_L}{\partial \phi} = (u_L - u_S)h'(\phi) \tag{5-95}$$

계 내부의 임의의 한 점에서 자유 에너지 밀도 f 또한 $f^S(u_S)$와 $f^L(u_L)$에 대한 혼합 규칙을 따라야 한다. 이를 감안하면, 계의 총 자유 에너지는 다음의 범함수로 표현된다.

$$F = \int_\Omega \left(h(\phi)f^S(u_S) + (1-h(\phi))f^L(u_L) + \omega g(\phi) + \frac{\epsilon^2}{2}|\nabla\phi|^2 \right) d\Omega \tag{5-96}$$

보존량 u와 비보존량 ϕ에 대해 Ginzburg-Landau 방정식을 적용하면,

$$\frac{\partial u}{\partial t} = \nabla \cdot M_d \nabla \frac{\delta F}{\delta u} \tag{5-97}$$

$$\frac{\partial \phi}{\partial t} = -M_\phi \frac{\delta F}{\delta \phi} \tag{5-98}$$

가 된다. $\delta F/\delta u$와 $\delta F/\delta\phi$는 범함수 (5-96)으로부터 구해져야 한다.

우선 확산 방정식을 얻기 위해, 다음과 같이 $\delta F/\delta u$를 구한다.

PART 3

$$
\begin{aligned}
\frac{\delta F}{\delta u} &= \frac{\partial}{\partial u}\left(h(\phi)f^S(u_S)+(1-h(\phi))f^L(u_L)\right) \\
&= h(\phi)\frac{\partial f^S(u_S)}{\partial u}+(1-h(\phi))\frac{\partial f^L(u_L)}{\partial u} \\
&= h(\phi)\frac{\partial f^S(u_S)}{\partial u_S}\frac{\partial u_S}{\partial u}+(1-h(\phi))\frac{\partial f^L(u_L)}{\partial u_L}\frac{\partial u_L}{\partial u} \\
&= \left(h(\phi)\frac{\partial u_S}{\partial u}+(1-h(\phi))\frac{\partial u_L}{\partial u}\right)\tilde{\mu} \\
&= \tilde{\mu}
\end{aligned}
\tag{5-99}
$$

위의 3번째 줄에서는 등확산 퍼텐셜 조건 (5-91)이 이용되었고, 마지막 단계에서는 식 (5-94)가 이용되었다. 따라서 확산 방정식 (5-97)은

$$\frac{\partial u}{\partial t} = \nabla \cdot M_d \nabla \tilde{\mu} \tag{5-100}$$

가 된다. 용질 원자의 이동도 M_d는 고상과 액상에서 서로 다르며, 따라서 ϕ의 함수이어야 한다. 고상과 액상에서의 이동도를 각각 M_S와 M_L이라 하면, $M_d(\phi)$는 다음과 같이 나타내질 수 있다.

$$M_d(\phi) = h(\phi)M_S + (1-h(\phi))M_L \tag{5-101}$$

이를 식 (5-100)에 대입하고 정리한다:

$$
\begin{aligned}
\frac{\partial u}{\partial t} &= \nabla \cdot (h(\phi)M_S+(1-h(\phi))M_L)\nabla\tilde{\mu} \\
&= \nabla \cdot \left[h(\phi)M_S f^S_{uu}(u_S)\nabla u_S+(1-h(\phi))M_L f^L_{uu}(u_L)\nabla u_L\right]
\end{aligned}
\tag{5-102}
$$

두 번째 줄에서는 식 (5-92)가 이용되었다. 2.1절에서 식 (2-29)로부터 고상과 액상의 확산 계수는 각각 다음과 같이 정의된다.

$$D_S = M_S f^S_{uu}(u_S) \text{ and } D_L = M_L f^L_{uu}(u_L) \tag{5-103}$$

이 정의를 이용하면, 다음의 확산 방정식이 얻어진다.

$$\frac{\partial u}{\partial t} = \nabla \cdot \left[h(\phi)D_S\nabla u_S+(1-h(\phi))D_L\nabla u_L\right] \tag{5-104}$$

이동도 M_d가 반드시 식 (5-101)의 형태로 나타내져야 할 필요는 없다. 확산 계수와 이동도

사이의 관계인 식 (5-103)을 만족하는 한, 다른 형태로 나타내져도 좋다. 예를 들어, 이동도 M_d를 식 (5-101) 대신에 다음과 같이 나타내보자.

$$M_d(\phi) = D(\phi)\left(\frac{h(\phi)}{f_{uu}^S(u_S)} + \frac{1-h(\phi)}{f_{uu}^L(u_L)}\right) \tag{5-105}$$

이 식에서 $\phi = 0$인 경우와 $\phi = 1$인 경우를 고려해보면 알 수 있듯이, 식 (5-103)은 여전히 성립한다. 이때 확산 방정식 (5-100)은 다음과 같이 된다.

$$\frac{\partial u}{\partial t} = \nabla \cdot D(\phi)\left[h(\phi)\nabla u_S + (1-h(\phi))\nabla u_L\right] \tag{5-106}$$

이 결과는 변수 사이의 대응 관계로부터 얻은 확산 방정식 (5-89)와 동일하다. 이처럼 $M_d(\phi)$의 함수 형태를 어떻게 취하느냐에 따라 확산 방정식의 형태는 조금씩 달라질 수 있다. Phase field 모델의 기본 특성을 이론적으로 검토할 때는 가공되지 않은 원형의 식 (5-100)이 조금 더 편리하며, 전산모사에서는 단순하면서도 농도라는 익숙한 변수로만 표현된 식 (5-104) 또는 (5-106)이 더 자주 이용되고 있다.

다음 단계로 phase field 방정식을 유도한다. 범함수 (5-96)으로부터 다음과 같이 $\delta F/\delta\phi$를 구한다.

$$\frac{\delta F}{\delta \phi} = -\epsilon^2\nabla^2\phi + \omega g'(\phi) + \frac{\partial}{\partial \phi}\left[h(\phi)f^S(u_S) + (1-h(\phi))f^L(u_L)\right] \tag{5-107}$$

여기서 우변의 마지막 항은 다음과 같이 정리된다.

$$\begin{aligned}
&\frac{\partial}{\partial \phi}\left[h(\phi)f^S(u_S) + (1-h(\phi))f^L(u_L)\right] \\
&= \left(f^S(u_S) - f^L(u_L)\right)h'(\phi) + h(\phi)\frac{\partial f^S(u_S)}{\partial u_S}\frac{\partial u_S}{\partial \phi} + (1-h(\phi))\frac{\partial f^L(u_L)}{\partial u_L}\frac{\partial u_L}{\partial \phi} \\
&= \left(f^S(u_S) - f^L(u_L)\right)h'(\phi) + \left[h(\phi)\frac{\partial u_S}{\partial \phi} + (1-h(\phi))\frac{\partial u_L}{\partial \phi}\right]\tilde{\mu} \\
&= \left(f^S(u_S) - f^L(u_L)\right)h'(\phi) + (u_L - u_S)h'(\phi)\tilde{\mu} \\
&= -\left(f^L(u_L) - f^S(u_S) - (u_L - u_S)\tilde{\mu}\right)h'(\phi)
\end{aligned} \tag{5-108}$$

세 번째 줄에서는 식 (5-91)이 이용되었으며, 네 번째 줄에서는 식 (5-95)가 이용되었다. 식 (5-108)을 식 (5-107)에 대입하면 다음과 같이 phase field 방정식이 얻어진다.

$$\frac{1}{M_\phi}\frac{\partial \phi}{\partial t} = \epsilon^2\nabla^2\phi - \omega g'(\phi) + \left(f^L(u_L) - f^S(u_S) - (u_L - u_S)\tilde{\mu}\right)h'(\phi) \tag{5-109}$$

이상에서 볼 수 있듯이 자유 에너지 범함수로부터 유도한 확산 방정식 (5-104)와 phase field 방정식 (5-109)는 앞 절에서 변수 사이의 대응관계를 이용하여 얻은 결과와 동일하다. 앞 절과 본 절에서 보여준 KKS 모델을 유도하는 두 가지 방법은 나름대로의 장점이 있다. 앞 절의 방법은 열확산과 용질 확산 사이의 미묘한 대응관계를 잘 드러내주는 반면, 자유 에너지 범함수에 기본을 둔 본 절에서의 방법은 군더더기 없이 깔끔하다. 최근에는 계에 대한 그랜드 퍼텐셜을 이용하여 보다 더 근원적인 원리로부터 KKS 모델을 유도하는 방법[86,87]이 고안되었다. 그러나 이 방법으로부터 새로운 발견은 없으며, 모든 결과는 본 절에서 얻은 결과와 완전히 일치한다.

확산 방정식이 여러 형태로 나타내질 수 있었듯이, phase field 방정식도 다른 형태로 나타내질 수 있다. 만약 $\delta_1 = 2\xi v_n / D_L \ll 1$이 성립하다면, 계면의 열역학적 상태는 평형 상태에 가까울 것이다. 이 경우 계면 부근에서는 다음의 근사가 성립한다.

$$\begin{aligned} &u_L = u_L^e + \delta u_L \quad \text{and} \quad u_S = u_S^e + \delta u_S \\ &f^L(u_L) = f^L(u_L^e) + f_u^L(u_L^e)\delta u_L = f^L(u_L^e) + \tilde{\mu}\delta u_L \\ &f^L(u_S) = f^S(u_S^e) + f_u^S(u_S^e)\delta u_S = f^S(u_S^e) + \tilde{\mu}\delta u_S \end{aligned} \tag{5-110}$$

따라서 식 (5-109)에서 열역학적 구동력은 다음과 같이 된다.

$$\begin{aligned} \Delta f_p &\equiv f^L(u_L) - f^S(u_S) - (u_L - u_S)\tilde{\mu} \\ &= f^L(u_L^e) + \tilde{\mu}\delta u_L - f^S(u_S^e) - \tilde{\mu}\delta u_S - (u_L^e + \delta u_L - u_S^e - \delta u_S)\tilde{\mu} \\ &= f^L(u_L^e) - f^S(u_S^e) - (u_L^e - u_S^e)\tilde{\mu} \\ &= (u_L^e - u_S^e)\left(\frac{f^L(u_L^e) - f^S(u_S^e)}{u_L^e - u_S^e} - \tilde{\mu}\right) \end{aligned} \tag{5-111}$$

마지막 줄의 큰 괄호 안에 있는 첫 항은 평형 상태에서의 확산 퍼텐셜 $\tilde{\mu}^e$이다. 따라서 열역학적 구동력은

$$\Delta f_p = (u_L^e - u_S^e)(\tilde{\mu}^e - \tilde{\mu}) \tag{5-112}$$

가 된다. 따라서 KKS 모델의 phase field 방정식은 다음과 같이 나타내질 수 있다.

$$\frac{1}{M_\phi}\frac{\partial\phi}{\partial t} = \epsilon^2\nabla^2\phi - \omega g'(\phi) + (u_L^e - u_S^e)(\tilde{\mu}^e - \tilde{\mu})h'(\phi) \tag{5-113}$$

이 phase field 방정식은 뒤의 얇은 계면 해석에서 이용된다. 또한, phase field 모델의 수치계산에서도 원래의 phase field 방정식인 (5-109) 대신 식 (5-113)이 이용되는 경우도 있다.

2성분계 합금에 대한 KKS 모델의 지배 방정식을 다음과 같이 요약한다.

요약 3 2성분계 합금의 응고에 대한 KKS 모델

1 등확산 퍼텐셜 조건(equal diffusion potential condition)

$$\frac{df^S(u_S)}{du} = \frac{df^L(u_L)}{du} \equiv \tilde{\mu} \tag{5-114}$$

2 유효 농도(effective concentration)

$$u = h(\phi)u_S + (1-h(\phi))u_L \tag{5-115}$$

3 Phase field 방정식

$$\frac{1}{M_\phi}\frac{\partial\phi}{\partial t} = \epsilon^2\nabla^2\phi - \omega g'(\phi) + h'(\phi)\left(f^L(u_L) - f^S(u_S) - (u_L - u_S)\tilde{\mu}\right) \tag{5-116}$$

또는

$$\frac{1}{M_\phi}\frac{\partial\phi}{\partial t} = \epsilon^2\nabla^2\phi - \omega g'(\phi) + (u_L^e - u_S^e)(\tilde{\mu}^e - \tilde{\mu})h'(\phi) \quad \text{for } \delta_1 = \frac{2\xi v_n}{D_L} \ll 1 \tag{5-117}$$

4 확산 방정식

$$\frac{\partial u}{\partial t} = \nabla \cdot M_d \nabla\tilde{\mu} \tag{5-118}$$

또는

$$\frac{\partial u}{\partial t} = \nabla \cdot \left[h(\phi)D_S\nabla u_S + (1-h(\phi))D_L\nabla u_L\right] \tag{5-119}$$

또는

$$\frac{\partial u}{\partial t} = \nabla \cdot D(\phi)\left[h(\phi)\nabla u_S + (1-h(\phi))\nabla u_L\right] \tag{5-120}$$

3) 모델의 기본 특성 및 타 모델과의 비교

평형 농도와 농도 분포

본 절에서는 평형 상태에서 KKS 모델이 갖는 성질을 살펴본다(비평형 상태에서 성질은 다음 절에서 설명한다). 1차원의 2상 2성분계 합금을 고려한다. 계의 왼쪽에 벌크 고상이, 오른쪽에는 벌크 액상이 자리하며, 중앙에 평면 상의 고액 계면이 놓여 있다. 계면의 중앙 위치를 원점 $x=0$으로 둔다. 이 계에 대한 평형 조건은 다음과 같다.

$$\frac{d}{dx}\left(M_d\frac{d\tilde{\mu}}{dx}\right) = 0 \tag{5-121}$$

$$\epsilon^2\frac{d^2\phi}{dx^2} - \omega g'(\phi) + h'(\phi)\left(f^L(u_L) - f^S(u_S) - (u_L - u_S)\tilde{\mu}\right) = 0 \tag{5-122}$$

물론 이 두 식 이외에도 유효 농도에 대한 식 (5-115)와 등확산 퍼텐셜 조건 (5-114)도 충족되어야 한다. 식 (5-118)의 해는

$$\tilde{\mu} = \frac{df^S(u_S)}{du} = \frac{df^L(u_L)}{du} \equiv \tilde{\mu}^e \ (\text{const}) \tag{5-123}$$

이다. $\tilde{\mu}$가 위치 x에 관계없이 일정하다는 것은 u_S와 u_L도 일정하다는 것을 의미하며, 이들을 평형 농도 u_S^e와 u_L^e로 표기한다. 따라서 phase field 방정식은 다음과 같이 된다.

$$\epsilon^2 \frac{d^2\phi}{dx^2} - \omega g'(\phi) + h'(\phi)\left(f^L(u_L^e) - f^S(u_S^e) - (u_L^e - u_S^e)\,\tilde{\mu}^e\right) = 0 \tag{5-124}$$

여기서 큰 괄호의 항이 위치 x에 무관한 상수라는 것을 주목해야 한다. 식 (5-124)의 양변에 $d\phi/dx$를 곱한 다음, 계 전체에 걸쳐 x에 대해 적분한다.

$$\frac{\epsilon^2}{2}\left(\frac{d\phi}{dx}\right)^2\Bigg|_{-\infty}^{+\infty} - wg(\phi)\Bigg|_1^0 + h(\phi)\Bigg|_1^0 \left(f^L(u_L^e) - f^S(u_S^e) - (u_L^e - u_S^e)\,\tilde{\mu}^e\right) = 0 \tag{5-125}$$

벌크 고상에서 $\phi = 1,\ d\phi/dx = 0,\ g(\phi) = 0,\ h(\phi) = 1$이고, 벌크 액상에서 $\phi = 0,\ d\phi/dx = 0,\ g(\phi) = 0,\ h(\phi) = 0$임을 고려하면, 위에서 첫 번째와 두 번째 적분은 사라지고, 마지막 항만 남는다:

$$f^L(u_L^e) - f^S(u_S^e) - (u_L^e - u_S^e)\,\tilde{\mu}^e = 0 \tag{5-126}$$

식 (5-123)과 (5-126)을 결합하면,

$$\tilde{\mu}^e = \frac{df^L(u_L^e)}{du} = \frac{df^S(u_S^e)}{du} = \frac{f^L(u_L^e) - f^S(u_S^e)}{u_L^e - u_S^e} \tag{5-127}$$

가 된다. 이는 앞의 2.2절에서 설명했던 2상 2성분계의 평형에 대한 공통접선 규칙 (2-75)이다. 이처럼, WBM 모델도 그랬듯이, KKS 모델도 열역학적 평형 조건을 재현한다. 평형 상태에서 계면을 가로지르는 방향으로의 농도 분포 $\tilde{u}(\phi)$는 유효 농도에 대한 식 (5-115)로부터 곧바로 얻어진다:

$$\tilde{u}(\phi) = h(\phi)c_S^e + (1 - h(\phi))c_L^e \tag{5-128}$$

여기서 $\phi(x)$는 다음에서 구해지는 평형 상태에서 phase field 방정식의 해이다.

계면 두께

식 (5-126)을 식 (5-122)에 넣으면 평형 상태에서의 phase field 방정식은

$$\epsilon^2 \frac{d^2\phi}{dx^2} - \omega g'(\phi) = 0 \tag{5-129}$$

로 된다. 이 식은 평형 상태에서의 Allen-Cahn 방정식 (3-41) 또는 평형 상태에서 순물질을 위한 phase field 방정식 (4-17)과 동일하다. 그러나 평형 상태에서 WBM 모델의 phase field 방정식 (5-19)와는 다르다. 즉, 식 (5-19)의 마지막 항 f_ϕ가 KKS 모델에서는 사라진다. 식 (5-129)의 해는 4.3절의 식 (4-18)과 동일하며, 이를 다시 쓴다.

$$dx = -\frac{\epsilon}{\sqrt{2\omega g(\phi)}} d\phi \tag{5-130}$$

Phase field가 ϕ_a로부터 ϕ_b로 변하는 거리라고 정의되는 계면 두께 2ξ는 다음과 같이 된다.

$$2\xi = \frac{\epsilon}{\sqrt{2\omega}} \int_{\phi_a}^{\phi_b} \frac{d\phi}{\sqrt{g(\phi)}} \tag{5-131}$$

이 결과 역시 Allen-Cahn 방정식에서의 계면 두께 (3-58), 또는 순물질을 위한 phase field 모델에서의 계면 두께 (4-32)와 똑같다. 그러나 WBM 모델에서의 계면 두께인 식 (5-38)과 비교해보면, WBM 모델에서의 $W(\phi)$항이 사라졌음을 볼 수 있다. 만약 $g(\phi) = \phi^2(1-\phi)^2$이고, $\phi_a = 0.1$과 $\phi_b = 0.9$로 정의하면,

$$\phi(x) = \frac{1}{2}[1 - \tanh(\frac{\sqrt{w}}{\sqrt{2}\,\epsilon}x)] \tag{5-132}$$

$$2\xi = \frac{4\epsilon}{\sqrt{2\omega}} \ln 3 \tag{5-133}$$

가 얻어진다.

계면 에너지

계면 에너지는 범함수로부터 직접 유도된다. 2.3절에서 설명한 바와 같이 합금의 계면 에너지는 식 (2-146)으로 주어진다. 이를 다시 쓴다.

$$\sigma = \frac{G^{XS}}{A} - v_m \frac{\Gamma^{XS}}{A} \tilde{\mu}^e \tag{5-134}$$

PART 3

계의 전체 자유 에너지가 범함수 (5-96)으로 주어질 때, 평형 상태에서 계면이 가지고 있는 과잉 에너지 G^{XS}는 다음과 같다.

$$\begin{aligned}\frac{G^{XS}}{A} &= \int_{-\infty}^{+\infty}\left(h(\phi)f^S(u_S^e)+(1-h(\phi))f^L(u_L^e)+\omega g(\phi)+\left(\frac{\epsilon^2}{2}\frac{d\phi}{dx}\right)^2\right)dx \\ &\quad -\int_{-\infty}^{0} f^S(u_S^e)dx-\int_{0}^{\infty} f^L(u_L^e)dx\end{aligned} \tag{5-135}$$

계면의 단위 면적당 과잉 용질 원자의 몰 수는

$$\begin{aligned}\frac{\Gamma^{XS}}{A} &= \frac{1}{v_m}\left(\int_{-\infty}^{\infty}\tilde{u}(\phi)dx-\int_{-\infty}^{0}u_S^e dx-\int_{0}^{\infty}u_L^e dx\right) \\ &= \frac{1}{v_m}\left(\int_{-\infty}^{\infty}(h(\phi)c_S^e+(1-h(\phi))c_L^e)dx-\int_{-\infty}^{0}u_S^e dx-\int_{0}^{\infty}u_L^e dx\right)\end{aligned} \tag{5-136}$$

가 되며, 따라서 식 (5-134)의 우변 두 번째 항은

$$\begin{aligned}v_m\frac{\Gamma^{XS}}{A}\tilde{\mu}^e &= \left(\int_{-\infty}^{\infty}(h(\phi)c_S^e+(1-h(\phi))c_L^e)dx\right. \\ &\quad \left.-\int_{-\infty}^{0}u_S^e dx-\int_{0}^{\infty}u_L^e dx\right)\frac{f^L(u_L^e)-f^S(u_S^e)}{u_L^e-u_S^e}\end{aligned} \tag{5-137}$$

가 된다. 식 (5-136)과 (5-137)을 식 (5-134)에 대입하고, u_S^e, u_L^e, $f^S(u_S^e)$ 및 $f^L(u_L^e)$ 등이 모두 위치 x에 관계없는 상수라는 점을 감안하여 정리하면, 대부분의 항은 서로 상쇄되어 사라지고 계면 에너지는 다음과 같이 된다.

$$\sigma = \epsilon^2\int_{-\infty}^{+\infty}\left(\frac{d\phi}{dx}\right)^2 dx = -\epsilon^2\int_{0}^{1}\left(\frac{d\phi}{dx}\right)d\phi = \epsilon\sqrt{2\omega}\int_{0}^{1}\sqrt{g(\phi)}\,d\phi \tag{5-138}$$

이 계면 에너지 역시 결정립계에 대한 Allen-Cahn 방정식에서의 계면 에너지 (3-59) 또는 순물질의 phase field 모델에서의 계면 에너지 (4-33)과 동일하다. 그러나 WBM 모델에서의 계면 에너지 (5-46)과 비교해보면, WBM 모델에 들어 있던 $W(\phi)$가 사라졌다!

평형 상태에서의 곡률 효과(Gibbs-Thomson 효과)

반지름이 R인 구형의 고상이 액상과 평형을 이루고 2차원 상황을 고려한다. 이 상황에 대한 확산 방정식의 해는

$$\tilde{\mu} = \frac{df^S(u_S^{e,R})}{du} = \frac{df^L(u_L^{e,R})}{du} \equiv \tilde{\mu}^{e,R} \ (\text{const}) \tag{5-139}$$

여기서의 평형 농도는 평면 계면의 경우와 다르기 때문에 그 값들을 위 첨자 R로 구분하였다. 평형 상태에서의 phase field 방정식을 극좌표로 나타내고, 3.3절의 4)항에서처럼, 좌표의 원점을 곡률 중심으로부터 계면의 중앙($\phi = 1/2$인 위치)으로 옮기면, 다음을 얻는다.

$$\frac{\epsilon^2}{R+r}\frac{d\phi}{dr} + \epsilon^2\frac{d^2\phi}{dr^2} - \omega g'(\phi) + h'(\phi)\left(f^L(u_L^{e,R}) - f^S(u_S^{e,R}) - (u_L^{e,R} - u_S^{e,R})\,\tilde{\mu}^{e,R}\right) = 0 \tag{5-140}$$

이 식을 계 전체 영역에 걸쳐 적분하면 위의 두 번째와 세 번째 항은 사라지고 다음과 같이 된다.

$$\epsilon^2\int_{-\infty}^{\infty}\frac{1}{R+r}\left(\frac{d\phi}{dr}\right)^2 dr = f^L(u_L^{e,R}) - f^S(u_S^{e,R}) - (u_L^{e,R} - u_S^{e,R})\,\tilde{\mu}^{e,R} \tag{5-141}$$

여기서 얇은 계면 조건인 $\delta_2 \equiv 2\xi/R \ll 1$을 가정하면, 좌변의 적분은

$$\begin{aligned}\epsilon^2\int_{-\infty}^{\infty}\frac{1}{R+r}\left(\frac{d\phi}{dr}\right)^2 dr &= \frac{\epsilon^2}{R}\int_{-\infty}^{\infty}\frac{1}{1+r/R}\left(\frac{d\phi}{dr}\right)^2 dr\\ &= \frac{\epsilon^2}{R}\int_{-\infty}^{\infty}\left(1-\frac{r}{R}\right)\left(\frac{d\phi}{dr}\right)^2 dr + \mathrm{O}(\delta_2^2)\\ &= \frac{\epsilon^2}{R}\int_{-\infty}^{\infty}\left(\frac{d\phi}{dr}\right)^2 dr - \frac{\epsilon^2}{R^2}\int_{-\infty}^{\infty} r\left(\frac{d\phi}{dr}\right)^2 dr + \mathrm{O}(\delta_2^2)\end{aligned} \tag{5-142}$$

앞의 식 (5-130) ~ (5-132)에서 볼 수 있듯이, 만약 이중우물 퍼텐셜이 $g(\phi) = \phi^2(1-\phi)^2$처럼 $\phi = 1/2$에 대해 좌우대칭적인 함수라면, $d\phi/dr$은 r에 대해 항상 우함수가 된다. 따라서 $r(d\phi/dr)^2$은 기함수가 되며, 우변에서 두 번째 적분은 사라진다. 또한, 우변의 첫 번째 적분은 (5-138)에 따라 σ/R이 된다. δ_2^2 이상의 항을 무시하고, 적분 결과를 식 (5-141)에 대입하면

$$\frac{\sigma}{R} = f^L(u_L^{e,R}) - f^S(u_S^{e,R}) - (u_L^{e,R} - u_S^{e,R})\,\tilde{\mu}^{e,R} \tag{5-143}$$

이 얻어진다. 확산 방정식의 해 (5-139)와 phase field 방정식의 해 (5-143)은 2.2절의 2)항에서 설명한 Gibbs - Thomson 방정식 (2-88) 및 (2-89)와 동일하다. 이상에서 본 바와 같이, KKS 모델은 Gibbs-Thomson 방정식을 재현한다. 단, 재현 조건에 유념해야 한다. 그 조건은

PART 3

i) 계면의 곡률 반지름 R은 곡률 중심으로부터 $\phi=1/2$인 위치까지의 거리로 정의되어야 하고,
ii) 이중우물 퍼텐셜 $g(\phi)$가 $\phi=1/2$에 대해 좌우대칭인 함수여야 하며,
iii) 얇은 계면 조건이 만족되어야 한다(즉, $\delta_2 \equiv 2\xi/R$에 대한 이차 order 이상이 무시될 수 있어야 한다).

KKS 모델과 WBM 모델의 비교

이상에서 보았듯이, 합금의 상변태를 위한 WBM 모델과 KKS 모델의 차이점은 다음과 같이 정리될 수 있다.

i) WBM 모델은 등농도 조건을 이용하는 반면, KKS 모델은 등화학 퍼텐셜 조건을 이용한다.
ii) WBM 모델에서는 고상과 액상의 자유 에너지자체가 계면 두께와 계면 에너지에 개입하며, 이로 인한 여분의 퍼텐셜 $W(\phi)$가 존재한다. 그러나 KKS 모델에서는 여분의 퍼텐셜이 사라진다.
iii) KKS 모델에서 계면 두께와 계면 에너지는 결정립계 또는 순물질의 고액 계면에 대한 phase field 모델의 경우와 동일하다.
iv) WBM 모델에서는 $W(\phi)$의 존재로 인해 계면 두께가 심각하게 제한받는 데 비해, KKS 모델에서는 그런 제한이 없다. 특히, 화학량론적 상과 같이, 고용도가 작은 상과 관련된 상변태에서는 $W(\phi)$가 극히 커지기 때문에 WBM 모델에 의한 전산모사는 사실상 불가능하다. 이에 비해 KKS 모델은 화학량론적 상과 관련된 상변태에도 문제없이 적용될 수 있다.

KKS 모델과 ACCESS 모델의 비교

Ingo Steinbach를 중심으로 독일의 ACCESS 그룹에서 개발한 모델[24,25](지금부터 ACCESS 모델로 지칭)은 희석 용액에 적용되는 모델이다. KKS 모델을 ACCESS 모델과 비교하기 위해, 희석 용액에서의 KKS 모델을 검토한다. 희석 용액으로 근사되는 합금에서 고상과 액상의 확산 퍼텐셜은 각각 다음과 같이 주어진다.

$$\begin{aligned} \frac{df^S(u_S)}{du_S} &= A_S + \frac{R_g T}{v_m}\ln u_S \\ \frac{df^L(u_L)}{du_L} &= A_L + \frac{R_g T}{v_m}\ln u_L \end{aligned} \tag{5-144}$$

여기서 A_S와 A_L은 농도와 무관한 상수이다. 평형 상태에서는 계면에서 고상 쪽의 확산 퍼텐셜과 계면에서 액상 쪽의 확산 퍼텐셜이 서로 같아야 한다. 이 조건으로부터 두 상수 사이의 차이인

$$A_L - A_S = \frac{R_g T}{v_m} \ln \frac{u_S^e}{u_L^e} \tag{5-145}$$

가 얻어진다. 등화학 퍼텐셜 조건 (5-114)는 평형 상태이든 비평형 상태이든 관계없이 한 점을 구성하는 액상과 고상의 확산 퍼텐셜이 항상 서로 같을 것을 요구한다. 희석 합금에서 이 조건은

$$\frac{R_g T}{v_m} \ln \frac{u_S}{u_L} = A_L - A_S \tag{5-146}$$

를 요구한다. 위의 두 식 (5-145)와 (5-146)으로부터 희석 용액의 등확산 퍼텐셜 조건은

$$\frac{u_S}{u_L} = \frac{u_S^e}{u_L^e} \equiv k \tag{5-147}$$

로 나타내진다. 여기서 k는 평형 분배 계수(partition coefficient)이다. 식 (5-147)을 이용하면 유효 농도에 대한 식 (5-115)와 확산 방정식 (5-119)를 각각 다음과 같이 고쳐 쓸 수 있다.

$$u = [h(\phi)k + (1 - h(\phi))] u_L \tag{5-148}$$

$$\frac{\partial u}{\partial t} = \nabla \cdot \left[h(\phi) D_S k + (1 - h(\phi)) D_L \right] \nabla u_L \tag{5-149}$$

Phase field 방정식 (5-117)에서 열역학적 구동력도 다음과 같이 다시 표현될 수 있다.

$$\begin{aligned} \Delta f_p &= (u_L^e - u_S^e)(\tilde{\mu}^e - \tilde{\mu}) \\ &= (u_L^e - u_S^e)\left(\frac{df^L(u_L^e)}{du_L} - \frac{df^L(u_L)}{du_L} \right) \\ &= \frac{R_g T}{v_m}(u_L^e - u_S^e) \ln\left(\frac{u_L^e}{u_L} \right) \\ &\simeq \frac{R_g T}{v_m}(u_L^e - u_S^e) \frac{(u_L^e - u_L)}{u_L^e} \\ &= \frac{R_g T}{v_m}(1-k)(u_L^e - u_L) \end{aligned} \tag{5-150}$$

네 번째 줄의 근사는 u_L이 u_L^e에 가깝다는 가정 하에서 이루어졌다. 다음의 Fig. 5-2에 나타낸 희석 2성분계 합금의 상태도를 보자. 위치 x에 있는 $u_L(x)$ 조성의 액상이 온도 T에 놓여 있다. 이 온도에서 평형 액상 조성은 u_L^e이고, $u_L(x)$ 조성에 대응하는 평형 액상선 온도는

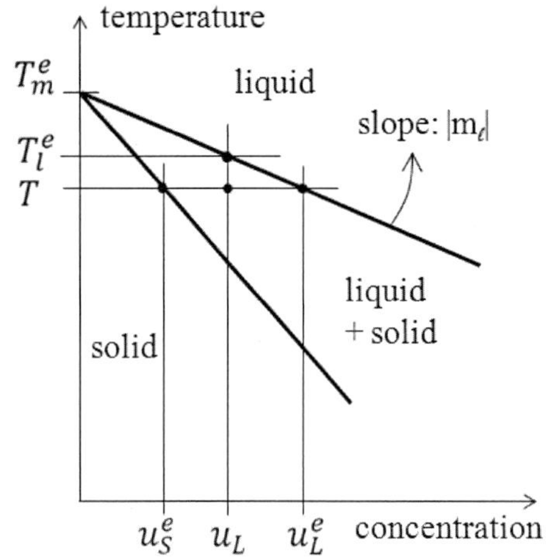

[Fig. 5-2] 희석 2성분계 합금의 상태도. $u_L(x)$ 조성의 액상이 온도 T에 놓여있을 때, 평형 액상 조성은 u_L^e이고, $u_L(x)$ 조성에 대응하는 평형 액상선 온도는 T_l^e이다. 액상선의 기울기는 $|m_l|$이다

T_l^e이다. 액상선의 기울기는 $|m_l|$로 표시하였다. 이 그림으로부터 $T_l^e = T_m^e - |m_l|u_L$임을 알 수 있다. 따라서

$$u_L^e - u_L = \frac{T_l^e - T}{|m_l|} = \frac{T_m^e - |m_l|u_L - T}{|m_l|} \tag{5-151}$$

이를 구동력 (5-150)에 대입한다:

$$\begin{aligned} \Delta f_p &= \frac{R_g T}{v_m}\frac{(1-k)}{|m_l|}\left(T_m^e - |m_l|u_L - T\right) \\ &= \frac{\Delta H_f}{T_m^e}\left(T_m^e - |m_l|u_L - T\right) \end{aligned} \tag{5-152}$$

이 과정에서 van't Hoff 식 (2-108)이 이용되었다. 식 (5-152)의 구동력을 phase field 방정식 (5-117)에 대입하면

$$\frac{1}{M_\phi}\frac{\partial \phi}{\partial t} = \epsilon^2 \nabla^2 \phi - \omega g'(\phi) + \frac{\Delta H_f}{T_m^e}\left(T_m^e - |m_l|u_L - T\right)h'(\phi) \tag{5-153}$$

가 얻어진다.

희석 2원 합금에서, KKS 모델은 등확산 퍼텐셜 조건인 식 (5-147), 유효 농도에 대한 식 (5-148), 확산 방정식 (5-149) 및 phase field 방정식 (5-153)으로 귀결된다. 이 방정식들은 ACCESS의 모델[24,25]과 정확하게 일치한다. 따라서 ACCESS 모델은 KKS 모델의 특수한 경

우라고 여겨질 수 있다(ACCESS 모델은 열역학적으로 합치되는 방법이 아니라, 직관적인 방법으로 만들어진 것이다. 앞의 유도 과정은 ACCESS 모델에 열역학적 합리성을 부여한다고도 볼 수 있다).

4) 계면의 비정상 효과(anomalous effects)와 반포획 유속(anti-trapping current)

Phase field 모델은 상변태 과정을 전산모사할 수 있는 도구 중의 하나이다. 전산모사를 효율적으로 하기 위해서는 가능한 한 그리드의 크기를 크게 해주어야 한다. 이를 위해서는 실제 물리적인 두께(1 nm 이하)에 비해 훨씬 두꺼운 계면을 전산모사에서 도입해야 한다. 물론, 두꺼운 계면이라 할지라도, 이론적 분석을 통해 모델의 파라미터들을 적절히 정해주면 phase field 모델이 실제 물리적인 계면의 거동을 재현해낼 수 있다. 그 이론적 분석이란 바로 '얇은 계면 해석'이다. 이에 대한 설명 이전에, 먼저 phase field 모델에 들어 있는 함수 $h(\phi)$의 의미를 되새겨볼 필요가 있다.

$h(\phi)$의 물리적 의미는 고상 분율이다. 주어진 한 점에서의 고상 분율 $h(\phi)$가 알려져 있으면, 그 점에서의 임의의 물리량 $Q(x)$는 $Q_S h(\phi)+Q_L(1-h(\phi))$로 주어진다. KKS 모델에서 $h(\phi)$가 들어 있는 방정식들은 유효 농도에 대한 식 (5-115), phase field 방정식 (5-116)과 확산 방정식 (5-119)이다. 이 식들을 여기에 다시 쓴다.

$$u = h_r(\phi)u_S + (1-h_r(\phi))u_L \tag{5-154}$$

$$\frac{1}{M_\phi}\frac{\partial\phi}{\partial t} = \epsilon^2\nabla^2\phi - \omega\frac{dg(\phi)}{d\phi} + \frac{dh_p(\phi)}{d\phi}\left(f^L(u_L) - f^S(u_S) - (u_L-u_S)\tilde{\mu}\right) \tag{5-155}$$

$$\frac{\partial u}{\partial t} = \nabla\cdot\left[h_d(\phi)D_S\nabla u_S + (1-h_d(\phi))D_L\nabla u_L\right] \tag{5-156}$$

$h(\phi)$의 역할을 들여다보기 위해, 각 식에서 $h(\phi)$를 $h_r(\phi)$, $h_p(\phi)$ 및 $h_d(\phi)$로 구분하여 표기하였으며, 이 함수들을 내삽함수(interpolation function)라고 부른다. 유효 농도 (5-154)에 들어 있는 $h_r(\phi)$는 계면에서의 용질 재분배(solute redistribution)에 관련된 함수이다. $h_r(\phi)$에 의해 계면에서의 용질 농도는 u_S로부터 u_L로 부드럽게 변해나간다. Phase field 방정식 (5-155)에 들어 있는 $dh_p(\phi)/d\phi$는 열역학적 구동력이 계면에 대해서만 작용하도록 만들어 준다. 이는, 핵생성을 허용하지 않는 한, 계면 영역을 벗어나면 $dh_p/d\phi=0$이 되기 때문이다. 확산 방정식 (5-156)의 $h_d(\phi)$는 계면에서의 확산 계수가 D_S로부터 D_L로 부드럽게 변해가도록 만들어 준다. 앞 절에서처럼 자유 에너지 범함수로부터 phase field 모델을 유도하는 한, 모든 내삽함수들은 $h(\phi)$라는 단일 함수로 나타내져야 한다. 그러나 뒤에서 보겠지만, '얇은 계면 해석'을 통해 phase field 방정식의 파라미터들을 결정할 때는 내삽함수들이 모두 서로 같

아질 필요는 없다[31]. 예를 들어 $h_r(\phi) = h_d(\phi) = \phi$와 $h_p(\phi) = \phi^2(3-2\phi)$를 택하여도 파라미터들을 결정하는 데 아무런 문제가 나타나지 않는다. 이처럼 phase field 모델을 실제 사용하는 입장에서는 $h_r(\phi)$, $h_p(\phi)$ 및 $h_d(\phi)$에 대한 선택의 자유가 주어진다. 그러나 내삽함수가 만족해야 할 두 개의 조건이 있다. 하나는 $\phi = 0$에서는 0의 값을, $\phi = 1$에서는 1의 값을 가져야 한다는 매우 당연한 조건이며, 다른 하나는 내삽함수들이 앞의 Fig. 4-1에서 보여준 대칭성을 가지고 있어야 한다는 것이다.

내삽함수들에 대한 대칭성 요구를 이해하기 위해서는 식 (5-154)~(5-156)에 여러 가지 종류의 계면이 내포되어 있다는 점을 이해해야 한다. 이들을 설명하면 다음과 같다:

i) Gibbs-Thomson 계면: 앞의 식 (5-139)~(5-143)에서 볼 수 있었듯이, phase field 방정식의 우변에서 처음 두 항이 곡률 효과를 만들어 낸다. 이때 Gibbs-Thomson 방정식이 정확하게 재현되기 위해서는, 계면의 곡률 반지름이 곡률 중심으로부터 $\phi = 1/2$인 위치까지의 거리로 정의되어야 했다. 따라서 $\phi = 1/2$인 위치를 Gibbs-Thomson 계면의 위치라 부르겠다.

ii) 구동력 계면: Phase field 방정식의 마지막 항에 들어있는 $dh_p(\phi)/d\phi$항은 열역학적 구동력이 계면 영역에만 작용하도록 만들어준다. 만약 $h_p(\phi)$의 형태에서 Fig. 5-3의 (a)와 같이 $0 < \phi < 0.5$인 영역의 면적 S_1이 $0.5 < \phi < 1$인 영역의 면적 S_2보다 더 크다고 가정해 보자. 그렇다면 $dh_p(\phi)/d\phi$를 나타낸 Fig. 5-3의 (b)에서도 면적 S_1이 면적 S_2보다 더 크게 된다. $\phi = 1/2$의 위치인 Gibbs-Thomson 계면의 입장에서 볼 때, 이는 열역학적 구동력이 계면의 앞과 뒤에 균등하게 걸리지 않고 $\phi < 0.5$인 액상 쪽에 더 많이 작용하게 된다는 것을 의미한다. 다시 말해서, 이 상황에서는 구동력의 입장에서 보면 계면이 $\phi < 0.5$인 쪽에 위치해 있는 셈이다. Gibbs-Thomson 효과는 계면 곡률에 기인한 σ/R 만큼의 자유 에너지상승과 상변태의 구동력 사이의 균형에 의해 나타나는 현상이다. 그런데 Fig. 5-3(b)의 상황에서는 Gibbs-Thomson 계면의 위치와 구동력이 작용하는 계면의 위치가 서로 어긋나 있으며, 이는 Gibbs-Thomson 효과에 비정상적인 효과를 미치게 된다. 이러한 비정상적인 효과를 억제하는 방법은 간단하다: $S_1 = S_2$성립하는 형

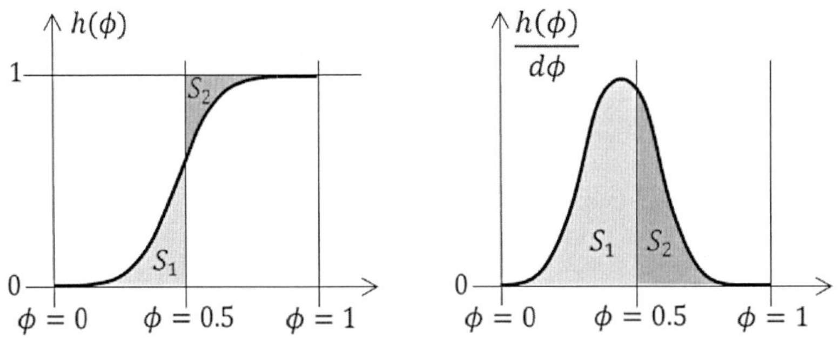

[Fig. 5-3] ϕ에 따른 $h(\phi)$와 $dh/d\phi$의 가상적인 형태

태의 $h_p(\phi)$를 택하는 것이다. 이런 종류의 함수에 대한 여러 가지 예를 4.2절에서 든 바 있다.

iii) 용질 재분배 계면: 계면에서 고상 쪽과 액상 쪽으로의 용질 재분배는 식 (5-154)의 $h_r(\phi)$에 의해 이루어진다. 만약 $h_r(\phi)$가 Fig. 5-3의 (a)와 같은 형태라면 용질 재분배가 일어나는 계면이 마치 $\phi < 0.5$인 쪽에 위치하는 것처럼 보이게 될 것이다. 이 경우에는 고액 계면이 마치 액상 쪽으로 더 확장된 것처럼 보인다는 의미에서 계면 스트레칭(interface stretching) 현상이라고 부른다. 이러한 비정상 현상 역시 $S_1 = S_2$이 성립하는 형태의 $h_r(\phi)$를 택함으로써 간단히 해결된다.

iv) 확산 계면: 계면에서 용질 확산 계수는 D_S로부터 D_L까지 변하는데, 이러한 변화를 만들어 주는 것이 확산 방정식 (5-156)에 있는 $h_d(\phi)$이다. 만약 $h_d(\phi)$가 Fig. 5-3의 (a)와 같은 형태라면, 계면 영역에서의 용질 확산은 액상에서의 확산으로부터 과도한 영향을 받게 될 것이다. 이러한 현상을 비정상적 계면 확산(anomalous interface diffusion)이라고 부른다. 이러한 비정상 현상 역시 $S_1 = S_2$이 성립하는 형태의 $h_d(\phi)$를 택함으로써 간단히 해결된다.

이상에서 살펴본 바와 같이 phase field 모델에는 Gibbs-Thomson 계면, 구동력 계면, 용질 재분배 계면 및 확산 계면이라는 4종류의 계면이 들어 있다. 만약 sharp interface에서처럼 계면 두께가 0이라면, $S_1 = S_2 = 0$이기 때문에 이들 계면의 위치는 서로 일치할 수밖에 없다. 그러나 phase field 모델에서는 계산속도의 향상을 위해 어쩔 수 없이 두꺼운 계면을 채용할 수밖에 없다. 이러한 상황에서 4종류의 계면 위치가 서로 일치하지 않으면 phase field 모델의 계면은 실제 계면과는 다른 비정상적인 거동을 보일 것이다. 이러한 비정상적인 거동들은 각 계면과 관련된 내삽함수들에게 $S_1 = S_2$이 성립하는 대칭성을 갖도록 요구함으로써 해결될 수 있다. 그럼에도 불구하고 phase field 모델에는 또 다른 종류의 비정상적 효과가 들어 있다. 이는 계면에서의 화학 퍼텐셜 도약(chemical potential jump)이라고 불린다[31.36](엄밀하게는 확산 퍼텐셜 도약임).

정지해 있는 계면이든 움직이는 계면이든, 계면 내부에서는 두 상 사이의 용질 재분배가 일어난다. 실제 계면에서는 계면의 두께가 워낙 얇기 때문에, 계면 속도가 대단히 크지 않는 한, 용질 재분배는 문제없이 일어나며, 그 결과 계면은 국소 평형에 가까운 상태로 유지된다. 그러나 phase field 모델에서는 수치계산의 효율을 높이기 위해 계면의 두께를 인위적으로 매우 두껍게 만들어주다 보니, 계면 영역 내에서 용질 원자가 재분배되는 데 너무 긴 시간이 걸린다. 따라서 계면이 움직이고 있을 때는, 계면 영역에서의 용질 원자가 액상 쪽으로 제대로 밀려나지 못하고 고상 쪽으로 포획되는 현상이 벌어진다. 이 현상을 화학 퍼텐셜 도약 또는 용질 포획(solute trapping)이라고 한다[9]. 용질 포획의 정도는 계면 두께 2ξ와 용질 원자의 확산거리 D_L/v_n의 비율에 의해 지배된다[9]. 이 비율 $\delta_1 \equiv 2\xi v_n/D_i$를 계면 페클레 수(interface Peclet number)라고 한다. 용질 포획의 정도는 전산모사에서 계면 페클레 수가 클수록, 즉 계면 두께가 두껍고, 계면 이동 속도가 빠를수록 심각해진다.

이 문제는 Karma가 확산 방정식에 반포획 유속(anti-trapping current)을 도입하는 놀라운 방법을 발견[31,33,34]함으로써 깔끔하게 해결되었다. 반포획 유속은 계면에서 용질 원자들을 액상 쪽으로 강제적으로 밀어주는 역할을 한다. 이때 반포획 유속의 크기는 용질 포획 현상을 정확하게 상쇄시키도록 정밀하게 설정돼 있어야 한다. 용질 포획은 계면에 수직한 방향으로 일어나며, 계면 이동 속도에 비례한다. 따라서 반포획 유속도 계면에 수직한 방향으로 작용하고, 계면 이동 속도에 비례해야 한다. Phase field 모델에서 계면에 수직한 방향의 단위 벡터는 $\nabla\phi/|\nabla\phi|$로 주어진다. 또한, 계면의 이동 속도는 phase field ϕ의 변화율에 비례한다. 따라서 반포획 유속 $\vec{j}_a$는 다음의 형태가 되어야 한다.

$$\vec{j}_a = \alpha_a \frac{\nabla\phi}{|\nabla\phi|}\frac{\partial\phi}{\partial t} \tag{5-157}$$

여기서 파라미터 α_a는 농도와 phase field의 함수일 수 있으며, 용질 포획을 정확하게 상쇄시키도록 결정되어야 한다. 그 과정이 다음 절에서 설명된다.

앞서 설명했듯이, KKS 모델의 대전제는 등확산 퍼텐셜 조건이다. 그러나 이 조건을 평형 조건 또는 준평형 조건으로 잘못 이해하는 경우가 있다[63,64]. 이러한 착각을 바탕으로, 이들은 KKS 모델에서는 용질 포획과 같은 비평형 효과가 존재하지 않는다고 말한다[63,64]. KKS 모델의 등확산 퍼텐셜 조건은 평형 상태이든 비평형 상태이든 관계없이 한 점을 구성하는 액상과 고상의 확산 퍼텐셜이 항상 서로 같을 것을 요구한다. 평형 상태 또는 준평형 상태에서는 계면에서 고상 쪽의 확산 퍼텐셜과 계면에서 액상 쪽의 확산 퍼텐셜이 서로 같아야 한다. 이처럼 등확산 퍼텐셜 조건은 평형 또는 준평형 조건과는 아무 관계가 없다. 등확산 퍼텐셜 조건을 이용하는 KKS 모델에서 계면을 가로지르는 확산 퍼텐셜의 구배는 자연스럽게 허용되며, 이로 인해 용질 포획 현상이 나타난다는 점은 이미 관련 문헌[59]에서 자세히 설명된 바 있다.

5) 얇은 계면 해석

계면 두께 2ξ와 계면 에너지 σ가 주어져 있으며, KKS 모델의 phase field 방정식 (5-116)(또는 (5-117))에 들어있는 파라미터 ϵ과 ω는 식 (5-131)과 (5-138)의 관계를 통하여 결정될 수 있다. 그러나 phase field 방정식에는 아직 결정되지 못한 파라미터 M_ϕ가 남아 있다. M_ϕ는 얇은 계면 조건에서 계면 이동 속도와 구동력 사이의 관계를 검토함으로써 결정될 수 있다. 또한, 앞 절에서 설명했듯이, 두꺼운 계면으로 인한 과도한 용질 포획 현상을 억제하기 위해 확산 방정식에 반포획 유속을 첨가해야 하며, 그 유속의 크기를 좌우하는 파라미터 α_a도 결정되어야 한다.

본론으로 들어가기 전에, 본 절에서 이루어지는 얇은 계면 해석[36]에서는 몇 가지 가정을 한다. 이를 먼저 설명한다.

i) 고상에서의 확산을 무시하고 액상에서의 확산만 고려한다. 이처럼 모상에서의 확산만 일어나는 계를 one side 계라고 부른다. 응고가 일어나는 계는 물론이고, 고상 변태에서도 one side 계로 근사될 수 있는 경우가 많다. 고상에서의 확산이 무시될 수 없는 경우는 two side 계라고 부른다. Two side 계에 대해서도 얇은 계면 해석이 가능하며 이에 대해서는 별도의 절에서 설명한다.

ii) 얇은 계면 조건을 가한다. 얇은 계면 조건은 제4장의 식 (4-39)와 (4-40)으로 나타내진다. 이를 여기에 다시 쓴다.

$$\delta_1 \equiv 2\xi v_n / D_L \ll 1 \tag{5-158}$$

$$\delta_2 \equiv \frac{2\xi}{R} \ll 1 \tag{5-159}$$

모든 계산은 δ_1과 δ_2의 일차항까지만 이루어지며, 그 이상의 고차 항은 항상 무시될 것이다.

iii) 2상 2성분계 합금을 대상으로 한다. 다성분계 합금으로의 확장은 별도의 절에서 설명하겠다. 얇은 계면 해석을 다상계로 확장하는 것은 별 의미가 없다. 왜냐하면 다상계라 하더라도 실질적인 계면은 두 상 사이에서만 만들어지기 때문이다.

본 절의 얇은 계면 해석[36]은 계면에서의 용질 포획 현상을 제거함으로써 α_a를 결정하는 단계와 계면 이동 속도와 구동력 사이의 관계를 구하고 이로부터 M_ϕ를 결정하는 단계로 이루어진다. 이를 위해 KKS 모델의 지배 방정식을 다시 쓴다.

i) 등확산 퍼텐셜 조건:

$$\frac{df^S(u_S)}{du} = \frac{df^L(u_L)}{du} \equiv \tilde{\mu} \tag{5-160}$$

또는

$$f_{uu}^S(u_S)\nabla u_S = f_{uu}^L(u_L)\nabla u_L \equiv \nabla\tilde{\mu} \tag{5-161}$$

ii) 유효 농도:

$$u = h_r(\phi)u_S + (1 - h_r(\phi))u_L \tag{5-162}$$

iii) Phase field 방정식:

$$\frac{1}{M_\phi}\frac{\partial\phi}{\partial t} = \epsilon^2\nabla^2\phi - \omega g'(\phi) + \frac{h_p(\phi)}{d\phi}\left(f^L(u_L) - f^S(u_S) - (u_L - u_S)\,\tilde{\mu}\right) \tag{5-163}$$

iv) 확산 방정식:

$$\frac{\partial u}{\partial t} = \nabla \cdot (1 - h_d(\phi))D_L\nabla u_L + \nabla \cdot \alpha_a\frac{\partial\phi}{\partial t}\frac{\nabla\phi}{|\nabla\phi|} \tag{5-164}$$

위의 식 (5-162)~(5-164)에서 내삽함수는 모두 서로 다르게 표현되어있다. 앞에서 설명했듯이, 지배 방정식을 범함수로부터 유도할 때는 모든 내삽함수가 동일한 $h(\phi)$로 써져야 하지만, phase field 모델을 실제 사용하는 입장에서는 $h_r(\phi)$, $h_p(\phi)$ 및 $h_d(\phi)$에 대한 선택의 자유가 주어진다. 확산 방정식 (5-164)에서는 고상에서의 확산이 무시되었으며, 반포획 유속이 마지막 항으로 추가되어 있다.

먼저 확산 방정식에 들어있는 반포획 유속의 계수 α_a를 결정한다. 이 값은 계면에서 발생하는 용질 포획을 반포획으로 상쇄시킴으로써 결정된다. 이를 위해서는 계면에서의 용질 포획 현상(같은 의미로 화학 퍼텐셜 도약 또는 계면 농도 도약)을 이해할 필요가 있다. Fig. 5-4에 계면 부근에서의 용질 농도 분포를 나타냈다. 이 그림에서 원점은 두께가 2ξ인 계면의 중앙부, 즉 $\phi = 0.5$인 위치이다. $u_S(r)$은 액상의 용질 농도 분포, $u_L(r)$은 고상의 용질 농도 분포이며, 점선으로 표시된 $u(r)$은 식 (5-162)로 주어지는 유효 농도 분포이다. 확산 퍼텐셜 분포는 이 그림에 나타내지는 않았으나, $u_S(r)$ 또는 $u_L(r)$과 비슷한 형태로 나타내질 것이다. 등확산 퍼텐셜 조건인 식 (5-160)으로 인해 고상의 용질 농도과 액상의 용질 농도는 계 전체 영역에서 정의될 수 있다. 이는 예를 들어 벌크 액상의 영역에서도 이 액상의 확산 퍼텐셜과 같은 퍼텐셜을 갖는 고상의 조성이 결정될 수 있기 때문이다. 계 내부의 임의의 한 점에서 액상의 조성, 고상의 조성 및 확산 퍼텐셜은 식 (5-160)에 의해 서로 연결되어 있으며, 셋 중 어느 하나만 독립변수가 된다. 즉, 한 점에서 어느 하나가 주어져 있으면 나머지 둘은 식 (5-160)에 의해 자동적으로 결정된다. 여기서는 독립변수로서 액상의 용질 농도를 택하겠다. 고상에서의 확산을 무시했기 때문에, 계면의 이동이 정상 상태에 있을 때, $r < -\xi$인 영역에서의 $u_L(r)$은 일정한 값으로 고정된다. 이에 비해 $\xi < r \ll D_L/v_n$의 액상 영역에서는 $u_L(r)$은 기울기가 일정한 직선이 되며, 그 기울기는 계면에서의 용질 보존 조건으로부터 주어진다. 이처럼 $u_L(r)$에는 고상 쪽과 액상 쪽에 각각 직선적 분포가 존재한다. Fig. 5-4의 파선처럼,

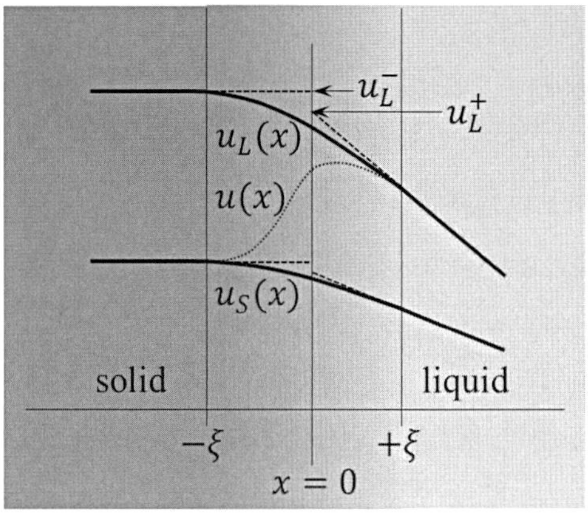

[Fig. 5-4] 계면 부근에서의 용질 농도 분포. 원점은 $\phi = 0.5$인 위치이다. $u_S(r)$은 액상의 용질 농도 분포, $u_L(r)$은 고상의 용질 농도 분포이며, 점선으로 표시된 $u(r)$은 식 (5-162)로 주어지는 유효 농도 분포이다

두 직선을 계면 영역 내부로 외삽시킨다. 그러면 2ξ의 두께와 $u_L(r)$의 농도 분포를 갖는 계면은 마치 파선으로 표시한 용질 농도 분포를 갖는 날카로운 계면(sharp interface: $2\xi \to 0$)처럼 거동할 것이다. 두 파선은 날카로운 계면의 위치에 해당하는 $r = 0$의 축과 각각 u_L^-와 u_L^+에서 교차한다. 계면의 두께 2ξ가 0이 아닌 한, u_L^-와 u_L^+는 같을 수 없다. 그 차이가 바로 계면에서의 농도 도약(concentration jump)이며, 이에 대응하는 확산 퍼텐셜(diffusion potential)의 차이를 화학 퍼텐셜 도약(chemical potential jump)이라고 한다. 이 확산 퍼텐셜의 차이에 해당하는 만큼의 용질 원자가 고상 쪽으로 포획되어 들어가기 때문에, 물리적인 의미에서 이 현상은 용질 포획(solute trapping) 현상이라고 불린다. 용질 포획 현상은 두꺼운 계면을 채용할 수밖에 없는 phase field 모델에서 항상 존재한다(열확산에 의해 지배되는 순물질 응고의 phase field 모델에서도 용질 포획에 대응하는 엔탈피 포획 현상이 일어난다. 그러나 용질 확산 계수에 비해 열 확산 계수가 워낙 크기 때문에 엔탈피 포획 현상은 무시될 수 있을 만큼 작다).

반포획 파라미터 α_a의 결정

계면에서의 농도 도약, 즉 용질 포획 현상은 확산 방정식 (5-164)에 첨가된 반포획 항을 이용하여 상쇄시킬 수 있으며, 그 과정에서 계수 α_a가 결정된다. 이를 위한 구체적인 과정은 다음과 같다.

i) 정상 상태에서의 확산 방정식을 풀어서 계면 근처에서의 농도 분포$u_L(r)$을 구한다.

ii) $u_L(r)$로부터 고상 쪽 과 액상 쪽에서의 직선적 농도 분포(Fig. 5-4에서 가장 위에 위치한 두 점선)를 추출해낸다.

iii) 두 직선과 $r=0$인 축과의 교점인 u_L^-와 u_L^+를 구한다.

iv) 계면에서의 농도 도약이 사라지는 조건인 $u_L^- = u_L^+$으로부터 α_a를 구한다.

고생과 액상이 평면 계면을 이루고 있는 계를 고려한다. 첫 번째 단계로서, 확산 방정식을 푼다. 좌표의 원점 $x=0$을 계면의 중심($\phi=1/2$인 위치)에 둔다. 준정상 상태(quasi-steady state)를 가정하면, 확산 방정식은 다음과 같이 된다.

$$-v_n\frac{du}{dx}=\frac{d}{dx}\left((1-h_d(\phi))D_L\frac{du_L}{dx}\right)+v_n\frac{d}{dx}\left(\alpha_a\frac{d\phi}{dx}\right) \tag{5-165}$$

가 된다. 이 식을 적분한다:

$$-v_n(u-u^*)=(1-h_d(\phi))D_L\frac{du_L}{dx}+v_n\alpha_a\frac{d\phi}{dx} \tag{5-166}$$

여기서 u^*는 적분 상수이다. $\phi\to 1$일 때, 즉 벌크 고상에서는 $du_L/dx\to 0$, $d\phi/dx\to 0$이기 때문에 적분 상수 u^*는 고상에서의 용질 조성 u_S와 같아야 한다. 식 (5-166)은 다음과 같이 써질 수 있다.

$$\frac{du_L}{dx}=-\frac{v_n}{(1-h_d(\phi))D_L}\left(u-u_S+v_n\alpha_a\frac{d\phi}{dx}\right) \tag{5-167}$$

계면 근처에서의 무차원 거리 $\bar{x}=x/2\xi$를 도입하면 식 (5-167)은

$$\begin{aligned}\frac{du_L}{d\bar{x}}&=-\delta_1\frac{1}{(1-h_d(\phi))}\left(u-u_S+v_n\alpha_a\frac{d\phi}{dx}\right)\\&=-\frac{\delta_1}{(1-h_d(\phi_0))}\left(u^e-u_S^e+v_n\alpha_a^e\frac{d\phi_0}{dx}\right)+O(\delta_1^2)\end{aligned} \tag{5-168}$$

가 된다. 여기서 u^e는 $\delta_1\to 0$일 때, 즉 평형 상태에서의 유효 농도 분포인 식 (5-128)이며, u_S^e는 평형 상태에서의 고상 용질 농도이고, ϕ_0는 식 (5-130)에 의해 결정되는 평형 상태에서의 phase field 프로파일이다. α_a^e는 $\delta_1\to 0$일 때의 반용질 포획 파라미터이다. 식 (5-128)과 (5-130)을 이용하면, 식 (5-168)의 우변에 있는 큰 괄호 항은 다음과 같이 된다.

$$u^e-u_S^e+v_n\alpha_a^e\frac{d\phi_0}{dx}=(1-h_r(\phi_0))(u_L^e-u_S^e)-\alpha_a^e\frac{\sqrt{2\omega}}{\epsilon}\sqrt{g(\phi_0)} \tag{5-169}$$

식 (5-168)에서 δ_1^2 항과 그 이상의 고차 항을 무시하고, $\bar{x}$와 δ_1을 차원량으로 다시 고쳐 쓴다:

$$\frac{du_L(x)}{dx} = -v_n Q(\phi_0) \tag{5-170}$$

여기서 $Q(\phi_0)$는 다음으로 정의되었다.

$$Q(\phi_0) = \frac{1}{(1-h_d(\phi_0))D_L}\left((1-h_r(\phi_0))(u_L^e - u_S^e) - \alpha_a^e \frac{\sqrt{2\omega}}{\epsilon}\sqrt{g(\phi_0)}\right) \tag{5-171}$$

이 함수의 성질을 들여다보자. $\phi_0 = 0$인 벌크 액상에서는 $h_d(\phi_0) = h_r(\phi_0) = g(\phi_0) = 0$이므로,

$$Q(0) = \frac{u_L^e - u_S^e}{D_L} \tag{5-172}$$

가 된다. 벌크 고상에서는 Q의 분모와 분자가 둘 다 0이 되나, 뒤에서 보겠지만 적절한 형태의 $h_r(\phi_0)$와 $g(\phi_0)$를 선택함으로써 $Q(1) = 0$이 성립하도록 만들 수 있다. 이러한 $Q(\phi_0)$의 개략적인 형태를 Fig. 5-5에 나타냈다. 이와 같은 $Q(\phi_0)$의 형태를 감안하면서, 식 (5-170)을 $[-\xi, x]$의 영역에서 적분한다:

$$u_L(x) = u_L^* - v_n \int_{-\xi}^{x} Q(\phi_0)dx = u_L^- - v_n \int_{-\xi}^{x} Q(\phi_0)dx \tag{5-173}$$

$x < -\xi$일 때는 $\phi_0 = 1$이고 $Q(1) = 0$이므로, 적분 상수 u_L^*는 앞의 Fig. 5-4에서의 u_L^-와 같아야 한다. 이제 x가 $\xi < x \ll D/v_n$의 영역에 있을 때를 고려해 보자. 이 영역에서 $Q(\phi_0)$는 $Q(0)$의 일정한 값을 갖기 때문에, 식 (5-173)의 적분은 다음과 같이 된다.

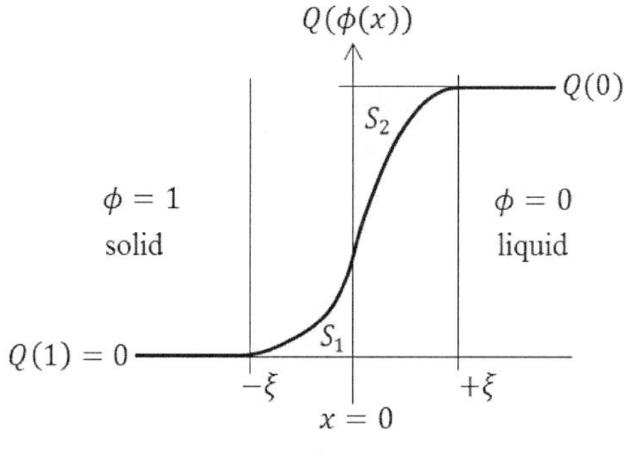

[Fig. 5-5] 계면 부근에서 거리 x에 따른 $Q(\phi(x))$의 가상적인 변화

$$\int_{-\xi}^{x} Q(\phi_0)dx = S_1 + xQ(0) - S_2 \tag{5-174}$$

이 적분은 x의 일차 함수이다. 따라서 $\xi < x \ll D/v_n$의 영역에서 $u_L(x)$는 직선적인 분포가 되며 이것이 Fig. 5-4 오른쪽에 나타낸 파선이다. 이 직선적 분포 $u_L^{\text{lin}}(x)$는

$$u_L^{\text{lin}}(x) = u_L^- - v_n\left(S_1 + xQ(0) - S_2\right) \tag{5-175}$$

로 주어진다. Fig. 5-4에 표시된 용질 농도 u_L^+은 $u_L^{\text{lin}}(0)$와 같아야 한다. 따라서

$$u_L^+ = u_L^{\text{lin}}(0) = u_L^- - v_n\left(S_1 - S_2\right) \tag{5-176}$$

가 얻어진다. 이제 계면에서 용질 농도의 도약이 사라질 조건인 $u_L^- = u_L^+$는 $S_1 = S_2$라는 조건과 동일해진다. Fig. 5-5를 참고할 때, $S_1 = S_2$는 다음으로 나타내진다.

$$\int_{-\infty}^{0} Q(\phi_0)dx = \int_{0}^{\infty} \left(Q(0) - Q(\phi)\right)dx \tag{5-177}$$

이 조건을 만족하는 $Q(\phi)$의 형태는

$$Q(\phi_0) = \left(1 - h_Q(\phi_0)\right)Q(0) \tag{5-178}$$

로 쓸 수 있다. 여기서 $h_Q(\phi)$는 앞에서 h_r, h_p 및 h_d 등의 내삽함수들에게 요구했던 대칭성과 동일한 대칭성을 가져야 한다. 식 (5-171)과 (5-172)를 식 (5-178)에 대입하면

$$\frac{\left(1 - h_r(\phi_0)\right)\left(c_L^e - c_S^e\right) - \alpha_a^e\left(\sqrt{2\omega}/\epsilon\right)\sqrt{g(\phi_0)}}{\left(1 - h_d(\phi_0)\right)D_L} = \left(1 - h_Q(\phi_0)\right)\frac{u_L^e - u_S^e}{D_L} \tag{5-179}$$

가 되며, 이 식을 정리하면

$$\alpha_a^e = \frac{\epsilon\left(u_L^e - u_S^e\right)}{\sqrt{2\omega}} \cdot \frac{\left(1 - h_r(\phi_0)\right) - \left(1 - h_d(\phi_0)\right)\left(1 - h_Q(\phi_0)\right)}{\sqrt{g(\phi_0)}} \tag{5-180}$$

가 얻어진다. 여기서 모든 내삽함수들에 대해, 요구되는 대칭성을 만족하는 가장 간단한 함수인 $h_r = h_d = h_Q = \phi_0$로 취하고, 이중우물 퍼텐셜로서 가장 자주 쓰는 $g = \phi_0^2(1 - \phi_0)^2$를 취하면

$$\alpha_a^e = \frac{\epsilon\left(u_L^e - u_S^e\right)}{\sqrt{2\omega}} \tag{5-181}$$

가 된다. 이 α_a^e는 $\delta_1 \rightarrow 0$일 때의 반용질 포획 파라미터이다. 따라서 임의의 δ_1값에 대해서는 고상과 액상의 용질 농도가 각각 u_S와 u_L로 표시되므로, 반용질 포획 파라미터는

$$\alpha_a = \frac{\epsilon(u_L - u_S)}{\sqrt{2\omega}} \tag{5-182}$$

로 나타내질 수 있다. 다상계 합금의 상변태를 다룰 때는 $g(\phi_0)$로서 ϕ^4 형태의 퍼텐셜 대신, Fig. 3-6에서 설명한 $g(\phi) = \phi(1-\phi)$ 형태의 포물형 이중장벽 퍼텐셜이 더 편리하게 이용될 수 있다. 이 경우에 α_a는 다음과 같이 주어진다.

$$\alpha_a = \frac{\epsilon(u_L - u_S)}{\sqrt{2\omega}}\sqrt{\phi(1-\phi)} \tag{5-183}$$

Phase field 이동도 M_ϕ의 결정

날카로운 계면(sharp interface)의 이동도 m은 계면에 대한 열역학적 구동력 Δf_p^i와 계면 이동 속도 v_n의 비율로 정의된다:

$$v_n = m\Delta f_p^i \tag{5-184}$$

따라서 phase field 이동도 M_ϕ는 phase field 모델에서 effective sharp interface에 작용하는 열역학적 구동력을 구하고 그 결과를 위 식 (5-184)와 비교함으로써 결정될 수 있다. 전체적인 과정은 다음과 같다:

i) 용질 농도 도약이 사라지는 조건에서 농도 분포 $u_L(x)$ 또는 이에 대응하는 확산 퍼텐셜 분포 $\tilde{\mu}(x)$를 구한다.

ii) $u_L(x)$ 또는 $\tilde{\mu}(x)$를 phase field 방정식에 대입한 다음, Fig. 5-4에서 점선으로 표시한 직선적 농도 분포에 대응되는 열역학적 구동력을 구한다. 이 구동력이 날카로운 계면에 작용하는 열역학적 구동력이다.

iii) 이 구동력과 계면 이동 속도 사이의 관계로부터, M_ϕ와 m사이의 관계를 구한다.

첫 번째 단계로서, 용질 농도 분포를 구한다. 농도 도약이 사라지는 조건에서 식 (5-178)은

$$Q(\phi) = (1 - h_Q(\phi))Q(0) = \frac{u_L^e - u_S^e}{D_L}(1 - h_Q(\phi)) \tag{5-185}$$

가 되기 때문에 식 (5-170)의 농도구배는 다음과 같이 된다.

$$\frac{du_L(x)}{dx} = -\frac{v_n(u_L^e - u_S^e)}{D_L}(1 - h_Q(\phi)) \tag{5-186}$$

뒤에서 보겠지만, M_ϕ를 결정하는 과정에서는 농도 자체는 필요 없으며, 농도 구배만이 이용된다.

$\delta_1 = 2\xi v_n / D_L \ll 1$일 때, phase field 방정식은 식 (5-117)로 나타내진다. 정상 상태에서 이 식은 다음과 같이 된다.

$$-\frac{v_n}{M_\phi}\frac{d\phi}{dx} = \epsilon^2\left(\frac{d^2\phi}{dx^2}\right) - \omega\frac{dg(\phi)}{d\phi} + (u_L^e - u_S^e)(\tilde{\mu}^e - \tilde{\mu})\frac{dh_p(\phi)}{d\phi} \tag{5-187}$$

여기서 마지막 항의 내삽함수에 아래 첨자 p를 붙여서 다른 내삽함수와 구분되도록 하였다. 이 식의 양변에 $d\phi/dx$를 곱한 다음 계 전체 영역에 대해 적분하면,

$$-\frac{v_n}{M_\phi}\int_{-\infty}^{\infty}\left(\frac{d\phi}{dx}\right)^2 dx = (u_L^e - u_S^e)\tilde{\mu}^e\int_{-\infty}^{\infty}\frac{dh_p(\phi)}{dx}dx - (u_L^e - u_S^e)\int_{-\infty}^{\infty}\tilde{\mu}(x)\frac{dh_p(\phi)}{dx}dx \tag{5-188}$$

로 되는데, 계면 에너지에 대한 식 (5-138)을 이용하여 이 식을 정리하면

$$v_n\frac{\sigma}{M_\phi\epsilon^2} = (u_L^e - u_S^e)\tilde{\mu}^e + (u_L^e - u_S^e)\int_{-\infty}^{\infty}\tilde{\mu}(x)\frac{dh_p(\phi)}{dx}dx \tag{5-189}$$

된다. 우변의 마지막 항을 부분 적분한다:

$$\begin{aligned}\int_{-\infty}^{\infty}\tilde{\mu}(x)\frac{dh_p(\phi)}{dx}dx &= \tilde{\mu}(x)h_p(\phi)\Big|_{-\infty}^{+\infty} - \int_{-\infty}^{\infty}\frac{d\tilde{\mu}(x)}{dx}h_p(\phi)dx \\ &= -\tilde{\mu}^0 - \int_{-\infty}^{\infty}\frac{d\tilde{\mu}(x)}{dx}h_p(\phi)dx \\ &= -\tilde{\mu}^0 - \int_1^0\frac{d\tilde{\mu}(x)}{dx}h_p(\phi)\frac{dx}{d\phi}d\phi \\ &= -\tilde{\mu}^0 - \frac{\epsilon}{\sqrt{2\omega}}\int_0^1\frac{d\tilde{\mu}(x)}{dx}\frac{h_p(\phi)}{\sqrt{g(\phi)}}d\phi\end{aligned} \tag{5-190}$$

여기서 $\tilde{\mu}^0 \equiv \tilde{\mu}(-\infty)$는 일정하게 유지되고 있는 고상의 확산 퍼텐셜, 즉 Fig. 5-4에 표시된 농도 u_L^-에 대응하는 확산 퍼텐셜이다. 또한, 마지막 줄에서는 식 (5-130)이 이용되었다. 확산 퍼텐셜 기울기는 식 (5-167)을 이용하여 다음과 같이 나타내질 수 있다.

$$\frac{d\tilde{\mu}}{dx} = f_{uu}^L\frac{du_L}{dx} \simeq f_{uu}^{L,e}\frac{du_L}{dx} + \mathrm{O}(\delta_1^2) \tag{5-191}$$

앞에서 구한 농도 구배 (5-186)을 식 (5-191)에 대입한 다음, 그 결과를 다시 식 (5-190)에 대입하면, 다음 식이 얻어진다.

$$\int_{-\infty}^{\infty} \tilde{\mu}(x)\frac{dh_p(\phi)}{dx}dx = -\tilde{\mu}^0 + v_n\frac{\epsilon}{\sqrt{2\omega}}\frac{(u_L^e - u_S^e)f_{uu}^{L,e}}{D_L}a_2 \tag{5-192}$$

여기서 a_2는 다음과 같이 정의되는 상수이다.

$$a_2 \equiv \int_0^1 \frac{(1-h_Q(\phi))h_p(\phi)}{\sqrt{g(\phi)}}d\phi \tag{5-193}$$

식 (5-192)를 식 (5-189)에 대입한다:

$$v_n\frac{\sigma}{M_\phi \epsilon^2} - v_n a_2\frac{\epsilon}{\sqrt{2\omega}}\zeta = (u_L^e - u_S^e)(\tilde{\mu}^e - \tilde{\mu}^0) \tag{5-194}$$

여기서 ζ는 다음과 같이 정의되는 상수이다.

$$\zeta \equiv \frac{(u_L^e - u_S^e)^2 f_{uu}^{L,e}}{D_L} \tag{5-195}$$

식 (5-194)에서 좌변은 계면 이동 속도 v_n에 비례한다. 반면에 우변은 확산 퍼텐셜이 $\tilde{\mu}^0$인 날카로운 계면에 작용하는 열역학적 구동력 $\Delta f^{\mathrm{sharp}}$이다. 따라서 이 식은

$$v_n = m\Delta f^{\mathrm{sharp}} \tag{5-196}$$

로 나타내질 수 있으며, 계면의 이동도 m은

$$\frac{1}{m} = \frac{\sigma}{M_\phi \epsilon^2} - a_2\frac{\epsilon}{\sqrt{2\omega}}\zeta \tag{5-197}$$

로 된다. 만약 계면에서의 국소 평형이 만족되는 경우에는 $m=\infty$, 또는 $\tilde{\mu}^e = \tilde{\mu}^0$이 되며, 이때 phase field 이동도 M_ϕ는

$$M_\phi = \frac{\sigma\sqrt{2\omega}}{a_2\epsilon^3\zeta} \tag{5-198}$$

이처럼 얇은 계면 해석을 통해서 phase field 방정식의 이동도 M_ϕ가 결정되었다. 이제 phase field 방정식에 들어있는 파라미터 ϵ, ω 및 M_ϕ는 계면 두께에 대한 식 (5-131), 계면 에너지에 대한 식 (5-138) 및 계면 이동도 m에 대한 식 (5-197)로부터 결정될 수 있다.

6) 2성분계 합금에 대한 phase field 모델의 정리

5.4절의 1)항부터 5)항에 이르는 과정을 통하여, 2성분계 합금을 위한 phase field 모델의 지배방정식이 유도되었으며, 고상에서의 확산이 무시된다는 가정(즉, one side 계) 하에, $2\xi v_n/D_L \ll 1$과 $2\xi/R \ll 1$가 만족되는 얇은 계면 조건에서 phase field 방정식에 들어 있는 모든 파라미터들이 결정될 수 있었다. 이상의 모든 결과를 다음과 같이 요약한다.

요약 4 2성분계 합금의 응고에 대한 phase field 모델: (One side 모델: 고상 확산이 무시되는 경우)

1 등확산 퍼텐셜 조건(equal diffusion potential condition)

$$\frac{df^S(u_S)}{du} = \frac{df^L(u_L)}{du} \equiv \tilde{\mu} \tag{5-199}$$

2 유효 농도(effective concentration)

$$u = h_r(\phi)u_S + (1-h_r(\phi))u_L \tag{5-200}$$

3 Phase field 방정식

$$\frac{1}{M_\phi}\frac{\partial\phi}{\partial t} = \epsilon^2\nabla^2\phi - \omega g'(\phi) + h_p'(\phi)\left(f^L(u_L) - f^S(u_S) - (u_L - u_S)\,\tilde{\mu}\right) \tag{5-201}$$

4 확산 방정식

$$\frac{\partial u}{\partial t} = \nabla\cdot(1-h_d(\phi))D_L\nabla u_L + \nabla\cdot\alpha_a\frac{\partial\phi}{\partial t}\frac{\nabla\phi}{|\nabla\phi|} \tag{5-202}$$

여기서

$$\alpha_a = \frac{\epsilon(u_L - u_S)}{\sqrt{2\omega}}\cdot\frac{(1-h_r(\phi)) - (1-h_d(\phi))(1-h_Q(\phi))}{\sqrt{g(\phi)}} \tag{5-203}$$

5 계면 두께

$$2\xi = \frac{\epsilon}{\sqrt{2\omega}}\int_{\phi_a}^{\phi_b}\frac{d\phi}{\sqrt{g(\phi)}} \tag{5-204}$$

6 계면 에너지

$$\sigma = \epsilon\sqrt{2\omega}\int_0^1\sqrt{g(\phi)}\,d\phi \tag{5-205}$$

7 Phase field 이동도

$$\frac{1}{m} = \frac{\sigma}{M_\phi\epsilon^2} - a_2\frac{\epsilon}{\sqrt{2\omega}}\zeta \tag{5-206}$$

여기서

$$a_2 = \int_0^1\frac{(1-h_Q(\phi))h_p(\phi)}{\sqrt{g(\phi)}}d\phi \tag{5-207}$$

$$\zeta = \frac{(u_L^e - u_S^e)^2}{D_L}\frac{d^2f^L(u_L^e)}{du_L^2} \tag{5-208}$$

5.5 합금 응고의 전산모사

다음에 제시하는 전산모사 코드의 특징은 다음과 같다.

1) 대상 합금은 Iron - 1% Carbon 합금이며, 액상이 수지상의 페라이트로 응고하는 경우이다.
2) 온도는 액상선 온도(liquidus temperature)보다 낮은 1784 K로 일정하게 유지되며, 따라서 응고의 탄소 원자의 확산에 의해서만 지배된다. 응고 잠열의 방출은 무시된다.
3) 탄소 농도가 충분히 작기 때문에 희석 합금으로 가정한다, 따라서 등확산 퍼텐셜 조건으로서 식 (5-147), 유효 농도 식 (5-148), 확산 방정식 (5-149) 및 phase field 방정식 (5-153)이 사용된다.
4) 반포획 유속이 확산 방정식에 더해진다.
5) 제시된 코드에서는 고상에서의 확산 계수 D_S를 0으로 두었으나, 반드시 그럴 필요는 없다. $D_S \ll D_L$가 만족되는 한, D_S가 0이 아니더라도 앞의 얇은 계면 해석은 여전히 유효하다.
6) 이중우물 퍼텐셜로서는 $g=\phi^2(1-\phi)^2$을 택하였다.

▌코드의 상세 설명▐

- line 19: 순수한 철의 용융 온도
- line 20: 상태도에서 액상선의 기울기(음의 부호에 주의할 것)
- line 21: 용질 분배 계수 $k=u_S/u_L$
- line 22, 23: 계면 에너지와 이방성의 크기
- line 24: 페라이트의 결정학적 (10)축과 x축 사이의 tilt 각도
- line 30, 31: 액상과 고상에서의 평형 탄소 농도
- line 32 ~ 34: 액상과 고상에서의 탄소 확산 계수
- line 38: 계면에서의 탄소 농도의 요동 크기(수지상의 이차가지 형성을 위해 필요하다)
- line 40, 41: ϵ과 ω
- line 43: $h_Q(\phi)=\phi$와 $h_p=\phi^3(6\phi^2-15\phi+10)$일 때, 식 (5-207)의 적분 값
- line 44: 식 (5-208)로 정의되며, 희석 합금의 경우에는 $(RT/v_m)u_L^e(1-k)^2/D_L$으로 된다.
- line 45: 계면에서 국소평형이 성립할 때의 phase field 이동도 M_ϕ, 즉 $m=\infty$일 때의 식 (5-206)이다.
- line 49 ~ 60: 초기 조건
- line 66 ~ 68: 계산 시간 간격
- line 71 ~ 76: 탄소 농도와 phase field의 업데이트

- line 78 ~ 97: 계면에 대한 탄소 농도의 요동
- line 91 ~ 111: 경계조건
- line 125 ~ 128: 계를 벌크 액상 영역, 벌크 고상 영역 및 계면 영역으로 나눈 다음, phase field 방정식은 계면 영역에 대해서만 적용한다.
- line 129 ~ 160: phase field 방정식의 풀이
- line 162: $\partial\phi/\partial t$를 구한 것으로 뒤의 반포획 유속을 계산할 때 이용된다.
- line 176 ~ 179: 계를 벌크 액상 영역, 벌크 고상 영역 및 계면 영역으로 나눈다.
- line 181 ~ 219: 반포획 유속을 포함하는 확산 방정식을 계면 영역 내부에만 적용함으로써 계산 시간을 줄일 수 있다. 계산과정에서 반포획 유속은 $J_{at} = D_{at}\nabla\phi$로 나타냈으며, $D_{at} = \alpha_a(\partial\phi/\partial t)/|\nabla\phi|$를 반포획 유속에 대한 확산 계수로 간주하였다.
- line 221 ~ 228: 벌크 고상에 대해서는 단순한 확산 방정식 $\partial u_S/\partial t = D_S\nabla^2 u_S$를 적용한다. 벌크 고상에서는 $u_S = ku$임에 유의하라.
- line 229 ~ 234: 벌크 액상 대해서도 단순한 확산 방정식 $\partial u_L/\partial t = D_L\nabla^2 u_L$를 적용한다. 벌크 액상에서는 $u_L = u$가 성립한다.
- line 238 ~ 265: 그래픽 출력

전산모사 결과

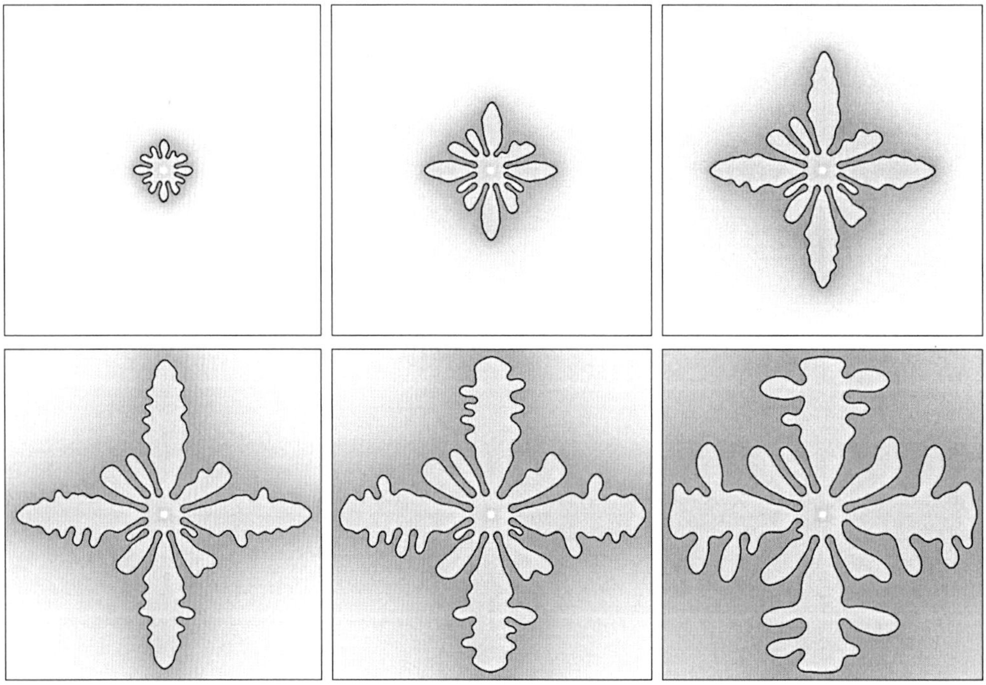

[Fig. 5-6] 1784 K의 일정 온도로 유지된 Fe-C 합금 액상에서 페라이트 수지상의 성장 과정

```fortran
C      Solidification of Fe-C dilute alloy

       USE MSFLIB

       IMPLICIT DOUBLE PRECISION(A-H,O-Z)
       CHARACTER*12 OUT_F
       PARAMETER(IM=800,JM=800)

       DIMENSION PHI(-1:IM+2,-1:JM+2),PPP(-1:IM+2,-1:JM+2)
       DIMENSION DELP(-1:IM+2,-1:JM+2)
       DIMENSION U(-1:IM+2,-1:JM+2),UUU(-1:IM+2,-1:JM+2)

       WRITE(*,*) 'Start!'
       OPEN(10, FILE='USER', TITLE='PHASE FIELD METHOD')

C      ------------------------------------------------------------------------
       ! Parameters
       PI=4.*ATAN(1.) ! pi = 3.141592
       TME=1811. ! melting point of pure Fe
       ZM=-1828. ! liquidus slope: Note negative slope !
       ZK=0.179 ! partition coefficient = u_S/u_L
       SIGMA=0.204 ! interface energy
       ALPHA=0.02 ! anisotropy of interface energy
       TILT=PI/180.*0. ! angle between X-axis and crystal axis
       C0=0.01 ! initial carbon composition
       VM=7.7D-6 ! molar volume
       RRR=8.314 ! gas constant
       TEMPI=TME+ZM*C0 ! liquidus temperature

       TEMP=1784. ! initial temperature
       ULEQ=(TME-TEMP)/ABS(ZM) ! equilibrium conc. of liquid
       USEQ=ULEQ*ZK  ! equilibrium conc. of solid (ferrite)
       DDL=5.2 D-7*EXP( -50000./RRR/TEMP) ! carbon diffusivity in liquid
C       DDS=1.27D-6*EXP( -83000./RRR/TEMP)
       DDS=0. ! carbon diffusivity in solid
       DXL=1.2D-7 ! grid size in X-axis
       DYL=DXL ! grid size in Y-axis
       AETA=DXL*2. ! half interface width
       CNOISE=1.D-2 ! noise amplitude in concentration
       TIFACTOR=0.6 ! time factor for numerical stability
       WWW=6.*LOG(3.)*SIGMA/AETA ! height of double-well potential
       CEP=SQRT(3.*AETA*SIGMA/LOG(3.)) ! gradient energy coefficient
       RTV=RRR*TEMP/VM
       A2=47./60. ! h_Q=phi and h_p=phi^3(6phi^2-15phi+10)
       ZETA=RTV*ULEQ*(1-ZK)**2./DDL ! parameter for phase field mobility
       EMM=SIGMA*SQRT(2.*WWW)/(A2*CEP**3.*ZETA) ! phase field mobility

C      ------------------------------------------------------------------------
       ! Initial conditions
       RPP=10. ! initial radius of solid particle
       DO I=1,IM
       DO J=1,JM
       PHI(I,J)=0. ! liquid phase
       DELP(I,J)=0. ! (dphi/dt - dppp/dt) for anti-traapping current term
       U(I,J)=C0 ! initial composition
       DIS=SQRT(FLOAT(I-IM/2)**2.+FLOAT(J-JM/2)**2.)
       IF(DIS.LE.RPP)THEN
       PHI(I,J)=1.
       ENDIF
       ENDDO
       ENDDO
```

```

      NNN=0 ; TTIME=0.
C     -------------------------------------------------------------------
  400 NNN=NNN+1

      DTTIME1=DXL**2./(4.*(CEP**2.*EMM)) *TIFACTOR
      DTTIME2=DXL**2./(4.*DDL) *TIFACTOR
      DTTIME=MIN(DTTIME1,DTTIME2) ! time interval in numerical stability
      TTIME=TTIME+DTTIME
      ! Update fields
      DO I=1,IM
      DO J=1,JM
      UUU(I,J)=U(I,J) ! update concentration
      PPP(I,J)=PHI(I,J) ! update phase field
      ENDDO
      ENDDO
      ! Random fluctuation in concentration
      DO I=1,IM
      DO J=1,JM
      PPP3=1.-PHI(I,J)
      IF(PPP3.GE.0.1.AND.PPP3.LE.0.5)THEN
      CALL RANDOM_NUMBER(QWE)
      RANCON=CNOISE*(2.*QWE-1.)
      UUU(I,J)=UUU(I,J)*(1.+RANCON)
      ENDIF
      ENDDO
      ENDDO

C     -------------------------------------------------------------------
      ! Adiabatic conditions on top and bottom boundaries
      DO I=1,IM
      PPP(I,0)=PPP(I,1)
      PPP(I,JM+1)=PPP(I,JM)
      PPP(I,-1)=PPP(I,2)
      PPP(I,JM+2)=PPP(I,JM-1)
      UUU(I,0)=UUU(I,1)
      UUU(I,JM+1)=UUU(I,JM)
      DELP(I,0)=DELP(I,1)
      DELP(I,JM+1)=DELP(I,JM)
      ENDDO
      ! Adiabatic conditions on right and left boundaries
      DO J=1,JM
      PPP(0,J)=PPP(1,J)
      PPP(IM+1,J)=PPP(IM,J)
      PPP(-1,J)=PPP(2,J)
      PPP(IM+2,J)=PPP(IM-1,J)
      UUU(0,J)=UUU(1,J)
      UUU(IM+1,J)=UUU(IM,J)
      DELP(0,J)=DELP(1,J)
      DELP(IM+1,J)=DELP(IM,J)
      ENDDO

C     ----------------------------------------------------------
      ! Computation of diffusion field
      PTT=1.D-4
      DO 500 I=1,IM
      DO 500 J=1,JM

      P1=PPP(I,J)
      P2=PPP(I+1,J)
```

```
      P3=PPP(I-1,J)
      P4=PPP(I,J+1)
      P5=PPP(I,J-1)
      PPSUM=P1+P2+P3+P4+P5
      LPQ=0 ! bulk liquid
      IF(PPSUM.GT.PTT.AND.PPSUM.LT.(5.-PTT))LPQ=10 ! interface
      IF(PPSUM.GE.(5.-PTT))LPQ=1 ! bulk ferrite
            IF(LPQ.EQ.10)THEN ! only in interfacial region
      P1=PPP(I,J)
      P2=PPP(I+1,J)
      P3=PPP(I-1,J)
      P4=PPP(I,J+1)
      P5=PPP(I,J-1)
      PHIX=(P2-P3)/(2.*DXL) ! dphi/dx
      PHIY=(P4-P5)/(2.*DYL) ! dphi/dy
      PHIXX=(PPP(I+1,J)-2.*PPP(I,J)+PPP(I-1,J))/DXL**2. ! d^2(phi)/dx^2
      PHIYY=(PPP(I,J+1)-2.*PPP(I,J)+PPP(I,J-1))/DYL**2. ! d^2(phi)/dy^2
      PHIXY= ( (PPP(I+1,J+1)-PPP(I-1,J+1))-
     &       (PPP(I+1,J-1)-PPP(I-1,J-1)) )/(4.*DXL*DYL) ! d^2(phi)/dxdy
      ANGLE=ATAN ( PHIY/(PHIX+1.D-20) ) ! inclination angle of interface
      QANGLE=ANGLE+TILT ! angle from crystal axis
      DHPHI=30.*P1**2.*(1.-P1)**2. ! h_p=phi^3(6phi^2-15phi+10)
      THER=RTV*(1-ZK)/ABS(ZM)*( TME-TEMP-ABS(ZM)*UUU(I,J) ) ! driving force
      SIGMAA=SIGMA*(1.+ALPHA*COS(4.*QANGLE)) ! anisotropic interface energy
      CEPA=CEP*(1.+ALPHA*COS(4.*QANGLE)) ! anisotropic epsilon
      DCEPA= -4.*CEP*ALPHA*SIN(4.*QANGLE) ! 1st derivative of epsilon
      ECEPA=-16.*CEP*ALPHA*COS(4.*QANGLE) ! 2st derivative of epsilon

      EMMA=SIGMAA*SQRT(2.*WWW)/(A2*CEPA**3.*ZETA) ! anisotropic mobility
      FP=THER*DHPHI ! driving force action
      PHAA=FP-WWW*4.*P1*(1.-P1)*(1./2.-P1) ! driving force and dG/dphi
      PHAC=CEPA**2.*(PHIXX+PHIYY) ! epsilon^2(d^2phi/dx^2+d^2phi/dy^2)
      PHAD=CEPA*DCEPA*( SIN(2.*ANGLE)*(PHIYY-PHIXX)
     &               +2.*COS(2.*ANGLE)*PHIXY ) ! for anisotropy
      PHAE=-(DCEPA**2.+CEPA*ECEPA)*( SIN(2.*ANGLE)* PHIXY
     &   -(PHIXX+PHIYY)/2.-COS(2.*ANGLE)*(PHIYY-PHIXX)/2. ) ! for anisotropy
      PALL=PHAA+PHAC+PHAD+PHAE
      PHI(I,J)=PPP(I,J)+DTTIME*EMMA*PALL ! phase field at new time step
            ELSE
      PHI(I,J)=PPP(I,J)
            ENDIF
      DELP(I,J)=(PHI(I,J)-PPP(I,J))/DTTIME ! for anti-traapping current
  500 CONTINUE

C     ------------------------------------------------------------
      ! Computation of phase field
      DO 550 I=1,IM
      DO 550 J=1,JM

      P1=PPP(I,J)
      P2=PPP(I+1,J)
      P3=PPP(I-1,J)
      P4=PPP(I,J+1)
      P5=PPP(I,J-1)
      PPSUM=P1+P2+P3+P4+P5
      LPQ=0 ! bulk liquid
      IF(PPSUM.GT.PTT.AND.PPSUM.LT.(5.-PTT))LPQ=10 ! interface
      IF(PPSUM.GE.(5.-PTT))LPQ=1 ! bulk ferrite
            IF(LPQ.EQ.10)THEN ! diffusion in interfacial region
      ! Diffusion flux
```

```
      T1=DDL*(1.-P1)+DDS*P1 ! diffusivity in center grid
      T2=DDL*(1.-P2)+DDS*P2 ! diffusivity in right grid
      T3=DDL*(1.-P3)+DDS*P3 ! diffusivity in left grid
      T4=DDL*(1.-P4)+DDS*P4 ! diffusivity in top grid
      T5=DDL*(1.-P5)+DDS*P5 ! diffusivity in bottom grid
      S2=(T1+T2)/2. ! average diffusivity between center and right grids
      S3=(T1+T3)/2. ! average diffusivity between center and left grids
      S4=(T1+T4)/2. ! average diffusivity between center and top grids
      S5=(T1+T5)/2. ! average diffusivity between center and bottom grids
      THEL2=1./DXL**2.*S2*(UUU(I+1,J)-UUU(I,J)) ! flux from right grid
      THEL3=1./DXL**2.*S3*(UUU(I-1,J)-UUU(I,J)) ! flux from left grid
      THEL4=1./DXL**2.*S4*(UUU(I,J+1)-UUU(I,J)) ! flux from top grid
      THEL5=1./DXL**2.*S5*(UUU(I,J-1)-UUU(I,J)) ! flux from bottom grid
      THEA=THEL2+THEL3+THEL4+THEL5 ! totoal diffusion flux
      ! Anti-trapping current
      Q1=(PPP(I+1,J)-PPP(I-1,J))**2.+(PPP(I,J+1)-PPP(I,J-1))**2.
      Q2=(PPP(I+2,J)-PPP(I,J))**2.+(PPP(I+1,J+1)-PPP(I+1,J-1))**2.
      Q3=(PPP(I-2,J)-PPP(I,J))**2.+(PPP(I-1,J+1)-PPP(I-1,J-1))**2.
      Q4=(PPP(I+1,J+1)-PPP(I-1,J+1))**2.+(PPP(I,J+2)-PPP(I,J))**2.
      Q5=(PPP(I+1,J-1)-PPP(I-1,J-1))**2.+(PPP(I,J-2)-PPP(I,J))**2.
      V2=2.*DXL/SQRT(Q2+1.D-20)
      V3=2.*DXL/SQRT(Q3+1.D-20)
      V4=2.*DXL/SQRT(Q4+1.D-20)
      V5=2.*DXL/SQRT(Q5+1.D-20)
      VE1=UUU(I,J)   *DELP(I,J)*V1
      VE2=UUU(I+1,J)*DELP(I+1,J)*V2
      VE3=UUU(I-1,J)*DELP(I-1,J)*V3
      VE4=UUU(I,J+1)*DELP(I,J+1)*V4
      VE5=UUU(I,J-1)*DELP(I,J-1)*V5
      SSS2=(VE1+VE2)/2.*(P2-P1)/DXL
      SSS3=(VE1+VE3)/2.*(P3-P1)/DXL
      SSS4=(VE1+VE4)/2.*(P4-P1)/DXL
      SSS5=(VE1+VE5)/2.*(P5-P1)/DXL
      DALPHA=CEP/SQRT(2.*WWW)*(1.-ZK)
      TALL2=DALPHA*(SSS2+SSS3+SSS4+SSS5)/DXL ! total anti-traappiong current
      ! to new concentration from old concentration
      COLD=(P1*ZK+(1.-P1))*UUU(I,J)
      CNEW=COLD+DTTIME*(THEA+TALL2)
      U(I,J)=CNEW/(PHI(I,J)*ZK+(1.-PHI(I,J)))
              ENDIF
              IF(LPQ.EQ.1)THEN  ! diffusion in bulk solid phase
      CXX=1./DXL**2.* (UUU(I+1,J)-2.*UUU(I,J)+UUU(I-1,J))
      CYY=1./DYL**2.* (UUU(I,J+1)-2.*UUU(I,J)+UUU(I,J-1))
      THEA=ZK*DDS*(CXX+CYY)
      COLD=ZK*UUU(I,J)
      CNEW=COLD+DTTIME*THEA
      U(I,J)=CNEW/ZK
              ENDIF
              IF(LPQ.EQ.0)THEN  ! diffusion in bulk liquid phase
      CXX=1./DXL**2.* (UUU(I+1,J)-2.*UUU(I,J)+UUU(I-1,J))
      CYY=1./DYL**2.* (UUU(I,J+1)-2.*UUU(I,J)+UUU(I,J-1))
      THEA=DDL*(CXX+CYY)
      U(I,J)=UUU(I,J)+DTTIME*THEA
              ENDIF
  550 CONTINUE

C     ------------------------------------------------------------------
      ! Graphic output on monitor
          IF(MOD(NNN,1000).EQ.0)THEN
        DO I=1,IM
```

```
             DO J=1,JM
          ICOLOR=#FFFFFF
          ZP=PHI(I,J)
          ZU=U(I,J)*(ZP*ZK+(1.-ZP))
          IF(ZP.LE.0.5)THEN
          ZC1=C0
          ZC2=ULEQ*1.2
          TMP = -255/(ZC2-ZC1)*(ZC2-ZU) + 255
          ICOLOR = -INT4(TMP)*#100 + #FFFFFF
          IF(ZU.LT.ZC1)ICOLOR=#FFFFFF
          IF(ZU.GT.ZC2)ICOLOR=#FF00FF
          ENDIF
          IF(ZP.GE.0.5)THEN
          ZC1=C0*ZK
          ZC2=USEQ*1.5
          TMP = -255/(ZC2-ZC1)*(ZC2-ZU) + 255
          ICOLOR = -INT4(TMP)*#1 + #FFFFFF
          IF(ZU.LT.ZC1)ICOLOR=#FFFFFF
          IF(ZU.GT.ZC2)ICOLOR=#FFFF00
          ENDIF
          IF(ZP.GE.0.1.AND.ZP.LE.0.9)ICOLOR=#0
          ISTATUS = SETPIXELRGB(INT2(I),INT2(J),ICOLOR ) ! On monitor
            ENDDO
            ENDDO
              ENDIF
          ! Graphic output on files
          NFIG=10000
          IF(MOD(NNN,NFIG).EQ.0)THEN
          KKLL=NNN/NFIG
          WRITE(OUT_F,201)KKLL
   201    FORMAT(I4,'.BMP')
          KX1=1 ; KY1=1
          KX2=IM ; KY2=JM
          IMGRES=SAVEIMAGE(OUT_F,KX1,KY1,KX2,KY2)
          ENDIF

          IF(MOD(NNN,100).EQ.0)THEN
          WRITE(*,778)NNN,DTTIME,TTIME
   778    FORMAT(1X,I7,2(1X,E12.4))
          ENDIF
 C        ---------------------------------------------------------------------
          GOTO 400
   600    STOP
          END
```

6 다성분계 상변태의 phase field 모델

용질 원소의 종류가 3개 이상인 합금에서 일어나는 상변태를 다루기 위해서는 앞 절에서 설명한 2성분계 합금에 대한 phase field 모델을 다성분계로 확장해야 한다. 본 장에서는 이에 대해 설명하며, 다음의 내용으로 구성되어 있다. 다성분계 phase field 모델의 지배 방정식[36]을 자유 에너지 범함수로부터 유도하고, 평형 상태에서의 성질을 살펴본다. 얇은 계면 해석[36]을 통해, 확산 방정식에 들어 있는 반포획 유속의 파라미터와 phase field 방정식에 들어있는 이동도를 구한다. 이러한 두 과정은 앞 장에서 설명한 2성분계 합금의 경우를 직접적으로 확장하는 것으로, 비교적 간략하게 설명될 것이다. 얇은 계면 해석은 모상에서의 확산만 고려하는 one side 모델[36]과, 모상 및 변태상 모두에서의 확산이 고려되는 two side 모델[37,39]에 대해 각각 별도로 이루어진다.

6.1 다성분계 phase field 모델의 지배 방정식

n 종류의 원소로 이루어진 합금에서 n번째 원소를 용매 원소라 하자. p라는 상에서 i번째 용질 원소의 농도를 u_{ip}로 나타낸다. p상의 자유 에너지 밀도 f^p는 모든 용질 농도의 함수이다:

$$f^p = f^p(u_{1p}, u_{2p}, u_{3p}, \cdot\cdot\cdot, u_{(n-1)p})$$

여기서 $p=S$와 $p=L$은 각각 고상과 액상을 의미한다. 2성분계에서처럼, KKS 모델의 지배 방정식을 유도하는 과정에서 대전제는 등확산 퍼텐셜 조건이다.

$$\frac{\partial f^S}{\partial u_{iS}} = \frac{\partial f^L}{\partial u_{iL}} \equiv \tilde{\mu}_i \text{ for } i = 1,2,3,\cdots,n-1 \tag{6-1}$$

이 식의 양변에 gradient를 취하면

$$\sum_{j=1}^{n-1} f_{ij}^S \nabla u_{jS} = \sum_{j=1}^{n-1} f_{ij}^L \nabla u_{jL} = \nabla \tilde{\mu}_i \tag{6-2}$$

가 된다. 여기서 f_{ij}^p는 다음으로 정의된다.

$$f_{ij}^p \equiv \frac{\partial^2 f^p(u_{1p}, u_{2p}, \cdots)}{\partial u_{ip} \partial u_{jp}} \tag{6-3}$$

한 점에서 i 성분의 유효 농도 u_i는 각각 다음과 같이 나타내진다.

$$u_i = h(\phi)u_{iS} + (1-h(\phi))u_{iL} \text{ for } i = 1, 2, 3, \cdots, n-1 \tag{6-4}$$

고액 계면을 포함하는 계의 총 자유 에너지는 다음의 범함수로 나타내진다.

$$F = \int_{\Omega}\left(h(\phi)f^S + (1-h(\phi))f^L + \omega g(\phi) + \frac{\epsilon^2}{2}|\nabla\phi|^2\right)d\Omega \tag{6-5}$$

뒤에서 볼 수 있듯이, $2(n-1)$개의 변수인 u_{iS}와 u_{iL}은 주어진 u_j와 ϕ에 대해 $(n-1)$개의 식 (6-1)과 $(n-1)$개의 식 (6-2)로부터 계산되어야만 한다. 다시 말해서 u_{iS}와 u_{iL}은 u_j와 ϕ의 함수이다. 이를 감안하면서, 식 (6-4)를 $(n-1)$개의 농도 u_j와 ϕ로 각각 미분하면 다음식이 얻어진다.

$$h(\phi)\frac{\partial u_{iS}}{\partial u_j} + (1-h(\phi))\frac{\partial u_{iL}}{\partial u_j} = \delta_{ij} \tag{6-6}$$

$$h(\phi)\frac{\partial u_{iS}}{\partial \phi} + (1-h(\phi))\frac{\partial u_{iL}}{\partial \phi} = (u_{iL} - u_{iS})h'(\phi) \tag{6-7}$$

여기서 δ_{ij}는 Kronecker 델타, 즉 $i \neq j$일 때 $\delta_{ij} = 0$, $i = j$일 때 $\delta_{ij} = 1$로 정의된다. i번째 용질 원소의 농도 변화는 나머지 모든 용질 원소에 의해 영향을 받을 수 있다. 따라서 용질 확산에 대한 Ginzburg-Landau 방정식은 다음과 같이 나타내져야 한다.

$$\frac{\partial u_i}{\partial t} = \nabla \cdot \sum_{k=1}^{n-1} M_{ik} \nabla \frac{\delta F}{\delta u_k} \tag{6-8}$$

여기서 M_{ik}는 k원소의 확산 퍼텐셜 기울기에 의한 i 원소의 이동도를 나타낸다. Phase field 방정식은 다음의 Ginzburg-Landau 방정식으로부터 얻어진다:

$$\frac{\partial \phi}{\partial t} = -M_\phi \frac{\delta F}{\delta \phi} \tag{6-9}$$

가 된다. $\delta F/\delta u_k$와 $\delta F/\delta \phi$는 범함수 (6-5)로부터 구해진다.

우선 확산 방정식을 얻기 위해, 다음과 같이 $\delta F/\delta u_k$를 구한다.

$$\begin{aligned}\frac{\delta F}{\delta u_k} &= \frac{\partial}{\partial u_k}\left(h(\phi)f^S + (1-h(\phi))f^L\right)\\ &= h(\phi)\frac{\partial f^S}{\partial u_k} + (1-h(\phi))\frac{\partial f^L}{\partial u_k}\\ &= \sum_{j=1}^{n-1}\left(h(\phi)\frac{\partial f^S}{\partial u_{jS}}\frac{\partial u_{jS}}{\partial u_k} + (1-h(\phi))\frac{\partial f^L}{\partial u_{jL}}\frac{\partial u_{jL}}{\partial u_k}\right)\\ &= \sum_{j=1}^{n-1}\left(h(\phi)\frac{\partial u_{jS}}{\partial u_k} + (1-h(\phi))\frac{\partial u_{jL}}{\partial u_k}\right)\tilde{\mu}_j\\ &= \sum_{j=1}^{n-1}\delta_{jk}\tilde{\mu}_j\\ &= \tilde{\mu}_k\end{aligned} \tag{6-10}$$

위의 3번째 줄에서는 등확산 퍼텐셜 조건 (6-1)이 이용되었고, 마지막 단계에서는 식 (6-6)이 이용되었다. 따라서 확산 방정식 (6-8)은

$$\frac{\partial u_i}{\partial t} = \nabla\cdot\sum_{k=1}^{n-1}M_{ik}\nabla\tilde{\mu}_k \tag{6-11}$$

가 된다. 고상과 액상에서의 확산 이동도를 각각 M_{ik}^S와 M_{ik}^L이라 하면, $M_{ik}(\phi)$는 다음과 같이 나타내질 수 있다.

$$M_{ik}(\phi) = h(\phi)M_{ik}^S + (1-h(\phi))M_{ik}^L \tag{6-12}$$

이를 식 (6-11)에 대입하고 정리한다:

$$\begin{aligned}\frac{\partial u_i}{\partial t} &= \nabla\cdot\sum_{k=1}^{n-1}\left(h(\phi)M_{ik}^S + (1-h(\phi))M_{ik}^L\right)\nabla\tilde{\mu}_k\\ &= \nabla\cdot\sum_{k=1}^{n-1}\left(h(\phi)\sum_{j=1}^{n-1}M_{ik}^S f_{kj}^S\nabla u_{jS} + (1-h(\phi))\sum_{j=1}^{n-1}M_{ik}^L f_{kj}^L\nabla u_{jL}\right)\end{aligned} \tag{6-13}$$

두 번째 줄에서는 식 (6-2)가 이용되었다. 여기서 고상의 확산 계수 D_{ij}^S와 액상의 확산 계수 D_{ij}^L를 각각 다음과 같이 정의하면,

$$D_{ij}^S = \sum_{k=1}^{n-1}M_{ik}^S f_{kj}^S \text{ and } D_{ij}^L = \sum_{k=1}^{n-1}M_{ik}^L f_{kj}^L \tag{6-14}$$

다음과 같이 확산 방정식의 최종적인 형태가 얻어진다.

$$\frac{\partial u_i}{\partial t} \equiv \nabla \cdot \left(h(\phi) \sum_{j=1}^{n-1} D_{ij}^S \nabla u_{jS} + (1-h(\phi)) \sum_{j=1}^{n-1} D_{ij}^L \nabla u_{jL} \right) \tag{6-15}$$

Phase field 방정식을 유도한다. 범함수 (6-5)로부터 다음과 같이 $\delta F/\delta\phi$를 구한다.

$$\frac{\delta F}{\delta \phi} = -\epsilon^2 \nabla^2 \phi + \omega g'(\phi) + \frac{\partial}{\partial \phi}\left[h(\phi) f^S + (1-h(\phi)) f^L \right] \tag{6-16}$$

여기서 우변의 마지막 항은 다음과 같이 정리된다.

$$\begin{aligned} &\frac{\partial}{\partial \phi}\left[h(\phi) f^S + (1-h(\phi)) f^L \right] \\ &= (f^S - f^L) h'(\phi) + \sum_{i=1}^{n-1} \left(h(\phi) \frac{\partial f^S}{\partial u_{iS}} \frac{\partial u_{iS}}{\partial \phi} + (1-h(\phi)) \frac{\partial f^L}{\partial u_{iL}} \frac{\partial u_{iL}}{\partial \phi} \right) \\ &= (f^S - f^L) h'(\phi) + \sum_{i=1}^{n-1} \left(h(\phi) \frac{\partial u_{iS}}{\partial \phi} + (1-h(\phi)) \frac{\partial u_{iL}}{\partial \phi} \right) \tilde{\mu}_i \\ &= h'(\phi) \left(f^S - f^L + \sum_{i=1}^{n-1} (u_{iL} - u_{iS}) \tilde{\mu}_i \right) \end{aligned} \tag{6-17}$$

세 번째 줄에서는 식 (6-1)이 이용되었으며, 네 번째 줄에서는 식 (6-7)이 이용되었다. 마지막 줄에서 큰 괄호는 제2장에서 식 (2-70)으로 주어지는 열역학적 구동력과 동일하다. 식 (6-17)을 식 (6-9)에 대입하면 다음과 같이 다성분계를 위한 phase field 방정식이 얻어진다.

$$\frac{1}{M_\phi} \frac{\partial \phi}{\partial t} = \epsilon^2 \nabla^2 \phi - \omega g'(\phi) + \left(f^L - f^S - \sum_{i=1}^{n-1} (u_{iL} - u_{iS}) \tilde{\mu}_i \right) h'(\phi) \tag{6-18}$$

얇은 계면 조건인 $\delta_1 \ll 2\xi v_n / D_L$에서는, 계면 근처에서의 용질 농도 u_{ip}가 평형 농도 u_{ip}^e에 가깝기 때문에, δ_1의 1차 항까지만 고려해서 다음의 근사를 할 수 있다.

$$u_{iL} = u_{iL}^e + \delta u_{iL} \text{ and } u_{iS} = u_{iS}^e + \delta u_{iS} \tag{6-19}$$

$$f^L = f^L(u_{1L}^e, u_{2L}^e, \cdots) + \sum_{i=1}^{n-1} \frac{\partial f^L(u_{i1}, u_{i2}, \cdots)}{\partial u_{iL}} \delta u_{iL} = f^{L,e} + \sum_{i=1}^{n-1} \tilde{\mu}_i \delta u_{iL} \tag{6-20}$$

$$f^S = f^S(u_{1L}^e, u_{2L}^e, \cdots) + \sum_{i=1}^{n-1} \frac{\partial f^S(u_{i1}, u_{i2}, \cdots t)}{\partial u_{iS}} \delta u_{iS} = f^{S,e} + \sum_{i=1}^{n-1} \tilde{\mu}_i \delta u_{iS} \tag{6-21}$$

식 (6-20)과 (6-21)에는 식 (6-1)이 사용되었다. 따라서 식 (6-18)에 들어있는 열역학적 구동력은 다음과 같이 된다.

$$\begin{aligned}\Delta f_p &\equiv f^L - f^S - \sum_{i=1}^{n-1}(u_{iL} - u_{iS})\widetilde{\mu_i} \\ &= f^{L,e} + \sum_{i=1}^{n-1}\widetilde{\mu}_i \delta u_{iL} - f^{S,e} - \sum_{i=1}^{n-1}\widetilde{\mu}_i \delta u_{iS} - \sum_{i=1}^{n-1}(u_{iL}^e + \delta u_{iL} - u_{iS}^e - \delta u_{iS})\widetilde{\mu_i} \\ &= f^{L,e} - f^{S,e} - \sum_{i=1}^{n-1}(u_{iL}^e - u_{iS}^e)\widetilde{\mu_i}\end{aligned} \tag{6-22}$$

따라서 $\delta_1 \ll 2\xi v_n / D_L$일 때 phase field 방정식은 다음으로 나타내질 수 있다.

$$\frac{1}{M_\phi}\frac{\partial \phi}{\partial t} = \epsilon^2 \nabla^2 \phi - \omega g'(\phi) + \left(f^{L,e} - f^{S,e} - \sum_{i=1}^{n-1}(u_{iL}^e - u_{iS}^e)\widetilde{\mu}_i\right)h'(\phi) \tag{6-23}$$

이 방정식이 뒤의 얇은 계면 해석에서 이용될 것이다. 2성분계 합금의 경우에서는, 수치계산에서 이 식이 원래의 phase field 대신 이용될 수 있다. 그러나 다성분계 합금의 경우에는 수치계산에서 식 (6-23)은 이용될 수 없다. 그 이유는 2.2절에서 설명했듯이 다성분계에서는 평형조성 u_{ip}^e가 계 내부의 위치마다 서로 다르기 때문이다.

다성분계의 응고를 위한 phase field 모델은 등확산 퍼텐셜 조건 (6-1), 유효 농도 (6-4), 확산 방정식 (6-11) 또는 (6-15), phase field 방정식 (6-18) 또는 (6-23)으로 구성된다. 그러나 계면에서의 용질 포획에 기인하는 확산 퍼텐셜 도약을 제거하기 위해서, 앞 장의 2성분계 모델에서처럼, 확산 방정식에 반포획 유속을 첨가할 수 있다. 이 경우의 확산 방정식은 다음으로 주어진다.

$$\frac{\partial u_i}{\partial t} \equiv \nabla \cdot \left(h(\phi)\sum_{j=1}^{n-1} D_{ij}^S \nabla u_{jS} + (1 - h(\phi))\sum_{j=1}^{n-1} D_{ij}^L \nabla u_{jL}\right) + \nabla \cdot \alpha_i \frac{\partial \phi}{\partial t}\frac{\nabla \phi}{|\nabla \phi|} \tag{6-24}$$

여기서 α_i는 i원소의 반포획 계수로서, 계면에서의 용질 포획을 정확하게 상쇄시키도록 설정될 것이다.

6.2 파라미터의 결정: one side 모델

2성분계 합금의 phase field 모델에서처럼, 다성분계 합금의 phase field 모델에도 파라미터 ϵ, ω, M_ϕ 및 α_i가 들어 있다. 이들 중 ϵ와 ω는 계면 두께 2ξ 및 σ와의 관계를 통하여 결정되며, M_ϕ와 α_i는 얇은 계면 해석을 통해 결정된다. 그 과정은 앞 장에서 보여준 2성분계 합금의 경우와 본질적으로 동일하기 때문에 여기서는 간략하게만 설명한다. 지금부터 $\phi=1$인 고상과 $\phi=0$인 액상이 평면 계면을 이루는 1차원 계를 고려하기로 한다. 고상은 $x<-\xi$에, 액상은 $x>\xi$에 위치해 있으며, 계면의 중앙 위치를 좌표의 원점($x=0$)으로 둔다. 변태상인 고상에서의 확산을 무시하는 one side 모델을 가정한다.

1) 평형 상태

평형 상태에서는 $\partial u_i/\partial t=0$과 $\partial\phi/\partial t=0$이므로, 확산 방정식 (6-11)과 phase field 방정식 (6-23)은 각각 다음과 같이 된다.

$$\frac{d}{dx}\sum_{k=1}^{n-1}M_{ik}\frac{d\tilde{\mu}_k}{dx}=0 \tag{6-25}$$

$$\epsilon^2\frac{d^2\phi}{dx^2}-\omega g'(\phi)+\left(f^{L,e}-f^{S,e}-\sum_{i=1}^{n-1}(u_{iL}^e-u_{iS}^e)\tilde{\mu}_i\right)h_p{}'(\phi)=0 \tag{6-26}$$

확산 방정식의 해는 각 성분의 확산 퍼텐셜이 위치에 관계없이 일정하다는 것이다.

$$\tilde{\mu}_k=\tilde{\mu}_k^e=(\text{const}) \tag{6-27}$$

이다. 따라서 phase field 방정식 (6-26)의 큰 괄호 항은 상수가 된다. 이를 감안해서, 식 (6-26)의 양변에 $d\phi/dx$를 곱한 다음, 계의 전체 영역에 걸쳐 적분하면,

$$f^{L,e}-f^{S,e}-\sum_{i=1}^{n-1}(u_{iL}^e-u_{iS}^e)\tilde{\mu}_i=0 \tag{6-28}$$

이 얻어진다. Phase field 모델의 평형 조건인 식 (6-27)과 (6-28)은 2.2절에서 설명한 다성분계의 열역학적 평형 조건인 식 (2-71) 및 (2-72)와 똑같다는 것을 주목하라. 이처럼 phase field 모델은 열역학적 평형 조건을 완전하게 내포한다. 식 (6-28)을 다시 식 (6-26)에 대입하면

$$\epsilon^2\frac{d^2\phi}{dx^2}-\omega g'(\phi)=0 \tag{6-29}$$

이 된다. 평형 상태에서의 phase field를 결정하는 이 식은 2성분계의 경우와 동일하며, 따라서 계면 두께 2ξ와 계면 에너지 σ도 2성분계와 동일한 식으로 주어진다:

$$2\xi = \frac{\epsilon}{\sqrt{2\omega}} \int_{\phi_a}^{\phi_b} \frac{d\phi}{\sqrt{g(\phi)}} \tag{6-30}$$

$$\sigma = \epsilon^2 \int_{-\infty}^{+\infty} \left(\frac{d\phi}{dx} \right)^2 dx = \epsilon \sqrt{2\omega} \int_0^1 \sqrt{g(\phi)}\, d\phi \tag{6-31}$$

이 두 식으로부터 2ξ와 σ가 주어지면 ϵ과 ω가 결정된다.

2) 얇은 계면 해석

반포획 계수 α_i와 phase field 이동도 M_ϕ는 고상에서의 확산이 무시된다는 가정 하에서 얇은 계면 해석을 통해 다음과 같이 결정된다. 그 과정은 2성분계의 경우와 본질적으로 동일하기 때문에 간략하게만 요약한다.

먼저 반포획 계수를 구하기 위해, 고상 확산을 무시하고, 정상 상태에서 1차원 확산 방정식을 적분하면

$$-v_n(u_i - u_i^*) = (1 - h_d(\phi)) \sum_{j=1}^{n-1} D_{ij}^L \frac{du_{jL}}{dx} + v_n \alpha_i \frac{d\phi}{dx} \quad \text{for } i = 1, 2, \cdots, n-1 \tag{6-32}$$

가 된다. 여기서 적분 상수 u_i^*는 고상에서의 용질 조성 u_{iS}와 같아야 한다. 이 식을 농도 기울기 du_{jL}/dx에 대한 $(n-1)$개의 선형 연립방정식으로 볼 수 있으며, 이들의 해 du_{jL}/dx를 행렬로 나타내면 다음과 같다.

$$\left[\frac{\mathbf{du_L}}{\mathbf{dx}} \right) = -\frac{v_n}{1 - h_d(\phi)} [\mathbf{D}^{\mathbf{L}}]^{-1} [\mathbf{B}) \tag{6-33}$$

앞으로 열벡터는 [ ), 행벡터는 ( ], 정사각행렬은 [ ]로 표기한다. 식 (6-33)에서 $[\mathbf{du_L/dx})$와 $[\mathbf{D^L}]$의 성분은 각각 du_{jL}/dx와 D_{ij}로 주어지며, 역행렬 $[\mathbf{D^L}]^{-1}$의 성분은 d_{ij}^L이다. $[\boldsymbol{B})$의 성분은

$$B_i = u_i - u_i^* + \alpha_i \frac{d\phi}{dx} \tag{6-34}$$

로 주어진다. $\delta_1 = 2xv_n/D_L$의 얇은 계면 조건에서, 식 (6-34)로부터 Fig. 5-4의 점선에 대응하는 농도 분포를 구하고, 이들이 $x=0$축과 교차하는 조성 u_{iL}^-와 u_{iL}^+를 구한다. 확산 퍼텐셜

도약이 사라지는 조건은 $u_{iL}^{-}=u_{iL}^{+}$이며, 이로부터 다음 식이 얻어진다.

$$Q_i(\phi)=(1-h_Q(\phi))Q_i(0) \tag{6-35}$$

여기서 $Q(\phi)$는 다음과 같이 정의되는 함수이다.

$$Q_i(\phi)=\frac{1}{(1-h_d(\phi))}\sum_{j=1}^{n-1}d_{ij}^{L}\left((1-h_r(\phi))(u_{jL}^{e}-u_{jS}^{e})-\alpha_j^{e}\frac{\sqrt{2\omega}}{\epsilon}\sqrt{g(\phi)}\right) \tag{6-36}$$

$Q_i(0)$는 다음과 같다.

$$Q_i(0)=\sum_{j=1}^{n-1}d_{ij}^{L}(u_{jL}^{e}-u_{jS}^{e}) \tag{6-37}$$

식 (6-36)과 (6-37)을 식 (6-35)에 넣고 정리하면, 다음과 같이 α_i가 얻어진다.

$$\alpha_j=\frac{\epsilon}{\sqrt{2\omega}}(u_{jL}^{e}-u_{jS}^{e})\frac{(1-h_r(\phi))-(1-h_Q(\phi))(1-h_d(\phi))}{\sqrt{g(\phi)}} \tag{6-38}$$

이제 M_ϕ를 구한다. 1차원 정상 상태에서, phase field 방정식 (6-23)은 다음과 같이 된다.

$$\epsilon^2\frac{d^2\phi}{dx}-\omega g'(\phi)+\left(f^{L,e}-f^{S,e}-\sum_{i=1}^{n-1}(u_{iL}^{e}-u_{iS}^{e})\tilde{\mu}_i\right)h'(\phi)=0 \tag{6-39}$$

이 식의 양변에 $d\phi/dx$를 곱하고, 적분한 다음, 2성분계의 경우와 동일한 절차를 거쳐서 정리하면 다음의 식이 얻어진다.

$$f^{L,e}-f^{S,e}-\sum_{i=1}^{n-1}(u_{iL}^{e}-u_{iS}^{e})\tilde{\mu}_i^{0}=v_n\left(\frac{\sigma}{M_\phi\epsilon^2}-a_2\frac{\epsilon}{\sqrt{2\omega}}\zeta\right) \tag{6-40}$$

여기서 $\tilde{\mu}_i^{0}$가 날카로운 계면에서 i성분의 확산 퍼텐셜임이며, 상수 a_2와 ζ는 각각 다음으로 주어진다.

$$a_2=\int_{-\infty}^{\infty}\frac{(1-h_Q(\phi))h_p(\phi)}{\sqrt{g(\phi)}}dx \tag{6-41}$$

$$\zeta=\sum_{i=1}^{n-1}(u_{iL}^{e}-u_{iS}^{e})\sum_{j=1}^{n-1}f_{ij}^{L,e}\sum_{k=1}^{n-1}d_{jk}^{L}(u_{kL}^{e}-u_{kS}^{e}) \tag{6-42}$$

식 (6-40)의 좌변은 날카로운 계면에 작용하는 열역학적 구동력이다. 따라서 식 (6-40)은 계면 이동 속도가 날카로운 계면에 대한 열역학적 구동력에 비례한다는 것을 의미한다. 그 관계는

$$v_n = m\Delta f^{\mathrm{sharp}} \tag{6-43}$$

로 표현되며, m은 실험에서 측정될 수 있는 계면 이동도이다. 식 (6-40)과 (6-43)으로부터 M_ϕ와 m의 관계가 다음과 같이 얻어진다.

$$\frac{1}{m} = \frac{\sigma}{M_\phi \epsilon^2} - a_2 \frac{\epsilon}{\sqrt{2\omega}} \zeta \tag{6-44}$$

이상과 같이 다성분계의 phase field 모델에 대한 얇은 계면 해석을 통해, 반포획 파라미터 α_i와 phase field 이동도 M_ϕ가 결정되었다.

6.3 파라미터의 결정: two side 모델

지금까지 2성분계와 다성분계의 phase field 방정식의 파라미터는 항상 변태상인 고상에서의 확산이 무시될 수 있다는 one side 모델의 가정 하에서만 결정될 수 있었다. 그러나 실용합금에서는 변태상에서의 확산이 무시될 수 없는 경우도 가끔 있다. 예를 들어 철강 합금에서 오스테나이트가 페라이트로 변태하는 경우를 보자. 탄소의 확산 계수는 모상인 오스테나이트에서보다 변태상인 페라이트에서 훨씬 더 크다. 이처럼 phase field 모델을 이용하여 오스테나이트 → 페라이트 변태를 계산하기 위해서는 반포획 파라미터 α_i와 phase field 이동도 M_ϕ가 변태상에서의 확산을 고려하여 결정되어야 한다. 변태상과 모상 양쪽에서 확산이 일어나는 경우를 two side 모델이라고 한다. Two side 모델에서 α_i와 M_ϕ를 결정하려면 얇은 계면 해석의 과정에서 미묘한 문제를 만나게 된다. 그 문제란 바로 확산 방정식을 적분해서 생기는 적분 상수의 문제이다. One side 모델에서는 고상의 농도가 일정하게 유지되기 때문에 적분 상수가 곧바로 고상에서의 용질 조성으로 고정된다. 그러나 two side 모델에서는 고상에서의 용질농도가 더 이상 일정하게 유지되지 않기 때문에 적분 상수가 일의적으로 결정되지 못하고 고상에서의 농도 구배의 함수가 된다. 이로 인해 phase field 이동도 M_ϕ와 계면 이동도 m 사이의 관계식에는 적분 상수가 결정되지 못한 채 잔류하게 된다. 이 점이 two side 모델의 얇은 계면 해석에서 핵심적인 문제이다. 이 문제를 처음으로 공략한 사람은 일본의 Ohno와 Matsuura[37,38]이다. 이들은 그 적분 상수를 결정하지 않은 채 그냥 그대로 둔 상태로 M_ϕ와 m 사이의 관계를 구했다. 본 장에서도 필자는 Ohno와 Matsuura[37,38]처럼, 적분 상수를 그대

로 둔 채 그 관계를 유도할 것이다[39]. 그러나 다음의 두 가지 점을 강조하고 싶다: 첫째, Ohno와 Matsuura는 2성분계 희석 합금에 국한하여 얇은 계면 해석을 한 반면, 여기서는 임의의 열역학 성질을 갖는 임의의 다성분계 합금을 대상으로 한다. 둘째, Ohno와 Matsuura는 phase field 모델의 수치계산에서 미결정된 적분 상수를 단순히 해의 수렴성을 조절하는 fitting 파라미터로 이용하였다. 그러나 이 적분 상수는 본질적으로 미결정 상수가 아니다. 이 상수는 고상에서의 농도 구배와 계면 이동 속도가 주어지면 일의적으로 결정된다. 얇은 계면 해석에서는 농도 구배와 계면 속도가 구해지지는 못한다. 그러나 수치계산을 할 때, 계면의 이동 속도와 계면에서 고상 쪽의 농도 구배는 필요로 하는 매 순간마다 그냥 측정하면 되는 물리량이다. 다시 말해서, 얇은 계면 해석에서 적분 상수는 미결정 상수이나, 수치계산에서는 결정될 수 있는 상수라는 것이다. 이러한 점을 감안할 때, 얇은 계면 해석에서, 적분 상수는 고상에서의 농도 구배와 계면 이동 속도의 함수로 주어지는 것으로 충분하다.

앞 절에서와 마찬가지로, $\phi = 1$인 고상과 $\phi = 0$인 액상이 평면 계면을 이루는 1차원 계를 고려하기로 한다. 고상은 $x < -\xi$에, 액상은 $x > \xi$에 위치해 있으며, 계면의 중앙 위치를 좌표의 원점($x = 0$)으로 둔다.

1) 반포획 파라미터 α_i의 결정

확산 방정식은 식 (6-24)처럼 고상과 액상의 농도로 나타내도 좋고, 식 (6-11)처럼 확산 퍼텐셜로 나타내져도 좋다. 여기서는 후자의 형태를 따른다. 식 (6-11)에 반포획 유속을 첨가하고, 1차원 정상 상태를 가정하면, 확산 방정식은 다음과 같이 된다.

$$-v_n \frac{du_i}{dx} = \frac{d}{dx} M_{ij}(\phi) \frac{d\tilde{\mu}_j}{dx} + v_n \frac{d}{dx}\left(\alpha_i \frac{d\phi}{dx}\right) \tag{6-45}$$

이 식에서 뿐만 아니라 지금부터 나오는 모든 식에서는 다음과 같이 연속된 동일 첨자에 대해 summation 기호를 생략하는 Einstein summation rule을 따를 것이다.

$$p_{jk}\mathcal{L}(q_k) \equiv \sum_{k=1}^{n-1} p_{jk}\mathcal{L}(q_k) \tag{6-46}$$

여기서 $\mathcal{L}$는 임의의 연산자이다. 식 (6-45)를 적분한다:

$$-v_n(u_i - A_i) = M_{ij}(\phi)\frac{d\tilde{\mu}_j}{dx} + v_n \alpha_i \frac{d\phi}{dx} \tag{6-47}$$

만약 고상의 확산이 무시된다면, $x = -\xi$에서는 $u_i = u_i^{S*}$ (계면에서 고상 쪽의 농도), $d\tilde{\mu}_i/dx = 0$, $d\phi/dx = 0$이기 때문에, 적분 상수는 $A_i = u_i^{S*}$가 된다. 그러나 지금처럼 고상에서의 확

상이 허용된다면, 고상 쪽에서 농도 기울기와 확산 퍼텐셜 기울기는 사라지지 않으며, 유한한 값으로 남는다. 고상 쪽의 확산 퍼텐셜 기울기를 G_i^{S*}로 나타내자. 그러면, 식 (6-47)에 의해, 적분 상수는

$$A_i = u_i^{S*} + \frac{1}{v_n} M_{ij}^S G_j^{S*} \equiv u_i^{S*} + B_i^{S*} \tag{6-48}$$

로 나타내질 수 있다. 여기서 $M_{ij}^S \equiv M_{ij}(1)$는 고상에서의 확산 이동도이며, 두 번째 항을 B_i^{S*}로 정의했다(확산 계수와 이동도 사이에는 식 (6-14)의 관계가 성립한다). One side 모델과 two side 모델에 대한 얇은 계면 해석의 차이는 식 (6-48)의 적분 상수에서 B_i^S가 있느냐 없느냐에 달려있다. 적분 상수 (6-48)을 식 (6-47)에 대입하면, $d\tilde{\mu}_i/dx$가 다음과 같이 구해진다.

$$\frac{d\tilde{\mu}_j}{dx} = -v_n W_{jk}(\phi)\left(u_k - u_k^{S*} - B_k^{S*} + \frac{d\phi}{dx}\alpha_k\right) \tag{6-49}$$

여기서 $W_{jk}(\phi)$는 $M_{ij}(\phi)$의 역행렬 성분을 의미한다. $\delta_1 = 2\xi v_n / D_L \ll 1$일 때 우변의 괄호에 들어있는 농도 변수들은 평형 상태 값으로 근사될 수 있다.

$$\begin{aligned} u_k - u_k^{S*} - B_k^{S*} + \frac{d\phi}{dx}\alpha_k &= u_k^e - u_k^{S,e} - B_k^{S,e} + \frac{d\phi}{dx}\alpha_k + O(\delta_1^2) \\ &= h_r(\phi)u_k^{S,e} + (1-h_r(\phi))u_k^{L,e} - u_k^{S,e} - B_k^{S,e} + \frac{d\phi}{dx}\alpha_k \\ &= (1-h_r(\phi))(u_k^{L,e} - u_k^{S,e}) - B_k^{S,e} + \frac{d\phi}{dx}\alpha_k \end{aligned} \tag{6-50}$$

또한 평형 상태에서 phase field 기울기 $d\phi/dx$는 식 (5-130)에 의해 다음과 같이 주어진다.

$$\frac{d\phi}{dx} = -\frac{\sqrt{2\omega}}{\epsilon}\sqrt{g(\phi)} \tag{6-51}$$

식 (6-50)과 (6-51)을 식 (6-49)에 넣고 적분하면, 다음과 같이 계면 근처에서의 확산 퍼텐셜 분포가 얻어진다.

$$\tilde{\mu}_j(x) = \tilde{\mu}_j(0) - v_n \int_0^x Q_j(\phi)dx \tag{6-52}$$

여기서 $Q_j(\phi)$는 다음으로 정의된 함수이다.

$$Q_j(\phi) = W_{jk}(\phi)\left((1-h_r(\phi))(u_k^{L,e} - u_k^{S,e}) - B_k^{S,e} - \frac{\sqrt{2\omega}}{\epsilon}\sqrt{g(\phi)}\,\alpha_k\right) \tag{6-53}$$

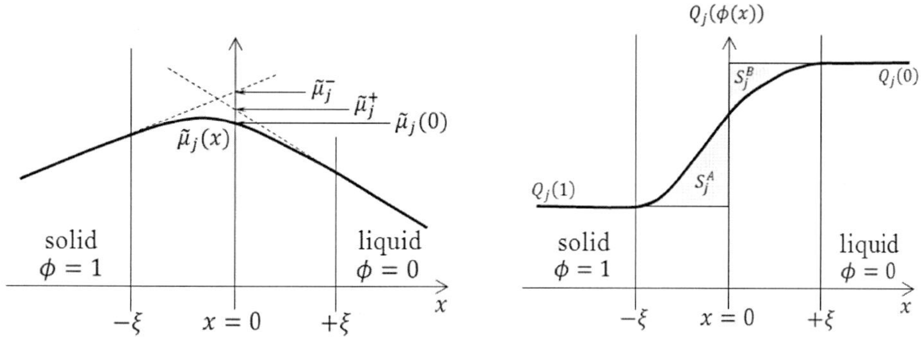

(a) (b)

[Fig. 6-1] 계면 부근에서 거리 x에 따른 확산 퍼텐셜과 $Q_j(\phi(x))$의 가상적인 변화

계면 근처에서 확산 퍼텐셜의 분포가 Fig. 6-1의 (a)에 개략적으로 나타내졌다. 이 그림에서 점선으로 표시된 두 직선을 $\tilde{\mu}_j(x)$로부터 추출해내고, 두 직선과 $x=0$축이 만나는 점에서의 확산 퍼텐셜 $\tilde{\mu}_j^-$와 $\tilde{\mu}_j^+$를 구한다. $\tilde{\mu}_j^-$와 $\tilde{\mu}_j^+$의 차이가 바로 계면에서 확산 퍼텐셜 도약에 해당한다. 이러한 도약이 사라질 조건은 $\tilde{\mu}_j^- = \tilde{\mu}_j^+$이 되며, 이 조건은 Fig. 6-1의 (b)에서 두 면적 S_j^A와 S_j^B가 같아야 한다는 결과를 낳는다. 이처럼 계면에서 확산 퍼텐셜 도약이 사라질 조건은 다음으로 나타내진다.

$$\int_{-\infty}^{0} (Q_j(\phi_0) - Q_j(1))dx = \int_{0}^{\infty} (Q_j(0) - Q_j(\phi))dx \tag{6-54}$$

여기서 $Q_j(0)$과 $Q_j(1)$은 각각 다음과 같다.

$$Q_j(0) = W_{jk}^L \left(u_k^{L,e} - u_k^{S,e} - B_k^{S,e}\right) \tag{6-55}$$

$$Q_j(1) = - W_{jk}^S B_k^{S,e} \tag{6-56}$$

여기서 $W_{jk}^L \equiv W_{jk}(0)$와 $W_{jk}^S \equiv W_{jk}(1)$의 표기를 사용했으며, 이들은 각각 M_{jk}^L과 M_{jk}^S의 역행렬 성분이다. One side 모델의 경우에는 $Q_j(1) = 0$이었으나, two side의 경우에는 고상 쪽의 확산 퍼텐셜 기울기와 농도 기울기가 0이 아니기 때문에 $Q_j(1) \neq 0$이 된다.

식 (6-54)을 만족시키는 간단한 방법은 $Q_j(\phi)$가 다음의 형태를 갖도록 강제하는 것이다.

$$Q_j(\phi) = Q_j(1)h_Q(\phi) + Q_j(0)(1 - h_Q(\phi)) \tag{6-57}$$

여기서 $h_Q(\phi)$는 앞에서 h_r, h_p 및 h_d 등의 내삽함수들에게 요구했던 대칭성과 동일한 대칭성을 가져야 한다. 식 (6-53), (6-55)와 (6-56)을 식 (6-57)에 대입하면

$$\begin{aligned} &- W_{jk}^S B_k^{S,e} h_Q(\phi) + W_{jk}^L \left(u_k^{L,e} - u_k^{S,e} - B_k^{S,e}\right)(1 - h_Q(\phi)) \\ &= W_{jk}\left((1 - h_r(\phi))(u_k^{L,e} - u_k^{S,e}) - B_k^{S,e} - \frac{\sqrt{2\omega}}{\epsilon}\sqrt{g(\phi)}\,\alpha_k\right) \end{aligned} \tag{6-58}$$

가 된다. W_{jk}가 M_{ij}의 역행렬로 정의되었음을 고려하면서, 위 식의 양변에 행렬 M_{ij}를 곱하면 다음이 얻어진다.

$$\begin{aligned} &- M_{ij} W_{jk}^S B_k^{S,e} h_Q(\phi) + M_{ij} W_{jk}^L \left(u_k^{L,e} - u_k^{S,e} - B_k^{S,e}\right)(1 - h_Q(\phi)) \\ &= (1 - h_r(\phi))(u_i^{L,e} - u_i^{S,e}) - B_i^{S,e} - \frac{\sqrt{2\omega}}{\epsilon}\sqrt{g(\phi)}\,\alpha_i \end{aligned} \tag{6-59}$$

확산 이동도를 다음과 같이 액상과 고상에서의 이동도로 나타내진다.

$$M_{ij} = h_d(\phi) M_{ij}^S + (1 - h_d(\phi)) M_{ij}^L$$

이를 식 (6-59)에 넣고, W_{jk}^L과 W_{jk}^S가 각각 M_{jk}^L과 M_{jk}^S의 역행렬 성분임을 고려하여 정리하면, 다음 식이 얻어진다.

$$\begin{aligned} \frac{\sqrt{2\omega}}{\epsilon}\sqrt{g(\phi)}\,\alpha_i &= \left[h_Q - h_r + h_d(1 - h_Q)(I_{ik} - M_{ij}^S W_{jk}^L)\right](u_k^{L,e} - u_k^{S,e}) \\ &+ \left[h_Q(1 - h_d)(M_{ij}^L W_{jk}^S - I_{ik}) + h_d(1 - h_Q)(M_{ij}^S W_{jk}^L - I_{ik})\right] B_k^{S*} \end{aligned} \tag{6-60}$$

여기서 I_{ik}는 단위 행렬의 원소를 의미한다. 만약 모든 내삽함수에 대해 동일한 함수 $h(\phi)$를 취한다면,

$$h_Q = h_d = h_r = h(\phi) \tag{6-61}$$

식 (6-60)으로부터 반포획 파라미터 α_i는 다음과 같이 된다.

$$\alpha_k = \frac{\epsilon}{\sqrt{2\omega}} \frac{h(\phi)(1 - h(\phi))}{\sqrt{g(\phi)}} \gamma_i \tag{6-62}$$

여기서 γ_i는 다음으로 정의되는 상수이다.

$$\gamma_i = (I_{ik} - M_{ij}^S W_{jk}^L)(u_k^{L,e} - u_k^{S,e}) - \left(2I_{ik} - M_{ij}^L W_{jk}^S - M_{ij}^S W_{jk}^L\right) B_k^{S*} \tag{6-63}$$

식 (6-62)와 (6-63)이 two side 모델에서 임의의 열역학적 성질을 갖는 다성분계 phase field 모델에서의 반포획 파라미터이다. 여기서 고상의 확산 퍼텐셜 기울기와 관련된 B_k^{S*}항이 미지

수인 채 남아있음에 유의해야 한다. 이 식에서 W_{jk}^L과 W_{jk}^S는 각각 확산 이동도 M_{ij}^L과 M_{ij}^S의 역행렬 성분이다. 또한 식 (6-48)에 의해 $B_k^{S*} = M_{kl}^S G_l^{S*}/v_n$로 주어진다는 것을 고려하여, 식 (6-63)을 행렬로 나타내면 다음과 같다.

$$\begin{aligned}\gamma_i &= \{[\mathbf{I}] - [\mathbf{M}^S][\mathbf{M}^L]^{-1}\}[\Delta\mathbf{u}^e) - \{2[\mathbf{I}] - [\mathbf{M}^L][\mathbf{M}^S]^{-1} - [\mathbf{M}^S][\mathbf{M}^L]^{-1}\}[\mathbf{M}^S][\mathbf{G}^{S*})\frac{1}{v_n} \\ &= \{[\mathbf{I}] - [\mathbf{M}^S][\mathbf{M}^L]^{-1}\}\left\{[\Delta\mathbf{u}^e) + \{[\mathbf{I}] - [\mathbf{M}^S][\mathbf{M}^L]^{-1}\}[\mathbf{M}^L][\mathbf{G}^{S*})\frac{1}{v_n}\right\}\end{aligned} \tag{6-64}$$

여기서 [I]는 단위 행렬이고, $(\Delta\mathbf{u}^e]$와 $[\Delta\mathbf{u}^e)$는 각각 $(u_{iL}^e - u_{iS}^e)$를 원소로 하는 행벡터와 열벡터, $[\mathbf{M}^L]$과 $[\mathbf{M}^S]$는 각각 액상과 고상의 확산 이동도 M_{ij}^L과 M_{ij}^S를 원소로 하는 정사각행렬, $[\mathbf{G}^{S*})$는 계면에서 고상 쪽의 확산 퍼텐셜 구배인 $d\tilde{\mu}_i/dx$를 원소로 하는 열벡터이다.

식 (6-62)와 (6-64)를 이용하여 반포획 파라미터 α_i를 결정하기 위해서는, 식 (6-64)에서 고상과 액상의 확산 이동도 행렬인 $[\mathbf{M}^L]$와 $[\mathbf{M}^S]$가 주어져 있어야 한다. 이 값들은 식 (6-14)를 이용하여 확산 계수 행렬 $[\mathbf{D}^L]$ 및 $[\mathbf{D}^S]$와 자유 에너지의 이차 미분 행렬인 Hessian matrix $[\mathbf{F}^L] \equiv \partial^2 f^L/\partial u_i^S \partial u_j^S$과 $[\mathbf{F}^S] \equiv \partial^2 f^S/\partial u_i^S \partial u_j^S$ 으로부터 다음과 같이 구해질 수 있다:

$$[\mathbf{M}^L] = [\mathbf{D}^L][\mathbf{F}^L]^{-1} \text{ and } [\mathbf{M}^S] = [\mathbf{D}^S][\mathbf{F}^S]^{-1} \tag{6-65}$$

2) Phase field 이동도 M_ϕ의 결정

계면 부근에서 확산 퍼텐셜의 분포 $d\tilde{\mu}_j/dx$는 식 (6-52)와 (6-57)로부터 얻어진다.

$$\begin{aligned}\frac{d\tilde{\mu}_j}{dx} &= -v_n Q_j(\phi) \\ &= -v_n(Q_j(1)h(\phi) + Q_j(0)(1-h(\phi)))\end{aligned} \tag{6-66}$$

여기서 식 (6-61)에 따라 $h_Q(\phi) = h(\phi)$로 취하였다. 식 (6-66)으로 주어지는 확산 퍼텐셜도 Fig. 5-4에서처럼 $x < -\xi$와 $x > \xi$의 영역에서 각각 직선적인 분포를 하고 있다. 두 직선은 $x = 0$에서 만나며, Fig. 5-4에서 u_L^-와 u_L^+를 구하는 과정과 동일한 과정을 거치면, 교점에서의 확산 퍼텐셜 $\tilde{\mu}_j^{\text{sharp}}$가 다음과 같이 얻어진다.

$$\tilde{\mu}_j^{\text{sharp}} = \tilde{\mu}_j(0) + v_n(Q_j(0) - Q_j(1))\int_0^\infty h(\phi)dx \tag{6-67}$$

이 값이 바로 날카로운 계면의 확산 퍼텐셜이다. 이제 식 (6-67)에 의해 $\tilde{\mu}_j(0)$는 다음과 같이 나타내질 수 있다.

$$\tilde{\mu}_j(0) = \tilde{\mu}_j^{\text{sharp}} - v_n\big(Q_j(0) - Q_j(1)\big)\int_0^{\infty} h(\phi)dx \tag{6-68}$$

1차원의 정상 상태에서 phase field 방정식 (6-23)은 다음과 같이 된다.

$$-\frac{v_n}{M_\phi}\frac{d\phi}{dx} = \epsilon^2\frac{d^2\phi}{dx} - \omega g'(\phi) + \left(f^{L,e} - f^{S,e} - \sum_{i=1}^{n-1}(u_{iL}^e - u_{iS}^e)\tilde{\mu}_i(x)\right)h_p{}'(\phi) \tag{6-69}$$

이 식의 끝에 붙어있는 내삽함수를 다른 내삽함수와 구분하기 위해, 아래첨자 p를 첨가하였다. 이 식의 양변에 $d\phi/dx$를 곱한 다음 계 전체 영역에 대해 적분하면, 우변의 처음 두 항은 사라지고, 다음과 같이 된다.

$$\begin{aligned}-\frac{v_n}{M_{ph}}\int_{-\infty}^{+\infty}\left(\frac{d\phi}{dx}\right)^2 dx &= -(f^{L,e} - f^{S,e}) - \sum_{i=1}^{n-1}(u_{iL}^e - u_{iS}^e)\int_{-\infty}^{+\infty}\tilde{\mu}_i(x)\frac{dh_p(\phi)}{dx}dx \\ &= -(f^{L,e} - f^{S,e}) - (u_{iL}^e - u_{iS}^e)\int_{-\infty}^{+\infty}\tilde{\mu}_i(x)\frac{dh_p(\phi)}{dx}dx\end{aligned} \tag{6-70}$$

여기서 좌변의 적분은 σ/ϵ^2과 같다. 두 번째 줄에서는 연속된 첨자 i에 대한 Einstein summation rule을 이용하였다. 마지막 적분을 다음과 같이 두 조각으로 나누고,

$$I_i \equiv \int_{-\infty}^{+\infty}\tilde{\mu}_i(x)\frac{dh_p(\phi)}{dx}dx = \int_0^{+\infty}\tilde{\mu}_i(x)\frac{dh_p(\phi)}{dx}dx - \int_{-\infty}^{0}\tilde{\mu}_i(x)\frac{d(1-h_p(\phi))}{dx}dx \tag{6-71}$$

우변의 두 항을 각각 부분 적분한다:

$$I_i = -\tilde{\mu}_i(0) - \int_0^{+\infty}\frac{d\tilde{\mu}_i}{dx}h_p(\phi)dx + \int_{-\infty}^{0}\frac{d\tilde{\mu}_i}{dx}(1-h_p(\phi))dx \tag{6-72}$$

위의 과정에서 $h_p(\phi)_{x=0} = h_p(1/2) = 1/2$임을 이용하였다. $\tilde{\mu}_i(0)$에 대한 식 (6-68)과 $d\tilde{\mu}_i/dx$에 대한 식 (6-66)을 식 (6-72)에 대입하고 정리하면

$$I_i = -\tilde{\mu}_i^{\text{sharp}} + v_n\big(Q_i(0) - Q_i(1)\big)\int_{-\infty}^{+\infty}h_p(\phi)(1-h(\phi))dx \tag{6-73}$$

가 얻어진다. 이 과정에서 $h(\phi)$와 $h_p(\phi)$에 대한 대칭성이 이용되었다. $d\phi/dx$에 대한 식 (6-51)을 이용하면 식 (6-73)은 다음과 같이 된다.

$$I_i = -\tilde{\mu}_i^{\text{sharp}} + v_n \frac{a_2 \epsilon}{\sqrt{2\omega}}(Q_i(0) - Q_i(1)) \tag{6-74}$$

여기서 상수 a_2는

$$a_2 = \int_0^1 \frac{h_p(\phi)(1-h(\phi))}{\sqrt{g(\phi)}} d\phi \tag{6-75}$$

로 주어진다. 식 (6-74)를 식 (6-70)에 대입하고, 정리하면

$$f^{L,e} - f^{S,e} - (u_{iL}^e - u_{iS}^e)\tilde{\mu}_i^{\text{sharp}} = v_n \left(\frac{\sigma}{M_p \epsilon^2} - \frac{a_2 \epsilon}{\sqrt{2\omega}} (u_{iL}^e - u_{iS}^e)(Q_i(0) - Q_i(1)) \right) \tag{6-76}$$

가 된다. 이 식의 좌변은 날카로운 계면에 작용하는 열역학적 구동력이다. 따라서 계면의 이동도 m과 phase field 이동도 M_ϕ는 다음의 관계를 갖는다.

$$\frac{1}{m} = \frac{\sigma}{M_\phi \epsilon^2} - \frac{a_2 \epsilon}{\sqrt{2\omega}} \zeta \tag{6-77}$$

여기서 ζ는

$$\zeta \equiv (u_{iL}^e - u_{iS}^e)(Q_i(0) - Q_i(1)) \tag{6-78}$$

로 정의되었다. $Q_i(0)$와 $Q_i(1)$에 대한 식 (6-55)와 (6-56)을 이용하면, 상수 ζ는 다음과 같이 나타내질 수 있다.

$$\zeta = (u_{iL}^e - u_{iS}^e) \left[W_{ij}^L ((u_{jL}^e - u_{jS}^e) - (W_{ij}^L - W_{ij}^S) B_j^{S*} \right] \tag{6-79}$$

여기서 W_{ij}^L과 W_{ij}^S는 각각 확산 이동도 M_{ij}^L과 M_{ij}^S의 역행렬 성분이다. 또한, 식 (6-48)에 의해 $B_j^{S*} = M_{jk}^S G_k^{S*}/v_n$로 주어진다는 것을 고려하여, 식 (6-79)를 행렬로 나타내면 다음과 같다.

$$\begin{aligned} \zeta &= (\Delta \mathbf{u}^e)[\mathbf{M}^L]^{-1}[\Delta \mathbf{u}^e) - (\Delta \mathbf{u}^e)\{[\mathbf{M}^L]^{-1} - [\mathbf{M}^S]^{-1}\}[\mathbf{M}^S][\mathbf{G}^{S*})\frac{1}{v_n} \\ &= (\Delta \mathbf{u}^e)[\mathbf{M}^L]^{-1}\left\{[\Delta \mathbf{u}^e) + \{[\mathbf{I}] - [\mathbf{M}^S][\mathbf{M}^L]^{-1}\}[\mathbf{M}^L][\mathbf{G}^{S*})\frac{1}{v_n}\right\} \end{aligned} \tag{6-80}$$

이제 계면의 이동도에 대한 측정값 m이 주어지면, 식 (6-77)로부터 phase field의 이동도 M_ϕ가 결정될 수 있다.

이상과 같이 임의의 열역학적 성질을 갖는 다성분계 합금의 phase field 모델에서, 고상과 액상의 확산이 모두 일어나는 경우에 대해, 반포획 파라미터 α_i와 phase field 이동도 M_ϕ를 결정하였다. 그러나 이 결과를 실제 수치계산에서 이용하기 위해서는 다음의 두 가지 점에 주의해야 한다.

i) 식 (6-64)와 (6-80)에 나타나 있는 모든 항들은 농도에 따라 변하며, 원칙적으로는 평형 조성에서 평가되어야 한다. 2성분계 합금의 경우라면, 고상과 액상의 평형 조성은 국소적인 평균 조성에 관계없이 항상 일정하게 주어진다. 그 값들이 바로 상태도에서 타이 라인의 양 끝 조성에 해당한다. 그러나 2.2절에서도 설명했듯이, 다성분계에서는 일정 온도에서 무수히 많은 타이 라인이 존재하며, 따라서 평형 조성은 계면의 위치마다 다르고, 시간에 따라서도 계속 변한다. 이처럼 다성분계에서는 국소적인 평형 조성의 의미는 없으며, 식 (6-64)와 (6-80)의 항들도 국소적인 평형 조성으로부터 평가할 수는 없다. 이에 대한 대안은 주어진 한 점에서 각 항의 값들을 평형 조성 대신, 그 점에서의 순간 조성에서 구하는 것이다. 어차피 식 (6-64)와 (6-80)은 반포획 파라미터와 phase field 이동도 M_ϕ에 대한 $\delta_1 = 2\xi v_n / D_L$의 일차 보정항에 해당한다. 수치계산에서 계의 각 점마다 이 보정항들을 구할 때, 그 항들을 평형 조성에서 평가하느냐 아니면 그 점에서의 순간 조성에서 평가하느냐는 δ_1의 이차항에서만 차이가 난다. 이 차이는 얇은 계면 해석에서 애초부터 무시했기 때문에 문제가 되지 않는다.

ii) 식 (6-64)와 (6-80)에는 결정할 수 없는 두 개의 상수, 즉 계면에서 고상 쪽의 확산 퍼텐셜 구배 G_i^{S*}와 계면 이동 속도 v_n이 들어 있다. 이 값들은 미리 정해질 수는 없지만, 수치계산과정에서 매 순간마다, 계면의 모든 위치에서 측정 가능한 물리량이다. 주어진 한 점에서의 계면 이동 속도는

$$v_n \simeq \frac{\Delta\phi}{\Delta t} \cdot \frac{\Delta x}{\Delta\phi} \tag{6-81}$$

로 근사될 수 있으며, 우변의 두 항은 계산과정에서 직접 측정될 수 있다. G_i^{S*}를 측정하는 방법은 다음과 같다. 등확산 퍼텐셜 조건 (6-2)에 따라, 계면에서 고상 쪽의 확산 퍼텐셜 구배 G_i^{S*}은 농도 기울기와 다음의 관계를 갖는다.

$$G_i^{S*} = \left.\frac{d\tilde{\mu}_i}{dx}\right|_{x=-\xi} = \left(\sum_{i=1}^{n-1} f_{ij}^S \frac{du_{iS}}{dx}\right)_{x=-\xi} \tag{6-82}$$

따라서 매 계산 스텝마다, 계면 영역에 위치한 각 점에 대해, 계면에서 고상 쪽($x=-\xi$의 위치)에서의 각 성분들의 농도와 농도 기울기 $du_{iS}/dx|_{x=-\xi}$를 측정한다. f_{ij}^S는 각 성분들의 농도로부터 구해진다. 계면을 벗어난 벌크 고상 또는 벌크 액상 영역에서는 위의 측정이 필요

하지 않다. 왜냐하면 식 (6-64) 및 (6-80)과 관련된 α_i와 M_ϕ는 둘 다 계면 영역 내에서만 의미를 갖기 때문이다.

결론적으로, 임의의 열역학적 성질을 갖는 2상 다성분계 합금의 phase field 모델에서, 고상과 액상의 확산이 모두 일어나는 경우에 대해, 반포획 파라미터 α_i와 phase field 이동도 M_ϕ를 결정하였다. 그 결과가 다음의 표에 요약되어 있다.

요약 5 2상 다성분계 합금의 응고에 대한 phase field 모델(Two side 모델: 고상과 액상의 확산이 모두 고려되는 경우)

1 등확산 퍼텐셜 조건(equal diffusion potential condition)

$$\frac{\partial f^S}{\partial u_{iS}} = \frac{\partial f^L}{\partial u_{iL}} \equiv \tilde{\mu}_i \quad \text{for } i=1,2,3,\cdots,n-1 \tag{6-83}$$

2 유효 농도(effective concentration)

$$u_i = h(\phi)u_{iS} + (1-h(\phi))u_{iL} \quad \text{for } i=1,2,3,\cdots,n-1 \tag{6-84}$$

3 Phase field 방정식

$$\frac{1}{M_\phi}\frac{\partial\phi}{\partial t} = \epsilon^2\nabla^2\phi - \omega g'(\phi) + \left(f^L - f^S - \sum_{i=1}^{n-1}(u_{iL}-u_{iS})\tilde{\mu}\right)h_p{}'(\phi) \tag{6-85}$$

4 확산 방정식

$$\frac{\partial u_i}{\partial t} = \nabla\cdot\sum_{k=1}^{n-1} M_{ik}\nabla\tilde{\mu}_k + \nabla\cdot\alpha_i\frac{\partial\phi}{\partial t}\frac{\nabla\phi}{|\nabla\phi|} \tag{6-86}$$

또는

$$\frac{\partial u_i}{\partial t} \equiv \nabla\cdot\left(h(\phi)\sum_{j=1}^{n-1}D_{ij}^S\nabla u_{jS} + (1-h(\phi))\sum_{j=1}^{n-1}D_{ij}^L\nabla u_{jL}\right) + \nabla\cdot\alpha_i\frac{\partial\phi}{\partial t}\frac{\nabla\phi}{|\nabla\phi|} \tag{6-87}$$

여기서

$$\alpha_i = \frac{\epsilon}{\sqrt{2\omega}}\frac{h(\phi)(1-h(\phi))}{\sqrt{g(\phi)}}\gamma_i \tag{6-88}$$

$$\gamma_i = \{[\mathrm{I}]-[\mathrm{M}^{\mathrm{S}}][\mathrm{M}^{\mathrm{L}}]^{-1}\}\left\{[\Delta\mathrm{u}^{\mathrm{e}}) + \{[\mathrm{I}]-[\mathrm{M}^{\mathrm{S}}][\mathrm{M}^{\mathrm{L}}]^{-1}\}[\mathrm{M}^{\mathrm{L}}][\mathrm{G}^{\mathrm{S}*})\frac{1}{v_n}\right\} \tag{6-89}$$

5 계면 두께

$$2\xi = \frac{\epsilon}{\sqrt{2\omega}}\int_{\phi_a}^{\phi_b}\frac{d\phi}{\sqrt{g(\phi)}} \tag{6-90}$$

6 계면 에너지

$$\sigma = \epsilon\sqrt{2\omega}\int_0^1\sqrt{g(\phi)}\,d\phi \tag{6-91}$$

7 Phase field 이동도

$$\frac{1}{m} = \frac{\sigma}{M_\phi\epsilon^2} - a_2\frac{\epsilon}{\sqrt{2\omega}}\zeta \tag{6-92}$$

여기서

$$a_2 = \int_0^1\frac{(1-h(\phi))h_p(\phi)}{\sqrt{g(\phi)}}d\phi \tag{6-93}$$

$$\zeta = (\Delta\mathrm{u}^{\mathrm{e}}][\mathrm{M}^{\mathrm{L}}]^{-1}\left\{[\Delta\mathrm{u}^{\mathrm{e}}) + \{[\mathrm{I}]-[\mathrm{M}^{\mathrm{S}}][\mathrm{M}^{\mathrm{L}}]^{-1}\}[\mathrm{M}^{\mathrm{L}}][\mathrm{G}^{\mathrm{S}*})\frac{1}{v_n}\right\} \tag{6-94}$$

3) 특수한 경우

지금까지는 열역학 성질에 제한이 없고, 구성 원소의 수에도 제한이 없으며, 모상과 변태상 모두에서 확산이 일어나는 일반적인 상황에서, phase field 모델의 성질을 검토하고 모델에 들어 있는 파라미터인 α_i와 M_ϕ를 결정하였다. 본 절에서는 일반적인 상황에서 얻은 결과들이 이미 알려져 왔던 특수한 경우와 일치하는지를 검토하겠다. 다음과 같은 두 가지의 특수한 경우를 살펴본다. i) 다성분계 one side 모델의 경우: 이 경우에 대한 α_i와 M_ϕ는 Kim 등에 의해 구해진 바 있다[36]. ii) 2성분 희석 합금의 two side 모델: 이 경우에 한 α_i와 M_ϕ는 Ohno와 Matsuura[37]에 의해 구해진 바 있다.

다성분계 one side 모델의 경우

이 경우에서는 고상의 농도 기울기가 사라지며, 고상에서의 확산 계수는 $D_{ij}^S = 0$이다. 따라서 $G_i^{S*} = 0$이고 $M_{ij}^S = 0$이다. 이를 식 (6-89)에 대입하면

$$\gamma_i = [\mathbf{I}][\boldsymbol{\Delta}\mathbf{u}^{\mathrm{e}}) = u_{iL}^e - u_{iS}^e \tag{6-96}$$

가 되며 따라서 α_i는

$$\alpha_i = \frac{\epsilon(u_{iL}^e - u_{iS}^e)}{\sqrt{2\omega}} \frac{h(\phi)(1-h(\phi))}{\sqrt{g(\phi)}} \tag{6-97}$$

로 된다. 이 식은 식 (6-61)의 $h_Q = h_d = h_r = h(\phi)$를 이용하여 얻어졌음을 기억해야 한다. 동일한 내삽함수를 이용할 때, 다성분계 one side 모델의 α_i를 나타내는 식 (6-38)은 식 (6-97)과 같아짐을 확인할 수 있다. 또한, 식 (6-94)의 ζ는 one side 모델에서 다음과 같이 된다.

$$\begin{aligned} \zeta &= (\boldsymbol{\Delta}\mathbf{u}^{\mathrm{e}}][\mathbf{M}^{\mathrm{L}}]^{-1}[\boldsymbol{\Delta}\mathbf{u}^{\mathrm{e}}) \\ &= (\boldsymbol{\Delta}\mathbf{u}^{\mathrm{e}}][\mathbf{F}^{\mathrm{L}}][\mathbf{D}^{\mathrm{L}}]^{-1}[\boldsymbol{\Delta}\mathbf{u}^{\mathrm{e}}) \end{aligned} \tag{6-98}$$

여기서 식 (6-65)가 이용되었다. 식 (6-98)의 결과도 one side 모델에서의 식 (6-42)와 동일하며, 따라서 M_ϕ와 m사이의 관계도 one side 모델의 경우와 같아진다. 이처럼 본 절에서의 two side 모델은 Kim의 다성분계 one side 모델[36]을 특수한 경우로서 올바르게 재현한다.

2성분계 희석 one side 모델의 경우

먼저 반포획 파라미터에 들어있는 상수 $\gamma \equiv \gamma_i$를 보자. 한 종류의 용질 원자만 들어 있는 2성분계의 경우, 식 (6-89)에 따라 γ는 다음과 같이 된다.

$$\gamma = \left(1 - \frac{M^S}{M^L}\right)\left((u_L^e - u_S^e) + \left(1 - \frac{M^S}{M_L}\right)M^L G^{S*}\frac{1}{v_n}\right) \tag{6-99}$$

희석 합금의 확산 퍼텐셜은 식 (5-144)로 주어진다. 이 퍼텐셜을 한 번 더 미분해서 이차미분을 구하면,

$$f_{uu}^S(u_S^e) = \frac{R_g T}{v_m}\frac{1}{u_S^e} \text{ and } f_{uu}^L(u_L^e) = \frac{R_g T}{v_m}\frac{1}{u_L^e} \tag{6-100}$$

이 된다. 또한 식 (6-14)의 관계는 다음과 같이 된다.

$$D^S = M^S f_{uu}^S(u_S^e) \text{ and } D^L = M^L f_{uu}^L(u_L^e) \tag{6-101}$$

$$M^S = \frac{v_m}{R_g T}D^S u_S^e \text{ and } M^L = \frac{v_m}{R_g T}D^L u_L^e \tag{6-102}$$

따라서 다음을 얻는다.

$$\frac{M^S}{M_L} = \frac{u_S^e}{u_L^e}\frac{D^S}{D^L} = k\frac{D^S}{D_L} \tag{6-103}$$

여기서 k는 평형 분배 계수이다. 식 (6-99)의 마지막 항 $M^L G^{S*}$는 다음과 같이 된다. 확산 퍼텐셜 기울기는 등확산 퍼텐셜 조건 (6-2)에 의해 다음과 같이 농도 기울기로 변환될 수 있다.

$$\begin{aligned} M^L G^{S*} &= M^L \frac{d\tilde{\mu}^{S*}}{dx} \simeq M^L f_{uu}^S(u_S^e)\frac{du_S^*}{dx} \\ &= M^L f_{uu}^L(u_L^e)\frac{f_{uu}^S(u_S^e)}{f_{uu}^L(u_L^e)}\frac{du_S^*}{dx} \\ &= D^L \frac{u_L^e}{u_S^e}\frac{du_S^*}{dx} \\ &= \frac{D^L}{k}\frac{du_S^*}{dx} \end{aligned} \tag{6-104}$$

식 (6-103)과 (6-104)를 식 (6-99)에 대입하면

$$\gamma = \left(1 - k\frac{D^S}{D_L}\right)\left((1-k)u_L^e + \left(1 - k\frac{D^S}{D_L}\right)\frac{D^L}{k}\frac{du_S^*}{dx}\frac{1}{v_n}\right) \tag{6-105}$$

이 결과는 Ohno와 Matsuura가 얻은 식[37]과 똑같다. 마지막으로 M_ϕ와 m 사이의 관계식에 들어가 있는 상수 ζ를 보자. 2성분계 희석 합금에서 ζ는 다음과 같이 된다.

$$\begin{aligned}\zeta &= \frac{(u_L^e - u_S^e)}{M_L}\left((u_L^e - u_S^e) + \left(1 - \frac{M^S}{M_L}\right)M^L G^{S*}\frac{1}{v_n}\right)\\ &= \frac{(1-k)R_g T}{v_m D_L}\left((1-k)u_L^e + \left(1 - k\frac{D^S}{D_L}\right)\frac{D^L}{k}\frac{du_S^*}{dx}\frac{1}{v_n}\right)\end{aligned} \tag{6-106}$$

이 결과도 Ohno와 Matsuura가 얻은 식[37]과 똑같다.

이상과 같이, 다성분계 합금에 대한 two side 모델은 특수한 경우로서 희석 2성분계에 대한 Ohno와 Matsuura의 결과를 재현한다.

7 선형 비평형 열역학에 기반을 둔 phase field 모델

앞서 여러 번 강조했듯이, phase field 모델을 이용하여 상변태 과정을 전산모사할 때는 계산 속도의 향상을 위해 실제보다 엄청나게 두꺼운 계면을 도입해야 하며, 이로 인해 계면에서의 비평형 현상이 크게 과장되어 나타날 수 있다. 따라서 phase field 모델을 이용하여 실제 상변태의 미세조직 형성과정을 정량적으로 구현하기 위해서는 두꺼운 계면으로 인한 과장된 비평형 현상을 억제할 필요가 있다. 계면에서 변태상 쪽의 용질 유속이 무시될 수 있는 one side 계의 경우에는, 앞의 제5장과 제6장에서 살펴본 바와 같이, 확산 방정식에 반포획 유속항을 도입함으로써 그러한 작업이 성공적으로 이루어질 수 있었다. 그러나 6.3절에서처럼 변태상에서의 확산 유속이 무시될 수 없는 two side 계의 경우에 대해서는, 확산 방정식의 적분과정에서 출현한 적분 상수가 결정되지 못한 채, 모델의 파라미터들과 물리량 사이의 관계를 나타내는 식 (6-89)와 (6-94)에 G_i^{S*}/v_n의 형태로 잔류한다는 문제점이 있다. 희석 이원계 합금의two side 모델을 처음 유도한 Ohno와 Matsuura[37]는 그 미정 적분 상수를 전산모사에서 단순히 해의 수렴 속도를 조절하는 파라미터로만 간주하였다. 그러나 6.3절에서 지적했듯이, G_i^{S*}/v_n는 전산모사과정에서 필요할 때마다 수치적으로 '측정'될 수 있다. 물론 이를 위해서는 계면 영역 내에 들어있는 모든 그리드마다 그 그리드에서의 계면 이동 속도 v_n와 고상 쪽의 화학 퍼텐셜 구배 G_i^{S*}를 식 (6-81)과 (6-82)를 이용하여 측정해야 한다. 전산모사 과정에서 이러한 측정을 실행하는 자체에는 문제가 없다. 그러나 이로부터 반포획 파라미터 (6-89)와 phase field 이동도 (6-94)를 결정하기 위해서는 G_i^{S*}/v_n가 발산하지 않는다는 전제가 필요하다. 고립계(closed system)에서 상변태가 일어날 때는 $v_n \rightarrow 0$에 따라 $G_i^S \rightarrow 0$이 되기 때문에 대부분의 그리드에서 G_i^{S*}/v_n 값이 발산하지는 않을 것으로 여겨진다. 그럼에도 불구하고, G_i^{S*}/v_n가 발산할 수밖에 없는 상황도 있다[85]. 고상과 액상으로 이루어진 다음과 같은 열린계(open system)를 생각해 보자: 계의 한쪽 끝에서는 용질 원자가 일정 유속으로 계속 유입되고 계의 반대쪽 끝에서는 용질 원자가 같은 크기의 유속으로 계속 유출되고 있다. 충분히 긴 시간이 지나면 이 계의 상태는 정상 상태에 가까워진다. 이 상태에서 계면 이동은 거의 멈추게 되나, 용질 원자만 한쪽 끝에서 다른 쪽 끝으로 일정한 유속을 계속 유지하면서 이동하고 있을 것이다. 따라서 $v_n \rightarrow 0$임에도 불구하고 $G_i^S \neq 0$ 인 상황, 즉 G_i^{S*}/v_n이 발산하는 상황이 발생하게 된다. 이러한 상황은 공학적인 문제에서는 마주치기 어려울지는 몰라도, 적어도 학문적인 문제에서는 고려해볼 가치가 있는 것이다. 이처럼 G_i^{S*}/v_n가 발산하는 상황이 발생하면, G_i^{S*}/v_n의 값에 상한을 두는 합리적인 근거를 마련하지 않는 한, 식 (6-89)와 (6-94)를 이용하여 반포획 파라미터와 phase field 이동도를 결정하는 것이 곤란해진다.

Phase field 모델의 파라미터들을 결정하는 과정에서 적분 상수가 잔류한다는 문제를 근본적으로 해결하는 방법이 있다. 이 새로운 방법의 전략을 먼저 개략적으로 설명한다. 확산 방정식을 적분하여 농도 분포를 구할 때 생성되는 적분 상수를 J라고 두자. 이 농도 분포로부터 계면에서의 확산 퍼텐셜 도약 $\Delta\tilde{\mu}_j$을 구하면 다음의 형태가 된다(Ohno와 Matsuura[37]는 이 식을 $\Delta\tilde{\mu}_j = v_n(a+bJ/v_n)$로 표현하고 bJ/v_n를 또 다른 상수로 취급하였다).

$$\Delta\tilde{\mu}_j \equiv \tilde{\mu}_j^- - \tilde{\mu}_j^+ = av_n + bJ \tag{7-1}$$

여기서 상수 a는 반포획 파라미터와 특정 관계를 가지고 있으며, b는 확산 계수의 내삽함수인 $h_d(\phi)$의 구체적 형태에 의해 결정된다. 따라서 $h_d(\phi)$에 대해 특정 형태를 강요하면, 항상 $b=0$이 성립하도록 만들어 줄 수 있으며, 적분 상수 J는 결정될 필요가 없어진다! 그러나 다음 단계에서 문제가 발생한다. 즉, 다음 단계에서는 phase field 이동도 M_ϕ를 결정해야 한다. 이를 위해 적분 상수 J를 포함하고 있는 확산 방정식의 해를 phase field 방정식에 대입하여 정리하면

$$\Delta f_d^i = cJ + dv_n \tag{7-2}$$

의 형태가 도출될 수 있다(여기서 Δf_d^i는 계면이동의 구동력이다). 이때의 문제는 c가 0이 될 수 없는 유한한 값으로만 나타나며, 따라서 미정 적분 상수인 J가 사라지지 않고 일정값으로 잔류할 수밖에 없다는 사실이다. 바로 이 문제를 해결할 수 있는 방법을 아주 최근에 Brener와 Boussinot가 발견하였다[80-83]. 이들은 기존의 phase field 방정식에 새로운 항을 추가하였다. 이 새로운 항은 식 (7-2)에서 cJ 항에 대항하는 반작용 $c'J$를 발생시킨다. 따라서 결국 $c=c'$가 성립하도록 새로운 항의 계수를 조절함으로써, 식 (7-2)의 관계에서 미정 적분 상수 J가 사라지도록 만들 수 있게 된 것이다. 그렇다면 phase field 방정식에 추가된 새로운 항은 어떤 형태가 되어야 하는가? Brener 등은 Onsager가 80여 년 전에 구축한 선형 비평형 열역학의 formalism[88]을 phase field 모델에 적용함으로써, 체계적인 방법으로 새로운 항을 발견할 수 있었다.

Brener와 Boussinot의 phase field 모델은 two side 계의 상변태를 전산모사하기 위한 도구로서도 앞으로 대단히 유용하게 이용되리라 여겨지지만, Onsager의 선형 비평형 열역학을 이용하여 phase field 모델을 유도하는 과정 자체에서도 배울 점이 많다. 본 장에서는 먼저 선형 비평형 열역학을 간단하게 소개하고, 이를 기반으로 이원계 합금의 phase field 모델을 Brener와 Boussinot의 논리를 따라 유도한 다음, two side 계에 대해서 두꺼운 계면으로 인한 과장된 계면 비평형 현상들이 어떻게 억제될 수 있는지, 그리고 모델의 파라미터들이 어떻게 결정되는지를 설명한다. 마지막으로 Brener와 Boussinot의 이원계 합금에 대한 모델을 다원계 합금으로 일반화시킨 경우가 설명된다[84].

7.1 선형 비평형 열역학과 Brener와 Boussinot의 phase field 모델

1) 선형 비평형 열역학

계가 비평형 상태에 있다는 사실은 그 계 내에 무엇인가가 흐르고 있음을 의미한다. 가장 간단한 비평형 현상의 하나인 온도가 서로 다른 두 열원 사이의 열 흐름을 고려해 보자. Fig. 7-1에서 왼쪽과 오른쪽에는 각각 온도 T_1과 $T_2(< T_1)$로 유지되고 있는 열원이 있으며, 둘 사이에서는 열에너지가 고온인 T_1으로부터 저온인 T_2쪽으로 흐르고 있다. 열에너지가 흐르고 있는 통로의 단면적은 편의상 단위 면적이라고 둔다. dt의 짧은 시간 동안 흘러간 열에너지의 크기를 dQ라고 하자. 그러면 두 열원에서의 엔트로피 변화 dS_1과 dS_2는 각각 다음과 같다.

$$dS_1 = -\frac{dQ}{T_1} \tag{7-3}$$

$$dS_2 = +\frac{dQ}{T_2} \tag{7-4}$$

따라서 열의 이동이라는 비가역 과정을 통해 계 전체에서 엔트로피가 증가하는 속도, 즉 엔트로피 생성 속도(entropy production rate) dS_i/dt는 다음과 같이 된다.

$$\frac{dS_i}{dt} = \frac{d}{dt}(S_1 + S_2) = \frac{dQ}{dt}\left(\frac{1}{T_2} - \frac{1}{T_1}\right) = JX \tag{7-5}$$

여기서 $J = dQ/dt$는 열 유속이고, X는 두 열원 사이의 열 흐름에 대한 구동력이다. 이처럼 엔트로피 생성 속도는 일반적으로 구동력과 그 구동력에 의한 유속의 곱으로 나타내진다. 만약 Fig. 7-1의 계가 평형 상태로부터 너무 멀리 떨어져 있지 않다면, 유속 자체는 구동력에 비례한다고 볼 수 있다:

$$J = LX \tag{7-6}$$

여기서 L은 현상학적 계수(phenomenological coefficient)이다. 식 (7-6)을 식 (7-5)에 대입하면

$$\frac{dS_i}{dt} = LX^2 \tag{7-7}$$

와 같이 된다. 열역학 제2법칙은 비가역과정에서 엔트로피가 항상 증가할 것을 요구하며, 따라서 계수 L은 항상 양의 값이 되어야 한다.

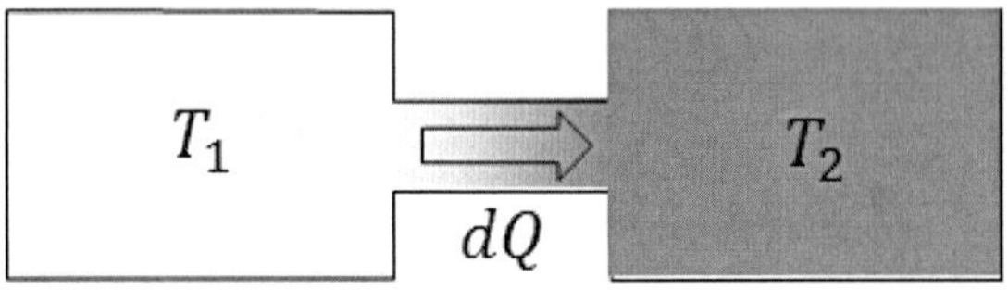

[Fig. 7-1] T_1과 $T_2(< T_1)$의 온도로 유지되고 있는 두 열원 사이에서 열에너지가 고온인 T_1으로부터 저온인 T_2쪽으로 흐르고 있는 계

앞에서 예를 든 비평형 과정은 열의 흐름이라는 단일 과정이다. 그러나 비평형 현상에서는 여러 종류의 흐름이 동시에 일어나는 경우도 많다. 잘 알려진 오래된 예 중의 하나가 열전대(thermocouple)에서 일어나는 열기전력 현상이다. 이는 전도체 선의 양 끝단 온도가 서로 다르면 그 사이에 전위차(voltage)가 생성되는 현상이다. 이와는 반대로 양 끝단에 전위차를 가하면 그 사이에 온도차가 발생한다. 이처럼 열전대에서는 열의 흐름과 전류의 흐름이 동시에 발생될 뿐만 아니라 열의 흐름은 전류의 흐름을 유도하고, 동시에 전류의 흐름은 열의 흐름을 유도한다. 또 다른 예는 열-용질 확산(thermo-solutal diffusion)이다. 용질 농도가 불균일한 합금에 온도 구배가 존재할 때는, 열의 확산과 용질 원자의 확산이 동시에 일어난다. 여기서 열 유속 J_1의 주 구동력은 온도 구배 X_1(엄밀하게는 온도의 역수의 구배)이며, 용질 유속 J_2의 주 구동력은 농도 구배 X_2(엄밀하게는 확산 퍼텐셜 구배)이다. 각각의 유속은 각각의 구동력과 비례하며, 이는 다음으로 나타내진다.

$$J_1 = L_1 X_1 \tag{7-8}$$

$$J_2 = L_2 X_2 \tag{7-9}$$

여기서 L_1과 L_2는 현상학적 계수이다. 그러나 온도 구배 X_1 자체가 용질 원자의 흐름 J_2를 야기할 수 있을 뿐만 아니라(이는 Soret 효과로 불린다), 반대로 용질의 농도 구배 X_2가 열의 흐름 J_1을 야기할 수도 있다(이는 Dufour 효과로 불린다). 이처럼 열-용질 확산 과정에서는 두 종류의 유속이 두 종류의 구동력과 서로 선형적으로 얽혀있다. 그 선형 관계를 수식으로 나타내면 다음과 같다.

$$J_1 = L_{11} X_1 + L_{12} X_2 \tag{7-10}$$

$$J_2 = L_{21} X_1 + L_{22} X_2 \tag{7-11}$$

여기서 대각항인 $L_{12}X_2$와 $L_{21}X_1$을 교차항(cross term)이라고 부른다. 식 (7-10)과 (7-11)에는 두 가지의 구속조건이 가해진다. 그 중 하나는 $L_{12} = L_{21}$로, Onsager의 상반관계(reciprocal relation)이라고 불린다(Onsager은 이렇게 단순해 보이는 상반 관계의 증명으로 1968년 노벨 화학상을 받았다!). 또 다른 구속 조건은 비가역 과정에서 엔트로피가 증가해야 한다는 열역학 제2법칙이다. Prigogine 등[89]이 보여준 바와 같이, 두 가지의 유속이 동시에 존재할 때의 엔트로피 생성 속도는 식 (7-7)의 확장 형태로 되며, 다음과 같이 주어진다(Prigogine도 1977년 노벨 화학상을 받았다!).

$$\frac{dS_i}{dt} = J_1 X_1 + J_2 X_2 \tag{7-12}$$

식 (7-10)과 (7-11)을 식 (7-12)에 대입하고, 상반 관계 $L_{12} = L_{21}$를 이용하면

$$\frac{dS_i}{dt} = L_{11} X_1^2 + 2L_{12} X_2 X_1 + L_{22} X_2^2 \tag{7-13}$$

가 얻어진다. 열역학 제2법칙은 구동력 X_1과 X_2에 무관하게 $dS_i/dt > 0$가 항상 성립할 것을 요구한다. 이 요구 조건은 계수 L_{ij}에 다음의 구속을 가한다.

$$L_{11} > 0,\ L_{22} > 0 \text{ and } L_{12}^2 < L_{11} L_{22} \tag{7-14}$$

앞의 관계 (7-10)과 (7-12)는 유속을 구동력의 함수로 표현한 것이다. 그러나 이를 뒤집어, 다음과 같이 구동력을 유속의 함수로 표현할 수도 있다.

$$X_1 = K_{11} J_1 + K_{12} J_2 \tag{7-15}$$

$$X_2 = K_{21} J_1 + K_{22} J_2 \tag{7-16}$$

여기서 계수 K_{ij}는 L_{ij}의 역행렬 성분으로 주어진다:

$$\begin{aligned} K_{11} &= \frac{L_{22}}{L_{11}L_{22} - L_{12}^2}\ ;\ K_{22} = \frac{L_{11}}{L_{11}L_{22} - L_{12}^2} \\ K_{12} &= K_{21} = -\frac{L_{21}}{L_{11}L_{22} - L_{12}^2} \end{aligned} \tag{7-17}$$

L_{ij}에 대한 구속 조건인 부등식 (7-14)가 만족되는 경우에는 식 (7-17)의 계수들도 동일한 형태의 부등식

$$K_{11} > 0,\ K_{22} > 0 \text{ and } K_{12}^2 < K_{11} K_{22} \tag{7-18}$$

을 만족한다는 사실을 독자들은 쉽게 확인할 수 있을 것이다.

2) Brener와 Boussinot의 2원계 phase field 모델

이제 선형 비평형 열역학으로부터 phase field 모델의 지배 방정식을 유도해 보자(여기서는 편의상 모상을 액상으로, 변태상을 고상으로 표시하겠다). 비평형 상태에 있는 2원계 합금에서 등온 상변태가 일어날 때도 두 종류의 구동력이 존재하고 이에 의한 두 종류의 '흐름'이 나타난다: 하나는 확산의 구동력 X_1에 의한 용질 원자의 확산 유속 J_1이며, 다른 하나는 계면에 작용하는 열역학적 구동력 X_2에 의한 계면의 이동 J_2이다. 앞의 제5장 및 제6장에서와 마찬가지로, 합금 상변태에 대한 phase field 모델의 출발점은 자유 에너지 범함수 (5-96), 등확산 퍼텐셜 조건 (5-91) 및 혼합 농도 규칙 (5-93)이다. 편의상 이 식들을 아래에 각각 다시 쓴다.

$$F = \int_{\Omega}\left(h(\phi)f^S(u_S) + (1-h(\phi))f^L(u_L) + \omega g(\phi) + \frac{\epsilon^2}{2}|\nabla\phi|^2\right)d\Omega \tag{7-19}$$

$$\frac{df^S(u_S)}{du} = \frac{df^L(u_L)}{du} \equiv \tilde{\mu} \tag{7-20}$$

$$u = h(\phi)u_S + (1-h(\phi))u_L \tag{7-21}$$

확산과 계면 이동은 모두 계의 자유 에너지를 낮추기 위해 일어난다. 따라서 자유 에너지 범함수가 주어져 있을 때 확산의 구동력 X_1와 계면 이동의 구동력 X_2는 각각

$$X_1 = -\nabla\frac{\delta F}{\delta u} \ ; \ X_2 = -\frac{\delta F}{\delta\phi} \tag{7-22}$$

로 나타낼 수 있다(구동력을 양의 값으로 나타내기 위해 음의 부호를 붙였다). 이 구동력에 대응하는 '유속' J_1은 용질 확산 유속이고, J_2는 상변태가 일어나는 속도인 $\partial\phi/\partial t$에 해당한다.

$$J_1 = \mathbf{J}\ \text{(solute diffusion flux)} \ ; \ J_2 = \frac{\partial\phi}{\partial t} \tag{7-23}$$

따라서 이들을 식 (7-15)와 (7-16)에 대입하면

$$-\nabla\frac{\delta F}{\delta u} = K_{11}\mathbf{J} + K_{12}\frac{\partial\phi}{\partial t} \tag{7-24}$$

$$-\frac{\delta F}{\delta\phi} = K_{21}\mathbf{J} + K_{22}\frac{\partial\phi}{\partial t} \tag{7-25}$$

가 된다. 그러나 이 관계식은 잘못 써진 것이다. 그 이유는 $\nabla(\delta F/\delta u)$과 $\mathbf{J}$는 크기와 방향을 갖는 벡터인데 비해, $\delta F/\delta\phi$와 $\partial\phi/\partial t$는 크기만을 갖는 스칼라라는 데 있다. 벡터와 스칼라

변수가 함께 들어간 등식을 만들기 위해서는 벡터 변수를 스칼라화하거나 스칼라 변수를 벡터화해 주어야 한다. 식 (7-22)에서 마지막 항 $\partial\phi/\partial t$은 스칼라인 데 비해 나머지 항들은 벡터이다. $\partial\phi/\partial t$는 상변태의 속도에 해당한다. 이 스칼라를 벡터화하는 자연스러운 방법은 계면에 수직한 단위 벡터인 $\nabla\phi/|\nabla\phi|$을 곱함으로써 계면에 수직한 방향으로의 상변태 속도인 $\partial\phi/\partial t\,\nabla\phi/|\nabla\phi|$로 만들어주는 것이다. $\partial\phi/\partial t$를 이 벡터로 교체하면, 식 (7-24)의 모든 항은 벡터화된다. 식 (7-25)에서 계면 이동의 구동력 $\delta F/\delta\phi$는 계면에 수직한 방향으로 계면을 이동시키려 할 것이다. 따라서 식 (7-23)에 들어 있는 확산 유속도 계면에 수직한 방향으로의 확산 유속으로 표현되어야 옳다. 이를 근거로 식 (7-25)에서 벡터 $\mathbf{J}$는 스칼라 $\mathbf{J}\cdot\nabla\phi/|\nabla\phi|$로 대체되어야 하며, 그 결과, 식 (7-25)의 모든 항들은 스칼라 변수로만 구성된다(Brener 등[80-83]은 식 (7-24)와 (7-25)에서 $\nabla\phi/|\nabla\phi|$ 대신 $\nabla\phi$ 만을 곱해주었다. 그러나 $|\nabla\phi|$의 존재 여부는 단지 phase field 모델의 파라미터에만 영향을 줄 뿐이며 모델 자체에 대해서는 본질적으로 아무런 영향을 주지 않는다). 이렇게 식 (7-24)를 벡터화하고 식 (7-25)를 스칼라화한 결과는 다음의 형식으로 나타내질 수 있다.

$$-\nabla\frac{\delta F}{\delta u}=\frac{\mathbf{J}}{M_d}+B\frac{\nabla\phi}{|\nabla\phi|}\frac{\partial\phi}{\partial t} \tag{7-26}$$

$$-\frac{\delta F}{\delta\phi}=A\frac{\nabla\phi}{|\nabla\phi|}\cdot\mathbf{J}+\tau\frac{\partial\phi}{\partial t} \tag{7-27}$$

여기서 계수 M_d, A, B 및 τ는 상수일수도 있고 phase field ϕ와 용질 농도의 함수일 수도 있다. Onsager의 상반 관계[88]는 교차항의 계수인 A와 B가 서로 같아야 할 것을 요구한다. Brener 등[80-83]은 식 (7-26)과 (7-27)에서도 그 관계가 만족된다는 것을 입증할 수 있었으며, 이에 대해서는 뒤에서 설명한다. 식 (7-26)과 식 (7-27)은 구동력이 유속 $\mathbf{J}$와 $\partial\phi/\partial t$의 함수로 나타내져 있다. 이를 뒤집어서, $\mathbf{J}$와 $\partial\phi/\partial t$를 구동력의 함수로 나타낼 수도 있다. 우선 확산 유속 $\mathbf{J}$는 식(7-26)로부터 다음과 같이 직접 얻어진다.

$$\mathbf{J}=-M_d\nabla\frac{\delta F}{\delta u}-BM_d\frac{\nabla\phi}{|\nabla\phi|}\frac{\partial\phi}{\partial t} \tag{7-28}$$

확산 과정에서는 질량이 보존되어야 하며, 이는

$$\frac{\partial u}{\partial t}=-\nabla\cdot\mathbf{J} \tag{7-29}$$

로 나타내진다. 식 (7-28)을 식 (7-29)에 대입하면 다음과 같이 확산 방정식이 얻어진다.

$$\frac{\partial u}{\partial t}=\nabla\cdot M_d\nabla\frac{\delta F}{\delta u}+\nabla\cdot M_dB\frac{\nabla\phi}{|\nabla\phi|}\frac{\partial\phi}{\partial t} \tag{7-30}$$

PART 3

다음으로 식 (7-26)의 양변에 $A\nabla\phi/|\nabla\phi|$를 내적하고, 식 (7-27)의 양변에 $1/M_d$를 곱한 다음 그 결과를 서로 빼주면 J가 들어있는 항들이 소거되며, 다음과 같이 $\partial\phi/\partial t$, 즉 phase field 방정식이 얻어진다.

$$\frac{1}{M_\phi}\frac{\partial\phi}{\partial t}=-\frac{\delta F}{\delta\phi}+M_d A\frac{\nabla\phi}{|\nabla\phi|}\cdot\nabla\frac{\delta F}{\delta u} \tag{7-31}$$

여기서 M_ϕ는 다음으로 정의되었다.

$$M_\phi=\frac{1}{\tau-M_d AB} \tag{7-32}$$

식 (7-30)과 (7-31)이 Brener와 Boussinot의 phase field 모델을 구성하는 지배 방정식이다. 이 방정식들 속에 들어 있는 범함수 미분 $\delta F/\delta u$와 $\delta F/\delta\phi$는 범함수 (7-19)와 등확산 퍼텐셜 조건 (7-20) 및 혼합 농도 규칙 (7-21)을 이용하여 용질 농도와 phase field의 함수로 나타낼 수 있으며, 그 과정과 결과는 이미 5.4절의 2)항에서 설명한 바 있다. 그 결과를 이용하면 확산 방정식 (7-30)과 phase field 방정식 (7-31)은 각각 다음과 같이 된다.

$$\frac{\partial u}{\partial t}=\nabla\cdot M_d\nabla\tilde{\mu}+\nabla\cdot M_d B\frac{\nabla\phi}{|\nabla\phi|}\frac{\partial\phi}{\partial t} \tag{7-33}$$

$$\frac{1}{M_\phi}\frac{\partial\phi}{\partial t}=\epsilon^e\nabla^2\phi-\omega g'(\phi)+\left(f^{L,e}-f^{S,e}-(u_L^e-u_S^e)\tilde{\mu}\right)\frac{dh(\phi)}{d\phi}+M_d A\frac{\nabla\phi}{|\nabla\phi|}\cdot\nabla\tilde{\mu} \tag{7-34}$$

확산 방정식 (7-33)을 제5장에서 설명했던 반포획 유속을 포함하는 확산 방정식 (5-164)과 서로 비교해 보자. 식 (5-164)는 식 (7-33)과 거의 동일하며, 후자의 경우 마지막 항에 확산 이동도 M_d가 더 곱해져 있을 뿐이다. M_d의 존재 여부는 나중에 결정해야 할 파라미터 α_a 또는 B에 어차피 흡수되어 버리기 때문에, 본질적으로 두 방정식은 동일한 것이다. 그러나 Brener와 Boussinot의 phase field 방정식 (7-34)는 앞 장에서의 phase field 방정식 (5-164)와 다르다. Brener와 Boussinot의 방정식에는 마지막 항이 추가되어 있다. 이처럼 Brener와 Boussinot의 phase field 모델은 지배 방정식에 단 한 개의 항이 더 추가되어 있다는 점에서만 기존의 모델과 다를 뿐이다. 그러나 본 장의 서론에서 자세히 설명한 것처럼, 이 추가된 항이 two side 계에서 phase field 모델의 모든 파라미터들을 명확하게 결정할 수 있도록 만들어 준다. 이를 다음 절에서 보여준다.

7.2 Brener와 Boussinot 모델의 파라미터

Phase field 모델에서는 수치계산 속도의 향상을 위해 계면의 두께를 가능한 한 두껍게 해 주는 것이 유리하다. 그러나 계면의 두께가 두꺼워질수록 계면에서의 비평형 현상이 심각해지며, 이에 따라 phase field 모델에서의 계면은 실제 계면과 상당히 다른 성질을 가질 수 있다. 따라서 두꺼운 계면을 갖는 phase field 모델을 이용하여 실제 계면의 거동을 흉내내기 위해서는 계면에서의 인위적인 비평형 현상을 억제하거나 또는 완전히 사라지도록 만들 필요가 있다. 앞의 제2장의 식 (2-134)와 (2-135)에서처럼, 계면 이동에 대한 열역학적 구동력 크기 Δf_d^i와 계면에서의 확산 퍼텐셜 도약의 크기 $\Delta\tilde{\mu}_i(=\tilde{\mu}_i^L-\tilde{\mu}_i^S)$는 계면의 이동 속도 v_n과 계면을 가로지르는 용질 원자의 유속 J_B에 대해 선형적인 관계를 갖는다(사실, J_B는 phase field 모델의 확산 방정식을 적분할 때 나타나는 적분 상수와 같다). 이 관계를 아래와 같이 다시 쓴다[79-82].

$$\Delta f_d^i = a\,v_n + b\,J_B \tag{7-35}$$

$$\Delta\tilde{\mu}_i = cJ_B + d\,v_n \tag{7-36}$$

여기서 a, b, c 및 d는 비례 상수들이다. Sharp interface 모델로 표현될 수 있는 실제 계면에서 이 비례 상수들은 매우 작은 값을 갖거나 아예 0의 값으로 근사되는 경우가 많다. 본 절에서는 이원계 합금에 대해, i) 두꺼운 계면을 갖는 phase field 모델에서도 계면의 열역학적 상태가 식 (7-35)와 (7-36)의 형태로 나타내질 수 있음을 보여주고, ii) 그 결과로서 phase field 모델의 지배 방정식에 들어있는 파라미터들과 상수 a, b, c 및 d 사이의 관계를 유도한 다음, iii) $a=b=c=d=0$일 때, 즉 계면에서 국소 평형 조건이 만족될 때 phase field 모델의 지배 방정식에 들어 있는 파라미터들이 어떻게 결정될 수 있는지를 설명한다. 실제 계면에 대해 4개의 상수 a, b, c 및 d가 주어져 있을 때, 이에 대응하도록 결정되어야 할 phase field 모델의 파라미터는 A, B, M_ϕ 및 M_d이다(확산 이동도 M_d에 대해서는 고상 쪽에서의 크기 M_d^S와 액상 쪽에서의 크기 M_d^S가 기본 물성으로 주어져 있으며, 계면의 내부 영역에서 $M_d(\phi)$의 함수 형태가 결정되어야 할 파라미터이다). 앞 장에서의 표기에 대한 관례를 따라, 모상 α는 액상 L로, 변태상 β는 고상 S로 표기하겠다. Phase field 모델의 파라미터를 결정하는 과정은 앞의 제5장과 제6장에서 했던 얇은 계면 근사와 아주 유사하다. 다만 phase field 방정식에 하나의 항이 더 붙어 있을 뿐이다.

1) 계면에서의 확산 퍼텐셜 도약 $\Delta\widetilde{\mu}_i$

등온으로 유지되고 있는 2원계 합금에서, 평면 고-액 계면이 일정 속도 v_n으로 x축 방향을 따라 이동하고 있다. 계면의 두께를 앞 장에서와 마찬가지로 2ξ라고 할 때, 고상과 액상은 각각 $x<-\xi$와 $x>\xi$에 위치해 있다. 계면 내부에서는 $x=-\xi$에서 $x=+\xi$로 감에 따라 상의 상태가 $\phi=1$인 고상으로부터 $\phi=0$인 액상으로 변해나간다. 좌표의 원점($x=0$)을 v_n의 속도로 이동하는 계면의 중앙($\phi=1/2$)에 고정시킬 때, 정상 상태에서는 $\partial/\partial t=-v_n d/dx$로 쓸 수 있다. 또한, $\phi=1$인 고상이 $x<-\xi$에 있기 때문에 $\nabla\phi/|\nabla\phi|=-1$이 된다. 따라서 확산 방정식 (7-33)은 다음과 같이 된다.

$$-v_n\frac{du}{dx}=\frac{d}{dx}M_d\frac{d\widetilde{\mu}}{dx}+v_n\frac{d}{dx}\left(M_dB\frac{d\phi}{dx}\right) \tag{7-37}$$

이 식을 적분한다:

$$J_B-v_nu=M_d\frac{d\widetilde{\mu}}{dx}+v_nM_dB\frac{d\phi}{dx} \tag{7-38}$$

여기서 J_B는 적분 상수이다. 계면에서 고상 쪽($x=-\xi$)과 액상 쪽($x=\xi$)에서는 각각 $\phi=1$ 및 $\phi=0$이기 때문에, 위의 식 (7-38)은 다음과 같이 된다.

$$J_B=v_nu_S^i+M_d\left.\frac{d\widetilde{\mu}}{dx}\right|_{x=-\xi} \tag{7-39}$$

$$J_B=v_nu_L^i+M_d\left.\frac{d\widetilde{\mu}}{dx}\right|_{x=\xi} \tag{7-40}$$

식 (7-39)에서 적분 상수 J_B는 계면에서 고상 쪽으로 향하는 용질 원자 유속이고, 식 (7-40)에서 J_B는 액상 쪽에서 계면으로 향하는 용질 원자 유속이다. 질량 보존 조건에 의해 두 유속은 서로 같아야 한다. 식 (7-39)에서 식 (7-40)을 빼면 J_B는 사라지고 계면에서의 질량 보존 조건인 이전 장에서의 식 (5-3)이 얻어진다. 식 (7-38)로부터 확산 퍼텐셜 기울기를 구하면,

$$\frac{d\widetilde{\mu}}{dx}=\frac{J_B}{M_d}-v_n\left(\frac{u}{M_d}+B\frac{d\phi}{dx}\right) \tag{7-41}$$

계면의 열역학적 상태가 평형 상태에서 그리 멀리 벗어나지 않았다면 다음의 근사가 가능하다:

$$\begin{aligned} &\phi \simeq \phi^e \ ; \ M_d(u,\phi) \simeq M_d(u^e,\phi^e) \equiv M^e(\phi^e) \ ; \\ &B \simeq B^e \ ; \ u \simeq u^e = u_S^e h^e + u_L^e(1-h^e) \end{aligned} \tag{7-42}$$

여기서 $h^e = h(\phi^e)$이며, 모든 위 첨자 e는 평형 상태에서의 값임을 의미한다. 따라서 식 (7-41)은

$$\frac{d\tilde{\mu}}{dx} = \frac{J_B}{M^e} - v_n\left(\frac{u^e}{M^e} + B^e\frac{d\phi^e}{dx}\right) \tag{7-43}$$

로 써질 수 있다. 이 식을 다시 적분한다:

$$\tilde{\mu}(x) = \tilde{\mu}(0) - \int_0^x Q(\phi^e)dx \tag{7-44}$$

여기서 $\tilde{\mu}(0)$는 적분 상수이며, $Q(\phi^e)$는 다음으로 정의되었다.

$$Q(\phi^e) = -\frac{J_B}{M^e} + v_n\left(\frac{u^e}{M^e} + B^e\frac{d\phi^e}{dx}\right) \tag{7-45}$$

$Q(\phi^e)$는 다음의 성질을 가지고 있다.

$$Q_1 \equiv Q(1) = -\frac{J_B}{M_S^e} + v_n\frac{u_S^e}{M_S^e} \tag{7-46}$$

$$Q_0 \equiv Q(0) = -\frac{J_B}{M_L^e} + v_n\frac{u_L^e}{M_L^e} \tag{7-47}$$

여기서 $M_S^e = M^e(u_S^e, 1)$와 $M_L^e = M^e(u_L^e, 0)$의 표기가 사용되었다. 식 (7-44)로 주어지는 확산 퍼텐셜 분포와 식 (7-45)로 주어지는 함수 $Q(\phi^e)$의 분포는 개략적으로 다음의 Fig. 7-2와 같이 나태내질 수 있다.

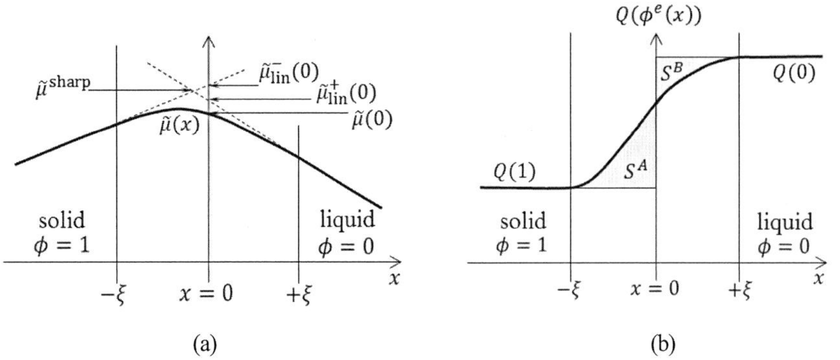

[Fig. 7-2] (a) 계면 부근에서 확산 퍼텐셜의 분포와 (b) 함수 $Q(\phi^e)$ 변화

이제 Fig. 7-2의 (a)에 점선으로 그려진 두 점근 직선을 구해 보자. $Q(\phi^e)$의 형태에 대한 Fig. 7-2(b)를 고려할 때, $+\xi < x \ll D/v_n$ 영역에서 확산 퍼텐셜 분포 (7-44)는 다음과 같은 직선으로 근사될 수 있다.

$$\begin{aligned} \tilde{\mu}^{+}_{\text{lin}}(x) &= \tilde{\mu}(0) - Q_0 x + \int_0^{\infty} \left(Q_0 - Q(\phi^e)\right) dx \\ &\equiv \tilde{\mu}(0) - Q_0 x + S^B \end{aligned} \tag{7-48}$$

여기서 면적 S^B는 Fig. 7-2(b)에 표시되어 있다. 이 직선 $\tilde{\mu}^{+}_{\text{lin}}(x)$가 Fig. 7-2(a)에서 오른쪽 점선에 해당한다. 마찬가지로, $-D/v_n \ll x < -\xi$ 영역에서 확산 퍼텐셜 분포는 다음의 직선으로 근사된다.

$$\begin{aligned} \tilde{\mu}^{-}_{\text{lin}}(x) &= \tilde{\mu}(0) - Q_1 x + \int_{-\infty}^{0} \left(Q(\phi^e) - Q_1\right) dx \\ &\equiv \tilde{\mu}(0) - Q_1 x + S^A \end{aligned} \tag{7-49}$$

여기서 면적 S^A 역시 Fig. 7-2(b)에 표시되어 있으며, 이 직선 $\tilde{\mu}^{-}_{\text{lin}}(x)$가 Fig. 7-2(a)에서 왼쪽 점선에 해당한다. Effective sharp interface에서의 확산 퍼텐셜 도약 $\Delta\tilde{\mu}$은 계면에서 모상인 액상 쪽과 변태상인 고상 쪽에서의 확산 퍼텐셜 차이로 정의되며, 그 결과는 다음과 같이 된다.

$$\begin{aligned} \Delta\tilde{\mu} &\equiv \tilde{\mu}^{+}_{\text{lin}}(0) - \tilde{\mu}^{-}_{\text{lin}}(0) \\ &= S_B - S_A \\ &= \int_0^{\infty} \left(Q_0 - Q(\phi^e)\right) dx - \int_{-\infty}^{0} \left(Q(\phi^e) - Q_1\right) dx \\ &\equiv a J_B + b v_n \end{aligned} \tag{7-50}$$

여기서 a와 b는 각각 다음과 같다.

$$a=\int_{-\infty}^{0}\left(\frac{1}{M^e}-\frac{1}{M_S^e}\right)dx+\int_{0}^{\infty}\left(\frac{1}{M^e}-\frac{1}{M_L^e}\right)dx \tag{7-51}$$

$$b=\int_{-\infty}^{0}\left(\frac{u_S^e}{M_S^e}-\frac{u^e}{M^e}-B^e\frac{d\phi^e}{dx}\right)dx+\int_{0}^{\infty}\left(\frac{u_L^e}{M_L^e}-\frac{u^e}{M^e}-B^e\frac{d\phi^e}{dx}\right)dx \tag{7-52}$$

여기서 u^e는 평형 상태에서의 농도 분포 $u^e=h(\phi^e)u_S^e+(1-h(\phi^e))u_L^e$이다. 이 결과로부터 볼 수 있듯이, 만약 M^e와 B^e의 함수 형태를 적절히 취하면 $a=b=0$가 성립하도록 만들어 줄 수 있다. 이 조건이 성립하면, phase field 모델에서 계면의 확산 퍼텐셜 도약은 계면의 두께에 무관하게 항상 사라진다. 더 구체적으로, $a=b=0$가 성립하도록 만드는 M^e와 B^e의 함수 형태에 대해서는 뒤에서 설명한다.

2) 계면에서의 열역학적 구동력 Δf_d^i

다음 단계는 effective sharp interface에 대해 작용하는 열역학적 구동력을 구하는 것이다. 이를 위해 먼저, Fig. 7-2에서 $x=0$에 위치한 가상적인 effective sharp interface에 작용하는 열역학적 구동력을 구한다. $x=0$의 위치에 있는 sharp interface에서 액상 쪽의 확산 퍼텐셜 $\tilde{\mu}_{\text{lin}}^{+}(0)$과 고상 쪽의 확산 퍼텐셜 $\tilde{\mu}_{\text{lin}}^{-}(0)$은 각각 다음과 같다.

$$\tilde{\mu}_{\text{lin}}^{+}(0)=\tilde{\mu}(0)+\int_{0}^{\infty}\left(Q_0-Q(\phi^e)\right)dx \tag{7-53}$$

$$\tilde{\mu}_{\text{lin}}^{-}(0)=\tilde{\mu}(0)+\int_{-\infty}^{0}\left(Q(\phi^e)-Q_1)\right)dx \tag{7-54}$$

이 확산 퍼텐셜에 대응하는 액상과 고상의 용질 농도를 각각 u_L^+와 u_S^-라 하자. 그러면 계면에서 u_L^+ 조성의 액상이 u_S^- 조성의 고상으로 변할 때의 자유 에너지의 변화, 즉 effective sharp interface의 이동에 대한 열역학적 구동력은 제2장의 식 (2-63)에 따라 다음으로 주어진다.

$$\begin{aligned}\Delta f_d^i&=\left(f^L(u_L^+)-\frac{df^\beta(u_L^+)}{du}u_L^+\right)-\left(f^S(u_S^-)-\frac{df^S(u_S^-)}{du}u_S^-\right)\\&=\left(f^L(u_L^+)-\tilde{\mu}_{\text{lin}}^{+}(0)u_L^+\right)-\left(f^S(u_S^-)-\tilde{\mu}_{\text{lin}}^{-}(0)u_S^-\right)\end{aligned} \tag{7-55}$$

2.1절의 5)항에서 설명했듯이, 계면 이동의 구동력은 과잉 용질 원자가 변태상과 모상에 어떻게 배분되느냐에 따라 식 (2-58), (2-59) 및 (2-63)과 같이 달라질 수 있다. 그러나 식 (7-50)의

확산 퍼텐셜 도약이 사라지는 조건($\Delta\tilde{\mu}=0$)에서는 $\tilde{\mu}_{\text{lin}}^{+}(0)=\tilde{\mu}_{\text{lin}}^{-}(0)$가 성립하기 때문에 식 (2-58), (2-59) 및 (2-63) 중에서 어느 식을 이용하여도 동일한 열역학적 구동력이 얻어진다. 계면의 상태가 평형 상태로부터 멀지 않다면, 구동력이 크기에 관한 한 $u_L^+ \simeq u_L^e$와 $u_S^- \simeq u_S^e$로 둘 수 있으며, 따라서 구동력 Δf_d^i은 다음으로 근사될 수 있다.

$$\begin{aligned}\Delta f_d^i &\simeq \left(f^L(u_L^e)-\tilde{\mu}_{\text{lin}}^{+}(0)u_L^e\right)-\left(f^S(u_S^e)-\tilde{\mu}_{\text{lin}}^{-}(0)u_S^e\right)\\ &= f^{L,e}-f^{S,e}-(u_L^e-u_S^e)\tilde{\mu}(0)\\ &\qquad -u_L^e\int_0^{\infty}\left(Q_0-Q(\phi^e)\right)dx+u_S^e\int_{-\infty}^{0}\left(Q(\phi^e)-Q_1\right)dx\end{aligned} \tag{7-56}$$

이 과정에서 식 (7-53)과 (7-54)가 이용되었다. 이 식 (7-56)을 이용하여 아직 결정되지 않은 채 남아 있던 $\tilde{\mu}(0)$가 포함된 항을 다음과 같이 나타낼 수 있다.

$$\begin{aligned}& f^{L,e}-f^{S,e}-(u_L^e-u_S^e)\tilde{\mu}(0)\\ &\quad=\Delta f_d^i+u_L^e\int_0^{\infty}\left(Q_0-Q(\phi^e)\right)dx-u_S^e\int_{-\infty}^{0}\left(Q(\phi^e)-Q_1\right)dx\end{aligned} \tag{7-57}$$

다음 단계로, phase field 방정식 (7-34)를 들여다보자. 이 방정식은 1차원 정상 상태에서 다음과 같이 된다.

$$-\frac{v_n}{M_\phi^e}\frac{d\phi^e}{dx}=\epsilon^e\frac{d^2\phi^e}{dx^2}-\omega g'(\phi^e)+\left(f^{L,e}-f^{S,e}-(u_L^e-u_S^e)\tilde{\mu}\right)\frac{dh^e}{d\phi}-M^eA^e\frac{d\tilde{\mu}}{dx} \tag{7-58}$$

이 식에는 $\partial/\partial t=-v_n\partial/\partial x$와 식 (7-42)의 근사가 이용되었다. 식 (7-58)의 양변에 $d\phi^e/dx$을 곱한 다음, 계면 영역에 걸쳐 적분한다:

$$\begin{aligned}& -v_n\int_{-\infty}^{\infty}\frac{1}{M_\phi^e}\left(\frac{d\phi^e}{dx}\right)^2dx\\ &\quad=-f^{L,e}+f^{S,e}-(u_L^e-u_S^e)\int_{-\infty}^{\infty}\tilde{\mu}\frac{dh^e}{dx}dx-\int_{-\infty}^{\infty}M^eA^e\frac{d\phi^e}{dx}\frac{d\tilde{\mu}}{dx}dx\end{aligned} \tag{7-59}$$

우변의 첫 번째 적분을 다음과 같이 두 조각으로 분해한다(그 이유는 다음 단계의 부분적분에서 나타나는 모든 적분들을 수렴하도록 만들기 위해서이다).

$$\int_{-\infty}^{\infty}\tilde{\mu}\frac{dh^e}{dx}dx=-\int_{-\infty}^{0}\tilde{\mu}\frac{d(1-h^e)}{dx}dx+\int_0^{+\infty}\tilde{\mu}\frac{dh^e}{dx}dx \tag{7-60}$$

우변의 두 항을 각각 부분 적분하여 다음을 얻는다.

$$\int_{-\infty}^{0} \tilde{\mu} \frac{d(1-h^e)}{dx} dx = \frac{\tilde{\mu}(0)}{2} - \int_{-\infty}^{0} \frac{d\tilde{\mu}}{dx}(1-h^e)dx \tag{7-61}$$

$$\int_{0}^{\infty} \tilde{\mu} \frac{dh^e}{dx} dx = -\frac{\tilde{\mu}(0)}{2} - \int_{0}^{\infty} \frac{d\tilde{\mu}}{dx} h^e dx \tag{7-62}$$

이 과정에서 $h(\phi^e)|_{x=0} = h(1/2) = 1/2$라는 점을 이용하였다. 식 (7-60) ~ (7-62)를 식 (7-59)에 대입하면 다음을 얻는다.

$$\begin{aligned} -v_n \int_{-\infty}^{\infty} \frac{1}{M_\phi^e}\left(\frac{d\phi^e}{dx}\right)^2 dx = &-f^{L,e} + f^{S,e} + (u_L^e - u_S^e)\left[\tilde{\mu}(0) - \int_{-\infty}^{0} \frac{d\tilde{\mu}}{dx}(1-h^e)dx\right. \\ &\left. + \int_{0}^{\infty} \frac{d\tilde{\mu}}{dx} h^e dx\right] - \int_{-\infty}^{\infty} M^e A^e \frac{d\phi^e}{dx}\frac{d\tilde{\mu}}{dx} dx \end{aligned} \tag{7-63}$$

식 (7-44)로부터 확산 퍼텐셜의 기울기는 $d\tilde{\mu}/dx = -Q(\phi^e)$가 된다는 것을 고려하면서, 식 (7-57)을 식 (7-63)에 대입하여 Δf_d^i를 구하면 그 결과는 다음과 같다.

$$\begin{aligned} \Delta f_d^i = &\int_{-\infty}^{0} \left(u^e Q(\phi^e) - u_S^e Q_1\right)dx + v_n \int_{-\infty}^{\infty} \frac{1}{M_\phi^e}\left(\frac{d\phi^e}{dx}\right)^2 dx \\ &+ \int_{0}^{\infty} \left(u^e Q(\phi^e) - u_L^e Q_0\right)dx + \int_{-\infty}^{\infty} M^e A^e \frac{d\phi^e}{dx} Q(\phi^e) dx \end{aligned} \tag{7-64}$$

$Q(\phi^e)$, Q_1 및 Q_0의 정의에 대한 식 (7-45) ~ (7-47)을 이용하면 식 (7-64)는 다음으로 귀결된다.

$$\Delta f_d^i = cJ + dv_n \tag{7-65}$$

여기서 c와 d는 각각 다음과 같다.

$$c = \int_{-\infty}^{0}\left(\frac{u_S^e}{M_S^e} - \frac{u^e}{M^e} - A^e\frac{d\phi^e}{dx}\right)dx + \int_{0}^{\infty}\left(\frac{u_L^e}{M_L^e} - \frac{u^e}{M^e} - A^e\frac{d\phi^e}{dx}\right)dx \tag{7-66}$$

$$\begin{aligned} d = &\int_{-\infty}^{0}\left(u^e\left(\frac{u^e}{M^e} + B^e\frac{d\phi^e}{dx}\right) - u_S^e\frac{u_S^e}{M_S^e}\right)dx + \int_{-\infty}^{\infty}\frac{1}{M_\phi^e}\left(\frac{d\phi^e}{dx}\right)^2 dx \\ &+ \int_{0}^{\infty}\left(u^e\left(\frac{u^e}{M^e} + B^e\frac{d\phi^e}{dx}\right) - u_L^e\frac{u_L^e}{M_L^e}\right)dx + \int_{-\infty}^{\infty} M^e A^e\frac{d\phi^e}{dx}\left(\frac{u^e}{M^e} + B^e\frac{d\phi^e}{dx}\right)dx \end{aligned} \tag{7-67}$$

PART 3

3) 국소 평형 조건에서의 phase field 파라미터

Brener와 Boussinot의 phase field 모델에서, 계면의 두께에 무관하게 effective sharp interface가 국소 평형 상태에 놓여 있다면 $a=b=c=d=0$이 성립해야 한다. 이를 하나씩 살펴보자.

$a=0$이 성립하기 위한 조건

식 (7-51)에 따라 이 조건은 다음과 같다.

$$\int_{-\infty}^{0}\left(\frac{1}{M^e}-\frac{1}{M_S^e}\right)dx=\int_{0}^{\infty}\left(\frac{1}{M_L^e}-\frac{1}{M^e}\right)dx \tag{7-68}$$

$M^e(\phi^e)$를 다음과 같이 놓자.

$$\frac{1}{M^e(\phi^e)}=\frac{h^e}{M_S^e}+\frac{1-h^e}{M_L^e} \tag{7-69}$$

그러면, $h^e(x)$는 식 (4-7)의 대칭성, 즉 $h^e(-x)=1-h^e(x)$의 성질을 갖는 내삽함수이기 때문에 식 (7-68)은 항등적으로 만족된다.

$b=0$이 성립하기 위한 조건

식 (7-52)에 따라 이 조건은 다음과 같다.

$$\int_{-\infty}^{0}\left(\frac{u_S^e}{M_S^e}-\frac{u^e}{M^e}-B^e\frac{d\phi^e}{dx}\right)dx=\int_{0}^{\infty}\left(-\frac{u_L^e}{M_L^e}+\frac{u^e}{M^e}+B^e\frac{d\phi^e}{dx}\right)dx \tag{7-70}$$

이 식으로부터 B^e를 결정하는 방법에는 두 가지가 있다. 첫 번째 방법은 B^e를 상수로 간주하는 것이다(이것이 Brener와 Boussinot[80-83]가 취한 방법이다). 이 경우 식 (7-70)은 다음과 같이 된다.

$$B^e\int_{-\infty}^{\infty}\frac{d\phi^e}{dx}dx=\int_{-\infty}^{0}\left(\frac{u_S^e}{M_S^e}-\frac{u^e}{M^e}\right)dx+\int_{0}^{\infty}\left(\frac{u_L^e}{M_L^e}-\frac{u^e}{M^e}\right)dx \tag{7-71}$$

평형 농도 분포

$$u^e=h(\phi^e)u_S^e+(1-h(\phi^e))u_L^e \tag{7-72}$$

와 식 (7-69)의 M^e를 대입하면 식 (7-71)은 다음과 같이 된다.

$$B^e \int_{-\infty}^{\infty} \frac{d\phi^e}{dx} dx = \int_{-\infty}^{0} \left(\frac{u_S^e}{M_S^e} - \left(u_S^e h^e + u_L^e (1-h^e) \right) \left(\frac{h^e}{M_S^e} + \frac{1-h^e}{M_L^e} \right) \right) dx$$
$$+ \int_{0}^{\infty} \left(\frac{u_L^e}{M_L^e} - \left(u_S^e h^e + u_L^e (1-h^e) \right) \left(\frac{h^e}{M_S^e} + \frac{1-h^e}{M_L^e} \right) \right) dx \quad (7\text{-}73)$$

우변의 두 번째 적분에서 $x \to -x$의 치환을 해주면 내삽함수의 대칭성에 의해 $h^e(x) \to h^e(-x) = 1 - h^e(x)$로 변하며, 적분 구간은 $\int_0^{-\infty} dx \to \int_0^{-\infty} d(-x) = \int_{-\infty}^0 dx$로 변한다. 이처럼 적분 구간을 통일시킨 상태에서 식 (7-73)을 정리하면 다음의 결과를 얻을 수 있다.

$$B^e \int_{-\infty}^{\infty} \frac{d\phi^e}{dx} dx = -\left(u_L^e - u_S^e \right) \left(\frac{1}{M_S^e} - \frac{1}{M_L^e} \right) \int_{-\infty}^{\infty} h^e (1-h^e) dx \quad (7\text{-}74)$$

여기서 좌변의 적분은 -1이며($x \to -\infty$에서 $\phi = 1$, $x = +\infty$에서 $\phi = 0$인 계를 고려했음), $d\phi^e/dx = -(\sqrt{2\omega}/\epsilon)\sqrt{g(\phi^e)}$을 기억하면, 식 (7-74)는

$$B^e = \left(u_L^e - u_S^e \right) \left(\frac{1}{M_S^e} - \frac{1}{M_L^e} \right) \int_{-\infty}^{\infty} h^e (1-h^e) dx$$
$$= \frac{\epsilon}{\sqrt{2\omega}} \left(u_L^e - u_S^e \right) \left(\frac{1}{M_S^e} - \frac{1}{M_L^e} \right) \int_0^1 \frac{h^e(1-h^e)}{\sqrt{g(\phi^e)}} d\phi^e \quad (7\text{-}75)$$

가 된다.

$b=0$의 조건으로부터 B^e를 결정하는 또 다른 방법이 있다. 이 방법에서는 B^e를 상수가 아니라 ϕ^e의 함수라고 가정하며 그 대신, 직접적인 적분 없이 함수의 대칭성만을 이용해 $b=0$의 조건을 만족시킨다. 식 (7-70)에서 B^e가 다음을 만족하도록 만들어 보자.

$$B^e \frac{d\phi^e}{dx} + \frac{u^e}{M^e} = \frac{u_S^e}{M_S^e} h^e + \frac{u_L^e}{M_L^e} (1-h^e) \quad (7\text{-}76)$$

그러면 식 (7-70)은 다음과 같이 되며

$$\left(\frac{u_S^e}{M_S^e} - \frac{u_L^e}{M_L^e} \right) \int_{-\infty}^{0} (1-h^e) dx = \left(\frac{u_S^e}{M_S^e} - \frac{u_L^e}{M_L^e} \right) \int_{0}^{\infty} h^e dx \quad (7\text{-}77)$$

내삽함수 h^e가 $h^e(-x) = 1 - h^e(x)$의 대칭성을 가지고 있는 한, 이 식은 항등적으로 성립된다. M^e에 대한 식 (7-69), u^e에 대한 식 (7-72) 및 $d\phi^e/dx = -(\sqrt{2\omega}/\epsilon)\sqrt{g(\phi^e)}$을 식 (7-

76)에 대입하여 정리하면, 다음과 같이 B^e가 결정된다.

$$B^e = \frac{\epsilon}{\sqrt{2\omega}}(u_L^e - u_S^e)\left(\frac{1}{M_S^e} - \frac{1}{M_L^e}\right)\frac{h^e(1-h^e)}{\sqrt{g(\phi^e)}} \tag{7-78}$$

식 (7-75)의 상수 B^e와 식 (7-76)의 함수 B^e는 서로 대단히 비슷하다. 특히, 많은 phase field 모델에서처럼 $h^e = \phi^e$와 $g(\phi^e) = \phi^{e2}(1-\phi^e)^2$를 택하면 식 (7-78)의 B^e도 상수로 되며, 식 (7-75)의 B^e와 같아진다.

$c=0$이 성립하기 위한 조건

식 (7-66)에서 $c=0$을 만족시키기 위해 필요한 A^e에 대한 조건은 식 (7-52)에서 $b=0$을 만족시키기 위해 필요한 B^e에 대한 조건과 동일한 것으로 드러난다. 따라서 $A^e = B^e$가 성립한다. 이는 Brener와 Boussinot의 phase field 모델이 Onsager의 상반관계를 만족함을 의미한다.

$d=0$이 성립하기 위한 조건

Phase field 모델에 들어있는 파라미터 M^e, A^e 및 B^e는 앞에서 결정되었다. 남아있는 마지막 파라미터인 phase field 이동도 M_ϕ^e는 식 (7-67)에서 $d=0$의 조건으로부터 구해질 수 있다. 여기에도, B^e를 결정할 때처럼, 두 가지의 방법이 있다. 그 중 하나는 M_ϕ^e를 상수로 간주한 상태에서, 식 (7-67)의 각 적분들을 수행한 다음에, 그 결과로부터 $d=0$일 때의 M_ϕ^e를 구하는 것이다. 다른 방법은 M_ϕ^e를 ϕ^e의 함수로 간주한 다음에, 함수의 대칭성을 이용하여 $d=0$이 만족되도록 만드는 방법이다. Brener와 Boussinot[80-83]은 전자의 방법을 사용하였지만, 여기서는 더 깔끔한 결과를 낳는 후자의 방법을 설명한다. 식 (7-67)에서 다음의 함수 H^e를 정의해 보자.

$$H^e = u^e\left(\frac{u^e}{M^e} + B^e\frac{d\phi^e}{dx}\right) + \frac{1}{M_\phi^e}\left(\frac{d\phi^e}{dx}\right)^2 + M^eA^e\frac{d\phi^e}{dx}\left(\frac{u^e}{M^e} + B^e\frac{d\phi^e}{dx}\right) \tag{7-79}$$

그러면 식 (7-67)은 다음과 같이 된다.

$$d = \int_{-\infty}^{0}\left(H^e - \frac{u_S^{e\,2}}{M_S^e}\right)dx + \int_{0}^{\infty}\left(H^e - \frac{u_L^{e\,2}}{M_L^e}\right)dx \tag{7-80}$$

따라서 H^e가 다음으로 나타내질 수 있다면

$$H^e = \frac{u_S^{e\,2}}{M_S^e} h^e + \frac{u_L^{e\,2}}{M_L^e}(1-h^e) \tag{7-81}$$

$h^e(-x) = 1 - h^e(x)$라는 대칭성 때문에 $d=0$이 항등적으로 성립하게 된다. 그러면 식 (7-79)와 (7-81)로부터 M_ϕ^e에 대한 다음의 표현이 얻어진다.

$$\begin{aligned} \frac{1}{M_\phi^e}\left(\frac{d\phi^e}{dx}\right)^2 =& -M^e A^e \frac{d\phi^e}{dx}\left(\frac{u_S^e}{M_S^e}h^e + \frac{u_L^e}{M_L^e}(1-h^e)\right) - u^e\left(\frac{u_S^e}{M_S^e}h^e + \frac{u_L^e}{M_L^e}(1-h^e)\right) \\ &+ \frac{u_S^{e\,2}}{M_S^e}h^e + \frac{u_L^{e\,2}}{M_L^e}(1-h^e) \end{aligned} \tag{7-82}$$

여기서 $A^e (= B^e)$에 대한 식 (7-78)을 대입하고, $d\phi^e/dx = -(\sqrt{2\omega}/\epsilon)\sqrt{g(\phi^e)}$을 이용하면, 다음과 같이 $1/M_\phi^e$가 얻어진다.

$$\begin{aligned} \frac{1}{M_\phi^e} =& \frac{\epsilon^e}{\sqrt{2\omega}}(u_L^e - u_S^e) \\ &\times \left[\left(\frac{M^e}{M_S^e} - \frac{M^e}{M_L^e}\right)\left(\frac{u_S^e}{M_S^e}h^e + \frac{u_L^e}{M_L^e}(1-h^e)\right) + \frac{u_L^e}{M_L^e} - \frac{u_S^e}{M_S^e}\right]\frac{h^e(1-h^e)}{g(\phi^e)} \end{aligned} \tag{7-83}$$

이상과 같이 phase field 모델에 들어있는 파라미터들이 국소 평형의 조건 하에서 결정되었다. 이렇게 결정된 파라미터를 전산모사에서 사용하면, 계면 두께가 심하게 과장되어 있음에도 불구하고, 계면의 모든 비평형 현상이 효과적으로 억제되어 계면은 국소 평형 상태에 머물게 된다.

이원계 합금의 상변태에 대한 Brener와 Boussinot 모델을 아래에 정리했다. 이 표의 파라미터들에서는 평형 상태에서의 값임을 의미하는 위 첨가 e가 제거되었다. 이는 전산모사 과정에서 각 순간마다 그리고 각 그리드마다 phase field ϕ와 u_S, u_L, M_S 및 M_L 등을 측정하고 이로부터 파라미터들이 결정되어도 좋다는 것을 의미한다. 물론 이원계 합금의 경우에는 평형 상태에서의 값들만 대입하여 파라미터를 결정할 수 있으나, 전산모사 결과는 각 그리드들의 순간값들을 사용했을 때와 거의 차이가 나지 않을 것이다.

PART 3

요약 6 2원계 합금에 대한 Brener와 Boussinot의 phase field 모델(Two side 모델: 변태상과 모상의 확산이 모두 고려되는 경우)

1 등확산 퍼텐셜 조건(equal diffusion potential condition)

$$\frac{df^S(u_S)}{du}=\frac{df^L(u_L)}{du}\equiv\tilde{\mu} \tag{7-84}$$

2 유효 농도(effective concentration)

$$u=h(\phi)u_S+(1-h(\phi))u_L \tag{7-85}$$

3 Phase field 방정식

$$\frac{1}{M_\phi}\frac{\partial\phi}{\partial t}=\epsilon^e\nabla^2\phi-\omega g'(\phi)+\left(f^{L,e}-f^{S,e}-(u_{iL}^e-u_{iS}^e)\tilde{\mu}_i\right)\frac{dh(\phi)}{d\phi}+M_dA\frac{\nabla\phi}{|\nabla\phi|}\cdot\nabla\tilde{\mu} \tag{7-86}$$

4 확산 방정식

$$\frac{\partial u}{\partial t}=\nabla\cdot M_d\nabla\tilde{\mu}+\nabla\cdot M_dB\frac{\nabla\phi}{|\nabla\phi|}\frac{\partial\phi}{\partial t} \tag{7-87}$$

5 국소평형 조건에서의 파라미터

확산 이동도:

$$\frac{1}{M(\phi)}=\frac{h(\phi)}{M_S}+\frac{1-h(\phi)}{M_L} \tag{7-88}$$

교차항 계수:

$$A=B=\frac{\epsilon}{\sqrt{2\omega}}(u_L-u_S)\left(\frac{1}{M_S}-\frac{1}{M_L}\right)\frac{h(\phi)(1-h(\phi))}{\sqrt{g(\phi)}} \tag{7-89}$$

Phase field 이동도:

$$\frac{1}{M_\phi}=\frac{\epsilon}{\sqrt{2\omega}}(u_L-u_S)\times\left[\left(\frac{M(\phi)}{M_S}-\frac{M(\phi)}{M_L}\right)\left(\frac{u_S}{M_S}h(\phi)+\frac{u_L}{M_L}(1-h(\phi))\right)+\frac{u_L}{M_L}-\frac{u_S}{M_S}\right]\frac{h(\phi)(1-h(\phi))}{g(\phi)} \tag{7-90}$$

7.3 Brener와 Boussinot 모델의 확장: 다성분계 모델

2원계 합금에 대한 Brener와 Boussinot의 모델은 일반적인 다원계 합금으로 확장될 수 있다[84]. 2원계 합금에 대한 Brener와 Boussinot의 phase field 방정식에 새로운 교차 항이 첨가된 것처럼, 다원계 합금의 phase field 방정식에서도 상응하는 새로운 교차항이 첨가되야 한다. 이를 감안한 다원계 phase field 모델의 지배 방정식은 다음과 같이 써질 수 있다.

$$\frac{\partial u_i}{\partial t}=\nabla\cdot M_{ij}\nabla\widetilde{\mu_j}+\nabla\cdot M_{ij}B_j\frac{\nabla\phi}{|\nabla\phi|}\frac{\partial\phi}{\partial t} \tag{7-91}$$

$$\frac{1}{M_\phi}\frac{\partial\phi}{\partial t}=\epsilon^e\nabla^2\phi-\omega g'(\phi)+\left(f^{L,e}-f^{S,e}-(u_{iL}^e-u_{iS}^e)\widetilde{\mu}_i\right)h'(\phi)+A_iM_{ij}\frac{\nabla\phi}{|\nabla\phi|}\cdot\nabla\widetilde{\mu}_j \quad (7\text{-}92)$$

여기에서도 앞의 제6장에서와 마찬가지로 연속된 동일 첨자에 대해 summation 기호를 생략하는 Einstein summation rule을 사용하였다. Phase field 방정식 (7–92)의 마지막 항이 추가된 교차항이다. 제6장에서와 마찬가지로, 다음과 같은 등확산 퍼텐셜 조건과 혼합 농도 규칙이 적용된다:

$$u_i(\boldsymbol{x})=u_{iS}(\boldsymbol{x})h(\phi)+u_{iL}(\boldsymbol{x})(1-h(\phi)) \quad (7\text{-}93)$$

$$\frac{df^S(u_{iS})}{du_{iS}}=\frac{df^L(u_{iL})}{du_{iL}}\equiv\widetilde{\mu}_i \text{ for } i=1,\ 2,\ 3,\ \cdots,\ n-1 \quad (7\text{-}94)$$

지금부터 확산 방정식 (7–91)과 phase field 방정식 (7–92)에 들어 있는 파라미터들을 국소 평형 조건에서 결정한다. 전체적인 과정은 이원계 합금의 경우에 대한 앞 절에서와 유사하기 때문에 여기서는 그 과정을 가능한 한 간략하게 설명한다. 1차원 정상 상태에서 확산 방정식은 다음과 같다.

$$-v_n\frac{du_i}{dx}=\frac{d}{dx}M_{ij}\frac{d\widetilde{\mu}_j}{dx}+v_n\frac{d}{dx}M_{ij}B_j\frac{d\phi}{dx} \quad (7\text{-}95)$$

이를 적분하면

$$J_i-v_nu_i=M_{ij}\frac{d\widetilde{\mu}_j}{dx}+v_nM_{ij}B_j\frac{d\phi}{dx} \quad (7\text{-}96)$$

가 된다. 여기서 J_i는 i 원소에 대한 적분 상수이다. 이 식으로부터 j 원소의 확산 퍼텐셜 구배를 구하면 다음과 같다.

$$\begin{aligned}\frac{d\widetilde{\mu}_j}{dx}&=W_{jk}J_k-v_n\left(W_{jk}u_k+B_j\frac{d\phi}{dx}\right)\\&\simeq W_{jk}^eJ_k-v_n\left(W_{jk}^eu_k^e+B_j^e\frac{d\phi^e}{dx}\right)\end{aligned} \quad (7\text{-}97)$$

여기서 W_{jk}는 확산 이동도 M_{jk}의 역행렬로 정의되었으며, J_k는 k번째 원소에 대한 적분 상수이다. 위 첨자 e는 평형 상태에서의 값을 의미하며, 두 번째 줄의 근사는 계면의 열역학적 상태가 평형 상태로부터 멀지 않다는 가정 하에서 성립한다. 식 (7–97)을 한 번 더 적분하면,

$$\tilde{\mu}_j(x) = \tilde{\mu}_j(0) - \int_0^x Q_j(\phi^e)dx \tag{7-98}$$

가 얻어진다. 여기서 $\tilde{\mu}_j(0)$는 적분 상수이며, $Q_j(\phi^e)$는 다음으로 정의되는 함수이다.

$$Q_j(\phi^e) = -W^e_{jk} J_k + v_n\left(W^e_{jk} u^e_k + B^e_j \frac{d\phi^e}{dx}\right) \tag{7-99}$$

이 함수 $Q_j(\phi^e)$는 $\phi^e = 1$과 $\phi^e = 0$에서 각각 다음의 값을 갖는다.

$$Q_{j1} \equiv Q_j(1) = -W^e_{jkS} J_k + v_n W^e_{jkS} u^e_{kS} \tag{7-100}$$

$$Q_{j0} \equiv Q_j(0) = -W^e_{jkL} J_k + v_n W^e_{jkL} u^e_{kL} \tag{7-101}$$

여기서 $W^e_{jkS} = W^e_{jk}|_{\phi^e=1}$와 $W^e_{jkL} = W^e_{jk}|_{\phi^e=0}$의 기호를 사용하였으며, 이들은 각각 고상과 액상의 확산 이동도에 대한 역행렬의 성분이다. 계면 부근에서 $\tilde{\mu}_j(x)$ 분포는 2원계 합금에 대한 Fig. 7-2의 경우와 같으며, effective sharp interface에서 액상 쪽과 고상 쪽의 확산 퍼텐셜도 유사한 방법을 따라 각각 다음과 같이 얻어진다.

$$\tilde{\mu}^+_j(x) = \tilde{\mu}_j(0) - Q_{j0}x + \int_0^\infty \left(Q_{j0} - Q_j(\phi^e)\right)dx \tag{7-102}$$

$$\tilde{\mu}^-_j(x) = \tilde{\mu}_j(0) - Q_{j1}x + \int_{-\infty}^0 \left(Q_j(\phi^e - Q_{j1})\right)dx \tag{7-103}$$

따라서 계면에서 j번째 원소에 대한 확산 퍼텐셜 도약의 크기는 다음과 같이 된다.

$$\begin{aligned} \Delta\tilde{\mu}_j &\equiv \tilde{\mu}^+_j(0) - \tilde{\mu}^-_j(0) \\ &= \int_0^\infty \left(Q_{j0} - Q_j(\phi^e)\right)dx - \int_{-\infty}^0 \left(Q_j(\phi^e) - Q_{j1}\right)dx \end{aligned} \tag{7-104}$$

이 확산 퍼텐셜 도약이 사라질 조건, 즉 $\Delta\tilde{\mu}_j = 0$이라는 조건은 $Q_j(\phi^e)$가 다음의 형태로 될 때 만족된다.

$$Q_j(\phi^e) = h^e Q_{j1} h^e + (1 - h^e) Q_{j0} \tag{7-105}$$

여기서 h^e는 $h^e(-x) = 1 - h^e(x)$를 만족하는 내삽함수이다. 그러면 $Q_j(\phi^e)$에 대한 식 (7-99)와 (7-105)로부터 다음의 등식이 얻어진다.

$$\begin{aligned}&\left(h^e W_{jkS}^e+(1-h^e)W_{jkL}^e-W_{jk}^e\right)J_k\\&\quad=v_n\left[h^e W_{jkS}^e u_{kS}^e+(1-h^e)W_{jkL}^e u_{kL}^e-W_{jk}^e u_k^e-B_j^e\frac{d\phi^e}{dx}\right]\end{aligned}\tag{7-106}$$

이 등식이 J_k와 v_n에 무관하게 항등적으로 만족되기 위해서는 다음의 각각이 성립해야 한다.

$$W_{jk}^e=h^e W_{jkS}^e+(1-h^e)W_{jkL}^e\tag{7-107}$$

$$B_j^e\frac{d\phi^e}{dx}=-W_{jk}^e u_k^e+h^e W_{jkS}^e u_{kS}^e+(1-h^e)W_{jkL}^e u_{kL}^e\tag{7-108}$$

식 (7-107)의 W_{jk}^e를 식 (7-108)에 대입하고, $u_k^e=u_{kS}^e h^e+u_{kL}^e(1-h^e)$의 관계를 이용하여 식 (7-108)을 정리하면 다음과 같이 된다.

$$B_j^e\frac{d\phi^e}{dx}=-h^e(1-h^e)\left(W_{jkS}^e-W_{jkL}^e\right)(u_{kL}^e-u_{kS}^e)\tag{7-109}$$

여기에 $d\phi^e/dx=-(\sqrt{2\omega}/\epsilon)\sqrt{g(\phi^e)}$을 이용하면, 결국 B_j^e가 다음과 같이 결정된다.

$$B_j^e=\frac{\epsilon}{\sqrt{2\omega}}\frac{h^e(1-h^e)}{\sqrt{g(\phi^e)}}\left(W_{jkS}^e-W_{jkL}^e\right)(u_{kL}^e-u_{kS}^e)\tag{7-110}$$

정리하면, 계면에서의 확산 퍼텐셜 도약이 사라질 때 확산 이동도의 역행렬은 식 (7-107)의 형태로 주어지며, 파라미터 B_j^e는 식 (7-110)으로 주어진다.

확산 퍼텐셜의 도약이 사라질 때는 effective sharp interface에서 고상 쪽의 확산 퍼텐셜 $\tilde{\mu}_j^-(0)$과 액상 쪽의 확산 퍼텐셜 $\tilde{\mu}_j^+(0)$이 서로 같게 된다. 이를 $\tilde{\mu}_j^+(0)=\tilde{\mu}_j^-(0)\equiv\tilde{\mu}_j^{\mathrm{sharp}}$로 정의하면, 식 (7-103)으로부터 $\tilde{\mu}_j^{\mathrm{sharp}}$는 다음과 같이 된다.

$$\begin{aligned}\tilde{\mu}_j^{\mathrm{sharp}}&=\tilde{\mu}_j(0)+\int_{-\infty}^{0}\left(Q_j(\phi^e)-Q_{j1}\right)dx\\&=\tilde{\mu}_j(0)+(Q_{j0}-Q_{j1})\int_{-\infty}^{0}(1-h^e)dx\\&=\tilde{\mu}_j(0)+\left[(W_{jkS}^e-W_{jkL}^e)J_k-v_n(W_{jkS}^e u_{kS}^e-W_{jkL}^e u_{kL}^e)\right]\int_{-\infty}^{0}(1-h^e)dx\end{aligned}\tag{7-111}$$

PART 3

앞의 두 번째 줄에서는 $Q_j(\phi^e)$에 대한 식 (7-105)가, 그리고 마지막 줄에서는 Q_{j1}과 Q_{j0}에 대한 (7-100)과 (7-101)의 정의가 이용되었다. 또한, 식 (7-98)로부터 확산 퍼텐셜의 구배는

$$\frac{d\tilde{\mu}_j}{dx} = -Q_j(\phi^e) \tag{7-112}$$

가 된다. 확산 퍼텐셜의 도약이 사라질 때 $Q_j(\phi^e)$는 식 (7-105)로 주어진다. 이를 식 (7-112)에 대입한 다음, Q_{j1}과 Q_{j0}에 대한 (7-100)과 (7-101)의 정의를 다시 이용하면 다음이 얻어진다.

$$\begin{aligned}\frac{d\tilde{\mu}_j}{dx} &= -h^e Q_{j1} - (1-h^e) Q_{j0} \\ &= \left(h^e W^e_{jkS} + (1-h^e) W^e_{jkL}\right) J_k - v_n\left(h^e W^e_{jkS} u^e_{kS} + (1-h^e) W^e_{jkL} u^e_{kL}\right) \\ &= W^e_{jk} J_k - v_n V_j\end{aligned} \tag{7-113}$$

마지막 줄에서는 식 (7-107)이 이용되었고, V_j는 다음과 같이 정의되었다.

$$V_j = h^e W^e_{jkS} u^e_{kS} + (1-h^e) W^e_{jkL} u^e_{kL} \tag{7-114}$$

이제 phase field 방정식 (7-92)에 들어있는 파라미터를 구해 보자. 이를 위해 1차원 정상 상태에서의 phase field 방정식을 쓴다.

$$-\frac{v_n}{M^e_\phi}\frac{d\phi^e}{dx} = \epsilon^e \frac{d^2\phi^e}{dx^2} - \omega g'(\phi^e) + \left(f^{L,e} - f^{S,e} - (u^e_{iL} - u^e_{iS})\tilde{\mu}_i\right) h'(\phi^e) - A^e_i M^e_{ij}\frac{d\tilde{\mu}_j}{dx} \tag{7-115}$$

이 식의 양변에 $d\phi^e/dx$를 곱한 다음 계면 전체 영역에 대해 적분한다:

$$\begin{aligned}&-v_n\int_{-\infty}^{\infty}\frac{1}{M^e_\phi}\left(\frac{d\phi^e}{dx}\right)^2 dx \\ &\quad = -f^{L,e} + f^{S,e} - (u^e_{iL} - u^e_{iS})\int_{-\infty}^{\infty}\tilde{\mu}_i\frac{dh^e}{dx}dx - \int_{-\infty}^{\infty} A^e_i M^e_{ij}\frac{d\phi^e}{dx}\frac{d\tilde{\mu}_j}{dx}dx\end{aligned} \tag{7-116}$$

여기서는 $h^e_p \equiv h_p(\phi^e)$의 표기를 사용하였다. 뒤에서 나타날 적분들의 발산을 막기 위해서, (7-116)에서 우변의 첫 적분을 다음과 같이 두 조각으로 쪼갠다.

$$\int_{-\infty}^{\infty}\tilde{\mu}_i\frac{dh^e}{dx}dx = -\int_{-\infty}^{0}\tilde{\mu}_i\frac{d(1-h^e)}{dx}dx + \int_{0}^{+\infty}\tilde{\mu}_i\frac{dh^e}{dx}dx \tag{7-117}$$

우변의 두 적분을 각각 부분 적분한다:

$$\int_{-\infty}^{0} \tilde{\mu}_i \frac{d(1-h^e)}{dx}dx = \frac{\tilde{\mu}_i(0)}{2} - \int_{-\infty}^{0} \frac{d\tilde{\mu}_i}{dx}(1-h^e)dx \tag{7-118}$$

$$\int_{0}^{\infty} \tilde{\mu}_i \frac{dh^e}{dx}dx = -\frac{\tilde{\mu}_i(0)}{2} - \int_{0}^{\infty} \frac{d\tilde{\mu}_i}{dx}h^e dx \tag{7-119}$$

여기서 $h(\phi^e)_{x=0} = h(1/2) = 1/2$라는 점을 이용하였다. 따라서 식 (7-117)의 적분은 다음과 같이 나타내진다.

$$\int_{-\infty}^{\infty} \tilde{\mu}_i \frac{dh^e}{dx}dx = -\tilde{\mu}_i(0) + \int_{-\infty}^{0} \frac{d\tilde{\mu}_i}{dx}(1-h^e)dx - \int_{0}^{\infty} \frac{d\tilde{\mu}_i}{dx}h^e dx \tag{7-120}$$

이제 식 (7-111)을 $\tilde{\mu}_j(0)$에 대한 식으로 나타내고, 그 결과와 $d\tilde{\mu}_i/dx$에 대한 식 (7-113)을 식 (7-120)에 대입하여 정리하면, 다음의 형태로 나타난다(이 과정에서 W_{ij}^e에 대한 식 (7-107)과 V_i에 대한 식 (7-114)를 사용한다).

$$\int_{-\infty}^{\infty} \tilde{\mu}_i \frac{dh^e}{dx}dx = -\tilde{\mu}_i^{\mathrm{sharp}} + p_{ij}J_j + q_i v_n \tag{7-121}$$

여기서 p_{ij}와 q_i는 각각 다음과 같다.

$$p_{ij} = \int_{-\infty}^{0} \left(W_{ijS}^e - W_{ij}^e h^e\right)dx - \int_{0}^{\infty} W_{ij}^e h^e dx \tag{7-122}$$

$$q_i = -\int_{-\infty}^{0} \left(W_{ijS}^e u_{jS}^e - V_i h^e\right)dx + \int_{0}^{\infty} V_i h^e dx \tag{7-123}$$

한편, $d\tilde{\mu}_i/dx$에 대한 식 (7-113)을 이용하여 식 (7-116)의 마지막 적분을 다음과 같이 수행한다.

$$\begin{aligned} \int_{-\infty}^{\infty} A_i^e M_{ij}^e \left(\frac{d\phi^e}{dx}\right)^2 \frac{d\tilde{\mu}_j}{dx}dx &= \int_{-\infty}^{\infty} A_i^e M_{ij}^e \left(\frac{d\phi^e}{dx}\right)^2 \left[W_{jk}^e J_k - v_n V_j\right]dx \\ &= \int_{-\infty}^{\infty} \left(\frac{d\phi^e}{dx}\right)^2 \left[A_j^e J_j - v_n A_i^e M_{ij}^e V_j\right]dx \end{aligned} \tag{7-124}$$

여기에서는 W^e_{jk}가 M^e_{ij}의 역행렬로 정의되었다는 점을 이용하였다. 식 (7-121)과 (7-124)를 식 (7-116)에 대입하여 정리하면, 결국 다음의 형태로 귀결된다.

$$f^{L,e} - f^{S,e} - (u^e_{iL} - u^e_{iS})\tilde{\mu}_i^{\text{sharp}} = c_j J_j + d v_n \tag{7-125}$$

여기서 c_j와 d는 각각 다음과 같이 주어진다.

$$c_j = -(u^e_{iL} - u^e_{iS})\left(\int_{-\infty}^{0}\left(W^e_{ijS} - W^e_{ij}h^e\right)dx - \int_0^\infty W^e_{ij}h^e dx\right) - \int_{-\infty}^{\infty} A^e_j \frac{d\phi^e}{dx}dx \tag{7-126}$$

$$\begin{aligned} d = &-(u^e_{iL} - u^e_{iS})\left(-\int_{-\infty}^{0}\left(W^e_{ijS}u^e_{jS} - V_i h^e\right)dx + \int_0^\infty V_i h^e dx\right) \\ &+ \int_{-\infty}^{\infty}\frac{d\phi^e}{dx}A^e_i M^e_{ij} V_j dx + \int_{-\infty}^{\infty}\frac{1}{M^e_\phi}\left(\frac{d\phi^e}{dx}\right)^2 dx \end{aligned} \tag{7-127}$$

계면에서 국소 평형 조건이 만족되려면 $c_j = 0$ 및 $d = 0$이 되어야 한다. 우선 c_j=0을 만족하도록 A^e_j를 결정해 보자. 이를 위해

$$A^e_j \frac{d\phi^e}{dx} = -(u^e_{iL} - u^e_{iS})\left(W^e_{ijS} - W^e_{ij}\right)h^e \tag{7-128}$$

로 둔다. 그러면 식 (7-126)은

$$c_j = -(u^e_{iL} - u^e_{iS})W^e_{ijS}\left(\int_{-\infty}^{0}(1-h^e)dx - \int_0^\infty h^e dx\right) \tag{7-129}$$

로 되는데, $h^e(-x) = 1 - h^e(x)$의 대칭성으로 인해 항상 $c_j = 0$가 된다. W^e_{ij}에 대한 식 (7-107), $u^e_k = u^e_{kS}h^e + u^e_{kL}(1-h^e)$ 및 $d\phi^e/dx = -(\sqrt{2\omega}/\epsilon)\sqrt{g(\phi^e)}$을 식 (7-128)에 대입하면, A^e_j가 얻어진다.

$$A^e_j = \frac{\epsilon}{\sqrt{2\omega}}\frac{h^e(1-h^e)}{\sqrt{g(\phi^e)}}(u^e_{iL} - u^e_{iS})\left(W^e_{ijS} - W^e_{ijL}\right) \tag{7-130}$$

이 결과는 B^e_j에 대한 식 (7-110)의 결과와 매우 비슷하지만 같지는 않다. 왜냐하면 A^e_j와 B^e_j에 들어있는 행렬 곱의 순서가 다음과 같이 서로 다르기 때문이다.

$$(u^e_{iL} - u^e_{iS})\left(W^e_{ijS} - W^e_{ijL}\right) \neq \left(W^e_{jkS} - W^e_{jkL}\right)(u^e_{kL} - u^e_{kS}) \tag{7-131}$$

다만 확산 이동도의 역행렬인 W^e_{ijL}와 W^e_{ijS}가 대칭행렬일 경우에는 A^e_j와 B^e_j가 같아진다. 주어진 행렬이 대칭행렬이면 그 역행렬도 대칭행렬이라는 점을 감안하면, 액상과 고상의 확산 이동도 M^e_{ijL}와 M^e_{ijS}가 대칭행렬일 때만 Onsager의 상반관계가 성립한다.

마지막 단계로서, 조건 $d=0$으로부터 phase field 이동도 M^e_ϕ가 결정되어야 한다. 이를 위해 다음의 관계가 성립한다고 가정해 보자.

$$(u^e_{iL}-u^e_{iS})V_i h^e_p - A^e_i \frac{d\phi^e}{dx} M^e_{ij} V_j - \left(\frac{d\phi^e}{dx}\right)^2 \frac{1}{M^e_\phi} = (u^e_{iL}-u^e_{iS}) W^e_{ijS} u^e_{jS} h^e_p \tag{7-132}$$

그러면 d에 대한 식 (7-127)은 다음과 같이 되며,

$$d = (u^e_{iL}-u^e_{iS}) W^e_{ijS} u^e_{jS}\left(\int_{-\infty}^{0}(1-h^e)dx - \int_{-\infty}^{0} h^e dx\right) \tag{7-133}$$

$h^e(-x)=1-h^e(x)$의 대칭성으로 인해, 항상 $d=0$이 만족된다. 이때의 M^e_ϕ는 식 (7-132)로부터 다음과 같이 결정된다.

$$\frac{1}{M^e_\phi}\left(\frac{d\phi^e}{dx}\right)^2 = -A^e_k \frac{d\phi^e}{dx} M^e_{kj} V_j + (u^e_{iL}-u^e_{iS}) V_i h^e - (u^e_{iL}-u^e_{iS}) W^e_{ijS} u^e_{jS} h^e \tag{7-134}$$

여기서 $A^e_k d\phi^e/dx$에 대한 식 (7-128)을 대입하고 정리한 다음, $d\phi^e/dx = -(\sqrt{2\omega}/\epsilon)\sqrt{g(\phi^e)}$을 이용하면, 최종적으로 M^e_ϕ에 대한 다음의 식이 얻어진다.

$$\begin{aligned}\frac{1}{M^e_\phi} &= \frac{\epsilon^e}{\sqrt{2\omega}}(u^e_L - u^e_S) \\ &\quad\times\left[\left(W^e_{ikS} - W^e_{ikL}\right)M^e_{kj} V_j - W^e_{ijS} u^e_{jS} + W^e_{ijL} u^e_{jL}\right)\right]\frac{h^e(1-h^e)}{g(\phi^e)}\end{aligned} \tag{7-135}$$

이상에서와 같이 2원계 합금에 대한 Brener와 Boussinot의 phase field 모델을 다성분계로 확장하였으며, 국소 평형 조건이 만족된다는 조건 하에서 모델의 파라미터들을 결정하였다. 그 결과를 다음에 요약하였다.

요약 7 다원계 합금에 대한 Brener와 Boussinot의 phase field 모델 (Two side 모델: 변태상과 모상의 확산이 모두 고려되는 경우)

1 등확산 퍼텐셜 조건(equal diffusion potential condition)

$$\frac{df^S(u_{iS})}{du_{iS}} = \frac{df^L(u_{iL})}{du_{iL}} \equiv \tilde{\mu}_i \quad \text{for } i = 1,2,3,\cdots,n-1 \tag{7-136}$$

2 유효 농도(effective concentration)

$$u_i = u_{iS}h(\phi) + u_{iL}(1-h(\phi)) \tag{7-137}$$

3 Phase field 방정식

$$\frac{1}{M_\phi}\frac{\partial\phi}{\partial t} = \epsilon^e\nabla^2\phi - \omega g'(\phi) + \left(f^{Le} - f^{Se} - (u_{iL}^e - u_{iS}^e)\tilde{\mu}_i\right)h'(\phi) + A_i M_{ij}\frac{\nabla\phi}{|\nabla\phi|}\cdot\nabla\tilde{\mu}_j \tag{7-138}$$

4 확산 방정식

$$\frac{\partial u_i}{\partial t} = \nabla\cdot M_{ij}\nabla\tilde{\mu}_j + \nabla\cdot M_{ij}B_j\frac{\nabla\phi}{|\nabla\phi|}\frac{\partial\phi}{\partial t} \tag{7-139}$$

5 국소 평형 조건에서의 파라미터

확산 이동도의 역행렬:

$$W_{jk}^e = h^e W_{jkS}^e + (1-h^e)W_{jkL}^e \tag{7-140}$$

교차항 계수:

$$B_j^e = \frac{\epsilon}{\sqrt{2\omega}}\frac{h^e(1-h^e)}{\sqrt{g(\phi^e)}}\left(W_{jkS}^e - W_{jkL}^e\right)(u_{kL}^e - u_{kS}^e) \tag{7-141}$$

$$A_j^e = \frac{\epsilon}{\sqrt{2\omega}}\frac{h^e(1-h^e)}{\sqrt{g(\phi^e)}}(u_{iL}^e - u_{iS}^e)\left(W_{ijS}^e - W_{ijL}^e\right) \tag{7-142}$$

Phase field 이동도:

$$\frac{1}{M_\phi^e} = \frac{\epsilon^e}{\sqrt{2\omega}}(u_L^e - u_S^e) \times \left[\left(W_{ikS}^e - W_{ikL}^e\right)M_{kj}^e V_j - W_{ijS}^e u_{jS}^e + W_{ijL}^e u_{jL}^e\right)\Big]\frac{h^e(1-h^e)}{g(\phi^e)} \tag{7-143}$$

여기서 $V_j = h^e W_{jkS}^e u_{kS}^e + (1-h^e)W_{jkL}^e u_{kL}^e$ (7-144)

8 다상계 상변태의 phase field 모델

지금까지는 두 종류의 상 사이에 일어나는 상변태만을 다루었다. 그러나 많은 재료에서는, 포정 반응이나 공정 반응처럼 두 종류 이상의 상들이 개입하는 상변태가 일어난다. 본 장에서는 임의의 개수의 상 사이에서 일어나는 상변태를 위한 phase field 모델을 소개한다. 이러한 모델[24,32-35,60,65-70]을 다상 phase field 모델(MPF 모델: multiphase field model)이라고 부른다. 일반적으로 상이라 함은 결정구조와 조성이 같은 영역을 의미하며, 원자 배열의 방향만 서로 다른 결정립들은 모두 동일한 상으로 간주해 왔다. 그러나 방위가 서로 다른 두 결정립이 만날 때도 서로 다른 상 사이의 경계처럼 계면이 만들어진다는 점을 고려해서, 두 결정립은 서로 다른 상으로 간주될 것이다. 이런 의미에서 결정립 성장도 서로 다른 상 사이의 상변태로 여겨질 수 있다. 지금까지 여러 가지의 다상 phase field 모델이 제시되어 왔으며, 이들은 다음의 3가지 부류로 분류될 수 있다;

i) 상의 개수에 대응하는 만큼의 phase field 개수를 도입하고, 공간 상의 모든 점에서 phase field의 총합을 보존시키는 모델[24,32,33,60,70]
ii) 앞의 모델처럼 상의 수만큼 phase field를 도입하지만, phase field의 총 합을 보존시키지 않는 모델[35,67-69] 및
iii) phase field의 값 자체를 결정립의 방위에 해당하도록 정의함으로써 하나의 phase field 만으로 모든 결정립을 표현하는 모델[65,66]. 각 모델은 나름대로의 장단점을 가지고 있으나, 본 장에서는 가장 널리 이용되고 있는 첫 번째 모델을 주로 설명하겠다.

본 장 이전에서는 두 상 사이의 상변태만 다루었으며, phase field 모델에 들어 있는 파라미터를 결정하는 방법에 초점이 맞추어져 있었다. 다상계라 하더라도 실질적인 계면은 두 상 사이에서만 만들어진다. 따라서 본 장 이전에서 유도된 파라미터들은 다상계의 계면에 대해서도 대부분 그대로 적용되며, 파라미터에 대해서는 최소한의 설명만 하겠다.

본 장의 내용은 다음과 같다.

i) 먼저 다상계 phase field 방정식을 만드는 한 방법인 interface field 법을 소개한다. 이 방법은 Steinbach와 Pezzola에 의해 고안된 방법[32]으로, 그동안 제안돼왔던 다른 방법들에 비해, 비교적 단순하면서도 여러 가지 유익한 성질을 가지고 있다[32,60,70].
ii) Interface field 법을 출발점으로 하여, 범함수로부터 다상 다성분계 지배 방정식을 유도한다[71]. 결과적으로 얻어지는 phase field 모델은 상의 수와 성분의 수에 제한이 없다는 점에서 범용 모델로 여겨질 수 있다.

iii) 다상계 phase field 모델에서 계면 에너지와 이동도에 이방성을 도입하는 방법[71]이 자세히 설명된다.

iv) 공정 반응이나 포정 반응의 경우에는 3개의 상이 개입된다. 이에 대한 phase field 모델을 만들기 위해서는 3개의 상에 해당하는 phase field를 도입하는 것으로 충분하다. 이에 비해, 다결정체의 결정립 성장에는 결정립의 방위의 개수, 즉 결정립의 개수에 해당하는 수의 상들이 개입된다. 따라서 결정립 성장의 phase field 모델을 만들기 위해서는 거의 무한한 수의 phase field가 허용되는 모델을 만들 필요가 있으며 이로 인해 컴퓨터의 메모리 공간에 대한 문제와 수치계산의 효율성이 문제가 된다. 이를 해결하는 방법[70]에 대해 설명한다.

v) 다성분계 합금의 상변태를 phase field 모델로 전산모사할 때 가장 많은 계산시간이 소요되는 부분은 등확산 퍼텐셜 조건을 만족시키는 과정이다. 이 과정을 효율적으로 계산하는 방법[72]이 구체적으로 제시된다.

8.1 다상 다성분계 phase field 모델

1) Interface field 법

다상계 상변태 중 가장 간단한 경우는 다결정재료에서의 결정립 성장이다. 따라서 결정립 성장에 초점을 맞춘 여러 가지 다상 phase field 모델들이 제안되어 왔다[24,32-35,60,65-70]. 대부분의 모델들은 나름대로의 장점과 단점을 가지고 있다. 저자가 보기에, 단순하면서도 융통성이 많은 모델 중의 하나가 Steinbach와 Pezzola가 처음 제안한 interface field를 이용한 다상 phase field 모델[32,60,70]]이다. 본 절에서는 이에 대해 설명한다.

Q개의 상이 존재하는 다상계를 고려해 보자. p상과 q상의 내부 영역에서 phase field 값은 각각 $\phi_p = 1$과 $\phi_q = 1$로 정의된다. p상에서 q상으로 변하는 계면 영역에서는 ϕ_p가 0에서 1로 변해가며, 반대로 ϕ_q는 0에서 1로 변해간다. 이처럼 계 내부의 모든 점에서 phase field의 총 합은 보존된다.

$$\sum_{p=1}^{Q} \phi_p(\boldsymbol{x}) = 1 \tag{8-1}$$

어느 순간 t와 한 점 $\boldsymbol{x}$에서 다음의 계단함수를 정의한다.

$$s_p(\boldsymbol{x},t) = \begin{cases} 1 & \text{for } \phi_p > 0 \\ 0 & \text{for } \phi_p = 0 \end{cases} \tag{8-2}$$

한 점에서 공존하는 phase field의 개수 $S(\boldsymbol{x},t)$는 그 점에서 계단함수의 총합으로 나타내질 수 있다.

$$S(\boldsymbol{x})=\sum_{i=1}^{Q}s_i(\boldsymbol{x},t) \tag{8-3}$$

이제 interface field ψ_{pq}를 다음과 같이 정의한다.

$$\psi_{pq}\equiv\phi_p-\phi_q \tag{8-4}$$

그러면, ϕ_p는 다음과 같이 ψ_{pq}의 함수로 나타내질 수 있다.

$$\phi_p=\frac{1}{S}\left(\sum_{q\neq p}^{Q}s_{pq}\psi_{pq}+1\right) \tag{8-5}$$

여기서 $s_{pq}\equiv s_p s_q$의 표기를 사용하였다. 식 (8-5)는 자명한 항등식이다. 예를 들어 한 점에 0 아닌 phase field로서 ϕ_p와 ϕ_1, ϕ_2, ϕ_3가 공존한다고 가정해 보자. 그러면 괄호의 항은

$$(\phi_p-\phi_1)+(\phi_p-\phi_2)+(\phi_p-\phi_3)+1=3\phi_p+1-(\phi_1+\phi_2+\phi_3)=3\phi_p+\phi_p=4\phi_p$$

가 되어 식 (8-5)가 성립함을 볼 수 있다. 식 (8-5)의 양변을 시간에 대해 미분한다:

$$\frac{\partial\phi_p}{\partial t}=\frac{1}{S}\sum_{q\neq p}^{Q}s_{pq}\frac{\partial\psi_{pq}}{\partial t}=\frac{1}{S}\sum_{q\neq p}^{Q}s_{pq}\left(\frac{\partial\phi_p}{\partial t}-\frac{\partial\phi_q}{\partial t}\right) \tag{8-6}$$

식 (8-6) 역시 단순히 항등관계에 불과하다. 이 단계에서 Steinbach와 Pezzola[32]는 다음을 가정한다.

$$\frac{\partial\phi_p}{\partial t}-\frac{\partial\phi_q}{\partial t}=-2M_{pq}\left(\frac{\delta F}{\delta\phi_p}-\frac{\delta F}{\delta\phi_q}\right) \tag{8-7}$$

여기서 F는 계의 자유 에너지 범함수이며, M_{pq}는 p/q계면에 관련된 interface field의 이동도이다. 이때 이동도는 $M_{pq}=M_{qp}$의 관계를 만족해야 한다. 식 (8-7)의 가정이 interface field 법의 핵심이다. 이 가정으로 인해, 각각의 phase field가 아니라, 각각의 interface field를 지배하는 방정식이 만들어진다. 예를 들어 p, q 및 r이라는 3개의 상이 공존하는 영역에서, 식 (8-7)은 p/q, q/r 및 r/p 계면의 움직임을 묘사하는 식이 된다. 식 (8-7)을 식 (8-6)에 대입하면

$$\frac{\partial\phi_p}{\partial t}=-\frac{2}{S}\sum_{q\neq p}^{Q}s_{pq}M_{pq}\left(\frac{\delta F}{\delta\phi_p}-\frac{\delta F}{\delta\phi_q}\right) \tag{8-8}$$

가 얻어진다. 이 식이 interface field 법으로부터 얻어지는 phase field 방정식이며, 범함수 F가 주어지면 구체적인 형태가 결정된다.

범함수 F에는 phase field의 총 합이 항상 1이 된다는 조건이 반영되어야 한다. 따라서 F는 다음의 형식이 된다.

$$F=\int_{\Omega}\left(f^{\text{int}}+f^{\text{chem}}+\lambda\left(\sum_{p=1}^{Q}\phi_p-1\right)\right)d\Omega \tag{8-9}$$

여기서 f^{int}는 계면 에너지에 관계된 항이며, f^{chem}는 각 상의 자유 에너지로부터의 따라오는 항이다. λ는 Lagrange의 미정계수이다. Steinbach와 Pezzola[32]는 f^{int}로서 다음을 택하였다.

$$f^{\text{int}}=\sum_{p>q}^{Q}\sum_{q}^{Q}\left(-\frac{\epsilon_{pq}^2}{2}\nabla\phi_p\cdot\nabla\phi_q+\omega_{pq}\phi_p\phi_q\right) \tag{8-10}$$

여기서 p/q계면과 q/p계면은 동일한 계면이기 때문에, $\epsilon_{pq}=\epsilon_{qp}$와 $\omega_{pq}=\omega_{qp}$가 성립해야 한다(만약 계 내부에 두 개의 상만 존재한다면, $\phi_q=1-\phi_p$와 $\nabla\phi_q=-\nabla\phi_p$가 성립하기 때문에 범함수 (8-9)는 Allen-Cahn 방정식과 관련된 범함수 (3-34)의 형태가 된다). 범함수 미분에 대한 공식 (3-14)로부터 다음이 얻어진다.

$$\frac{\delta F}{\delta\phi_p}=\frac{\partial f^{\text{chem}}}{\partial\phi_p}+\sum_{r\neq p}^{Q}\left(\nabla\cdot\frac{\epsilon_{pr}^2}{2}\nabla\phi_r+\omega_{pr}\phi_r\right)+\lambda \tag{8-11}$$

$$\frac{\delta F}{\delta\phi_q}=\frac{\partial f^{\text{chem}}}{\partial\phi_q}+\sum_{s\neq q}^{Q}\left(\nabla\cdot\frac{\epsilon_{qs}^2}{2}\nabla\phi_s+\omega_{qs}\phi_s\right)+\lambda \tag{8-12}$$

식 (8-11)과 (8-12)를 식 (8-8)에 넣으면 phase field 방정식이 완성된다. 이 과정에서 미정계수 λ는 사라진다.

식 (8-8)의 의미를 파악하기 위해, ϕ_1과 ϕ_2으로만 구성되는 하나의 결정립계를 생각해 보자. 결정립계의 경우에는 $f^{\text{chem}}=0$이며, 식 (8-11), (8-12) 및 식 (8-8)은 각각 다음과 같이 된다.

$$\frac{\delta F}{\delta\phi_1}=\nabla\cdot\frac{\epsilon_{12}^2}{2}\nabla\phi_2+\omega_{12}\phi_2+\lambda \tag{8-13}$$

$$\frac{\delta F}{\delta\phi_2}=\nabla\cdot\frac{\epsilon_{21}^2}{2}\nabla\phi_1+\omega_{21}\phi_1+\lambda \tag{8-14}$$

$$\frac{\partial\phi_1}{\partial t}=-\frac{2}{S}s_{12}M_{12}\left(\frac{\delta F}{\delta\phi_1}-\frac{\delta F}{\delta\phi_2}\right) \tag{8-15}$$

2상 계면에서는 $S=2$이고 $s_{12}=s_1s_2=1$이다. 따라서 phase field 방정식은

$$\begin{aligned}\frac{\partial\phi_1}{\partial t}&=-M_{12}\left(\frac{\delta F}{\delta\phi_1}-\frac{\delta F}{\delta\phi_2}\right)\\&=-M_{12}\left(\nabla\cdot\frac{\epsilon_{12}^2}{2}\nabla\phi_2+\omega_{12}\phi_2-\nabla\cdot\frac{\epsilon_{21}^2}{2}\nabla\phi_1-\omega_{21}\phi_1\right)\end{aligned}\tag{8-16}$$

로 된다. 2상 계면에서는 $\phi_1=1-\phi_2\equiv\phi$, $\nabla\phi_1=-\nabla\phi_2$, $\epsilon_{12}=\epsilon_{21}$ 및 $\omega_{12}=\omega_{21}$라는 것을 고려하고, 각 변수의 아래 첨자를 생략하면 식 (8-8)은 다음과 같이 된다.

$$\frac{1}{M}\frac{\partial\phi}{\partial t}=\nabla\cdot\epsilon^2\nabla\phi+\omega(1-2\phi)\tag{8-17}$$

이 식은 이중우물 퍼텐셜이 $g(\phi)=\phi(1-\phi)$로 주어진 경우의 Allen-Cahn 방정식 (3-40)과 같다.

이중우물 퍼텐셜에 대해서는 $g(\phi)=\phi^2(1-\phi)^2$의 형태가 가장 흔히 이용된다. 그러나 interface field 법[32]은 포물형 퍼텐셜인 $g(\phi)=\phi(1-\phi)$를 취한다. 둘 사이에는 별 차이가 없는 듯 보이지만, 사실은 주목할 만한 차이가 들어있다. 첫 번째 차이[60,70]는 다음과 같다. $g(\phi)=\phi^2(1-\phi)^2$일 때, 평형 상태에서의 $\phi(x)$는 식 (3-46)과 같이 hyperbolic tangent 함수로 주어진다. 이 함수는 지수적 성질을 갖기 때문에 유한한 위치에서 엄밀한 0과 1에 도달하지 못한다. 다시 말해서 $\phi(x)$는 고상 쪽과 액상 쪽에 각각 긴 꼬리를 가지고 있다. 포물형 퍼텐셜 $g(\phi)=\phi(1-\phi)$을 사용할 때는 상황이 다르다. 이 함수를 이용하여 평형 상태의 $\phi(x)$를 구해보면

$$\phi(x)=\frac{1}{2}\left(1-\sin\frac{\sqrt{2\omega}}{\epsilon}x\right)\ \text{in}\ |x|\le\frac{\pi}{2}\frac{\epsilon}{\sqrt{2\omega}}\tag{8-18}$$

가 되며, 유한한 거리 $x=\pm(\pi/2)(\epsilon/\sqrt{2\omega})\equiv\pm\xi$에서 ϕ는 정확하게 0과 1이 된다. 이와 같은 계면 영역의 정의는 식 (8-8)에서 계단함수 $s_{ij}=s_is_j$를 명확하게 정의할 수 있게 해준다. 만약 $g(\phi)=\phi^2(1-\phi)^2$를 사용한다면, 고상 쪽과 액상 쪽에 달린 $\phi(x)$의 긴 꼬리로 인해, 특정 위치에서 그 꼬리를 잘라내야만 s_{ij}가 정의된다는 모호함이 생긴다. 이런 점에서 포물형 퍼텐셜은 계단함수를 사용하는 interface field 법과 궁합이 잘 맞는다.

두 번째 차이[4]는 3개의 계면이 서로 만나는 삼중점에서 phase field의 거동이다. Fig. 8-1은 3개의 결정립 α, β 및 γ 결정립이 만나는 삼중점 지역을 그린 것이다. 결정립 내부의 phase field 값은 각각 $\phi_1=1$, $\phi_2=1$ 및 $\phi_3=1$로 주어지며, 계면 영역은 회색으로 구분하여 나타냈다.

PART 3

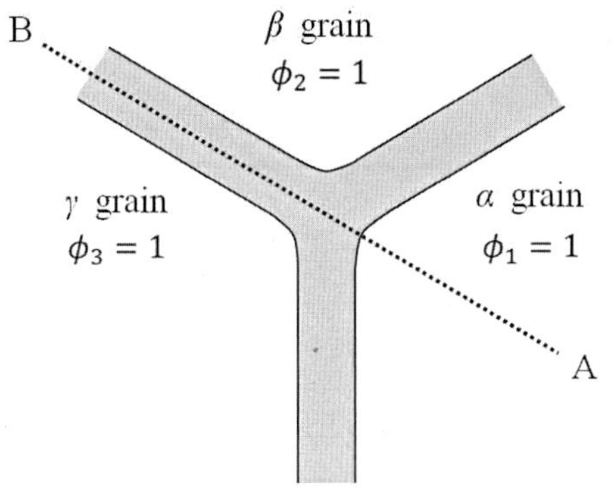

[Fig. 8-1] 3개의 결정립 α, β 및 γ 결정립이 만나는 삼중점 지역. 결정립 내부의 phase field 값은 각각 $\phi_1=1$, $\phi_2=1$ 및 $\phi_3=1$로 주어지며, 계면 영역은 회색으로 구분하여 나타냈다

모든 계면 에너지가 같은 경우를 고려하기로 하면, $\omega_{12}=\omega_{23}=\omega_{31}$가 성립한다. 식 (8-10)의 이중우물 퍼텐셜에 대해 다음의 두 가지 경우를 비교해본다.

$$g_2=\phi_1\phi_2+\phi_2\phi_3+\phi_3\phi_1 \tag{8-19}$$

$$g_4=\phi_1^2\phi_2^2+\phi_2^2\phi_3^2+\phi_3^2\phi_1^2 \tag{8-20}$$

지금부터 Fig. 8-1의 점선으로 표시한 선분 AB를 따라 phase field ϕ_1이 어떻게 변하는지를 보자. 이 점선에서는 항상 $\phi_2=\phi_3$가 성립하기 때문에 다음의 관계가 성립한다.

$$\phi_2=1-\phi_1-\phi_3=1-\phi_1-\phi_2 \text{ and } \phi_3=1-\phi_1-\phi_2=1-\phi_1-\phi_3 \tag{8-21}$$

이 식으로부터

$$\phi_2=\phi_3=\frac{1}{2}(1-\phi_1) \tag{8-22}$$

가 얻어진다. 식 (8-22)를 식 (8-19)와 (8-20)에 대입하면 AB 선에서의 퍼텐셜이 다음과 같이 얻어진다.

$$g_2^{AB}=\frac{1}{4}(1-\phi_1)(3\phi_1+1)=\frac{1}{4}+\frac{1}{2}\phi_1-\frac{3}{4}\phi_1^2 \tag{8-23}$$

$$g_4^{AB}=\frac{1}{2}\phi_1^2(1-\phi_1)^2+\frac{1}{16}(1-\phi_1)^4=\frac{1}{16}-\frac{1}{4}\phi_1+\mathrm{O}(\phi_2^2) \tag{8-24}$$

식 (8-24)의 경우에는, ϕ_1이 0에 접근함에 따라 $dg_4^{AB}/d\phi_1$는 음의 값인 $-1/4$로 수렴한다. 이는 α 결정립을 나타내는 ϕ_1 성분이 β/γ 계면으로 침투해 들어옴으로써 퍼텐셜 에너지가 감소됨을 의미한다. 똑같은 원리에 의해, α/β 계면으로는 ϕ_3 성분이, γ/α 계면으로는 ϕ_2 성분이 침투해 들어온다. 삼중점 부근에서 두 상 사이의 계면 내부로 엉뚱하게 침투해 들어오는 phase field를 유령 장(ghost field)이라 부른다. 이와는 달리 포물형 퍼텐셜을 사용하는 식 (8-23)의 경우에는, ϕ_1이 0에 접근함에 따라 $dg_2^{AB}/d\phi_1$는 양의 값인 1/2로 수렴한다. 따라서 α 결정립을 나타내는 ϕ_1 성분이 β/γ 계면으로 침투해 들어오면 퍼텐셜 에너지가 증가하며, ϕ_1 성분의 침투는 일어나지 못한다. 이상과 같이, 포물형 퍼텐셜은 삼중점을 안정화시키는 장점을 가지고 있다.

세 번째 차이[73]는 삼중점에서 자발적으로 wetting이 일어나는 경우이다. 계면 에너지 사이에 다음의 관계가 성립하면 α상이 자발적으로 β/γ 계면으로 침투해 들어가는 wetting 현상이 일어나야 한다.

$$\sigma_{\beta/\gamma} > \sigma_{\alpha/\beta} + \sigma_{\alpha/\gamma} \tag{8-25}$$

포물형 퍼텐셜을 사용하면 식 (8-25)가 만족될 때 정말 wetting이 일어난다. 이를 확인하기 위해서 $\omega_{12} \neq \omega_{23} \neq \omega_{31}$인 경우를 고려하기로 한다. 앞에서와 마찬가지로 Fig. 8-1에서 점선 AB를 따른 퍼텐셜의 변화를 살펴보자. 이 점선에서는 $\phi_2 = \phi_3 = (1-\phi_1)/2$가 성립하므로, 점선에서의 퍼텐셜은 다음과 같이 된다.

$$\begin{aligned} g_2^{AB} &= \omega_{12}\phi_1\phi_2 + \omega_{23}\phi_2\phi_3 + \omega_{31}\phi_3\phi_1 \\ &= \frac{1}{2}(\omega_{12}+\omega_{13})\phi_1(1-\phi_1) + \frac{1}{4}\omega_{23}(1-\phi_1)^2 \end{aligned} \tag{8-26}$$

이 퍼텐셜이 최대가 될 때의 ϕ_1의 값인 ϕ_1^*는 $dg_2^{AB}/d\phi_1 = 0$의 해로부터 다음과 같이 구해진다.

$$\phi_1^* = \frac{\omega_{12}+\omega_{13}-\omega_{23}}{2\omega_{12}+2\omega_{13}-\omega_{23}} \tag{8-27}$$

이 식으로부터 다음 조건이 만족되면,

$$\omega_{23} > \omega_{12} + \omega_{13} \tag{8-28}$$

ϕ_1^*는 음의 값이 된다. Phase field는 음의 값을 가질 수 없기 때문에, 식 (8-28)이 만족되면 g_2^{AB}에서 최댓값은 존재하지 않는다. 이는 β/γ 계면으로의 α 상 침투에 대한 퍼텐셜 장벽이 사라진다는 것을 의미하며, 따라서 자발적인 wetting이 일어나야 한다. 또한, ω_{pq}는 계면 에너지 σ_{pq} 및 계면 두께 $2\xi_{pq}$와 다음의 관계를 가지고 있으며,

$$\omega_{pq} = 2\frac{\sigma_{pq}}{\xi_{pq}} \tag{8-29}$$

계면 두께가 일정하다면, ω_{pq}는 계면 에너지 σ_{pq}에 비례한다. 따라서 식 (8-28)의 조건은 식 (8-25)의 wetting 조건과 동일해진다. 이상과 같이 포물형 퍼텐셜은 계면의 자발적 wetting 조건을 정확하게 만족한다.

문제

포물형 퍼텐셜에서 wetting이 일어나는 순간, 즉 $\omega_{23} = \omega_{12} + \omega_{13}$이 성립할 때, g_2^{AB} 퍼텐셜의 높이인 $(g_2^{AB})_{\max} - (g_2^{AB})_{\phi_1 \to 0}$가 사라진다는 것을 증명하라.

2) 다상 다성분계 phase field 모델

본 절에서는 다상계를 다루는 Steinbach와 Pezzola의 interface field 법을 제6장에서 설명한 2상 다성분계에 대한 모델과 결합함으로써, 다상 다성분계 합금의 상변태를 위한 phase field 방정식을 유도한다[71]. 다상 다성분계의 총 자유 에너지는 범함수 (8-9)로 주어지며, Lagrange의 미정계수 λ는 이전 절에서 보았듯이, phase field 방정식에서 사라진다. 따라서 λ를 생략하고 자유 에너지 범함수를 다시 쓰면 다음과 같다.

$$F = \int_{\Omega}\left(f^{\mathrm{chem}} + \sum_{p>q}^{Q}\sum_{q}^{Q}\left(-\frac{\epsilon_{pq}^2}{2}\nabla\phi_p \cdot \nabla\phi_q + \omega_{pq}\phi_p\phi_q\right)\right)d\Omega \tag{8-30}$$

여기서 각 상의 자유 에너지와 연관된 항인 f^{chem}와는 다음과 같다.

$$f^{\mathrm{chem}} = \sum_{p=1}^{Q} h(\phi_p) f^p(u_{1p}, u_{2p}, \cdots) \tag{8-31}$$

여기서 f^p는 p상의 자유 에너지 밀도이고, $h(\phi_p)$는

$$\sum_{p=1}^{Q} h(\phi_p) = 1 \tag{8-32}$$

을 만족하는 함수이다. 이를 만족하는 가장 간단한 함수는

$$h(\phi_p) = \phi_p \tag{8-33}$$

이며, 다음과 같은 함수가 이용되는 경우[74]도 있다.

$$h(\phi_p)=\frac{\phi_p^2}{\sum_{q=1}^{Q}\phi_q^2} \tag{8-34}$$

식 (8-33)의 장점은 단순함이며, 식 (8-34)의 장점은 $\phi_p=0$과 $\phi_p=1$에서 $dh(\phi_p)/d\phi_p=0$이 된다는 점이다. 식 (8-34)는 ϕ^4 퍼텐셜을 이용하여 다상계를 모델링할 때 쓸모가 있다. 그러나 본 장에서처럼 포물형 퍼텐셜을 이용하는 경우에는 식 (8-33)이 더 편리하다. 따라서 본 장에서는 특별한 언급이 없는 한, 식 (8-33)이 이용될 것이다.

문제

식 (8-34)로 주어진 내삽함수 $h(\phi_p)$가 $\phi_p=1$에서 $dh(\phi_p)/d\phi_p=0$을 만족한다는 것을 증명하라.

KKS 모델의 출발점은 등확산 퍼텐셜 조건이다. Q개의 상과 $(n-1)$개의 용질 원소로 이루어진 다상 다성분계의 경우, 이 조건은 다음과 같다.

$$\frac{\partial f^1}{\partial u_{i1}}=\frac{\partial f^2}{\partial u_{i2}}=\cdots=\frac{\partial f^p}{\partial u_{ip}}=\cdots=\frac{\partial f^Q}{\partial u_{iQ}}\equiv\tilde{\mu}_i \text{ for } i=1,\ 2,\ 3,\ \cdots,\ n-1 \tag{8-35}$$

이 식은 $(Q-1)(n-1)$개의 비선형 방정식으로 구성되어 있다. 계 내의 임의의 점은 Q개의 상이 공존한다고 간주되며, 그 점에서 i원소의 유효농도는 다음과 같은 혼합법칙으로 주어진다.

$$u_i(\boldsymbol{x})=\sum_{p=1}^{Q}\phi_p u_{ip}(\boldsymbol{x}) \text{ for } i=1,\ 2,\ 3,\ \cdots,\ n-1 \tag{8-36}$$

이 식은 $n-1$개의 선형 방정식이다. 따라서 식 (8-35)와 (8-36)은 총 $Q(n-1)$개의 방정식으로 구성되어 있다. 어느 순간에 phase field 방정식으로부터 ϕ_p 값들이 결정되고, 확산 방정식으로부터 $n-1$개의 유효농도 u_i가 결정되면, 각 상에서의 조성인 $Q(n-1)$개의 u_{ip} 값들이 $Q(n-1)$개의 방정식인 (8-35)와 (8-36)으로부터 일의적으로 결정될 수 있다. 이러한 의미에서 u_{ip}는 u_i와 ϕ_p의 함수이다. 이를 염두에 두면서 식 (8-36)의 양변을 u_j와 ϕ_q에 대해 각각 편미분하면 다음이 얻어진다.

$$\sum_{p=1}^{Q}\phi_p\frac{\partial u_{ip}}{\partial u_j}=\delta_{ij} \text{ for } i=1,\ 2,\ 3,\ \cdots,\ n-1 \tag{8-37}$$

$$\sum_{p=1}^{Q}\phi_p\frac{\partial u_{ip}}{\partial \phi_q}=-u_{iq} \text{ for } i=1,\ 2,\ 3,\ \cdots,\ n-1 \tag{8-38}$$

따라서 식 (8-31)로 주어지는 f^{chem}의 ϕ_q에 대한 미분은 다음과 같이 된다.

$$\begin{aligned}\frac{\partial f^{\text{chem}}}{\partial \phi_q} &= \frac{\partial}{\partial \phi_q}\left(\sum_{p=1}^{Q}\phi_p f^p\right)\\ &= f^q + \sum_{p=1}^{Q}\phi_p \frac{\partial f^p}{\partial \phi_q}\\ &= f^q + \sum_{p=1}^{Q}\phi_p\left(\sum_{i=1}^{n-1}\frac{\partial f^p}{\partial u_{ip}}\frac{\partial u_{ip}}{\partial \phi_q}\right)\\ &= f^q + \sum_{p=1}^{Q}\phi_p\left(\sum_{i=1}^{n-1}\tilde{\mu}_i\frac{\partial u_{ip}}{\partial \phi_q}\right)\\ &= f^q + \sum_{i=1}^{n-1}\tilde{\mu}_i\left(\sum_{p=1}^{Q}\phi_p\frac{\partial u_{ip}}{\partial \phi_q}\right)\\ &= f^q - \sum_{i=1}^{n-1}\tilde{\mu}_i u_{iq}\end{aligned} \tag{8-39}$$

위의 네 번째 줄에서는 등확산 퍼텐셜 조건 (8-35)를 이용하였으며, 다섯 번째 줄에서는 합의 순서를 바꾸었으며, 마지막 줄에서는 식 (8-38)을 이용하였다. 이 결과를 앞 절에서의 식 (8-11)과 (8-12)에 삽입하면 다음과 같이 다상 다성분계의 phase field 방정식이 완성된다.

$$\frac{\partial \phi_p}{\partial t} = -\frac{2}{S}\sum_{q\neq p}^{Q} s_{pq}M_{pq}\left(\frac{\delta F}{\delta \phi_p} - \frac{\delta F}{\delta \phi_q}\right) \tag{8-40}$$

여기서 우변 괄호 속의 미분은 다음으로 주어진다.

$$\frac{\delta F}{\delta \phi_p} = f^p - \sum_{i=1}^{n-1}\tilde{\mu}_i u_{ip} + \sum_{r\neq p}^{Q}\left(\nabla\cdot\frac{\epsilon_{pr}^2}{2}\nabla\phi_r + \omega_{pr}\phi_r\right) \tag{8-41}$$

확산 방정식은 다음과 같은 보존형 Ginzburg-Landau 방정식으로부터 유도된다.

$$\frac{\partial u_i}{\partial t} = \nabla\cdot\sum_{j=1}^{n-1}M_{ij}\nabla\frac{\delta F}{\delta u_j}\quad \text{for } i = 1,\ 2,\ 3,\ \cdots,\ n-1 \tag{8-42}$$

여기서 미분 $\delta F/\delta u_j$는 다음과 같이 변형된다.

$$
\begin{aligned}
\frac{\delta F}{\delta u_j} &= \frac{\partial}{\partial u_j}\left(\sum_{p=1}^{Q}\phi_p f^p\right) \\
&= \sum_{p=1}^{Q}\phi_p\left(\sum_{i=1}^{n-1}\frac{\partial f^p}{\partial u_{ip}}\frac{\partial u_{ip}}{\partial u_j}\right) \\
&= \sum_{p=1}^{Q}\phi_p\left(\sum_{i=1}^{n-1}\tilde{\mu}_i\frac{\partial u_{ip}}{\partial u_j}\right) \\
&= \sum_{i=1}^{n-1}\tilde{\mu}_i\left(\sum_{p=1}^{Q}\phi_p\frac{\partial u_{ip}}{\partial u_j}\right) \\
&= \sum_{i=1}^{n-1}\tilde{\mu}_i\delta_{ij} \\
&= \tilde{\mu}_j
\end{aligned}
\tag{8-43}
$$

위의 세 번째 줄에서는 등확산 퍼텐셜 조건 (8-35)를 이용하였으며, 네 번째 줄에서는 합의 순서를 바꾸었으며, 다섯 번째 줄에서는 식 (8-37)을 이용하였다. 따라서 확산 방정식은 다음과 같이 된다.

$$
\frac{\partial u_i}{\partial t} = \nabla \cdot \sum_{j=1}^{n-1} M_{ij}\nabla\tilde{\mu}_j \quad \text{for } i = 1, 2, \cdots, n-1 \tag{8-44}
$$

실제 전산모사에서 이 식을 그대로 이용해도 좋지만, 확산 퍼텐셜 대신 각 성분의 농도로 표현된 확산 방정식을 자주 이용한다. 그 형태를 유도하기 위해, 한 점에서의 확산 이동도 M_{ij}를 그 점을 구성하는 모든 상들에서의 확산 이동도의 합으로 나타낸다:

$$
M_{ij} = \sum_{p=1}^{Q}\phi_p M_{ij}^p \tag{8-45}
$$

여기서 M_{ij}^p는 p상에서 확산 이동도이다. 등확산 퍼텐셜 조건 (8-35)의 양변에 ∇를 취하면,

$$
\sum_{k=1}^{n-1} f_{jk}^1 \nabla u_{k1} = \sum_{k=1}^{n-1} f_{jk}^2 \nabla u_{k2} = \cdots = \sum_{k=1}^{n-1} f_{jk}^p \nabla u_{kp} = \cdots = \sum_{k=1}^{n-1} f_{jk}^Q \nabla u_{kQ} = \nabla\tilde{\mu}_j \quad \text{for } j = 1,\ 2,\ 3,\ \cdots, n-1 \tag{8-46}
$$

가 되며, 이 식을 다시 표현하면

$$
\nabla\tilde{\mu}_j = \sum_{k=1}^{n-1} f_{jk}^p \nabla u_{kp} \quad \text{for any } p \tag{8-47}
$$

로 나타내질 수 있다.

PART 3

식 (8-45)와 (8-47)에 따라 식 (8-44)는 다음과 같이 변형된다.

$$\frac{\partial u_i}{\partial t} = \nabla \cdot \sum_{j=1}^{n-1}\left(\sum_{p=1}^{Q}\phi_p M_{ij}^p \sum_{k=1}^{n-1} f_{jk}^p \nabla u_{kp}\right) \tag{8-48}$$

우변의 합들을 재정렬하면

$$\frac{\partial u_i}{\partial t} = \nabla \cdot \sum_{p=1}^{Q}\phi_p\left(\sum_{k=1}^{n-1}\left(\sum_{j=1}^{n-1} M_{ij}^p f_{jk}^p \nabla u_{kp}\right)\right) \tag{8-49}$$

로 쓸 수 있다. 여기서 p상에서의 확산 계수 D_{ik}^p를 다음과 같이 정의한다.

$$D_{ik}^p \equiv \sum_{j=1}^{n-1} M_{ij}^p f_{jk}^p$$

그러면 식 (8-49)는

$$\frac{\partial u_i}{\partial t} = \nabla \cdot \sum_{p=1}^{Q}\phi_p \sum_{k=1}^{n-1} D_{ik}^p \nabla u_{kp} \tag{8-50}$$

로 된다. 이상과 같이 다상 다성분계의 확산 방정식은 식 (8-44) 또는 (8-50)으로 나타내진다.

다상 다성분계의 확산 방정식에도 계면에서의 과장된 용질 포획 현상을 억제하기 위해 반포획 유속을 넣을 필요가 있다. 이를 위해 2상 다성분계의 확산 방정식 (6-24)에서 반포획 유속을 다시 보자. 변태상에서의 확산이 무시될 수 있을 때, 이 유속은 다음과 같다.

$$\vec{j}_i = \alpha_i \frac{\partial \phi}{\partial t}\frac{\nabla \phi}{|\nabla \phi|} \tag{8-51}$$

본 장에서처럼 모든 내삽함수에 대해 $h(\phi) = \phi$로 취하고, $g(\phi) = \phi(1-\phi)$의 포물형 퍼텐셜을 취하면, 2상 다성분계에서의 반포획 파라미터 (6-38)은

$$\alpha_i = \frac{\epsilon}{\sqrt{2\omega}}(u_{iL} - u_{iS})\sqrt{\phi(1-\phi)} \tag{8-52}$$

가 된다. 다상계라 할지라도 반포획 유속은 항상 두 상 사이의 계면에서만 작용해야 하며, 그 방향은 각 계면에 수직한 방향이어야 한다. 이를 감안하면, 변태상에서의 확산이 무시되고 모상 p에서만 확산이 일어날 때, 다상 다성분계에서 p/q계면에 대한 반포획 유속 $\vec{j}_i^{pq}$와 파라미터 α_i^{pq}는 각각 다음과 같이 나타내질 수 있다.

$$\vec{j}_i^{pq} = \alpha_i^{pq}\frac{\partial \phi}{\partial t}\vec{n}_{pq} \tag{8-53}$$

$$\alpha_i^{pq} = \frac{\epsilon_{pq}}{\sqrt{2\omega_{pq}}}(u_{ip} - u_{iq})\sqrt{\phi_p \phi_q} \tag{8-54}$$

여기서 $\vec{n}_{pq}$는 p/q 계면에 수직한 단위 벡터이다. 이 벡터는 여러 가지 형태로 나타내질 수 있다. 한 예는 다음의 형태[4,5]이다.

$$\vec{n}_{pq} = \frac{(\phi_p \nabla \phi_q - \phi_q \nabla \phi_p)}{|\phi_p \nabla \phi_q - \phi_q \nabla \phi_p|} \tag{8-55}$$

또 다른 예는 더 간단한 다음의 형태[71,74]이다.

$$\vec{n}_{pq} = \frac{\nabla(\phi_p - \phi_q)}{|\nabla(\phi_p - \phi_q)|} \tag{8-56}$$

겉으로 보기에 식 (8-56)에는 문제가 있다: p/q 대신 p/r 계면을 생각해 보자. 이 계면 영역에서는 $\phi_q = 0$인데도 불구하고, 식 (8-56)에서는 마치 p/q계면이 존재하는 것처럼 $\vec{n}_{pq}$가 $\nabla\phi_p/|\nabla\phi_p|$로 정의되고 있다. 이에 비해, 식 (8-55)는 p/r 계면에서는 $\vec{n}_{pq}$를 사라지게 만듦으로써 p/q계면이 존재하지 않는다는 것을 명백히 해주고 있다. 이런 의미에서 식 (8-55)가 $\vec{n}_{pq}$에 대한 올바른 정의이다. 그럼에도 불구하고 반포획 유속에서 식 (8-56)으로 정의되는 간단한 형태의 $\vec{n}_{pq}$를 사용하여도 아무런 문제가 없다. 왜냐하면 식 (8-54)의 반포획 파라미터에 들어 있는 $\sqrt{\phi_p \phi_q}$ 항이 p/q 계면에서 정의된 $\vec{n}_{pq}$만 실제로 작동하도록 만들어 주기 때문이다. 반포획 유속을 포함하는 확산 방정식은

$$\frac{\partial u_i}{\partial t} = \nabla \cdot \sum_{p=1}^{Q} \phi_p \sum_{k=1}^{n-1} D_{ik}^{p} \nabla u_{kp} + \nabla \cdot \sum_{p>q}^{Q} \sum_{q=1}^{Q} \vec{j}_i^{\,pq} \tag{8-57}$$

로 된다.

다상 다성분계의 phase field 방정식에는 ϵ_{pq}, ω_{pq} 및 M_ϕ^{pq}의 파라미터가 들어있다. 이 파라미터들은 계면 에너지 σ_{pq}, 계면 두께 $2\xi_{pq}$ 및 계면 이동도 m_{pq}와의 관계로부터 구해진다. 다상계에서도 모든 계면은 2상 사이에서만 만들어진다. 따라서 다상계에서 파라미터 사이의 관계는 6.2절에서 설명한 2상계의 경우와 동일해야 한다.

공정 응고와 포정 응고에서처럼 고상이 수지상으로 성장하는 경우에는 계면 에너지의 이방성이 핵심적인 역할을 한다. 이를 위해서는 다상 phase field 모델에 결정학적 이방성을 도입해야 한다. 이에 대해서는 다음 절의 결정립 성장을 위한 phase field 모델에서 자세히 설명하니 그 부분을 참고하기 바란다.

PART 3

이상과 같이 다상 다성분계의 상변태를 위한 phase field 모델을 유도하고, 모델의 파라미터들을 결정하였다. 그 결과를 다음과 같이 요약한다(이 결과는 모상에서만 확산이 일어나는 경우이다. 모상과 변태상 모두에서 확산이 일어나는 two side 모델의 경우에 대해서도, 앞 절의 2상 다성분계의 two side 모델을 변형함으로써, 반포획 유속를 유추할 수 있을 것 같다. 그러나 그 결과는 대단히 복잡하리라 예상되며, 과연 실제 전산모사에서 쓸모가 있을까라는 걱정이 앞선다).

요약 8 다상 다성분계 합금의 응고에 대한 phase field 모델

1 등확산 퍼텐셜 조건(equal diffusion potential condition)

$$\frac{\partial f^1}{\partial u_{i1}} = \frac{\partial f^2}{\partial u_{i2}} = \cdots = \frac{\partial f^p}{\partial u_{ip}} = \cdots = \frac{\partial f^Q}{\partial u_{iQ}} \equiv \tilde{\mu}_i \tag{8-58}$$

2 유효 농도(effective concentration)

$$u_i(\boldsymbol{x}) = \sum_{p=1}^{Q} \phi_p u_{ip}(\boldsymbol{x}) \tag{8-59}$$

3 Phase field 방정식

$$\frac{\partial \phi_p}{\partial t} = -\frac{2}{S}\sum_{q\neq p}^{Q} s_{pq} M_{pq}\left(\frac{\delta F}{\delta \phi_p} - \frac{\delta F}{\delta \phi_q}\right) \tag{8-60}$$

여기서 $$\frac{\delta F}{\delta \phi_p} = f^p - \sum_{i=1}^{n-1}\tilde{\mu}_i u_{ip} + \sum_{r\neq p}^{Q}\left(\nabla \cdot \frac{\epsilon_{pr}^2}{2}\nabla\phi_r + \omega_{pr}\phi_r\right) \tag{8-61}$$

4 확산 방정식

$$\frac{\partial u_i}{\partial t} = \nabla \cdot \sum_{j=1}^{n-1} M_{ij}\nabla\tilde{\mu}_j + \nabla \cdot \sum_{p=1}^{Q}\sum_{q=1}^{Q}\vec{j}_i^{pq} \tag{8-62}$$

또는

$$\frac{\partial u_i}{\partial t} = \nabla \cdot \sum_{p=1}^{Q}\phi_p\sum_{k=1}^{n-1} D_{ik}^p \nabla u_{kp} + \nabla \cdot \sum_{p=1}^{Q}\sum_{q=1}^{Q}\vec{j}_i^{pq} \tag{8-63}$$

반포획 유속(모상 p에서만 확산이 일어나는 경우)

$$\vec{j}_i^{pq} = \alpha_i^{pq}\frac{\partial \phi}{\partial t}\frac{\nabla(\phi_p - \phi_q)}{|\nabla(\phi_p - \phi_q)|} \tag{8-64}$$

$$\alpha_i^{pq} = \frac{\epsilon_{pq}}{\sqrt{2\omega_{pq}}}(u_{ip} - u_{iq})\sqrt{\phi_p\phi_q} \tag{8-65}$$

5 계면 두께

$$2\xi_{pq} = \frac{\epsilon_{pq}}{\sqrt{2\omega_{pq}}}\int_{\phi_a}^{\phi_b}\frac{d\phi}{\sqrt{\phi(1-\phi)}} = \pi\frac{\epsilon_{pq}}{\sqrt{2\omega_{pq}}} \tag{8-66}$$

6 계면 에너지

$$\sigma_{pq} = \epsilon_{pq}\sqrt{2\omega_{pq}}\int_0^1\sqrt{\phi(1-\phi)}\,d\phi = \frac{\pi}{8}\epsilon_{pq}\sqrt{2\omega_{pq}} \tag{8-67}$$

7 Phase field 이동도(모상 p에서만 확산이 일어나는 경우)

$$\frac{1}{m_{pq}} = \frac{\sigma_{pq}}{M_{\phi}^{pq}\epsilon_{pq}^2} - a_2\frac{\epsilon_{pq}}{\sqrt{2\omega_{pq}}}\zeta_{pq} \tag{8-68}$$

$$a_2 = \int_0^1 \frac{(1-h(\phi))h_p(\phi)}{\sqrt{g(\phi)}}d\phi = \int_0^1 \sqrt{\phi(1-\phi)}\,d\phi = \frac{\pi}{8} \tag{8-69}$$

$$\zeta_{pq} = \sum_{i=1}^{n-1}(u_{ip}-u_{iq})\sum_{j=1}^{n-1}f_{ij}^p\sum_{k=1}^{n-1}d_{jk}^p(u_{kp}-u_{kq}) \tag{8-70}$$

8.2 결정립 성장을 위한 다상 phase field 모델

본 절에서는 결정립 성장을 위한 일반화된 phase field 모델[32,70,71,75]을 설명한다. 이 모델은 앞 절에서 설명한 다상계 phase field 모델에 바탕을 두고 있으며, misorientation과 inclination에 따른 결정립계 에너지 및 이동도의 이방성[71]과, 임의의 열역학적 성질을 갖는 용질 원자들의 입계 편석[75]을 포함한다. 본 절에서는 결정립 성장을 위한 일반화된 phase field 모델을 먼저 설명하고, 그 다음으로 입계 편석이 입계의 열역학적 및 동역학적 특성에 미치는 영향을 검토한다. 마지막으로 결정립 성장의 전선모사에서 엄청난 개수의 phase field 변수를 도입함에 따라 발생하는 계산의 효율성 문제[70]를 설명한다.

1) 결정립 성장을 위한 일반화된 phase field 모델

일반화된 결정립 성장의 phase field model을 만들기 위해 다음의 상황을 고려한다.

i) p상과 q상 사이의 계면 에너지 σ_{pq}와 이동도 m_{pq}는 두 상 사이의 misorientation에 따라 달라진다.

ii) 일정한 misorientation을 갖는 결정립계는 입계 자체의 방위, 즉 inclination에 따라서도 에너지와 이동도가 달라진다.

iii) 계면 에너지를 낮추기 위해 용질 원자가 자발적으로 입계에 편석될 수 있다.

iv) 모든 결정립들은 동일한 열역학적 성질을 가지고 있다(그러나 열역학적 성질이 서로 다른 상들이 존재하는 경우로의 확장은 아주 쉽다).

앞 절의 다상 phase field 모델에서 사용했던 등확산 퍼텐셜 조건은 용질 농도가 다른 상 사이에서 적용된다. 모든 결정립이 동일한 열역학적 성질을 가지는 것으로 가정되는 결정립 성장 모델에서는 등확산 퍼텐셜 조건을 필요로 하지 않는다. 또한, 반포획 유속도 평형 농도가 서로 다른 두 상 사이에서만 적용되기 때문에, 여기서는 필요가 없다. 그 대신, 앞 절에서는 고려하지 않았던 입계의 결정학적 이방성이 여기서는 포함된다.

Inclination에 따른 이방성을 다루기 위해서는, 계면의 inclination이 정의되어야 한다. 주어진 p/q 계면의 inclination은 계면에 수직한 단위 벡터 $\vec{n}_{pq}$의 방향으로 표현되며, 이 단위 벡터의 성분들이 phase field로 나타내질 수 있어야 한다. 이를 위해 앞 절의 식 (8-4)로 정의된 interface field를 재도입한다:

$$\psi_{pq}(\boldsymbol{x}) \equiv \phi_p(\boldsymbol{x}) - \phi_q(\boldsymbol{x}) \tag{8-71}$$

Interface field로부터 p/q 계면 상의 임의의 점에서 계면에 수직한 단위 벡터는

$$\vec{n}_{pq} = \frac{\nabla \psi_{pq}}{|\nabla \psi_{pq}|} = \frac{\nabla(\phi_p - \phi_q)}{|\nabla(\phi_p - \phi_q)|} \tag{8-72}$$

로 쓸 수 있다. 언뜻 보기에, 이 정의에는 문제가 있는 것처럼 보인다: p/q 대신 p/r 계면을 생각해 보자. 이 계면 영역에서는 $\phi_q = 0$인데도 불구하고, 식 (8-72)는 마치 p/q계면이 존재하는 것처럼, $\vec{n}_{pq} = \nabla\phi_p/|\nabla\phi_p|$가 정의되고 있다. 그러나 이 정의에는 문제가 없다. 왜냐하면 뒤에서 나올 식 (8-76)에 존재하는 $\nabla\phi_p \cdot \nabla\phi_q$항이 p/q 계면에서 정의된 $\vec{n}_{pq}$만 실제로 작동하도록 만들어 주기 때문이다. 식 (8-72)의 $\vec{n}_{pq}$에서 x 성분은 다음과 같다.

$$n_x = \frac{\partial_x \psi_{pq}}{\sqrt{(\partial_x \psi_{pq})^2 + (\partial_y \psi_{pq})^2 + (\partial_z \psi_{pq})^2}} \tag{8-73}$$

나머지 y와 z 성분들도 같은 꼴로 주어진다. 식 (8-73)에 의해, p/q 계면에 수직한 벡터의 각 성분들은 ψ_{pq}의 편미분, 즉 ϕ_p와 ϕ_q의 편미분으로만 나타내졌다.

결정학적 이방성을 포함하는 phase field 모델을 만드는 일은 다음의 자유 에너지 범함수에서 시작된다.

$$F = \int_\Omega \left(f + \sum_{p>q}^{Q} \sum_{q}^{Q} \left(-\frac{\epsilon_{pq}^2}{2} \nabla\phi_p \cdot \nabla\phi_q + \omega_{pq}\phi_p\phi_q \right) + \lambda \left(\sum_{p=1}^{Q} \phi_p - 1 \right) \right) d\Omega \tag{8-74}$$

f는 결정립의 자유 에너지 밀도를 의미한다. 모든 결정립은 동일한 열역학적 성질을 갖는 것으로 가정하였기 때문에 f는 ϕ_p에는 무관하며 오직 용질 농도 u_i만의 함수가 된다. 두 결정립 p와 q 사이의 misorientation이 주어져 있으면, 결정립 사이에 형성되는 p/q 계면은 위치에 관계없이 동일한 misorientation을 갖는다. 따라서 위의 범함수에서 ϵ_{pq}와 ω_{pq}는 상수이며, 범함수 미분에 아무런 영향을 미치지 않는다. 그러나 p/q 입계가 평면이 아닌 곡면을 이루고 있으면, 입계의 위치마다 입계에 수직한 단위 벡터 $\vec{n}_{pq}$의 방향, 즉 inclination이 달라진다. 입계 에너지가 inclination에 따라 달라지는 경우에는, 범함수 (8-9)에서 ϵ_{pq}가 $\vec{n}_{pq}(\boldsymbol{x})$의 함수가

된다(ω_{pq}는 $\vec{n}_{pq}$와 무관한 상수라고 가정한다). 간략한 논의를 위해, 범함수 (8-74)에서 ϵ_{pq}이 포함된 한 항만 떼어 내서 살펴보자:

$$F_{pq} = \int_{\Omega} \frac{\epsilon_{pq}^2(\vec{n})}{2} \nabla\phi_p \cdot \nabla\phi_q d\Omega \equiv \int_{\Omega} \mathcal{L}(\nabla\phi_p, \nabla\phi_q) d\Omega \tag{8-75}$$

여기서 inclination $\vec{n}_{pq}$는 식 (8-72)에 의해 $\nabla\phi_p$와 $\nabla\phi_q$만의 함수로 나타내질 수 있음에 주목하라. 이 범함수에 대한 미분은 3.1절의 식 (3-14)로 주어진다. 이 공식을 이용하여 $\delta F_{pq}/\delta\phi_p$를 구하면 다음이 얻어진다.

$$\begin{aligned}\frac{\delta F_{pq}}{\delta\phi_p} &= -\frac{\partial}{\partial x}\left(\frac{\partial\mathcal{L}}{\partial(\partial_x\phi_p)}\right) - \frac{\partial}{\partial y}\left(\frac{\partial\mathcal{L}}{\partial(\partial_y\phi_p)}\right) - \frac{\partial}{\partial z}\left(\frac{\partial\mathcal{L}}{\partial(\partial_z\phi_p)}\right) \\ &= -\nabla\cdot\left(\frac{\epsilon_{pq}^2}{2}\nabla\phi_q\right) - \frac{\partial}{\partial x}\left(\nabla\phi_p\cdot\nabla\phi_q\,\epsilon_{pq}\frac{\partial\epsilon_{pq}}{\partial(\partial_x\psi_{pq})}\right) \\ &\quad - \frac{\partial}{\partial y}\left(\nabla\phi_p\cdot\nabla\phi_q\,\epsilon_{pq}\frac{\partial\epsilon_{pq}}{\partial(\partial_y\psi_{pq})}\right) \\ &\quad - \frac{\partial}{\partial z}\left(\nabla\phi_p\cdot\nabla\phi_q\,\epsilon_{pq}\frac{\partial\epsilon_{pq}}{\partial(\partial_z\psi_{pq})}\right)\end{aligned} \tag{8-76}$$

이 식에서 큰 괄호의 끝 마다 들어 있는 $\partial\epsilon_{pq}/\partial(\partial_x\psi_{pq})$ 항을 구하기 위해서는, ϵ_{pq}가 $\vec{n}_{pq}$의 성분인 n_x, n_y, n_z의 함수로 주어져야 한다:

$$\epsilon_{pq} = \epsilon_{pq}(n_x, n_y, n_z) \tag{8-77}$$

3.3절의 5)항에서 보여주었듯이, 이 함수 관계는 측정된 계면 에너지의 이방성으로부터 결정되는 것이며, phase field 모델 자체로부터 얻어지는 것이 아니다. 이처럼 식 (8-77)이 주어져 있으면, 식 (8-76)의 큰 괄호에 들어 있는 $\partial\epsilon_{pq}/\partial(\partial_x\psi_{pq})$ 등의 항은 직접 미분에 의해 얻어질 수 있다. 왜냐하면, 식 (8-73)에서 볼 수 있듯이, n_x, n_y 및 n_z가 $\partial_x\psi_{pq}$, $\partial_y\psi_{pq}$ 및 $\partial_z\psi_{pq}$의 함수이기 때문이다.

이상의 결과를 이용하면, 식 (8-74) 전체에 대한 범함수 미분 $\delta F/\delta\phi_p$는 다음과 같이 된다.

$$\frac{\delta F}{\delta\phi_p} = \sum_{r\neq p}^{Q}\left(-\frac{\delta F_{pr}}{\delta\phi_p} + \omega_{pr}\phi_r\right) \tag{8-78}$$

모든 결정립은 동일한 열역학적 성질을 가지고 있다고 가정했기 때문에, f는 ϕ_p에 무관하며, 따라서 위의 범함수에서는 사라진다. 또한, Lagrange 미정계수 λ도 나중에 어차피 사라지기 때문에 여기에서는 생략했다. 범함수 미분 (8-78)을 앞 절에서 유도한 식 (8-60)에 대입하면 다음과 같이 phase field 방정식이 얻어진다.

$$\begin{aligned}\frac{\partial\phi_p}{\partial t}&=-\frac{2}{S}\sum_{q\neq p}^{Q}s_{pq}M_\phi^{pq}\left(\frac{\delta F}{\delta\phi_p}-\frac{\delta F}{\delta\phi_q}\right)\\&=-\frac{2}{S}\sum_{q\neq p}^{Q}s_{pq}M_\phi^{pq}\left(\sum_{r\neq p}^{Q}\left(-\frac{\delta F_{pr}}{\delta\phi_p}+\omega_{pr}\phi_r\right)-\sum_{r\neq q}^{Q}\left(-\frac{\delta F_{qr}}{\delta\phi_q}+\omega_{qr}\phi_r\right)\right)\end{aligned} \tag{8-79}$$

식 (8-76)과 식 (8-79)가 misorientation과 inclination에 따른 계면 이방성을 포함하는 phase field 방정식이다. 여기서 phase field 이동도 M_ϕ^{pq}는 $\vec{n}_{pq}$의 함수여야 하며, 이는 계면 이동도의 이방성을 반영한다.

입계 편석이 일어나는 이유는 편석으로 인해 계의 총 에너지가 낮아질 수 있기 때문이다. 편석에 따른 계면 에너지의 변화는 범함수 (8-74)에서 ω_{pq}를 용질 농도의 함수로 간주함으로써 반영될 수 있다. 계면 편석이 존재하는 상황에서 결정립 성장이 일어나면, 이동하는 입계와 편석 원자 사이의 상호작용이 일어나게 된다. 특히, 입계의 이동 속도는 느린 반면 용질 확산 속도가 빠르다면, 용질 원자들은 입계를 따라다닐 것이다. 이때 입계는 그 주위에 용질 원자들을 거느린 채로 함께 움직여야 한다. 이러한 현상을 solute drag 효과라고 한다[76]. 반대로 입계의 이동 속도가 용질 확산속도에 비해 훨씬 빠르다면, 입계는 용질 원자들을 뿌리치고 고속으로 움직일 것이다. 이러한 용질 원자와 입계 사이의 상호작용을 구현하려면, 입계 이동을 묘사하는 phase field 방정식과 더불어, 용질 원자의 확산 방정식이 필요로 해진다. 확산 방정식도 범함수 (8-74)로부터 얻어진다.

결정립들이 모여 있는 계는 방위적으로는 다상계로 간주되지만 화학적으로는 단상(single phase)계이다. 따라서 i 원소의 용질 농도는 상의 구분 없이 그냥 u_i로 표기된다. 범함수 (8-74)에서 용질 농도에 의존하는 항은 f과 ω_{pq}이다. 이를 감안하면서 범함수로부터 $\delta F/\delta u_i$를 구하면

$$\frac{\delta F}{\delta u_i}=\frac{\partial f}{\partial u_i}+\sum_{p>q}^{Q}\sum_{q}^{Q}\frac{\partial\omega_{pq}}{\partial u_i}\phi_p\phi_q \tag{8-80}$$

가 된다. 확산 방정식은 Ginzburg-Landau 방정식으로부터 다음과 같이 얻어진다.

$$\begin{aligned}\frac{\partial u_i}{\partial t}&=\nabla\cdot\sum_{j=1}^{n-1}M_{ij}\nabla\left(\frac{\delta F}{\delta u_j}\right)\\&=\nabla\cdot\sum_{j=1}^{n-1}M_{ij}\nabla\left(\frac{\partial f}{\partial u_j}+\sum_{p>q}^{Q}\sum_{q}^{Q}\frac{\partial\omega_{pq}}{\partial u_j}\phi_p\phi_q\right)\end{aligned} \tag{8-81}$$

식 (8-79)와 (8-81)이 결정립 성장을 위한 일반화된 phase field 모델이다. 이 모델은 다성분

용질 편석, misorientation과 inclination에 따른 입계 에너지의 이방성 및 계면 이동도의 이방성을 모두 포함한다.

공업적인 문제뿐만 아니라 학문적인 문제에서도 유용하게 활용될 수 있는 특수한 경우를 살펴보자.

i) 모든 입계 에너지가 등방적이고,

ii) 1종류의 용질 원소만 존재하며,

iii) 이상 용액 합금으로 근사될 수 있는 경우를 고려한다.

M_ϕ^{pq}, ϵ_{pq} 및 ω_{pq}에 달린 첨자 pq를 빼고 표시하면, phase field 방정식은 다음과 같다.

$$\frac{\partial \phi_p}{\partial t} = -\frac{2}{S}\sum_{q \neq p}^{Q} s_{pq} M_\phi \left(\sum_{r \neq p}^{Q} \left(\frac{\epsilon^2}{2}\nabla^2 \phi_r + \omega(u)\phi_r \right) - \sum_{r \neq q}^{Q} \left(\frac{\epsilon^2}{2}\nabla^2 \phi_r + \omega(u)\phi_r \right) \right) \tag{8-82}$$

여기서 $\omega(u)$는 용질 농도 u가 증가함에 따라 감소하는 함수로서, 예를 들면, $\omega(u) = \omega_0(1-bu)$의 형태가 될 수 있다(여기서 ω_0와 b는 상수이다). 확산 방정식은 다음과 같이 된다.

$$\frac{\partial u}{\partial t} = \nabla \cdot M \nabla \left(\frac{df}{du} + \frac{d\omega}{du} \sum_{p>q}^{Q} \sum_{q}^{Q} \phi_p \phi_q \right) \tag{8-83}$$

확산 계수 D와 이동도 M 사이에는 $M\, d^2 f/du^2 = D$의 관계가 성립하고, 이상 용액 합금의 확산 퍼텐셜이 다음과 같다는 것을 고려하면

$$\frac{df}{du} = A(\text{const}) + \frac{R_g T}{v_m} \ln \frac{u}{1-u} \tag{8-84}$$

확산 방정식은 다음과 같이 된다.

$$\frac{\partial u}{\partial t} = \nabla D \nabla u + \frac{v_m}{R_g T} \nabla \cdot D u (1-u) \nabla \left(\frac{d\omega(u)}{du} \sum_{p>q}^{Q} \sum_{q}^{Q} \phi_p \phi_q \right) \tag{8-85}$$

유용하게 이용될 수 있는 다른 간단한 경우는 단 2개의 결정립만 존재하는 경우이다. 이때 각 결정립에 대응하는 phase field를 ϕ_1과 ϕ_2라 한다면, $\phi_1 + \phi_2 = 1$이 성립한다. 따라서 $\phi \equiv \phi_1$로 두면 $\phi_2 = 1 - \phi$가 되며, $\nabla \phi_1 = \nabla \phi$, $\nabla \phi_2 = -\nabla \phi$가 된다. 또한, $\epsilon_{12} = \epsilon_{21} \equiv \epsilon$, $\omega_{12} = \omega_{21} \equiv \omega$, $M_\phi^{12} = M_\phi^{21} \equiv M_\phi$로 둔다. 그러면 식 (8-76)은 다음과 같이 된다.

$$\begin{aligned} \frac{\delta F_{12}}{\delta \phi} &= \nabla \cdot \left(\frac{\epsilon^2}{2} \nabla \phi \right) \\ &+ \frac{1}{2}\frac{\partial}{\partial x}\left(|\nabla \phi|^2 \epsilon \frac{\partial \epsilon}{\partial(\partial_x \phi)} \right) + \frac{1}{2}\frac{\partial}{\partial y}\left(|\nabla \phi|^2 \epsilon \frac{\partial \epsilon}{\partial(\partial_y \phi)} \right) + \frac{1}{2}\frac{\partial}{\partial z}\left(|\nabla \phi|^2 \epsilon \frac{\partial \epsilon}{\partial(\partial_z \phi)} \right) \end{aligned} \tag{8-86}$$

또한, 식 (8-75)로부터 $F_{12}=F_{21}$이며, 또한

$$\frac{\delta F_{21}}{\delta \phi_2}=-\frac{\delta F_{12}}{\delta \phi_1} \tag{8-87}$$

가 성립한다. 따라서 phase field 방정식 (8-79)는 다음과 같이 된다.

$$\begin{aligned}\frac{\partial \phi_1}{\partial t}&=-\frac{2}{S}\sum_{q\neq 1}^{Q}s_{1q}M_\phi^{1q}\left(\sum_{r\neq 1}^{Q}\left(-\frac{\delta F_{1r}}{\delta \phi_1}+\omega_{1r}\phi_r\right)-\sum_{r\neq q}^{Q}\left(-\frac{\delta F_{qr}}{\delta \phi_q}+\omega_{qr}\phi_r\right)\right)\\&=-\frac{2}{S}\sum_{q=2}^{2}s_{1q}M_\phi^{1q}\left(\sum_{r=2}^{2}\left(-\frac{\delta F_{1r}}{\delta \phi_1}+\omega_{1r}\phi_r\right)-\sum_{r=1}^{1}\left(-\frac{\delta F_{qr}}{\delta \phi_q}+\omega_{qr}\phi_r\right)\right)\\&=-\frac{2s_{12}}{S}M_\phi^{12}\left(-\frac{\delta F_{12}}{\delta \phi_1}+\omega_{12}\phi_2+\frac{\delta F_{21}}{\delta \phi_2}-\omega_{12}\phi_1\right)\\&=-\frac{2s_{12}}{S}M_\phi\left(-2\frac{\delta F_{12}}{\delta \phi_1}+\omega(1-2\phi)\right)\end{aligned} \tag{8-88}$$

가 된다. 식 (8-86)을 (8-88)에 대입하면 다음과 같이 phase field 방정식이 얻어진다.

$$\begin{aligned}\frac{\partial \phi}{\partial t}=\frac{2s_{12}}{S}M_\phi\Bigg(&\nabla\cdot\epsilon^2\nabla\phi-\omega(1-2\phi)+\frac{\partial}{\partial x}\left(|\nabla\phi|^2\epsilon\frac{\partial\epsilon}{\partial(\partial_x\phi)}\right)\\&+\frac{\partial}{\partial y}\left(|\nabla\phi|^2\epsilon\frac{\partial\epsilon}{\partial(\partial_y\phi)}\right)+\frac{\partial}{\partial z}\left(|\nabla\phi|^2\epsilon\frac{\partial\epsilon}{\partial(\partial_z\phi)}\right)\Bigg)\end{aligned} \tag{8-89}$$

2개의 상이 공존하는 계면 영역에서 $s_{12}=s_1s_2=1$이고, $S=2$임을 고려하면, 식 (8-89)는 이방성 Allen-Cahn 방정식인 식 (3-80)에서 포물형 퍼텐셜 $g(\phi)=\phi(1-\phi)$을 사용한 경우와 동일하다. 식 (8-83)으로부터 확산 방정식은 다음과 같이 된다.

$$\begin{aligned}\frac{\partial u}{\partial t}&=\nabla\cdot M\nabla\left(\frac{df}{du}+\frac{d\omega}{du}\phi(1-\phi)\right)\\&=\nabla\cdot\frac{D}{d^2f/du^2}\nabla\left(\frac{df}{du}+\frac{d\omega}{du}\phi(1-\phi)\right)\end{aligned} \tag{8-90}$$

2) 파라미터

이방성 phase field 방정식을 구성하는 식 (8-76)과 (8-79)에는 3개의 파라미터 ϵ_{pq}, ω_{pq} 및 M_ϕ^{pq}가 들어 있다. 이들은 계면 두께 $2\xi_{pq}$, 계면 에너지 σ_{pq} 및 계면 이동도 m_{pq}와 특별한 관계를 가지고 있다. 그 관계가 식 (8-66)~(8-68)이다. 이들을 여기에 다시 쓴다(모든 결정립이 동일 조성을 가지고 있기 때문에, 식 (8-68)에서 $\zeta_{pq}=0$이 되어야 한다).

$$2\xi_{pq} = \pi \frac{\epsilon_{pq}}{\sqrt{2\omega_{pq}}} \tag{8-91}$$

$$\sigma_{pq} = \frac{\pi}{8} \epsilon_{pq} \sqrt{2\omega_{pq}} \tag{8-92}$$

$$m_{pq} = \frac{M_{\phi}^{pq} \epsilon_{pq}^2}{\sigma_{pq}} \tag{8-93}$$

이 식들로부터 ω_{pq}, ϵ_{pq} 및 M_{ϕ}^{pq}가 다음과 같이 구해진다.

$$\omega_{pq} = 2 \frac{\sigma_{pq}}{\xi_{pq}} \tag{8-94}$$

$$\epsilon_{pq} = \frac{4}{\pi} \sqrt{\xi_{pq} \sigma_{pq}} \tag{8-95}$$

$$M_{\phi}^{pq} = \frac{\pi^2}{16} \frac{m_{pq}}{\xi_{pq}} \tag{8-96}$$

입계 에너지와 σ_{pq}와 입계 이동도 m_{pq}는 $\vec{n}_{pq}$에 대한 의존성을 갖는다. 그 의존성을 다음과 같이 표시하자.

$$\sigma_{pq} = \sigma_{pq}^0 f_{\sigma}(\vec{n}_{pq}) \tag{8-97}$$

$$m_{pq} = m_{pq}^0 f_m(\vec{n}_{pq}) \tag{8-98}$$

Inclination에 따른 이방성을 갖는 phase field 방정식을 유도하는 과정에서, ω_{pq}는 inclination에 무관한 상수로 간주되었다. 이는 식 (8-94)에서 ξ_{pq}가 σ_{pq}와 동일한 inclination 의존성을 가져야 함을 의미한다:

$$\xi_{pq} = \xi_{pq}^0 f_{\sigma}(\vec{n}_{pq}) \tag{8-99}$$

식 (8-97)~(8-99)를 식 (8-94)~(8-96)에 대입하면,

$$\omega_{pq} = 2 \frac{\sigma_{pq}^0}{\xi_{pq}^0} \tag{8-100}$$

$$\epsilon_{pq} = \frac{4}{\pi} \sqrt{\xi_{pq}^0 \sigma_{pq}^0}\, f_{\sigma}(\vec{n}_{pq}) \tag{8-101}$$

$$M_\phi^{pq} = \frac{\pi^2 m_{pq}^0}{16\xi_{pq}} \frac{f_m(\vec{n}_{pq})}{f_\sigma(\vec{n}_{pq})} \tag{8-102}$$

가 된다. 우변의 상수 σ_{pq}^0, ξ_{pq}^0, m_{pq}^0 및 함수 f_σ와 f_m이 전산모사의 입력값이다. f_σ와 f_m은 해석적 함수일 수도 있으며, 데이터베이스의 형태[77,78]로 주어질 수도 있다.

3) Phase field 모델에서 입계 편석의 성질

본 절에서는 Phase field 모델에서 입계 편석에 따른 입계의 열역학적 성질과 동역학적 성질의 변화를 검토한다. 입계 편석을 유도하기 위해,

$$\omega = \omega_0(1 - bu)$$

로 둔다. 편의상 두 개의 결정립과 그 사이의 1차원적인 평면 입계를 고려하며, 입계의 이방성은 무시한다. 왼쪽 결정립을 $\phi = 0$, 오른쪽 결정립을 $\phi = 1$인 상태로 정의하며, 좌표계의 원점 $x = 0$는 입계의 중앙에 놓여 있다. 이 상황에 대한 phase field 방정식과 확산 방정식은 각각 다음과 같다.

$$\frac{1}{M_\phi}\frac{\partial \phi}{\partial t} = \epsilon^2 \frac{\partial^2 \phi}{\partial x^2} - \omega_0(1 - bu)\frac{dg(\phi)}{d\phi} \tag{8-103}$$

$$\frac{\partial u}{\partial t} = \frac{d}{dx} \cdot \frac{D}{d^2 f/du^2}\frac{d}{dx}\left(\frac{df}{du} - b\omega_0 g(\phi)\right) \tag{8-104}$$

여기서 $g(\phi) = \phi(1-\phi)$를 취해도 좋고, 2개의 결정립만 고려하는 한, 다른 형태의 이중우물 퍼텐셜을 취해도 상관없다. 위의 두 방정식을 이용하여, 평형 상태에서 정지해 있는 입계의 성질과 비평형 상태에서 움직이는 입계의 성질을 나누어 살펴본다.

평형 상태에서의 입계 성질

평형 상태에서 관심의 대상이 되는 것은 우선 입계 주위에서 용질 농도가 어떻게 분포하느냐이며, 그 다음으로 편석에 따라 입계 두께와 입계 에너지가 어떻게 변하느냐이다. 이들은 모두 다음과 같은 평형 상태에서의 phase field 방정식과 확산 방정식으로부터 얻어질 수 있다.

$$\epsilon^2 \frac{d^2\phi^e}{dx^2} - \omega_0(1 - bu^e(x))\frac{dg(\phi^e)}{d\phi^e} = 0 \tag{8-105}$$

$$\frac{d}{dx} \cdot \frac{D}{d^2 f(u^e)/du^2}\frac{d}{dx}\left(\frac{df(u^e(x))}{du^e} - b\omega_0 g(\phi^e)\right) = 0 \tag{8-106}$$

식 (8-106)의 해는 다음과 같다.

$$\frac{df(u^e(x))}{du^e} - b\omega_0 g(\phi^e(x)) = B \tag{8-107}$$

여기서 B는 입계와 결정립 내부를 포함하는 계 전체에 걸쳐 일정한 상수이며, $u^e(x)$와 $\phi^e(x)$는 각각 평형 상태에서 용질 농도 분포와 phase field 분포이다. 입계 영역에서 벗어난 결정립 내부에서는, $\phi^e(x)=0$ 또는 $\phi^e(x)=1$이고 $g(\phi^e(x))=0$이 된다. 따라서, 결정립 내부에서의 평형 용질 농도를 u_m^e이라고 두면, 상수 B는 $df(u_m^e)/du^e$와 같아야 한다. 이를 식 (8-107)에 대입하면 확산 방정식의 해는 다음과 같이 된다.

$$\frac{df(u^e(x))}{du^e} - b\omega_0 g(\phi^e(x)) = \frac{df(u_m^e)}{du^e} \tag{8-108}$$

용질 농도에 따른 자유 에너지의 변화 $f(u)$가 주어지기만 하면, 식 (8-108)로부터 ϕ^e에 따른 $u^e(x)$의 변화를 구할 수 있다. 예를 들어 합금이 이상 용액의 성질을 갖는다면, $f(u)$와 $df(u)/du$는 각각 다음과 같이 주어진다.

$$f(u) = uf_B + (1-u)f_A + \frac{1}{\beta}(u\ln u + (1-u)\ln(1-u)) \tag{8-109}$$

$$\frac{df(u)}{du} = f_B - f_A + \frac{1}{\beta}\left(\ln\frac{u}{1-u}\right) \tag{8-110}$$

여기서 $\beta \equiv v_m/(R_g T)$의 표기를 사용하였으며, f_A와 f_B는 각각 순수한 용매 원소와 순수한 용질 원소의 자유 에너지 밀도이다. 식 (8-110)을 식 (8-108)에 대입하면 다음과 같이 ϕ^e의 함수로써 평형 용질농도 분포 $u^e(\phi^e)$가 얻어진다.

$$\frac{u^e(\phi^e)}{1-u^e(\phi^e)} = \frac{u_m^e}{1-u_m^e}\exp\left(\beta b\,\omega_0 g(\phi^e)\right) \tag{8-111}$$

식 (8-111)에서 $\phi^e(x)$는 평형 상태에서의 phase field 방정식 (8-105)로부터 결정되어야 한다. 이를 위해 식 (8-105)의 양변에 $d\phi^e/dx$를 곱하고 $[-\infty, x]$의 영역에서 적분한다:

$$\frac{\epsilon^2}{2}\left(\frac{d\phi^e}{dx}\right)^2\Bigg|_{-\infty}^{x} = \omega_0 g(\phi^e)\Bigg|_{-\infty}^{x} - b\omega_0\int_{-\infty}^{x} u^e(\phi^e)\frac{dg(\phi^e)}{d\phi^e}\frac{d\phi^e}{dx}dx \tag{8-112}$$

$x \to -\infty$ 에서 $\phi_e \to 0$, $d\phi^e/dx \to 0$과 $g(\phi^e) \to 0$을 고려하면, 식 (8-112)는 다음과 같이 된다.

$$\frac{\epsilon^2}{2}\left(\frac{d\phi^e}{dx}\right)^2 = \omega_0 g(\phi^e) - b\omega_0 \int_0^{\phi^e} u^e(\phi^e) \frac{dg(\phi^e)}{d\phi^e} d\phi^e \tag{8-113}$$

이 식의 마지막 항을 부분 적분한다:

$$\begin{aligned} \frac{\epsilon^2}{2}\left(\frac{d\phi^e}{dx}\right)^2 &= \omega_0 g(\phi^e) - b\omega_0 u^e(\phi^e) g(\phi^e)\Big|_0^{\phi^e} + b\omega_0 \int_0^{\phi^e} \frac{du^e}{d\phi^e} g(\phi^e) d\phi^e \\ &= \omega_0 g(\phi^e) - b\omega_0 u^e(\phi^e) g(\phi^e) + b\omega_0 \int_0^{\phi^e} g(\phi^e) du^e \end{aligned} \tag{8-114}$$

확산 방정식의 해인 식 (8-108)은 다음과 같이 나타내질 수 있다.

$$b\omega_0 g(\phi^e(x)) = \frac{df(u^e(x))}{du^e} - \frac{df(u_m^e)}{du^e} \tag{8-115}$$

이를 식 (8-114)에 대입하고, $df(u_m^e)/du^e$가 상수임을 고려하여 적분하면

$$\begin{aligned} \frac{\epsilon^2}{2}\left(\frac{d\phi^e}{dx}\right)^2 &= \omega_0 g(\phi^e) - \left(\frac{df(u^e(x))}{du^e} + \frac{df(u_m^e)}{du^e}\right) u^e + \int_{u_m^e}^{u^e} \left(\frac{df(u^e)}{du^e} - \frac{df(u_m^e)}{du^e}\right) du \\ &= \omega_0 g(\phi^e) + f(u^e) - f(u_m^e) + \frac{df(u_m^e)}{du^e} u_m^e - \frac{df(u^e(x))}{du^e} u^e \end{aligned} \tag{8-116}$$

가 된다. 이상 용액에 대한 식 (8-109)와 (8-110)을 식 (8-116)에 대입하면, 다음이 얻어진다.

$$\frac{d\phi^e}{dx} = \frac{\sqrt{2\omega_0}}{\epsilon} \sqrt{g(\phi^e) + \frac{1}{\beta\omega_0} \ln \frac{1 - u^e(\phi^e)}{1 - u_m^e}} \tag{8-117}$$

식 (8-111)을 식 (8-117)에 대입한 다음, 수치적분하면 phase field 분포가 결정될 수 있다. 계면의 두께 2ξ는 phase field가 ϕ_a로부터 ϕ_b까지 변하는 거리로 정의된다:

$$2\xi = \int_{\phi_a}^{\phi_b} \frac{dx}{d\phi^e} d\phi^e \tag{8-118}$$

식 (8-117)을 식 (8-118)에 대입하고 수치적분하면 2ξ가 결정된다.

편석을 수반하는 결정립계의 에너지는 식 (2-146)에 의해 결정된다. 이 식을 다시 쓴다.

$$\sigma = \frac{G^{XS}}{A} - v_m \frac{\Gamma^{XS}}{A} \tilde{\mu}^e \tag{8-119}$$

여기서 두 번째 항은 용질 원소의 입계 편석에 따라 발생하는 결정립 내부의 농도 변화와 관련된 자유 에너지 변화이다. 평형 상태에서 $\tilde{\mu}^e$는 결정립 내부의 확산 퍼텐셜인 $f(u_m^e)/du^e$와 같아야 한다. 자유 에너지 범함수로부터 얻어지는 단위 면적당 입계의 과잉 에너지는 다음과 같다.

$$\frac{G^{XS}}{A} = \int_{-\infty}^{\infty} \left[f(u^e) + (1 - bu^e)\omega_0 g(\phi^e) + \frac{\epsilon^2}{2}\left(\frac{d\phi^e}{dx}\right)^2 \right] dx - \int_{-\infty}^{\infty} f(u_m^e) dx \tag{8-120}$$

단위 면적당 계면 영역에 존재하는 과잉 용질 원소의 몰 수는 다음과 같다.

$$\frac{\Gamma^{XS}}{A} = \frac{1}{v_m} \int_{-\infty}^{\infty} (u^e - u_m^e) dx \tag{8-121}$$

따라서 입계 에너지는 다음과 같이 된다.

$$\begin{aligned} \sigma = \int_{-\infty}^{\infty} \left[f(u^e) + (1 - bu^e)\omega_0 g(\phi^e) + \frac{\epsilon^2}{2}\left(\frac{d\phi^e}{dx}\right)^2 \right] dx - \int_{-\infty}^{\infty} f(u_m^e) \\ - \frac{f(u_m^e)}{du^e} \int_{-\infty}^{\infty} (u^e - u_m^e) dx \end{aligned} \tag{8-122}$$

식 (8-115)와 (8-116)을 위의 식에 대입하고 정리하면, 대부분의 항이 서로 상쇄되어 다음의 결과가 나온다.

$$\sigma = \epsilon^2 \int_{-\infty}^{\infty} \left(\frac{d\phi^e}{dx}\right)^2 dx = \epsilon^2 \int_0^1 \frac{d\phi^e}{dx} d\phi^e \tag{8-123}$$

$d\phi^e/dx$에 대한 식 (8-117)을 식 (8-123)에 대입하고 수치적분을 하면 계면 에너지의 구체적인 값이 얻어질 수 있다.

계면 두께에 대한 식 (8-118)과 계면 에너지에 대한 식 (8-123)은 입계 편석의 유무와 무관하게 Allen-Cahn 방정식의 경우와 같다. 다만 입계 편석이 존재하면 $d\phi^e/dx$가 변하며, 이로 인해 계면 두께와 계면 에너지가 변할 뿐이다. 흥미 있는 또 다른 사실은 $d\phi^e/dx$를 적분하면 계면 에너지가 되고, 그 역인 $dx/d\phi^e$을 적분하면 계면 두께가 나온다는 점이다.

PART 3

비평형 상태에서의 입계 성질

평형 상태에서 편석 원소의 분포는 입계를 중심으로 대칭적인 분포를 갖는다. 비평형 상태에서 입계가 이동하기 시작하면, 편석 원소들은 자신의 에너지 상태를 낮추기 위해 이동하는 입계에 따라붙으려 노력한다. 그 결과 편석 원소들은 이동하는 입계의 전방보다는 후방 쪽에 더 많이 몰려있는 상태가 되며, 평형 상태에 유지하고 있던 편석 원소 분포의 대칭성은 깨지게 된다. 이러한 깨진 대칭성(broken symmetry)이 입계와 편석 원소 사이에 인력을 만들어낸다. 이 현상을 용질 드래그 효과(solute frag effect)라 하고, 그 힘을 드래그 힘(drag force)이라고 한다. 용질 드래그 효과는 반세기 전에 Cahn[76]에 의해 이론적으로 자세히 밝혀진 바 있다. 본 절에서는 phase field 모델에 내재되어 있는 드래그 효과가 Cahn의 이론[76]과 완전하게 일치한다는 것을 보여주고자 한다.

용질 드래그 효과를 검토하기 위해, $\phi=1$의 상태로 정의되는 결정립의 내부에 $\phi=0$인 상태로 정의되는 구형의 결정립이 놓여있는 경우를 고려한다. 시간이 지남에 따라 이 결정립의 곡률 반지름 r_{GB}는 점차 감소할 것이다. 입계가 순간 속도 v_n으로 이동하고 있을 때, i) 준정상 상태를 가정하고, ii) phase field 방정식 (8-103)과 확산 방정식 (8-104)를 극좌표로 표현한 다음, iii) 좌표계의 원점 $r=0$을 $\phi=1/2$인 위치로 옮기면, 다음이 얻어진다(이 과정에 대한 자세한 설명은 Allen-Cahn 방정식에 관한 3.3절의 4)항을 참고하기 바란다).

$$\frac{v_n}{M_\phi}\frac{d\phi}{dr}=\epsilon^2\frac{d^2\phi}{dr^2}+\epsilon^2\kappa\frac{d\phi}{dr}-\omega_0(1-bu)\frac{dg(\phi)}{d\phi} \tag{8-124}$$

$$v_n\frac{du}{dr}=\frac{d}{dr}\cdot\frac{D}{d^2f/du^2}\frac{d}{dr}\left(\frac{df}{du}-b\omega_0 g(\phi)\right) \tag{8-125}$$

여기서 κ는 입계의 곡률이다(좌변에 음의 부호가 붙지 않은 이유는 입계의 이동 방향이 $r<0$인 쪽이기 때문이다). 뒤에서 보겠지만, 이 식에 들어있는 $-b\omega_0 g(\phi(x))$가 Cahn이 정의한 함수 $E(x)$와 정확하게 동일한 역할을 하게 된다(확산 방정식 (8-125)에서도 극좌표로 변환할 때 입계의 곡률 κ가 들어 있는 항이 나타난다. 그러나 얇은 계면 조건인 $2\xi/R_{GB}\ll 1$과 $2\xi v_n/D\ll 1$에서 이 항은 다른 항에 비해 충분히 작으며, 따라서 생략하였다). Phase field 방정식 (8-124)의 양변에 $d\phi^e/dr$을 곱하고 계면 영역의 왼쪽 끝에서 오른쪽 끝까지 적분하면, 다음이 얻어진다.

$$\frac{v_n}{M_\phi}\int_{-\infty}^{\infty}\left(\frac{d\phi}{dr}\right)^2dr=\epsilon^2\kappa\int_{-\infty}^{\infty}\left(\frac{d\phi}{dr}\right)^2dr+b\omega_0\int_{-\infty}^{\infty}u(r)\frac{dg(\phi)}{dr}dr \tag{8-126}$$

얇은 계면 조건인 $2\xi/R_{GB}\ll 1$과 $2\xi v_n/D\ll 1$에서는, 첫 번째와 두 번째 적분에서 $\phi\simeq\phi^e$의 근사가 성립한다. 따라서 입계 에너지 (8-123)을 이용하면, 식 (8-126)은 다음과 같이 된다.

$$\frac{v_n \sigma}{M_\phi \epsilon^e} = \sigma\kappa + b\omega_0 \int_{-\infty}^{\infty} u(r) \frac{dg(\phi)}{dr} dr \qquad (8-127)$$

Allen-Cahn 방정식에 관한 제3장에서 설명했듯이, 편석이 없을 때의 입계 이동도 m과 phase field 이동도 M_ϕ 사이에는 식 (3-75)에 의해 주어지는 $m = M_\phi \epsilon^2/\sigma$의 관계가 성립한다. 따라서 식 (8-127)은 다음과 같이 나타내질 수 있다.

$$\sigma\kappa = \frac{v_n}{m} - b\omega_0 \int_{-\infty}^{\infty} u(r) \frac{dg(\phi)}{dr} dr \qquad (8-128)$$

여기서 마지막 항이 바로 용질 원자들이 입계에 따라 붙으려는 노력에 의해 발생하는 드래그 힘 d_f이다:

$$d_f = -b\omega_0 \int_{-\infty}^{\infty} u(r) \frac{dg(\phi)}{dr} dr \qquad (8-129)$$

이 식에는 다음과 같은 몇 가지 주목해야 할 점이 있다: i) 만약 $E(r) = -b\omega_0 g(\phi(r))$로 놓는다면, 이 식은 Cahn이 유도한 드래그 힘[76]과 같아진다. 이처럼 입계 편석에 대한 phase field 모델은 입계와 용질 원자의 상호작용에 대한 Cahn의 이론을 완전하게 내포하고 있다. ii) 평형 상태에서, 이중우물 퍼텐셜 $g(\phi^e(r))$과 $u^e(r)$은 둘 다 r에 대한 우함수이며, $dg(\phi^e(r))/dr$은 기함수이다. 따라서 식 (8-129)의 피적분함수는 기함수가 되며, 기대했던 대로 평형 상태에서 드래그 힘은 사라진다. iii) 입계가 움직이고 있을 때는 용질 농도 분포가 더 이상 우함수가 아니며, 이로 인해 식 (8-129)의 드래그 힘은 0이 아닌 유한한 값을 갖게 된다. 이 힘이 항상 인력(양의 부호)이 된다는 것은 다음의 Fig. 8-2로부터 알 수 있다. 즉, phase field 분포 $\phi(r)$과 이중우물 퍼텐셜의 분포 $g(\phi(r))$는 (a)에 표시된 바와 같다. 따라서 dg/dr의 분포는 (b)에서 점선으로 나타낸 바와 같이 $r<0$에서는 양의 값을, $r>0$에서는 음의 값을 갖는다. 또한, 계면이 이동하고 있을 때, 용질 농도 분포는 (b)에서와 같이 계면의 전방 보다는 후방 쪽으로 더 많이 처지게 된다. 따라서 udg/dr을 전체 영역에 걸쳐서 적분하면 그 값은 음의 값이 되어야 한다. 따라서 식 (8-129)의 드래그 힘은 양의 값, 즉 인력이 된다.

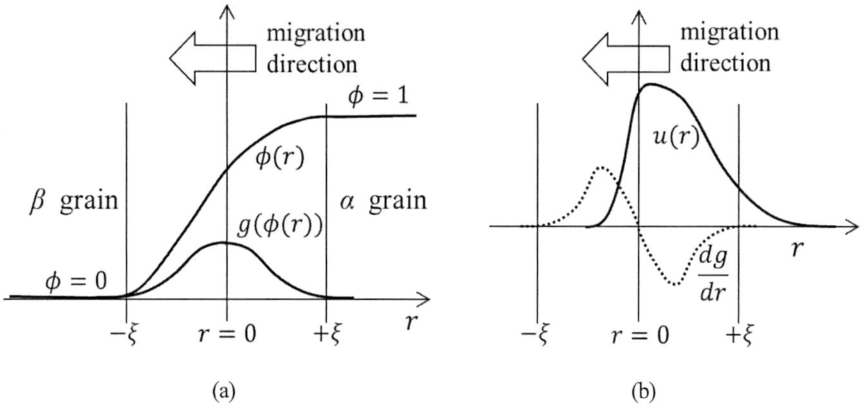

[Fig. 8-2] (a) Phase field 분포 $\phi(r)$과 이중우물 퍼텐셜의 분포 $g(\phi(r))$.
(b) dg/dr의 분포와 용질농도의 분포 $u(r)$

식 (8-129)로부터 드래그 힘의 크기를 정확하게 구하기 위해서는 식 (8-124)를 풀어서 $\phi(x)$를 구하고, 식 (8-125)를 풀어서 $u(r)$을 구한 다음, 이들을 식 (8-129)에 넣어서 적분해야 한다. 희석 용액의 경우, 확산 방정식 (8-125)은 1계 상미분방정식이 되며, 그 해는 다음과 같다.

$$u(r) = u_m^e \frac{v_n}{D} e^{(v_n/D)r - E(r)} \left[\int_r^{\Lambda} e^{-(V/D)r + E(r)} dr + \frac{D}{v_n} e^{-(V/D)\Lambda} \right] \tag{8-130}$$

여기서 Λ는 계면 두께 2ξ보다 충분히 큰 임의의 값으로, 구체적인 크기는 $u(r)$에 아무런 영향을 미치지 않는다. Phase field 방정식 (8-124)는 해석적으로 풀리지 않는다. 그러나 계면이동 속도가 충분히 작은 경우에는 $\phi(r) \simeq \phi^e(r)$의 근사가 가능하다. 따라서 $\phi(r) \simeq \phi^e(r)$과 농도 분포 (8-130)을 식 (8-129)에 넣어 적분하면 드래그 힘이 얻어진다(이 적분도 수치적으로만 가능하다).

4) 결정립 성장에 대한 phase field 모델의 효율적인 계산 방법

3차원에서 Q개의 결정립을 가지고 있는 다결정체가 있다. 이 계에서 일어나는 결정립 성장의 과정을 phase field 모델로 전산모사하기 위해, 3차원 공간을 N_g^3개의 그리드로 분할한 경우를 생각해 보자. Q개의 각 결정립마다 독립적인 phase field ϕ_q ($q = 1, 2, \cdots, Q$)가 부여된다. 임의의 그리드 점 (i, j, k)는 공존가능한 모든 phase field들의 집합체로 간주된다. 즉, 점 (i, j, k)에는 ϕ_1부터 ϕ_Q에 이르기까지 어떤 성분의 phase field도 공존가능하다(물론, 이들의 총합은 1이 되어야 한다). 이 phase field들을 $\phi_q(i, j, k)$ ($q = 1, 2, \cdots, Q$)로 나타낸다. $\phi_q(i, j, k)$는 총 QN_g^3개의 원소를 갖는다. 예를 들어 결정립의 수가 $Q = 100{,}000$이고, 총 그리드 수가

$N_g^3 = 200^3$이라면, phase field는 약 1조개의 원소를 가지게 된다. 이렇게 많은 원소를 가지고 있는 계의 전산모사에서는 메모리 공간과 계산의 효율 면에서 심각한 문제가 발생한다.

그러나 한 점에서 실제 공존하고 있는 phase field의 수는 Q보다 훨씬 적다. 예를 들어 3차원 결정립 구조를 고려해 보자. 면상의 입계에서는 2개의 결정립 성분(phase field 성분)이 공존하고, 삼중선(triple junction line)에서는 3개의 결정립 성분이 공존한다. 또한, 4중점(quadruple point)에서는 4개의 결정립 성분이 공존한다. 그러나 한 점에서 5 또는 6개 이상의 결정립 성분이 공존할 가능성은 거의 없을 것이다. 따라서 한 점에 공존 가능한 phase field의 개수 N_p를 특정값(예를 들면 6) 이하로 제한을 해도, 아무런 문제가 생기지 않는다. 이 사실은 phase field 모델의 전산모사에서 요구되는 메모리 공간을 크게 줄여 줌과 동시에 계산 속도를 크게 증가시켜준다.

PART 3

N_p에 제한을 가한다는 간단한 원리를 phase field 모델의 전산모사에 반영하는 구체적인 과정은 다음과 같다[70].

i) 주어진 한 점에 실제로 공존하고 있는 phase field들에게 이름과 크기를 각각 별도로 부여한다. Phase field의 크기는 실수형 변수 $p_n(i,j,k)$로, phase field의 이름은 정수형 변수 $q_n(i,j,k)$로 정의된다.

ii) 이 phase field 들을 크기 순서인 $1 \geq p_1 \geq p_2 \geq \cdots \geq p_{N_p} \geq 0$로 정렬한다. p_{N_p} 보다 더 작은 크기를 가지고 있는 phase field들은 모두 버린다. Phase field의 이름 순서는 크기 순서를 그대로 따라간다. 그러면 한 점의 phase field의 상태는 N_p개의 순서쌍인 (p_1, q_1), (p_2, q_2), $\cdots, (p_{N_p}, q_{N_p})$로 나타내진다. 예를 들어 한 점에서 16번, 74번 및 91번의 이름을 가진 phase field의 크기가 공존하고 있으며, phase field의 크기가 각각 0.13, 0.52 및 0.35라고 해보자. 그러면 $p_1 = 0.52$, $p_2 = 0.35$ 및 $p_3 = 0.13$이 되며, $q_1 = 74$, $q_2 = 91$ 및 $q_3 = 16$이 된다. 이처럼 phase field 상태를 $(p_n(i,j,k), q_n(i,j,k))$로 표현하는데 필요한 원소의 총 수는 $2N_pN^3$이며, 이 값은 $\phi_n(i,j,k)$를 직접 다루는 데 필요한 원소의 수 QN^3에 비하면 훨씬 작다.

iii) Phase field 방정식을 푼다. 이때 주어진 그리드와 이에 이웃한 그리드에서의 p_n과 q_n만을 불러서 phase field 방정식을 풀기 때문에, 존재하지 않는 phase field에 관한 쓸데없는 계산을 하지 않게 된다. 이 과정에서 주어진 그리드에 이전 시간 스텝에서는 존재하지 않았으나, 현재 시간 스텝에서는 이웃 그리드로부터 전파되어 넘어오는 새로운 phase field가 출현할 수 있다. 따라서 이 단계에서는 각 그리드에 존재하는 phase field의 수가 N_p개를 넘을 수 있다.

iv) Phase field 들을 앞의 ii)의 과정을 따라 다시 크기 순서로 정렬하고, N_p번째 이내의 phase field 크기와 이름만 남긴다. N_p번째 이외의 phase field들은 그냥 버린다. 주어진 그리드 점에서 버려지는 phase field가 생기는 경우에는, phase field 크기의 총합이 1에서 벗어나게 된다. 이를 방치하면 계산이 불안정해지며 결국 파국에 이른다. 이를 방지하기 위해서는 총 합이 1이 되도록 phase field의 크기에 보정을 가해야 한다. 그러한 보정의 간단한 예는

$$p_n^*(i,j,k) = \frac{p_n(i,j,k)}{\sum_{m=1}^{N_p} p_m(i,j,k)} \tag{8-131}$$

이다. 여기서 위첨자 *는 보정 후의 값을 의미한다.

이상과 같은 방법을 결정립 성장의 전산모사에 이용하면, 2 GB의 메모리를 갖는 일반 개인용 컴퓨터에서 결정립의 수가 100,000이고 그리드의 수가 $N_g^3 = 500^3$인 계산이 가능해진다. 결정립의 수가 약 1000개 수준으로 줄어들 때까지 걸리는 계산시간은 2013년의 평균 성능을 기준으로 약 2~3일 정도가 소요된다. 이 계산 시간은 단일 CPU만 이용하는 경우이다. Phase field 전산모사에서는 병렬계산이 대단히 효율적으로 이루어질 수 있으며, 병렬계산에 걸리는 시간은 CPU의 수에 거의 정확하게 반비례한다.

8.3 등확산 퍼텐셜 조건의 효율적인 계산 방법

Phase field 모델을 이용하여 서로 다른 상 사이에서 일어나는 확산 상변태를 전산모사하는 과정에서는, 매 순간마다 계면영역에 포함되는 모든 그리드에서 등확산 퍼텐셜 조건이 만족되어야 한다. Phase field 모델을 이용한 전산모사에서, 가장 골치 아픈 단계가 바로 등확산 퍼텐셜 조건을 만족시키기 위한 과정이다. 많은 종류의 합금 원소를 함유하는 철강의 포정 응고와 같이 다상 다성분계에서 일어나는 상변태를 전산모사할 때는, 대부분의 계산 시간이 등확산 퍼텐셜 조건을 구현하는 과정에서 소모된다. 따라서 이 과정을 얼마나 효율적으로 계산하느냐가 전산모사의 효율을 결정한다[72]. 본 책의 마지막 절인 여기에서는 이 조건을 효율적으로 푸는 방법에 대해, 구체적인 예를 들어 자세히 설명한다. 그 예[72]는 Fe-Mn-Si-Al-C의 5성분계 합금에서 일어나는 포정 응고이다. 이 합금에서의 포정 응고는 $L+\delta \rightarrow \gamma$의 반응으로 나타내진다. 여기서 L, δ 및 γ는 각각 액상, 페라이트 상 및 오스테나이트 상을 의미한다. 이 3상에 관련된 phase field를 각각 ϕ_L, ϕ_δ 및 ϕ_γ로 표기하고, 4종류의 용질 원소의 농도를 각각 u_{Mn}, u_{Si}, u_{Al} 및 u_{C}로 표기한다.

Phase field 모델을 이용하여 위의 3상 5성분계 합금을 전산모사하는 전체 과정을 다음의 Fig. 8-3에 나타냈다. 맨 위의 두 식은 각각 phase field 방정식과 확산 방정식이고, 왼쪽 아래는 유효 농도에 관한 방정식이며, 오른쪽 아래가 바로 문제의 등확산 퍼텐셜 조건이다. Phase field 방정식에는 계면의 이방성을 포함하는 항들이 첨가될 수 있으며, 확산 방정식에는 반포획 항이 포함될 수 있다. Phase field 방정식의 수는 상의 수와 같아야 하며, 확산 방정식의 수는 용질 원소의 수와 같아야 한다. 따라서 여기서 고려하고 있는 철강의 포정 반응에서 지배방정식은 3개의 phase field 방정식과 4개의 확산 방정식으로 구성된다. 이 식들을 풀면 현재 시간 스텝에서의 ϕ_L, ϕ_δ, ϕ_γ, u_{Mn}, u_{Si}, u_{Al} 및 u_{C}가 얻어진다. 이 변수들을 Fig. 8-3에서 회색으로 구분하여 나타냈다. 이 7개의 회색 변수들을 유효 농도를 나타내는 4개의 식에 대입해서, 회색으로 표시한 12개의 농도 u_{ip}(p상에서 i성분의 농도: 그림에서는 u_i^p로 표기)와 4개의 확산 퍼텐셜 $\tilde{\mu}_i$를 구해내야 한다. 이를 위해서는 16개의 방정식이 필요하다. 16개 중 4개는 유효 농도에 대한 식으로부터 나오고, 나머지 12개는 등확산 퍼텐셜 조건으로부터 나온다. 어떠한 방법으로든, 16개의 방정식을 연립으로 풀면, u_{ip}와 $\tilde{\mu}_i$가 결정된다. 이렇게 결정된 16개의 변수를 다시 phase field 방정식과 확산 방정식의 우변에 대입한 후, 다음 시간 스텝에서 이들을 푼다. 이상과 같은 과정을 계속 반복함으로써 전산모사가 이루어진다.

전산모사의 전체 과정 중에서, 열역학 데이터베이스가 개입된 연산은 오직 등확산 퍼텐셜을 푸는 과정에서만 요구된다(Phase field 방정식에서 필요로 하는 자유 에너지 f^p는 미리 준비된 데이터베이스로부터 단순히 그 값을 읽어내면 된다). 일반적으로 다성분계의 열역학 데이터베이스는 대단히 복잡한 형태로 주어진다. 복잡한 열역학 데이터베이스를 끌고 다니면서, 수많은 시간 스텝(보통 수십만 스텝)에서, 수많은 그리드(보통 100만개)마다 16개의 비선형 연립방정식을 계속 풀어나간다는 것은 상상하기 어려운 문제로 보일 수도 있다. 그러나 이를 현실적으로 가능하게 만드는 효율적인 방법이 있다.

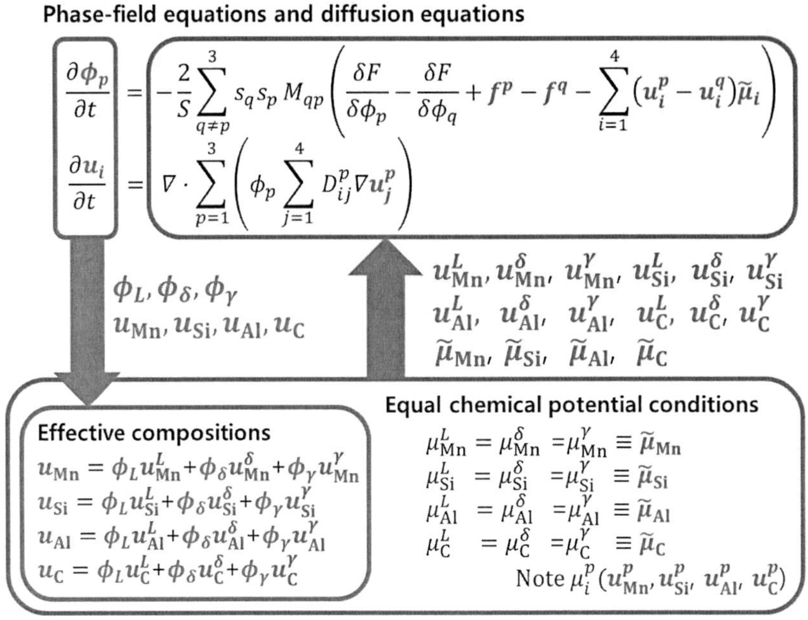

[Fig. 8-3] 3상 5성분계 합금의 포정 응고 과정을 전산모사하는 전체 과정. 맨 위의 두 식은 각각 phase field 방정식과 확산 방정식이고, 왼쪽 아래는 유효 농도에 관한 방정식이며, 오른쪽 아래가 바로 문제의 등확산 퍼텐셜 조건이다. Phase field 방정식에는 계면의 이방성을 포함하는 항들이 첨가될 수 있으며, 확산 방정식에는 반포획 항이 포함될 수 있다

등확산 퍼텐셜 조건을 효율적으로 푸는 과정은 다음의 3단계로 구성된다.

i) 열역학 데이터베이스를 변환하여 확산 퍼텐셜의 데이터테이블을 만드는 단계

ii) 확산 퍼텐셜의 데이터테이블에서 빠르면서도 정확하게 내삽 데이터(interpolated data)를 찾아내는 단계

iii) 등확산 퍼텐셜 조건을 가능한 한 적은 횟수의 연산을 통해 고속으로 풀어내는 단계

이상과 같은 과정을 각 단계별로 나누어 설명한다.

1) 열역학 데이터베이스의 변환

Thermo-Cacl®를 비롯한 일반적인 열역학 데이터베이스는 존재가능한 상들의 자유 에너지를 온도, 압력 및 각 성분들의 농도의 함수로 나타낸 것이다. 원소의 수가 많아질수록 이 데이터베이스들은 점점 더 복잡해지기 때문에, 다상 다성분계의 전산모사과정에서 원래의 데이터베이스를 그대로 이용하여 등확산 퍼텐셜 조건을 푸는 것은 대단히 비효율적이다. 따라서 등확산 퍼텐셜 조건을 효율적으로 푸는 첫 단계는 각 상들에 대한 자유 에너지로 주어지는 열역학 데이터베이스를 각 상들에 대한 확산 퍼텐셜의 형태로 변환하는 것이다. 2.1절에서 설명했듯이 특정 성분의 확산 퍼텐셜 $\tilde{\mu}_{ip}$은 자유 에너지를 그 성분의 농도로 미분한 $\partial f^p/\partial u_{ip}$

와 같기 때문에, 데이터베이스의 자유 에너지를 해석적으로 미분하든 아니면 수치적으로 미분하든, 확산 퍼텐셜의 데이터테이블로 만드는 것은 매우 쉽다. 여기서 데이터테이블이라 함은 각 상마다 일정 간격의 온도 T_i와 일정 간격의 용질 농도 u_{ip}에 대응하는 확산 퍼텐셜 $\tilde{\mu}_{ip}$의 표를 의미한다.

뒤에서 보겠지만, 등확산 퍼텐셜 조건을 수치적으로 푸는 과정에서는 확산 퍼텐셜을 다시 각 성분의 농도로 미분한 값들이 요구된다. 이들은 자유 에너지의 이차미분과 같다:

$$f_{ij}^p \equiv \frac{\partial^2 f^p}{\partial u_{ip} \partial u_{jp}} \tag{8-132}$$

따라서 f_{ij}^p는 미리 준비된 확산 퍼텐셜의 데이터테이블을 전산모사 과정에서 필요할 때마다 수치적으로 미분함으로써 얻어질 수도 있다. 그러나 데이터테이블에서의 근사적인 수치미분보다는, 미리 정확하게 미분하여 f_{ij}^p에 대한 데이터테이블을 준비한 다음, 이 테이블로부터 f_{ij}^p를 읽어내는 편이 훨씬 더 빠르고 더 정확하다. 또한, phase field 방정식의 우변에는 각 상의 자유 에너지f^p가 들어 있다. 주어진 온도와 농도에 대응하는 f^p를 열역학 데이터베이스에서 계산하는 것조차 적지 않은 시간을 요구한다. 따라서 효율적인 계산을 위해서는 온도와 농도에 따른 f^p의 변화도 미리 테이블로 만들어 놓을 필요가 있다. 이처럼 3상 5성분계의 전산모사를 위해서는 f^p에 대한 3개의 테이블, $\tilde{\mu}_{ip}$에 대한 12개의 테이블, f_{ij}^p에 대한 48개의 테이블 등, 총 63개의 테이블이 전산모사 이전에 미리 준비돼 있어야 한다. 여기서 63개의 테이블 각각이 온도와 4종류의 용질 농도에 따른 5차원 데이터 구조로 이루어져 있음에 유의하라.

상의 수와 성분의 수가 많아짐에 따라 미리 준비해야 할 데이터테이블의 수가 많아지고 각각의 테이블 크기도 커지며, 데이터테이블만으로도 컴퓨터의 메모리가 다 차버릴 수 있다. 각 데이터테이블의 크기를 줄이기 위해서는 온도와 농도의 간격을 늘려야 한다. 그러나 그 간격이 지나치게 크면 데이터 포인트 사이의 값을 내삽하여 구할 때 오차가 커질 수밖에 없다. 또한, 농도 데이터가 산술적인 등간격으로 주어진다면 매우 작은 농도와 높은 농도를 다 포함하기가 곤란해진다. 데이터테이블의 크기를 줄이면서도, 내삽오차를 최소화함과 동시에 넓은 농도 범위포괄 할 수 있는 방법은 없을까?

철강 합금처럼 합금 원소의 농도가 비교적 작은 경우에는, $f^p \sim \sum u_i \ln u_i$, $\tilde{\mu}_i \sim \ln u_i$, $f_{ii}^p \sim 1/u_i$가 된다. 따라서 $u_i \ln u_i$와 f^p, $\ln u_i$와 $\tilde{\mu}_i$ 및 $\ln u_i$와 $\ln f_{ii}^p$의 관계는 선형에 가까운 성질을 가지고 있다. 또한, f^p, $\tilde{\mu}_i$ 및 f_{ij}^p와 온도 T 사이의 관계 역시 선형에 가까운 성질을 갖는다. 이처럼 주도적으로 기여하는 항에 관해 선형적인 관계를 유지하는 방식으로 데이터테이블을 만들면, 여러 가지 장점이 생긴다. 첫째, 온도와 농도 간격을 크게 해서 테이블의 크기를 줄여도 정확성이 유지된다. 둘째, 가장 속도가 빠른 선형 내삽이 정확성의 희생 없이 적용될 수 있다. 셋째, 데이터테이블이 산술적인 농도 간격 Δu_i가 아니라, $\Delta(u_i \ln u_i)$ 또는 $\Delta(\ln u_i)$와 같이 로그 스케일의 농도 간격으로 주어지기 때문에, 매우 작은 농도와 상대적으로 높은 농도에 대한 데이터가 동시에 포괄될 수 있다(그러나 $\ln u_i$와 $\ln f_{ij}^p (i \neq j)$의 관계가 선형에 가깝다는 보장은 없다. 따라서 $f_{ij}^p (i \neq j)$의 데이터테이블을 어떤 형식으로 준비하든, 거기에서는 어느 정도의 오차를 감수할 수밖에 없다).

2) 데이터테이블에서의 내삽(interpolation)

앞에서 설명한 데이터테이블이 주어져 있으면, 전산모사과정에서 필요한 열역학 데이터들을 이 테이블로부터 꺼낼 수 있다. 그러나 원하는 데이터가 우연히도 테이블의 데이터 포인트 위치와 정확하게 일치하지 않는 한, 데이터 포인트 사이의 내삽이 불가피하다. 이러한 내삽이 모든 시간 스텝마다, 계면 영역 내의 모든 그리드에서, 63개의 데이터테이블 전체에 대해 이루어져야 한다. 따라서 내삽을 어떤 방식으로 하느냐는 전산모사의 속도에 결정적인 영향을 미친다. 가장 빠른 내삽 방법은 당연히 선형 내삽이지만, 데이터 간격이 클 경우 이 방법에는 작지 않은 오차가 나타나기 쉽다. 그러나 앞에서 설명한 것처럼, 주도적으로 기여하는 항에 관해 선형적인 관계를 유지하는 방식으로 데이터테이블을 준비하면, 선형 내삽이 빠르고 정확하게 작동할 수 있다.

5성분계 합금에서 데이터테이블은 온도와 4개의 용질 농도의 함수로 주어지는 5차원 구조를 가지고 있다. 이러한 고차원 테이블에서의 선형 내삽법을 유도하기 위해, 우선 2차원 테이블부터 살펴보자. Fig. 8-4에 2차원 테이블의 일부를 타내냈다. 여기서 좌상, 좌하, 우상 및 우하의 4점은 테이블에 주어져 있는 데이터 포인트들이다. 우리가 찾고자 하는 것은 점 $R(x,y)$에서의 열역학 데이터이다. 열역학 데이터를 $f_R \equiv f(x,y)$라 하자. f_R은 다음과 같이 f_{P_1}과 f_{P_2}의 선형 내삽에 의해 주어진다.

$$f_R = \frac{y - y_j}{y_{j+1} - y_j} f_{P_1} + \frac{y_{j+1} - y}{y_{j+1} - y_j} f_{P_2} \tag{8-133}$$

여기서 f_{P_1}과 f_{P_2}는 다시 각각의 좌우에 존재하는 두 점 사이의 내삽에 의해 결정된다:

$$f_{P_1} = \frac{x - x_i}{x_{i+1} - x_i} f(x_{i+1}, y_{j+1}) + \frac{x_{i+1} - x}{x_{i+1} - x_i} f(x_i, y_{j+1}) \tag{8-134}$$

$$f_{P_2} = \frac{x - x_i}{x_{i+1} - x_i} f(x_{i+1}, y_j) + \frac{x_{i+1} - x}{x_{i+1} - x_i} f(x_i, y_j) \tag{8-135}$$

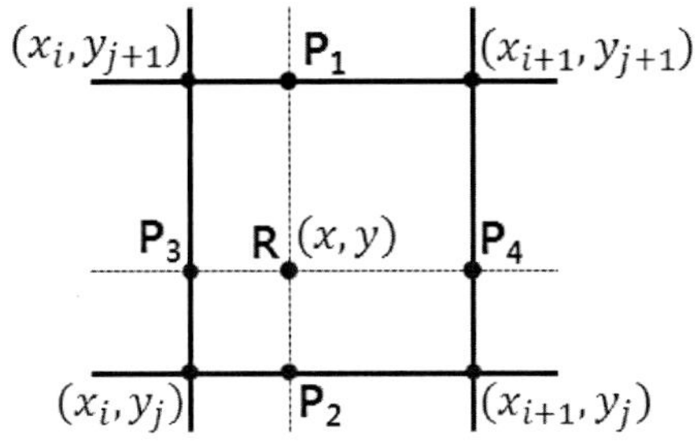

[Fig. 8-4] 좌상, 좌하, 우상 및 우하의 4점은 테이블에 주어져 있는 데이터 포인트들이다. 우리가 찾고자 하는 것은 점 $R(x,y)$에서의 열역학 데이터이다

식 (8-134)와 (8-135)를 식 (8-133)에 대입하면 다음과 같이 $f(x,y)$가 얻어진다.

$$\begin{aligned} f_R = & \frac{(y-y_j)}{(y_{j+1}-y_j)}\frac{(x-x_i)}{(x_{i+1}-x_i)}f(x_{i+1},y_{j+1}) + \frac{(y-y_j)}{(y_{j+1}-y_j)}\frac{(x_{i+1}-x)}{(x_{i+1}-x_i)}f(x_i,y_{j+1}) \\ & + \frac{(y_{j+1}-y)}{(y_{j+1}-y_j)}\frac{(x-x_i)}{(x_{i+1}-x_i)}f(x_{i+1},y_j) + \frac{(y_{j+1}-y)}{(y_{j+1}-y_j)}\frac{(x_{i+1}-x)}{(x_{i+1}-x_i)}f(x_i,y_j) \end{aligned} \tag{8-136}$$

2차원 선형 내삽에 대한 이 형식에는 일정한 규칙이 들어있다. 이 규칙을 잘 살펴보면 n차원으로의 일반화가 가능해진다. n차원 테이블에서 데이터 포인트 위치를 $\mathbf{X}_{i_n}^{(n)}$으로 나타낸다. 2차원의 경우

$$\mathbf{X}_{i_1}^{(1)} = x_i,\ \mathbf{X}_{i_1+1}^{(1)} = x_{i+1},\ \mathbf{X}_{i_2}^{(2)} = y_1,\ \mathbf{X}_{i_2+1}^{(2)} = y_{j+1} \tag{8-137}$$

로 정의되며, 3차원의 경우에는

$$\mathbf{X}_{i_3}^{(3)} = z_k,\ \mathbf{X}_{i_3+1}^{(3)} = z_{k+1} \tag{8-138}$$

가 추가된다. 이런 방식으로 $\mathbf{X}_{i_n}^{(n)}$은 n차원으로 확장 정의될 수 있다. 우리가 구하고자 하는 열역학 데이터는

$$f(\mathbf{X}^{(1)},\mathbf{X}^{(2)},\mathbf{X}^{(3)},\cdots,\mathbf{X}^{(n)}) = f(x,y,z,\cdots) \tag{8-139}$$

으로 표시된다. 식 (8-136)의 공통 분모는 데이터 간격의 곱으로 이루어져 있다. 따라서 n차원에서 이에 대응하는 값 Δ_n는 다음과 같이 주어진다.

$$\Delta_n = \prod_{m=1}^{n}\left(\mathbf{X}_{i_{m+1}}^{(m)} - \mathbf{X}_{i_m}^{(m)}\right) \tag{8-140}$$

식 (8-136)의 분자에도 일정한 규칙이 있으며, 그 규칙을 n차원으로 일반화시키면 다음과 같이 분자 A_n이 얻어진다.

$$A_n = \sum_{r_1=0}^{1}\sum_{r_2=0}^{1}\cdots\sum_{r_n=0}^{1}(-1)^{r_1+r_2+\cdots+r_n} f(i_1+r_1, i_2+r_2, \cdots, i_n+r_n) \times \prod_{m=1}^{n}\left(\mathbf{X}^{(m)}_{i_m-r_m+1} - \mathbf{X}^{(m)}\right) \tag{8-141}$$

따라서 구하고자 하는 열역학 데이터는

$$f(\mathbf{X}^{(1)}, \mathbf{X}^{(2)}, \mathbf{X}^{(3)}, \cdot\cdot\cdot, \mathbf{X}^{(n)}) = \frac{A_n}{\Delta_n} \tag{8-142}$$

으로 주어진다. 식 (8-140) ~ (8-142)의 의미가 잘 이해되지 않는다면, 3차원에서 선형 내삽에 대한 공식을 앞의 식 (8-133) ~ (8-136)과 같은 과정을 따라 직접 만들어 보고, 그 결과를 식 (8-142)와 비교해보기를 권한다.

3) 등확산 퍼텐셜 조건의 효율적인 계산

앞 절에서 소개한 방법을 따라 f^p에 대한 3개의 테이블, $\tilde{\mu}_{ip}$에 대한 12개의 테이블, f^p_{ij}에 대한 48개의 테이블 등, 총 63개의 테이블이 전산모사 이전에 미리 준비돼 있다고 가정한다. 이들 중에서 f^p에 대한 3개의 테이블만 phase field 방정식에 들어가고, 나머지는 등확산 퍼텐셜 조건을 푸는 데 이용된다.

Fig. 8-3에서 설명했듯이 phase field 방정식과 확산 방정식의 해가 구해지면 이를 유효 농도에 대한 식에 대입한다. 그러면 u_{ip}와 $\tilde{\mu}_i$에 대한 16개의 미지값이 유효 농도에 관한 4개의 식과 등확산 퍼텐셜 조건에 관한 12개의 식을 연립으로 풂으로써 결정될 수 있다. 16개의 미지값을 16개의 방정식으로부터 구하기 위해서는 원칙적으로는 16×16 행렬의 역행렬을 구하는 연산을 수행해야 한다. 그러나 모든 시간 스텝마다 계면 영역의 모든 그리드에서 이런 연산을 수행한다는 것은 사실상 불가능하다. 그러나 16개의 방정식을 푸는 보다 빠른 길이 있다. 이에 대해 설명한다.

풀어야할 16개의 방정식 중에서 유효 농도에 관한 4개의 선형 방정식은 다음과 같다.

$$u_i = \phi_L u_{iL} + \phi_\delta u_{i\delta} + \phi_\gamma u_{i\gamma} \text{ for } i = 1, 2, 3, 4 \tag{8-143}$$

여기서 $i=1$, 2, 3 및 4는 각각 Mn, Si, Al 및 C 원소에 대응한다. 등확산 퍼텐셜 조건에 관한 12개의 비선형 방정식은 다음과 같다.

$$\tilde{\mu}_i^p(u_{1p}, u_{2p}, u_{3p}, u_{4p}) = \tilde{\mu}_i = (\text{const}) \text{ for } i=1,\ 2,\ 3,\ 4 \text{ and } p=L,\ \delta,\ \gamma \quad (8\text{-}144)$$

전산모사과정에서 이전 시간 스텝에서의 농도와 확산 퍼텐셜을 이미 알고 있다. 그 값들을 u_{ip}^0와 $\tilde{\mu}_i^0$로 표기한다. 현재 시간 스텝에서는 확산 방정식과 phase field 방정식을 풀어서 u_i와 ϕ_L, ϕ_δ, ϕ_γ를 구한 다음, 이를 식 (8-143)과 (8-144)에 대입한다. 이 식들을 Newton-Raphson 법으로 풀면, 현재 시간 스텝에서 16개의 미지수 u_{ip}와 $\tilde{\mu}_i$를 결정할 수 있다. 이전 시간 스텝과 현재 시간 스텝 사이에서 농도와 확산 퍼텐셜의 차이를 각각 δu_{ip}와 $\delta\tilde{\mu}_i$라 하면, 다음과 같이 쓸 수 있다.

$$u_{ip} = u_{ip}^0 + \delta u_{ip} \quad (8\text{-}145)$$

$$\tilde{\mu}_i = \tilde{\mu}_i^0 + \delta\tilde{\mu}_i \quad (8\text{-}146)$$

이전 시간 스텝과 현재 시간 스텝 사이에서 농도와 확산 퍼텐셜의 차이는 매우 작기 때문에 앞으로의 모든 계산에서 δu_{ip}와 $\delta\tilde{\mu}_i$에 대한 2차 이상의 항은 무시될 수 있다. 식 (8-145)와 (8-146)을 식 (8-143)과 (8-144)에 대입하고 전개하면

$$u_i = \phi_L\left(u_{iL}^0 + \delta u_{iL}\right) + \phi_\delta\left(u_{i\delta}^0 + \delta u_{i\delta}\right) + \phi_\gamma\left(u_{i\gamma}^0 + \delta u_{i\gamma}\right) \text{ for } i=1,\ 2,\ 3,\ 4 \quad (8\text{-}147)$$

$$\tilde{\mu}_i^{p,0} + \sum_{j=1}^{4} f_{ij}^{p,0}\delta u_{jp} = \tilde{\mu}_i \quad \text{for } i=1,\ 2,\ 3,\ 4 \text{ and } p=L,\ \delta,\ \gamma \quad (8\text{-}148)$$

여기서 $\tilde{\mu}_i^{p,0}$와 $f_{ij}^{p,0}$는 각각 다음으로 정의된다.

$$\tilde{\mu}_i^{p,0} \equiv \tilde{\mu}_i^p(u_{1p}^0, u_{2p}^0, u_{3p}^0, u_{4p}^0) \quad (8\text{-}149)$$

$$f_{ij}^{p,0} \equiv \frac{\partial f^p(u_{1p}^0, u_{2p}^0, u_{3p}^0, u_{4p}^0)}{\partial u_{ip}\partial u_{jp}} \quad (8\text{-}150)$$

이전 타임 스텝에서의 농도 u_{ip}^0가 이미 주어져 있기 때문에, 이에 대응하는 $\tilde{\mu}_i^{p,0}$와 $f_{ij}^{p,0}$은 각각 $\tilde{\mu}_i^p$와 f_{ij}^p에 대한 데이터테이블에서의 내삽에 의해 발견될 수 있다. 식 (8-148)을 δu_{jp}에 관해서 풀면, 다음과 같다.

$$\begin{pmatrix}\delta u_{1p}\\ \delta u_{2p}\\ \delta u_{3p}\\ \delta u_{4p}\end{pmatrix}=\begin{pmatrix}f_{11}^{p,e} & f_{12}^{p,e} & f_{13}^{p,e} & f_{14}^{p}\\ f_{21}^{p,e} & f_{22}^{p,e} & f_{23}^{p,e} & f_{24}^{p,e}\\ f_{31}^{p,e} & f_{32}^{p,e} & f_{33}^{p,e} & f_{34}^{p,e}\\ f_{41}^{p,e} & f_{42}^{p,e} & f_{43}^{p,e} & f_{44}^{p,e}\end{pmatrix}^{-1}\begin{pmatrix}\tilde{\mu}_1-\tilde{\mu}_1^{p,0}\\ \tilde{\mu}_2-\tilde{\mu}_2^{p,0}\\ \tilde{\mu}_3-\tilde{\mu}_3^{p,0}\\ \tilde{\mu}_4-\tilde{\mu}_4^{p,0}\end{pmatrix}\equiv\begin{pmatrix}G_{11}^{p} & G_{12}^{p} & G_{13}^{p} & G_{14}^{p}\\ G_{21}^{p} & G_{22}^{p} & G_{23}^{p} & G_{24}^{p}\\ G_{31}^{p} & G_{32}^{p} & G_{33}^{p} & G_{34}^{p}\\ G_{41}^{p} & G_{42}^{p} & G_{43}^{p} & G_{44}^{p}\end{pmatrix}\begin{pmatrix}\tilde{\mu}_1-\tilde{\mu}_1^{p,0}\\ \tilde{\mu}_2-\tilde{\mu}_2^{p,0}\\ \tilde{\mu}_3-\tilde{\mu}_3^{p,0}\\ \tilde{\mu}_4-\tilde{\mu}_4^{p,0}\end{pmatrix} \tag{8-151}$$

여기서 G_{ij}^{p}는 $f_{ij}^{p,e}$의 역행렬 성분을 의미한다. 우변에서 $\tilde{\mu}_i$는 아직 결정되지 못한 미지수이다. 이 미지수들을 구하기 위해, 식 (8-151)의 δu_{ip}를 식 (8-147)에 대입하고 정리한다. 그러면 다음과 같이 4개의 확산 퍼텐셜 $\tilde{\mu}_i$를 미지수로 갖는 4개의 선형 방정식이 얻어진다.

$$H_{i1}\tilde{\mu}_1+H_{i2}\tilde{\mu}_2+H_{i3}\tilde{\mu}_3+H_{i4}\tilde{\mu}_4=B_i \quad \text{for } i=1,2,3,4 \tag{8-152}$$

여기서 H_{ij}와 B_i는 각각 다음과 같다.

$$H_{ij}=\phi_L G_{ij}^{L}+\phi_\delta G_{ij}^{\delta}+\phi_\gamma G_{ij}^{\gamma} \tag{8-153}$$

$$B_i=u_i-\phi_L\left(u_{iL}^0-\sum_{j=1}^{4}G_{ij}^{L}\,\tilde{\mu}_j^{L,0}\right)-\phi_\delta\left(u_{i\delta}^0-\sum_{j=1}^{4}G_{ij}^{\delta}\,\tilde{\mu}_j^{\delta,0}\right)-\phi_\gamma\left(u_{i\gamma}^0-\sum_{j=1}^{4}G_{ij}^{\gamma}\,\tilde{\mu}_j^{\gamma,0}\right) \tag{8-154}$$

여기서 H_{ij}와 B_i는 이전 타임 스텝에서 구해진 ϕ_p와 u_{ip}^0로부터 결정될 수 있다. 식 (8-152)로부터 $\tilde{\mu}_i$가 다음과 같이 얻어진다.

$$\begin{pmatrix}\tilde{\mu}_1\\ \tilde{\mu}_2\\ \tilde{\mu}_3\\ \tilde{\mu}_4\end{pmatrix}=\begin{pmatrix}H_{11} & H_{12} & H_{13} & H_{14}\\ H_{21} & H_{22} & H_{23} & H_{24}\\ H_{31} & H_{32} & H_{33} & H_{34}\\ H_{41} & H_{42} & H_{43} & H_{44}\end{pmatrix}^{-1}\begin{pmatrix}B_1\\ B_2\\ B_3\\ B_4\end{pmatrix} \tag{8-155}$$

이 식으로부터 $\tilde{\mu}_i$를 구한 다음, 이를 식 (8-151)에 대입하면 δu_{ip} 얻어진다. 그러면 현재 시간 스텝에서의 u_{ip}와 $\tilde{\mu}_i$가 식 (8-145)와 (8-146)으로부터 구해진다. 구해진 u_{ip}와 $\tilde{\mu}_i$을 초깃값으로 놓고 다시 위의 과정을 되풀이하면 더 정밀한 해를 구할 수 있다. 그러나 실제 전산모사에서는 이전 시간 스텝과 현재 시간 스텝에서의 차이인 δu_{ip}와 $\delta\tilde{\mu}_i$가 아주 작기 때문에, 단 1회의 계산만으로도 충분히 정확한 값이 얻어질 것이다.

3상 5성분계 합금의 등확산 퍼텐셜 조건을 만족시키는 과정에서, 식 (8-151)에서는 $p=L$, δ, γ에 대응하는 3개의 (4×4) 행렬에 대한 역행렬을 구해야 하며, 식 (8-155)에서는 한 개의 (4 × 4) 행렬에 대한 역행렬을 구해야 한다. 이처럼 16개의 미지수를 결정하는 과정이 4개의 (4 × 4) 행렬에 대한 역행렬을 구하는 과정으로 단축되었다. 이 과정은 (16 × 16) 행렬의 역행렬을 1회 계산하는 과정과 비교할 때, 상상하기 어려울 정도로 효율적이다. 일반적으로 Q

개의 상과 n개의 용질원소가 존재하는 경우, 위의 과정을 통해 등확산 퍼텐셜 조건을 만족시키기 위해서는, $n\times n$ 행렬에 대한 역행렬을 $(Q+1)$회만큼 구하면 된다.

8.4 결정립 성장의 전산모사

다음에 제시하는 전산모사 코드의 특징은 다음과 같다.

1) 모든 결정립계의 에너지와 이동도가 동일하다고 가정한다(이를 이상적(ideal) 결정립 성장이라고 한다).
2) 입계 편석도 없다고 가정한다. 따라서 지배 방정식은 식 (8-82)에서 $\omega(u)=w$(const)인 경우에 해당한다. 이 식에서는 포물형 퍼텐셜이 이용되고 있음에 유의해야 한다.
3) 계 내부에 존재하는 서로 다른 방위의 수(NP)는 10개로 제한되어 있다. 이 개수는 더 늘릴 수 있다. 그러나 그 수가 늘어남에 따라 계산 속도는 급격히 느려진다. 방위의 수가 적다 보니, 계산 과정에서 동일한 방위의 결정립들이 서로 만나 합체되는 경우가 빈번하게 발생한다. NP의 크기를 제한 없이 늘리면서도 계산 속도가 느려지는 것을 막길 원한다면 8.2절의 4)항에 제시된 것과 같은 방법을 채용해야 한다.
4) NP의 크기가 변함에 따라 결정립 사이의 합체가 얼마나 일어나는지는 제시된 코드를 이용하여 독자들이 직접 체험해보기를 바란다.
5) 계의 경계가 결정립 성장 과정에 미치는 영향을 제거하기 위해 주기적 경계조건을 이용한다.
6) 포물형 퍼텐셜의 경우에는 $\phi_i=0$과 $\phi_i=1$에서 퍼텐셜의 기울기가 0이 아닌 유한한 값을 갖기 때문에, $\phi_i<0$인 상황과 $\phi_i>1$인 상황이 발생한다. 이러한 상황에서는 ϕ_i값을 강제적으로 0또는 1로 맞추어주어야 한다. 이러한 과정에서 $\sum\phi_i\neq 1$이 될 수 있으며, 이를 그대로 방치하면 계산은 결국 파국에 이른다. 이를 방지하기 위해서는 $\sum\phi_i=1$이 성립하도록 ϕ_i값들을 재조정해야 한다. 재조정을 위한 가장 간단한 방법 중의 하나는 $p_i^*=p_i/\sum p_k$로 두는 것이다. 여기서 p_i는 조정 전의 phase field 값, p_i^*는 조정 후의 phase field 값이다. 그러면 $\sum p_i^*=1$이 항상 만족된다.

코드의 상세 설명

- line 22, 23: $g=\phi(1-\phi)$일 때의 ϵ과 ω
- line 25: phase field 이동도 M_ϕ(EMM)과 입계 이동도 m(EMOB) 사이의 관계
- line 26, 27: 초기 결정립 조직을 형성할 때 부여하는 최대 반지름과 최소 반지름
- line 32~88: 주기적 경계조건을 만족하면서 초기 결정립 조직을 만드는 과정

- line 95~101: phase field의 업데이트
- line 124~133: 한 점에 공존하고 있는 phase field들의 이름을 찾고 이들에 대응하는 phase field만을 계산한다.
- line 141: 한 점에 공존하는 phase field의 개수를 구한다.
- line 143: 델타 함수 s_K를 구한다.
- line 156: 델타 함수 s_L를 구한다.
- line 156: $S_{KL} \equiv s_K s_L$
- line 167~187: 새로운 시간 스텝에서의 phase field를 구한다.
- line 190~202: $\phi_i < 0$인 pahse field들은 모두 강제로 0으로 만든다(후속 과정에서 $\phi_i > 1$인 phase field는 자동적으로 1이 된다). 또한 $p_i^* = p_i / \sum p_k$의 보정을 가함으로써 주어진 한 점에서 phase field의 총합이 1이 되도록 만들어 준다.
- line 207~219: 그래픽을 모니터에 출력한다. $0.1 \le \phi_i \le 0.9$로 정의되는 입계 영역만을 흑색으로 표시한다.
- line 221~229: 그래픽을 파일에 저장한다.

전산모사 결과

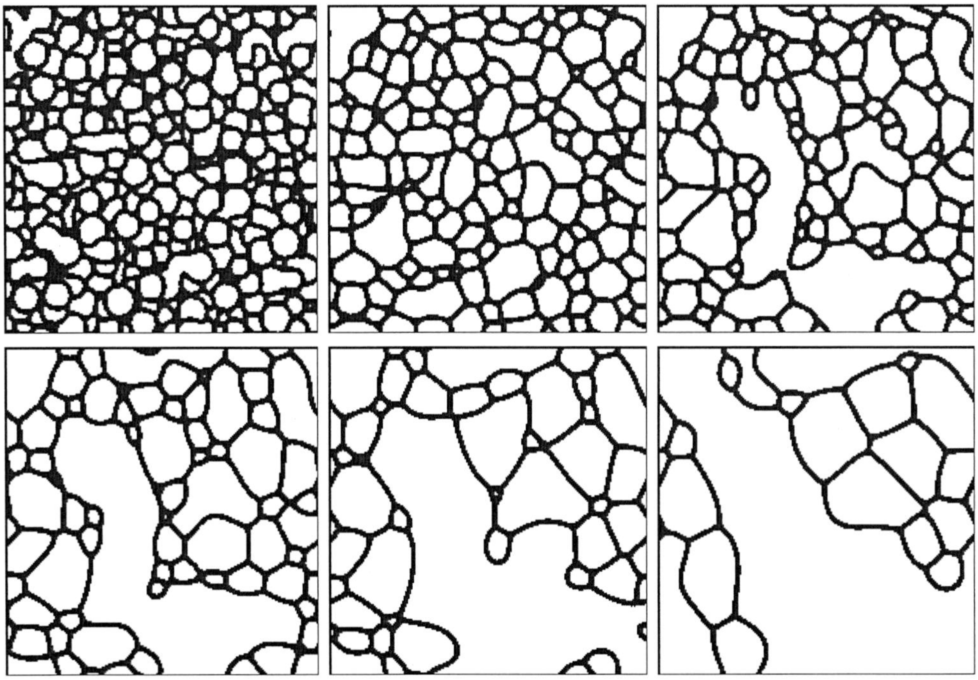

[Fig. 8-4] 시간에 따른 결정립 조직의 변화. 좌상과 우하를 가로지르는 영역에서 광범위한 결정립 합체가 일어남에 주목하라. 이러한 현상은 겨우 10개의 서로 다른 방위($NP = 10$)만 허용되었기 때문에 나타나는 비정상적 현상이다

```
C     Ideal grain growth: isotropic GB energy and mobility

      USE MSFLIB

      CHARACTER*12 OUT_F
      PARAMETER(IM=200,JM=200,NP=10)

      DIMENSION PHI(NP,0:IM+1,0:JM+1),PPP(NP,0:IM+1,0:JM+1)
      DIMENSION NAME(0:IM+1,0:JM+1)
      DIMENSION NUMBER(NP),IS(NP,NP),BBN(NP,NP),DF(NP)
      DIMENSION NX(10000),NY(10000),NR(10000),IVOL(10000)

      OPEN(10,FILE='USER', TITLE='Ideal grain growth')

C     -----------------------------------------------------------------
      ! Parameters
      PI=4.*ATAN(1.) ! pi=3.1415.....
      DXL=1. ! grid size
      DYL=DXL
      SIGMA=0.093 ! GB energy
      AETA=DXL*3. ! GB width
      WWW=2.*SIGMA/AETA ! height of double well potential
      CEP=4./PI*SQRT(AETA*SIGMA) ! gradient energy coefficient
      EMOB=1. ! GB mobility
      EMM=EMOB*SIGMA/CEP**2. ! pahse field mobility
      RADMAX=10 ! initial maximum grain size
      RADMIN=6 ! initial minimum grain size
      TIFACTOR=0.9 ! time factor for numerical stability

C     -----------------------------------------------------------------
      ! making initial grain distribution
      DO I=1,IM
      DO J=1,JM
      PHI(NP,I,J)=1. ! the system is filled with a background phase
      NAME(I,J)=NP ! name of the background phase
        DO N=1,NP
        IF(N.NE.NP)PHI(N,I,J)=0.
        ENDDO
      ENDDO
      ENDDO
      ITVOL=0
      LQ=1
  323 CONTINUE
  115 CALL RANDOM_NUMBER(RAND1)
      CALL RANDOM_NUMBER(RAND2)
      CALL RANDOM_NUMBER(RAND3)
      RAN1=FLOAT(IM)*RAND1 ! X-position of new grain
      RAN2=FLOAT(IM)*RAND2 ! y-position of new grain
      RAN3=RADMAX*RAND3 ! radius of new grain
      IF(RAN3.LT.RADMIN) GO TO 115
      NX(LQ)=INT(RAN1)
      NY(LQ)=INT(RAN2)
      NR(LQ)=INT(RAN3)
      CALL RANDOM_NUMBER(RPHA)
      RPHAA=RPHA*(FLOAT(NP)) ! name of new grain
      NRAN=INT(RPHAA)
      IF(NRAN.LE.1)NRAN=1
      IF(NRAN.GE.NP-1)NRAN=NP-1

      IF(PHI(NP,NX(LQ),NY(LQ)).EQ.1)THEN
```

```
            IVOL(LQ)=0
              DO I=-INT(2.*RADMAX),IM+INT(2.*RADMAX)
              DO J=-INT(2.*RADMAX),JM+INT(2.*RADMAX)
                RMN=FLOAT((I-NX(LQ))**2)+FLOAT((J-NY(LQ))**2)
                LDIFF=INT( RMN**0.5 )-NR(LQ)
                  IF(LDIFF.LE.0.)THEN
                II=I ; JJ=J
                IF(I.GT.IM)II=I-IM ! for periodic boundary condition
                IF(I.LT.1) II=I+IM ! for periodic boundary condition
                IF(J.GT.JM)JJ=J-JM ! for periodic boundary condition
                IF(J.LT.1) JJ=J+JM ! for periodic boundary condition
                IF(NAME(II,JJ).EQ.NP)IVOL(LQ)=IVOL(LQ)+1 ! volume of new grain
                NAME(II,JJ)=NRAN
                DO N=1,NP
                IF(N.NE.NRAN)PHI(N,II,JJ)=0. ! remove previous phase state
                ENDDO
                PHI(NRAN,II,JJ)=1. ! fill with the new grain
                  ENDIF
              ENDDO
              ENDDO
            ITVOL=ITVOL+IVOL(LQ) ! total volume of all the grains
            WRITE(*,258)LQ,NR(LQ),IVOL(LQ),ITVOL
  258       FORMAT(2X,'LQ=',I4,2X,'NR=',I4,2X,'VOL=',I7,2X,'ITVOL=',I7)
            LQ=LQ+1
            ENDIF
            IF(ITVOL.GE.IM*JM)GO TO 324 ! exit if the system was filled with grains
            GO TO 323
  324       CONTINUE

C     ----------------------------------------------------------------------
  400       NNN=NNN+1
            DTTIME=DXL**2./(4.*(CEP**2.*EMM)) *TIFACTOR ! time interval
            TTIME=TTIME+DTTIME

            DO I=1,IM
            DO J=1,JM
              DO N=1,NP
              PPP(N,I,J)=PHI(N,I,J) ! update phase fields
              ENDDO
            ENDDO
            ENDDO

C     ----------------------------------------------------------------------
            ! Periodic boundary conditions
            DO I=1,IM
              DO N=1,NP
              PPP(N,I,0)=PPP(N,I,JM)
              PPP(N,I,JM+1)=PPP(N,I,1)
              ENDDO
            ENDDO
            DO J=1,JM
              DO N=1,NP
              PPP(N,0,J)=PPP(N,IM,J)
              PPP(N,IM+1,J)=PPP(N,1,J)
              ENDDO
            ENDDO

C     ----------------------------------------------------------------------
            ! solve phase-field equation
            PSS=0.001 ! parameter for defining phase state
```

```
      DO 500 I=1,IM
      DO 500 J=1,JM

        INDEX=0
        DO N=1,NP
        PQA=PPP(N,I+1,J)+PPP(N,I,J+1)+PPP(N,I-1,J)+PPP(N,I,J-1)
        IF(PQA.GE.PTT)THEN
        INDEX=INDEX+1 ! number of non-vanishing phase fields NEAR (I,J) point
        NUMBER(INDEX)=N  ! names of non-vanishing phase fields
        ENDIF
        ENDDO
        NPH=0
        DO 300 KK=1,INDEX
        K=NUMBER(KK)
      PKP1=PPP(K,I,J)
      PKP2=PPP(K,I+1,J)
      PKP3=PPP(K,I-1,J)
      PKP4=PPP(K,I,J+1)
      PKP5=PPP(K,I,J-1)
      PSUMK=PKP1+PKP2+PKP3+PKP4+PKP5
      IF(PSUMK.GE.PSS)NPH=NPH+1 ! number of non-vanishing phase fields
      ISK=0
      IF(PSUMK.GE.PSS)ISK=1 ! delta function s_K
      KRANGE=0
      IF(PSUMK.GE.PSS.AND.PSUMK.LE.(5.-PSS))KRANGE=1
        DO 300 LL=1,INDEX
        L=NUMBER(LL)
      PLP1=PPP(L,I,J)
      PLP2=PPP(L,I+1,J)
      PLP3=PPP(L,I-1,J)
      PLP4=PPP(L,I,J+1)
      PLP5=PPP(L,I,J-1)
      PSUML=PLP1+PLP2+PLP3+PLP4+PLP5
      ISL=0
      IF(PSUML.GE.PSS)ISL=1 ! delta function s_L
      IS(K,L)=ISK*ISL ! delta function s_KL
      LRANGE=0
      IF(PSUML.GE.PSS.AND.PSUML.LE.(5.-PSS))LRANGE=1
      BBN(K,L)=0.
        IF((KRANGE.EQ.1.AND.LRANGE.EQ.1).AND.L.NE.K)THEN
      PHIXXL=(PLP2-2.*PLP1+PLP3)/DXL**2. ! d^2phi/dx
      PHIYYL=(PLP4-2.*PLP1+PLP5)/DYL**2. ! d^2phi/dy
      BBN(K,L)=CEP**2./2.*(PHIXXL+PHIYYL)+WWW*PLP1
        ENDIF
300     CONTINUE

      DO KK=1,INDEX
      K=NUMBER(KK)
      DF(K)=0.
      DO LL=1,INDEX
        L=NUMBER(LL)
        IF(L.NE.K)THEN
        DF(K)=DF(K)+BBN(K,L)
        ENDIF
      ENDDO
      ENDDO

      DO KK=1,INDEX
      K=NUMBER(KK)
      PLKK=0.
```

```
          DO LL=1,INDEX
            L=NUMBER(LL)
            IF(L.NE.K)PLKK=PLKK+FLOAT(IS(K,L))*EMM*(DF(K)-DF(L))
          ENDDO
          PLK=-2./NPH*PLKK
          PHI(K,I,J)=PPP(K,I,J)+DTTIME*PLK
          ENDDO

          ! Correction of phase fields
          DO N=1,NP
            IF(PHI(N,I,J).LT.0.)THEN
            PHI(N,I,J)=0.
            ENDIF
          ENDDO
          CSUM=0.
          DO N=1,NP
          CSUM=CSUM+PHI(N,I,J)
          ENDDO
          DO N=1,NP
          CFAC=(1.-CSUM)/CSUM
          PHI(N,I,J)=PHI(N,I,J)*(1.+CFAC)
          ENDDO

   500    CONTINUE

C         ----------------------------------------------------------------------
          !  Graphic output on Monitor
          IF(NNN.EQ.10.OR.MOD(NNN,100).EQ.0)THEN
          DO I=1,IM
          DO J=1,JM
          ICOLOR=#FFFFFF
          DO N=1,NP
          ZP=PHI(N,I,J)
          IF(ZP.GE.0.1.AND.ZP.LE.0.9)ICOLOR=#0
          ENDDO
          ISTATUS=SETPIXELRGB(INT2(I),INT2(J),ICOLOR )
          ENDDO
          ENDDO
          ENDIF

          ! Graphic output on Files
          IF(NNN.EQ.10.OR.MOD(NNN,100).EQ.0)THEN
          KKLL=NNN/100
          WRITE(OUT_F,201)KKLL+1
   201    FORMAT(I4,'.BMP')
          KX1=0 ; KY1=0
          KX2=IM ; KY2=JM
          IMGRES=SAVEIMAGE(OUT_F,KX1,KY1,KX2,KY2)
          ENDIF

          IF(MOD(NNN,10).EQ.0)then
          WRITE(*,778)NNN,DTTIME,TTIME
   778    FORMAT(2X,I7,2(2X,E15.5))
          ENDIF
C         ----------------------------------------------------------------------

          GO TO 400
   600    STOP
          END
```

참고문헌

1. M. Ode, S.G. Kim, T. Suzuki, ISIJ Int., 41, 1076 (2001)
2. W.J. Boettinger, J.A. Warren, C. Beckermann and A. Karma, *Annu. Rev. Mater. Res.* 32, 163 (2002)
3. L.Q. Chen, *Annu. Rev. Mater. Res.* 32, 113 (2002)
4. I. Steinbach, *Modelling Simul. Mater. Sci. Eng.* 17, 073001 (2009)
5. I. Steinbach, *Annu. Rev. Mater. Res.* 43, 89 (2013)
6. J.S. Langer, *Review of Modern Physics*. 52. 1 (1980)
7. B. Chalmers, *Principles of Solidification*, Wiley, (1964)
8. M.C. Flemings , *Solidification processing*, McGraw-Hill, (1974)
9. W. Kurz and D. J. Fisher, F*undamentals of solidification*, Trans Tech, Aedermannsdorf, Switzerland, (1992)
10. Van der Waals, Translated by J.S. Rowlinson in English, *J. Stat. Phys.*, 20, 197 (1979)
11. J.W. Gibbs, *The Collected Works of J. Willard Gibbs*, Yale University Press, (1928)
12. J.W. Cahn and J.E. Hilliard, *J. Chem. Phys.*, 28, 258 (1958)
13. S.M. Allen and J.W. Cahn, *Acta metal.*, 27, 1085 (1979)
14. J.S. Langer, *Directions in condensed matter*, World Scientific, Singapore, 164 (1986)
15. R. Kobayashi, Video tapes, 1989
16. R. Kobayashi, Physica D, 63, 410 (1993)
17. G.B. McFadden, A.A. Wheeler R.J.Braun and S.R.Coriell, and R.F. Sekerka, *Phys. Rev. E,* 48, 2016 (1993)
18. A.A.Wheeler, B.T. Murray and R.J. Schaefer, *Physica* D, 66, 243, (1993)
19. A.A. Wheeler, W.J. Boettinger and G.B. McFadden, *Phys. Rev.* A, 45, 7424, (1992)
20. J.A. Warren and W.J. Boettinger, *Acta Metall. Mater.* 43, 689, (1995)
21. A. Karma, *Phys. Rev.* E, 49, 2245, (1994)
22. K.R. Elder, F. Drotlet, J.M. Kosterlitz, and M. Grant, *Phys. Rev. Lett.* 72, 677, (1994)
23. A.A. Wheeler, G.B. McFadden, and J.B. Boettinger, *Proc. R. Soc. Lond.* A 452, 495, (1996)
24. I. Steinbach, F. Pezzolla, B. Nestler, M. Seeßelberg, R. Prieler, G.J. Schmitz and J.L.L. Rezenda, *Physica D*, 94, 135 (1996)
25. I. Tiaden, B. Nestler, H.J. Dipers and I. Steinbach, *Physica D,* 115, 73 (1998)
26. T.S. Lo, A. Karma, and M. Plapp, *Phys. Rev. E,* 63, 031504 (2001)
27. A. Karma and W.J. Rappel, *Phys. Rev. Lett.* 77, 4050 (1996)
28. A. Karma and W.J. Rappel, *Phys. Rev. E*, 53, R3017 (1996)
29. A. Karma and W.J. Rappel, *Phys. Rev. E*, 57, 4323 (1998)

30. S.G. Kim, W.T. Kim and T. Suzuki, *Phys. Rev. E*, 60, 7186 (1999)
31. A. Karma, *Phys. Rev. Lett.* 87, 115701 (2001)
32. I. Steinbach and F. Pezzolla, *Physica D*, 134, 385 (1999)
33. B. Echebarria, R. Folch, A. Karma and M. Plapp, *Phys. Rev. E* 70, 061604 (2004)
34. R. Folch and M. Plapp, *Phys. Rev. E* 72, 011602 (2005)
35. N. Moelans, *Acta Mater.* 59, 1077 (2011)
36. S.G. Kim, *Acta Materialia* 55 (2007) 4391 - 4399
37. M. Ohno, K. Matsuura, *Phys. Rev.* E, 79, 031603 (2009)
38. M. Ohno and K. Matsuura, *Acta Mater.* 58, 5749 (2010)
39. S.G. Kim, unpublished
40. N. Provatas, N. Goldenfeld and J.A. Dantzig, *Phy. Rev. Lett.* 80, 3308 (1998)
41. N. Provatas, N. Goldenfeld and J.A. Dantzig, *J. Comp. Phy.* 148, 265 (1999)
42. C.W. Lan, Y.C. Chang and C.J. Shih, *Acta Mater.* 51, 1857 (2003)
43. B.-J. Lee, Vol. Ⅱ, this book
44. J.C. Baker and J.W. Cahn, *Thermodynamics of Solidification,* in *The Selected Works of John W. Cahn*, (eds. W. Craig Carter andWilliam C. Johnson), The minerals, Metals and Materials Society, (1998)
45. M. Hillert and J. Agren, Scripta Mater. 50, 697 (2004)
46. A.P. Sutton and R.W. Balluffi, *Interfaces in crystalline materials*, Clarendon Press, Oxford, 353 (1995)
47. J.P. Hirth and J. Lothe, *Theory of dislocation*, Krieger Publishing Company, 152 (1982)
48. P.W. Voorhees, S.R. Coriell, G.B. McFadden and R.F. Sekerka, *J. Crystal Growth.* 67, 425 (1984)
49. D.W. Hoffman and J.W. Cahn, *Surf. Sci.* 31, 368 (1972)
50. G. B. McFadden, A. A. Wheeler, R. J. Braun, S. R. Coriell, and R. F. Sekerka, *Phys. Rev. E* 48, 2016 (1993)
51. A. A. Wheeleral and G. B. McFadden, *Eur. J. Appl. Math.* 7, 367 (1996) 367-381
52. P.C. Hohenberg and B.I. Halperin, *Reviews of Modern Physics,* 49, 435 (1977)
53. Y.T. Kim, N. Provatas, N. Goldenfeld and J. Dantzig, *Phys. Rev.* E59, R2546 (1999)
54. F. Liu and H. Metiu, *Phys. Rev.* E, 49, 2601 (1994)
55. A. Karma and M. Plapp, *Phys. Rev. Lett.*, 81, 4444 (1998)
56. E. Brener, *Phys. Rev. Lett.* 71, 3653 ~(1993)
57. Y. Saito, *Statistical physics of crystal growth*, World Scientific, Singapore, 86 (1996)
58. O. Penrose and P.C. Pife, *Physica D* 43, 44 (1990)
59. S.G. Kim, W.T. Kim, and T. Suzuki, *Phys. Rev. E* 58, 3316 (1998)
60. S.G. Kim, W.T. Kim, T. Suzuki, M. Ode. *J. Crystal Growth* 161, 135 (2004)

61. J. L. Murrary and A. J. McAlister, Bull. Alloy Phase Diagrams, 5, 74 (1984)
62. P.-R. Cha, D.-H. Yeon and J.K. Yoon, *Acta Mater.* 49,3295 (2001)
63. I. Steinbach, L. Zhang and M. Plapp, *Acta Mater.* 60, 2689 (2012)
64. I. Steinbach and L. Zhang, *Acta Mater.* 60, 2702 (2012)
65. R. Kobayashi, J.A. Warren and W.C. Carter, *Physica D*, 119, 415 (1998)
66. R. Kobayashi, J.A. Warren, W.C. Carter, *Physica D,* 140, 141 (2000)
67. D. Fan and L.Q. Chen, *Acta Mater.* 45, 611 (1997)
68. C.E. Krill Ⅲ and L.Q. Chen, *Acta Mater.* 50, 3057 (2002)
69. A. Kazaryan, Y. Wang, S.A. Dregia and B.R. Patton, *Acta Mater.* 50, 2491 (2002)
70. S.G. Kim, D.I. Kim, W.T. Kim and Y.B. Park, *Phys. Rev. E*, 74, 061605 (2006)
71. S.G.Kim, 2010 Report on the POSCO-Project 'Prediction of secondary recrystallization texture by using anisotropy database of grain boundary energy and mobility', (unpublished)
72. S.G. Kim, W.T. Kim and P.R. Cha, 2013 Report on the HSC-Project 'Modeling of initial stage solidification in continuous casting of high strength steels', (unpublished)
73. S.G. Kim, unpublished, but main contents were included in this book.
74. N. Moelans, B. Blanpain, and P. Wollants, *Phys. Rev. Lett.* 101, 025502 (2008)
75. S.G. Kim and Y.B. Park, *Acta Mater.* 56, 3739 (2008)
76. J. W. Cahn, *Acta Metall.* 10, 768 (1962)
77. H.K. Kim, W.S. Ko, H.J. Lee, S.G. Kim and B.J. Lee, *Scripta Mater.* 64, 1152 (2011)
78. H.K. Kim, S.G. Kim, W. Dong, I. Steinbach and B.-J. Lee, *Modell. Simul. Mater. Sci. Eng.* 22, 034004 (2014)
79. E.A. Brener and D.E. Temkin, *Phys. Rev. E* 85, 031601 (2012)
80. E.A. Brener and G. Boussinot, *Phys. Rev. E* 86, 060601 (2012)
81. G. Boussinot and E.A. Brener, *Phys. Rev. E* 88, 022406 (2013)
82. G. Boussinot and E.A. Brener, *Phys. Rev. E* 89, 060402 (2014)
83. G. Boussinot, E.A. Brener, C. Hueter and R. Spatschek, arXiv:1411.0523 (2014)
84. S.G. Kim, unpublished, but main contents were included in this book.
85. M. Plapp, *Phil. Mag.* 91, 25 (2011)
86. A. Choudhury and B. Nestler, *Phys. Rev. E* 85, 021602 (2012)
87. M. Plapp, *Rev. E* 84, 031601 (2011)
88. W.J. Moore, *Physical Chemistry* (4th Edition), Prentice-Hall. Inc., 356 (1972)
89. P. Glansdorff and I. Prigogine, *Thermodynamic Theory of Structure, Stability and Fluctuations*, Wiley-Interscience (1978)

찾아보기

N

O

P

R

S

T

U

V

W

ㄱ

저자 소개

이 병 주

- 전공분야 - 전산소재설계
- 주요경력 - 서울대학교 금속공학과 학사
  서울대학교 금속공학과 박사
  포항공과대학교 신소재공학과 교수

김 성 균

- 전공분야 - 상변태 이론 및 전산 모사
- 주요경력 - 서울대학교 금속공학과 학사
  서울대학교 금속공학과 박사
  군산대학교 신소재공학과 교수

정가 30,000원

전산재료과학
원자단위 시뮬레이션과 Phase Field 모델

2016년 1월 3일 초판 인쇄
2016년 1월 10일 초판 발행
저 자 : 이병주 · 김성균
발행자 : 우명찬 · 송 준
발행처 : 홍릉과학출판사
주 소 : 서울시 강북구 인수봉로 50길 10
01093
등 록 : 1976년 10월 21일 제5-66호
전 화 : (02) 999-2274~5, 903-7037
팩 스 : (02) 905-6729
e-mail: hongpub@hongpub.co.kr
http://www.hongpub.co.kr
ISBN: 979-11-5600-406-6

저자와의 협의하에 인지생략